U0223033

"十二五"国家重点图书出版规划项目

化学化工精品系列图书

电镀理论与技术

安茂忠　主编

哈尔滨工业大学出版社

内 容 简 介

本书内容主要包括:绪论,金属电沉积,电镀液性能,电镀前处理,电镀单金属,电镀合金,特种电镀技术,化学镀,轻金属的表面处理,转化膜,电镀层性能的测定,电镀三废治理。

本书既可作为高等院校化学化工类电化学专业学生的教材,也可供从事化学化工类的科研和工程技术人员参考。

图书在版编目(CIP)数据

电镀理论与技术/安茂忠主编. —哈尔滨:哈尔滨
工业大学出版社,2004.8(2024.1 重印)
ISBN 978－7－5603－2069－4

Ⅰ.电… Ⅱ.安… Ⅲ.电镀-技术 Ⅳ.TQ153

中国版本图书馆 CIP 数据核字(2004)第 082568 号

责任编辑 王桂芝 黄菊英
出版发行 哈尔滨工业大学出版社
社 址 哈尔滨市南岗区复华四道街 10 号 邮编150006
传 真 0451-86414749
网 址 http://hitpress.hit.edu.cn
印 刷 哈尔滨市工大节能印刷厂
开 本 787mm×1092mm 1/16 印张 24.5 字数 593 千字
版 次 2004 年 8 月第 1 版 2024 年 1 月第 9 次印刷
书 号 ISBN 978-7-5603-2069-4
定 价 49.80 元

前　言

电镀是应用电化学的重要组成部分。长期以来,电镀主要用于钢铁的防腐蚀处理、金属材料防护－装饰性获取和表面耐磨、导电、可焊等物理机械性能的改善。随着科学技术的发展,为适应高技术领域对材料性能的特殊要求,电镀技术的内涵也得到了更新,如通过电镀(电沉积)的方法可得到磁性存储薄膜、梯度材料薄膜、纳米多层薄膜、超导氧化物薄膜等。总之,电镀技术已经渗透到工业应用和科技发展的许多领域,在机械、电子、石油化工、轻工、航空航天等领域发挥了极其重要的作用。

电镀就是用电化学的方法对材料表面进行表面处理与表面改性,从这种意义上讲,本书的书名虽然是《电镀理论与技术》,但其内容并不仅仅限于电镀本身,与此相关的轻金属的阳极氧化、化学镀、钢铁的氧化和磷化等,也应属于本书应介绍的范畴。因此,在本书中,首先介绍金属电沉积的基本理论,之后在明确了电镀前处理的方式方法及其意义的基础上,依次介绍电镀单金属、电镀合金、特种电镀、化学镀、轻金属的表面处理、转化膜等表面处理技术,为帮助读者全面掌握电镀技术,还对镀液、镀层性能的测试方法进行了阐述,最后提出电镀三废治理的基本方法。本书是为高等工科院校电化学工程专业编写的教材,因此它不同于一般电镀工艺手册,也不同于专著,以介绍电镀的基本概念、基本原理、基本方法为主,同时兼顾操作方法、操作技能、工艺配方等方面的知识。这样,本书也可供从事电镀生产与研究、设计的工程技术人员参考。

为适应高等工科院校电化学工程专业教学的需要,哈尔滨工业大学联合哈尔滨工程大学、燕山大学、郑州轻工业学院等校,决定出版电化学系列丛书,本书就是该系列丛书中的一册。

本书是在王鸿建主编《电镀工艺学》的基础上修订、改编而成的,在《电镀工艺学》中,融汇了王鸿建、屠振密、王素琴等老先生长期的教学经验和科研总结。在此,编者对老先生们表示深深的谢意。在本书的编写过程中,一方面保留了原著精辟、经典的部分;另一方面,编者根据多年来使用《电镀工艺学》教学的体会和见解,结合国内外最新的发展趋势,增加、删除、修订了部分内容。

全书共12章,第1、6章(其中6.9节由冯绍彬编写)由安茂忠编写,第2、8章由李宁编写,第3章由黎德育编写,第4章由李宁与黎德育共同编写,第5章由李宁、黎德育与冯绍彬共同编写,第7章(其中7.1节由黎德育编写)由陈玲编写,第9章由于升学编写,第10、12章由董会超编写,第11章由迟毅编写。全书由安茂忠主编,杨哲龙主审。

由于编者水平所限,疏漏及不足之处在所难免,恳请广大师生批评指正。

编　者

2004 年 8 月

目　　录

第1章 绪 论

1.1 电镀的基本概念

电镀是指通过电化学方法在固体表面上沉积一薄层金属或合金的过程。对这个过程的形象说法,就是给金属或非金属穿上一件金属"外衣",此金属"外衣"称为电镀层。在进行电镀时,将被镀件与直流电源的负极相连,欲镀覆的金属板与直流电源的正极相连,随后,把它们一起放在电镀槽中,镀槽中有含欲镀覆金属离子的溶液(当然还有其他物质),当接通直流电源时,就有电流通过,欲镀的金属便在阴极上沉积出来。电镀装置的示意图见图1.1。

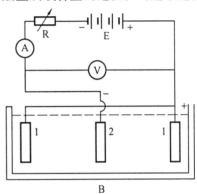

图 1.1 电镀装置示意图

E—直流电源;A—直流电流表;V—直流电压表;
R—可变电阻;B—电镀槽;1—阳极;2—阴极

实际电镀过程比上面描述的要复杂得多,这可从下述几个方面看出:

① 从电源设备来说。早期多用蓄电池组和直流发电机,之后发展了用硒整流器、硅整流器及可控硅电源设备,现在还出现了开关电源等新型直流电源设备。在供电方式上,以前多采用直流电,现在为提高镀层质量,常采用周期换向电流、交直流叠加和脉冲电流等。

② 从电镀方法来说。一般采用挂镀方法,对于小零件,则采用筐镀或滚镀方法,而对于轻而薄的极小零件,则开始采用振动镀的方法。

③ 从操作方式上来说。以前多采用手工操作,劳动强度大,生产效率低,现在逐步采用机械化和自动化设备。例如,各种各样的电镀机已在我国各地投入生产,既减轻了劳动强度,又提高了生产效率。比较先进的是采用微机自动控制,操作者远离镀槽,通过荧光屏来监控电镀现场的运行情况。而更先进的电镀生产线(如印制板电镀生产线)是在封闭的系统中自动连续进行,大大减少了污染。

④ 从电镀品种来说。常用的单金属电镀有10多种,合金电镀有20多种,而进行过研究的合金镀层则有250多种。这样多的品种,使用的电解液是千差万别的,因此,只有很好地控制工艺规范,才能得到合格的镀层。

作为金属镀层,不管其用途如何,人们对它提出了一些共同的要求:镀层的结构应该是致密的,镀层的厚度分布应该是均匀的,镀层与基体的结合应该是牢固的。

除用电化学方法外,采用化学镀方法也可以得到金属及其合金镀层,如化学镀铜、化学镀 Ni – P 合金等。现代工业生产中,还可用热浸法及物理方法来获得金属镀层。热浸法是将金属零件浸入熔融的其他金属中而获得金属镀层的过程,其目的是提高零件的防腐蚀性及改善外观,此种方法广泛用于钢铁零件的浸锌、锡和铅等。物理方法是指近代发展起来的真空镀、离子镀等方法,这些方法的应用范围在不断扩大,是今后的发展方向之一。

通过电镀可以改变固体材料的表面特性。例如,可以改善外观,提高耐蚀性能、抗磨损、减摩以及其他功能特性,因此,电镀在工业上获得了广泛的应用。目前,电镀广泛用于机器制造工业、无线电电子工业、仪器仪表制造工业、国防工业(兵器、飞机、船舶、火箭及航天器等)、交通运输及轻纺工业等行业。仅机械产品中,需要电镀的零件常达 70% ~ 80%。随着我国社会主义市场经济的发展,黑色金属、有色金属及非金属材料零件的数量将会不断增加,对表面性能的要求也越来越高,这势必给电镀工业提出挑战,同时也给电镀行业带来发展的机遇。

1.2　镀层的分类

金属镀层的分类方法主要有两种:一是按镀层的用途分类;二是按镀层与基体金属的电化学关系分类。

1.2.1　按镀层用途分类

按镀层的用途,可将镀层分为以下三大类。

1.防护性镀层

防护性镀层可用来防止金属零件的腐蚀。例如,一辆 CA141 型汽车上的零件受镀面积可达 10 m^2 以上,这主要是为了防止金属结构件和紧固件的腐蚀。仅就防止金属的腐蚀而言,据粗略估计,全世界钢产量的 1/3 就是因为腐蚀而报废,如果其中的 2/3 可以回收冶炼,那么也将有 1/9 无法使用。将金属零件进行电镀,是防腐蚀的有效措施之一。

通常,镀锌层、镀镉层和镀锡层以及锌基合金镀层(Zn – Fe、Zn – Co、Zn – Ni 等)属于此类镀层。对于黑色金属零件,在一般大气条件下用镀锌层来保护,在海洋性气候条件下,常用镀镉层来保护。对于接触有机酸的黑色金属零件,如食品容器,则采用镀锡层来保护,它不仅具有较强的防蚀能力,而且腐蚀产物对人体无害。

在海洋性气候条件下,当要求镀层薄而抗蚀能力强时,可用锡镉合金来代替镉镀层,而对铜合金所制造的航海仪器,则使用银镉合金将更好些。

2.防护 – 装饰性镀层

对很多金属零件,既要求防腐蚀,又要求具有经久不变的光泽外观,这就要求施加防护 – 装饰性电镀。因为单一金属镀层很难同时满足防护与装饰双重要求,所以,这种镀层常采用多层电镀,即首先在基体上镀上"底"层,而后再镀上"表"层,有时还要镀"中间"层。例如,通常的铜/镍/铬多层电镀即属于此类。像日常所见的自行车、缝纫机、轿车的外露部件大都采用这种组合镀层。有些合金镀层也可作为这类镀层使用,如化学镀 Ni – P 合金镀层,有望作为 Cu/Ni/Cr 的替代镀层。除上述镀层外,彩色电镀层及仿金电镀层也属于此类镀层。

3.功能性镀层

为了满足工业生产或科学技术的一些特殊机械、物理性能的需要,开发了各种各样的功能性镀层,现分述如下。

(1) 耐磨和减摩镀层

耐磨镀层是给零件镀一层高硬度的金属,以增加它的抗磨耗能力。在工业上对许多直轴或曲轴的轴颈、压印辊的辊面、发动机的汽缸和活塞环、冲压模具的内腔、枪和炮管的内腔等均镀硬铬,使它的显微硬度高达 1 000HV 左右。另外,对一些仪器的插拔件,既要求具有高的导电能力,又要求耐磨损,常要求镀硬银、硬金、铑等。

减摩镀层多用于滑动接触面,在这些接触面上镀上韧性金属(减摩合金),它能起润滑作用,从而减少了滑动摩擦。这种镀层多用在轴瓦、轴套上,以延长轴和轴瓦的使用寿命。作为减摩镀层的金属有锡、铅锡合金、铅铟合金、铅锡铜及铅锑锡三元合金等。

(2) 热加工用镀层

为了改善机械零件的表面物理性能,常常要进行热处理。但是对一个部件来说,并不是整个都需要改变它原来的性质,甚至某些部位性能改变后会带来危害,那就要在热处理之前,先把不需要改变性能的部位保护起来。例如,在工业生产中为了防止局部渗碳要镀铜,防止局部渗氮要镀锡,这是利用碳或氮在这些金属中难以扩散的特性来实现的。

(3) 导电性镀层

在电器、无线电及通信设备中,大量使用提高表面导电性的镀层。通常镀的铜、银、金等属于此类镀层。同时,若要求耐磨时,就要镀银锑合金、金钴合金、金锑合金等。另外,在波导元件生产中,大多要镀银、金等。

(4) 磁性镀层

在录音机及电子计算机等设备中,所用的录音带、磁环线、磁鼓、磁盘等存储装置均需磁性材料。目前多用电镀和化学镀方法来制造磁性材料。在生产中,当电镀工艺条件改变时,镀层的磁特性也相应变化,故控制电镀工艺条件,可以获得满意的磁特性。常用的磁性合金镀层有钴镍、镍铁、钴镍磷、钴磷、钴钨磷、钴锰磷、钴镍铼磷等,作为磁光记录材料,有钆钴、钐钴、铽铁钴等。

(5) 抗高温氧化镀层

当前在许多先进技术部门中,需使用高熔点的金属材料制造特殊用途的零件,但这些零件在高温腐蚀介质中容易氧化而损坏。例如,转子发动机的内腔、喷气发动机的转子叶片、电子管及晶体管的管脚与插座等,常需要镀镍、铬和铬合金镀层。在某些情况下,还使用复合镀层,如 $Ni - ZrO_2$、$Ni - Al_2O_3$、$Cr - TiO_2$、$Cr - ZrB_2$ 等以及 Fe、Ni、Cr 扩散镀层。

(6) 修复性镀层

一些重要机器零件被磨损以后,可以采用电镀法进行修复,如汽车、拖拉机的曲轴、凸轮轴、齿轮、花键,纺织机的压辊,深井泵轴等均可用电镀硬铬、镀铁(或复合镀铁)加以修复;印染、造纸、胶片行业的一些机件也可用镀铜、镀铬来修复;印刷用的字模或版模则可用镀铁来修复。

除上述功能镀层外,为了防止硫酸和铬酸的腐蚀,常需要电镀铅;为了增加反光能力,常电镀铬、银、高锡青铜等;为了消光,可电镀黑镍或黑铬镀层。此类镀层太多,这里不再一一赘述。

随着科学技术的发展,电镀或电沉积方法还可用于制备一些高性能尖端材料薄膜,如超导氧化物薄膜、电致变色氧化物薄膜、金属化合物半导体薄膜、形状记忆合金薄膜、梯度材料薄膜等。

1.2.2　按镀层/基体的电化学关系分类

按照镀层金属和基体金属(或合金)的电化学关系,可把镀层分为两大类,即阳极镀层和阴极镀层。前者如铁上镀锌,后者如铁上镀锡。这种分类对镀层选择和金属组件的搭配是十分重要的。

所谓阳极镀层,就是当镀层与基体金属构成腐蚀微电池时,镀层作为阳极而首先溶解。这种镀层不仅能对基体起机械保护作用,而且能起电化学保护作用。就铁上镀锌而言,在通常条件下,由于锌的标准电极电势比铁负($\varphi^{\ominus}(Zn^{2+}/Zn) = -0.76$ V, $\varphi^{\ominus}(Fe^{2+}/Fe) = -0.44$ V),当镀层表面有缺陷(针孔、划伤等)而露出基体时,如果有水蒸气凝结于该处,则锌、铁就形成了所谓的腐蚀电偶,如图 1.2(a)所示。此时锌作为阳极而溶解,$Zn - 2e = Zn^{2+}$,而铁作为阴极,H^+ 在其上放电而逸出氢气,从而保护铁不受腐蚀。因此,我们把这种情况下的锌镀层叫做阳极镀层。为了防止金属腐蚀,应尽可能选用阳极镀层。

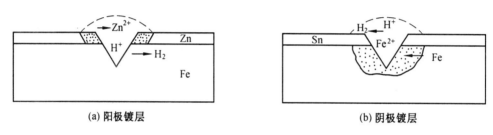

(a) 阳极镀层　　　　　　　　　　　　　　　(b) 阴极镀层

图 1.2　不同镀层的腐蚀模型

所谓阴极镀层就是镀层与基体构成腐蚀微电池时,镀层为阴极。这种镀层只能对基体金属起机械保护作用。例如,在钢铁基体上镀锡,当镀层有缺陷时,铁锡就形成了图 1.2(b)所示的腐蚀电偶,锡的标准电极电势($\varphi^{\ominus}(Sn^{2+}/Sn) = -0.14$ V)比铁正,它是阴极,因而腐蚀电偶作用的结果将导致铁阳极溶解,而氢在锡阴极上析出。这样一来,镀层尚存,而其下面的基体却逐渐被腐蚀,最终镀层也会脱落下来。因此,阴极镀层只有当它完整无缺时,才能对基体起机械保护作用,一旦镀层被损伤以后,它不但保护不了基体,反而加速了基体的腐蚀。

必须指出,金属的电极电势是随介质而发生变化的,因此,镀层究竟属于阳极镀层还是阴极镀层,需视介质而定。例如,锌对铁而言,在一般条件下是典型的阳极镀层,但在 70 ~ 80℃的热水中,锌的电势变得比铁正了,因而变成了阴极镀层。再如锡对铁而言,在一般条件下是阴极镀层,但在有机酸中却成了阳极镀层。

值得注意的是,并非所有比基体金属电势负的金属都可以用做防护性镀层。如果镀层在所处的介质中不稳定,它将迅速被介质腐蚀,因而失去了对基体的保护作用。锌在大气中能成为黑色金属的防护性镀层,就是由于它既是阳极镀层,又能形成碱式碳酸锌 $[ZnCO_3 \cdot Zn(OH)_2]$ 保护膜,所以很稳定。但是在海水中,锌对铁而言仍是阳极镀层,然而,它在氯化物中不稳定,从而失去保护作用,所以,航海船舶上的仪器不能单独用锌镀层来防护,而需要用镉镀层或代镉镀层。

1.3 电镀工业的发展概况及展望

镀银最先是由意大利 Brugnatelli 教授于 1800 年提出的。大约在 1805 年,他又提出了电镀金。到 1840 年,英国的 Elkington 提出了氰化镀银的第一个专利,并用于工业生产,这是电镀工业的开始。他提出的镀银电解液一直沿用至今。人们常说氰化物电镀到现在已有 160 多年的历史,所指的就是从 1840 年开始的。在同年,Jacobi 提出从酸性溶液中电铸铜的第一个专利。1843 年,酸性硫酸铜镀铜用于工业生产,同年 R. Böttger 提出了镀镍。1915 年用酸性硫酸锌对钢带进行镀锌,1917 年 Proctor 提出了氰化物镀锌,1923 ~ 1924 年 C. G. Fink 和 C. H. Eldridge 提出了镀铬的工业方法。从而使国外的电镀工业逐步发展成为完整的工业体系。

电镀合金已有 160 多年的历史。早在 1840 年前后,有关电镀合金的报道就陆续出现,最早得到的是电镀贵金属合金(如金合金、银合金等,主要以装饰为目的)和电镀铜锌合金(黄铜)、铜锡合金(青铜)。1870 年首次出版了电镀青铜的专著。Spitzer 于 1905 年发表了电镀黄铜及其电沉积理论的研究论文;Fild 在 1910 年发表了电镀黄铜、Cu - Ag 合金的论文;1910 ~ 1930 年间,Hoing、Blum 等人相继发表了关于镀液性能、镀层结构分析的论文;1931 ~ 1950 年间,电镀合金发展迅速,研究的合金种类较多,并且开发出了光亮电镀工艺;1962 年,Brenner 系统地总结了前人的研究工作,出版了全面介绍电镀合金工艺及其原理的专著《Electrodeposition of Alloy, Principles and Practice》;之后,Krohn、Sivakumar、青谷薰、Khomutov、Srivastava、Fedot、东敬、林忠夫、仓知三夫、小西三郎等人先后总结了不同时期的电镀合金的发展状况,并发表论文或出版专著。

由于影响电镀合金工艺的因素较多,所以为了获得具有特殊性能的合金镀层,需要严格控制电解液的成分和工艺条件。对合金电沉积动力学的研究比单金属电沉积困难得多,因此,在开始相当长的时间内发展缓慢,合金镀层未能广泛地应用到生产上。随着科学技术和现代工业的发展,对各种材料表面提出了各种各样的新要求,合金镀层又具有一般单金属镀层所不具备的优异性能,所以合金电沉积的研究越来越引起人们的重视。到目前为止,电沉积能得到的合金镀层大约有 250 多种,但在生产中得到应用的较少,其代表性的镀层有:Cu - Zn、Cu - Sn、Ni - Co、Sn - Ni、Pb - Sn、Cd - Ti、Zn - Ni、Zn - Sn、Ni - Fe、Au - Co、Au - Ni、Pb - In、Pb - Sn - Cu 等。

我国电镀工业是何时开始的无据可查,但是,其发展史大致分为三个阶段:解放前(1949 年以前)为第一个阶段,解放后至改革开放前(1978 年前)为第二个阶段,1978 年后至今为第三个阶段。解放前我国的电镀工业几乎是一个"空白",少数沿海城市仅有的几个电镀作坊,其多数被外国资本家所控制,技术保密,生产落后,工人劳动环境恶劣,只能做一些日用品。

新中国成立之后,电镀工业迅速地发展起来。在大型的汽车和拖拉机制造厂、船舶制造厂、机车车辆厂、无线电电子工厂、飞机及仪表制造厂、导弹和卫星制造厂等都设有电镀车间,并且还新建了很多专业电镀厂。与此同时,还成立了相应的研究所和设计室,在高等学校和专科学校也设立了相应的专业。各个工业部都制订了自己的行业电镀标准,并成立了情报站和交流网,各有关省市成立了电镀学会或协会。新中国成立 50 多年来,电镀工业战线上的工程技术人员、工人和干部,勇于开展技术革新和技术革命,使我国电镀工业取得了很大成就。例如,我国自己设计并制造出了各种型号的自动电镀机,自行开发的代镍镀层——铜锡合金电镀大量投入生产。从 20 世纪 70 年代开始进行了无氰电镀的研究工作,使无氰镀锌、镀铜、镀镉、镀金等投入生产;大型制件的硬质镀铬、低浓度铬酸镀铬、低铬酸钝化、双极性电镀、换向电镀、脉冲电镀等先后在生产中使用;光亮镀铜、光亮镀镍、双层镍、三层镍、镍铁合金和减摩镀层亦用于生产;无氰镀银及防银变色、三价铬盐镀铬、真空镀和离子镀也取得可喜的成果。在电镀理论研究方面,快速电化学测量、有机添加剂的电极行为、双配位剂电镀理论、镀层显微组织和结构等均取得较大的进展。

改革开放之后,特别是实行社会主义市场经济之后,我国的电镀工业得到了突飞猛进的发展。尤其是在锌基合金电镀、复合镀、化学镀镍磷合金、电子电镀、纳米电镀、功能性镀层开发等方面取得重大进展。1984 年中国电镀协会(现已更名为中国表面工程协会电镀分会)成立,该协会每两年举行一次全国学术年会,加强了电镀技术情报的交流。除此之外,中国电子学会生产技术学分会电镀专业委员会(自 2002 年 1 月起中国科学技术协会规定不再设立三级学会,因此电镀专业委员会更名为电镀专家委员会)也频繁地举行全国性的学术年会和电镀设备展览会。由于国外相关大公司的介入,尤其是合资企业的出现,使我国电镀水平得到了大幅度的提高。

虽然如此,我国电镀工业的现状与发达国家相比还有很大差距,必须奋起直追,才能赶上世界先进水平。展望未来,我国的电镀工业将会在下述几个方面得到发展。

1.形成一个比较完备的电镀技术开发体系

今后将会出现一些新的以电镀为专业的研究所和研究室,这些研究单位将进行添加剂、溶液、材料等的研究和生产。技术成果商业化的趋向变得更加明显,可能会出现少数全国性的研究中心和供应中心。电镀设备的研究、生产和供应将向专业化、系列化方向发展。可能进行工艺技术、化工原料和设备成套进入市场的尝试。这样就会形成一个比较完备的电镀技术开发体系。

2.扩大对外技术交流

扩大对外技术交流不仅表现在资料、人员的交流上,国外的添加剂、设备、测试仪器将会更多地进入我国市场,并出现添加剂销售、生产和研制方面的联合经营。这将促进我国电镀技术水平的提高。

3.在环境保护方面将进入综合对策时期

我国电镀行业经过了"无氰电镀"阶段,又进行了不惜一切代价地运用各种废水处理方法的尝试,在环境保护方面逐渐成熟起来。今后,电镀界将主要侧重于污染少、易处理的工艺研究,低浓度溶液的应用,清洗方法的改进,废水处理方法的联合使用,三废的综合利用等。在不久的将来,电镀行业将进入无氰、无铬电镀的时代,电镀废水的零排放也指日可待。

4.明确电镀技术发展的主要方向

电镀技术发展的主要方向将是提高电解液和镀层的性能,提高生产效率和经济效益。

当前,环境保护工作一直是电镀行业的中心,但是也出现过忽视电镀技术本身发展的现象。今后数年,提高电解液性能,提高镀层的抗蚀能力、机械性能、电气性能和装饰效果,以及节省贵金属等将成为主要目标,对新工艺将进行综合技术经济评价,而不是片面地突出某一指标。

5.努力提高工艺管理和设备配套,切实提高产品质量

我国电镀技术同国外最大差距是生产中的工艺管理、溶液维护,不能使研究成果在生产中体现出来,相应的过滤、处理和控制等设备相对落后,这就使我国电镀产品在抗蚀能力和外观质量等方面明显低于国际先进水平。这一点尚未引起我国电镀界的足够重视,但是随着我国工业产品进入国际市场,今后几年中电镀界将会努力提高产品质量。

6.电解液和镀层的测试方法将向国际标准靠拢

今后将建立质量检测中心,综合利用大型精密的测试手段及方法,其发展方向必定是向国际标准靠拢。

展望未来,我国电镀工业技术的发展将会出现一个崭新局面,愿我国电镀工业早日建成一个自立于世界的较为完备的电镀技术开发体系。

第2章 金属电沉积

2.1 金属离子阴极还原的可能性

从原则上讲,只要电极电势足够负,任何金属离子都有可能在电极上还原或电沉积。但是,如果金属离子的还原电势比溶剂的还原电势低,在金属还原之前就会发生溶剂的分解。因此,我们有必要对金属的还原可能性进行探讨。

在周期表中,金属元素基本上按照氧化还原活泼性顺序排列。因此,我们可以利用周期表来大致说明实现金属离子还原过程的可能性。一般说来,若金属元素在周期表中的位置愈靠左边,它们在电极上还原及电沉积的可能性就愈小;反之,金属在周期表中的位置愈靠右边,则这些过程愈容易实现。在水溶液中大致可以铬分族为分界线。位于铬分族左方的金属元素不能在电极上电沉积。铬分族诸元素中除铬能较容易地自水溶液中电沉积外,钨、钼的电沉积都极困难(然而还是可能的)。位于铬分族右方诸金属元素的简单离子都能较容易地自水溶液中电沉积出来(表2.1)。

表2.1 元素周期表

周期 \ 族	IA	IIA	IIIB	IVB	VB	VIB	VIIB	VIII			IB	IIB	IIIA	IVA	VA	VIA	VIIA	0
三	Na	Mg											Al	Si	P	S	Cl	Ar
四	K	Ca	Sc	Ti	V	Cr	Mn	Fe	Co	Ni	Cu	Zn	Ga	Ge	As	Se	Br	Kr
五	Rb	Sr	Y	Zr	Nb	Mo	Tc	Ru	Rh	Pd	Ag	Cd	In	Sn	Sb	Te	I	Xe
六	Cs	Ba	稀土	Hf	Ta	W	Re	Os	Ir	Pt	Au	Hg	Tl	Pb	Bi	Po	At	Rn

→金属元素	→水溶液中有可能沉积出来	→氰化物溶液中有可能沉积出来	→非金属元素

这种划分方法主要是根据实验事实确定的,即影响分界线位置的因素中既包括热力学因素,也包括动力学因素。例如,若只从热力学数据考虑,则水溶液中 Ti^{2+}、V^{2+} 等离子的电沉积过程还是可能实现的。

需要指出的是,若涉及的电极过程不是简单金属离子在同种电极基底上以纯金属形式析出,则"分界线"的位置可以有很大的变化。具体可能出现下列各种情况。

① 若金属电极过程的还原产物不是纯金属而是合金,则反应产物中金属的活度比纯金属小,因而有利于还原反应的实现。最明显的例子是,若用汞作为阴极,则在水溶液中碱金属、碱土金属和稀土金属离子都能在电极上还原而生成相应的汞齐。还常观察到,在异种金属表面上,可在比 $\varphi_平$ 更正的电势沉积出单原子层或不足单原子层的金属,称为"欠电势沉积"。

② 若溶液中金属离子以比简单水化离子更稳定的配离子形式存在,则为了实现还原反应,就必须由外界供给更多的能量,因而体系的 $\varphi_{\mathrm{平}}$ 变得更负。这显然会使离子析出较困难。例如,在氰化物溶液中,只有铜分族元素及在周期表中位于铜分族右方的金属元素才能在电极上析出,即分界线的位置向右方移动了。在含有其他配位剂的介质中,也可以观察到类似的现象。在含有不同配位剂的溶液中,金属的活泼性顺序不完全相同。

一般说来,若金属离子的外电子层中存在空的 $(n-1)\mathrm{d}$ 轨道,而且在形成配离子时被用来组成杂化轨道,则所形成的配离子一般稳定性较高,它们在电极上也不容易析出。这就说明了过渡族元素往往容易生成稳定性较高且不易在电极上析出的配离子的原因。

③ 在非水溶剂中,金属离子的溶剂化能可能与水化能相差很大。因此在各种非水溶剂中,金属的活泼性顺序可能与水溶液中颇不相同。此外,各种溶剂的分解电势也各不相同,因此某些于水溶液中不能在电极上析出的金属元素可以在适当的有机溶剂中电沉积出来。例如,Li、Al、Mg 等金属不能自水溶液中电沉积,但可以从适当的有机溶剂中电沉积出来。

对于那些有可能在电极上沉积出来的金属离子,当实现电沉积过程时可能出现各种极化现象,如浓差极化、电化学极化以及由于转化反应和结晶过程所引起的极化现象等。如何控制伴随金属电沉积过程的极化现象,是一个有着重大实际意义的问题。在化学电源中,我们总是力图创造最有利的条件,使金属电极反应的极化最小,从而得到较高的能量转换效率。在湿法冶金工业中,减小极化也是降低生产成本的重要途径之一。电镀工业中的情况则正好相反,由于过电势较大时,得到的金属镀层往往具有较好的物理化学性质,实践中总是采取措施来增大伴随电沉积过程的极化现象。

2.2 金属电结晶的基本历程

2.2.1 金属离子在电解液中的存在形式

在同一体系中的金属离子之间,金属离子和水溶液之间,总是相互作用、相互联系着的,金属离子在电解液存在的状态与其放电历程、放电析出层结构是密切相关的。因而很有必要对其有一定的了解。

这里对 NaCl 这种典型的离子晶体溶于水的过程进行考察。如图 2.1 所示,Na^+ 和 Cl^- 离子在水溶液中都要发生水合,这就是盐类的水解,形成相应的阴离子和阳离子。

如同 Na^+ 离子一样,Cu^{2+} 离子在水溶液中有

$$Cu^{2+} + nH_2O \longrightarrow Cu(H_2O)_n^{2+}$$

如同 NaCl 一样,HCl 中的 Cl^- 在水溶液中有

$$HCl + H_2O \longrightarrow H_3O^+ + Cl^-$$

$$Cl^- + mH_2O \longrightarrow Cl(H_2O)_m^-$$

另一方面,向含 Cu^{2+} 离子的水溶液中加入过量的 NaCN 时,Cu^{2+} 将被 CN^- 还原成 Cu^+,同时 Cu^+ 和 CN^- 形成配离子

$$Cu^+ + 3CN^- \longrightarrow Cu(CN)_3^{2-}$$

金属离子和有机阴离子形成的配合物具有一定的稳定性,这种稳定性对电镀来说非常

重要。

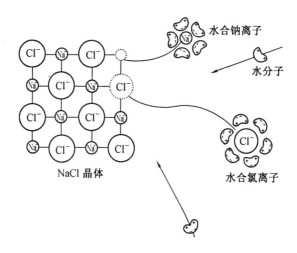

图 2.1　NaCl 离子晶体水合过程

处于氧化态的过渡金属中的 d 轨道或 f 轨道通常总有空位。这使其非常容易形成配合物,而非过渡金属的离子所构成的配合物则不十分稳定。

氰根(CN⁻)能和 Cu、Ag、Au、Pt、Pd、Fe、Co、Ni 等金属离子形成稳定的配合物,但和 Zn、Cd 所生成的配合物便没有那么稳定了,CN⁻ 和 Fe、Ni 离子所生成的配合物由于过分稳定,无法在水溶液中放电,因而不能用氰化物镀液来镀 Fe 和 Ni。

焦磷酸盐也能和几种金属的离子形成配合物,因而可以用其制备 Zn、Cu、Sn、Ni 等金属离子的镀液。

卤素离子也能和若干种类的金属离子形成配合物,如卤化物镀锡液,其中放电配合物为 $SnCl_6^{2-}$。

配合物的电化学性质对于我们十分重要,它影响着镀液和镀层的各种性能,同时使一些在简单盐中无法发生共沉积的金属离子以其配合物的形式沉积出来,获得合金镀层,如 Cu – Zn合金镀层等。

金属离子在水溶液中形成配合物的过程是一步步完成的,如

①　　　　　　　　$Cd(H_2O)_4^{2+} + CN^- \longrightarrow Cd(CN)(H_2O)_3^+$

②　　　　　　　　$Cd(CN)(H_2O)_3^+ + CN^- \longrightarrow Cd(CN)_2(H_2O)_3$

最后生成 $Cd(CN)_4^{2-}$。

在电镀过程中,槽压主要分布在电解液及其与电极的界面上,图 2.2 是电镀过程中法拉第定律及极化产生的示意图。

1974 年,Grahame 将电极表面的情况进行了较为详尽的描述,他将距电极表面 0.1 nm 以内的近电极层称为内亥姆霍兹层。在这层内,裸阳离子在量子力学效应的作用下,在电极表面发生特性吸附,而阴离子及其基团则不与电极表面发生这种作用,也不能在内亥姆霍兹层内整齐排列。Grahame 将距电极表面为 0.2 ~ 0.3 nm 的薄层称为外亥姆霍兹层。裸阴离子及水合金属离子能够进入到该层内,这是由于内亥姆霍兹层吸附在电极表面的阳离子对外亥姆霍兹层所起的静电引力而发生的。内、外亥姆霍兹层又统称为内层或固定层,也称为亥姆霍兹双电层。从固定层向溶液内部方向的数百纳米内的溶液层称为扩散双电层。由扩散

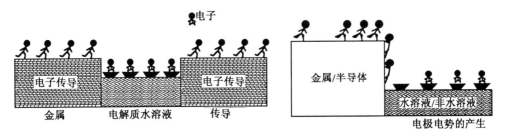

图 2.2　电镀过程中法拉第定律及极化产生的示意图

双电层再向溶液本体延伸的液层称为扩散层。金属水合离子或配离子在以上各层内的受力状况,即能量状态是不同的,如图 2.3 所示。

　　由于溶液本体内有对流发生,因此扩散层的厚度不可能无限制地增长。通常情况下,其最大厚度为 10 μm 左右。这一厚度值总是随着溶液与电极表面的状态不同而发生着复杂的变化。电极的旋转、溶液的流动、温度的升高都会减薄扩散层。但电极高速旋转到一定程度时,可以认为扩散层的厚度趋于零。另外,适当地控制脉冲电流的频率,可使扩散层的厚度减薄到直流状态下的 1/10 左右。随着扩散层的减薄,放电离子向电极表面的扩散阻力减小。这是实现高速电镀的必要条件。也只有在扩散层非常薄的条件下,才能获得与溶液中金属离子组成比相近的合金镀层的必要条件。

　　在扩散层内,水合金属离子的移动受浓度梯度的控制,如图 2.4 所示。在扩散层厚度一定时,金属离子浓度越高,或者在金属离子浓度一定时扩散层厚度越薄,放电金属离子向电极表面扩散的速度越快。这是实现高速电镀的条件。

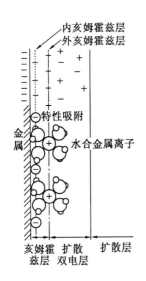

图 2.3　电极/水溶液界面
的结构

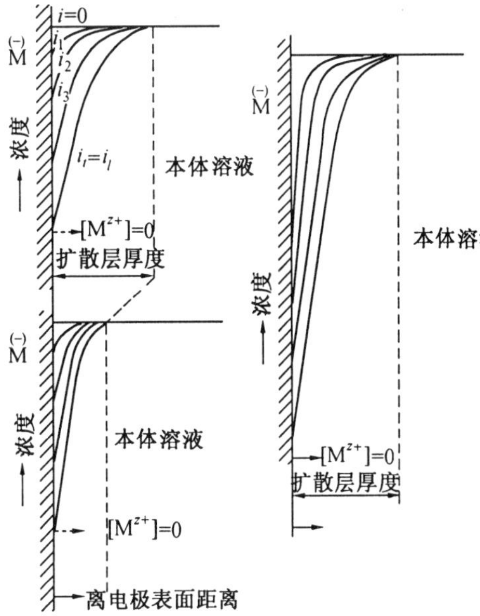

图 2.4　扩散层内金属离子浓度的分布

电极反应速度为

$$i = nFD(c_0 - c_s)/\delta$$

式中　i——反应速度;

n——放电金属离子价态；

D——扩散系数；

F——法拉第常数；

c_o——放电金属离子在溶液本体中的浓度；

c_s——在电极表面的浓度；

δ——扩散层厚度。

在扩散层内的电场强度还不足以使放电金属离子脱去水合的水分子或者配合的配位剂。但在该层内的电场强度却足以使这些配体呈定向排列。放电基团由扩散双电层一进入到亥姆霍兹双电层(紧密层)，便要受到高达 10^7 V/cm 的电场强度的作用，进入紧密层的过程同时也是脱去配体的过程。金属离子的放电是在内亥姆霍兹层与外亥姆霍兹层的中间位置发生。在此位置上，金属离子放电变成了在电极表面可进行二维移动的金属原子。

2.2.2　通电时金属离子的放电历程

电镀的目的是使金属离子在工件(电极)的表面电化学还原而析出金属层，这一过程(图2.5)可分为如下 4 个步骤。

① 金属离子(水合离子或配离子)从溶液的内部向电极表面扩散。

② 金属离子在电场的作用下向电极表面的双电层内进行迁移(在这一步骤中金属离子要脱去其表面的配体)。

③ 金属离子在电极表面接受电子(放电)，形成吸附原子。

④ 吸附原子向晶格内嵌入(形成镀层)。

仔细考察这 4 个步骤的进行速度，可以认为在这一连串的串联反应过程中，进行的最慢步骤的速度为总反应的控制速度，即为放电反应速度。其中哪一步为控制步骤，与放电离子的本性、浓度、电极电势等因素相关。

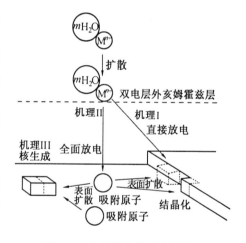

图 2.5　金属析出的反应历程

人们在考虑水合离子进入紧密双电层后，以怎样的途径进入镀层的问题时，存在着两种观点。一种是认为放电离子全部经历了以上 4 个步骤中的 1～3 步。这种意见提出的假说为"全面放电理论"。另一种是认为，金属离子的放电是在金属表面上的低能量点上首先发生的，也就是说在金属电极表面上的缺陷点上放电的，这些缺陷包括位错、空穴、晶界等。这一理论为"局部放电理论"。金属离子在平面位置上放电要比其在缺陷位置上放电所需的能量低，脱去水合离子与配体的过程是放电离子体系吸收能量的过程，在电极表面不同点上放电所需活化能不同，由于水合离子在放电前的变形程度越大，所需能量越高，所以在平面上放电所需能量低于在空穴处放电所需能量，如表 2.2 所示。

表 2.2　不同位置水合金属离子放电所需活化能　　　　　　　kJ·mol^{-1}

金属离子	平　台	阶　梯	位　错	空　穴
Ni^{2+}	540	800	> 800	≫800
Cu^{2+}	540	750	> 750	≫750
Ag$^+$	40	80	150	150

从表 2.2 还可以看出,一价金属离子放电所需活化能远远小于二价金属离子。这些数据支持了电沉积过程中的"全面放电理论"。例如

$$Cu^{2+} + e^- = Cu^+ \tag{1}$$

$$Cu^+ + e^- = Cu \tag{2}$$

研究表明,反应(1)为控制步骤。另一些数据表明多价离子的放电是逐级完成的,所以需要较高的反应活化能。也有一些学者认为二价金属离子有可能一步放电变成金属原子。

金属离子在经历①～③个阶段的放电后,在电极二维表面形成吸附原子,这些吸附原子通过表面扩散到达一维晶体生长线上,再沿生长线到达生长点上,固定并进入晶格。在晶体表面上原子的扩散,随着晶面的不同,所需活化能不同。对于金属银、铜、镍与铅等面心立方金属,其(111)面沉积的活化能最小(数 kJ·mol^{-1}),并按(100) < (011)面的顺序增大。也就是表面扩散按最低能量原理致使(111)面择优生长。

Kossel 认为,晶体表面的一维生长线的表面能高于二维平面,而固定的生长点的能量又高于一维生长线,所以原子最易扩散到晶体表面的缺陷与位错面上,并应该引起晶体的螺旋生长。

2.2.3　结晶的吸附原子表面扩散控制

在许多电极上,吸附原子的表面扩散速度是不大的。如果电化学步骤比较快,则电结晶过程的进行速度将由吸附原子的表面扩散步骤控制;如果电极体系的交换电流较小,则往往由电化学步骤和表面扩散步骤联合控制。

通常导致电结晶步骤缓慢的原因大致有:吸附原子的表面浓度低或者是生长点的表面浓度很小,以致吸附原子的扩散途径比较长,等等。当然,这几种原因也可能同时存在。

现在讨论吸附原子的浓度变化情况。图 2.6 表示电极表面上的一个典型台阶,在这个台阶附近进行着表面扩散过程。若考虑上面的一个无穷小的面积 dx·dy(图2.6),并假设单位表面上平均吸附原子的浓度为 $c_{M吸}$,它对时间 t 的变化应为表面上由法拉第电流(外电流)产生的吸附原子量,减去从该处扩散走的吸附原子量,即

$$\frac{dc_{M吸}}{dt} = \frac{i}{nF} - v \tag{2.1}$$

式中,v 是通过表面扩散从单位表面上移走的吸附原子的平均速度,并假定它与 $c_{M吸}$ 有线性关系

$$v = \frac{c_{M吸} - c_{M吸}^0}{c_{M吸}^0} v^0 = v^0 \frac{\Delta c_{M吸}}{c_{M吸}^0} \tag{2.2}$$

将式(2.2)代入式(2.1),并积分($t = 0$ 时,$\Delta c_{M吸} = 0$),得

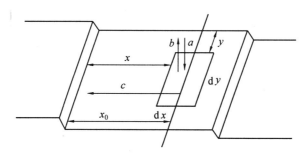

图 2.6　表示电流和吸附原子表面分布的电极表面模型

a—阴极电流；b—阳极电流；

c—表面扩散流量；x、y—距离

$$\frac{\Delta c_{M吸}}{c_{M吸}^0} = \frac{i}{nFv^0}\left[1 - \exp(-t/\tau)\right] \tag{2.3}$$

式中　　τ——暂态过程时间常数，$\tau = c_{M吸}^0/v_0$。

当暂态过程经历了时间 τ 以后，$\Delta c_{M吸}$ 达到稳态值的 $1 - 1/e$（约为 63%）。

若同时考虑电化学步骤和结晶步骤的影响，则电结晶过程达到稳态以后，极化曲线应具有形式

$$i = i_0\left[\frac{c^* - c_{M吸}}{c^* - c_{M吸}^0}\exp\left(\frac{\alpha nF}{RT}\eta_K\right) - \frac{c_{M吸}}{c_{M吸}^0}\exp\left(-\frac{\beta nF}{RT}\eta_k\right)\right] \tag{2.4}$$

式中　　c^*——相当于吸附原子铺满整个表面时吸附原子的表面浓度；

i_0——电化学步骤的交换电流。

在平衡电势附近 $|\eta_k| \ll (RT/\alpha nF)$，可以忽略指数项展开式中的高次项。若此时 $c^* \gg c_{M吸}^0$（表面吸附原子很少时），则近似地有 $c^* - c_{M吸}/c^* - c_{M吸}^0 \approx 1$ 及 $\Delta c_{M吸} \ll 1$。如此式(2.4)可简化为

$$\eta_k = \frac{RT}{nF}\left(\frac{i}{i_0} + \frac{\Delta c_{M吸}}{c_{M吸}^0}\right) \tag{2.5}$$

由式(2.5)可知，在这种情况下出现的过电势等于电化学步骤和结晶步骤分别引起的电势之和，即

$$\eta_k = \eta_{电化学} + \eta_{结晶} \tag{2.6}$$

根据 i/i^0 和 $\Delta c_{M吸}/c_{M吸}^0$ 两项的相对大小，通过电流时可以出现几乎纯粹的电化学极化，或者是混合极化，或者几乎纯粹由于结晶步骤所引起的极化。

2.2.4　晶核的形成与长大

在固体电极上形成金属结晶的另一种理论是晶核的形成与长大。这种理论在 1950 年以前占主导地位，这一阶段对成核作用强调过多也太绝对。以后发现，只有在过电势足够大时，才能在阴极上形成晶核。电结晶过程和其他结晶过程有某些共同的规律。众所周知，由盐溶液中析出盐的晶体需要过饱和度；由液态金属变为固态金属需要过冷度；而金属离子从溶液中电结晶则需要过电势。金属晶核能够稳定存在，形成晶核过程的自由能一定是下降的，即自由能的变化小于零。

形成晶核过程的能量变化由两部分组成:一部分是形成晶核的金属由液相变为固相释放能量,使体系自由能下降,另一部分是形成新相,建立相界面需要吸收能量,使体系自由能升高,所以,形成晶核过程的自由能变化 ΔG 应等于这两部分的总和。在讨论形成晶核所需要的表面能时,晶核的形状可以设为正方形、球形和圆柱形。晶核的形成可以是三维的,也可以是二维的,在这里假设晶核是二维的圆柱形状,从而导出形成晶核的速度与过电势的关系。

体系自由能变化 ΔG 是晶核尺寸 r 的函数,即

$$\Delta G = -\frac{\pi r^2 h \rho nF}{M}\eta_k + 2\pi rh\sigma_1 + \pi r^2(\sigma_1 + \sigma_2 - \sigma_3) \tag{2.7}$$

式中　　ρ —— 晶核密度;

h —— 一个原子的高度;

n —— 金属离子的化合价;

F —— 法拉第常数;

M —— 沉积金属的原子量;

σ_1 —— 晶核与溶液之间的界面张力;

σ_2 —— 晶核与电极之间的界面张力;

σ_3 —— 溶液与电极之间的界面张力。

由式(2.7)可知,当 r 较小时,晶核的比表面大,表面形成能难以由沉积金属的化学位下降所补偿,此时 ΔG 升高,晶核不稳定,形成的晶核会重新进入溶液;当 r 较大时,晶核的比表面减小,表面形成能可以由化学位下降所补偿,此时体系的 ΔG 是下降的,形成的晶核才能稳定。所以, ΔG 随 r 的变化曲线有一极大值,对应极大值的半径称为临界半径,晶核尺寸大于临界尺寸时,才能稳定存在。根据 $\partial\Delta G/\partial r = 0$ 求得临界半径

$$r_c = \frac{h\sigma_1}{\left[\dfrac{h \rho nF}{M}\eta_k - (\sigma_1 + \sigma_2 - \sigma_3)\right]} \tag{2.8}$$

由此可以看出, r_c 随过电势 η_k 的升高而减小。

当晶核与电极是同种金属时, $\sigma_1 = \sigma_3$, $\sigma_2 = 0$,将式(2.8)代入式(2.7),可得 ΔG 与过电势 η_k 的关系式,即

$$\Delta G_c = \frac{\pi h\sigma_1 M}{\rho nF\eta_k} \tag{2.9}$$

二维晶核形成速度 W 与过电势 η_k 有下列关系

$$W = K\exp\left(-\frac{\pi h\sigma_1^2 NM}{\rho nFRT} \cdot \frac{1}{\eta_k}\right) \tag{2.10}$$

以上表明,过电势越大,成核速度越大,晶粒越细。假设晶核与电极是同种金属,式(2.10)适合第一层长满后的各层生长,也适合过电势高的情况。

上面讨论的是二维晶核的成核速度与过电势的关系。实际上,如果沉积的金属和电极是不同材质,并且这种金属不能在电极上延续生长时,虽然有电极的依附,也会出现三维晶核,例如,在铂上沉积 Cd、Ag 和 Pb 时就是如此。爱得 – 格鲁兹等人导出的三维晶核的成核速度与过电势的关系式为

$$W = K\exp\left(-\frac{b}{\eta_k^2}\right) \tag{2.11}$$

式中　K、b——常数；

　　　　η_k——阴极过电势。

由式（2.11）可见，随着过电势的升高，形成晶核的速度急剧增加。

2.2.5　螺旋生长机理

如果晶面的生长完全按照图 2.5 中所表示的方式进行，则当每一层长满后，生长点和生长线就消失了。这样，每一层晶面开始生长时都必须先在一层完整的晶面上形成二维晶核。这时将会看到，如果形成的晶核能继续长大，就必须有一定的临界尺寸，而形成具有这种临界尺寸的晶核时，应出现较高的过电势。换言之，如果晶面按照这种方式进行生长的话，就应该出现周期性的过电势突跃。这种情况上面已经叙述过。然而，在大多数实际晶面生长过程中却完全观察不到这种现象，这表示晶面生长时并不需要形成二维晶核。

目前普遍认为，由于实际晶体中总是包含着大量的位错，如果晶面绕着位错线生长，特别是绕着螺旋位错线生长，生长线就永远不会消失，如图 2.7 所示。图 2.7(a)、(b) 分别表示一个向右旋转的微观台阶和一个向左旋转的微观台阶的螺旋位错。晶面通过台阶线绕螺旋位错显露点 A 旋转生长，吸附原子沿径向和旋转方向并入点阵，最后导致每一层沿径向放射性的扩展和每一个新层沿同样方向显露。在某些沉积层的表面，甚至由低倍显微镜就可观察到螺旋形的生长台阶，形成一些金字塔形的晶粒，如图 2.8 所示，这可能是一对方向相反的螺旋位错所引起的。

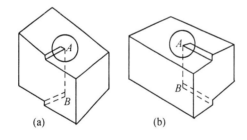

图 2.7　螺旋位错示意图

图 2.8　按螺旋位错生长的镀层显微照片

2.3　金属析氢过电势

2.3.1　析氢过电势

析氢过电势是指伴随氢气析出反应的过电势，其值与金属的种类相对应，在 Hg 和 Pb 上，析氢所需要的过电势很高，而在 Pt 和 Pd 上就特别的低，即使是同一种金属，其表面状态不同时的析氢过电势也不相同。之所以用 Hg 作电极进行食盐水的电解，就是因为氢在 Hg 上的析氢过电势高，不易发生和 Na^+ 的竞争析出反应。

根据析氢反应的控制步骤的不同，人们曾提出了三种机理假说，见图 2.9。

（1）弗奥鲁马机理

费奥鲁马机理假说认为，析氢的控制步骤为表面金属吸附氢原子的生成过程

$$H_3O^+ + M + e^- \longrightarrow M—H + H_2O$$

符合这种机理的金属有 Hg、Pb、Zn、Cu 等等，这些金属都属于高氢过电势金属。

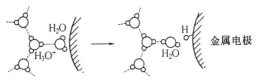

(a) 弗奥鲁马机理

（2）质子放电机理

质子放电机理假说认为，析氢的控制步骤为质子吸附有氢的金属上的放电反应

$$H_3O^+ + M—H + e^- \longrightarrow H_2 + M + H_2O$$

银电极的析氢反应便属于这一过程。

(b) 质子放电机理

（3）塔菲尔机理

塔菲尔机理认为，析氢的控制步骤为被吸附的氢原子之间的复合过程

$$M—H + M—H \longrightarrow 2M + H_2$$

(c) 塔菲尔机理

图 2.9　氢电极反应机理

Pt、Pd 等金属表面的电化学析氢便属于这一历程。

目前，一种析氢过程假说将这三种机理统一了起来，认为析氢过程分为如下两个步骤：

① H^+ 在电极表面放电，形成表面吸附氢原子

$$H^+ + M + e^- \longrightarrow M—H$$

② 吸附的氢原子之间复合生成氢气

$$2M—H \longrightarrow 2M + H_2 \uparrow$$

由于金属对氢的溶解度的不同，其析氢过电势不同，在 Zn、Pb、Hg 等金属中氢的溶解度很低，因而析氢过电势高。

在 300 g/L 的 $ZnSO_4$ 溶液中（pH = 3），Zn 的平衡电势为 – 0.177 V（pH = 3.0，25℃），因此 Zn^{2+} 以几乎 100% 的电流效率电沉积出来，而就标准电极电势来讲，氢在理论上应该优先析出来。实验表明，在许多金属上氢的析出过电势与阴极电流密度服从关系式

$$\eta_H = a + b\lg j$$

式中　　η_H——析氢过电势；

　　　　j——电流密度；

　　　　a、b——常数。

析氢过程符合塔菲尔公式。

由上式可知，当 $j = 1$ A/cm² 时，$a = \eta_H$，它与电极材料、电极表面状态、溶液的组成、浓度和温度有关，b 值的变化范围很小，在 0.1 ~ 0.4 V 之间。根据 a 值的不同，可将电极材料分为三类：

① 高氢过电势金属（$a = 1.0 ~ 1.6$ V），主要有 Pb、Cd、Hg、Zn、Sn、Tl、Ca、Bi 等。

② 中氢过电势金属（$a = 0.5 ~ 0.7$ V），主要有 Fe、Co、Ni、Cu、W、Au 等。

③ 低氢过电势金属（$a = 0.1 ~ 0.3$ V），主要有 Pt、Pd 等铂族金属。

于一定溶液组成中在某些金属上氢的 a 值和 b 值如表 2.3 所示。

表 2.3　一定溶液组成中某些金属上的析氢的 a、b 值(25℃)

金属	溶液组成	a/V	b/V
Pb	0.5 mol/L H_2SO_4	1.56	0.110
Tl	0.85 mol/L H_2SO_4	1.55	0.140
Hg	0.5 mol/L H_2SO_4	1.415	0.113
Hg	1.0 mol/L HCl	1.406	0.116
Hg	1.0 mol/L KOH	1.51	0.105
Cd	0.65 mol/L H_2SO_4	1.40	0.120
Zn	0.5 mol/L H_2SO_4	1.24	0.118
Sn	1.0 mol/L HCl	1.24	0.116
Cu	1.0 mol/L H_2SO_4	0.80	0.115
Ag	1.0 mol/L HCl	0.95	0.116
Fe	2.5 mol/L H_2SO_4	0.95	0.13
Fe	1.0 mol/L HCl	0.70	0.125

几种金属在不同电流密度下的析氢过电势和 b 值如表 2.4 所示。

表 2.4　不同电流密度下几种金属的析氢过电势和 b 值

电极	电解液(1 mol/L)	析氢过电势		b 值
		$1A/cm^2$	$10^{-3}A/cm^2$	
Hg	H_2SO_4	1.41	1.05	0.12
Pb	H_2SO_4	1.40	1.00	0.13
Pb	HCl	1.34	0.67	0.22
Sn	HCl	1.06	0.85	0.07
Al	H_2SO_4	1.00	0.70	0.10
Cu	H_2SO_4	0.80	0.44	0.12
Ag	HCl	0.92	0.44	0.16
Fe	HCl	0.75	0.40	0.12
Pt	HCl	0.55	0.09	0.15
Pt	H_2SO_4	0.47	0.09	0.12
Pd	HCl	0.11	0.02	0.03
Pd	KOH	0.52	0.13	0.13
Hg	NaOH	1.45	1.15	0.10
Cu	NaOH	0.69	0.33	0.12

2.3.2　交换电流

交换电流是电镀中的一个重要概念。当电极体系处于平衡态时,位于金属侧的金属原子电化学位与位于溶液侧中的相应离子的电化学位($\Delta G + nFE_{aq}$)是相等的。此时虽然没有宏观反应发生,但微观物质交换仍在发生,绝对阴极电流 i_k^0 等于绝对阳极电流 i_a^0。用同一的符号 i^0 代替 i_a^0 和 i_k^0 称为交换电流,i^0 的计算公式为

$$i^0 = nFK^{-3a} \cdot c \frac{(1-\alpha)}{M^{n+}}$$

将电极电势向负向移动时,也就是使电极发生阴极极化时,设阴极过电势值为 η_c,则电极所处的电化学平衡状态便不再存在。此时金属一侧中原子的电化学位下降了 $(1-\alpha)nF\eta_c$,而位于溶液侧的相应的金属离子的电化学位升高了 $\alpha nF\eta_c$。于是便发生了 $M^{n+} + ne^- = M$ 的阴极反应。当 $\eta_c > 50$ mV 以上时,可以忽略该反应的逆过程,平衡被彻底地破坏了。此时有

$$i_c = i^0 \exp\{(-\alpha nF/RT)\eta_c\}$$

$$\eta_c = 2.3(RT/\alpha nF)\lg i^0 - 2.3(RT/\alpha nF)\lg i_c = a + b\lg i_c$$

常数 a 为塔菲尔曲线的截距,包含了交换电流 i^0 的对数项。

由于金属本性的不同,同一电极反应在不同电极上 i^0 也会有很大差异,例如,在 1.0 mol/L HCl 中汞电极上析氢的电极反应($H^+ + e^- \longrightarrow \frac{1}{2}H_2$)的 $i^0 \approx 1.7 \times 10^{-12}$ A/cm², 而同一电极反应在铂电极上进行时,则 $i^0 \approx 1.6 \times 10^{-3}$ A/cm², 二者相差约 10 亿倍。对于不同的电极反应,还可以看到交换电流的更大差异。如某些金属 – 金属离子反应的 i^0 可以达到 $10^4 \sim 10^5$ A/cm², 而氮分子电离过程的 i^0 估计小于 10^{-70} A/cm²。 i^0 大小表征了金属离子极化的难易程度。 i^0 越大,说明电化学过程的阻力越小, i^0 依金属的种类不同而不同。Piontelli 按交换电流密度(i^0)大小,将金属分成了三个组,如表 2.5 所示。

表 2.5 交换电流密度大小与金属的分类

交换电流密度 (mA cm^{-2})	$10^3 \sim 10$	$10 \sim 10^{-5}$	$10^{-5} \sim 10^{-12}$
过电势 mV(10 mA·cm^{-2})	$10^{-2} \sim 10$	$10 \sim 350$	$350 \sim 750$
金属分类	Hg Pb Sn Tl Cd In Ag	Cu Zn Bi Sb Au As Ga	Fe Co Ni Rh Pd Pt Cr Mn

当从铜、银、锌、镉、铅、锡等金属的简单盐溶液中沉积这些金属时,它们的极化都很小,即交换电流都很大。一般从这些金属的简单盐溶液中得到的镀层,结晶粗大,结构不致密。

当铁、钴、镍等金属从其相应的硫酸盐或氯化物中电沉积时,它们的交换电流都很小。所以,对这些体系电沉积时,其阴极极化都很大。此极化显然是电化学极化。对这类体系而言,从简单盐溶液中电沉积时,就可获得致密的镀层。

2.4 电沉积金属的形态和结构

电沉积金属的晶体结构主要取决于沉积金属本身的晶体学性质。然而,它的表面形态和结构的形成主要取决于电沉积的条件。金属电沉积和气相沉积、溶液结晶、熔体结晶有许多类似之处,因此,在讨论电结晶时使用的基本概念(例如,表面扩散、高指数晶面生长、二维成核、螺旋位错等)都是从这些领域中引用来的。但是,电结晶和其他结晶还是有很大区别的,这就构成了电沉积金属在组织结构和性能上的特点。这种区别主要是在电极表面存在阴离子或水分子或溶剂化的吸附离子(而不是吸附原子)的吸附层及双电层电场;其次是表面上的吸附粒子在并入点阵之前与基体的相互作用有本质不同,不仅有电化学条件下的吸附离子代替吸附原子,而且有金属和溶剂的交互作用,同时,由于溶液中离子的扩散速度小于气相中原子的扩散速度,所以,扩散控制过程的可能性增大。这些区别从本质上来说是电势对金属表面自由能的影响和表面存在阴离子的接触吸附,造成电结晶的各种形态和结构。

2.4.1 电结晶的主要形态

在电结晶的早期研究工作中,非常注重描述晶体生长的各种形态。1905 年首次做了显微镜下的观察记录,后来使用 Nomarsky 干涉相衬显微镜和偏振光测量技术,得到了比用电子显微镜观察更为丰富的资料。从大量资料中归纳出下面几种形态。

1. 层状

层状(图 2.10(a))形态的台阶平均高度达到 50 nm 左右就可观察到,有时每层还包含许多微观台阶。

2. 金字塔状(棱锥状)

金字塔状(图 2.10(b))是在螺旋位错的基础上,并考虑到晶体生长的对称性而得。棱锥的对称性与基体的对称性有关,锥面似乎不是由高指数晶面构成,而是由宏观台阶构成的,锥体的锥数不定。

3. 块状

块状(图 2.10(c))相当于截头的棱锥,截头可能是杂质吸附阻止晶体生长的结果,截头棱锥向横向生长也发展成为块状。

4. 屋脊状

屋脊状(图 2.10(d))是在吸附杂质存在的条件下,层状生长过程中的中间类型,如果加入少量表面活性剂,屋脊状可以在层状结构的基底上发展起来。

5. 立方层状

立方层状(图 2.10(e))是块状和层状之间的一种结构。

6. 螺旋状

螺旋状(图 2.10(f))是指顶部的螺旋形排布而言,它可以作为带有分层的棱锥体出现。台阶高度大约 10 nm,台阶间隔大约为 1～10 nm,而且随电流密度的减小而增大。

7. 晶须状

晶须状(图 2.10(g))是一种长的线状单晶体,在相当高的电流密度下,特别是当溶液中存在有机物的条件下容易形成。

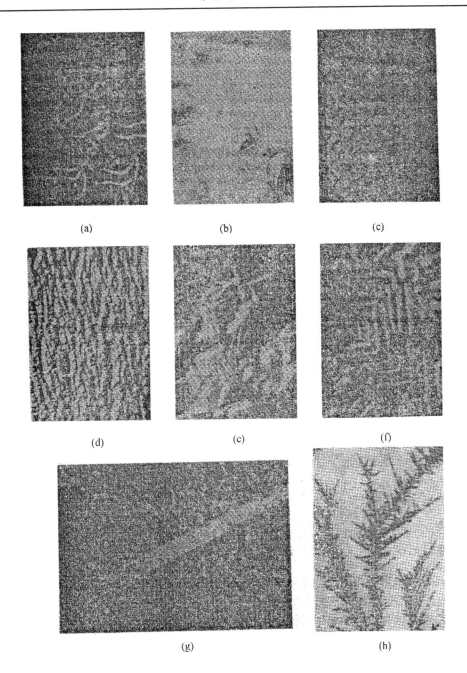

图 2.10　电结晶的主要形态

8.枝晶状

枝晶状(图 2.10(h))是一种针状或树枝状结晶,它常常从低浓度的简单金属盐和熔融盐中得到。当电解液中有特性吸附的阴离子存在时,也容易获得枝晶。枝晶的主干和分支平行于点阵低指数方向,它们之间的夹角是一定的。枝晶可以是二维的,也可以是三维的。

有人提出了电流密度和过电势对铜结晶过程的影响关系,当电流密度和过电势增大时,结晶形态的转变方式为

→屋脊状→层状→块状→多晶体

认为枝晶的产生是在扩散控制条件下电沉积时,晶核的数目本来就不多,形成了粗晶。当达到极限电流密度时,阴极表面附近的溶液中缺乏放电离子,于是只有放电离子能达到的部分晶面才能继续生长,而另一部分晶面却被钝化,结果便形成了枝晶。例如,在无表面活性剂的硫酸盐电解液中镀锡和镀铅,以及在正常电解液中采用过高的电流密度时,都会产生枝晶。

2.4.2　电镀的外延与结晶的取向

在一种金属基体上电沉积同一种金属时,通电后的最初一段时间内,由于被沉积的金属原子在基体表面力场的作用下,优先进入基体表面上现成的晶格位置,故所形成的镀层可以与基体的结晶取向完全一致。若是一种金属电沉积在另一种金属基体上,在通电的初始阶段,同样也会出现镀层沿袭着基体晶格生长的现象。这就是通常所说的外延。实验结果表明,在被沉积的金属与基体金属的晶格参数差别不足 15% 时,容易发生外延生长。通常这种外延影响的延伸厚度可达 100 nm,外延持续时间的长短与电结晶过程中出现的位错有关。在电沉积过程中任何引起镀层中产生位错的因素,都会促使外延生长提早结束。

随着电沉积过程的延续,不管基体金属的结晶学性质如何,镀层终归会由外延转变为由无序取向的晶粒构成的多晶沉积层。在这种多晶沉积层继续生长过程中,新形成的沉积层将有相当数量的晶粒出现相同的特征性取向,即出现了通常所说的择优取向。各晶粒的三根晶轴中,若有一根与参考坐标系具有固定的关系,例如,在晶粒中存在着一根垂直于基体表面的晶轴(择优取向轴),则可形成一维取向。如果择优取向轴不只一根,则随着镀层厚度的不同,择优取向轴可由一个晶轴转变为另一个。

镀层的结构是在金属电沉积过程中形成的,电沉积的具体条件(镀液的组成、pH 值、电流密度、温度、调制电流的波形、电极的转速等)自然会对镀层的结构有影响。例如,在硫酸盐溶液中镀锌时,随着 H_2SO_4 与 $ZnSO_4$ 含量之比由小变大,镀层的择优取向轴将发生变化,而且明胶等胶体物质加入镀液中后,也会对镀锌层的择优取向轴有明显影响。在普通镀镍液中于较低电流密度下电沉积镍时,择优取向轴为(110),随着电流密度的提高,择优取向轴将发生变化,而且这种变化与 pH 值有关,当 pH < 2.5 时,择优取向轴为(100),而 pH 高于2.5后,择优取向轴转变为(211),随着电流密度的进一步提高,当 pH < 2.5 时,晶粒按(210)晶向择优,当 pH > 2.5 时,则变成以(100)为择优取向轴。此外,将 I^- 和丁炔二醇加入镀镍液中,也会使镀镍层的择优取向轴发生显著变化。

2.5　金属配离子还原时的极化

在元素周期表中,ds 及 p 区元素由于其最常见的价态都容易失去 s 轨道的电子,因而不容易和配位剂配合,而这些金属元素 i^0 值都较大,在放电时十分容易沉积出粉末层,这是因为结晶成为阴极过程的控制步骤,因而往往采用配位剂对 ds 区及 p 区元素进行配合,以提高其阴极沉积过电势,常用的配位剂有氰化物、氢氧化物、卤化物、柠檬酸、焦磷酸、氨三乙酸等等。为了使镀液稳定往往要加入过量的配位剂,这就是通常所说的游离配位剂,金属离子的配合使其放电电势向负向偏移,受金属离子的不同以及配位剂的种类与量的不同等诸多因素的影响,偏移的幅度也不相同。

2.5.1 配合物中金属离子的浓度

在配合物电解液中,沉积金属以配离子的状态存在。虽然配离子具有相当高的稳定性,但是,总有一部分电离,并能建立电离平衡

$$ML_k^{(n-kp)} \rightleftharpoons M^{n+} + KL^{p-}$$

$$K_{\text{不稳}} = \frac{[M^{n+}][L^{p-}]^k}{[ML_k^{(n-kp)}]}$$

$K_{\text{不稳}}$是配离子在一定温度下的电离平衡常数,称为配合物的不稳定常数,它表达了配合物的稳定性。$K_{\text{不稳}}$越小,配离子的稳定性就越大。下面举例说明配合物电解液中各真实组分的估计含量和沉积金属的存在状态。

氰化物镀铜溶液配方的基本组成为

CuCN   35 g/L(≈ 0.4 mol/L)

NaCN   48 g/L(≈ 1.0 mol/L)

Cu^+和CN^-形成的配离子可能有$[Cu(CN)_2]^-$、$[Cu(CN)_3]^{2-}$、$[Cu(CN)_4]^{3-}$等不同形式。根据所给配方中$[CN^-]/[Cu^+]$的值来看,以$[Cu(CN)_3]^{2-}$形式存在是合理的。在水溶液中$[Cu(CN)_3]^{2-}$的电离平衡为

$$[Cu(CN)_3]^{2-} \rightleftharpoons Cu^+ + 3CN^-$$

$$K_{\text{不稳}} = \frac{[Cu^+][CN^-]^3}{[Cu(CN)_3^{2-}]} = 2.6 \times 10^{-29}(18 \sim 30℃)$$

$K_{\text{不稳}}$如此之小,可以认为全部的铜都被配合成$[Cu(CN)_3]^{2-}$,即三氰合铜(I)配离子,这种配离子在溶液中的浓度近似地等于 0.4 mol/L;而游离氰化物(CN^-)的含量则近似地为 $1.4 - 3 \times 0.4 = 0.2$ mol/L。依据这些近似数值,就可估计出游离的 Cu^+ 在溶液中的浓度约为

$$[Cu^+] = 2.6 \times 10^{-29} \times [Cu(CN)_3^{2-}]/[CN^-]^3 = 1.3 \times 10^{-27} \text{mol/L}$$

由此可知,氰化物镀铜溶液的真正组分及其含量为$[Cu(CN)_3^{2-}] = 0.4$ mol/L、$[Cu^+] = 1.3 \times 10^{-27}$ mol/L、游离$[CN^-] = 0.2$ mol/L。

从这些数据来看,游离 Cu^+ 的含量可以忽略不计。如果考虑到 1 mol 离子铜含有 6.023×10^{23}个离子,那么就要在 10^4 L 溶液中才有 8 个 Cu^+ 存在。

2.5.2 金属配离子还原时的阴极极化

实践表明,对一些交换电流比较大的简单盐电极体系电沉积时,往往获得粗晶的沉积层。例如,从硫酸盐或氯化物溶液中电沉积铜、镉金属时就是如此。而从配盐(氰化物或其他)溶液中则能得到细致均匀的沉积层。这种现象一般都用配合物电解液具有较高的电化学极化来解释,这就需要进一步探讨这种电化学极化究竟是怎样产生的。

如上所述,在配合物电解液中存在着配离子的电离平衡,沉积金属总是以一定配位数的配离子为其主要存在形式。直接参加放电的,是否就是呈主要存在形式的那种配离子?还是配离子的其他品种(例如,配位数较小的或同配合能力较低的配位体形成的配离子)?或是从配离子电离的简单金属离子?这个问题要首先弄清楚。

过去曾认为配离子必须先离解成简单金属离子,才能在阴极上放电,阴极极化大的原因

是由于配离子离解成简单金属离子困难而引起的。然而,在配合物电解液中实际上不存在简单金属离子放电,因此,使阴极极化增大的这种解释是不能成立的。

以氰化物镀铜为例,在这种电解液中实际上不存在简单金属离子(前面已计算过)。假定在 1 A 的电流下向镀铜槽中通电 1 s(即通入 1 C 的电量),那么就要有 $6.023 \times 10^{23} / 96\,500 \approx 6.2 \times 10^{18}$ 个离子在电极上放电。如果认为通过配离子电离能够提供这个数目的简单金属离子,那么把金属离子脱开配位体一个离子半径(约为 10^{-8} cm)的距离,算它成为简单的金属离子,则 6.2×10^{18} 个金属离子就必须在 1 s 内总共走完 $6.2 \times 10^{18} \times 10^{-8} = 6.2 \times 10^{10}$ cm 的路程。这个速度比光速还要大,所以是不可能的。

另一种解释是配离子可以在电极上直接放电,这里所说的配离子显然是指浓度最大的配离子品种,即所谓"主要存在形式"。然而,主要存在形式的配离子往往具有较高的或最高的配位数,同时也具有较低的能量,与其他配离子品种比较,这种离子放电时需要较高的活化能,因此,它们在电极上直接放电的可能性应该是比较小的。

究竟是哪种配离子在阴极上直接放电,利用测定电化学反应级数的方法,可以对这个问题做出客观的回答,对一些金属配离子的电极过程得到的结果如表 2.6。从这些数据可见,在一般情况下,直接在电极上放电的总是配位数较低的配离子。出现这种情况的可能原因之一,是配位数较低的配离子具有适中的浓度及反应能力,因而反应速度比简单离子和配位数较高的配离子都要大。另外,大多数这类电极反应是在荷负电的电极表面上进行的,而不少配位体带有负电,因而配位数较高的配离子应更强烈地受到双电层电荷的排斥作用。这也会导致配位数较高的配离子不易在电极表面上直接放电,而使配位数较低的配离子成为主要的反应粒子。

表 2.6 直接在电极上放电的配离子

电极体系	配离子的主要存在形式	直接在电极上放电的配离子
$Zn(Hg)/Zn^{2+}$,CN^-,OH^-	$[Zn(CN)_4]^{2-}$	$Zn(OH)_2$
$Zn(Hg)/Zn^{2+}$,NH_3	$[Zn(NH_3)_3OH]^+$	$Zn(NH_3)_2]^{2+}$
$Cd(Hg)/Cd^{2+}$,CN^-	$[Cd(CN)_4]^{2-}$	$c(CN^-) < 0.05$ mol/L 时 $Cd(CN)_2$ $c(CN^-) > 0.05$ mol/L 时 $Cd(CN)_3^-$
Ag/Ag^+,CN^-	$[Ag(CN)_3]^{2-}$	$c(CN^-) < 0.1$ mol/L 时 $AgCN$ $c(CN^-) > 0.2$ mol/L 时 $Ag(CN)_2^-$
Ag/Ag^+,NH_3	$Ag(NH_3)_2^+$	$Ag(NH_3)_2^+$

还必须指出,通过电化学反应级数的测量来确定反应历程的方法还存在一些局限性。不能确定参加反应的配离子是溶液中存在的,或是电极表面存在的。而按反应级数法求出的反应粒子往往在溶液中的浓度极低,甚至无法测出,所以将反应粒子看做表面配合物似乎更为合理。

综上所述,配离子的电化学还原历程大致是:

① 电解液中以主要形式存在的配离子(浓度最大最稳定的配离子),在电极表面上转化成能在电极上直接放电的表面配合物,即化学转化步骤。例如,在碱性氰化物镀锌的电极体系(Zn/Zn^{2+},CN^-,OH^-)中

$$[Zn(CN)_4]^{2-} + 4OH^- \rightleftharpoons [Zn(OH)_4]^{2-} + 4CN^- \quad (配位体交换)$$

$$[Zn(OH)_4]^{2-} \rightleftharpoons Zn(OH)_2 + 2OH^- \quad (配位数减小)$$

又如,在氰化镀镉的电极体系(Cd/Cd^{2+},CN^-)中

$$[Cd(CN)_4]^{2-} \rightleftharpoons Cd(CN)_2 + 2CN^-$$

② 表面配合物直接在电极上放电,例如

$$Zn(OH)_2 + 2e^- \rightleftharpoons [Zn(OH)_2]^{2-} \quad (吸附) \quad (电极与中心离子之间电子传递)$$

$$Zn(OH)_2^{2-} \rightleftharpoons Zn(晶格) + 2OH^- \quad (脱去配位体)$$

又如

$$Cd(CN)_2 + 2e^- \rightleftharpoons [Cd(CN)_2]^{2-} \quad (吸附)$$

$$Cd(CN)_{2(吸附)}^{2-} \rightleftharpoons Cd_{(晶格)} + 2CN^-$$

这样,当金属从配合物电解液中沉积时,呈现较大的电化学极化,应与中心离子周围配位体转化时的能量变化有关。如果电解液中主要存在的配离子转化为活化配合物时的能量变化较大,则金属离子还原时所需的活化能就较高,导致电化学极化增大。

2.5.3 配合剂种类的影响

配合物电解液包括焦磷酸盐、碱性配盐和氰化物等多种。多年来,生产上较多采用氰化物电解液。这种电解液虽有剧毒,但可获得良好的沉积层。从电极过程来看,金属从氰化物电解液中沉积时往往表现出较大的阴极极化。如上所述,较大的阴极极化,是因为氰合配离子转化为能在电极上直接放电的活化配离子时,需要较高的活化能。大多数氰合配离子都具有较小的 $K_{不稳}$ 值,即较稳定。配位体转化的能量变化自然也较大,由此便可以解释为什么氰合配离子还原时往往产生较大的阴极极化。

但是,不能由此导出配离子的 $K_{不稳}$ 值愈小,它在电极上还原时的阴极极化就愈大的结论。首先,$K_{不稳}$ 是一个热力学平衡常数,当金属离子形成配离子时,能量变化(自由能降低)只能影响体系的平衡电势,并不能影响体系的动力学性质,即与金属自阴极上析出的过电势不应有直接的关系。另一方面,上述配离子还原的历程,会不会出现较大的阴极极化,取决于配离子转化成活化配离子时能量的变化。如果溶液中以主要形式存在的配离子的配位体是活化剂(例如 OH^-、Cl^- 等),即使配离子具有较小的 $K_{不稳}$ 值,金属析出时仍然不会呈现明显的电化学极化。在强碱性锌酸盐电解液中镀锌就是典型的例子。Zn^{2+} 与 OH^- 形成 $[Zn(OH)_4]^{2-}$ 的 $K_{不稳}$ 值相当小(约为 $10^{-15.4}$),同 $[Zn(CN)_4]^{2-}$ 的 $K_{不稳}$(约为 $10^{-16.9}$)差不多。但锌酸盐电解液中析出时的 i^0 相当大,并且在碱浓度不超过 $7 \sim 8$ mol/L 时,随 OH^- 浓度的增大而增大,表现出极低的电化学极化,如图 2.11 中的曲线 1、2 所示。

还可以举出焦磷酸盐电解液镀铜的例子。Cu^{2+} 与 $P_2O_7^{4-}$ 形成的配离子 $[Cu(P_2O_7)_2]^{6-}$ 并不具有较小的 $K_{不稳}$ 值(1.0×10^{-9})。但是,铜从这种电解液中沉积时都有显著的阴极极化,与铜从氰化物电解液中析出时的阴极极化差不多,如图 2.11 中的曲线 3、4 所示。

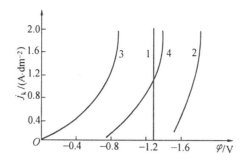

图 2.11　在不同配合物电解液中电沉积时的
阴极极化曲线

1—0.25 mol/L Zn + 3 mol/L KOH(游离) + 0.08 mol/L Na_2CO_3(50℃)；

2—0.5 mol/L Zn + 4.3 mol/L NaCN(总量)(35℃)；

3—35 g/L $CuSO_4$·$5H_2O$ + 150 g/L $Na_4P_2O_7$·$10H_2O$ + 95 g/L Na_2HPO_4·$12H_2O$(室温)；

4—30 g/L Cu + 2 g/L NaCN(游离)(40℃)

综上所述,配合剂的种类不同时,对阴极极化、沉积层质量及其他工艺性能是有显著影响的。这种影响取决于配离子配位体的本性(对电极过程是起活化作用还是阻化作用)及其在转化时的能量变化。配离子的 $K_{不稳}$ 值可以影响配位体转化时的能量变化,因而在某些情况下,$K_{不稳}$ 值较小的配离子还原时呈现较大的阴极极化。但 $K_{不稳}$ 值与阴极极化并不成反比关系,它只影响体系的平衡电势,而不改变体系的动力学性质,所以 $K_{不稳}$ 值常常不是阴极极化增大的充分条件,也不可以用 $K_{不稳}$ 值来预测阴极极化。

由于电极反应的本质是界面反应,因而不论配位剂在溶液中与金属离子形成什么样的配离子,配位剂只能通过影响界面上反应粒子的组成、它们在界面上的排列方式及界面反应速度才可能改变金属的电极反应速度。因此,除了考虑配位剂在溶液中的性质外,还必须考虑其界面性质。如前所述,直接参加电子交换反应的粒子是表面配合物,所以,配位剂本身的表面活性就具有重要的意义。例如,在一些低氰镀锌配方中,当 CN^- 的总量很低时,不可能影响溶液中原有配离子(锌酸盐)的主要存在形式,但存在少量的 CN^- 时,却能提高极化和改善镀层质量。这种事实,只能说明配位剂的表面活性对界面反应产生了影响。

最后还要指出,在配位体不同的配离子中,有的可以荷正电,有的可以荷负电,荷电性质不同的配离子,在电场存在下对传质过程将发生不同的影响,如图 2.12 所示,但是计算表明,当电解液中存在大量局外电解质时,电迁移的传质作用可以忽略不计,在这种情况下,配离子荷电性质并不影响浓差极化。

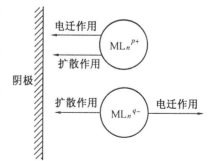

图 2.12　在电场作用下配离子的传质过程

2.5.4　金属离子浓度的影响

在配合物电解液中,金属离子浓度的变化对阴极极化也有较大的影响,如图 2.13 所示。图 2.13 是氰化物镀铜电解液中铜离子浓度的变化对阴极极化的影响。从图可以看出,随着金属离子浓度的降低,阴极极化增大,曲线逐渐呈现出扩散步骤与电化学步骤联合控制,以至电化学步骤控制为特征。此时,在工艺控制的电流密度范围内,极化度较大,这将使电解液的分散能

力得到改善。生产上为了获得厚度均匀的镀层,并使
外形复杂的零件能够完全镀上金属,常常采用低浓度
的配合物电解液(如氰化物镀锌电解液)。但是,电解
液中金属离子浓度低,极限电流密度就要下降,析氢
也提前出现(曲线的直线部分),电流效率显著下降。
因此,为加快沉积速度和电解液维护上的方便,就要
采用金属离子浓度较高的电解液。

2.5.5　游离配位剂的影响

在所有配合物电解液中,都必须含有游离的配合
剂,因为其含量对沉积层的质量也有较大的影响。游
离配位剂的作用如下。

(1) 使电解液稳定

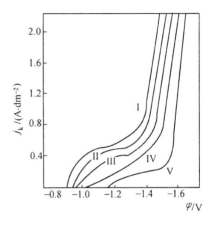

图 2.13　铜离子浓度对阴极极化的影响
$t = 30℃$、游离氰化物浓度为 25 g/L
Ⅰ—75 g/L Cu;Ⅱ—60 g/L Cu;Ⅲ—45 g/L Cu;
Ⅳ—30 g/L Cu;Ⅴ—15 g/L Cu

大多数配合物电解液的配制,总是先生成沉淀,
再加入过量的配位剂,才能生成可溶性配合物,例如

$$CdSO_4 + 2NaCN \longrightarrow Cd(CN)_2 \downarrow + Na_2SO_4$$

$$Cd(CN)_2 + 2NaCN \Longrightarrow Na_2[Cd(CN)_4]$$

$$SnCl_4 + 4NaOH \longrightarrow Sn(OH)_4 \downarrow + 4NaCl$$

$$Sn(OH)_4 + 2NaOH \Longrightarrow Na_2SnO_3 + 3H_2O$$

$$2CuSO_4 + Na_4P_2O_7 \Longrightarrow Cu_2P_2O_7 \downarrow + 2Na_2SO_4$$

$$Cu_2P_2O_7 + 3Na_4P_2O_7 \Longrightarrow 2Na_6[Cu(P_2O_7)_2]$$

由此可知,如果没有过量的配位剂,配合物是不稳定的。

(2) 促使阳极正常溶解

在游离配位剂的作用下,阳极表面的原子更容易失去电子,溶解于镀液中。

(3) 增大阴极极化

当其他条件不变时,随着游离配位剂含量的提高,阴极极化随之增大。因为游离配位剂
的含量增加,使配离子更稳定,使其转化为能在电极上直接放电的活化配合物就更困难。然
而游离配位剂的含量过高,将使电流效率和允许电流密度的上限下降。所以,对一定的电解
液来说,游离配位剂的浓度应控制在一定范围内。

2.6　金属的 $E-pH$ 图及其在电镀领域中的应用

金属的 $E-pH$ 图是表征其在标准状态下的电势与 pH 的关系,它是通过 Nerst 方程计算
得来的,故它表征的是在热力学平衡状态下的金属的存在状态以及稳定的存在形式,因而对
表面处理行业来说,考察某种金属的耐腐蚀性以及配制电镀液时都常常以该金属的 $E-pH$
作为重要的考虑问题的出发点,特别是在金属还原的阴极过程中,电极表面的 pH 值往往大
于本体的 pH 值,因此放电离子在穿过阴极膜时要受到阴极膜内其水解盐的阻滞,所以 $E-$
pH 在这种情况下能指导我们有效地选择 pH 缓冲剂。由于我们发现金属的 $E-pH$ 图与其
在元素周期表中的位置有一定的相关性,因而将简易的 $E-pH$ 图按周期表的顺序排列起来
就得到了表 2.7。

表 2.7 各种元素的 $E-pH$ 图

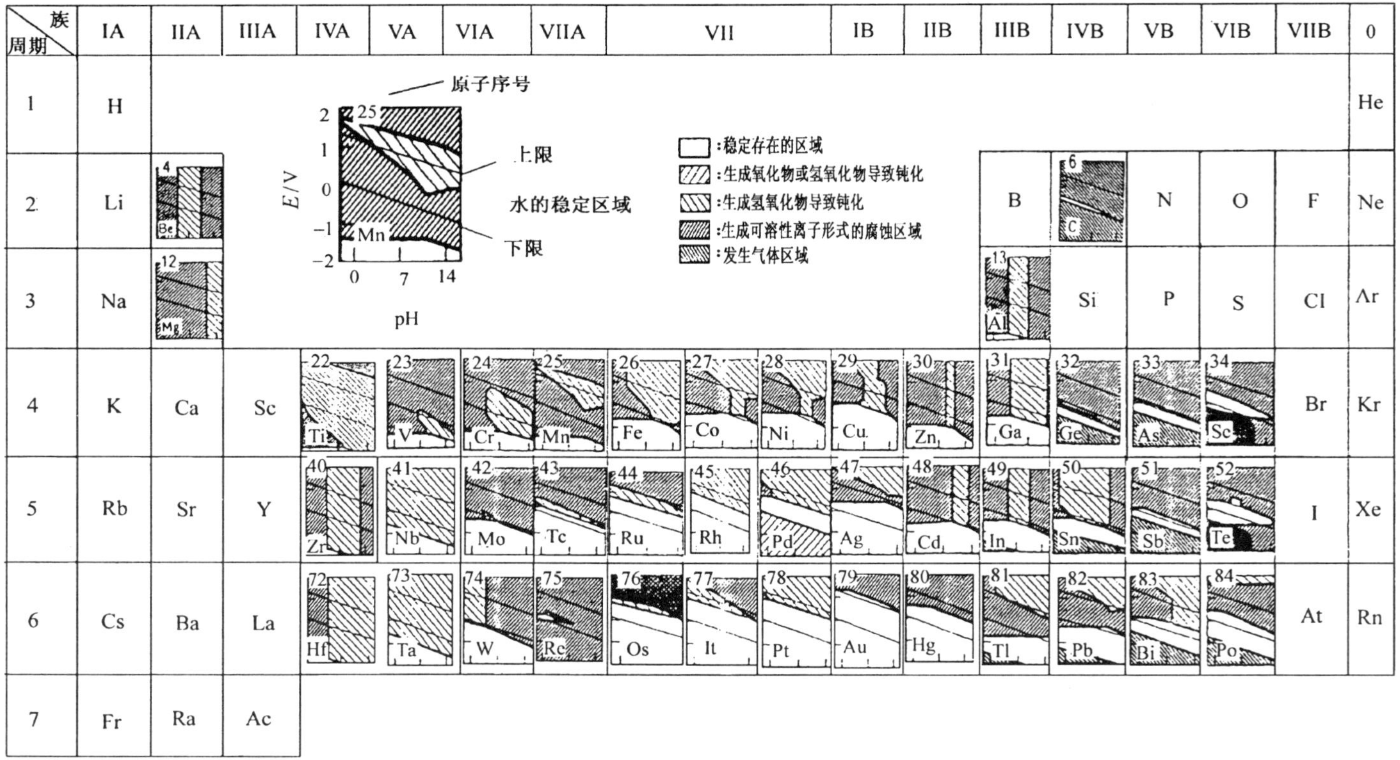

族周期	IA	IIA	IIIA	IVA	VA	VIA	VIIA	VII				IB	IIB	IIIB	IVB	VB	VIB	VIIB	0
1	H																		He
2	Li	Be⁴												B	C⁶	N	O	F	Ne
3	Na	Mg¹²												Al¹³	Si	P	S	Cl	Ar
4	K	Ca	Sc	Ti²²	V²³	Cr²⁴	Mn²⁵	Fe²⁶	Co²⁷	Ni²⁸	Cu²⁹	Zn³⁰	Ga³¹	Ge³²	As³³	Se³⁴	Br	Kr
5	Rb	Sr	Y	Zr⁴⁰	Nb⁴¹	Mo⁴²	Tc⁴³	Ru⁴⁴	Rh⁴⁵	Pd⁴⁶	Ag⁴⁷	Cd⁴⁸	In⁴⁹	Sn⁵⁰	Sb⁵¹	Te⁵²	I	Xe
6	Cs	Ba	La	Hf⁷²	Ta⁷³	W⁷⁴	Re⁷⁵	Os⁷⁶	Ir⁷⁷	Pt⁷⁸	Au⁷⁹	Hg⁸⁰	Tl⁸¹	Pb⁸²	Bi⁸³	Po⁸⁴	At	Rn
7	Fr	Ra	Ac																

图例：
- 顺子序号
- 上限
- 水的稳定区域
- 下限

- □：稳定存在的区域
- ：生成氧化物或氢氧化物导致钝化
- ：生成氢氧化物导致钝化
- ：生成可溶性离子形式的腐蚀区域
- ：发生气体区域

这里我们以铁水体系的 $E-pH$（图 2.14）为例来探讨它的耐腐蚀性，Fe 在腐蚀区内，可以估计其腐蚀微电池的反应。

（1）在 a 线以下，b 线以上，腐蚀电池的反应为

阴极　　$2H^+ + 2e^- \longrightarrow H_2$

阳极　　$Fe - 2e^- \longrightarrow Fe^{2+}$

（2）在 a 线以上，b 线以下，腐蚀电池的反应为

阴极　　$1/2O_2 + 2H^+ + 2e^- \longrightarrow H_2O$

阳极　　$Fe - 2e^- \longrightarrow Fe^{2+}$

根据 $E-pH$ 图还可以提出防止金属腐蚀的措施。

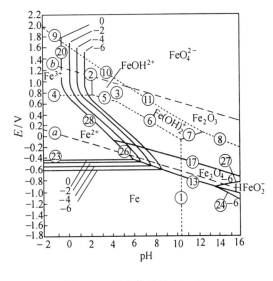

图 2.14　铁水体系的 $E-pH$

（1）调整溶液的 pH 值

当 pH = 9～13 时，在这种溶液中，电势较负时，铁处于热力学稳定区；当电势较正时，铁处在钝化区，铁均不受腐蚀。

（2）阴极保护

当溶液 pH 值较低时，设法使 Fe 的电势移向负方（−0.6 V 以下），使铁处于稳定区，而不受腐蚀。

（3）阳极保护

当溶液 pH 值较高时，可将铁的电势移向正方，使铁进入钝化区，同样可使铁免遭腐蚀或减缓腐蚀速度。

在设计镀液时，必须考虑其在放置与使用过程中的稳定性问题。在设计镀铁液时，不可避免有如下一系列问题，如采不采用配位剂，采用哪种价态的铁盐，采用多大的 pH 值等。

如前所述，铁是 d 区元素，铁离子放电过程中的 i^0 足够小，因此可采用简单盐镀液。考查铁水体系的 $E-pH$ 图，可知 Fe^{3+} 稳定存在的区间非常小，而在酸性区域内，Fe^{2+} 稳定存在区间较宽。再考虑到氢离子在铁表面放电还原的过电势较低，阴极难免有 H_2 的析出而导致电极表面的 pH 值升高，而一旦 pH 值高于 6，便会有 $Fe(OH)_2$ 沉淀生成，导致镀层烧焦。因此，镀铁溶液一般采用亚铁盐作主盐，镀液 pH 为 3～5。

2.7　电解液对沉积层结构的影响

由生产实践可知，电解液的组成（包括主盐种类和浓度，有机或无机添加剂等）、电解规范（电流密度、温度、搅拌等）及其他一些条件，均对电沉积层的结构有影响。前者是影响结构的内因，后二者则是影响结构的外因。本节先讨论内因对沉积层结构的影响，然后讨论外因的影响。当然，不管是内因或者是外因，它们都不是孤立的，特别是与生产过程有着密切的联系。

2.7.1　离子本性的影响

这部分内容在 2.5、2.6 节中已讨论过,此处不再赘述。

2.7.2　主盐浓度的影响

主盐浓度是电镀工艺中的主要控制参数之一。从简单盐电解液中电沉积时,主盐浓度的变化对镀层质量和电解液的工作性能都有一定的影响。一些实验(例如,在电解硝酸银时)表明,当温度、电流密度及其他条件不变时,随着电解液主盐浓度的增大,生成晶核的速度降低,晶粒粗大。对于那些电沉积时不存在显著电化学极化的电解液(例如,从简单盐电解液中镀锌、镉、铜,铅等)来说,这种关系比较明显;但对于电沉积时发生较大电化学极化的铁族金属盐的电解液来说,则表现并不那么明显。

按照交换电流与电极反应速度常数的关系

$$i^0 = nFkc_{M^{n+}}^{1-\alpha} \cdot c_M^{\alpha}$$

降低 M^{n+} 的浓度,将使交换电流 i^0 的数值减小,从而在一定程度上增大电化学极化值。电化学极化增大将使形成晶核的几率增加。除此之外,主盐浓度对晶粒结构影响也与晶粒成长过程中的钝化现象有关。当主盐浓度较高时,尽管有可能在电解刚开始的一段时间内形成较多的生长中心,但随着晶体成长表面的增大,真实电流密度(电流强度不变)随之降低,当降低到某一数值时,部分晶体便开始钝化和停止生长,能够继续生长的只是其中一部分晶体。电解液中的主盐浓度越高,所含钝化剂(杂质)就可能越多,因此晶体数目减少,晶粒变粗。但不能由此得出结论,认为电解液的主盐浓度越稀越好。实际上在电解液所允许稀释的限度下,用稀的主盐浓度来达到改善镀层质量的效果并不大。采用过稀的电解液,极限电流密度将降低,且易导致形成海绵状沉积层;反之,从加快沉积速度来说,常采用主盐浓度较高的电解液。

2.7.3　游离酸度的影响

在所有简单盐电解液中,常含有与主盐相对应的游离酸。根据游离酸含量,可将简单盐电解液分为强酸性和弱酸性两类。强酸性电解液中的游离酸不是靠主盐水解而来的,而是在配制电解液时添加的。例如,在硫酸盐电解液中镀铜和镀锡常加入过量的硫酸;在氟硼酸盐镀铅及铅锡合金的电解液中常加入过量的氟硼酸。加入游离酸的目的,一方面是为了提高溶液的电导率,以降低槽电压(图 2.15);另一方面也可以提高阴极极化(在一定程度上),以获得较细晶的镀层;但更重要的是为了防止主盐水解,例如

$$SnSO_4 + 2H_2O \rightleftharpoons H_2SO_4 + Sn(OH)_2$$
$$Sn(OH)_2 + [O] \rightleftharpoons SnO_2 \downarrow + H_2O$$

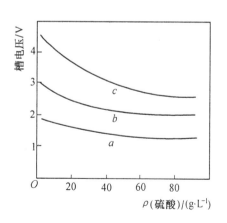

图 2.15　硫酸含量对槽压的影响

$\rho(SnSO_4) = 45 \sim 54$ g/L;a—1 A/dm²;

b—2 A/dm²;c—3 A/dm²

$$Cu_2SO_4 + H_2O \Longrightarrow Cu_2O \downarrow + H_2SO_4$$

$$2Pb(BF_4)_2 + 3H_2O \Longrightarrow 2PbF_2 + 3HBF_4 + H_3BO_3$$

水解反应不但降低了溶液内沉积金属的含量,而且析出的沉淀使溶液浑浊,以致影响镀层的质量。在电解液中加入过量的游离酸,便可防止水解反应。此外,对于这类电解液,大量酸的存在也不致引起氢的析出,因为铜、锡、铅都是在较正的电势下沉积的,而且氢在这些金属上具有较高的过电势。但要注意的是,游离酸度的提高将要降低主盐的溶解度。

弱酸性简单盐电解液也含有一定的游离酸,以防止主盐水解,例如,在硫酸盐电解液中镀锌、镉、镍等。但是,此类电解液不存在过量的游离酸,因为这样会大量析氢而使电流效率下降,所以对于这类电解液必须保持在一定酸度范围内。例如,镀锌电解液的 pH 值常为 3.5 ~ 4.5;镀镉电解液的 pH 值为 2 ~ 5.5;镀锡电解液的 pH 值为 3 ~ 4 或 5 ~ 5.5。

将电解液的 pH 值调整到一定的范围,并不能保证这个值在电镀过程中维持不变。因为在镀锌、镉、镍等金属时,阴极上总有氢气析出,使阴极附近电解液中的氢离子浓度降低,产生所谓碱化现象。这种现象就导致阴极附近析出氢氧化物(或碱式盐),而使镀层变成暗色的、粗糙的,有时甚至是疏松的。为了维持电解液在规定的范围内,通常加入缓冲剂。例如,在硫酸盐镀锌电解液中加入硫酸铝;在硫酸镉电解液中加入硼酸、硫酸铝或醋酸钠;在镀镍电解液中加入硼酸。这些缓冲剂的缓冲性质可表示为

$$Al_2(SO_4)_3 + 6H_2O \Longrightarrow 2Al(OH)_3 + 3H_2SO_4$$

$$CH_3COONa + H_2O \Longrightarrow NaOH + CH_3COOH$$

$$H_3BO_3 + H_2O \Longrightarrow H^+ + [B(OH)_4]^-$$

依靠上列可逆反应,酸度可以自动调节。但是,每种缓冲剂只能在一定的 pH 值范围内起到调节作用,因而对于不同的电解液应选用不同的缓冲剂。缓冲剂的选择应以实验得到的缓冲曲线为依据(图 2.16)。对于某一电解液(例如,镀锌),如果某种物质的加入(如硫酸铝),能使缓冲曲线在应用的 pH 值范围内具有水平形式,则这种物质就是该电解液的缓冲剂。

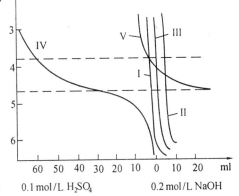

图 2.16　镀锌溶液的缓冲性,50 ml 1mol/L ZnSO₄ 溶液的缓冲曲线

Ⅰ—无缓冲剂;Ⅱ—0.08 mol/L H₃BO₃;Ⅲ—0.25 mol/L NH₄Cl;Ⅳ—0.25 mol/L NaC₂H₃O₂;Ⅴ—0.04 mol/L Al₂(SO₄)₃

在简单盐电解液中,氟硼酸盐电解液具有很好的缓冲性能,即在相当高的电流密度下工作,也不会产生碱化现象,所以这种电解液可用于各种金属的高速电镀。

2.7.4　无机盐的影响

在简单盐电解液中,常加入一些与主盐阴离子相同的碱金属盐类,其目的是增强电解液的导电性,改善电解液的分散能力。常用的盐类为钾盐或钠盐,水化钾离子的半径较小,导电能力较好,但成本较高,在使用时应考虑这些特点。

在含有少量硫酸的 0.05 mol/L NiCl₂ 溶液中,在 25℃ 下进行电沉积时,曾发现 Li⁺、Na⁺、

K^+、NH_4^+、Ca^{2+}、Ba^{2+}、Cr^{3+}能使阴极极化有所提高;而 Al^{3+} 及 Co^{2+} 则降低了阴极极化。外加阳离子对阴极极化的影响在硫酸盐镀锡时也表现出来了。若在 $SnSO_4$ 电解液中加入碱金属或碱土金属离子,使阴极极化增大的顺序是 $Mg^{2+} < K^+ < NH_4^+ < Na^+ < Al^{3+}$。一般来说,外来离子的加入,使离子强度增大,致使沉积金属离子的活度降低,从而提高了阴极极化。

此外,还向电解液中加入 Na_2S、SeO_2 等光亮剂。有些物质的作用还不清楚,例如,镀镍溶液中加入 $MgSO_4$ 使镍层发白,镀锌时加入镍盐作为光亮剂等。其原因有待进一步研究。

2.7.5 有机添加剂对镀层结构的影响

有机表面活性物质的特性吸附对金属电沉积过程的动力学有很大影响。例如,在硫酸盐镀锡液中加入二苯胺等表面活性物质,对锡沉积时阴极极化的影响如图 2.17 所示。从图可以看出,在远远小于极限电流密度时,表面活性物质使阴极电势显著变负,当极化增大到一定数值时,电流密度急剧上升。此外,两种表面活性物质联合使用,对阴极极化影响更大。

在图 2.17 的曲线上出现比极限扩散电流小得多而又不随电极电势改变的极限电流,显示了在扩散步骤和电化学步骤以外又出现新的缓慢步骤。对这种现象的解释有两种。如果认为电极表面局部被表面活性物质覆盖,则金属离子在此表面上的放电反

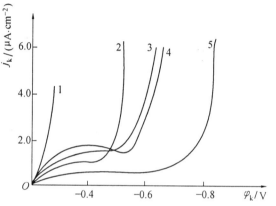

图 2.17　表面活性物质对阴极极化的影响
1—0.125 mol/L $SnSO_4$ 溶液;2—加 0.005 mol/L 二苯胺;3—10 g/L 甲酚磺酸和 1 g/L 明胶;4—0.05 mol/L α - 萘酚;5—1 g/L 明胶和 0.05 mol/L α - 萘酚

应速度相当低,与未覆盖部分的反应速度相比,可以忽略不计。而因添加剂的阻化作用就表现为减小了进行反应的电极表面,即对一部分电极表面起了封闭作用,所以使阴极极化增加。添加剂没有改变界面反应的过程,这种阻化作用被称为“封闭效应”。如果认为电极表面完全被覆盖,金属离子到达电极表面,必须穿过这个吸附层,而吸附层的能垒又相当高,致使金属离子越过能垒放电发生更大的困难,此时电极反应速度受吸附层控制,所以出现了数值很小的极限电流。这种吸附层对电极反应的阻化作用称为“穿透效应”。

在电极表面上有机表面活性物质的吸附,都有一定的电势范围,超过这个范围,表面活性物质就脱附,根据实验资料,各类表面活性物质的脱附电势(相对饱和甘汞电极)如下:

阴离子型表面活性剂(磺酸、脂肪酸) - 1.0 ~ - 1.3 V;

非离子型表面活性剂(芳香烃、酚) - 1.0 ~ - 1.3 V;

(脂肪醇、胺) - 1.3 ~ - 1.5 V;

阳离子型表面活性剂(R_4N) - 1.6 ~ - 1.8 V;

多极性基表面活性分子(环氧乙烯醚型表面活性物质、胶、蛋白胨等) - 1.8 ~ - 2.0 V。

各种表面活性物质对金属电沉积过程的影响如下:

① 脂肪族烃类(包括醇、醛、酸)对阴极反应有明显的阻化作用,而且可以阻止氢的析出,往往只有当它脱附后才会析出氢气。

② 有机阳离子除了烃基的作用外,还有静电作用,即带正电荷的阳离子对金属离子有排斥作用。一般来说,R 越大,R_4N 吸附电势越负,阴极阻化作用也更明显。

③ 芳香烃及其衍生物对金属电沉积有一定的阻化作用,这些物质的吸附有时会使氢气提前析出。

④ 烃基短、极性基团大的物质(如乙醇、聚乙二醇)对电极反应阻化作用不大,只对一些最慢的反应有一些效果。

⑤ 表面活性物质吸附层对电沉积过程的影响还与电极电势有关。例如,对锌这类析出电势较负且电极表面带负电荷的金属,表面活性物质的用量较小。

在碱性电解液中(如碱性镀锌、锡),由于金属的析出电势较负,表面活性物质的作用较小,只有那些烃基不长而极性基团多、介电常数较大的有机化合物(如甘油、乙二醇、非离子型表面活性物质)有可能在电极上吸附。

采用有机添加剂来改善沉积层质量的优点是,只需很小的用量便可收到显著效果,因而成本低。但是,有机添加剂往往夹杂到沉积层之中,使沉积层的脆性增大,并使其他物理化学性质发生改变。

2.8　电解规范对沉积层结构的影响

除电解液组成影响镀层性能之外,电解规范(包括电流密度、温度、搅拌、电源波形等)对镀层结构也有影响,以下作具体讨论。

2.8.1　电流密度的影响

对于一定的电解液而言,允许使用的电流密度常存在一个上下限范围,若超过此范围,获得的镀层均不合格。实际电镀时,一般总希望允许使用电流密度范围较宽。

电流密度对镀层结晶的粗细影响较大。当电流密度低于允许电流密度的下限时,镀层的结晶比较粗大。这是由于电流密度低,过电势很小,晶核形成速度很小,只有少数晶体长大所致。随着电流密度的增大,过电势增加,当达到允许电流密度的上限时,晶核形成的速度显著增加,镀层结晶细密。在允许电流密度范围内,镀层结晶均较细。若电流密度超过允许电流密度的上限时,由于阴极附近放电金属离子贫乏,一般在棱角和凸出部位放电,出现结瘤或枝状结晶(枝晶)。如电流密度继续升高,由于析氢使阴极区 pH 值升高,将形成碱式盐或氢氧化物,这些物质在阴极吸附或夹杂在镀层中,会形成海绵状沉积物。

各种电解液都有最适宜的电流密度范围。电流密度范围视电解液的性质、主盐浓度、主盐和配位剂的比例(配合物电解液)、添加剂的性质和浓度、pH、缓冲剂的浓度、温度和搅拌而定。一般地说,主盐浓度增加,pH 值降低(对弱酸性电解液),温度升高,搅拌强度增加,允许电流密度的上限增大。

阳极允许电流密度一般比阴极允许的电流密度小,若使用的电流密度高于阳极允许电流密度的上限,则阳极易钝化或阳极溶解电流效率下降。金属离子在阴极的沉积大于阳极溶解的量,使得金属离子的浓度不稳定,这将影响镀层的质量。所以,在生产工艺中要规定阴、阳极面积比,以维持电解液中金属离子的浓度基本不变。

2.8.2　温度的影响

电解液的温度对金属沉积层的影响比较复杂,因为温度的变化将使电解液的电导、离子活度、溶液粘度、金属和氢析出的过电势等发生变化。但是,升高温度会降低阴极极化,促使形成粗晶的镀层,阴极极化降低的原因是:① 温度提高增大了离子的扩散速度,导致浓差极化降低;②由于温度升高,使放电离子具有更大的活化能,因而降低了电化学极化。即使这样,在实际电镀生产中不少电解液还是采用升温作业,特别是有表面活性剂的电解液,肯定会减小金属析出的过电势,对获得细晶的镀层不利。然而,任何事物都是一分为二的,生产中有的电解液要求升温作业,其目的是:增加盐类的溶解度,以防止阳极钝化;增加电导以改善电解液的分散能力,减少镀层的渗氢量和强化生产等。只要我们掌握了有关参数之间的内在联系,升高温度还是有利的。比如,升高温度使阴极极化下降,但是,提高电流密度,仍能维持原有的极化值,这就提高了生产效率。

对于大多数碱性配合物电解液(锡酸盐镀锡除外),在较高的温度下容易使其中的某些组分发生变化,以致造成溶液组成不稳定,所以温度一般不超过40℃。

2.8.3　搅拌的影响

采用搅拌的主要目的是提高允许电流密度的上限,强化生产过程。由极限电流密度的公式可知,极限电流密度与扩散层厚度(δ)成反比。而δ受搅拌影响很大,不搅拌时,δ约为 0.1～0.5 mm;若电极上有大量气体析出,δ约为 0.01～0.05 mm;若激烈搅拌,δ约为 0.001～0.005 mm。由此可见,搅拌可使扩散层厚度降低 1～2 个数量级,极限电流密度可以提高 1～2 个数量级,即允许电流密度的上限可以显著提高。显然,搅拌会降低浓差极化,但通过采用较高电流密度又可保持原有的阴极极化值。

此外,搅拌还可以影响合金镀层的成分。例如,装饰性镀镍铁合金就是典型的例子。镍铁合金镀层中的含铁量随搅拌强度增大而显著增加。通过选择不同的搅拌强度,可以在同一槽内获得高铁或低铁的合金镀层。

搅拌还开发了新的电镀工艺和方式,例如,复合镀和高速电镀。可以毫不夸张地说:没有搅拌就没有复合镀;搅拌使高速电镀变成现实。例如,采用平流法和喷射法使镀液在阴极表面高速流动,电流密度可高达 150～450 A/dm², 铜、镍、锌的沉积速度可达 25～100 $\mu m/$min,铁、金、铬的沉积速度分别为 25、18、12 $\mu m/min$。

常用的搅拌方式有阴极移动、空气搅拌和用泵强制循环电解液。这三种方式的应用范围如下:

① 阴极移动。阴极移动一般应用在遇空气不稳定的电解液。例如,氰化物电解液、碱性溶液和含有易氧化的低价金属的电解液。氰化物电解液含有氰化钠和氢氧化钠,前者易被空气中的氧氧化,后者遇空气中的 CO_2 形成 Na_2CO_3。低价金属的电解液,如氯化物镀铁等。

阴极移动的强度一般用 m/min 或次/min 表示。常用的是 2～5 m/min 或 10～30 次/min,移动行程为 50～140 mm。阴极移动有水平和垂直两种,其中水平移动应用较广。

② 空气搅拌。空气搅拌一般应用在遇空气溶液组成不变化的电解液。例如,光亮镀镍、光亮酸性镀铜等电解液。

空气搅拌的强度比阴极移动大,对允许电流密度上限的提高也比较显著。以光亮镀镍为例,无空气搅拌时,使用的电流密度一般为 3 ~ 4 A/dm²;有空气搅拌时,采用的电流密度可提高到 8 ~ 10 A/dm²。空气搅拌强度用每平方米电解液面每分钟多少立方米(m³)表示,对应单位为 m³/(min·m²),一般约 0.5 ~ 0.8 m³/(min·m²),所需压缩空气的压力可按每米深 0.16 kg/cm² 计算。

采用压缩空气搅拌要注意两点:① 防止空气带油污,采用三级离心式或隔膜式过滤器都能从结构上杜绝油污;② 配以连续循环过滤,以免槽底沉渣泛起,与镀层共沉积而使镀层粗糙或产生毛刺。

2.8.4　电流波形的影响

电流波形可分为连续波形和不连续波形两大类:前者常见的有平滑直流电、单相全波、三相半波、三相全波、六相半波和六相双反星形等;后者如单相半波,控制角不等于零的可控硅整流器的输出电流和脉冲电流等,如图 2.18 所示。

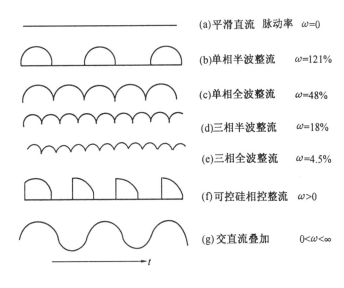

图 2.18　各种整流方式及其输出电压的波形

电流波形对镀层性能的影响早已被人们所了解。比如,在装饰性镀铬中,电流脉动系数越小,则光亮电流密度范围越宽,镀层光亮度越好。所以采用平滑直流、三相全波、三相半波等电流最好,若采用单相全波,对新配制的电解液问题不大,但对老化后的电解液,即 Cr^{3+} 浓度较高的电解液,高电流密度区光亮度降低,即光亮电流密度范围缩小。若采用脉动系数更大的单相半波,则得不到光亮镀层。与此相反,在焦磷酸盐镀铜时,采用单相半波或单相全波,却可以提高镀层的光亮度和允许电流密度的上限。

除常用的电流外,目前在电镀生产中已使用的电流还有:换向电流、脉冲电流、不对称交流和交直流叠加等,现分述如下:

(1)换向电流

所谓换向电流就是周期性地改变直流电的方向。电流为正向时,镀件作阴极;电流为反向时,镀件作阳极。正向时间 t_k 和反向时间 t_a 之和称为换向周期(t),即 $t = t_k + t_a$。t_k/t_a

的大小影响镀层质量,一般取 7 为好。生产实践证明,在氰化物镀铜、黄铜和银中,采用周期换向电流,镀层质量较好。而且允许电流密度的上限较高,并可获得厚镀层。

周期换向电流的良好作用可以这样来解释:当镀件为阳极时,表面尖端及不良的镀层优先溶解,使镀层周期性地被整平;当电流反向时,阴、阳极的浓差极化都减小,提高了允许电流密度的上限。

不难理解,换向电流效率比非换向电流低。因为反向时,电流效率为负值,故总的电流效率降低。

应该指出,换向电流不是在任何情况下都适用的。例如,在短时间内镀覆形状复杂的零件时,尤其是在酸性电解液中,镀件作为阳极时,深凹处的基体表面会溶解,电解液将受污染。有时,镀件作为阳极时,镀层会发生钝化,严重影响镀层的结合强度。

(2) 脉冲电流

脉冲电流通常由周期性的方波或正弦脉冲组成。与直流电流相比,脉冲电流可以调整的参数比较多,例如,脉冲波形、脉冲幅值、通断比和脉冲频率。通过这些参数的改变,再与适当的电解液配合,就能获得质量较好的镀层。因为脉冲电流很大,增加了阴极的电化学极化,在断电时又降低了浓差极化,所以镀层结晶细致。

用脉冲电流进行电镀,可以提高镀层的致密性和耐磨性,降低镀层的孔隙率和电阻率。目前,脉冲电流已用于金、银等的电镀生产。

(3) 交直流叠加

在镀厚银及磁性合金(如 Co – Ni 合金)时,采用叠加交流的直流电,能改善镀层外观和提高电流密度。根据叠加交流值的大小,交直流电流叠加的波形有如下三种:

① 若叠加的交流值小于直流值,则为脉动直流。

② 若叠加的交流最大值等于直流值,则为间歇直流。

③ 若叠加交流最大值大于直流值,则相当于不对称交流。

叠加交流时应注意降低电压,否则易发生危险。交流电的频率不能太高,否则物质的扩散与迁移不能与频率相适应,效果不大。随着频率降低,效果逐步提高。交流电的频率应小于 50 Hz。

第3章 电镀液性能

3.1 概 述

所谓电镀液的性能,主要包括如下几部分内容:镀液的分散能力;镀液的整平能力;镀液的覆盖能力;电流效率。

此外人们也越来越重视其成本、毒性、废水处理难易程度等。电镀液的性能与其组成密切相关。电镀液的组成有的很简单,有的很复杂,但起码都包括如下几个部分:

① 金属离子的微粒。这些微粒有时是简单的金属离子,有时为其配合物或存在于酸根中。习惯上把其均称为"主盐",其含义为含有被镀金属离子的盐类。

② 局外电解质。局外电解质的作用是减小镀液的电阻,有时主盐也兼具导电的作用,如硫酸盐镀锌或镀铜,通常情况下都选用碱金属的盐类做导电盐,如 $MgSO_4$、Na_2SO_4 等等。

对于一个较为复杂的镀液,它还包括其他的组分,如在瓦特型光亮镀镍液中又存在 pH 缓冲剂、光亮剂、防针孔剂、应力调整剂等。

3.2 镀液的分散能力

3.2.1 基本概念

在电镀生产实践中,金属镀层的厚度及镀层的均匀性和完整性是检验镀层质量的重要指标之一,因为镀层的防护性能、孔隙率等都与镀层厚度有直接关系。特别是阳极镀层,随着厚度的增加,镀层的防护性能也随之提高。如果镀层的厚度不均匀,往往在其最薄的地方首先破坏,其余部位镀层再厚也会失去保护作用。

镀层厚度的均匀性取决于电解液本身的性能和电解规范。从法拉第定律可知,镀层厚度的均匀性主要反映在阴极表面上电流分布的均匀性。如果电流在阴极表面上分布均匀,一般说来镀层的厚度也就均匀。但是,在实际电镀过程中,由于零件外形复杂和电解液的性能不同,往往在其表面上电流的分布是不均匀的,镀层的厚度也不会均匀。

为了评定金属或电流在阴极表面的分布情况,在电镀工艺中人们常采用"分散能力"这一术语。所谓分散能力(或称均镀能力)是指电解液使零件表面镀层厚度均匀分布的能力。若镀层在阴极表面分布得比较均匀,就认为这种电解液具有良好的分散能力。反之,分散能力就比较差。在各种电解液中,氰化物电解液的分散能力比较好,普通酸性镀铜和镀锌等简单盐电解液的分散能力较差,镀铬电解液的分散能力更差。另外,在电镀工艺中常用的另一个术语叫做"覆盖能力"(或称深镀能力),所谓覆盖能力是指电解液使零件深凹处沉积金属镀层的能力。应注意区别分散能力和覆盖能力这两个概念。

分散能力是说明金属在阴极表面上分布均匀程度的问题;而覆盖能力是指金属在阴极

表面的深凹处有无的问题。只要在零件的各处都有镀层,就认为覆盖能力好,至于厚度均匀与否并没有说明。在实际生产中,由于电解液的分散能力和覆盖能力往往有平行关系,即分散能力好的电解液,其覆盖能力一般也比较好,故容易混淆这两个概念。

3.2.2　电解液分散能力的数学表达式

为了提出电解液分散能力的数学表达式,首先讨论电流在阴极表面的分布问题。

在讨论电流在阴极表面的分布时,采用的电解槽如图 3.1 所示。

当直流电通过电解槽时,遇到三部分阻力:

① 金属电极的欧姆电阻,以 $R_{电极}$ 表示。

② 电解液的欧姆电阻,以 $R_{电液}$ 表示。

③ 发生在固体电极与电解液(金属、溶液)两相界面上的阻力(阻抗)。这种阻力是由于电化学反应或放电离子扩散过程缓慢引起的,也就是由于电化学极化和浓差极化造成的。我们等效地称为极化电阻,以 $R_{极化}$ 表示。

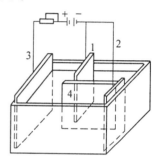

图 3.1　远近阴极电解槽
1—近阴极;2—远阴极;
3—阳极;4—绝缘隔板

一般使用较大的电极面积,因此,$R_{电极}$ 可以忽略不计。设加在电解槽上的电压为 U,根据欧姆定律,通过电解槽的电流强度(I)为

$$I = \frac{U}{R_{电液} + R_{极化}}$$

由于金属电极的电阻可以忽略不计,那么在电镀时,阴极上任何一点与阳极间的电压降都相等,也就是近阴极与阳极的电压降和远阴极与阳极的电压降相等,都等于槽压 U。

设通过近阴极上的电流强度为 I_1,通过远阴极上的电流强度为 I_2;近阴极与阳极间电解液的电阻为 $R_{电液1}$,远阴极与阳极间电解液的电阻为 $R_{电液2}$;近阴极的极化电阻为 $R_{极化1}$,远阴极的极化电阻为 $R_{极化2}$;阳极极化一般忽略不计,则

$$I_1 = \frac{U}{R_{电液1} + R_{极化1}} \tag{3.1}$$

$$I_2 = \frac{U}{R_{电液2} + R_{极化2}} \tag{3.2}$$

所以,在近阴极和远阴极上,电流强度之比就可以表示阴极上电流的分布,即

$$\frac{I_1}{I_2} = \frac{\dfrac{U}{R_{电液1} + R_{极化1}}}{\dfrac{U}{R_{电液2} + R_{极化2}}} = \frac{R_{电液2} + R_{极化2}}{R_{电液1} + R_{极化1}} \tag{3.3}$$

因为所采用的近阴极和远阴极的面积相等,故分布在近远阴极上电流强度之比就等于电流密度之比。若以 j_{k_1} 表示近阴极的电流密度,以 j_{k_2} 表示远阴极的电流密度,则

$$\frac{I_1}{I_2} = \frac{j_{k_1}}{j_{k_2}} = \frac{R_{电液2} + R_{极化2}}{R_{电液1} + R_{极化1}} \tag{3.4}$$

从式(3.4)可以看出,电流在阴极不同部位上的分布与电流到达该部位的总阻力成反比,也就是说,若电流达到该部位受到的总阻力大,则分布在该部位的电流就小;反之,电流就大。由此可见,决定电流在阴极上分布的主要因素是电流达到阴极的总阻力,包括电解液

的欧姆电阻和电极与溶液两相界面上的极化电阻。电解液的欧姆电阻与两相界面上的极化电阻就是影响电流在阴极上分布的主要矛盾。下面将讨论两种电流分布,从而得到电解液分散能力的数学表达式。

1.初次电流分布(或一次电流分布)

假设阴极极化不存在时的电流分布称为初次电流分布。此时 $R_{极化} \approx 0$,这种情况出现在通电的瞬间,则

$$\frac{I_1}{I_2} = \frac{j_{k_1}}{j_{k_2}} = \frac{R_{电液2}}{R_{电液1}} \qquad (3.5)$$

电解液的电阻 $R = \rho \cdot l / S$。由于所采用的远近阴极的截面积 S 相同,电解液相同,则 ρ(电阻率)也相同,所以电解液的电阻只与长度(l)成正比,因此,式(3.5)可写成

$$\frac{I_1}{I_2} = \frac{j_{k_1}}{j_{k_2}} = \frac{l_2}{l_1} = \frac{Kl_1}{l_1} = K \qquad (3.6)$$

式中　　l_1、l_2——阳极与近、远阴极的距离,并设 $l_2 = Kl_1$。

可见,当没有阴极极化时,近阴极和远阴极上的电流密度与它们和阳极的距离成反比。初次电流分布等于远阴极与阳极间的距离和近阴极与阳极间的距离之比等于常数 K,这种电流分布是最不均匀的。

2.二次电流分布(或实际电流分布)

阴极极化存在时的电流分布称为二次电流分布。实际电流分布的表达式如式(3.4)所示。在生产中,不管哪一种电解液,阴极极化总是存在的,因此,实际电流分布比初次电流分布更有现实意义。

现在比较初次电流分布和实际电流分布,从式(3.6)可知,当阴极极化不存在时,近阴极和远阴极上电流强度与它们和阳极的距离成反比。

当阴极极化存在时,从式(3.4)可见,由于近阴极的电流强度 I_1 比远阴极的电流强度 I_2 大,从一般的电化学规律来看,随着电流密度的增加,阴极极化都是增大的,故 $R_{极化1}$ 总是大于 $R_{极化2}$。

比较式(3.4)的分子与分母两项数值,虽然 $R_{电液2} > R_{电液1}$,但是由于分子加上一项较小的 $R_{极化2}$,分母加上一项较大的 $R_{极化1}$,使得分子与分母的数值趋于接近,也就使 I_1/I_2 更接近于 1,I_2 更接近 I_1。这说明阴极极化存在时,电流的分布趋于更均匀,这对得到厚度均匀的镀层具有重要意义。

讨论了初次电流分布和实际电流分布之后,就可提出分散能力(T)的数学表达式了。通常电解液的分散能力用实际电流分布与初次电流分布的相对偏差来表示,即

$$T = \frac{K - \dfrac{I_1}{I_2}}{K} \times 100\% \qquad (3.7)$$

如果电流效率为 100%,I_1/I_2 与沉积金属的质量(M_1 与 M_2)或厚度成正比,即

$$T = \frac{K - \dfrac{M_1}{M_2}}{K} \times 100\% \qquad (3.8)$$

式中　　M_1——近阴极上沉积金属的质量;

M_2——远阴极上沉积金属的质量。

虽然提出了分散能力的数学表达式,但是,此表达式没有说明分散能力与极化率和电导率等的关系。下面将进一步讨论实际电流分布与极化率、溶液电导率、几何尺寸的关系。

当直流电通过图 3.1 所示的电解槽时,近阴极与阳极和远阴极与阳极的两个并联电路上的电压降应该是同一数值,即

$$U = \varphi_A - \varphi_{k_1} + I_1 R_1 = \varphi_A - \varphi_{k_2} + I_2 R_2$$

由此得
$$I_1 R_1 - \varphi_{k_1} = I_2 R_2 - \varphi_{k_2} \tag{3.9}$$

式中　I_1 和 I_2——近阴极和远阴极的电流强度;

　　　R_1 和 R_2——近阴极和远阴极与阳极间电解液的电阻;

　　　φ_{k_1} 和 φ_{k_2}——近阳极和远阴极的电极电势。

整理式(3.9),得
$$I_1 R_1 = \varphi_{k_1} - \varphi_{k_2} + I_2 R_2 \tag{3.10}$$

因为 $R = \rho \cdot l / S$,并从图 3.2 看出
$$\varphi_{k_1} - \varphi_{k_2} = \Delta j \cdot \frac{\Delta \varphi}{\Delta j} = (j_1 - j_2) \cdot \frac{\Delta \varphi}{\Delta j}$$

代入式(3.10),得
$$I_1 \frac{l_1}{S} \rho = (j_1 - j_2) \cdot \frac{\Delta \varphi}{\Delta j} + I_2 \frac{l_2}{S} \rho \tag{3.11}$$

由于
$$\frac{I}{S} = j$$

代入式(3.11),得
$$j_1 l_1 \rho - (j_1 - j_2) \frac{\Delta \varphi}{\Delta j} = j_2 l_2 \rho$$

设 $l_2 = l_1 + \Delta l$,并代入上式,得
$$j_1 l_1 \rho - (j_1 - j_2) \frac{\Delta \varphi}{\Delta j} = j_2 \rho (l_1 + \Delta l)$$

整理后,两边同除 $j_2 \rho$,得

$$\frac{j_1 - j_2}{j_2} \cdot \frac{l_1 \rho - \dfrac{\Delta \varphi}{\Delta j}}{\rho} = \Delta l$$

$$\frac{j_1}{j_2} - 1 = \frac{\Delta l}{l_1 - \dfrac{1}{\rho} \cdot \dfrac{\Delta \varphi}{\Delta j}}$$

因为在阴极极化时,$\Delta \varphi / \Delta j$ 是负值,为了使它取正需加一负号,即

$$\frac{j_1}{j_2} = 1 + \frac{\Delta l}{l_1 + \dfrac{1}{\rho} \cdot \dfrac{\Delta \varphi}{\Delta j}} \tag{3.12a}$$

或
$$\frac{I_1}{I_2} = 1 + \frac{\Delta l}{l_1 + \dfrac{1}{\rho} \cdot \dfrac{\Delta \varphi}{\Delta j}} \tag{3.12b}$$

式中　j_1 / j_2 或 I_1 / I_2——阴极的实际电流分布;

ρ——电解液的电阻率；

Δl——远阴极和近阴极与阳极距离之差；

Δφ/Δj——阴极极化率(度)。

从图 3.2 可以看出，Δφ/Δj 即为阴极极化曲线的斜率。它的物理意义是：当电流通过电极时，阴极电势随电流密度的变化率。当电流密度改变很小时，阴极电势就移动很大，这就是阴极极化率大；反之，则极化率小。

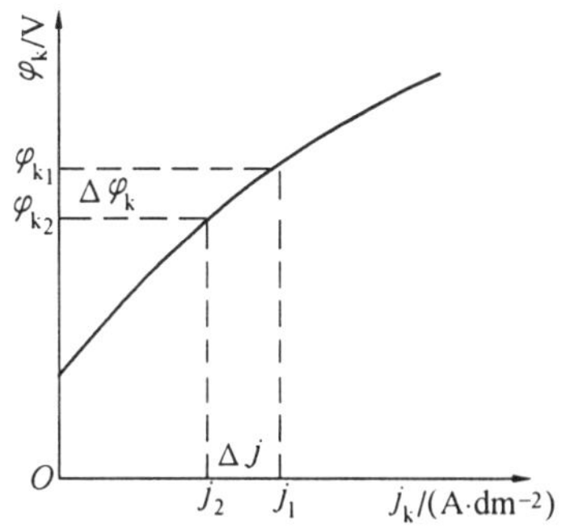

3.2.3　影响电流和金属在阴极表面分布的因素

分散能力是由实际电流分布与初次电流分布的相对

图 3.2　阴极极化曲线

偏差来表示。当实际电流分布 I_1/I_2 趋近于 1，也就是近阴极和远阴极上的电流 I_1 与 I_2 趋近于相等时，分散能力是最好的。从式(3.12)可以看出，要使 $I_1/I_2 \rightarrow 1$，就必须使等式右边第二项趋近于零，即这就是说，凡是能使这一项趋近于零的因素，都可以使电流在阴极表面均匀分布，从而改善电解液的分散能力。使这一项趋近于零的条件如下：

$\Delta l \rightarrow 0$，即 Δl 越小越好；

ρ 越小越好，也就是电解液的电阻率要小，电导率要大；

Δφ/Δj 要大；

l_1 要大，即零件和阳极的距离要尽可能大些。

除上述因素外，还有以下一些影响分散能力的因素。

1.几何因素

几何因素包括电解槽的形状、电极的形状、尺寸及其相对位置等。几何因素比较复杂，首先是被镀零件的形状和尺寸是多种多样的，因此，研究电流在复杂零件表面的分布也是比较复杂的。其次，当讨论实际电流分布时，我们认为电力线是垂直于电极表面和直线分布的，但实际上电力线不全是垂直于电极表面的。为了研究几何因素的影响，有必要了解电力线的概念和边缘效应。

当一个直流电压加在电解槽的两极上时，电解液中的正负离子在电场作用下就要发生电迁移。我们把在电场作用下离子运动的轨迹形象地称为电力线。当电解槽和电极的形状及它们的相对位置不同时，电力线的分布情况也不同。

实验证明，只有当阳极和阴极平行，电极完全切过电解液时，电力线才互相平行并垂直于电极表面，此时电流在阴极表面分布就均匀，如图 3.3(a)所示。当电极平行但不完全切过电解液时，也就是电极悬在电解液中，电极上下有多余的电解液时，除了有平行的电力线外，电力线还要通过多余的电解液而向电极的边缘集中，如图 3.3(b)所示。

当阴极的形状复杂一点时，电力线的分布就更复杂了，如图 3.3(c)所示，在阴极的边缘和尖端电力线比较集中，也就是在边缘、棱角和尖端处，电流密度较大，这种现象称为边缘效应或尖端效应。

了解电力线分布的特点之后，将讨论几何因素对电流在阴极表面分布的影响。

(1) 电解槽的形状

图 3.4 仅仅为两个宽度不同的电解槽，而其他条件(电极尺寸、形状、极间距)都相同时，铜在阴极上的分布曲线。可以看出，用槽Ⅰ时，镀层在阴极上的分布是很均匀的，而用槽Ⅱ

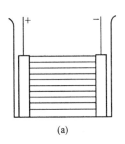 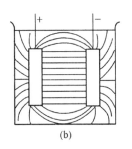 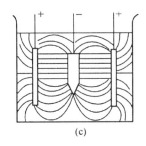

图 3.3　电力线分布示意图

时,虽然用式(3.12)的分析,$\Delta l = 0$,但镀层分布却不均匀。这是由于在槽 Ⅱ 中存在着边缘效应,致使阴极两边的电流大,中间的电流小,故阴极两边沉积的金属比中间的多。

在实际生产中,不可能做像槽Ⅰ那样的电解槽,但根据上述道理,要使电流分布均匀,应将阳极和零件均匀地挂满整个电解槽,而不应该将阳极和零件只挂在电解槽的中间或一边。

(2) 远、近阴极与阳极距离之差(Δl)

由式(3.12)可知,当 Δl 趋近于零,也就是说,当 $l_1 \approx l_2$ 时,电流在阴极表面分布就均匀。这说明,当阳极为平板时,零件形状越简单,越接近平面,电流分布就越均匀。在实际生产中,零件的形状比较复杂,这就在客观上造成了电流分布不均匀的因素。为了使复杂零件上电流分布均匀,根据 $\Delta l \rightarrow 0$ 使电流分布均匀的道理,生产中常采用象形阳极。例如,灯罩反射镜镀铬时,如果使用一般的平板阳极(图 3.5(a)),则 Δl 很大,电流分布就很不均匀,甚至在凹处镀不上铬。在这种情况下,就要采用象形阳极(图 3.5(b)),使阳极和零件各处的距离相等,即 $\Delta l \rightarrow 0$,这样就可以使电流分布均匀。

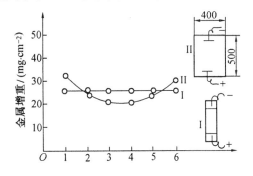

图 3.4　金属在阴极上分布与电解槽尺寸的关系　　　　图 3.5　电镀时的象形阳极

但是,应该指出,并非所有的在 $\Delta l = 0$ 的情况下,电流分布都一定均匀。如上所述,由于存在边缘效应,即使在平面零件电镀时,往往也是边缘的电流密度大于中间部位的电流密度。为了消除边缘效应,在生产中常采用辅助阴极(图 3.6)。

采用辅助阴极后,使原来在边缘和尖端集中的电力线,大部分分布到辅助阴极上,零件受到保护而不致被"烧焦"。与辅助阴极相类似,还可以采用非金属绝缘材料来保护,在零件的尖端部位放置绝缘板,屏蔽一部分电力线,从而使电流分布均匀。

由上述可知,采用象形阳极是为了解决零件深凹处镀不上镀层的问题,而采用辅助阴极是为了防止尖端或边缘被烧焦的问题,两种方法都可使电流在零件表面分布得较均匀。

(3) 阴极和阳极间的距离(l_1)

增加阴极和阳极间的距离可以使分散能力得到改善。在电镀生产中,零件的复杂程度

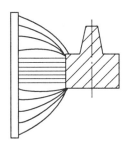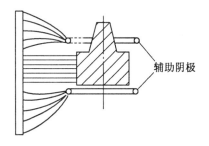

图 3.6　采用辅助阴极后电力线分布

是客观存在的。除了镀铬以外,一般不采用象形阳极,因此,l_1 和 l_2 的差(Δl)是固定不变的。从式(3.12)可知,增大 l_1,也就是增大阴极和阳极的距离,可以使电流在阴极表面分布趋于均匀。

　　另一方面,增大极间距,使远近阴极和阳极的距离之比($l_2/l_1 = K$)减小,初次电流分布改善,同样使分散能力增大,如图 3.7 所示,把零件和阳极的距离(l_1)增大 1 倍,K 值就从原来的 12/8 = 1.5 减小到 20/16 = 1.25,从而使分散能力得到改善。但是,不能因此而无限制地增大极间距,它受到电解槽尺寸的限制。另外,极间距增大,溶液电阻增加,要保证电流密度不变,电镀时所需要的外加电压相应增高,这就多消耗了电能。故一般极间距保持在 20 ～30 cm 之间比较合适。

　　(4) 零件在电解槽中的悬挂深度

　　零件在电解槽中悬挂深度不同,电流在阴极上的分布也不同。图 3.8 表示圆柱形零件浸入电解液中深度不同时,镀层的分布曲线。实验结果指出,在第Ⅲ种位置时,镀层最均匀;第Ⅰ种位置时,镀层上厚下薄;第Ⅳ种位置时,镀层上薄下厚;第Ⅱ种位置时镀层上下厚,中间薄。因此,电镀时要考虑零件悬挂的方向、位置,应尽可能使挂具占满整个电解液深度。但为了防止槽底的沉渣附着到零件上,挂具和槽底的距离应保持 15 cm 左右。挂具上部和液面的距离只要使零件不露出液面就可以,一般零件在液面下 5 cm 左右。

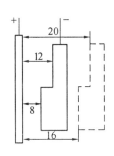

图 3.7　增大极间距时
K 值的变化

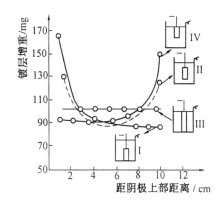

图 3.8　零件悬挂深度对镀层分布的影响

2. 电化学因素的影响

　　除了几何因素对电流分布和分散能力有影响外,更重要的是电化学因素的影响,电化学因素包括两个方面:极化率($\Delta\varphi/\Delta j$)的大小;电解液的电阻率。

（1）极化率对电流分布的影响

极化率是阴极极化随电流密度变化而变化的速度。在阴极极化曲线上反映出来的是极化曲线的斜率，$\tan \alpha = \Delta\varphi / \Delta j$，例如，在某种电解液中进行电镀时，电流密度每增加 0.1 A/dm^2，它的阴极电势增加 0.1 V，则极化率 $\Delta\varphi / \Delta j = 0.1 / 0.1 = 1$，这就是此电解液在该条件下的极化率（极化度）。

从式（3.12）可以看出，增大极化率，电流分布就均匀。在电镀生产中，氰化物电解液的分散能力都比较高，就是因为氰化物电解液有较高的极化率。为什么极化率高，电流的分布就均匀，分散能力就好呢？我们来分析极化率不同的阴极极化曲线。如图 3.9 所示，曲线Ⅰ较平坦，斜率小，即极化率小；曲线Ⅱ较陡，斜率大，即极化率大。当远近阴极的电势差相同，即 $\Delta\varphi_1 = \Delta\varphi_2$ 时，极化率大的电解液（曲线Ⅱ）远近阴极上电流的差值 Δj_2 就比极化率小的电解液（曲线Ⅰ）的电流差值 Δj_1 小，也就是说，极化率大的电解液的电流分布就更均匀，分散能力也好。

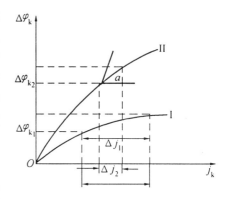

图 3.9　不同斜率的极化曲线

除极化率影响分散能力外，阴极极化的绝对值也有一定的意义。例如，当阴极极化的绝对值远比电解液的欧姆电压降小时，在电流分布中起主导作用的是电解液的电压降，而极化对电流分布的影响非常小，基本上接近于初次电流分布状态，电流的分布就不均匀。因此，在电镀生产中，一般选择电流密度的上限。因为电流密度增大，阴极极化的绝对值增加，分散能力得到改善。但要注意，不是所有的电解液阴极极化的绝对值大，分散能力就好。例如，镀铬时尽管采用相当大的电流密度，其分散能力仍然很差，这主要是极化率而引起的。

综上所述，要使复杂零件得到厚度均匀的镀层，最主要的途径是采用具有较高极化率的电解液。例如，选择适当的配位剂和添加剂，就是为了增加阴极极化，使电解液的分散能力提高。配位剂的种类和用量不同，添加剂的种类和含量就不同，电解液的极化作用也不同，应用时要注意。

（2）电解液的电阻率（ρ）

电解液的导电性能对电流分布和分散能力也有较大的影响。一般说来，电解液的电阻率减小，即电导率升高，分散能力就增加，这是因为电解液的电阻率降低，远近阴极与阳极间电解液的电压降低，电流分布趋于均匀。所以，在电解液中往往要加入碱金属的盐类或铵盐，以提高电解液的导电性能，使分散能力提高。

应该提出，电解液的电阻率和极化率是相互影响的，这可以从式（3.12）看出。只有当电解液的阴极极化率 $\Delta\varphi / \Delta j \neq 0$，增加电解液的导电性，才能改善电流在阴极表面的分布。例如，镀铬电解液在电流密度较大时，$\Delta\varphi / \Delta j \rightarrow 0$。所以增加电解液的导电性能，不可能提高分散能力。

讨论了各种因素对电流分布的影响后，将要讨论影响金属在阴极分布的因素。众所周知，当电流在阴极表面上的分布确定之后，影响金属分布的惟一因素是电流效率。

根据镀层厚度的计算公式，当远近阴极面积相等时，金属镀层在阴极表面的分布就是近阴极镀层厚度 δ_1 与远阴极镀层厚度 δ_2 之比

$$\frac{M_1}{M_2} = \frac{\delta_1}{\delta_2} = \frac{\dfrac{kj_{k_1}tA_{k_1}}{60r}}{\dfrac{kj_{k_2}tA_{k_2}}{60r}} = \frac{j_{k_1}A_{k_1}}{j_{k_2}A_{k_2}} \tag{3.13}$$

式中　　M_1、j_{k_1}、A_{k_1}——近阴极上的金属质量、电流密度、电流效率；

M_2、j_{k_2}、A_{k_2}——远阴极上的金属质量、电流密度、电流效率；

k——金属镀层的电化当量；

r——金属镀层的密度。

从式(3.13)可见，金属在阴极表面上的分布不仅与电流在阴极表面的分布有关，同时还与金属在阴极上析出的电流效率有关，与电流效率随电密流度变化的特性有关。各电解液析出金属的电流效率随电流密度变化的情况可分为三种，如图3.10所示。

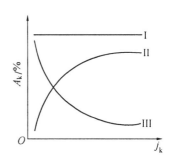

图 3.10　A_k - j_k 关系曲线

① 在很宽的电流密度范围内，电流效率不随电流密度而改变，如曲线Ⅰ。在这种情况下，远近阴极上金属析出的电流效率相同，即 $A_{k_1} = A_{k_2}$，此时，金属在阴极表面的分布与电流在阴极表面的分布是一致的，电流效率对分散能力没有影响。酸性硫酸铜镀铜电解液就属于这种类型。

② 电流效率随电流密度的增加而增加。如曲线Ⅱ所示，由于近阴极上的电流密度总是大于远阴极上的电流密度，根据法拉第定律，在相同时间、相同面积上，近阴极金属沉积的质量总是大于远阴极上金属沉积的质量。加之近阴极电流密度大，电流效率高，金属沉积的质量更多；而远阴极上电流密度小，电流效率低，金属沉积的质量更少。所以，在这种情况下，金属在远近阴极上的分布更不均匀。镀铬电解液就是这种情况的典型实例，这也是镀铬电解液分散能力差的重要原因之一。

③ 电流效率随电流密度的增加而降低。如曲线Ⅲ所示，此时，$j_{k_1} > j_{k_2}$，而 $A_{k_1} < A_{k_2}$，即近阴极上电流密度大，而电流效率低；远阴极上电流密度小，而电流效率高，电流效率对镀层分布起了"调节"作用。由式(3.13)可知，电流效率的调节作用，使 M_1 接近于 M_2，所以，在这种情况下，金属的分布比电流的分布更均匀，这就有利于获得厚度均匀的镀层。一切氰化物及其他配合物电解液都属于这种类型，这也说明了为什么从配合物电解液中获得的镀层比简单电解液均匀的原因。

综上所述，为了使电流和金属在阴极上分布均匀，应提高电解液的分散能力，在电镀工艺中常采取下列措施：

选择适当的配位剂和添加剂，以提高电解液的阴极极化率；添加碱金属盐类或其他强电解质，以提高电解液的电导率；尽可能加大零件与阳极间的距离；采用象形阳极、辅助阴极或绝缘材料保护；在挂具设计时，应使零件的主要被镀面对着阳极并与之平行；零件在电解槽中应均匀排布。

3.3　分散能力的测定方法

目前,测定分散能力有远近阴极法、弯曲阴极法和赫尔槽(Hull cell)法。远近阴极法所用的设备简单,使用方便,测量数据重现性好,故应用较广泛。但由于没有统一的设备,所以对同一种电解液测量数据无法进行比较,必须使用统一的设备,才可能进行比较。

3.3.1　远近阴极法

远近阴极法是由 Haring 和 Blum 首先提出的。其原理是在矩形槽中放置两个尺寸相同的金属平板做阴极,在两阴极之间放一个与阴极尺寸相同的带孔的或网状的阳极,并使两个阴极与阳极有不同的距离,一般使远阴极与阳极的距离、近阴极与阳极的距离比为 5:1($K = 5$)或 2:1($K = 2$)。电镀一定时间后,称取远近阴极上沉积金属的质量,代入公式,即可求出电解液的分散能力。

测量设备如图 3.11 所示。电解槽用有机玻璃制成,内部尺寸为 150 mm × 50 mm × 70 mm,阴极尺寸为 50 mm × 70 mm,厚度为 0.25 ~ 0.5 mm。阴极材料一般用铜片或黄铜片,要求表面光亮,试片背面和侧面用清漆绝缘,也可用单面浮铜板做阴极。电镀时间为 30 min,电流大小和温度视测量的溶液而定。断电后,清洗阴极,并置于 100 ~ 115℃ 烘箱中干燥 15 min,待冷却后用分析天平称出镀层的质量。然后按式(3.8)计算 T 。

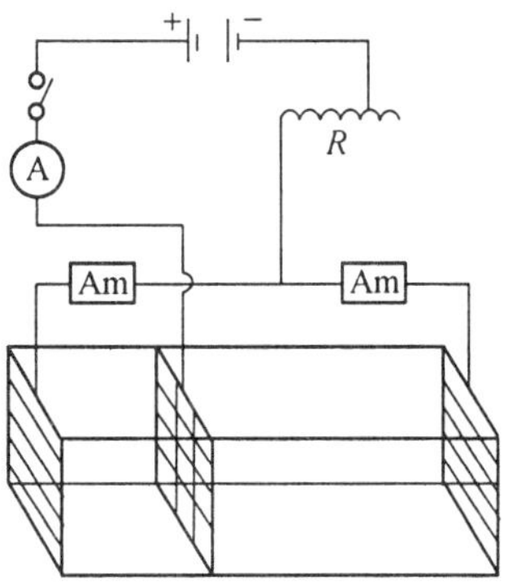

图 3.11　测定分散能力的装置

当 $K = 5$ 时,若两阴极镀层的质量相同,即 $M_1 = M_2$,金属镀层在阴极上的分布最均匀,则

$$T = \frac{5 - 1}{5} \times 100\% = 80\%$$

当 $M_1/M_2 = 5$ 时, $T = 0$;当 $M_1/M_2 > 5$ 时, T 为负值,当远阴极上没有镀层时, $M_2 = 0$, $T = -\infty$,这时分散能力最差。从上面的计算看出,分散能力最好为 80%,而不是 100%,为了消除这种不合理性,提出了如下修正式

$$T = \frac{K - \dfrac{M_1}{M_2}}{K - 1} \times 100\% \tag{3.14}$$

按照这个公式计算,分散能力将在 100% ~ -∞ 范围内变化,分散能力最好为 100%,最差为 -∞。

如果 $K = 2$,仍可用上式计算。当近阴极的镀层质量比远阴极的镀层质量大 1 倍时,即 $M_1/M_2 = 2$ 时

$$T = \frac{2 - 2}{2 - 1} \times 100\% = 0$$

当 $M_1/M_2 = 1$ 时

$$T = \frac{2 - 1}{2 - 1} \times 100\% = 100\%$$

此时,电解液的分散能力最好。

按式(3.14)计算,分散能力最差为 $-\infty$,这不符合人们的习惯概念,所以,Field 又提出了修正公式

$$T = \frac{K - \dfrac{M_1}{M_2}}{K + \dfrac{M_1}{M_2} - 2} \times 100\% \tag{3.15}$$

按式(3.15)计算,分散能力在 $100\% \sim -100\%$ 范围内变化。现将三个公式计算分散能力的数值列于表 3.1。

表 3.1　$K = 5$ 时,不同公式计算的 T 值

$\dfrac{M_1}{M_2}$	$T/\%$		
	$\dfrac{K - \dfrac{M_1}{M_2}}{K} \times 100\%$	$\dfrac{K - \dfrac{M_1}{M_2}}{K - 1} \times 100\%$	$\dfrac{K - \dfrac{M_1}{M_2}}{K + \dfrac{M_1}{M_2} - 2} \times 100\%$
1	80	100	100
2	60	75	60
3	40	50	33.3
5	0	0	0
10	-100	-125	-38.5
100	$-1\,900$	$-2\,375$	-92
$\infty\,(M_2 = 0)$	$-\infty$	$-\infty$	-100

必须指出,计算分散能力的数学公式是人为确定的。任何一个计算公式,其计算结果都是一个相对值,只能用来对比各种电解液的性能。所以,在进行分散能力的比较时,必须用相同的试验设备(K 值相同),采用相同的计算公式,否则就无法进行比较。

各种常用电解液的分散能力数值列于表 3.2。

表 3.2　常用电解液的分散能力

编号	$T/\%$	电解液的种类
Ⅰ	$-100 \sim 0^*$	镀铬电解液
Ⅱ	$0 \sim 25$	大多数单金属或合金酸性电解液,如瓦特镀镍,光亮镀镍,酸性镀铜,酸性镀铅、锡、锌、锑等
Ⅲ	$25 \sim 50$	大多数单金属或合金氰化物电解液,如氰化物镀黄铜、青铜,氰化物镀铜、银、锌、镉
Ⅳ	>50	锡酸盐镀锡

*　$K = 2$,其余 $K = 5$。

3.3.2　弯曲阴极法

弯曲阴极法在生产中的应用也日益增加,其特点是所用的弯曲阴极和生产中复杂形状的零件相似,可以直接观察到不同受镀面上镀层的外观情况。该法设备简单、操作方便、不需称重,直接测量镀层的厚度就可求出分散能力。

弯曲阴极法的实验装置如图 3.12(a)所示。实验槽尺寸为 160 mm × 180 mm × 120 mm,装试液 2.5 L。阳极材料与一般工业电镀时相同,尺寸为 150 mm × 50 mm × 5 mm,浸入溶液中的面积为 0.55 dm²(相当于阳极浸入溶液 110 mm)。弯曲阴极各边长度约为 29 mm,厚度为 0.2 ~ 0.5 mm,总面积为 1 dm²(两面),弯曲成图 3.12(b)所示的形状。

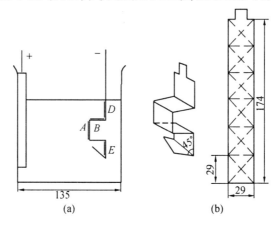

图 3.12　弯曲阴极法测定 T 的装置

电镀时间和电流密度应根据电解液的性质而定。当电流密度为 0.5 ~ 1 A/dm²,电镀时间为 20 min;电流密度为 3 ~ 5 A/dm² 时,可镀 10 min。

试验后分别测定 A、B、D、E 四个面的镀层厚度,求出 B、D、E 对 A 面的厚度比,按下式计算分散能力

$$T = \frac{\delta_B/\delta_A + \delta_D/\delta_A + \delta_E/\delta_A}{3} \times 100\%$$

式中　　δ_A、δ_B、δ_D、δ_E——A、B、D、E 面镀层的厚度。

应该指出,当所测部位的镀层呈现烧焦、树枝状或粉末状时,必须降低电流密度,重新测量。相反,若 B 面无镀层时,应提高电流密度。

3.3.3　用赫尔槽测定分散能力

试验装置以后要详细叙述,此处主要说明用赫尔槽试片测定分散能力。试验时,电流强度选择 0.5 ~ 3.0 A,电镀时间一般为 10 ~ 15 min。

测量时固定电流强度和电镀时间,镀后将试片分成 8 部分,如图 3.13 所示,并分别取 1 ~ 8号方格中心部位镀层的厚度 δ_1,δ_2,δ_3,$\cdots$,δ_8,根据下式计算电解液的分散能力

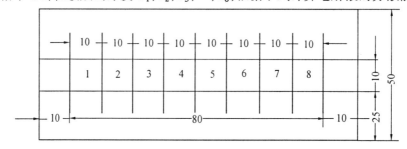

图 3.13　测定分散能力的阴极试样

$$T = \frac{\delta_i}{\delta_1} \times 100\%$$

式中 δ_i——2 ~ 8 方格中任一方格的镀层厚度，一般可选用 δ_5 的数值；

      δ_1——1 号方格中镀层的厚度。

用这种方法获得分散能力的数值在 0% ~ 100% 之间。

3.4 镀液的覆盖能力

覆盖能力是镀液的重要性能之一，本节讨论影响覆盖能力的因素及其测定方法。

众所周知，在电镀过程中要使阴极沉积出金属，阴极电势必须达到某一最小值，它所对应的电流密度称为临界电流密度 $j_{临界}$，$j_{临界}$ 的大小取决于被沉积金属和基体金属的本性，以及电解液的组成和温度等。如在酸性镀铜时 $j_{临界}$ 为数 mA/dm^2，而镀铬时则为 $10 \sim 20\ A/dm^2$。

由于电流分布不均匀，在零件的深凹部位，实际电流密度可能远低于临界电流密度，所以没有金属沉积出来。为使凹部也能镀上金属，必须提高平均电流密度。电流分布越不均匀，则平均电流密度也应越大，但又不能无限提高，当达到极限电流密度时，凸起部位就会出现"烧焦"现象。因此，电解液的覆盖能力取决于电流分布和极限电流密度($j_{极限}$)对临界电流密度之比($j_{极限}/j_{临界}$)，若此比值大，电解液的覆盖能力就好。

此外，基体金属的本性、基体金属组织的均匀性和基体的表面状态对覆盖能力也有较大的影响。

3.4.1 基体金属本性的影响

当其他条件相同时，在某些基体金属上可以获得完整的镀层，而在另一些基体金属上，只能在某些部位镀上金属。在开始通电的瞬间不能立即获得连续的镀层，以后只能在已有镀层的表面优先沉积，而始终不能覆盖整个表面。实验表明，镀铬电解液的覆盖能力最差，并且因基体金属的不同而不同，铜最好，镍较好，黄铜次之，钢最差。

为了改善覆盖能力，在生产中常采用两种方法：一是采用冲击电流；二是在覆盖能力差的基体上先镀上一层覆盖能力好的中间层。由于镀层在中间层上容易析出，故而获得连续、均匀的镀层。

3.4.2 基体金属组织的影响

当基体金属组织不均匀和含有其他杂质时，因沉积金属在不同物质上析出的难易程度不同，也会影响覆盖能力。实验表明，金属析出的过电势和氢的过电势与基体材料有关，并有下列顺序

$$\xrightarrow{\hspace{8cm}}$$
$$Pd\ \ Pt\ \ Ni\ \ Co\ \ Fe\ \ Zn\ \ Cu\ \ Au\ \ Hg$$
$$\xleftarrow{\hspace{8cm}}$$

上面的顺序并非永远如此，但是它表明了氢过电势低的基体金属，金属就难以析出。所以，若基体金属组织不均匀或其表面含有降低氢过电势的金属杂质，则此表面就可能没有镀

层。

3.4.3　基体金属表面状态的影响

基体金属的表面状态(如洁净程度和粗糙度)对覆盖能力也有较大的影响。金属在基体的不洁净部位沉积比洁净部位困难,甚至可能完全没有镀层,基体的不洁净通常指表面有锈、钝化膜、油污或表面活性剂的污染等。

3.4.4　基体金属表面粗糙度的影响

因为粗糙表面的真实面积比表观面积大得多,致使真实电流密度比表观电流密度小得多。如果某部分的实际电流密度太小,达不到金属的析出电势,那么在该处就没有金属沉积。研究基体金属表面粗糙度对镀铬覆盖能力的影响可知,抛光过的表面具有最佳的覆盖能力,喷砂的表面最差。

3.4.5　覆盖能力的测定

1.直角阴极法

直角阴极法适用于覆盖能力较低的电解液,如镀铬、酸性镀铜、镀锌等。

测试装置如图 3.14 所示。所用的阴极为 75 mm × 25 mm 的铜片,在距一端 25 mm 处将试片弯成 90°,试片背面绝缘,阴极浸入液面下 25 mm,直角向着阳极,阴极前端与阳极的距离不小于 50 mm,并且在实验中保持不变。电镀 30 min,将阴极取出,洗净、干燥、弄直,并用刻有方格的矩形板量度被镀层覆盖的面积,以百分数表示电解液的覆盖能力。

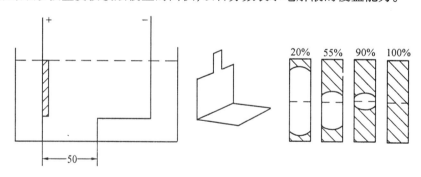

图 3.14　直角阴极法测覆盖能力

2.内孔法

内孔法的装置如图 3.15 所示。采用一定内径的圆管作为阴极,其规格为 ϕ10 mm × 50 mm 或 ϕ10 mm × 100 mm,一般用低碳钢管、铜管或黄铜管。试验时将阴极水平放入槽中,其两端垂直于阳极,端口距阳极 50 mm。一般电镀 10 ~ 50 min 后取出。将圆管按纵向切开,观察内孔中镀层的长度,即可评定覆盖能力,通常用镀入深度和孔径之比来表示。

3.凹穴法

凹穴法是采用带有 10 个凹穴的阴极,凹穴深度由 1.25 mm 递增至 12.5 mm,每一凹穴的直径均为 12.5 mm。这样一来,第一个凹穴的深度为其直径的 10%,最后一个为其直径的

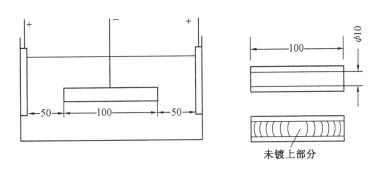

图 3.15　内孔法实验装置图

100%,如图 3.16 所示。电镀后,以凹穴内表面镀上金属的情况来评定覆盖能力的好坏。例如,第六个凹穴内表面全部镀上了金属,而第七个凹穴只部分地镀上金属,则电解液的覆盖能力可评为 60%。

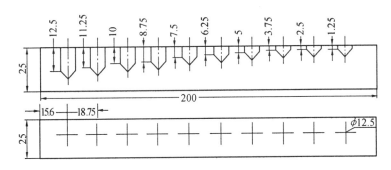

图 3.16　凹穴法测覆盖能力

3.5　赫尔槽和特纳槽(Tena Cell)试验

利用电流密度在远近阴极上分布不同的特点,Hull 于 1935 年设计了一种平面阴极和平面阳极构成一定斜度的小型电镀试验槽,此槽称为赫尔槽。由于赫尔槽结构简单,使用方便,目前国内外已广泛地应用于电镀试验和工厂生产的质量管理,已成为电镀工作者一个不可缺少的工具。

赫尔槽可以用来观察不同电流密度的镀层外观,确定和研究电解液的各种成分对镀层质量的影响,选择合理的工艺条件(如 j_k、T、pH 等),分析电镀故障产生的原因等。此外,还可用赫尔槽测定电解液的分散能力、覆盖能力和镀层的其他性能(如整平性、脆性、内应力等)。赫尔槽试验是电镀工艺综合指标的反映,是单项化学分析不能代替的。随着电镀技术的发展,赫尔槽的用途也会越来越广。

3.5.1　赫尔槽的构造

赫尔槽的构造如图 3.17 所示。槽体材料一般采用有机玻璃或硬聚氯乙烯板。根据槽的容积大小可分为 1 000、267、250 ml 三种,其内部尺寸如表 3.3 所示。

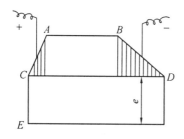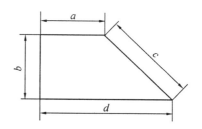

图 3.17　赫尔槽的结构

表 3.3　赫尔槽尺寸　　　　　　　　　　　　　　　　　　　　mm

规　　格	a	b	c	d	e
267 ml	48	64	102	127	65
1 000 ml	119	86	127	213	81

250 ml 和 267 ml 的槽子尺寸是一样的,只是在应用时装入的溶液的量不同。美国主要用 267 ml 的赫尔槽,这是因为在 267 ml 槽中添加 2 g 物质,相当于添加 1 盎司/加仑;德国规定使用 250 ml 和 1 000 ml 的赫尔槽;日本使用 267 ml 和 250 ml 的赫尔槽;我国采用公制,使用 250 ml 和 1 000 ml 的赫尔槽。目前全世界正在应用统一的国际单位,看来 250 ml 赫尔槽将作为标准使用,这样容易计算,在 250 ml 槽中加入 1 g 物质相当于每升溶液中加入 4 g 物质。

3.5.2　赫尔槽阴极上的电流分布

从赫尔槽的构造可以看出,阴极试片上各部位与阳极的距离不等,所以阴极上各部位的电流密度也不同。离阳极距离最近的一端称为近端,它的电流密度最大,随着阴极部位与阳极距离的增大,电流密度逐渐减小,直至离阳极最远的一端(称为远端),它的电流密度最小。

根据实验测定,赫尔槽阴极的电流分布与阴极各点到近端的距离有关,具体的电流分布情况如图 3.18所示。

从曲线可见,阴极电流分布符合对数关系,从而得出经验公式

$$j_k = I(C_1 - C_2 \lg L) \qquad (3.16)$$

式中　I——通过赫尔槽的电流强度(A);

　　　L——阴极某点至阴极近端的距离(cm);

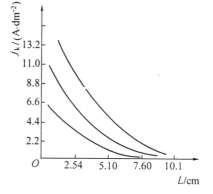

图 3.18　阴极各点的电流密度

　　　C_1 和 C_2——与电解液性质有关的常数,可用实验测定,将 C_1 和 C_2 常数代入式
　　　　　　(3.16),得到下面两式

1 000 ml 赫尔槽　　　$j_k = I(3.256 - 3.045 \lg L) = I(K_1)$

267 ml 赫尔槽　　　　$j_k = I(5.10 - 5.240 \lg L) = I(K_2)$

若以 267 ml 槽装 250 ml 溶液,其 j_k 应乘以 267/250 = 1.068。

按上述公式求得的等电流密度曲线如图 3.19所示,靠近两端的电流密度计算值是不准确的,故上图的应用范围是从 $L_1 = 0.6$ cm 至 $L_2 = 8.2$ cm。

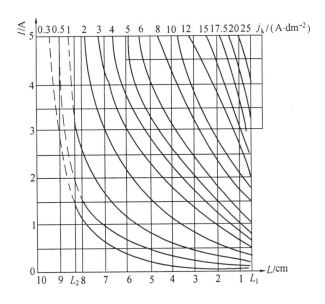

图 3.19 250 ml 赫尔槽的等电流密度曲线

上述计算电流密度的公式是通过四种常用电解液(酸性镀铜、酸性镀镍,氰化物镀铜、氰化物镀锌),在不同电流强度下进行试验的平均结果。因为各种电解液的电导率和极化率不同,所以求得的电流密度值是近似的,为了方便起见,将常用的电流强度和阴极各点的电流密度值列于表 3.4 中。

表 3.4 赫尔槽阴极上的电流分布

至阴极近端的距离/cm	$j_k/(A\cdot dm^{-2})$												
	267 ml						1 000 ml						
	I/A						I/A						
	1	2	3	4	5	K_2	2	4	6	8	10	15	K_1
1	5.1	10.2	16.3	20.4	25.5	5.1	6.5	13.0	19.6	26.1	32.6	48.9	3.26
2	3.5	7.0	10.5	14	17.5	3.5	4.7	9.4	14.0	18.7	23.4	35.1	2.34
3	2.6	5.2	7.8	10.4	13.0	2.6	3.6	7.2	10.9	14.5	18.1	27.2	1.81
4	1.95	3.9	5.85	7.8	9.75	1.95	2.80	5.7	8.5	11.4	14.2	21.3	1.42
5	1.44	2.88	4.32	5.76	7.20	1.44	2.3	4.5	6.8	9.0	11.3	17.0	1.13
6	1.02	2.04	3.06	4.08	5.1	1.02	1.8	3.6	5.3	7.1	8.9	13.4	0.89
7	0.67	1.34	2.01	2.68	3.35	0.67	1.4	2.7	4.1	5.4	6.8	10.2	0.68
8	0.37	0.74	1.11	1.48	1.85	0.37	1.0	2.0	3.0	4.0	5.1	7.6	0.506
9	0.10	0.20	0.30	0.40	0.5	0.1	0.7	1.4	2.1	2.8	3.5	5.3	0.35
10							0.4	0.8	1.3	1.7	2.1	3.2	0.210
11							0.17	0.34	0.50	0.67	0.84	1.3	0.084
11.5							0.05	0.10	0.15	0.20	0.25	0.38	0.025

3.5.3 赫尔槽试验的方法

1.样液

取样应有代表性,样品应充分混合,若混合有困难时,可用移液管在溶液的不同部位取样。当使用不溶性阳极时,电解液经 1～2 次试验后应换新溶液。在试验少量杂质及添加剂的影响时,每批电解液的试验次数应少一些。

2.工艺规范

试验时的电流强度应根据电解液的性能而定,若电流密度的上限较大,则试验时的电流强度应大一些;反之,应小一些,一般在 0.5～3.0 A 范围内变化。大多数的光亮电解液包括镀镍、铜和镉等,可采用 2 A 的电流强度。非光亮电解液一般采用 1 A 的电流强度,对装饰性镀铬,电流强度需要 5 A,对硬铬电流强度要用 6～10 A。试验时间一般为 5～10 min,有些电解液可适当延长时间。

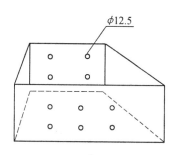

试验时的温度应与生产时相同。若需要较高的温度时,可预先将电解液加热,然后倒入赫尔槽内,待温度下降到高于所需温度 0.5℃时开始试验,试验 5 min 后温度可降到低于所需温度 0.5℃左右,这样就能使温度的平均值符合要求。为了使试验温度恒定,可采用改良型赫尔槽。该槽的尺寸与赫尔槽相同。只是在槽子的平行两壁上分别钻 ϕ12.5 mm 的孔。短壁上钻 4 个孔,长壁上钻 6 个孔,试验时将改良型槽放入较大的容器中,以便较好地控制温度。改良型赫尔槽如图 3.20 所示。

图 3.20　改良型赫尔槽

3.阴阳极材料的选择

赫尔槽的阴阳极通常是长方形薄板。槽子体积不同,阴阳极尺寸也不同,250 mL 槽子所用的阴极为 100 mm×70 mm,阳极为 63 mm×70 mm;1 000 ml 槽子所用的阴极为 125 mm×90 mm,阳极为 85 mm×90 mm。

阳极厚度为 3～5 mm,其材料与生产中使用的阳极相同,也可以用不溶性阳极。若阳极易钝化,可用瓦楞形及网状阳极,但其厚度不应大于 5 mm。

阴极板厚度为 0.25～1 mm,材料视试验要求而定,一般可用冷轧钢板、白铁片、钢及黄铜片,试片表面必须平整。

4.阴极试片镀层外观的表示方法

试验发现,在同一距离阴极的不同高度处,镀层的外观并不一样。根据经验可选取阴极试片中线偏上的部位作为实验结果,如图 3.21 所示。

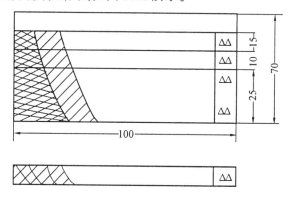

图 3.21　阴极试验结果的部位选取

为了便于将试验结果以图示形式记录下来,可用图 3.22 的符号表示镀层的状况。如果这些符号还不足以说明问题,也可配合文字说明。

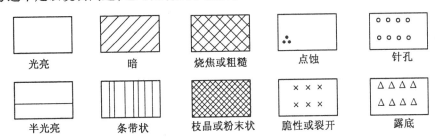

图 3.22　赫尔槽试片的符号

阴极试片除绘图说明外,一些具有代表性的试片在干燥后可涂清漆,以便长期保存。

3.5.4　特纳槽

赫尔槽尽管有很多优点,但它的电流密度计算公式是经验公式,准确度不够。有人推导出了理论计算公式,但是太复杂。为了克服上述缺点,1978 年日本的寺门龙一和长板秀雄设计了一个代替赫尔槽的试验槽——特纳槽,其结构如图 3.23 所示。

特纳槽是一种同心圆筒型槽,阳极和阴极可以沿着半径线放在圆筒的任意位置上。当阳极和阴极分别放在两端侧面,总电流为 1 A 时,阴极试片上某点的电流密度可用下面的公式计算

$$j_k = \frac{1}{h \cdot \lg(b/a)} \cdot \frac{1}{r} \qquad (3.17)$$

$a=20\,mm$　$b=120\,mm$　$h=100\,mm$

图 3.23　特纳槽

式中　j_k——阴极上某点的电流密度(A/dm^2);

　　　r——阴极上某点至圆心的距离;

　　　b/a——特纳槽大小同心圆半径之比;

　　　h——槽的高度(dm)。

若在槽的两个侧面放置阴极,中间放阳极时(图 3.24),总电流为 1 A,阴极上某点的电流密度按下式计算

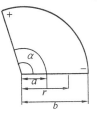

图 3.24　特纳槽(两个阴极)

$$j_{k_1} = \frac{\beta}{(\alpha+\beta) \cdot h \cdot \lg(b/a)} \cdot \frac{1}{r}$$

$$j_{k_2} = \frac{\alpha}{(\alpha+\beta) \cdot h \cdot \lg(b/a)} \cdot \frac{1}{r}$$

该槽的优点是结构简单,阴极上电流密度的范围比较宽,一次试验相当于几次试验所得到的电流密度范围。此槽还可用来测量电解液的分散能力。

第4章 电镀前处理

4.1 镀前准备的重要性

镀件的镀前处理是决定电镀质量的最重要的因素之一。在实际生产中,电镀故障率的80%以上出在前处理工序,这是因为在工件的表面难免存在着各种各样的表面变性层、氧化层、油污层(特别是油污层中含有各种各样的小的微粒),要想得到结合力好的镀层,必须进行一系列的前处理工作,以除去这些阻碍镀层金属中的原子按基体的晶格结构外延生长的阻挡层。

4.1.1 镀层与基体间的作用力

决定镀层结合力好坏的是镀层与基体之间作用力的大小,这种作用力分三种类型:

1.由基体表面粗糙不平而造成的与镀层之间的机械附着力

由基体表面粗糙不平而造成的与镀层之间的机械附着力实质上是一种机械的类似于锚链之间的作用力,因而对于光洁的工件来说这种力是很小的。

2.分子间力

分子间力亦称范德华力,是基体与镀层的分子之间的作用力,其作用范围 $\delta < 50$ nm,仅靠这种力尚无法满足对镀层与基体的结合力的要求。

3.金属键力

金属键力是指金属中处在不同点阵点上的原子之间的作用力,这种作用力的范围在1 nm 以内,在选择最初始镀层时,要注意那些能够在金属基体上进行外延生长的金属,例如,铜、锡、锌等金属离子在钢铁基体上,当基体表面清洁度达到一定程度后,就发生外延生长,即镀层金属离子在最初的几个原子层内遵循基体金属的晶格结构沉积,而后逐步恢复到自己固有的晶型结构,这种存在于基体与镀层之间的金属键力是保证镀层结合力的先决条件,只有当两层金属之间形成金属键时,才能保证其间的结合力良好。

4.1.2 镀前准备工作所包括的内容

通常镀前准备工作主要包括以下内容:

1.机械整平

机械整平工作包括磨光、机械抛光、滚光、喷砂处理等。

2.抛光

抛光包括化学及电化学抛光。

3.除油

除油包括机械除油、有机溶剂除油、乳液除油、化学除油、电化学除油等。

4.酸洗

酸洗包括浸酸、除锈、弱浸蚀。

5.水洗

水洗包括热水洗、冷水洗、喷淋清洗、逆流漂洗、超声波清洗等。

4.1.3 工件镀前的表面状态

由于工件的材质、加工方法、保存方式的不同,其表面的状态有着很大的不同。要想做好镀前的准备工作,应对工件的来样状态做系统的调查,并采取相应的表面处理方法。

在一般情况下的表面状态可以用图4.1来表示。

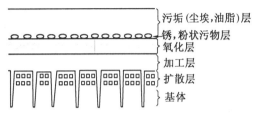

图 4.1 金属表面的断面模型图

4.1.4 各层物质的组成及去除原则

1.加工层与扩散层

金属材料经过切削、研磨、冲压、锻造及深冲等机械加工之后,将形成与材料内部的组织、结构不同的表面层。我们把这种发生状态变化的表面称为加工层,而把加工层组织和材料组织呈掺杂状态的层带称为扩散层。加工层的厚度随加工方法或加工状态的不同而不同,一般都非常薄,要想在金属与镀层之间形成金属键,必须将加工层与扩散层清除干净,通常采用的办法是弱酸浸蚀。

2.氧化物层

随着金属的种类及其加工与储存方式的不同,其表面的氧化膜的组成与结构不同,这里我们以钢铁为例来介绍它的表面氧化物层的结构与状态。对于钢铁来说,它的氧化物可以分为高温氧化膜与大气腐蚀氧化膜。

钢铁在热加工的过程中所生成的氧化膜称为高温氧化膜,这种氧化膜成层状分布,细致而略有光泽,其厚度一般在几个微米厚,它对基体有一定的保护作用,其结构如图 4.2 所示。当热加工温度大于 700℃时,其表面氧化物膜层分为三层,当热加工温度小于 575℃时,其表面氧化物膜层分两层,对于这样的高温氧化膜,一般将其称为氧化皮或磷皮,一般采用硫酸除去。

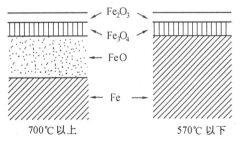

图 4.2 铁的表面氧化皮构造

在大气中钢铁表面所生成的氧化物与其高温氧化皮的不同之处在于:高温氧化皮是表面的金属在高温下与氧发生反应而生成的。由于氧的扩散受氧化膜的阻碍,由外及内金属氧化物的氧化度是逐渐下降的,这种膜也可以看成是金属的原位转化膜。由于这种膜比较致密,所生成的高温氧化膜对进一步的腐蚀有阻碍作用;而钢铁在大气中的腐蚀所生成的氧化物没有氧化度的明显分层,是移位生长的,所以它的组织是疏松的,所生成的氧化物对基体的进一步腐蚀没有阻碍作用。

对于钢铁的大气腐蚀,可通过水滴试验考察其腐蚀的过程,水滴试验如图 4.3 所示。

1滴水滴落在清洁的钢铁表面上的时候,假定水滴是非常对称的半球形,当氧气在水滴中的溶解达到平衡时,考察由水滴的中心向外所构成的各个同心圆,每个同心圆上氧的溶解度是相同的,而氧的浓度在水滴中心处是最低的,在最外层是最高的。因而由这种氧的浓度差促进

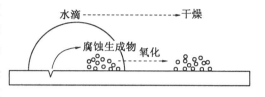

图 4.3　铁锈发生机理

了水滴下面的金属发生腐蚀,在水滴中心部的某个位置高能量的点上,铁被氧化成二价铁离子溶出,所放出的电子转移到了水滴的边缘侧,被溶解的氧夺走,这就导致了外侧的 pH 值升高,而当水滴中心处溶出的二价铁离子运动到水滴外侧时,在溶解氧的作用下生成三价铁离子,进而与氢氧根生成氢氧化铁。考察其腐蚀的途径可知,这种腐蚀产物是移位而生成的,当水滴干燥的时候,氢氧化铁便脱水生成了三氧化二铁(即红锈)。对于这种在大气中所生成的铁的氧化物,通常采用盐酸或硫酸去除。

3.灰尘层

这里所说的灰尘是指附着在金属表面的细微的颗粒,其粒度在 0.01 μm 与数 μm 之间,灰尘一般可分为非导电型和导电型两类。前者包括由抛光剂产生的灰尘、磨料颗粒、碳、硅以及由浸蚀或酸洗后产生的表面化合物等无机物质,这类污物可用阴极电解法或阴阳极电解法清除;后者主要是布轮抛光和磨削过程中产生的金属粉末,这类污物的去除不能采用阴极电解,而是采用阳极电解的方法。另外使用质量分数为 70% 的盐酸浸渍,可以降低污物的附着力。

极性强的污物与材料表面粘附牢固,用毛刷、钢丝刷等简单工具擦刷可以除掉,而用电解法却难以从表面上除去。在自动电镀装置中,不可能把用毛刷、钢丝刷之类的手工操作纳入工序中,而应从改革易生成污物的工艺入手,避免附着污物的工件进入电镀生产线。

4.2　典型的前处理工艺流程

4.2.1　粗糙表面的整平

粗糙表面的整平包括磨光、机械抛光、电抛光、滚光、喷砂处理。这里只介绍四种处理,电抛光处理在 4.6 节单独介绍。

1.磨光

磨光的主要目的是使金属零件粗糙不平的表面平坦、光滑;其次,它还能除去金属零件表面的毛刺和氧化皮、锈以及砂眼、沟纹、气泡等。

磨光是用装在磨光机上的弹性磨轮来完成的,磨轮的工作面上用胶粘附磨料,磨料颗粒像很小的切削刀刃,当磨轮高速旋转时,将被加工的零件表面轻轻地压向磨轮工作面,使金属零件表面的凸起处受到切削,而变得较平坦、光滑。

磨光适用于一切金属材料,其效果主要取决于磨料的特性、磨轮的刚性和磨轮的旋转速度。磨光所用的磨料通常为人造刚玉(含氧化铝的质量分数为 90%～95%)和金刚砂。人造刚玉具有一定的韧性,脆性较小,粒子的棱面较多,所以应用较广。根据磨料的粒度可将其分为若干等级。磨料粒度通常是按筛子的号码来划分的,筛子的号码则用单位面积(cm²)

上的孔数来表示,筛子的号码越大,筛孔越小。人们以磨料能通过筛子的号码来表示该磨料的粒度。磨料的号数越大,颗粒越细;号数越小,则颗粒越粗。通常将磨料分为三组:即磨光颗粒(10 ~ 90#)、磨光粉末(100 ~ 320#)和磨光细粉(320 ~ 600#)。在生产中,应根据金属零件的表面状态和加工后的表面质量要求来选用磨料的粒度。当被加工的零件表面原始状态很粗糙时(如铸锻件),则宜用 20 ~ 80# 的磨料进行粗磨,然后依次加大磨料号码进行中磨(磨料粒度为 200 ~ 240#)和细磨(磨料粒度为 280 ~ 320#)。如果表面的平整度无特殊要求,一般进行到中磨为止;如果要求表面平整度高时,则需进行细磨。若零件表面原始状态较好时,则不需要粗磨,而直接从中磨开始加工。细磨一般用于镀后需要抛光的零件镀前的表面准备。

　　磨光工序中所用的磨轮多为弹性轮,常用皮革、粗细毛毡、棉布、各种纤维织品及高强度纸等制成,它们的刚性依次降低。磨轮的软硬除与所用材料的性质有关,还与材料的组合与缝制方法有关。对于硬度较高、形状简单、粗糙度大的零件,应采用较硬的磨轮;对于硬度低、形状复杂、金属切削量小的零件,应采用较软的(弹性较大的)磨轮,以免造成被加工零件的几何形状发生变化。当将零件表面压向弹性磨轮的工作面时,由于磨轮有弹性,使磨料的切削能力减弱,可以防止零件的变形。也就是说,对零件表面粗糙度要求低时,就应采用较软的弹性磨轮。

　　磨光效果还与磨轮旋转的圆周速度有密切关系。当被磨光的金属材料越硬,加工表面的粗糙度要求越低时,磨轮圆周速度应该越大。圆周速度过低,生产效率低;圆周速度过高,磨轮损坏快,使用寿命短,所以磨轮的圆周速度应选择适当。磨光不同金属材料的磨轮最适宜的圆周速度列于表 4.1。

表 4.1　磨光与抛光不同材料时磨轮的最佳速度

被加工的金属材料	最佳圆周速度/(m·s⁻¹)	
	磨　光	抛　光
铸铁、钢、镍、铬	18 ~ 30	30 ~ 35
铜及其合金、银、锌	14 ~ 18	22 ~ 30
铝及其合金、铅、锡	10 ~ 14	18 ~ 25

2. 机械抛光

机械抛光的目的在于消除金属零件表面的微观不平,并使它具有镜面般的外观。它既可用于零件镀前的表面准备,也可用于镀后的精加工。

机械抛光是用装在抛光机上的抛光轮来完成的,抛光机与磨光机相似,只是抛光时用抛光轮,并且转速更高些。抛光时,在抛光轮的工作面上周期性地涂抹抛光膏,并将加工零件的表面用力压向高速旋转的抛光轮的工作面,借助抛光轮的纤维和抛光膏的作用,使表面获得镜面光泽。

抛光效果,一方面取决于被加工表面从前的加工特性,即金属零件磨光的整平程度;另一方面取决于抛光过程中使用抛光材料的种类和特征。

抛光轮是由棉布、亚麻布、细毛毡等缝制成薄圆片,为了使抛光轮足够柔软,缝线与轮边应保持足够大的距离。

抛光膏是由金属氧化物粉末与硬脂酸、石墨等混合而成的,并制成软块。根据金属氧化物的种类,一般将抛光膏分为三种:白膏(由白色高纯度的无水氧化钙和少量氧化镁粉末制成)、红膏(由红褐色的三氧化二铁粉末制成)和绿膏(由绿色的三氧化二铬粉末制成)。白膏中的氧化钙粉末非常细小,呈圆形,无锐利的棱面,通常用于软质金属的抛光和多种镀层的精抛光。红膏中的三氧化二铁具有中等硬度,适用于钢铁零件的抛光,也可用于细磨。绿膏中的三氧化二铬是一种硬而锋利的粉末,通常用于硬质合金钢及铬镀层的抛光。

抛光时,抛光轮的圆周速度应比磨光的速度快,而且,对不同金属材料,应采用不同的圆周速度(表4.1),一般抛光轮的平均转速为 2 000 ~ 2 400 r/min。

抛光过程与磨光过程的机理不同。抛光时没有明显的金属被切削下来,因此,不应有显著的金属消耗。目前认为抛光机理为:由于抛光轮的高速旋转与金属零件表面摩擦产生的高温,可使金属表面产生塑性变形,填平金属表面的微凹处;同时,由于大多数金属在空气中能迅速地形成一层氧化膜,例如,完全纯净的铁表面,在 0.05 s 内便能形成一层极薄的(约 0.001 4 μm)氧化膜。抛光时产生的高温,还能促使氧化膜形成,实际上从金属表面抛下来的就是这层氧化膜。当氧化膜抛去后,露出的金属表面又被氧化,这样周期地变化,直到抛光结束,就能获得较光亮的表面。在抛光过程中,金属表面氧化膜的形成又不断地被抛去的过程起着重要作用。

3.滚光

滚光常用做大批量小零件镀前的表面准备或镀后的表面修饰。滚光就是将零件和磨料一起放在滚桶机或钟形机中进行滚磨,以除去零件表面的毛刺和锈蚀产物,并使表面光洁的一种加工过程。滚光时除了加入磨料外,还经常加入一些化学试剂,如酸或碱等。因此,滚光过程的实质是零件和磨料一起滚翻时发生碰撞和摩擦作用,以及化学试剂的作用,而将毛刺、粗糙和锈除去。它可以代替磨光和抛光。

滚光效果与滚桶的形状、尺寸、转速、磨料、溶液的性质、零件材料及形状等有关。多边形(六边形、八边形)滚桶比圆形滚桶优越,因为多边形滚桶转动时零件容易翻滚,相互碰撞的机会增加,所以可以缩短滚光时间和提高滚光效果。滚桶的直径可根据被加工零件的大小来选择,零件较大时用大直径的滚桶。一般滚桶的直径为 300 ~ 800 mm,长度为 600 ~ 800 mm 或更长一些。大滚桶装载量大、压力大、摩擦力也大,可缩短滚光时间,故一般采用大滚桶。然而对易划伤的零件宜采用小滚桶。对某一滚桶来说,有一个最佳旋转速度。滚桶转速一般在 40 ~ 60 r/min。

滚光时常用的磨料有钉子尖、石英砂、铁砂、皮革碎块等,可根据零件材料的性质和光泽要求加以选择。当零件有孔眼时,应注意磨料的尺寸,使磨料能全部通过零件孔眼,或者完全不能通过,以免磨料堵塞零件孔眼。在滚光时,当零件表面有大量油污和锈时,应当事先进行除油和浸蚀;若油污和锈较少时,可直接进行滚光。当滚光兼顾除油时,应加入稀碳酸钠溶液、肥皂、皂荚粉等碱性物质;当兼顾除锈和少量油污时,应加入稀硫酸和乳化剂一起进行滚光。有时需先在碱性溶液中滚撞,而后再在酸性介质中滚撞,以使油污和锈除去得更干净。但是,应该特别注意,当零件最后是在酸性介质中结束滚光时,应立即将酸溶液清洗净,并将零件置于稀的碳酸钠溶液中,以防零件被残余的酸溶液腐蚀。

4.喷砂

喷砂是用净化的压缩空气将干砂流强烈地喷到金属零件表面上将污物除去的方法。喷砂可以除去金属零件表面的毛刺、氧化皮及铸件表面的熔渣等杂质。在电镀生产中多用于铸件的镀前处理,它可以打掉翻砂遗留在铸件上的砂土及高含碳层,保证电镀易于进行。各种铸件镀硬铬时需要使用喷砂作为预处理。一些机床零件镀白铬前也多用喷砂来消光。另外,用喷砂来清理焊接件的焊缝,对保证组合件电镀层质量也有很大意义。

喷砂处理所用的砂粒,一般采用石英砂,也可采用金刚砂和钢(相应叫"喷丸"),根据零件的表面状态和加工要求来选择砂粒的种类和尺寸。为了防止油污粘污砂粒、污染加工表面和堵塞喷嘴,表面油污过多的零件,在喷砂前应事先除油和干燥,送入喷砂机中的压缩空气也应该加以过滤净化。压缩空气的压力大小取决于加工零件的材料、形状、表面状态以及对表面加工质量的要求。当使用石英砂时,压缩空气的压力一般不超过 3×10^5 Pa,因为压力大,砂粒流速大,易撞碎,这将影响喷砂的生产能力。

砂流与被加工零件表面之间的角度对喷砂效果也有较大的影响,只有选择最佳的角度,才能最快地清除零件表面的污物。

喷砂处理也常作磷化、喷镀和喷漆的表面准备工序。

喷砂处理要产生大量的粉尘,所以,应在有吸尘装置的密闭设备中进行。

4.2.2　除油

除油方式:有机溶剂除油、碱液除油、电化学除油、乳化剂除油、超声波除油等。

1.有机溶剂除油

有机溶剂除油是可皂化油和不可皂化油在有机溶剂中的溶解过程。这种方法的优点是除油速度快,对金属无腐蚀。近年来,有机溶剂除油开始得到人们的重视。

(1)溶剂

溶剂除油是使用溶剂将表面的油脂、污垢溶解除去的方法,所用的溶剂种类要从保健卫生、安全、生产效率等方面加以规定,即溶剂应符合以下条件:① 无易燃性;② 无毒、无刺激性臭味;③ 不腐蚀金属材料和设备;④ 溶剂不分解、不变质;⑤ 粘度低,比热容小。

然而完全满足上述条件的溶剂是没有的:汽油(易燃)、甲基乙基酮(易燃)、丙酮(易燃)、苯(易燃、有毒)、溶剂石脑油(易燃、不经济)、四氯化碳(腐蚀性),这些溶剂除特殊情况外均不主张使用。目前常使用的氯化烃系溶剂有三氯乙烯、四氯乙烯、三氯乙烷。这三种氯代烃系溶剂的物理性质示于表 4.2 中。

上述三种溶剂选用哪种为宜并无一定标准,这要根据使用者的具体要求而定。从溶解油脂能力来看,三氯乙烯最强,三氯乙烷次之,四氯乙烯最差。这些溶剂虽然毒性比其他有机溶剂小得多,但因完全无害的溶剂并不存在,所以,若吸入溶剂蒸汽,或者粘膜及皮肤长期接触溶剂或蒸汽,就会被体内吸收而引起中毒。因此,使用溶剂时必须设备完善和实行安全操作。至于毒性程度,三氯乙烯和四氯乙烯相差不大,后者稍低一点。1,1,1 – 三氯乙烷毒性最小,只要不吸入高浓度的蒸汽,就不会危害身体健康。

各溶剂在正常的使用状态下是稳定的,但在作业过程中,如果空气中的氧、紫外线、铜粉之类的金属粉末、水分、抛光膏残渣、酸成分等混入时,不仅会分解,降低除油能力,而且会产生恶臭,甚至腐蚀设备及工件。

表 4.2　常用的氯代烃系列溶剂的物理性质

摘　　要		四氯乙烯	三氯乙烯	1,1,1-三氯乙烷	四氯化碳
化学式		$CCl_2=CCl_2$	$CHCl=CCl_2$	CH_3CCl_3	CCl_4
相对分子质量		165.83	131.39	133.41	153.82
沸点/℃		121.2	87.2	74.0	76.72
熔点/℃		-22.4	-86.4	-30.4	-22.92
相对密度	液体	1.622 60	1.464	1.337 6	1.594 72
	蒸汽	5.72	4.54	4.55	5.32
蒸气压/kPa(20℃)		1.92	7.76	13.3	11.9
临界温度/℃		340	271	260	283.2
临界压力/10^5Pa		44.2	49.5	50	45
粘度/(10^{-4}Pa·s)(20℃)		8.8	5.8	7.74	9.65
表面张力/Pa(20℃)		23.32	2.95	2.556	2.677
介电常数		2.353	3.409	7.53	2.205
折射率		1.505 47	1.478 2	1.437 9	1.460 44
比热容/($J·g^{-1}·K^{-1}$)		0.205	0.223	0.255 2	6.207
蒸发热/($kJ·kg^{-1}$)		208.5	238.5	240.0	194.1
导热系数	液体/[$kJ·(m·h·K)^{-1}$](20℃)	0.396	0.425	0.371	0.425
	蒸汽/[$kJ·(m·h·K)^{-1}$]	0.031 3	0.030 0	0.029 6	0.026 3
空气中的扩散系数/(10^5Pa)(25℃)		0.067	0.073	0.079	
膨胀系数		0.001 02	0.001 17		0.001 24
溶解度(25℃)	溶剂 g·(水 100 g)$^{-1}$	0.015	0.11	0.07	0.08
	水 g·(溶剂 100 g)$^{-1}$	0.008	0.033	0.05	0.013
溶剂和水的共沸	共沸点/(10^5Pa)	87.7	73.00	65.2	66
	w(蒸馏物)/%	84.2	93.0	91.7	95.9
燃点/℃		无	410	500	无
空气中的允许体积比/($cm^3·m^{-3}$)(25℃,0.1 MPa)		50	50	350	10
空气中的允许浓度/($mg·m^{-3}$)(25℃,0.1 MPa)		335	268	1 900	65

为确保溶剂稳定,一般要添加多种稳定剂,常见的有:① 氧化抑制剂(防止分解)——苯酚等;② 缩和反应抑制剂(防止变质)——醇类、酯类等;③ 酸中和剂——碱性胺类等;④ 设备、工件腐蚀抑制剂。稳定剂并非绝对万能,因此要谨防混入能引起分解、变质的外部诱发因素。为防止水分混入,工件必须在干燥后才能除油;除油槽的冷却管要避免因过冷而使空气中的水分冷凝;同时,要防止工件的脱落以及金属粉末的混入;注意避免日光直射(紫外线),以荧光灯为好。

含油脂的溶剂即使在蒸气相也存在少量油脂。在各种氯代烃系溶剂中,1,1,1 - 三氯乙烷这种情况最少,是上述三种溶剂中比较安全的一种。关于安全防火事项,读者可参阅有关参考书。

(2) 除油方法与清洗设备

先用蘸有溶剂的碎布擦拭工件表面,或者在盛有溶剂的大桶内将工件浸泡一下,这样做非但达不到理想的除油效果,反而会使溶解于溶剂中的污垢物粘附在工件表面上。另外,由于溶剂的挥发,这样操作不仅不经济,而且危害人体健康。所以,溶剂除油作业必须采用合理的专用清洗设备。

清洗装置的结构形式主要有单槽式、多槽式,另外还有喷射式和附设有链式输送机的清洗装置,图4.4示出了常用的几种清洗设备。

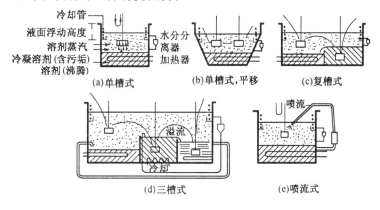

图 4.4　溶剂清洗设备示意图

下面以单槽式为例(图 a)介绍清洗机理:敞口处装有冷却管的铁槽(最好内壁衬铅)的底部加进溶剂,并用加热器加热时,溶剂蒸发并在冷却管处冷凝,因而可避免蒸汽弥散于空气中。又因蒸汽比空气重,所以在溶剂液面和冷却管之间形成蒸汽相。粘附油污的工件置于充满这种蒸汽的气氛中时,蒸汽在工件表面冷凝,起到溶解和清除污垢的作用。含有污垢的溶剂下流,与底部的溶剂混合。用单槽式进行蒸汽清洗,大多场合是有效的,如果油脂、污物附着量很大时,可先在图4.4(c)、(d)所示清洗槽内进行预浸,然后再用蒸汽清洗进行最终除油处理。

在浸渍槽底部,如果放进超声波振子,可加快污物的脱离,尤其能使抛光膏残渣等迅速除净,加喷洗装置的作用在于溶掉油污的同时,还能冲掉大颗粒的灰尘、粉末等。如图4.4(e)所示,喷洗作用必须在蒸汽相中进行,同时要注意不要将液沫溅出槽外。

如图4.4(d)所示,依次在热溶剂、冷溶剂中浸渍,最后用溶剂蒸汽清洗,这种方法适合于清洗热容量小的小型工件以及带有大量油脂和污物的工件,在蒸汽除油时,欲使蒸汽在工件表面上大量冷凝,必须降低工件表面的温度。

　　工件在清洗槽之间的传送,应尽量在蒸汽相中进行,因为工件暴露于空气中时,溶剂的挥发不但污染环境,而且表面会再次被沾污而降低除油效果。

　　清洗设备应安置在通风良好的地方,但需注意强制通风的压力不宜过大,否则蒸汽会因风压大而逸出槽外。在图 4.4(a)中设有一个滑动板,其作用相当于一个挡板,以防止因空气流的变化而造成蒸汽相的扰动。

　　清洗设备要避免阳光直接照射,因紫外光的作用会加速溶剂分解。另外,在设备附近禁止设置煤气燃烧器、重油燃烧器、电热器、火炉等易产生烟火和火焰的设施。因为漏出的蒸汽被烟火和火焰分解后,有产生盐酸蒸汽和其他有毒气体的危险。

　　溶剂最好不要混入水分。如果工件未经彻底干燥就进行除油清洗,水会随之混入溶剂内,另外,冷却管温度过低时,空气中的水蒸气也会冷凝成水滴。须知,水一旦混入,便与溶剂形成共沸混合物,这样不仅很难保证高效率除油,而且会引起溶剂分解,因此不要疏忽对设备上附设的水分分离器运转状态的监视。至于酸(盐酸)的生成,可检测 pH 值,如呈酸性,即用碱性稳定剂中和。

　　2.碱性除油

　　碱性除油是指用含有碱性化学试剂的处理液除去表面油污的方法。

　　目前生产上大量使用的除油是在碱性溶液中化学除油。这种方法实质是靠皂化和乳化作用除油。

　　皂化可以除去动植物油,其反应通式为

$$(RCOO)_3C_3H_5 + 3NaOH \rightleftharpoons 3RCOONa + C_3H_5(OH)_3$$

　　当带有油污的零件放入碱性除油溶液中时,皂化油可与碱发生皂化反应,反应的生成物肥皂和甘油都能很好地溶解于水中,所以只要有足够的碱和具有使油污表面更新的条件(溶液的运动),可皂化油就可以从零件表面完全除掉。

　　乳化作用就是两种互不相溶的液体形成乳浊液的过程。乳浊液是两种互不相溶液体的混合物,其中一种液体呈极细小的液滴分散在另一种液体中。

　　靠乳化作用除油,除油液中必须加入乳化剂,促进乳化作用的进行。乳化剂是一种表面活性剂,它在溶液中的分布是不均匀的,而是吸附在界面上,降低了油液界面张力,使油与溶液的接触面增大,油膜变成小油滴分散在溶液中。这个过程如图 4.5、4.6 所示。乳化作用可以通过溶液对金属接触角的变化来说明。接触角越小,除油效果越好。

　　碱性化学除油通常有下列组分:氢氧化钠、碳酸钠、磷酸三钠、乳化剂和表面活性剂。

　　氢氧化钠是保证皂化反应进行的重要组分,当氢氧化钠含量过低皂化反应不能进行,过高肥皂的溶解度下降,并使金属表面发生氧化。对于黑色金属除油液,pH 值在 12 ~ 14 较好,对于有色金属和轻金属,pH 值在 10 ~ 11 较好。碳酸钠、磷酸三钠主要起缓冲作用,保证溶液在除油过程中 pH 值维持不变。为了使溶液具有足够的缓冲作用,碳酸钠、磷酸三钠应具有一定含量。

$$Na_2CO_3 + H_2O \rightleftharpoons 2NaOH + CO_2$$
$$Na_3PO_4 + 3H_2O \rightleftharpoons 3NaOH + H_3PO_4$$

　　碳酸钠除具有缓冲作用外,还具有一定的乳化作用,但其水洗性不好,不宜单独使用。磷酸三钠除具有缓冲作用外,还可以使水玻璃容易被水洗去。

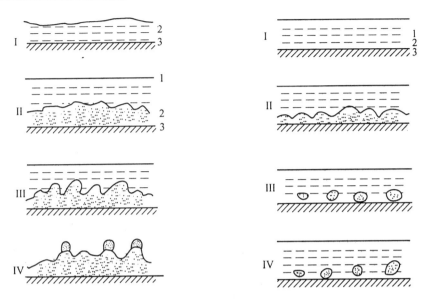

图 4.5　油膜在除油液中变薄过程示意图　　　图 4.6　在碱性除油中油从金属被排除的
1—碱液;2—油膜;3—金属　　　　　　　　　　　　　　示意图
1—除油溶液;2—油;3—金属

硅酸钠作为乳化剂加入除油液中,易溶于水,但不易洗去,特别是复杂零件的除油,硅酸钠更不容易除去,当游离的硅酸钠残留于工件表面,若在水洗不彻底的情况下被后序酸洗处理时用酸中和,将生成硅胶粘附于表面难以除去,造成镀层发暗和剥落现象,其反应式为

$$NaSiO_3 + 2HCl \Longrightarrow H_2SiO_3 + 2NaCl$$

硅酸钠是由 Na_2O 和 SiO_2 化学化合而成,根据其结合比例有如下的盐类:

正硅酸钠($2Na_2O \cdot SiO_2 \cdot nH_2O$)

酸式硅酸钠($1.5Na_2O \cdot SiO_2 \cdot nH_2O$)

偏硅酸钠($Na_2O \cdot SiO_2 \cdot nH_2O$)

1 号硅酸钠($Na_2O \cdot 2SiO_2 \cdot nH_2O$)

2 号硅酸钠($Na_2O \cdot 3SiO_2 \cdot nH_2O$)

常用的硅酸钠主要是正硅酸钠和偏硅酸钠,酸式硅酸钠只在要求两者折中性质时才使用。硅酸钠水解生成游离的碱和硅酸。游离的碱是通过对油污层的润湿、渗透及皂化作用进行清洗的。非皂化性油脂是在除油液中经膨润、渗透作用而除去的。Na_2O/SiO_2 比值越小,水解后的碱度越强。另外生成的胶质硅酸,对悬浮的油污具有吸附和包裹的作用,这是其他碱性物质所不具备的,因此硅酸盐是除油不可缺少的成分。正硅酸钠对强碱具有缓冲作用,同时也具有对硬水的软化作用。

偏硅酸钠除碱度低于正硅酸钠以外,其他方面的作用基本与之相同,适用于铜、锌、铝及其合金的除油。1 号、2 号硅酸钠即通常所说的水玻璃,用于清洗时特别忌讳表面腐蚀的工件。

(1) 表面活性剂

添加表面活性剂的目的在于降低表面张力,使除油液对油污层容易进行渗透、润湿,从而加速除油作用;另外,表面活性剂弥散于油脂或污垢表面(和液体的交界面),有加速乳化的作用。除油液是一种强碱性(pH > 9)的热溶液,所以不宜用耐热、耐碱性弱的表面活性剂,也不宜用泡沫多的表面活性剂。

表面活性剂按其表面活性作用,可分为非离子型、阳离子型、阴离子型和两性离子型。应用时,不要拘于分类形式,而要选择最符合目的的表面活性剂,另外,用微生物难以分解的表面活性剂(称为硬剂)会带来公害,所以要注意选用易被微生物(例如土壤菌)分解的表面活性剂(称为软剂)。

(2) 碱除油液

除油液应根据油污状态和金属材料种类来选择适当的组成和使用条件。当表面覆有大量油脂,即油层很厚,有滑腻和粘性感时,只用碱除油是不能轻易除净的,必须先用其他方法(如擦刷、溶剂除油等)预先进行处理。碱性除油液呈强碱性,与金属反应会发生腐蚀或过腐蚀现象,因此对铝、锌这类工件除油应尽量在低温、低碱度条件下进行。钢铁件用较高的碱度处理一般来说是可以的,但处理有色金属时,除油液的 pH 值应调节到适当范围,如铅、锌及其合金 pH 值应控制在 10 以下,铜及其合金 pH 值应控制在 11 以下。除油时间视油污种类、性质及量的多少而定,一般规定不超过 3 min。

从成本考虑,尤其从节能方面考虑,除油温度要尽量低些,但降低温度与提高除油效率是矛盾的。温度越高,表面粘附的油脂与清洗剂的物理化学反应速度越快,除油越容易。油污随着温度的提高,其粘度降低,故除油容易进行,但低温除油没有这种作用,所以应考虑使用乳化剂和表面活性剂。

从经济角度考虑,希望除油液浓度低一些,但除油液浓度低,参与除油反应的药品量就减少,因而除油液使用寿命也是一个问题。为了提高低浓度除油液的效率,就要考虑如何有效促进物理效应,譬如加表面活性剂或超声波等。表 4.3 列出了除油剂的组成及使用条件。

表 4.3　碱性化学除油溶液组成及工艺条件

配方 组成/(g·L⁻¹)	钢　铁		铜及其合金		铝及其合金		精密件
	1	2	3	4	5	6	7
NaOH	60 ~ 80	20 ~ 40	8 ~ 12				
Na_2CO_3	20 ~ 60	20 ~ 30	50 ~ 60		10 ~ 20	25 ~ 30	
$Na_3PO_4 \cdot 12H_2O$	15 ~ 30	5 ~ 10	50 ~ 60	60 ~ 100	10 ~ 20	20 ~ 25	
Na_2SiO_3	5 ~ 10	5 ~ 15	5 ~ 10	5 ~ 10	10 ~ 20	5 ~ 10	
OP - 10 乳化剂		1 ~ 3		1 ~ 3	1 ~ 3		
脂肪酸烷醇酰胺类表面活性剂							8 ml/L
三乙醇胺油酸皂							8 ml/L
温度/℃	80 ~ 90	80 ~ 90	80 ~ 90	80 ~ 90	80 ~ 90	80 ~ 90	80 ~ 90
时间	至油除尽	至油除尽	至油除尽	至油除尽	至油除尽	至油除尽	至油除尽

3. 电解除油

电解除油是将工件浸入除油液中,并以此作为阴极或阳极进行电解而除去油污的方法。由于电解作用产生大量的气体,既能将油脂、污垢从表面除去,又能进行机械搅拌,再加上除油液本身的皂化、渗透、分散、乳化等化学或物理作用,因此可以获得近乎彻底清洗干净的效果。

电解除油机理是:当粘附油污的金属零件浸入电解液时,油与碱液之间的界面张力大大降低,油膜便产生裂纹,同时,由于通电使电极极化,电极与碱液间的界面张力大大降低,溶液对金属表面的润湿性加强,溶液便从油膜不连续处和裂纹处对油膜产生排挤作用,油膜与电极表面的接触角便大大减少,因此,油对金属表面的附着力便大大减弱。与此同时,在电流的作用下,电极上发生电解反应,析出大量气体,当金属零件作为阴极时,其反应为

$$4H_2O + 4e^- \Longrightarrow 2H_2 + 4OH^-$$

金属零件作为阳极时,其反应为

$$4OH^- - 4e^- \Longrightarrow O_2 + 2H_2O$$

这些气体以大量小气泡的形式逸出,对油膜起到了撕裂和分散的作用,同时气泡还起到了强烈的搅拌作用,使得油污被强烈乳化,从而除去。

电解除油包括阴极除油(工件作阴极)、阳极除油(工件作阳极)、交替除油(工件的极性交替改变)和 PR 除油(使用 PR 电流)等,阴极除油是利用析出的氢气清除油污,是最常用的方法。尽管氢气大量析出,搅拌作用激烈,但表面几乎不受腐蚀,被活化的表面有利于与镀层结合牢固。

阴极除油容易使钢铁件产生氢脆,尤其是高碳钢和弹簧钢,因氢脆显著,最好用阳极除油代替阴极除油。阴极除油的另一个缺点是,溶于除油液中的金属杂质常常粘附在阴极(工件)上。溶液中含有配合物、螯合物时,金属组分不形成沉淀而形成配离子电析出来。如用铁板作阳极,铁在黄铜或铜上有时沉积一层明显的镀层。在这种情况下,必须用不溶性阳极材料和烧结炭材料等作阳极。

溶液中金属杂质的混入,除因阳极板溶解带入外,有时由于槽衬里开裂而导致槽材质(铁板)外露,此时,电解槽铁板接触溶液,成为阳极,铁板与工件之间一旦有旁路电流通过,便会引起槽体溶解和导致镀层夹杂(铁杂质),这一点一定要引起注意。另外,也有采用闪镀和阴极除油"一步法"的,但由于沉积的闪镀层有时不够致密,所以最好不使用这种方法。电解条件视除油液组成和工件种类而异,一般规范为:电流密度为 5～15 A/dm²,温度为 60～80℃,时间 3 min 以内。

阳极除油是利用工件表面析出的氧气冲刷污物并对溶液进行搅拌,促使油污脱离表面的一种方法。阳极除油"析氧"不如阴极除油"析氢"激烈,但有不产生氢脆的优点,也不会出现镀层夹杂,当然,表面会形成氧化膜,但只要用稀酸浸蚀即可除去。工件作为阳极时,须注意可能腐蚀表面产生麻点。所以阳极电解不适用于铝、锌及其合金等化学性能比较活泼的材料。电解条件视除油液组成和工件材质而异,但电流密度比阴极除油低,按一般规范,电流密度为 2～10 A/dm²、温度为 40～70℃、时间在 1 min 以内。阴极、阳极除油液的化学试剂与碱除油液相同,只是浓度可以稍稀一些。如使用高泡表面活性剂,则两极上析出的氢气和氧气气泡均覆盖在液面上,以致有时会溢出槽外,另外,由于电火花引起小规模的氢氧反应(鸣爆),导致溶液溅出,所以最好使用低泡表面活性剂。

由于工件形状不同,可能会造成除油不均,因此在挂具设计及极板配置方面,应尽量使各部分的电流密度均匀分布。表 4.4 列举了电解除油液的组成及电解条件。

表 4.4　电解除油液组成及工艺条件

组成及工艺 ＼ 零件材料	钢　铁	铜及其合金	锌及其合金
$\rho(\text{NaOH})/(\text{g}\cdot\text{L}^{-1})$	10～20	——	——
$\rho(\text{Na}_2\text{CO}_3)/(\text{g}\cdot\text{L}^{-1})$	50～60	25～30	5～10
$\rho(\text{Na}_3\text{PO}_4)/(\text{g}\cdot\text{L}^{-1})$	50～60	25～30	10～20
温度/℃	60～80	70～80	40～50
电流密度	5～10	5～8	5～7
时间	阴极 1 min,阳极 15 s	阴极 30 s	阴极 30 s

　　除油液的寿命必须从生产成本和生产效率上加以综合考虑,用成分分析判断使用寿命是切实可行的方法,但成分的消耗或分解究竟达到何等程度才能反映溶液除油能力的极限,很难做出具体规定。另外,即使测定了积存于溶液中的油污量,也难判断除油能力和临界点。最有效的判断法乃是在电镀车间生产线上,根据除油的工件数、时间和除油能力极限的关系,绘制一个数据表。表上数据虽然只适用于该车间的生产过程,缺乏普遍性,但从实用角度来看,却是一种颇有参考价值的管理方法。

　　为了节约碱性除油液,不能用单槽处理,而应分成两个槽按两级依次处理。第二槽的溶液比第一槽的溶液洁净。所以,当第一槽失去除油能力后即可废弃,然后将第二槽(后一级)的溶液移入第一槽,第二槽再装入新液。这样做的结果,失效、报废的溶液只是总量的一半,同时也缩短了总的除油处理时间,是一种经济的方法。

　　在除油液中,除油脂成分外,还积蓄了固态的污垢。这些污物不仅会导致除油液除油能力下降,且工件取出时又粘附于工件上,使表面再次沾污,溶液中固态成分的颗粒极细,其中80%的粒径介于 1.5～7.0 μm 之间。为了经济地使用除油液,同时又保持除油能力,建议采用与油分吸附塔串联的专用过滤机,如图 4.7 所示。

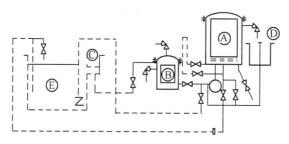

图 4.7　除油液除油、除垢装置流程图
A—过滤机;B—油吸附槽;C—溢流管;D—贮水槽;E—除油机槽

4.清洁度的检验

（1）揩试法

　　用清洁柔软的白纸揩试金属表面,然后检查粘附在纸上的污染物质,使用的白纸最好是化学实验擦拭器皿用的清洁纸。对于白色残留物或白色生成物用黑色布为宜,因为肉眼检查的灵敏度不高。

（2）水润湿法

金属表面一旦附着油脂，便不能被水润湿，水润湿法是应用这一现象而进行的。

① 水滴试验，又称水珠试验。将水珠滴在工件表面，除油不彻底的表面水滴呈球形，表面倾斜时会滚落下来。除油彻底时，水滴在表面的散布呈水膜状。

② 接触角测量法。指用接触角测量仪测量滴在表面上的水滴接触角的方法。接触角越小，表明除油程度越高。测量在恒温恒湿室内进行，被检物表面必须保持水平、无振动。

③ 挂水试验。将被检物放入水中，然后提起，或者往表面上浇水，使水覆盖表面，观察挂水后水膜被油膜间断的状态。

④ 喷雾试验。用喷雾器向被检物表面喷射水雾，观察挂水状态。

（3）电镀法

将钢铁件浸入呈酸性的稀硫酸铜溶液中，在钢铁裸露面有铜析出，而油污覆盖的部分因阻挡而无铜析出。

（4）其他方法

除上述方法外，还有荧光染料法、放射线法、椭圆对称法、反射型红外吸收光谱法等方法。

4.2.3　酸　洗

1.除氧化皮

（1）硫酸酸洗

① 化学反应式。钢铁在热加工时所生成的氧化皮多用硫酸除去，在硫酸溶液中所发生的反应为

$$Fe_2O_3 + 3H_2SO_4 =\!=\!= Fe_2(SO_4)_3 + 3H_2O \qquad (2.1)$$

$$Fe_3O_4 + 4H_2SO_4 =\!=\!= FeSO_4 + Fe_2(SO_4)_3 + 4H_2O \qquad (2.2)$$

$$FeO + H_2SO_4 =\!=\!= FeSO_4 + H_2O \qquad (2.3)$$

$$Fe + H_2SO_4 =\!=\!= FeSO_4 + H_2 \qquad (2.4)$$

在反应中生成的 $Fe_2(SO_4)_3$ 发生的副反应为

$$Fe_2(SO_4)_3 + H_2 =\!=\!= 2FeSO_4 + H_2SO_4 \qquad (2.5)$$

$$Fe_2(SO_4)_3 + Fe =\!=\!= 3FeSO_4 \qquad (2.6)$$

其中式(2.5)为酸的再生反应。

$Fe_2(SO_4)_3$ 的溶解度很小，所以反应(2.1)、(2.2)是慢反应，而 $FeSO_4$ 溶解度大，所以反应(2.3)、(2.4)是快反应。

由以上 4 个反应可以看出，反应(2.1)是控制步骤，假定氧化皮是致密的没有裂纹，去除氧化皮是很困难的。因而工厂在去除高温氧化皮时，常先对工件进行机械振动，使氧化皮产生裂纹，而后再行去除。这种预制裂纹的工序在热轧钢板的酸洗生产线上由专门的设备来完成。

② 酸洗的速度与硫酸浓度和温度的关系。酸洗是化学反应，其速度与温度和酸的质量分数有着密切的关系。要使工件能够取得好的酸洗效果，必须考虑这三者之间的关系，由图 4.8 可以看出，在一定温度下，当硫酸的质量分数在 20%～25% 时，酸洗的速度最快；在硫酸

质量分数一定的情况下,温度越高,酸洗速度越快。当酸洗温度过高时(>40℃),酸雾大量挥发,造成设备的腐蚀与环境的污染,而且酸洗的时间过短,容易造成过腐蚀,因而在一般情况下采用40℃、质量分数为20%的硫酸进行酸洗。

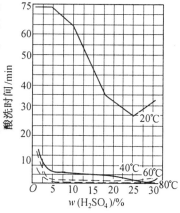

采用硫酸去除氧化皮的过程如图4.9所示,酸洗是靠硫酸沿高温腐蚀的裂纹进入到氧化铁与铁的界面,选择性的迅速溶解氧化铁,并将外层氧化层剥落下来。在这一过程中要注意严格防止过酸洗,过酸洗不仅造成了钢板表面凸凹不平,还会由于氢原子向基体内的扩散造成工件的氢脆,因而在用硫酸酸洗时,常使用一些酸性溶液中黑色金属专用的缓蚀剂,如硫脲、亚硝酸钠、乌洛托品等,而且要控制酸洗的温度不超过60℃。

图 4.8　硫酸的质量分数与温度对酸洗速度的影响

硫酸在使用过程中逐渐老化,这是由于反应产物

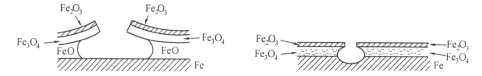

图 4.9　硫酸去除氧化皮的过程

$Fe_2(SO_4)_3$、$FeSO_4$ 以及析出的 H_2 降低了硫酸的浓度与活性。当硫酸中的 $\rho(Fe_{总}) \geq 80$ g/L、$\rho(FeSO_4) \geq 215$ g/L 时,硫酸就因老化而失效。近年来在大规模的酸洗车间内往往设置酸再生系统,目前我国仅有一条从日本引进的酸再生设备在宝钢运行,酸再生的反应式为

$$Fe_2(SO_4)_3 = Fe_2O_3 + 3SO_3$$

$$SO_3 + H_2O = H_2SO_4$$

(2)盐酸酸洗

盐酸酸洗的反应式为

$$Fe_2O_3 + 6HCl = 2FeCl_3 + 3H_2O \tag{2.7}$$

$$Fe_3O_4 + 8HCl = 2FeCl_3 + FeCl_2 + 4H_2O \tag{2.8}$$

$$FeO + 2HCl = FeCl_2 + H_2O \tag{2.9}$$

$$Fe + 2HCl = FeCl_2 + H_2 \tag{2.10}$$

在酸性溶液中反应所生成的 $FeCl_3$ 通常发生的两个副反应为

$$2FeCl_3 + H_2 = 2FeCl_2 + 2HCl \tag{2.11}$$

$$2FeCl_3 + Fe = 3FeCl_2 \tag{2.12}$$

酸洗过程的生成物 $FeCl_2$ 和 $FeCl_3$ 在酸中的溶解度都很大,所以盐酸酸洗的速度比硫酸酸洗要快1.5~2倍,而且盐酸适合去除大气中的腐蚀产物 Fe_2O_3。盐酸酸洗过程中的酸洗时间、盐酸浓度、温度对酸洗效果的影响如图4.10所示。由于在酸洗过程中有盐酸的挥发,因而相对硫酸酸洗,盐酸酸洗对设备的腐蚀更为严重。通常采用质量分数为15%(10%~20%)的盐酸,盐酸酸洗过程中同样可以采用缓蚀剂防止工件的过腐蚀。

（3）电解酸洗

在酸的溶液中采用阳极、阴极、阳极阴极联合(PR)电解酸洗比通常情况浸蚀速度要快,特别是容易除去那些附着紧密的氧化皮,而且允许酸的浓度有较大的变化。

阴极电解酸洗对材料腐蚀少,能保证尺寸精度,然而在电解过程中容易析氢引起氢脆,溶液中的金属杂质容易沉积到工件表面,阴极电解工作电流密度在 5 A/dm² 左右。

阳极电解酸洗是借助于氧气的物理冲刷作用使氧化皮脱落,同时,材料表面产生钝化还能防止腐蚀。此外,这种方法还具有不发生氢脆的优点。

PR 电解酸洗对除去不锈钢的氧化皮是一种有效的方法。

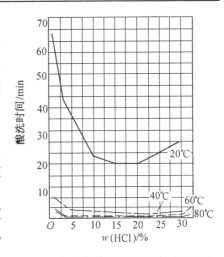

图 4.10　盐酸的质量分数、温度对酸洗速度的影响

表 4.5 列出了几种钢铁材料的酸洗工艺规范。

表 4.5　几种钢铁材料的酸洗工艺规范(适用于低碳及高碳钢)

表面状态	浸蚀液组成	操作条件
大气锈蚀	$w(HCl) = 20\% \sim 80\%$	室　温
厚高温氧化皮	$\varphi(H_2SO_4) = 5\% \sim 15\%$ （φ(缓蚀剂) = 0.5% ~ 1%）	50℃ ~ 80℃
厚氧化皮	$\varphi(H_2SO_4) = 4\% \sim 6\%$	50℃ ~ 70℃ $j_a = 3 \sim 6$ A/dm²
油淬件(疏松)	$\varphi(HCl) = 20\% \sim 85\%$ $\varphi(HNO_3) = 1\% \sim 5\%$　$d = 1.42$	——
油淬件(致密)	23 g/L H_2SO_4,23 g/L HNO_3	——
厚氧化皮	180 g/L NaOH,120 g/L NaCN,80 g/L EDTA	40℃ $j_a = 2 \sim 5$ A/dm²
光亮酸洗	25 g/L $H_2C_2O_4$,13 g/L H_2O_2 0.1 g/L H_2SO_4	室　温
除积碳	80 g/L $KMnO_4$,140 g/L NaOH	80℃
镀前活化弱浸蚀	$\varphi(H_2SO_4) = 4\% \sim 10\%$ 或 $\varphi(HCl) = 5\% \sim 10\%$	室　温

2.弱浸蚀

（1）化学弱浸蚀

弱浸蚀的实质是要剥离工件表面的加工变形层,将基体的组织暴露出来,以便镀层金属在其表面进行外延生长,因而不需要酸洗那样长的时间,但是由于所溶解的是金属,因而要析出大量的氢,这对高强钢工件很危险,所以要特别注意。为了防止对钢铁件的过酸洗,常常要选择使用缓蚀剂,包括磺化胨蛋白、皂荚浸出液、若丁、硫脲、尿素、六次甲基四胺等。工件的材质与加工方式不同,所采用的弱浸蚀的溶液也不相同,如表 4.6 所示。

表 4.6　各种材质的弱浸蚀工艺

		盐酸	硫酸	硝酸	其　　他	水	温度/℃	备考
铝及铝合金	1	1份		1份	9.3 g/L NaF	适量	室温	铝板
	2	65 ml/L					室温	硬铝
	3	1份		3份		适量	室温	铝铸件
镉	1		1.5 g/L		100 g/L CrO₃		室温	
	2			7.8 g/L			室温	
铜及铜合金	1		1份		18 g/L Na₂Cr₂O₇	9份	52~80	
	2		125 ml/L		98 g/L Fe₂(SO₄)₃		50~80	
	3		98 g/L		120~200 g/L (NH₄)SO₄		50~80	
	4		2份	1份		5份	室温	
金及金合金	1		1份			7份	65	
锰及锰合金	1				180 g/L CrO₃		88	
	2		3份	3 125 ml/L	120 g/L CrO₃		室温	
镍及镍合金	1				22.5 g/L K₂MnO₄		77~100	因特镍合金
	2	0.4 L		3.7 L	22.5 g/L Na₂CO₃	7.6L	65~7	
	3		98 g/L		98 g/L 酒石酸钾钠		71~82	蒙乃镍合金
	4	3.6 L			453 g CuCl₂	7.2 L	82	镍银合金
	5		0.47 L		225 g Na₂Cr₂O₇	9L	室温	
	6		22.5 g/L		22.5 g/L Fe₂(SO₄)₃		60	
银	1			7.4 L		3.6L	室温	
	2		3.6 L	0.5 L				
不锈钢	1		90 g/L				82	
	2	1份	1份		HF 1份	7份	54~60	
	3			0.4 L	HF 0.6 L	1 L	52~66	
	4	5.7 L		3.8 L		9.5 L	52~66	
	5	0.5 L		3.8 L	HF 1 L		54~60	
钛	1				23.4 ml/L HF			
	2		188 ml/L		熔融 NaOH			
锌及锌合金	1				225~300 g/L Na₂Cr₂O₇ 15~31 g/L Na₂SO₄			
	2	94 ml/L			240~600 g/L Na₂Cr₂O₇			

　　由于金属材料不同,酸洗液中所添加的缓蚀剂也不同。对于铝合金,要依据合金中非铝金属的不同而采用不同的弱浸蚀液,也可以用碱性溶液进行弱浸蚀,对于铜及其合金,常采用硝酸或者硫酸与重铬酸钾的混合液。

化学弱浸蚀一般是在室温进行的,浸蚀时间为数秒到 1 min,对于钢铁件来说,多用体积分数为 3% ~ 5% 的盐酸或硫酸水溶液进行弱浸蚀。

(2) 电解弱浸蚀

与酸洗除氧化皮一样,也可以采用电解弱浸蚀去除加工变形层。电解弱浸蚀一般采用阳极浸蚀的方法,采用的酸液浓度更低,一般为体积分数 1% ~ 3% 的硫酸溶液,阳极工作电流密度一般取 5 ~ 10 A/dm²。酸洗后的工件表面十分活泼,容易在空气中迅速生成大气腐蚀产物,因而弱浸蚀的工件必须尽快浸入镀槽,或者保护在水溶液中。

在设计电镀工艺流程时,除水洗外,酸洗是镀前的最后一道工序。

4.3　化 学 抛 光

化学抛光是指在合适的溶液中,不使用外接电源,依靠化学浸蚀作用对工件进行的抛光。与电抛光比较,化学抛光不需要直流电源和导电挂具,可对形状复杂的各种尺寸的零件进行抛光,生产效率高,化学抛光可作为电镀前处理工序,也可在抛光后辅以必要的防护措施而直接使用。缺点是溶液使用寿命较短,溶液浓度的调整和再生比较困难。通常化学抛光时会析出一些有害气体,抛光质量比电抛光差。化学抛光广泛应用于不锈钢、铜及铝合金等的抛光以及对一些零件作装蚀加工。化学抛光对钢铁零件特别是对低碳钢有较好的抛光效果,因此对于一些机械抛光实施较为困难的钢铁零件,可采用化学及电化学抛光。

4.3.1　化学抛光的机理

为了进行化学抛光,必须使工件表面的凸部比凹部优先溶解,故而应将化学抛光的作用分为两个阶段来认识。第一阶段是化学抛光时金属表面的几何凸凹的整平,去除较粗糙的表面不平度,获得平均为数微米到数十微米的光洁度;第二阶段是晶粒间界附近的结晶不完整部分的平滑化,去除比较微小的不平度,在 0.1 ~ 0.01 μm 左右,相当于光波长的范围。可将第一阶段称为宏观抛光或平滑化,把第二阶段称为微观抛光或光泽化。

上述两种抛光作用是不同的,以钢在硝酸磷酸型抛光液中的抛光为例说明。在抛光过程中钢材的电极电势和溶解速度相应于硝酸浓度的变化情况如图 4.11 所示。即随着硝酸浓度的增加,钢材的电极电势也逐渐提高,同时溶解速度随之减小。钢的平滑化是由低电势区域的溶解作用形成的,而光泽化则是由高电势区域的溶解形成的。钢表面电势的升高是由表面形成的一些稳定的氧化膜固体所致,正是由于这种稳定氧化膜的形成,使得工件光泽化。而平滑化可能是由金属离子或溶解生成物的扩散层导致的。

化学抛光是在不供电情况下产生抛光效果,

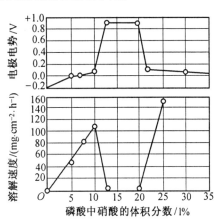

图 4.11　低碳钢抛光过程中硝酸浓度不同时所引起的电极电势及溶解速度的变化

其抛光机理与利用电流作用的电解抛光在本质上没有太大差别,因此与电解抛光有关的详细情况将放在后面再讲。化学抛光的效果一般要比电解抛光效果差,在化学抛光中,由于材料的质量不均匀,会引起局部电势高低不一,产生局部阴阳极区,形成局部短路的微电池,使阳极发生局部溶解。而在电解抛光中由于外加电势的作用可以完全消除这种局部的阴极区,进行全面的电解,因此效果更好。

4.3.2　化学抛光的工艺规范

1.抛光液温度

化学抛光时,溶解速度随着抛光液温度的提高而显著地增加。此外强氧化性的酸(例如硝酸、硫酸等)在高温时氧化作用变得很显著。在化学抛光中,由于这些酸的溶解作用和氧化作用会同时发生,故多数情况下都是把抛光液加热到较高温度来进行化学抛光的。

需要提高温度来进行化学抛光的金属有钢铁、镍、铅等,若温度低于某一定值,就会出现失去光滑的腐蚀表面,故存在着一个形成光泽面的临界点,在临界点以上的某温度范围内抛光效果最好。而这个温度范围又因液体的组成不同而异。如果高于这个温度范围,会形成点蚀、局部污点或斑点,使整个抛光效果降低。此外,温度越高,材料的溶解损失也越大。

2.抛光时间

要得到好的抛光效果,就需花费一定的时间。若时间过短,只能获得没有光泽的梨皮状表面。若时间过长,不仅溶解损失增大,而且加工表面会出现污点或斑点。因此存在着一个最适当的时间范围,而这个时间范围受材料、抛光液的组成及抛光温度等因素的影响,通常难以预测,除用实验测定外,没有别的方法。化学抛光中往往同时产生氢气,这是在抛光具有氢脆敏感性的材料时必须注意的问题。另外抛光液温度高达 $100 \sim 200\,℃$ 时,还会发生退火作用。为了把氢脆和退火作用的影响减到最小,就必须在最适温度范围内选择尽可能短的抛光时间。

3.金属的化学抛光

为了保证化学抛光的效果,必须使金属表面溶解,并在表面上形成前述的液体膜或固体膜。因此金属的抛光液必须具有溶解金属的能力和形成保护膜的能力。化学抛光液的基本组成一般包括腐蚀剂、氧化剂、添加剂和水。腐蚀剂是主要成分,如果工件在溶液中不溶解,抛光便不能进行。氧化剂和添加剂可抑制腐蚀过程,使反应朝有利于抛光的方向进行。水对溶液浓度起调节作用,便于反应产物的扩散。

用做金属溶解的成分一般是酸,其中用得较多的是 H_2SO_4、HNO_3、HCl、H_3PO_4、HF 等强酸,而对于铝那样的两性金属,也可用 $NaOH$。在这些酸中由于高浓度的磷酸及硫酸都有较高的粘度,可形成液体膜扩散层,故这种成分具有两种功能。这也是在化学抛光液的组成中,主要采用硫酸或磷酸的原因。为了提高粘度,使扩散层容易形成,也可加进明胶或甘油等能提高粘度的添加剂。为了促进固体膜形成,则需加入以硝酸或铬酸为主的强氧化剂。

几种常用的酸类及添加剂在抛光中起到的作用如表 4.7 所示。几种常用金属材料的主要抛光液及抛光条件如表 4.8 所示。

表 4.7　化学抛光液中几种常用的酸类和添加剂及其作用

物　质	溶解固态钝化膜	形成固态钝化膜	促进生成粘膜
磷酸	+	+	+
硫酸	+	+	+
硝酸	+	+	−
盐酸	+	−	−
氢氟酸	+	−	−
亚硝酸	−	+	−
铬酸	−	+	−
丙三醇	−	−	+
明胶	−	−	+

表 4.8　不同金属材料的化学抛光液组成及抛光条件

铜及铜合金		铝及铝合金		钢　铁		不锈钢	
硫酸	80 g	磷酸	80.5%	氢氟酸	12%	盐酸	30%
重铬酸钠	28 g	硝酸	3.5%	硝酸	8%	硫酸	40%
水	1 000 ml	水	16.5%	水	80%	四氯化钛	5.5%
温度	室温	温度	90℃	温度	40～60℃	水	余量
时间	数 min	时间	1～5 min	时间	2～10 min	温度	65～80℃
注:半光泽				注:适用于低碳钢		时间	2～5 min
						注:适用于奥氏体不锈钢	
硝酸	40 ml	氢氧化钠	28%	草酸	2.5%	盐酸	1 000 ml
冰醋酸	60 ml	硝酸钠	23%	过氧化氢	1.3%	硫酸	1 00 ml
氯化铜	3 g	亚硝酸钠	17%	硫酸	0.01%	氯化铵	5 g
重铬酸钾	5 g	磷酸铜	0.001 5%	温度	20～30℃	温度	180℃
时间	5～10 s	温度	135℃	时间	15～30 min	时间	数 s
		时间	数 s	注:适用于碳质量分数为		注:适用于18.1不锈钢	
				0.3%以下低碳钢			
磷酸	30%～90%	硝酸	13%	浓磷酸	100 ml		
硝酸	5%～20%	重氟化铵	16%	硫酸	0～10 ml		
冰醋酸	10%～50%	硝酸铅	0.02%	温度	180～250℃		
温度	55～80℃	糊精或明胶	适量	时间	数 s		
时间	2～6 min	温度	55～75℃	注:适用于高碳钢			
注:适用于蒙耐尔合金		时间	数 s				
硝酸	100 g/L	氢氟酸	1%～5%				
硫酸	80 g/L	硝酸	5%				
盐酸	25 g/L	水	余量				
水	余量	温度	95℃				
温度	室温	时间	1～5 min				
时间	数 min						

注:表中的"%"均为体积分数。

4.4　电　解　抛　光

电解抛光(又称电化学抛光或电抛光)是将金属零件置于一定组成的溶液中进行阳极处理,以获得光亮表面的过程。电解抛光可用于金属零件镀前的表面准备,也可用于镀层的精加工,还可以独立的作为金属表面加工的一种方法。电解抛光作为金属表面加工的一项新工艺,与机械抛光相比有许多优点,如抛光表面粗糙度小,反射能力强;操作简便,抛去厚度容易控制;能抛光形状复杂的零件,抛光速度快等。另外,对经过电解抛光后的零件进行电镀,可以提高镀层和基体金属的结合力。因此有着广阔的发展前景。

电解抛光需要通电操作,它与化学抛光相比,虽然在设备和操作上有些难以避免的缺点,但是由于电解抛光能把电压、电流等容易控制的量作为控制抛光的手段,因此抛光效果一般都优于化学抛光,在抛光条件的选择与管理上也都比较方便。

电解抛光一般可以降低表面粗糙度,对事先经过机械抛光的表面(已达 $Ra = 0.5 \sim 0.63$ μm)进行电解抛光时,可以获得镜面光亮表面($Ra = 0.125 \sim 0.160$ μm)。

电解抛光可用于提高零件表面的反光系数,还可用于零件表面的精饰加工、清除零件表面的毛刺以及制备金相磨片等。电解抛光适用于下列金属材料:结构钢、工具钢及低合金钢、镍铬不锈钢、铜及其合金、镍及其合金、铝(质量分数为99%以上)及铝镁合金(镁的质量分数为5%)、银等。目前它和化学抛光一样,也成为对半导体材料进行抛光的一种方法。

4.4.1　电解抛光的机理

电解抛光时,按产生抛光效果的机理可分成两部分:较粗大的不平度的去除叫做宏观抛光或平滑化;较细的不平度的去除叫做微观抛光或光泽化,这与化学抛光相同。

1.粘膜理论

在电解抛光时,在一定的条件下,金属阳极的溶解速度大于溶解产物离开阳极表面向电解液中扩散的速度,于是溶解产物就在电极表面积累,形成一层粘性膜,这层粘性膜的电阻比电解液的大。该粘膜可以溶解在电解液中。它沿阳极表面的分布是不均匀的,如图4.12所示。

在表面微凸处的粘膜厚度比凹处小,导致凸处的电阻也较小,从而造成电流较集中,与微凹处相比,该处电流密度较大,电势升高,从而使氧气容易析出,增大了该处溶液的搅动,促使溶液更新,有利于粘膜溶解扩散,加快了微凸部位金属的溶解。随着电解抛光时间的延续,阳极表面上的微凸处被逐渐消平,使整个表面变的平滑、光亮。

我们可以通过金属在抛光溶液中阳极极化曲线的分析找到控制电解抛光过程的方法。虽然阳极极化曲线因溶液和金属种类的不同而有着不同的形式,但是,对于能够获得电解抛光的体系而言,所得到的极化曲线都有共同的特点。铜在磷酸溶液中的电解抛光具有代表性,如图4.13所示。

曲线的 AB 段,电流密度随电势升高而增加,这相当于金属阳极的正常溶解,这时所获得的表面具有普通浸蚀的外观。到点 B 以后,电势继续升高,电流密度反而有所下降。在点 B 时,阳极溶解速度与溶解产物的扩散速度相等,点 B 以后,则溶解速度大于扩散速度,溶解产物在阳极表面附近积累,并开始出现粘膜,电阻增加,因而使电流密度有所下降。一

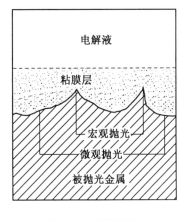

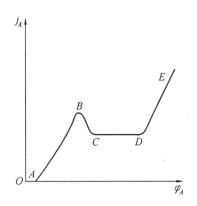

图 4.12　粘膜的形成　　　　　　　　图 4.13　铜在磷酸溶液中的阳极极化曲线

直达到点 C,阳极表面附近液层中,溶解金属盐达到饱和,粘膜增长到固定的厚度,这时,电极反应的速度主要由扩散过程控制,所以电流密度与电极电势的变化无关。电势变化到点 D 时,电极上进行新的反应,例如,水放电析出氧以后,电流密度又随电势的增加而增大,这与电极上氧气析出量增加有关。整个极化曲线上有两个拐点,点 B 和点 D,点 B 是粘膜开始出现,在点 D 氧气开始析出,当阳极处在点 C 和点 D 之间的电势时,表面上能产生电解抛光的效果。这时,由于阳极表面上粘膜的厚度不均匀,对金属表面的保护作用就不一样,阳极表面的微凹部分受到较好的保护,而处于相对稳定的状态,溶解速度较慢。微凸起部分由于粘膜薄,而处于相对活泼状态,溶解速度较快。电解抛光过程一般控制在点 C 以后的电势之下。在点 D 电势下时,氧开始在阳极的微凸起部分析出,搅动该处的粘膜,使粘膜溶解加快,厚度变薄,因而使阳极表面的微凸和微凹部分金属溶解速度的差别更大,就会出现更好的抛光效果。

2.氧化膜理论

粘膜层的厚度一般为几十微米左右,因而对于只有与此层厚度值大致相同光洁度的粗糙表面,能使之平滑化,即对宏观抛光是很有效的。然而要使粘膜能够去除 $0.1 \sim 0.01~\mu m$ 那样微小的凹凸不平却很难,即不适于微观抛光。实际上在粘膜存在的条件下,只发生平滑化而不出现光泽。在光泽化的条件下,抛光面上往往会生成不很明显的固体膜,而这种固体膜的存在,就是微观抛光的原因。这种固体膜中主要是氧化物,但又不像一般由空气氧化而生成的那种厚氧化膜。它是金属与固体膜的界面形成速度大于固体膜和电解液的界面的溶解速度所形成的保护膜,故从某种意义上说,这里形成的固体膜处于活性态及钝化态之间的中间状态。

这种固体膜的厚度充其量只可能达到 10 nm 左右。它处于粘膜层和金属表面之间,如图 4.14 所示,以大致相同的厚度分布,金属通过此固体膜而溶解。在这样的状态下,金属离子要求在固体膜中无序分布的阳离子空位随之

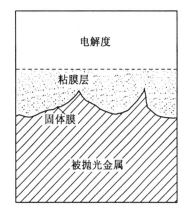

图 4.14　粘膜与固体膜的形成

溶解,故能抑制由于金属本身结晶的不完整性而发生的不完全溶解作用,从而使它实现光泽化。

4.4.2　电解抛光工艺规范

1.电解液

电解液应当具备下列基本条件:

① 电解液中必须有足够的配离子,以保证阳极溶解物的急速配合沉淀,并保持电解液的清晰。

② 电解液中应当有半径大、电荷少的阴离子,提高溶解效率,促进离子的迁移能力。

③ 电解液必须保证在阳极上有粘性薄膜的生成,以提高表面质量,并能停留在凹洼处。

④ 电解液应能在阳极电流密度和阳极电势较低的情况下,也能进行良好的抛光。

⑤ 有较宽的阳极电流密度与温度范围。

⑥ 在工作中有较大的稳定性,并且在使用周期上应当较长一点。

⑦ 当工作未进行或进行完毕时,电解液不应当对金属有腐蚀作用。

为了进行电解抛光,必须使金属表面生成液体膜或固体膜,并通过此膜按稳速扩散的速度产生金属溶解。为此,电解液必须同时具有能溶解金属和形成保护膜的功能,这一点是非常重要的。这与化学抛光时对化学抛光液的要求完全相同。然而在电解抛光中通常不是依靠电解液的成分,而是依靠电极反应造成的阳极溶解或阳极氧化的效果来决定,因此电解抛光液的成分不同于化学抛光液。此外电解抛光液还要求有特别高的导电性和电镀本领。电镀本领是指电镀时镀层的均匀性,对电解抛光来说,是电流密度分布的均匀性,是使整个表面能同样地抛光的性能。H_2SO_4 的电镀本领良好,若加进 CrO_3,则性能将会更好;若加入 HNO_3,会使电镀本领恶化。

从金属溶解能力来看,它与化学抛光一样主要采用无机强酸,其中尤其以 H_2SO_4 和 H_3PO_4 最为重要。H_2SO_4 溶解能力很强,而且价格便宜,但是在实际使用时采用 H_3PO_4 的比例更大一些。这是由于在用 H_2SO_4 作电解液时会强烈地出现与阳极溶解不同的纯化学浸蚀作用,这种作用将会在电流停止后对抛光效果产生不良的影响。在此情况下进行电解抛光,多半把金属溶解能力作为第二位来考虑。

为了能形成液体膜,电解液不仅要求有高的粘度,而且还必须对阳极生成物有足够的溶解能力,以便容易形成可溶性金属盐的扩散层。因此,把那些能和金属形成可溶性配合物盐的配位剂作为辅助成分加进电解抛光液中来提高抛光效果是有理由的,可作为配位剂的像 CN^-、F^- 之类的无机阴离子以及醋酸、草酸、柠檬酸等有机阴离子。虽然固体膜的生成主要有赖于电极反应的电化学作用,但在某些情况下,由电解液的某些成分引起的纯氧化作用也能助长固体膜的形成。

对不锈钢、碳素钢抛光液来说,一般由酸作为主要成分,能占到溶液总量的 50% 以上,通常为 H_2SO_4、H_3PO_4 及 HNO_3。HNO_3 价廉且溶解力强;H_3PO_4 易形成金属的磷酸二氢盐及磷酸盐,这些物质粘度大、导电性低,是组成胶状液体的主要成分;H_2SO_4 能提高抛光液的导电性并能降低槽压,同时 H_2SO_4 的电镀本领良好,能促进电解抛光中电流密度分布的均匀程度。电解抛光液的具体成分及作用如表 4.9 所示。

表 4.9　电解抛光液的主要成分及作用

	抛光液主要成分	具 体 成 分	作 用
1	无机酸	磷酸、硫酸和硝酸	溶解、形成粘膜
2	缓蚀剂	苦丁、苯甲酸和有机胺	控制腐蚀速度
3	配位剂	无机阴离子以及醋酸、草酸、柠檬酸等阴离子 CN^-、F^- 之类	促进金属的溶解，加强抛光作用
4	粘度调节剂	纤维素醚和聚乙二醇	调节粘度
5	光亮剂	氯烷基苯吡啶、卤素化合物和磺基水扬酸	增加光亮
6	其它	有机物、染料	抑制剖析

(1) 电压与电流

一般情况下，必须使电压与电流的关系保持在电压电流特性曲线的水平部分(图中 CD 段)的范围内，而且这种关系还要受到两电极间的距离、两极的大小、电解液温度及电解液的老化程度等的制约，因此最可靠的方法是在实际抛光条件下，用实验来决定所用电压与电流。其观察依据是：在此特性曲线的水平部分，若处于 BC 段附近往往会有残留下梨皮状抛光面的倾向；若在点 D 附近，则光泽化作用较强。由此可见，为获得所需的抛光面，必须选择好电压、电流参数，使其处于 C、D 之间。

(2) 液温和处理时间

由于电解液的温度越高，其粘度越低，使粘膜层中的扩散作用加剧，如果扩散速度大于溶解速度，就不能抛光了。为了能进行抛光，就需要增加电解电流密度。其结果是引起氢气的产生而会出现不均匀抛光状态。另外，若使温度上升，还有促进材料和电解液的化学反应，并促使液体膜生成的作用。

这样一来，尽管液温与抛光效果的关系很复杂，但是归根结底，对于易钝化的工件材料需要采用 60℃ 以上的较高电解温度。另外微观抛光比宏观抛光要求更高的温度和电流密度，温度高时，能获得光泽化的电流密度范围也越宽。

电解抛光的时间的长短，与工件表面上阳极生成物的积累以及形成一定厚度的液体膜所需时间有关。如果在出现抛光效果后再增加抛光时间，这不仅不必要，反而会出现不希望出现的现象。

(3) 极间距离

在一般的电解处理中，电流有易于在电极周围集中的倾向，这样在处理大平板状的材料时，周围部分要比中部易于光泽化。为了抑制这种电流分布的不均匀性，就得把阳极面积做得比阴极面积还大，并且还要加大电极间的距离，而电极间距离增大了，又使电能消耗增加的问题变得突出起来，所以随着电解液的电阻率、电解液温度、电流密度的不同，电极间距离大都在 10～60 cm 之间选择。

2. 电解液的搅拌

采用搅拌的方法，可以促使电解液的对流，电解液的温度差减小，防止阳极过热。当阳极上生成难溶于电解液的薄膜时，利用搅拌的方法可以提高薄膜的溶解速度，从而加速阳极整平过程。如果阳极表面有气泡附着，加强搅拌可以使阳极表面上的气泡脱离出来，避免了表面上生成斑点或条纹现象。同时搅拌电解液时，有利于离子扩散速度的提高，新的电解液不断地向阳极补充，阳极薄膜不断溶解，因此提高了阳极电流密度，提高了抛光的生产效率。

采用不同的阴极材料时，电解液的选择如表 4.10 所示。

表 4.10　电解液的选择

电解液种类	阴极材料
磷酸类	耐酸钢、铜、石墨、黄铜、铅
硫酸类	耐酸钢、炭、铅
硝酸类	耐酸钢、镍
硫–磷酸类	耐酸钢、铅、石墨
硫–磷酸–铬酸	耐酸钢、铅
中性	银、锌、铅
碱性	碳素钢
含氟类	耐酸钢、铝、石墨、银
任何类电解液	铂

现在,用于对包括耐高温金属在内的所有金属材料进行电解抛光的抛光液的报导不少,这里仅将适用于常用金属的主要抛光液及抛光条件列于表 4.11。另外,那些不单纯是为了抛光而是以去掉表面缺陷层来增强表面的耐疲劳强度为目的的弹簧、齿轮之类零件的电解抛光已获得应用,而且还把电解抛光作为一种微细加工手段,用来制作细的金属丝。

表 4.11　常用的电解抛光液的组成及工艺条件

铜及铜合金		铝及铝合金		钢　铁		不　锈　钢	
磷酸	74%	磷酸	86%~88%	磷酸	65%~70%	磷酸	50%~60%
铬酐	6%	铬酸	14%~12%	硫酸	12%~15%	硫酸	20%~30%
水	20%	密度	1.72~1.74	铬酸	5%~6%	水	20%
相对密度	1.6	电压	14~30 V	水	12%~14%	电压	6~8 V
电流密度	30~50 A/dm²	电流密度	7~12 A/dm²	电流密度	20~30 A/dm²	电流密度	20~100 A/dm²
温度	20~40℃	温度	75~80℃	温度	60~70℃	温度	60~70℃
时间	1~3 min	时间	3~5 min	时间	10~15 min	时间	10 min
			注:适用于纯铝	注:适用于质量分数为 0.45以下的碳钢			
磷酸	72%	磷酸	43%	磷酸	72%	磷酸	42%
水	28%	硫酸	43%	铬酸	23%	甘油	47%
相对密度	1.55~1.66	铬酸	3%	水	5%	水	11%
电压	1.7~2 V	水	11%	电流密度	20~100 A/dm²	电压	15~30 A/dm²
电流密度	6~8 A/dm²	电压	10~15 V	温度	65~75℃	电流密度	5~15 A/dm²
温度	室温	电流密度	8~12 A/dm²	时间	3~5 min	温度	100℃
时间	15~30 min	温度	80~90℃	注:适用于各种类型钢铁		时间	30 min
		时间	5~8 min			注:适用于精密零件	
		注:适用于铝及硬铝 LY12					
		磷酸	34%	磷酸	60%~62%	磷酸	560 ml/L
		硫酸	34%	硫酸	18%~22%	甘油	400 ml/L
		铬酸	4%	水	18%~20%	铬酐	50 g/L
		水	28%	草酸	10~15 g/L	明胶	7~8 g/L
		电压	10~18 V	EDTA	1 g/L	水	40 ml/L
		电流密度	8~12 A/dm²	硫脲	8~12 g/L	电压	10~20 V
		温度	80~90℃	电流密度	10~25 A/dm²	电流密度	20~50 A/dm²
		时间	5~8 min	温度	室温	温度	55~65℃
		注:适用于铝及铝镁合金		时间	10~30 min	时间	4~5 min
				注:适用于碳钢及模具钢		注:适用于精密零件	

注:表中的"%"均为体积分数。

4.5　不同材料的镀前处理

4.5.1　铝及其合金的电镀

铝和铝合金具有密度小和易于压力加工的性能,并可以铸造成形状复杂的零件。铝具有较高的导热性、导电性、延展性和反射性能。在铝中适当地加入少量的金属元素(如镁、铜、锌)和非金属元素(如硅),就可以得到比强度高、密度小的各种铝合金,并在飞机,火箭,汽车、船舶制造方面大量应用。

铝合金易发生腐蚀,而且其自然氧化膜疏松多孔、不均匀和不连续,不能作为可靠的防护层。因此需要对铝及铝合金进行表面处理。铝及其合金的表面处理方法有化学氧化法、电化学氧化法、电镀、涂漆等。在铝及其合金上进行电镀除了可以防腐外,还可以增强其各种表面性能(如润滑性、耐磨性、钎焊性等)。多数电镀层对铝来说属于阴极性镀层,因此,要求尽量减少铝上镀层的孔隙率,与一般黑色金属上的镀层相比,镀层较厚些。

然而在铝和铝合金上电镀存在着许多困难:

①铝及铝合金的活性高,对氧有高度的亲和力,自然条件下,铝表面能迅速地生成一层致密的 $0.01\ \mu m$ 厚的氧化膜,降低了镀层与基体的结合力。

②铝的电极电势很负,为 $-1.67\ V$,形成氧化膜后为 $-0.5\ V$;在水溶液中能与许多金属离子发生置换反应,影响结合力。当与其他金属接触时,易发生电偶腐蚀,对电镀将造成不良影响。

③铝是酸碱两性金属,在酸性、碱性溶液中都不稳定,在电镀前的表面处理过程中或处理后,使发生的反应变得复杂,尤其铝合金表现更为突出。

④铝的线膨胀系数为 $24\times10^{-8}/℃$,比其他金属镀层(铜 16.4×10^{-6}、镍 13.3×10^{-6}、铬 6.2×10^{-6} 等)大,因此不宜在温度变化较大的范围内进行电镀,否则将引起较大的应力,从而使镀层与铝基体之间的结合力不牢,甚至发生破裂。

⑤各种铝合金中其他元素含量的差异也给铝合金的镀前处理造成困难。

此外铸造铝合金具有砂眼、气孔等缺陷,电镀过程中,在这些砂眼和气孔里会留有残余溶液和氢气等,这往往会降低电镀层与基体的结合力。但是影响铝上镀层结合力的主要因素是其表面存在一层自然氧化膜,必须采取恰当的镀前处理去掉氧化膜,才能顺利地进行电镀。因此,镀前处理就成为铝及铝合金电镀的关键。

目前国内外普遍采用的铝及铝合金镀前处理方法主要有:① 浸锌或浸重金属(镍、铜、锡、铁)→电镀;② 阳极氧化→电镀;③ 化学镀→电镀其他镀层;④ 直接电镀法。目前在电镀行业中浸锌法最成熟也最为普遍。

铝及铝合金的常用的电镀流程图为:

有机溶剂除油→水洗→化学除油→水洗→碱蚀→水洗→出光→水洗→一次浸锌→退锌→水洗→二次浸锌→水洗→电镀其他金属。

浸锌分一次浸锌和多次浸锌。对于很多铸造和锻造合金,可能最有效的处理方法是一次浸锌法。在这种工艺中,第一次浸锌是浸蚀除去氧化膜并以锌层取代。然后再将锌层在质量分数为 50% 的浓硝酸溶液中进行部分溶解处理,退锌后所暴露出来的表面为二次浸锌及其他金属的沉积提供了良好的条件。

常用的浸锌溶液基础配方为

| NaOH | 400 ~ 500 g/L | ZnO | 80 ~ 100 g/L |
| 温度 | 15 ~ 25℃ | 时间 | 0.5 ~ 1 min |

哈尔滨工业大学开发的适用于多种铝合金的浸锌改良配方如下:

NaOH	140 g/L	ZnO	14 g/L
$NiCl_2 \cdot 6H_2O$	1.5 g/L	$FeSO_4 \cdot 7H_2O$	2 g/L
酒石酸钾钠	75 g/L	$NaNO_3$	2 g/L
HF	5 ml/L	温度	室温
时间	0.5 ~ 1 min		

化学浸锌镍合金是在化学浸锌工艺的基础上发展起来的,适用于多种铝合金。其配方为

NaOH	100 g/L	ZnO	5 g/L
$FeCl_3$	2 g/L	$KNaC_4H_4O_6 \cdot 4H_2O$	15 g/L
$NiCl_2 \cdot 6H_2O$	5 g/L	$NaNO_3$	1 g/L
NaCN	3 g/L	温度	20 ~ 25℃
时间	20 ~ 30 s		

图 4.15 ~ 4.20 分别是铝合金上除油、酸洗、第一、二次浸锌和化学镀镍后的表面形貌、断面图及锌晶粒生长模型示意图。

铝及其合金电镀预处理中应注意:零件在电镀前的各道工序必须连贯,动作要迅速,清洗要干净。特别在酸液中腐蚀后的零件,不能在空气中停留时间过长,以减少氧化膜的生成。硅铝合金铸造零件裂纹及松孔较多,孔内渗入的余酸、余碱溶液难以清洗干净。因此每步工序结束后必须用冷水、热水反复清洗。

 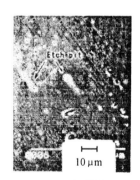

(a) 碱除油　　　　　　　　　　　　　(b) 酸洗

图 4.15　铝基体在碱除油和酸洗后的表面形貌

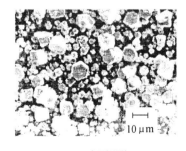 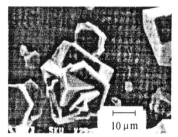 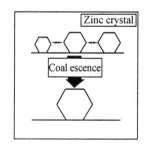

(a) 表面形貌　　　　　　　(b) 锌晶粒　　　　　　　(c) 锌结晶生长模型

图 4.16　第一次浸锌后的表面形貌和锌结晶生长模型示意图

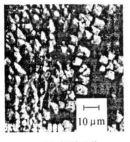
(a)表面形貌

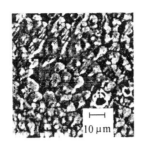
(b)二次电子照片

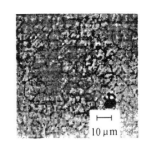
(c)反射电子照片

图4.17　剥离锌结晶后的基体表面形貌

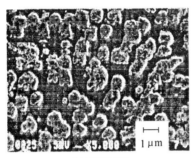
(a)表面形貌

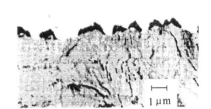
(b)断面图

图4.18　第二次浸锌后的表面形貌和断面图

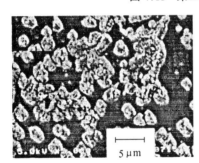
(a)浸镀镍后

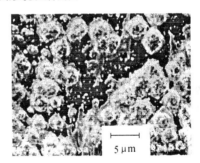
(b)化学镀镍后

图4.19　在沉积60 s镍镀层后的表面形貌

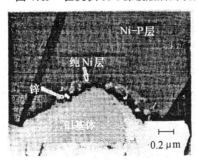

图4.20　超薄切片法得到的化学镀镍断面图

4.5.2 锌及锌合金上的电镀

锌合金压铸件具有精度高、加工过程无切割或少切割、密度小、有一定机械强度等优点，因而在汽车、日用建筑五金、家用电器等工业中大量应用。锌合金压铸件结构是疏松多孔的，其主要成分是两性金属锌，很容易在酸、碱性溶液中腐蚀。而且铸件表面存在成分偏析现象，所以在前处理除油、活化时，会使某些偏析铝或锌相优先溶解，表面产生针孔，影响镀层质量，而目前的表面处理方法也仍然存在质量问题，主要是镀层结合力差，易产生鼓泡、脱皮、针孔等缺陷，有的厂家产品返工率高达 50%。镀前处理方法的合理性是保证获得良好结合力的关键。

国内外对锌合金压铸件上氰化物电镀工艺的研究已经很成熟，该工艺获得的镀层能够对锌合金压铸件起到很好的封孔作用，从而使镀层不易鼓泡而且结合力良好。表 4.12 给出几种常用的锌合金压铸件的表面处理工艺。

表 4.12 锌合金压铸件的表面处理工艺

方法	工 艺 流 程	工 艺 特 点
电镀	前处理/镀中性镍/镀亮镍/镀铬	该工艺适合形状较为复杂的锌压铸件，产品合格率达到 95%
	前处理/预镀氰化铜/镀亮镍/镀铬	该工艺成熟，而且镀层与基体结合力良好，但是环保性不好
	前处理/氰化镀铜/焦磷酸镀铜/光亮镀铜	预镀氰化铜以后，在焦磷酸镀铜溶液中电镀 10 min。焦磷酸镀铜分散能力和覆盖能力较强，可以弥补氰化镀铜层多孔性的缺陷，所以对提高锌合金铸件的预镀层质量较为有效
	前处理/浸氰/预镀氰化铜/预镀黄铜/镀酸性亮铜	浸氰工艺能中和复杂工件深盲孔中的残酸液，同时可以除去工件表面极薄的氧化膜，保证了结合力；预镀黄铜不但能满足镀层的厚度，而且能保证预镀层光滑、细致、致密性良好
	前处理/氰化镀黄铜/氰化镀亮铜/光亮镀镍/钝化	该工艺适于滚镀镍，对于小型工件，可以省略氰化镀铜工序
化学镀	前处理/碱性电镀锌/碱性化学镀镍/酸性化学镀镍	该工艺具有良好的结合力和镀层外观，镀液的稳定性好
	前处理/低温碱性化学镀镍/中温碱性化学镀镍/高温酸性化学镀镍	该工艺获得的镀层有良好的结合力和外观，并且腐蚀电阻和屏蔽性能都得到了增强
黑色氧化	清洗/黑色氧化/油封或特殊的镀后处理	锌合金压铸件的黑色氧化膜价格便宜，耐蚀性好，外观好，应用广泛，适用于小型元件

锌合金为两性金属，除油、酸洗、预镀及电镀中都不宜用强酸、强碱性溶液，防止溶液、镀液渗入基体清洗不净而使镀层起泡脱落。除油时还应注意温度不宜过高，时间过长。电镀时应带电入槽，并采用冲击电流，以防止锌与电镀液中电势较正的金属离子发生置换反应，影响镀层的结合力。第一层镀层如果为铜层，其厚度至少要达到 7 μm 以上，因为铜镀到锌合金表面上后会扩散到锌中，形成较脆的铜锌合金中间层，铜层愈薄扩散愈快。

4.5.3 镁合金上的电镀

镁合金在航空、汽车、电子行业等的应用越来越广泛。这是因为镁合金具有质量轻和刚性好的特点。例如 AZ91 镁合金的相对密度是铝的 2/3,接近一些工程塑料的相对密度,但它比工程塑料刚性好,具有不吸附液体和油脂等优点。但是镁是一种很活泼的金属,在酸性介质中,特别是在含有氯离子的体系中会受到强烈的腐蚀。因此应对镁合金进行各种表面保护。通常采用的方法有两种:浸锌法和化学镀镍法。浸锌法工艺比较复杂,但是结合力好,耐蚀性也好。化学镀镍法主要用于大型或深孔内腔需电镀的镁合金制件。表 4.13 给出了镁合金上化学镀镍的各个工序的溶液组成及工艺条件。

表 4.13　镁合金前处理的工艺

序号	步　骤	溶液组成	$\rho/(g \cdot L^{-1})$	温度/℃	时　间	要求
1	超声波除油	异丙醇			6.5 ~ 10 min	
2	碱性除油	NaOH	50	10 ± 5	8 ~ 10 min	
		$Na_3PO_4 \cdot 12H_2O$	10			
3	水洗					
4	铬酸浸渍	CrO_3	125	室温	45 ~ 60 s	搅拌
		HNO_3(体积分数为70%)	110 mol/L			
5	水洗					
6	氟活化	HF(体积分数为40%)	385 mol/L	室温	10 min	搅拌
7	水洗					
8	化学镀镍	$NiCO_3 \cdot 2Ni(OH)_2 \cdot 4H_2O$	10	80 ± 2	60 min	搅拌、连续过滤,pH 值为 6.5 ± 1.0
		HF(体积分数为40%)	12 mol/L			
		$H_3Cit \cdot H_2O$	5			
		NH_4HF	10			
		氨水(体积分数为25%)	30 mol/L			
		$NaH_2PO_2 \cdot H_2O$	20			
		硫脲	1×10^{-3}			
9	水洗					
10	钝化	CrO_3	2.5	90 ~ 100	10 ~ 15 min	
		$Na_2Cr_2O_7$	120			
11	热水洗					吹干
12	热处理			230	2h	无尘,温度均匀

4.5.4　钛合金上化学镀镍

作为轻金属王的钛及其合金具有较小的相对密度和较高的强度,能承受高温,同时具有优异的耐腐蚀性能,因而在航天工业上的应用日益增加。但是它易磨损,且在高温下容易氧化,因此要用适当的表面处理方法来克服这些弱点。由于钛很活泼,极易在表面形成氧化膜,必须采取特殊的预处理才能在其上获得结合力良好的镀层。表 4.14 给出了钛合金(Ti6A14V)上的前处理及化学镀镍工艺。在酸洗、浸锌过程中均加入了氟离子,对钛及钛合金表面起浸蚀活化作用。

表 4.14　钛合金前处理及化学镀镍工艺

序号	步　骤	物　质	$\rho/(g \cdot L^{-1})$	时间/min	pH	温度/℃	要求
1	超声波清洗	甲乙酮		5 ~ 10			
2	除氧化皮	NaOH	500	15 ~ 20		90	
		$CuSO_4 \cdot 5H_2O$	100				
3	清洗						
4	酸浸蚀	HNO_3		20 ~ 30 s			
		HF					
5	水洗						
6	浸锌	$Na_2Cr_2O_7$	100	3 ~ 4	2.0 ± 0.2	90 ~ 95	
		HF					
		$ZnSO_4 \cdot 5H_2O$	12				
7	水洗						
8	退锌	NHO_3		45 ~ 60 s			
		HF					
9	水洗						
10	二次浸锌	$Na_2Cr_2O_7$		5 ~ 6			
		HF					
		$ZnSO_4 \cdot 5H_2O$					
11	水洗						
12	化学镀镍	$NiSO_4 \cdot 6H_2O$		75 ~ 90		90 ~ 98	连续搅拌和过滤
		$NaH_2PO_2 \cdot H_2O$					
		Na_3Cit					
		CH_3COONa					
		NH_2CSNH_2					

4.5.5　非金属材料上的化学镀

随着新材料的不断出现,许多非金属表面也要进行金属化处理。在汽车与家电行业中广泛地使用着塑料电镀件;在计算机和印刷电路板行业中许多素烧陶瓷的表面也越来越多的采用了化学镀镍工艺;许多采用碳纤维与尼龙纤维制备复合材料的场合也需要进行化学镀镍处理;在电池行业,镀在聚氨脂泡沫上的发泡镍板作为极板的导电材料已普遍应用,在制备金属基陶瓷功能梯度材料的时候、在提高粉末储氢材料性能的时候往往还要对超细的陶瓷粉末进行金属化处理。这里仅介绍用途最为广泛的塑料基体上的化学镀前处理工艺。

非金属导电化处理方法有三种:第一种是采用粗化敏化活化法,第二种是采用非金属无机导电膜法(石墨、金属硫化物等),第三种是采用涂覆有机导电高分子膜层的方法。其中第二种方法对于塑料件的导电化处理是非常简单和实用的方法。由于铬、铅、锌、铁、镍、钴、钯、银、铜都十分容易生成硫化物,例如铜和硫反应生成非计量比的硫化物的分子式为 $Cu_{2-x}S(0 < x < 1)$。而且这些金属的硫化物都具有导电性。

　　原则上任何一种塑料都可以通过适当的前处理后进行化学镀。然而目前最为广泛应用的是被称为"可镀塑料"的 ABS 塑料。ABS 塑料是由 A 组分(丙烯腈)、B 组分(丁二烯)、S 组分(苯乙烯)三元共聚而成的。其中 A 与 S 发生的是共聚,B 组分是自聚成球形状态后分散在 AS 共聚组分中。丁二烯自聚后存在着大量的碳碳双键,碳碳双键容易发生氧化断键,丁二烯能够溶解在强氧化性的铬酸与硫酸的混合溶液中。ABS 塑料之所以容易进行金属化处理就在于其中存在高度弥散的球状丁二烯组分。ABS 塑料化学镀镍及后续工艺流程框图及示意图如图 4.21 所示。ABS 塑料处理后的断面示意图如图 4.22 所示。

1.粗化

　　粗化是用硫酸和铬酐将 ABS 塑料中的 B 组分溶解掉,同时在其表面引入亲水基团,如羟基、磺酸基、羰基等,使工件表面由憎水变为亲水的过程。所用粗化剂组成如表 4.15 所示。ABS 塑料粗化后的表面形貌及 ABS 粗化的抛锚作用示意图如图 4.23 所示。

溶剂除油 → 碱性除油 → 水洗 → 化学粗化 → 中和 → 水洗 → 敏化 → 水洗 → 活化 → 水洗 →
化学镀镍 → 活化 → 闪镀镍 → 镀铜 → 半光亮镀镍 → 光亮镀镍 → 镀铬 → 干燥 → 质量检查

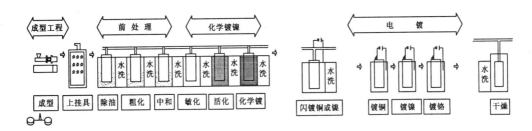

图 4.21　ABS 塑料化学镀镍生产流程示意图

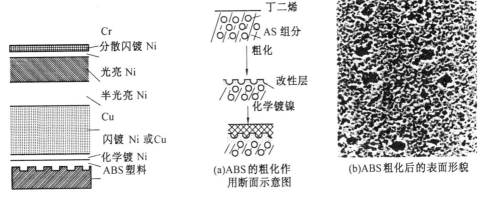

图 4.22　处理后的 ABS 断面示意图　　　图 4.23　ABS 粗化后的表面形貌、粗化抛锚作用示意图

表 4.15 粗化液的组成及工艺

粗化液组成及工艺条件	浓硫酸溶液	高铬酐溶液
$\rho(H_2SO_4)/(mL \cdot L^{-1})$	550	200
$\rho(CrO_3)/(g \cdot L^{-1})$	饱和	400
温度/℃	65～70	65～70
时间/min	20～30	5～15

最初采用的是高浓度的硫酸,而后采用的是高浓度的铬酐。这是由于高浓度硫酸溶液中的粗化时间要长,工艺范围窄,粗化液不能再生使用。高铬酐溶液的优点是不容易粗化过度,得到的表面粗糙度均匀,容易获得均匀光亮的化学镀镍层。

采用类似 ABS 处理的方法可以进行其他各种各样塑料的镀前处理,关键的步骤是粗化的方法及其粗化液的选择,要针对塑料的组成与性能来选择那些能够提高表面粗糙度的方法。以下介绍的是几种工程塑料的粗化液工艺。

(1) 改性聚苯氧树脂(PPO)的粗化

PPO 树脂是美国捷内拉尔公司开发的改性聚苯氧树脂,它具有优良的耐热性,在低温环境下仍具有耐冲击性,而且有很好的成型精度,所以是很重要的一类工程塑料。它的粗化一般采取三步进行:第一步的粗化液采用的是体积分数为 10% 的专用粗化液,处理温度为 25～35℃,时间为 2～5 min;第二步采用的是 400 g/L 的铬酐和 200 ml/L 的硫酸水溶液,温度为 65～68℃,时间为 6～8 min;第三步采用的是 200 g/L 的铬酐和 30 ml/L 的硫酸水溶液,温度为 60～65℃,时间为 3～5 min。

(2) 聚酰胺树脂(PA)的粗化

聚酰胺树脂(PA)的粗化分两步进行:第一步粗化液含有 190～210 ml/L 的浓盐酸,以及适当的有机酸及表面活性剂,粗化温度为 30～40℃,粗化时间为 6～12 min;第二步粗化采用的是 50～80 ml/L 的浓盐酸,温度为 20～30℃,时间 1～2 min。

(3) 聚碳酸脂(PC)/ABS 合金塑料的粗化

由 PC 和 ABS 塑料构成的合金塑料兼有两种组分的优点,具有优良的耐热性、耐冲击性及尺寸稳定性,而且价格便宜。塑料合金的构成比例不同,其性能也不尽相同。它的粗化分两步进行,第一步采用的溶液是质量分数为 50% 的二甲基甲酰胺,温度为 30～40℃,时间为 2～3 min;第二步采用的粗化液为 400 g/L 硫酸与 400 g/L 的铬酐水溶液,温度为 65～75℃,时间为 7～15 min。

(4) 聚缩醛树脂(POM)的粗化

聚缩醛树脂(POM)是具有优良强度的晶态树脂,能够代替金属,目前实用范围广泛。这种树脂分为两类,一类是共聚物,一类是单分子聚合型,其结构式为

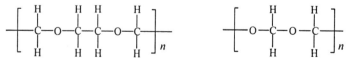

共聚聚缩醛树脂结构式　　　　　单分子聚缩醛树脂结构式

由于共聚物型和单分子聚合型具有不同的结构,所以其粗化方法也不同。粗化的时间和表面状态有着密切的关系,对于共聚物的 POM 树脂采用的粗化液是 130 ml/L 的浓盐酸及

300 mL/L 的浓硫酸的水溶液,处理温度为 25℃。对于单分子聚合的 POM 树脂采用的粗化液是 200 mL/L 质量分数为 98% 的磷酸及 300 mL/L 的浓硫酸水溶液,粗化温度为 25℃。

(5) 聚丁烯对苯二甲酸脂(PBT)的粗化

聚丁烯对苯二甲酸脂(PBT)的粗化也分为两步进行:第一步的粗化液为 550 g/L 的浓硫酸和 220 g/L 的铬酐水溶液,温度为 65 ~ 68℃,时间为 4 ~ 6 min;第二步的粗化液为氢氧化钠 200 g/L 和 PET 专用粗化液 200 ml/L,处理温度为 70 ~ 75℃,时间为 15 ~ 25 min。

2. 敏化

在含氯化亚锡 40 g/L、盐酸 100 ml/L 的溶液中浸渍,不清洗直接浸入活化液。目的是减少水分带入后者。此步有时也称为"预浸"。

3. 胶体钯活化

活化的实质是在工件表面植入具有对次磷酸氧化和镍离子还原具有催化活性的金属离子。目前最为广泛的是氯化钯法,其溶液组成及工艺条件如表 4.16 所示。

表 4.16　活化液组成及工艺

组　　成	$PdCl_2 \cdot 2H_2O$	$SnCl_2 \cdot 2H_2O$	$HCl(d = 1.18)$	温　　度	时　　间
浓度	0.1 ~ 0.3 g/L	10 ~ 20 g/L	150 ~ 250 ml/L	30 ~ 40℃	1 ~ 3 min

4. 解胶

解胶采用 100 ml/L 的盐酸水溶液,处理温度为 40 ~ 45℃,时间为 30 ~ 60 s。它的作用是破坏由 Sn^{2+} 水解而形成的凝胶,使 Sn^{2+} 与 Pd^{2+} 有接触的机会,在酸性溶液中 Sn^{2+} 作为还原剂使 Pd^{2+} 还原成高度弥散的具有催化活性的金属钯的细小微粒。

第5章 电镀单金属

5.1 镀 锌

5.1.1 概述

1. 锌的自然属性

锌是一种灰白色金属,它在元素周期表中属于 ⅡB 族,最外层电子结构为 $3d^0 4s^2$,它的化合价为 $+1$、$+2$,而最常见的为 $+2$,晶形结构为六密堆积型,熔点为 419.5℃,机械强度不高,在室温下具有脆性,因而不适合做工程材料。然而由于它所特有的电化学性能使其在电池与表面处理行业有着广泛的应用,它的标准电极电势为 -0.76 V,镀锌层对钢铁基体来说是典型的阳极镀层,它对基体金属起电化学保护作用。但在温度高于 70℃ 的热水中,锌的电势变得比较正,失去对黑色金属的保护作用。锌层虽然是阳极镀层,但锌层对基体的保护存在着一个保护半径,对钢铁而言,该保护半径为几个毫米,也就是说,当镀层中存在漏镀的缺陷尺寸大于几个毫米时,这一漏镀的区域就有可能发生锈蚀。

另外,由于锌在空气中比较稳定,而且成本较低,易溶于酸,也溶于碱,是典型的两性金属,当锌中含有电势比较正的金属杂质时,电化学溶解进行得很快。纯净的镀锌层,在常温和大陆性气候条件下比较稳定。它在潮湿的介质中容易生成一层主要由碱式碳酸锌组成的薄膜($3Zn(OH)_2 \cdot ZnCO_3$),这层薄膜有一定防护能力。在含氯离子介质中,锌不耐腐蚀,在海水中不稳定,在高温高湿气候条件下或在有机酸气氛里,容易长"白毛"而失去金属光泽,丧失或降低防护作用。

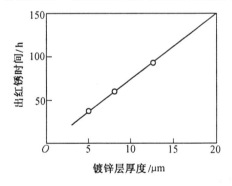

图 5.1　锌层厚度与盐雾试验中出现红锈的时间

镀锌层的防护能力与镀层的厚度有关,镀层厚,防护性强。镀锌层厚度与使用环境有密切关系,如表 5.1 所示,锌层厚度与盐雾试验中出现红锈的时间如图 5.1 所示。一般说来,确定镀层厚度的原则是:在良好环境下,镀层厚度为 $7 \sim 10$ μm;中等环境为 $15 \sim 25$ μm;恶劣环境则需 25 μm 以上。

镀锌层经钝化处理后,其防护性能大大提高。一般说来,对于相同厚度的镀层,其防蚀能力可提高 $5 \sim 8$ 倍。镀锌层还能通过钝化染色使表面美观,甚至有人通过钝化得到香味镀锌层。

表 5.1 镀锌层在不同环境中的腐蚀速度

环　　境	年腐蚀量/$(\mu m \cdot a^{-1})$
大陆气氛	1.0～3.4
城市气氛	1.0～6.0
工业气氛	3.8～19
海洋气氛	2.4～15

2.电镀锌溶液的分类及特点

镀锌溶液分为氰化和无氰两大类。氰化物镀锌又分为高氰、中氰和低氰;无氰镀锌可分为酸性和碱性等若干类型。其优点和缺点列于表 5.2 中。

表 5.2　电镀锌溶液的分类及特点

电镀锌溶液		优　　点	缺　　点	使用情况
碱性镀液	氰化物镀液	工艺成熟,结晶细致,镀液分散能力好,温度范围宽,废水处理简单,镀层柔软,二次加工性能好	电流效率低(70%～75%),毒性大,易分解,对操作系统安全性严格。废水处理费用高	常　用
	锌酸盐镀液	结晶细致,抗蚀性好,废水处理简单,不腐蚀设备	电流效率低(65%～75%),沉积速度慢,对杂质敏感,工作时碱雾逸出,镀层较厚时脆性大	常　用
	焦磷酸盐液	镀层结晶细致,抗蚀性好,操作简单	价格贵,废水处理困难	不常用
中性镀液	氯化钾镀液	镀液稳定,分散能力好,结晶细致,槽压低,电流效率高(接近 100%),沉积速度快,成本低廉	应力大,对光亮剂要求较高,对设备腐蚀较严重,镀层柔软性小,二次加工性能较差	较常用
	硫酸盐光亮镀液	镀液简单,电流效率高(接近 100%),沉积速度快	对光亮剂的要求较为苛刻	不常用
酸性镀液	硫酸盐镀液	镀液简单,电流效率高(接近 100%),沉积速度快,适合高速电镀	结晶较粗大,分散能力差	常用于高速电镀
	氯化铵镀液	电流效率高(95%以上),结晶细致,渗氢少。添加添加剂后分散能力好	对设备腐蚀严重,废水处理困难,钝化膜易变色	不常用

5.1.2 氰化物镀锌

1.典型配方

氰化物镀锌工艺如表 5.3 所示。

表 5.3　氰化物镀锌工艺

组成及工艺	高氰溶液	中氰溶液	低氰溶液
ρ(锌)/(g·L^{-1})	35 ~ 37.5	18 ~ 23	7 ~ 11.3
ρ(氰化钠)/(g·L^{-1})	75 ~ 105	45 ~ 55	10 ~ 15
ρ(氢氧化钠)/(g·L^{-1})	75 ~ 90	75 ~ 85	75 ~ 90
ρ(硫化钠)/(g·L^{-1})	0.5 ~ 2		
温度/℃	室温	室温	室温
j_k/(A·dm^{-2})	1.5 ~ 3	1.5 ~ 2.5	1.5 ~ 2

注:电解液中有时加入少量甘油或骨胶。

2.金属离子在镀液中的存在形式

锌是一种交换电流比较大的金属体系,要想得到结晶细致的镀层,必须选用合适的配位剂对锌离子进行配合,增加极化。在氰化物镀液中锌离子是以配合物形式存在的。在含有各种配位剂的溶液中,其配位常数与 pH 的关系如图 5.2 所示。

EDTA 的配位常数较大难以进行电沉积,在碱性溶液中 CN$^-$、OH$^-$、二乙撑三胺这三种配位剂的配位常数较为适宜,但二乙撑三胺不稳定容易分解生成 NH$_3$,因此镀锌液中常用的配位剂为氰化物和氢氧化钠。在氰化物镀锌液中,有两种配位剂存在,即氰化钠和氢氧化钠。尽管锌与其中一种配位剂配合便能沉积出锌来,但其镀层质量不能令人满意。如果镀液不添加氰化物,得到的镀层粗糙、发暗,甚至呈海绵状。如果不添加氢氧化钠时,则电流效率很低,在 20%左右,甚至得不到镀层,随着氢氧化钠含量的增加,电流效率也随之增加,如图 5.3 所示。

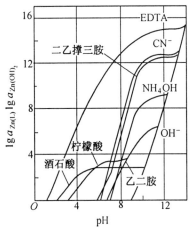

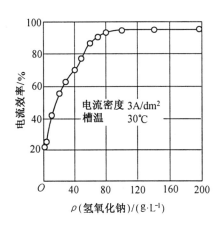

图 5.2　形成锌配合物时稳定常数的对数值　　图 5.3　在氰化物镀液中 NaOH 对电流效率的影响

普遍认为,锌在氰化物溶液中同时与氰根和氢氧根配合,并且两者处于平衡状态。很明显,电解液各成分之间的关系是相当复杂的。现给出一些主要反应

$$ZnO + 4CN^- + H_2O \Longleftrightarrow [Zn(CN)_4]^{2-} + 2OH^-$$

$$Zn(CN)_2 + 2CN^- \Longleftrightarrow [Zn(CN)_4]^{2-} \Longleftrightarrow Zn^{2+} + 4CN^-$$

$$ZnO + 2OH^- + H_2O \Longleftrightarrow [Zn(OH)_4]^{2-}$$

$$Zn(CN)_2 + 4OH^- \Longleftrightarrow [Zn(OH)_4]^{2-} + 2CN^-$$

$$[Zn(OH)_4]^{2-} \Longleftrightarrow Zn^{2+} + 4OH^-$$

碱性氰化物电解液中,锌主要以 $Na_2[Zn(OH)_4]$ 和 $Na_2[Zn(CN)_4]$ 两种配合物形式存在,其不稳定常数为

$$[Zn(OH)_4]^{2-} \qquad K_{不稳} = 3.6 \times 10^{-16}$$

$$[Zn(CN)_4]^{2-} \qquad K_{不稳} = 1.3 \times 10^{-17}$$

在实际生产中,应控制氰化钠与锌的比值(NaCN/Zn)在 2.0～3.1,最适宜的比值是 2.7,也可控制 NaOH/Zn = 2.0～2.5,使两种配合物处于平衡状态。

3. 电极反应

氰化物镀锌电解液中存在着两种能与 Zn^{2+} 离子配合的配位剂,即 NaCN 和 NaOH,在电解液中它们都有一定的游离量。在配位剂过量的情况下,Zn^{2+} 离子分别与 CN^- 离子和 OH^- 离子形成配位数为 4 的阴配离子,即 $[Zn(CN)_4]^{2-}$ 和 $[Zn(OH)_4]^{2-}$。这两种配离子在电极表面形成表面配合物 $Zn(OH)_2$,$Zn(OH)_2$ 在电极上得电子还原为锌。其阴阳极反应如下:

① 阴极反应。在氰化物镀锌中,其阴极过程主要是 $Zn(OH)_2$ 的还原过程。

主反应　　　　　$Zn(OH)_2 + 2e^- \longrightarrow Zn + 2OH^-$

副反应　　　　　$2H_2O + 2e^- \longrightarrow H_2 \uparrow + 2OH^-$

② 阳极反应。其阳极反应为锌的溶解反应。

主反应　　　　　$Zn + 4CN^- - 2e^- \Longleftrightarrow [Zn(CN)_4]^{2-}$

副反应　　　　　$4OH^- - 4e^- \longrightarrow O_2 + 2H_2O$

4. 氰化物镀液中各成分及工艺条件的影响

(1) 氧化锌

氧化锌作为溶液中锌的来源,其含量应与溶液中其他成分相适应。当氰化钠的含量不变,锌离子含量增加时,阴极极化作用降低,镀液的分散能力下降,镀层粗糙发暗。当氰化钠和氢氧化钠含量不变,而锌离子减少时,阴极极化增大,阴极析氢量增加,阴极电流效率降低,沉积速度下降,允许使用的阴极电流密度上限降低。

氢氧化锌或氰化锌也可作为溶液中锌的来源,若用氢氧化锌应是新配制的,可用硫酸锌加碱制成,其反应为

$$ZnSO_4 + 2NaOH \Longrightarrow Zn(OH)_2 \downarrow + Na_2SO_4$$

氢氧化锌在溶液中的反应为

$$2Zn(OH)_2 + 4NaCN \Longrightarrow Na_2[Zn(CN)_4] + Na_2[Zn(OH)_4]$$

(2) 氰化钠

氰化钠是锌离子的配位剂,含量过多会严重降低阴极电流效率,增加析氢量,使镀层产生针孔、麻点、起泡和剥皮。氰化钠含量偏低时,会使 $[Zn(CN)_4]^{2-}$ 配离子不稳定,降低阴极极化、分散能力和覆盖能力,使镀层结晶变粗,还容易使锌阳极钝化。

（3）氢氧化钠

氢氧化钠也是锌的配位剂，它能提高电解液的导电性和分散能力。若含量过低，会降低电解液的导电性和分散能力。氢氧化钠还有促进阳极溶解和减小氰化物的水解作用。

（4）添加剂

为了提高镀锌层纯度，通常向电解液中加入少量硫化钠，使金属杂质呈硫化物沉淀下来，如 $Cu^{2+} + S^{2-} \Longrightarrow CuS\downarrow$。硫化钠也能和锌离子生成不溶性的硫化锌，但产生沉淀的量随溶液中主盐浓度增加而增加。因此，在氰化钠含量大于 35 g/L 和氢氧化钠含量大于 65 g/L 的溶液中，一般加入硫化物的含量为 0.55 ~ 5 g/L。含量过多，会使镀层发脆。在电解液中还常加入少量甘油（3 ~ 5 g/L），以提高阴极极化。

（5）阴极电流密度

阴极电流密度应与电解液成分和温度相适应，一般控制在 1 ~ 3 A/dm^2。阴极电流密度与电流效率及温度的关系如图 5.4 所示。

阴极电流密度过小，沉积速度慢，生产效率低。电流密度偏高，镀层结晶粗糙，零件边缘、尖端容易烧焦，致使阴极电流效率急剧下降。

阳极电流密度也是重要的，当仅用锌板作阳极时，在低电流密度下，锌的溶解既有化学作用，又有电化学作用，其溶解效率要高于

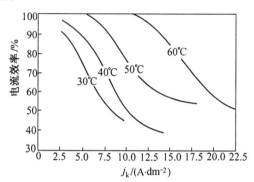

图 5.4　电流密度与电流效率及温度的关系

100%，会逐渐使溶液中锌浓度升高，致使镀层粗糙。较高的阳极电流密度有利于锌阳极的正常溶解，但电流密度过高，能使锌阳极钝化，所以有时采用钢板与锌板同时并挂的方法，有利于调整锌浓度和锌阳极的正常溶解。

（6）温度

当温度低于 10℃时，电解液中有的成分会大量结晶出来，特别是高氰电解液。当温度较高时，可以加大电流密度，从而提高沉积速度和生产效率。但温度不宜过高，若超过 35℃会加速氰化物的分解，降低阴极极化作用。

（7）杂质

氰化物镀锌液中常含有少量的铜、铁、铅杂质，这些杂质对镀层外观无多大影响，但会降低镀锌层的耐蚀性能。有机杂质常造成镀层发脆、粗糙和麻点等缺陷，铁杂质用硫化钠来去除，铜杂质用锌粉来去除，一些重金属杂质可用小电流密度电解去除，有机杂质可用活性炭方法去除。

5.注意事项

① 配制电解液时，因使用剧毒的氰化物，所以要严格遵守安全操作规程，以防中毒。

② 阳极宜用压延的纯锌。压延的锌阳极比铸造的锌阳极溶解均匀，可减少阳极"泥渣"的生成量。若阳极泥渣悬浮在溶液中，易使镀层粗糙，影响质量，因此，要采用阳极套来防止阳极泥落入溶液中。

③ 电解液中氰化钠和氢氧化钠含量的比值应控制在 0.9 ~ 1.1 范围内。

④ 在正常电镀过程中，由于氰化物分解和吸收空气中的二氧化碳，生成大量碳酸盐。氰化物的氧化反应为

$$2CN^- + O_2 + 4H_2O \longrightarrow 2NH_4^+ + 2CO_3^{2-}$$

电解液中含有一定量的碳酸盐（20～30 g/L），不仅无害，而且有益。当含量高达 50～100 g/L 时，仍没有明显的害处，但含量过高，就会带来不利的影响，可采用降低温度（5～10℃）的方法，使碳酸盐结晶，将其除去；也可加入氢氧化钙或氢氧化钡，使其生成碳酸钙或碳酸钡沉淀过滤除去。

5.1.3　碱性锌酸盐镀锌

锌酸盐镀液的主要成分为氧化锌与氢氧化钠，目前认为氧化锌在氢氧化钠溶液中的溶解并不是简单的锌酸盐，可写成 $nZnO \cdot \dfrac{an^{2/3}}{2}Na_{2n}O$，这是一种极为复杂的结构。当 a 值在 10 以上时，镀液稳定。

1.典型配方

国内应用较多的两种碱性镀锌液的主要成分及工艺条件列于表 5.4 中。碱性无氰镀锌的类型很多，但都有相同的特点。现以 DE 型和 DPE 型镀锌为例加以讨论。

表 5.4　碱性镀锌液的组成及工艺条件

组成及工艺	DE 型镀液	DE 型镀液	DPE－Ⅰ型镀液	DPE－Ⅲ型镀液
ρ(氧化锌)/(g·L^{-1})	10～15	10～12	11～13	10～12
ρ(氢氧化钠)/(g·L^{-1})	100～150	100～120	110～130	100～120
ρ(香草醛)/(g·L^{-1})	0.05～0.1			
ρ(乙二胺四乙酸(EDTA))/(g·L^{-1})	0.5～1			
φ(添加剂 DE)/(ml·L^{-1})	4～6			
φ(添加剂 DE－81)/(ml·L^{-1})		3～5		
φ(添加剂 ZBD－81)/(ml·L^{-1})		2～5		
φ(添加剂 DPE－Ⅲ)/(ml·L^{-1})			4～5	4～6
φ(添加剂 KR－7)/(ml·L^{-1})			1～1.5	
φ(添加剂 ZB－80)/(ml·L^{-1})				2～4
温度/℃	10～40	10～45	10～45	10～40
电流密度/(A·dm^{-2})	1～5	1～6	1～6	0.5～4

2.电极反应

(1) 阴极反应

锌酸盐镀锌的阴极反应历程主要有三种假说，一种认为是 $Zn(OH)_4^{2-}$ 离子放电，一种认为是 $Zn(OH)_4^{2-}$ 离子经过表面转化生成 $Zn(OH)_2$ 后再进行放电，而 Bockris 认为是 ZnOH 在电极表面放电，其放电与转化步骤由下面反应组成。

放电步骤　　　　　　$Zn(OH)_3^- + e^- \Longrightarrow Zn(OH)_2^- + OH^-$

　　　　　　　　　　$ZnOH + e^- \Longrightarrow Zn + OH^-$

转化步骤　　　　　　$Zn(OH)_4^{2-} \Longrightarrow Zn(OH)_3^- + OH^-$

　　　　　　　　　　$Zn(OH)_2 \Longrightarrow ZnOH + OH^-$

另外，阴极上还放出氢气

$$2H_2O + 2e^- \Longrightarrow H_2 \uparrow + 2OH^-$$

(2) 阳极反应

阳极反应主要是锌阳极的电化学溶解

$$Zn + 4OH^- - 2e^- = Zn(OH)_4^{2-}$$

在电流密度较高时,阳极电势变得较正,或发生钝化,此时,OH^- 放电析出氧气,即

$$4OH^- - 4e^- = O_2\uparrow + 2H_2O$$

3. 碱性锌酸盐镀液添加剂

碱性锌酸盐镀锌电解液主要由氧化锌、氢氧化钠、少量表面活性剂和光亮剂组成。锌酸盐镀锌电解液的成分简单,获得合格镀层的关键是添加剂的选择。锌酸盐镀液的研究早在20世纪30年代就开始了,但是,从单纯的锌酸盐电解液中只能得到疏松的海绵状的锌。为了获得有使用价值的镀锌层,人们开始寻找各种添加剂,其中包括各种天然和人工合成的添加剂。镀锌添加剂在我国是从70年代开始发展的。现在使用的添加剂多是有机胺和环氧氯丙烷(或环氧丙烷)的缩合产物,其商品名如表5.5所示。

表 5.5 有机胺与环氧氯丙烷缩合的镀锌添加剂

商品名称	与环氧氯丙烷缩合的有机胺
DPE - Ⅰ	二甲基氨基丙胺
DPE - Ⅱ	二甲基氨基丙胺、氯甲烷
DPE - Ⅲ	二甲基氨基丙胺、乙二胺
DE	二甲胺
KR - 7	盐酸羟胺
NJ - 45	四乙烯五胺
GT	多乙烯多胺、二甲胺、乙二胺
EQD	四乙烯五胺、乙二胺

4. 电解液中各成分的作用

(1) 氧化锌

氧化锌是碱性镀锌的主要成分,它的浓度和含量必须与溶液中其它成分相适应,不能单纯从氧化锌含量的多少来分析其对镀层质量的影响。氧化锌和氢氧化钠作用生成锌酸盐,其反应为

$$ZnO + 2NaOH = Na_2ZnO_2 + H_2O$$

锌酸盐电离并水化为

$$Na_2ZnO_2 = 2Na^+ + ZnO_2^{2-}$$

$$ZnO_2^{2-} + 2H_2O = [Zn(OH)_4]^{2-}$$

在溶液中氢氧化钠是过量的。$[Zn(OH)_4]^{2-}$ 配离子的不稳定常数较小,所以比较稳定。锌与氢氧根可生成三种可溶性的配离子,其不稳定常数为

$[Zn(OH)]^+$ $K_{不稳} = 4.0 \times 10^{-5}$

$[Zn(OH)_3]^-$ $K_{不稳} = 4.3 \times 10^{-15}$

$[Zn(OH)_4]^{2-}$ $K_{不稳} = 4.0 \times 10^{-16}$

因此,溶液中游离的锌离子含量是很少的。当溶液中锌的含量过高时,镀层粗糙,光亮性差,分散能力降低。若含量过低,阴极电流效率下降,沉积速度减慢,使氢气析出增加,同

时在高电流密度区出现烧焦现象。

（2）氢氧化钠

在碱性镀锌液中，氢氧化钠是主要配位剂。一般希望氢氧化钠含量稍高些，这有利于配离子的稳定，提高阴极极化和获得细致的结晶。氢氧根导电性好，有利于提高溶液的导电性。若含量过高，使阳极溶解太快，造成电解液不稳定，镀层结晶粗糙。但也不能过低，否则发生水解反应

$$ZnO_2{}^{2-} + 2H_2O \Longrightarrow Zn(OH)_2\!\downarrow + 2OH^-$$

生成的氢氧化锌沉淀，也会影响镀层质量。在生产上一般控制 ZnO/NaOH = 1/10 ~ 14 为宜。

日本学者土肥研究发现锌酸盐的组成并不是 $Na_{2n}ZnO_{n+1}$ 所表示的那样简单，若假定氢氧化钠的浓度为 x，氧化锌的浓度为 y，则其组成可以用 $x = \alpha y^{3/2}$ 通式来表示。并且发现 $\alpha = 10$ 时，镀层的性能最好，现在使用锌酸盐溶液的 α 值一般都接近于 10。

（3）添加剂

DE 和 DPE 都是水溶性表面活性物质。在电镀过程中，能吸附在阴极表面，抑制锌配离子放电，提高阴极极化，使镀层结晶细致。这类添加剂的优点是吸附电极电势范围较宽，因而在镀层中夹杂较少，对镀层性能没有显著的不良影响。但含量不宜过多，否则阳极溶解性较差，镀层脆性增大，甚至镀层起泡。根据红外光谱分析，DE 添加剂中存在 – OH、—N—、—CH₂—、—CH₃、季铵离子（ —N⊕ ）及 Cl⁻ 等基团，而且，添加剂中没有发现环氧键，证明环氧键已打开。由于添加剂具有较高的表面活性，能定向吸附在阴极表面上，形成吸附膜，对金属离子或配离子放电起一定的阻滞作用，从而提高了阴极极化。当阴极电势负到一定数值时，DE 添加剂就会产生脱附。在电镀过程中，吸附与脱附交替进行，贯穿于电镀过程的始终。如果添加剂不能产生脱附，那么它就会大量夹杂在镀层中，使镀层发脆。实践表明，DE 添加剂的消耗量很低，证明这种添加剂在镀层中夹杂很少。DPE 添加剂也有同样的效果。

（4）光亮剂

为了改善碱性无氰镀锌的光亮性，常加入少量光亮剂（如香草醛、香豆素等）。EDTA（乙二胺四乙酸）本身不是光亮剂，但同香草醛配合使用，可显著增加光亮效果和延长光亮剂寿命。香草醛先溶于酒精，然后加入电解液中。光亮剂含量应适宜，含量过高，容易夹杂在镀层中，使镀层脆性增大。因此，光亮剂的加入常采用少加与勤加的方法。当补充光亮剂效果不显著时，表明金属杂质超过允许量，应先除去金属杂质，然后补充光亮剂。

5.工艺条件的影响及电解液的维护

（1）温度的影响

碱性锌酸盐镀锌有较宽的工作温度范围，一般在 10 ~ 45℃都能得到合格的镀层。随着温度升高，阴极电流效率增加，应用的电流密度范围上移，沉积速度增加，生产效率提高。但电解液分散能力有所下降，锌阳极的自溶速度加快，溶液不稳定，故不宜在过高的温度下工作。

（2）电流密度的影响

碱性镀锌具有较宽的电流密度范围，一般在 1 ~ 5 A/dm²。当电解液的成分和温度一定时，希望保持较高的电流密度。因为通过电流密度能在一定程度上改善电解液的分散能力，提高阴极极化，有利于得到优良镀层。但电流密度过高，镀层结晶粗大而无光泽，镀件边角

有"烧焦"的危险。

(3) 杂质的影响和去除方法

电解液配制和电镀过程中都可能将各种杂质带入镀槽内。一般来说，阴离子 Cl^-、NO_3^- 和 CrO_4^{2-} 的影响比较明显，Cl^- 能在阳极上氧化放出氯气；NO_3^- 和 CrO_4^{2-} 能在阴极上还原，从而降低阴极电流效率，使低电流密度区镀不上。去除方法是用小电流密度电解处理。金属离子 Fe^{2+}、Cu^{2+} 和 Pb^{2+} 等对镀层也有明显的影响，当达到一定含量时，镀层出现条纹、发暗、脆裂、钝化后无光泽，加入锌粉可将这些杂质置换出来，选用 CK - 77 净化剂效果更好。

5.1.4　氯化钾镀锌

由于氯化钾镀锌液操作温度范围宽，阴极电流效率高，光亮剂成熟，近年来该溶液的使用呈上升趋势，但该镀液的挥发气体对设备的腐蚀性强，对设备需要做很好的防腐处理。

1.典型配方

氯化钾镀锌工艺如表 5.6 所示。

表 5.6　氯化物镀锌工艺

组成及工艺	钾　盐	钠　盐
ρ(氯化锌)/(g·L^{-1})	50 ~ 100	30 ~ 40
ρ(氯化钾)/(g·L^{-1})	150 ~ 250	200 ~ 230
ρ(硼酸)/(g·L^{-1})	20 ~ 30	25 ~ 30
ρ(组合添加剂)/(g·L^{-1})	15 ~ 25	15 ~ 25
pH 值	4.5 ~ 6	4.5 ~ 6
温度/℃	10 ~ 30	10 ~ 60
j_k/(A·dm^{-2})	1 ~ 4	1 ~ 4

组合添加剂的组成为

苄叉丙酮	20 g/L	苯甲酸钠	40 g/L
平平加	180 g/L	扩散剂 NNO	60 g/L

2.电极反应

(1) 阴极反应

虽然 Cl^- 离子也能与 Zn^{2+} 离子配合，但配合能力较弱。因此氯化钾镀锌属于简单盐电解液电镀，其阴极主反应为 Zn^{2+} 离子还原为金属锌，反应方程式为

$$Zn^{2+} + 2e^- \overline{}\!\!\!= Zn$$

同时还存在 H^+ 离子还原为氢气的副反应

$$2H^+ + 2e^- \overline{}\!\!\!= H_2 \uparrow$$

(2) 阳极反应

氯化钾镀锌采用可溶性锌阳极，因此阳极主反应为金属锌的电化学溶解。反应方程式为

$$Zn - 2e^- \overline{}\!\!\!= Zn^{2+}$$

当电流密度过高，阳极进入钝化状态时，还会发生析出氧气的副反应

$$2H_2O - 4e^- \rule[0.4ex]{2em}{0.4pt} O_2 \uparrow + 4H^+$$

3.氯化钾镀锌的光亮添加剂

在未加入添加剂的氯化钾镀锌电解液中,所得镀锌层颜色灰白,且镀层粗糙。只有加入一定量的添加剂,才能在较宽的电流密度范围内获得结晶细致、整平性好、光泽性强、厚度均匀的镀锌层。因此,光亮添加剂是氯化钾镀锌电解液中一个极其主要的组分。

(1) 光亮剂的组成

目前生产上应用的氯化钾镀锌光亮剂的种类很多,它们都是由主光亮剂、载体光亮剂和辅助光亮剂三个组分按一定比例混合而成的。三种组分的作用虽各不相同,但是实验证明,三者又有影响镀液和镀层性能的协同效应,因此必须通过大量实验确定三种添加剂间的比例。生产实践中还发现,在电镀过程中三种光亮添加剂的消耗量也是不同的,以载体光亮剂消耗最少。在补加三种光亮剂时,应以长期试验积累的数据为依据。

(2) 光亮剂各组分的作用

① 主光亮剂。主光亮剂能吸附在阴极表面,增大阴极极化,使镀层结晶细致、光亮。有些主光亮剂还能增大阴极极化度,使电解液的分散能力得到改善。有显著作用的主光亮剂有三类:芳香酮类、氮杂环化合物和芳香醛类。

② 载体光亮剂。氯化钾镀锌所采用的主光亮剂不溶于水,必须加入一定量的助剂,使主光亮剂在助剂的增溶作用下,呈极高的分散度分散在电解液中,才能在电镀过程中发挥作用。这些助剂就称为载体光亮剂,常用的有 OP - 乳化剂、聚氧乙烯脂肪醇醚等,它们都是非离子型的表面活性物质,其亲水基团向着溶液,憎水基团向着不溶于水的主光亮剂。选用载体光亮剂时应选聚合度高的,因为聚合度越高的表面活性物质,亲水性越好,浊点越高,对主光亮剂的增溶效果越好。

载体光亮剂除了对主光亮剂的增溶作用外,还能吸附在阴极表面,降低电极与溶液的界面张力,增加润湿性,消除镀层针孔,并增大阴极极化,使镀层结晶细致光滑。

③ 辅助光亮剂。辅助光亮剂与主光亮剂配合使用,可增大电沉积锌的阴极极化及极化度,特别是对低电流密度区影响更大,由于添加了辅助光亮剂,在低电流密度区也能得到光亮镀层,同时使电解液的分散能力提高。添加辅助光亮剂后,还能适当减少主光亮剂的用量。目前生产中采用的辅助光亮剂有芳香族羟酸盐、芳香族羟酸、磺酸盐。

4.电解液中各成分的作用

(1) 氯化锌

氯化锌是为镀锌电解液提供 Zn^{2+} 离子的主盐,其溶解度较高。氯化锌含量过低,易出现浓差极化,降低允许使用的电流密度的上限,在高电流密度区镀层容易烧焦。氯化锌含量过高,将降低电解液的分散能力和深镀能力,镀层粗糙,镀件出槽的带出损失增加。氯化锌的含量可在 45 ~ 90 g/L 的范围内变动。镀液温度较高,且有阴极移动或滚镀时,由于传质过程阻力小,不易出现浓差极化,可适当降低氯化锌的含量。

(2) 氯化钾

在氯化钾镀锌电解液中氯化钾的含量控制在 180 ~ 230 g/L 的范围内。氯化钾在电解液中的主要作用是改善镀液电导,使分散能力提高,并降低槽压。有些工艺中将氯化钾用氯化钠代替,虽可降低些成本,但是氯化钾比氯化钠有更多的优点,首先是钾盐的溶解度高,另外,K^+ 离子的淌度比 Na^+ 离子大,若两种盐的浓度相同,必然是含氯化钾电解液的电导率高,所以一般都采用钾盐。氯化钾的浓度过高,特别是当温度又较低时,将会有氯化钾结晶析出;而且由于引入了过多的 Cl^- 离子,将使锌阳极自溶解加速。氯化钾浓度过低,电导下降,降低分散能力,镀层的光泽度下降。

（3）硼酸

为了使 pH 值维持恒定,加入适量的缓冲剂硼酸。硼酸含量过低,缓冲效果差。硼酸含量过高,而温度又较低时,常会有结晶析出。一般将硼酸含量控制在 20 ~ 30 g/L 为宜。

（4）组合光亮剂

如前所述,组合光亮剂由主光亮剂、载体光亮剂和辅助光亮剂组成。其主要作用是在较宽广的电流密度范围内获得结晶细致、光亮的镀层,并改善电解液的分散能力和深镀能力。使用组合光亮剂时,应注意配槽和补加的区别。因为组合光亮剂是按一定比例混合的,在电镀的过程中各组分的消耗量不同,应视不同的消耗量进行补充。组合光亮剂含量过低,镀层不光亮。含量过高,易夹杂在镀层中或粘附于表面,使钝化困难或钝化膜不牢固。光亮剂的夹杂,也会造成镀层的内应力增大,影响机械性能。

（5）pH 值

为了维持氯化钾镀锌的正常生产,一般将 pH 值控制在 4.8 ~ 6 的范围内。pH 值过低,将使析出氢气的过电势降低,氢气的大量析出必然降低阴极电流效率;还会加速阳极的自溶解,使电解液中 Zn^{2+} 离子浓度升高,降低电解液的分散能力。若 pH 值过高,镀层粗糙、不光亮,当 pH > 6 时,将发生氧化锌水解为氢氧化锌的反应,氢氧化锌在镀层中夹杂,使镀层发黑,且脆性增加;若氢氧化锌粘附于阳极表面,还会造成阳极钝化。电解液的 pH 值是靠 H_3BO_3 的缓冲作用来维持的。

（6）温度

氯化钾镀锌电解液的操作温度范围很宽,一般维持在 10 ~ 50℃,即夏天不需降温,冬天不必升温。该电解液的操作温度与组合光亮剂的种类关系很大。若组合光亮剂的浊点较高,则允许在较高的温度下操作。因主光亮剂是靠载体光亮剂的增溶作用而分散在电解液中的,若电解液的温度高于载体光亮剂的浊点温度时,则载体光亮剂将失去对主光亮剂的增溶作用,使镀液呈浑浊状态,光亮剂失效。若温度过低,允许使用的电流密度上限下降,沉积速度降低。

（7）电流密度

氯化钾镀锌的阴极电流密度与电解液中 Zn^{2+} 离子的浓度、温度及搅拌情况有关。若 Zn^{2+} 离子浓度较高,操作温度高,而且有阴极移动装置,则不致出现浓差极化控制,因此可以使用较高的阴极电流密度。但是电流密度过高,光亮剂易夹杂在镀层中,使镀层内应力增大,光泽下降。该电解液的阴极电流密度一般控制在 0.5 ~ 5 A/dm² 范围内。

5.镀液杂质的去除

（1）铁的去除

当铁离子含量大于 5 g/L 时,低电流密度区镀层发黄,可加体积分数为 30% 双氧水 0.5 ~ 1 ml/L 处理,充分搅拌,将 pH 调至 6 后过滤除去。

（2）铜的去除

当铜离子含量大于 5 mg/L 时,会引起镀层钝化后不亮、发花和发黑。处理以锌粉置换较好,即加入 1 ~ 2 g/L 锌粉,搅拌,静置 1 h 后过滤,也可采用 0.2 A/dm² 小电流电解除去。

（3）铅的去除

铅离子含量应小于 5 mg/L，否则会造成镀层发灰。可采用除铜杂质的方法处理，即铜、铅和铬，都可采用锌粉置换除去。

（4）有机杂质的去除

由添加剂的分解及油脂的带入积累的有机杂质，会使镀层发雾，钝化不光亮，覆盖能力降低，镀层粗糙，可加入 1~5 g/L 活性炭吸附有机杂质，搅拌并静置过夜，过滤。

5.1.5　镀锌层的铬酸盐钝化处理

1. 钝化的用途及分类

镀锌后，一般都要经过钝化处理。所谓钝化处理，就是将镀锌件在一定的溶液中进行化学处理，使锌层表面形成一层致密的稳定性较高的薄膜。形成的薄膜叫钝化膜。钝化处理后降低了金属表面能，改善了亲水状态，阻挡了腐蚀介质的进入，从而提高镀锌层的抗蚀能力，延长镀件的贮存能力和使用寿命，如表 5.7 所示，使锌镀层表面进行化学抛光，形成光亮表面并提高镀件的抗污染能力，得到的钝化膜可呈现出不同的色彩作为装饰用，形成的钝化膜的结构亲油，能作为油漆的底层以提高漆层与镀层的结合力。除镀锌进行铬酸盐钝化外，其他金属镀种也常采用铬酸盐进行钝化，如表 5.8 所示。

表 5.7　镀锌层钝化后对抗蚀性的影响

镀层厚度/μm	未钝化生铁锈时间/h	钝　　化	
		泛白点/h	生铁锈/h
5	36	96	132
8	56	96	152
13	96	96	192
20	152	96	248
25	192	96	288

表 5.8　铬酸盐钝化的用途与可钝化金属

用　　途	金　属　种　类							
	Ag	Al	Cd	Cu	Mg	Fe	Sn	Zn
提高抗蚀性	+	+	+	+	+	+	+	+
改进装饰效果	−	+	+	O	−	−	+	
提高与漆层的结合力	O	+	+	O	+	O	+	+

注：+ 表示经常用，O 表示很少用，− 表示从未用过。

镀锌钝化的分类方法有三种：按钝化膜的色泽分，有蓝白、银白、淡黄、金黄、古铜、军绿、黑色等钝化种类；按铬酐的浓度分，有高铬、中铬、低铬、无铬等钝化种类；按钝化方式分，有浸渍、涂覆和电解等钝化种类。过去镀锌后，普遍采用高浓度铬酐的三酸钝化处理。为了消除或降低铬酐对环境的污染，现在已经采用低铬酐和无铬酐钝化工艺。

不同颜色的钝化膜（图 5.5），其耐蚀性能不相

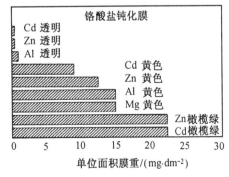

图 5.5　不同颜色钝化膜的厚度

同,厚度也不同,检验的标准也不相同(如表5.9)。

表5.9　中性盐雾试验标准

钝化处理	到出现第一个白点的时间/h		
	美国标准	德国工业规格	中国
无铬钝化	< 8	4	
无色钝化	24 ~ 100	4	6
黄色	100 ~ 200	48	72
黑色		48	96
军绿色	100 ~ 500	48	96

2.典型配方

钝化液的组成及处理条件(浸渍型)如表5.10所示。

表5.10　钝化液的组成及处理条件(浸渍型)

组成及条件	无色	黄色	黑色	军绿	Cr^{3+}钝化
$\rho(CrO_3)/(g \cdot L^{-1})$	0.1 ~ 2	4 ~ 10	10 ~ 40	10 ~ 30	
$\rho[K_2SO_4 \cdot Cr_2(SO_4)_3]/(g \cdot L^{-1})$					3
$\rho(H_2SO_4)/(g \cdot L^{-1})$	0.3 ~ 5	0.5 ~ 5		0 ~ 10	
$\rho(HNO_3)/(g \cdot L^{-1})$	0.5 ~ 10	1 ~ 5		0 ~ 10	4
$\rho(H_3PO_4)/(g \cdot L^{-1})$	0 ~ 2		0 ~ 20	0 ~ 30	
$\rho(HF)/(g \cdot L^{-1})$	0 ~ 2				2
$\rho(HAc)/(g \cdot L^{-1})$			0 ~ 100	0 ~ 70	
$\rho(AgNO_3)/(g \cdot L^{-1})$			0.2 ~ 0.4		
温　度	室温	室温	室温	室温	室温
浸渍时间/s	10 ~ 30	10 ~ 30	30 ~ 120	30 ~ 120	15
气相成膜/s	5 ~ 10	5 ~ 15	20 ~ 40	20 ~ 40	5 ~ 10
老化温度/℃	< 70	< 70	< 65	< 65	< 70

3.钝化反应历程

无论哪种铬酸盐钝化,都是镀锌层与钝化液相接触后,在金属锌和钝化液固液界面上进行的多相的氧化还原反应过程。其反应交错进行,相当复杂,至今成膜的机理还有许多未知之处。但人们认为在钝化液中钝化膜的形成分三个过程:

(1) 锌的溶解与六价铬的还原过程

在这个过程中六价铬被还原成三价铬,而金属锌被氧化成 Zn^{2+},同时锌也与酸发生溶解反应

$$3Zn + Cr_2O_7^{2-} + 14H^+ \Longleftrightarrow 3Zn^{2+} + 2Cr^{3+} + 7H_2O$$

$$3Zn + 2CrO_4^{2-} + 16H^+ \Longleftrightarrow 3Zn^{2+} + 2Cr^{3+} + 8H_2O$$

$$Zn + 2H^+ \Longleftrightarrow Zn^{2+} + H_2 \uparrow$$

其中第一个反应为主要反应,因在酸性较强的溶液中六价铬主要以 $Cr_2O_7^{2-}$ 形式存在。

（2）pH 升高，钝化膜形成过程

由于锌溶解反应不断进行，金属溶液界面上的 pH 值升高，如图 5.6 所示。同时 Zn^{2+} 离子浓度上升，当 pH 值上升到一定值时，溶液中的 $Cr_2O_7^{2-}$ 转化为 CrO_4^{2-}，同时在 OH^- 的作用下，生成碱式铬酸盐、亚铬酸盐等各种凝胶状物质形成钝化膜。反应方程式为

$$Cr_2O_7^{2-} + 2OH^- \longrightarrow 2CrO_4^{2-} + H_2O$$

$$Cr^{3+} + OH^- + CrO_4^{2-} \longrightarrow Cr(OH)CrO_4 \quad （碱式铬酸铬）$$

$$2Zn^{2+} + 2OH^- + CrO_4^{2-} \longrightarrow Zn_2(OH)_2CrO_4 \quad （碱式铬酸锌）$$

$$2Cr^{3+} + 6OH^- \longrightarrow Cr_2O_3 \cdot 3H_2O$$

$$Zn^{2+} + 2Cr^{3+} + 8OH^- \longrightarrow Zn(CrO_2)_2 + 4H_2O \quad （亚铬酸锌）$$

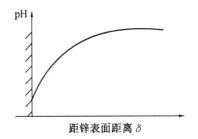

图 5.6　锌表面 pH 值升高示意图

钝化膜的组成和结构比较复杂，钝化膜的组成主要有 Cr^{3+}、Cr^{6+}、O^{2-}，如表 5.11 所示。一般可简略表示为 $xCr_2O_3 \cdot yCrO_3 \cdot H_2O$，人们认为钝化膜主要是由不溶性的三价铬化合物和可溶性六价铬化合物构成网状结构，并且是无定形的大分子结构。如图 5.7 所示。其中三价铬构成的不可溶部分，具有足够的强度

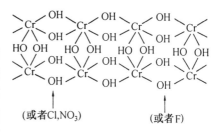

图 5.7　铬酸盐钝化膜结构示意图

和稳定性，它组成膜的骨架，可溶部分填充在骨架内部。当镀层钝化膜遭受损伤时，露出的锌层与钝化膜中的可溶性部分作用使该处再钝化，即有自动修复的作用，抑制了损伤部位镀锌层的腐蚀。其中水以结晶水的形式存在。

表 5.11　钝化膜的组成（$x/\%$）

元素	黄色膜	蓝白膜	Cr^{3+}钝化	元素	黄色膜	蓝白膜	Cr^{3+}钝化
Cr^{6+}	10.6			S	0.3	0.9	0.9
Cr^{3+}	24.4	31.0	27.1	C	2.5	7.9	3.6
Zn	1.5	3.1	16.7	Fe		0.3	
O	60.2	54.8	50.5	Ca		0.7	
Cl	0.1	0.7	0.3	N	0.6		
F		0.6	0.7	K			0.3

（3）钝化膜的溶解过程

在钝化过程中，到一定时间，由于离子的扩散作用，钝化膜表面氢离子浓度升高，pH 值降低，使得钝化膜溶解，膜的生成和膜的溶解是同时进行的，开始阶段，膜的生成占主导地位，随着时间的增长，膜的溶解加快，保持一个动态平衡。如图 5.8 所示。

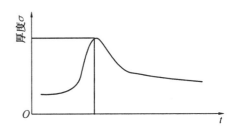

图 5.8　成膜厚度与时间关系

为了增加钝化膜的厚度以及膜中的含氧量，在工件浸入钝化液一定时间后，将其提出液面，使其在空气中停留一段时间，这一过程隔断了酸性钝化液对已生成的胶体钝化膜的再溶解过程，而且附着在钝化膜最外表面的钝化液的 pH 值由于钝化反应而继续升高，此时三价铬和

氢氧根反应进一步生成钝化膜的骨架,氧的吸收促使钝化膜氧的含量增加,这种含氧量高的钝化膜具有更好的憎水性,耐蚀性也相应进一步提高,因而气相成膜对钝化是十分重要的一个步骤。

4.三彩钝化膜的成色机理

彩色钝化具有美丽的彩虹色,但颜色的变化比较复杂,影响成色的因素也比较多。至今还不十分清楚。一般认为与钝化膜的厚度有密切关系,膜薄颜色浅,膜厚颜色深。随着膜厚的增加,颜色变化的次序是:黄→红→紫→蓝绿。膜很薄时,呈金属本色,膜很厚时,呈棕褐色。彩虹色的钝化膜只出现在一定膜厚范围内,随着膜厚的增加,膜的结合力减弱,以至产生脱膜现象。

长期以来,普遍认为钝化膜的彩虹色是由化学组成决定的,即化学成色学说。该学说认为:三价铬呈淡绿色或绿色,六价铬呈黄到红色。当六价铬含量高时,膜呈红色;三价铬含量高时,膜呈绿色,另外,还与膜层厚度有关系,因此,钝化膜的颜色随六价铬和三价铬的相对含量和膜的厚度而千变万化。

另一学说认为,钝化膜的颜色主要是由于光的干涉所引起的。当光线从膜的外表面和内表面(膜与金属界面上)反射后,发生了光的干涉,从而使膜呈现出各种颜色。根据光的干涉原理,可以解释为在日光下观察到不断增厚的钝化膜的颜色变化。当钝化的浸渍时间很短时(如1~2 s),膜非常薄,干涉将发生在紫外区,因此,看不到有干涉色产生,这时膜的颜色将主要决定于金属基体的颜色。当膜增厚时,从内外表面反射出来的蓝色光线发生干涉,蓝色光线减弱,使膜看起来显黄色(蓝色光的补色)。当膜进一步增厚时,较长波长的绿色光受到干涉,这就产生了紫红色,当膜达到最大厚度时,黄色光受到干涉,产生蓝色。最后,可见光中波长最长的红色光发生干涉,而显出绿色。在生产操作中,零件在钝化液中是不断抖动的,膜的厚度变化不会很有规律,膜厚也是不均匀的,所以膜的各种颜色交替出现混杂在一起。非平面的不规则零件更是如此。

上面介绍了彩色钝化膜成色的两种学说,即化学成色说及物理成色说,关于这些学说,都有一些实验根据,作者认为物理成色说的根据比较充分。当然,人们必须采用更先进的试验设备,以揭开彩色钝化膜成色的奥秘。

5.钝化液各组分的作用

(1)铬酐

铬酐是钝化液的主要成分,是钝化膜中六价铬和三价铬的来源,新配制的钝化液由于三价铬很少,形成的钝化膜很薄,彩色很淡,使用一段时间后,因六价铬不断被还原为三价铬,使三价铬含量增加,膜出现彩虹色,膜的厚度也增加。一般新配的钝化液要加入一定量的锌粉或硫酸亚铁,其目的就是将一部分六价铬还原为三价铬,反应为

$$3Zn + Cr_2O_7^{2-} + 14H^+ \!=\!\!=\!\!= 3Zn^{2+} + 2Cr^{3+} + 7H_2O$$

$$6Fe^{2+} + Cr_2O_7^{2-} + 14H^+ \!=\!\!=\!\!= 6Fe^{3+} + 2Cr^{3+} + 7H_2O$$

一般加入锌粉2~3 g/L或硫酸亚铁4~5 g/L。

(2)硝酸

硝酸主要起化学抛光作用,它能使镀锌层的微观凸起处优先溶解,光泽性增强。但硝酸含量不宜过高,否则会加速膜的溶解,使钝化膜变薄,同时使膜层和镀锌层附着不牢固,容易脱落。

（3）硫酸

硫酸的含量要与铬酐含量相适应。它是成膜的必需成分,有加速成膜的作用,所以硫酸含量高些,有利于获得较厚的钝化膜,含量过高,膜的溶解速度增加,成膜速度反而降低。含量过低时,成膜彩色淡而略带粉红色。

（4）pH 值

适宜的 pH 值对三酸钝化有一定影响,大致保持在 1～1.8 之间为宜。pH 值过低,锌层溶解快,膜不牢;过高,膜发暗,成膜速度也减慢。

（5）温度

一般在 15～40℃ 范围内都可进行钝化。温度高,离子扩散快,界面反应也快,所以成膜速度也增加。当温度低于 10℃ 时,成膜很慢,膜薄色浅。温度过高,膜疏松,易脱膜,而且膜呈棕褐色。

（6）时间

膜形成的质量与钝化时间有很大关系。钝化处理过程是膜的成长和溶解的动态平衡。钝化初期,膜的成长速度大于膜的溶解速度,随着膜的增厚,成长速度降低而溶解速度增加,至膜的成长速度与溶解速度相等。继续延长钝化时间,膜的溶解速度则大于成长速度,膜开始变薄。所以在钝化液中停留的时间不宜过长,也不应太短,应掌握成长至最大厚度。一般镀件在钝化液中抖动 10 s 左右,然后取出在空气中暴露 5～10 s,随后清洗及老化。

6.老化

钝化膜的烘干处理叫老化处理。新钝化出的钝化膜是柔软的,容易磨掉和擦伤。加热使钝化膜变硬,成为耐腐蚀性膜。老化温度的选择,不能只根据颜色的需要,更重要的是应保证耐蚀性,老化温度较高时(75℃以上),钝化膜将失水,产生网状龟裂,如图 5.9 所示。同时可溶性六价铬转变为不溶性,使膜失去自修复及防护作用,从而使膜的耐蚀性下降。若温度低于 50℃,则需较长的老化时间,也是不合适的,一般老化温度在 60～70℃。

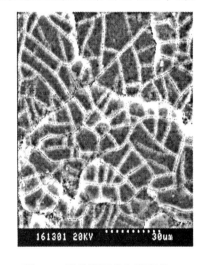

图 5.9　钝化膜网状龟裂形貌

5.2　镀　铜

5.2.1　概述

1.铜的自然属性

铜是玫瑰红色富有延展性的金属,相对原子质量为 63.54,密度为 8.9 g/cm³。一价铜和二价铜的电化当量分别为 2.372 g/(A·h) 和 1.186 g/(A·h)。铜的标准电极电势:$\varphi^{\ominus}(Cu^+/Cu) = +0.52$ V,$\varphi^{\ominus}(Cu^{2+}/Cu) = +0.34$ V。铜具有良好的导电性和导热性。铜易溶于硝酸,也易溶于加热的浓硫酸中,在盐酸和稀硫酸中作用很慢。铜比较柔软,容易抛光,在空气中易于氧化(尤其在加热情况下),氧化后将失掉本身的颜色和光泽。在潮湿空气中与二氧化碳或氧化物作用生成一层碱式碳酸铜或氧化铜;当受到硫化物作用时,将生成棕色或黑色薄膜。

由于铜在电化学序中位于正电性金属之列,因此锌、铁等金属上的铜镀层属于阴极性镀层。当镀层有孔隙、缺陷或损伤时,在腐蚀介质作用下,基体金属成为阳极受到腐蚀,其腐蚀速度将比未镀铜时快。所以铜层不能用做装饰和防护性镀层,通常情况下作为金、银、镍等金属镀层的底层。铜镀层是防止渗碳、渗氮的优良镀层,因为碳和氮在其中的扩散渗透很困难。在某些情况下,镀铜的钢铁件可用来代替铜零件,以节约有色金属。如在钢铁件上镀镍、铬时,先以铜为中间层,即通常所采用的厚铜薄镍镀层。这样不但可以减少镀层孔隙,而且可以节约镍的耗用量。

近年来,随着锌铸件及铝件的增多,闪镀氰化物镀铜工艺越来越多地被用在锌铸件及浸锌后的铝件上,以提高结合力。

另外由于人们近年来对仿古铜件的青睐,镀厚铜后再进行仿古铜后处理的技术也得到了广泛的应用。仿古铜处理是将镀铜后的工件浸泡在含有多硫化合物的溶液中,生成黑色的硫化铜,再采用机械抛光的办法将黑色膜磨成不均匀的色调,使其犹如古铜件一般。

在印刷行业中电铸铜辊也是一项较为成熟的技术,这部分内容请参考有关电铸的著作与文献。

最为引人注目的是,随着电子工业、信息产业的发展,在印刷电路板领域,镀铜技术得到了迅速的发展,一种是电解铜箔的制造,所制得的铜箔被用来制造覆铜板。一种是印刷电路板的通孔电镀和布线,微米级布线的实现使得印制板的集成化更加提高了。近年来硫酸盐酸性镀铜技术再次得到了迅速的发展。这主要归功于优良的酸性镀铜添加剂的出现。焦磷酸盐镀铜由于其废水处理困难、成本高等缺点的限制,其用量呈下降的趋势。

2.电镀铜溶液的分类及特点

从资料报导来看,镀铜溶液的种类很多,然而从生产中应用的情况来说,主要有表5.12中列出的几种。

表 5.12　电镀铜溶液的分类及特点

电镀铜溶液	优 点	缺 点	使用情况
氰化物镀液	结晶细致,镀液分散能力好,结合力好,钢铁件不需预镀,温度范围宽,废水处理简单	电流效率低(60% ~ 70%),毒性大,易分解,对操作系统安全性要求严格。三废处理费用大	常　用
硫酸盐光亮镀液	电流效率高(接近100%),沉积速度快,价格便宜,光亮性好	对光亮剂的要求较为苛刻	常用于印刷塑料装饰底层等电镀
焦磷酸盐镀液	镀层结晶细致,抗蚀性好	需预镀提高结合力,价格贵,废水处理困难	
氟硼酸盐镀液	电流密度大	成本高,对设备腐蚀大,废水处理难	常用于电铸
柠檬酸 - 酒石酸盐镀铜	可在钢铁上直接电镀,分散、覆盖能力好	操作难度大	不常用
HEDP 镀铜	可在钢铁件上直接电镀,成分简单,均镀能力好	废水处理难	不常用
乙二胺镀铜	外观好,均镀能力好	镀铜后再镀镍,结合力差	不常用

5.2.2　硫酸盐镀铜

尽管硫酸盐酸性镀铜的历史十分悠久,但是由于它能在钢件、锌铸件、铝件上生成置换层而导致结合力不够,加之该溶液的分散性不好,所以在 20 世纪 50 年代以前的应用较少。20 世纪 60 年代后,人们开发出了硫酸盐镀铜添加剂。获得的镀层具有优异的光亮性,这些硫酸盐镀铜添加剂中还包括很好的整平剂,其整平作用可消除微小的抛光痕迹,光亮镀铜后无需再抛光便能够得到镜面光泽铜层。这种镀层还十分柔软,适合于制造铜箔、塑料件电镀底层。高浓度的酸性镀铜溶液有着很好的分散能力与覆盖能力,适合于印刷电路板的通孔镀。

从含有光亮剂的硫酸盐镀液中获得的铜层的硬度在 HV80～130 左右,比无光亮剂时(HV60～80)高,延伸率比无光亮剂时小,而抗拉强度要高。从无光亮剂的溶液中获得的镀层为柱状晶,从光亮剂的溶液中得到的镀层呈细小的纤维状、粒状和层状晶体。

光亮的酸性镀铜层的机械性能在镀得后的几天内发生着随时间的变化,延伸率上升,抗拉强度下降。由于从硫酸镀液中获得的铜层的内应力非常低,即使是施镀很厚的镀层也不会引起工件的变形,因此可用做电铸。

1.典型配方

电解液组成及工艺条件如表 5.13 所示。

表 5.13　电解液的组成及工艺条件

组成及工艺	一般镀液	高分散能力镀液
ρ(硫酸铜)/(g·L^{-1})	150～200	60～100
ρ(铜离子)/(g·L^{-1})	(50)	(15～25)
ρ(硫酸)(1.84)/(g·L^{-1})	40～60	170～220
氯离子/(mg·L^{-1})	20～100	40～100
光亮剂	适量	适量
温度/℃	15～30	15～30
j/(A·dm^{-2})	3～6	1～4
搅拌	强空气搅拌	强空气搅拌
过滤	连续过滤	连续过滤

2.电极反应

(1) 阴极反应

近年来的研究结果表明,酸性镀铜时的阴极过程由如下两步连续的放电反应和一个结晶过程组成。

$$Cu^{2+} + e^- \longrightarrow Cu^+ \tag{1}$$

$$Cu^+ + e^- \longrightarrow Cu(吸附) \tag{2}$$

$$Cu(吸附) \xrightarrow{\text{表面扩散}} Cu(晶格) \tag{3}$$

控制步骤是与阴极过电势密切相关的。当阴极过电势较小时,电极过程为 Cu$^+$ 的迟缓放电所控制;若阴极过电势较大时,反应(1)变成控制步骤。由于在光亮酸性镀铜电解液中使用了吸附能力强的各种有机添加剂,故阴极过电势较大,所以反应(1)常常为阴极过程的控制步骤。

（2）阳极反应

酸性镀铜时,阳极正常溶解的反应为

$$Cu - 2e^- \longrightarrow Cu^{2+} \tag{4}$$

当阳极不完全氧化时,可能有反应

$$Cu - e^- \longrightarrow Cu^+ \tag{5}$$

阳极附近 Cu^+ 积累会导致发生歧化反应,即

$$2Cu^+ \longrightarrow Cu + Cu^{2+} \tag{6}$$

从而产生金属铜粉(阳极泥的主要成分)。它的产生也会使阴极镀层产生毛刺。为了消除毛刺,除对光亮镀铜电解液加强过滤外,还应采用含磷的铜阳极。

3.添加剂的整平作用

电解液的整平作用是指电解液所具有的能使镀层的微观轮廓比底层更平滑的能力(微观分散能力)。所谓微观轮廓一般是指粗糙度小于 0.5 mm 的表面,它与宏观轮廓(即具有复杂形状的镀件表面)不同,且主要区别是:在宏观轮廓上其表面的电力线分布是均匀的,即各点的电势几乎相等。而在微观轮廓表面上各点的扩散层厚度不同,且有 $\delta_{\text{峰}} < \delta_{\text{谷}}$($\delta_{\text{峰}}$、$\delta_{\text{谷}}$ 分别表示峰与谷处扩散层的厚度),因而峰处物质的扩散速度大于谷处物质的扩散速度。

由于金属电沉积过程受到不同步骤的控制,故出现了三种不同类型的整平作用,如图 5.10 和表 5.14 所示。

(a) 几何整平   (b)负整平   (c)正整平

图 5.10   电沉积金属微观分布的各种情况

表 5.14   三种类型的整平作用

整平作用	谷/峰(镀层厚度)	电流密度比 $j_{\text{谷}}/j_{\text{峰}}$	金属离子电沉积的控制步骤	添加剂阻化作用的控制步骤
几何整平(a)	≈ 1	≈ 1	电化学步骤	无阻化或表面步骤
负整平(b)	< 1	< 1	扩散步骤	无阻化或表面步骤
正整平(c)	> 1	> 1	电化学步骤	扩散步骤

能使金属电沉积的结果在微观粗糙表面上产生正整平作用的添加剂称为整平剂。整平剂具有下述特点:

① 能强烈地阻化阴极过程,使阴极极化提高 50～120 mV,而光亮剂只能使阴极极化提高 10～30 mV。

② 能夹杂在镀层中或在阴极上还原而被消耗。

③ 整平剂在峰处的吸附量大于谷处的吸附量。

整平剂的作用机理可以解释为:在微观粗糙表面上,谷处扩散层的有效厚度大于峰处,使整平剂(分子或离子)进入谷处的速度小于峰处的速度。这样峰处整平剂的浓度则大于谷处,造成峰处的阻化作用大于谷处,从而达到了整平效果。必须指出整平剂的浓度要适当,

即存在一个最佳浓度。若浓度太小,则峰处达不到必要的阻化作用;若浓度太大,峰与谷处受到的阻化作用相近,在这两种情况下均不能导致峰和谷处显著的极化差异,也就不具有整平作用。

可以用旋转圆盘电极来研究整平作用。根据电极过程动力学可知,旋转圆盘电极的整个表面上具有均匀而恒定的扩散层厚度,而扩散层厚度又决定于转速,并可用下式来计算扩散层的有效厚度

$$\delta_{有效} = 1.62 D^{1/3} \nu^{1/6} \omega^{-1/2}$$

式中　$\delta_{有效}$——扩散层的有效厚度;

　　　　D——反应离子的扩散系数;

　　　　ν——动力粘度(粘度/密度);

　　　　ω——旋转角速度。

由上式可见,在旋转圆盘电极上,扩散层的有效厚度随转速平方根的增加而降低。所以,可以通过改变旋转圆盘电极的转速来模拟微观表面的峰与谷,高速($\delta_{小}$)表示峰,低速($\delta_{大}$)表示谷。如果在恒电势下,测定电流随转速的变化,可以方便地用来判断电极反应和添加剂的作用是否受扩散控制,借以分析添加剂是否具有整平作用。

应该指出,在旋转圆盘电极上,如果金属离子的电极过程受电化学控制(几何整平),则在恒电势下,电流与转速无关。如果金属离子的电极过程受扩散步骤控制(负整平),则在恒电势下,电流就会随转速的增加而增加;如果添加剂的阻化作用受扩散步骤控制(正整平),则在恒电势下,电流随转速的增加而降低。

光亮及半光亮镀镍的整平作用可由扩散理论解释,而记忆理论可用来阐明硫酸铜镀铜的整平作用。

图 5.11 为用上述理论解释整平作用的示意模式。按照扩散理论,整平剂向基体表面的扩散速度在扩散层薄的平坦部位比扩散层厚的微凹部要快,因而平坦部位吸附整平剂多,而凹坑处的整平剂相对少一些。因此,电流在平坦处被抑制,同时还用于还原整平剂,这样,用电沉积抑制机理就能阐明微凹部位的镀层生长比平坦处为快,从而起到整平作用。

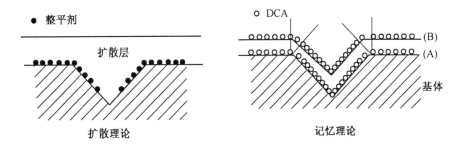

图 5.11　根据扩散理论和记忆理论说明镀层整平作用的模式

与扩散理论相反,根据记忆理论,称之为去极化抑制剂的物质,经浸涂处理后,使之预先均匀地吸附在基体表面上(5.11(A)),在不含去极化抑制剂的镀液中电镀时,未达到某一厚度之前,一直均匀地进行电沉积,亦即按几何整平生长到(B)层。到达(B)状态时,镀层表面上去极化抑制剂的吸附密度在微小凹部处变大,而在平坦部位没有变化,同时尖峰部位由于吸附变粗。这样,依靠去极化抑制剂本身的作用,加速了去极化抑制剂吸附密度高的区域

(即凹部)镀层的生长,与此同时,去极化抑制剂吸附密度保持不变的平坦部位,镀层的生长速度维持不变,而尖峰吸附去极化抑制剂变粗的部位,镀层的生长变得缓慢。这是电镀开始阶段的情况,随着镀层的生长,去极化抑制剂吸附密度高的部位和低的部位在逐渐变化,根据图 5.12 所示的轮廓生长,这种情况可用电沉积加速机理予以解释。

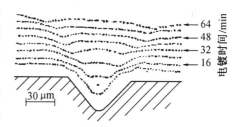

图 5.12　根据记忆理论描绘的硫酸铜光亮镀铜的整平作用示意图

根据记忆理论,我们可以发现在图 5.13 所示的微小凹部,经过整平反而出现高出 a 部的所谓过整平现象。记忆理论一词来源于基体表面吸附了去极化抑制剂以后,铜的电沉积电势比吸附前更正,而且始终保持该电势这一物理现象。

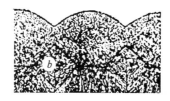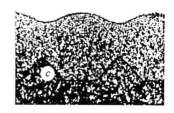

图 5.13　由记忆效应形成的整平状态

电镀时间:a 为 16 min;b 为 48 min;c 为 56 min

以上根据硫酸铜镀铜的记忆理论解释了整平作用,在市售的硫酸铜光亮剂中,除去极化抑制剂之外,还有极化控制剂和整平剂。

早期用于酸铜镀液的光亮剂有明胶、骨胶、尿素、硫脲、淀粉、连苯三酚以及氨基酸类等等。而目前市场上出现的光亮剂中含有高分子表面活性剂与不饱和有机硫化物等多种成分。这些有机化合物只有在氯离子存在下才能起到光亮与整平作用。有研究报告,光亮剂中的相对分子质量大的化合物与氯离子发生作用,在距镀层表面厚度为纳米级的凹凸表面层中的凸起部分的作用,使得镀液中的被镀金属离子在凸起部分放电困难,赋予了镀液以整平性。

根据使用添加剂的结构和作用可分成以下两类

(1) 第一类光亮剂

第一类光亮剂为含巯基(—SH)的杂环化合物或硫脲的衍生物和二硫化物

① 含巯基的杂环化合物(代号为 H)。这种光亮剂既有较高的光亮作用,也有较好的整平作用,在电镀中,只要选择得当,就能获得整平性好、光亮度高的镀层。

通式 R—SH。其中 R 为含 S 及 N 的杂环化合物或磺酸盐。如 H-1,即 2-四氢噻唑硫酮,结构为

$$
\begin{array}{c}
H_2C\!-\!\!-\!NH \\
| \qquad\quad | \\
H_2C \quad\ C\!=\!S \\
\diagdown \ \diagup \\
S
\end{array}
\quad \rightleftharpoons \quad
\begin{array}{c}
H_2C\!-\!\!-\!N \\
| \qquad\quad \| \\
H_2C \quad\ C\!-\!SH \\
\diagdown \ \diagup \\
S
\end{array}
$$

除此之外,尚有乙基硫脲、2-巯基苯骈噻唑、2-噻唑硫酮、乙撑硫脲、2-巯基苯骈咪唑

等光亮剂。如国内采用代号为 N(乙撑硫脲)、M(巯基苯骈咪唑)、SH－110、SH－111(均含有典型的聚硫有机磺酸基和含硫的杂环)等添加剂。

② 二硫化合物(代号 S－)。通式为 R1—S—S—R2,其中 R1 为芳香烃(苯基)、烷基、烷基磺酸盐或杂环化合物,R2 为烷基磺酸盐或杂环化合物。

例如,苯基聚二硫丙烷磺酸钠(S－1)

$$〈\text{苯环}〉—S—S—(CH_2)_3SO_3Na$$

聚二硫二丙烷磺酸钠(S－9)

$$NaSO_3(CH_2)—S—S—(CH_2)_3SO_3Na$$

聚二硫丙烷磺酸钠(S－12)

$$Na—S—S—(CH_2)_3SO_3Na$$

这类化合物在溶液中的作用是使镀层细致,提高电流密度,常用量为 0.01～0.02 g/L。

(2) 第二类光亮剂

第二类光亮剂实质为聚醚类表面活性剂。聚醚类非离子型或阴离子型表面活性剂效果较好。若不加这类光亮剂,则得不到镜面光泽和整平性能良好的铜镀层。这是因为此类光亮剂除了有润湿作用可消除铜镀层产生的针孔和麻点外,还能在阴极界面上产生定向吸附,从而提高了阴极极化,使镀层结晶细致。同时使用这类光亮剂还能增大光亮区范围。应该注意,一些非离子型表面活性剂由于吸附作用较强,会在阴极表面生成一层憎水膜,所以镀铜后必须经除膜处理,方可进行镀镍,以保证结合力良好。

这类光亮剂代表有:

聚乙二醇 $CH_2OH(CH_2CH_2O)_nCH_2OH$(相对分子质量 6 000),代号为 P;

OP－10 或 OP－21 乳化剂;

$$H_{11}C_6—〈\text{苯环}〉—O(CH_2CH_2O)_nH(n = 10～21);$$

十二烷基硫酸钠($C_{12}H_{25}SO_4Na$)。

(3) 氯离子

在光亮镀铜电解液中必须有少量 Cl^- 才能得到全光亮镀层,其含量一般为 20～100 mg/L。含量过低,电解液的整平性和镀层光亮度均下降,且易产生光亮树枝状条纹,严重时镀层粗糙甚至烧焦;含量过高时,光亮度下降且低电流密度区不亮。Cl^- 在酸性镀铜电解液中的作用,可能是由于 Cl^- 在电极表面有较强的吸附作用;并与 Cu^+ 形成 $CuCl_2^-$(对电极表面的 Cu^+ 起稳定作用),降低了 Cu^+ 的放电速度,且防止 Cu^+ 发生歧化反应,从而使铜镀层致密。另外,Cl^- 的存在可能对两类光亮剂在电极表面的吸附起协同作用。所以 Cl^- 是必不可少的,通常以盐酸和氯化铜的形式加入。

4.硫酸盐镀液中各成分及工艺的影响

(1) 硫酸铜

硫酸铜是提供铜离子的主盐,其含量一般控制在 180～220 g/L 为宜。镀液中铜离子浓度过高时,镀液整平性下降,镀层的光亮性也随之下降。过低时,高电流密度还会发生烧焦。

(2) 硫酸

在酸性镀铜电解液中硫酸的主要作用是防止铜盐水解,减少"铜粉"。当无硫酸存在时,

硫酸铜或硫酸亚铜易水解产生沉淀,即

$$CuSO_4 + 2H_2O \Longrightarrow Cu(OH)_2 \downarrow + H_2SO_4$$

$$Cu_2SO_4 + 2H_2O \Longrightarrow 2\,Cu(OH) + H_2SO_4$$

$$\downarrow$$

$$Cu_2O \downarrow + H_2O$$

当电解液中存在足量硫酸时,可使上述平衡反应向左移动;还可以降低电解液电阻,即提高电解液的导电性能。它的存在降低了铜离子的有效浓度,从而提高了阴极极化作用,使镀层结晶细致;还可以改善电解液的分散能力和阳极溶解性能。硫酸含量可在较大范围内变化,一般控制在 50 ~ 70 g/L。用于线路板电镀时,硫酸含量可提高至 200 g/L 左右。由于硫酸含量提高会使硫酸铜的溶解度降低,所以提高硫酸含量的同时,必须降低硫酸铜的含量,否则电解液中的硫酸铜会结晶析出。

(3) 温度

提高电解液的温度,可以加大电流密度,从而提高镀层的光亮和整平性,并保证较好的韧性。酸性光亮镀铜的温度控制与使用的光亮剂有关,目前使用的大部分光亮剂,当温度超过 25℃时,阴极极化显著下降,镀层的低电流密度区产生白雾和发暗;温度再高,超过 35℃时,镀层全部变暗,所以温度一般控制在 5 ~ 25℃较宜。夏季生产时要冷却。这是全光亮酸性镀铜目前存在的缺点。为了提高操作温度,国内一些单位做了大量的研究工作,如用 M 和 N 光亮剂代替四氢噻唑硫酮,可以使温度在 10 ~ 40℃的范围内获得全光亮、整平性和韧性良好的铜镀层。

(4) 阴极电流密度

阴极电流密度与电解液的操作温度、硫酸铜的浓度和搅拌方式等有关。温度高,允许使用的电流密度上限也高,有阴极移动或压缩空气搅拌时,电流密度可达 1 ~ 5 A/dm²。在正常使用的电流密度范围内,随电流密度的提高,沉积速度加快,镀层光亮范围增大,整平性也能提高。

(5) 搅拌

搅拌能够降低电解液的浓差极化,提高电流密度,防止镀层产生条纹,改善镀层的均匀性,加速沉积速度。搅拌可采用阴极移动或压缩空气,这种搅拌方式还有助于氧化电解液中产生的一价铜离子,有利于消除"铜粉"的产生。搅拌的同时,最好能采用循环过滤,以消除电解液中可能存在的微量"铜粉"和光亮剂的分解产物以及悬浮杂质,这样有利于改善镀层质量,提高电解液的稳定性和使用寿命。

(6) 阳极材料

在光亮酸性镀铜中,阳极质量是非常重要的因素,一般不宜用电解铜,而应采用无氧含磷的铜阳极。这是因为使用含氧的电解铜阳极时,表面容易产生氧化亚铜(铜粉),使光亮剂的消耗增加,而且降低镀层质量,磷能使阳极的电化学溶解时表面产生一层黑色膜层,避免了不均匀溶解。

当阳极和电解液中的 Cu^{2+} 接触时,产生反应

$$Cu + Cu^{2+} \longrightarrow 2Cu^+$$

另外,阳极的不完全氧化也会产生一价铜离子,即

$$Cu - e^- \longrightarrow Cu^+$$

这些 Cu^+ 在阳极表面形成 Cu_2O 而悬浮在电解液中,会使阴极表面形成粗糙不亮的镀层。

为了避免铜粉和一价铜离子的产生,应采用质量分数为 0.04% ~ 0.3% 磷的铜阳极。一些学者认为,磷铜阳极溶解时,同时进行着反应

$$Cu - e^- \longrightarrow Cu^+ \qquad 和 \qquad Cu - 2e^- \longrightarrow Cu^{2+}$$

并且一价铜化合物(黑色薄膜)附着在阳极表面上,溶解通过黑色膜进行。抑制了歧化反应的发生,因而阳极溶解时很少产生 Cu_2O 悬浮物。

镀液中允许氯离子浓度的上限为 300 mg/L,过高时采用添加硝酸银及锌粉的方法除去。光亮酸性镀铜液对有机杂质十分敏感。当镀液颜色过分发绿时,可知其中有机物杂质的含量已经过高了。这些有机物可能来自于前处理工序带入的油类及光亮剂的分解产物。因此镀液要采用定期的含活性炭滤芯的过滤机进行过滤。光亮剂的分解产物过分积累,会导致镀液的整平性与镀层的光亮性下降,同时发生高电流密度区的烧焦。

5.光亮酸性硫酸盐镀铜的预镀问题

光亮酸性镀铜不能直接在钢铁零件上获得结合力良好的铜镀层,为了解决结合力问题,国内外都进行了大量的研究工作。

结合力不好的原因主要由于钢铁件在电解液中存在置换反应

$$Fe + Cu^{2+} \longrightarrow Fe^{2+} + Cu \downarrow$$

置换铜是疏松的,在疏松的置换铜上继续电镀,不可能获得与基体结合良好的镀层。发生置换反应的原因,是由于在酸性镀铜溶液中,铜的平衡电势远大于铁在该溶液中的稳定电势,Cu^{2+} 浓度近似等于 1 mol/L 时,铜的平衡电势和铁的稳定电势为

$$\varphi(Cu^{2+}/Cu) = 0.34 \text{ V}, \varphi(Fe) = -0.44 \text{ V}$$

那么,铜铁电偶的电位差 $\Delta\varphi = \varphi(Cu^{2+}/Cu) - \varphi(Fe) = 0.78$ V,而且铜在铁上析出的过电势小,所以置换反应很快。

在氰化物镀铜电解液中,铜和铁的电势分别为:铜的平衡电势 $\varphi(Cu^{2+}/Cu) = -0.614$ V,铁的稳定电势 $\varphi(Fe) = -0.619$ V。

由于铁铜电偶的电势非常接近,几乎没有置换反应发生,所以钢铁零件可在氰化镀铜电解液中直接镀铜,且结合力良好。

目前国内解决光亮酸性镀铜结合力问题主要采用预镀、化学浸镀等方法。

(1) 预镀

预镀有预镀镍、预镀氰化铜,以预镀镍较多。预镀镍电解液的组成及工艺列于表 5.15 中。

表 5.15　预镀镍电解液组成及工艺条件

组成及工艺	1	2
ρ(硫酸镍)/(g·L^{-1})	180 ~ 250	120 ~ 140
ρ(氯化钠)/(g·L^{-1})	10 ~ 20	7 ~ 9
ρ(硼酸)/(g·L^{-1})	30 ~ 35	30 ~ 40
ρ(无水硫酸钠)/(g·L^{-1})	20 ~ 30	50 ~ 80
ρ(硫酸镁)/(g·L^{-1})	30 ~ 40	
ρ(十二烷基硫酸钠)/(g·L^{-1})		0.01 ~ 0.02
pH	5.0 ~ 5.5	5.0 ~ 6.0
温度/℃	18 ~ 35	30 ~ 50
电流密度/(A·dm^{-2})	0.5 ~ 1.0	0.8 ~ 1.5

氰化预镀铜电解液组成与工艺条件为

氰化亚铜	30 g/L	氰化钠	45~50 g/L
酒石酸钾钠	10 g/L	氢氧化钠	10 g/L
硫代硫酸钠	0.5 g/L	温度	25~35℃
电流密度	1.5~2.0 A/dm^{-2}		

(2) 浸镍预镀

浸镍预镀是浸镍和电镀镍同时进行的过程。目前该工艺已大量用于生产。实践证明,这种工艺所用电解液性能稳定、维护方便,是酸性镀铜预镀的良好工艺,尤其适用于铁管状零件,因为浸镍预镀能像化学镀镍一样,内壁也镀上了镍。该工艺所用电解液组成与工艺条件为

氯化镍	320~380 g/L	阳极	镍板
硼酸	30~40 g/L	时间	3~5 min
pH	1.5~3.5	电流密度	0.1~0.4 A/dm^2

5.2.3 氰化物镀铜

1.典型配方

氰化物镀铜电解液的组成及工艺条件如表5.16所示。

表5.16 氰化物镀铜电解液的组成及工艺条件

组成及工艺	预镀铜	一般镀铜和防渗碳镀铜	一般镀铜和滚镀铜	周期换向光亮镀
ρ(氰化亚铜)/(g·L^{-1})	8~35	30~50	35~45	50~58
ρ(氰化钠)/(g·L^{-1})	12~54	40~65	50~72	67~80
ρ(酒石酸钾钠)/(g·L^{-1})		30~60	30~40	20~25
ρ(硫氰酸钾)/(g·L^{-1})			18~20	10~15
ρ(氢氧化钠)/(g·L^{-1})	2~10	10~20	8~12	12~15
ρ(碳酸钠)/(g·L^{-1})		20~30	20~30	
ρ(硫酸锰)/(g·L^{-1})				0.05~0.08
温度/℃	18~50	50~60	50~65	55~58
电流密度/(A·dm^{-2})	0.2~2	1~3	0.5~2	1.5~2
周期换向 $t_K:t_A$				25:5
阴极移动	不用	用或不用	用或不用	4~5 m/min

2.金属离子在镀液中的存在形式

氰化镀铜电解液中使用的铜盐是一价的,例如 CuCN,当 CuCN 溶解在碱性氰化物溶液中时,可形成以下各种铜氰配离子

$$CuCN + NaCN \longrightarrow Na^+ + [Cu(CN)_2]^-$$

$$CuCN + 2NaCN \longrightarrow 2Na^+ + (CuCN)_3]^{2-}$$

$$CuCN + 3NaCN \longrightarrow 3Na^+ + [Cu(CN)_4]^{3-}$$

这些铜氰配离子在水溶液中稳定性较好,它们的不稳定常数($K_{不稳}$)分别为

$$[Cu(CN)_2]^- \rightleftharpoons Cu^+ + 2CN^- \qquad K_{不稳} = 1.0 \times 10^{-24}$$

$$[Cu(CN)_3]^{2-} \rightleftharpoons Cu^+ + 3CN^- \qquad K_{不稳} = 2.6 \times 10^{-28}$$

$$[Cu(CN)_4]^{3-} \rightleftharpoons Cu^+ + 4CN^- \qquad K_{不稳} = 5.0 \times 10^{-32}$$

可见,$[Cu(CN)_2]^-$、$[Cu(CN)_3]^{2-}$、$[Cu(CN)_4]^{3-}$在溶液中电离出简单铜离子$[Cu^+]$的浓度是极低的,几乎可以忽略不计,在溶液中铜主要以铜氰配离子形式存在。由于游离 NaCN 含量不同,各种配离子浓度也不相同,其中最稳定的形式是$[(CuCN)_4]^{3-}$。在一般情况下,电解液中的$[Cu(CN)_4]^{3-}$和$[Cu(CN)_2]^-$含量很低,而$[Cu(CN)_3]^{2-}$的含量较高,即电解液中铜氰配离子的主要存在形式是$[Cu(CN)_3]^{2-}$。

3. 电极反应

氰化镀铜时的阴极过程主要是

$$[Cu(CN)_3]^{2-} + e^- \longrightarrow Cu + 3CN^-$$

此外,尚存在析氢反应

$$2H_2O + 2e^- \longrightarrow H_2 + 2OH^-$$

铜氰配离子有较强的吸附能力,它能被吸附在阴极表面上,在双电层强电场的作用下配离子发生变形,配离子的正端向着阴极,负端向着电解液内部。然后,配离子直接在阴极表面放电,成为阴极表面上的吸附原子,再转移到晶格位置上去。由于配离子具有较高的稳定性,能量低,所以放电时需要较大的能量,因此氰化镀铜时有较大的阴极极化作用。

阳极过程是铜的阳极溶解,即

$$Cu + 3CN^- - e^- \longrightarrow [Cu(CN)_3]^{2-}$$

当电解液中游离氰化钠含量偏低且阳极电势较正时,铜阳极会发生钝化,并析出氧,反应为

$$4OH^- - 4e^- \longrightarrow 2H_2O + O_2 \uparrow$$

4. 氰化物镀液中各成分及工艺的影响

(1) 氰化亚铜

氰化亚铜是电解液中的主盐,它与 NaCN 形成铜氰配离子。铜在含铜氰配离子的溶液中有较负的平衡电势,因此钢铁件、锌合金件浸入氰化镀铜溶液时,没有置换铜产生,可以直接镀铜并能获得良好结合力的镀层。铜在铜氰配合物电解液中是一价的,它的电化当量比其他镀铜液大 1 倍,因此沉积相同厚度的铜层消耗的电量减少一半。

当电解液中的游离氰化钠含量和温度不变时,降低电解液中的铜含量,可以获得细致的镀层,并能提高电解液的分散能力和覆盖能力,但阴极电流效率和电流密度上限将会降低。所以预镀铜时,一般采用低浓度的铜盐;快速镀铜时,常采用高浓度的铜盐。

(2) 游离氰化钠

游离氰化钠是指未与氰化亚铜配合而以游离状态存在的氰化钠。游离氰化钠含量是控制氰化镀铜的一个重要因素。提高游离氰化钠的含量,可以促进阳极溶解,提高阳极电流效率;增大阴极极化,使镀层结晶细致,并能提高电解液的分散能力和覆盖能力。但是,游离氰化钠含量过高时,将会导致阴极电流效率下降,甚至得不到镀层。在实际生产中,一般控制

铜与游离氰化钠之间的摩尔比为:

① 在一般底镀层或预镀用的电解液中

$$Cu:游离\ NaCN = 1:(0.5 \sim 0.8)$$

② 在含有酒石酸盐或硫氰酸盐的电解液中

$$Cu:游离\ NaCN = 1:(0.3 \sim 0.4)$$

③ 在周期换向的电解液中

$$Cu:游离\ NaCN = 1:(0.25 \sim 0.3)$$

在实际生产过程中,可以从阴极和阳极上的现象粗略地判断电解液中游离氰化钠是否正常。诸如:阴极上的气泡较少、阳极上的气泡较多;阳极区电解液呈浅蓝色;阳极表面上有浅青色薄膜;电流不变时工作电压升高;严重时阳极区有氨味等。这些现象均表明电解液中游离氰化钠的含量偏低,应及时分析并补加氰化钠。相反,若阴极上气泡较多,阳极上观察不出气泡;阳极板显现出光亮的金属铜晶体;虽然阴极电流密度较大而沉积速度却很慢。这些现象可能是电解液中的游离氰化钠含量过高之故。这时应适当减少阳极面积或补充适量的 CuCN,以使游离 NaCN 的含量保持在适当的范围内。

(3) 酒石酸盐和硫氰酸盐

加入酒石酸盐和硫氰酸盐可降低阳极极化,促进阳极溶解。在不含酒石酸盐和硫氰酸盐的氰化物镀铜电解液中,当游离氰化物偏低时,会造成阳极钝化,在阳极表面上生成二价铜离子和难溶于水的氢氧化铜浅青色薄膜,若在这样的电解液中加入酒石酸盐或硫氰酸盐,由于它们都能与 Cu^{2+} 离子配位,使阳极表面难以生成氢氧化铜薄膜,从而改善了阳极溶解性能。

另外,在加厚镀铜或快速镀铜电解液中,为了提高阴极电流效率,加快沉积速度,必须适当降低游离氰化钠的含量。此时,为了防止阳极钝化,可加入适量的酒石酸盐和硫氰酸盐。

(4) 硫酸锰

硫酸锰是氰化镀铜溶液的光亮剂,与酒石酸盐和硫氰酸盐联合使用,光亮作用明显。

(5) 氢氧化钠

它的主要作用是提高溶液电导,改善镀层质量。此外,电解液中还有碳酸钠,它是氰化钠和氢氧化钠与空气中二氧化碳作用的产物。含一定量的碳酸盐可以提高电解液的电导,但含量不宜过多,因产生碳酸钠会降低电解液中 NaOH 的含量

$$2NaOH + CO_2 \longrightarrow Na_2CO_3 + H_2O$$

在氰化镀铜电解液中,氰化物的稳定性较差,这主要因为:

① 在空气中二氧化碳的作用下易分解。

$$2NaCN + H_2O + CO_2 \Longrightarrow Na_2CO_3 + 2HCN$$

② 因电解液加热而分解,生成各种化合物如氨、甲酸钠等。

$$NaCN + 2H_2O \Longrightarrow NaCOOH + NH_3$$

③ 因其阳极氧化而分解,分解速度与阳极上氧的生成量成正比。

$$4NaCN + 4H_2O + O_2 \longrightarrow 2Na_2CO_3 + 2NH_3 + 2HCN$$

$$2NaOH + 2NaCN + 2H_2O + O_2 \longrightarrow 2Na_2CO_3 + 2NH_3$$

以上原因使电解液中氰化钠游离量减少。

5.2.4　焦磷酸盐镀铜

1.典型配方

焦磷酸盐镀铜电解液的组成及工艺条件如表 5.17 所示。

表 5.17　焦磷酸盐镀铜电解液的组成及工艺条件

组成及工艺	普通镀铜液	光亮镀铜液	滚　　镀
ρ(焦磷酸铜)/$(g \cdot L^{-1})$	60 ~ 70	70 ~ 100	50 ~ 60
ρ(焦磷酸钾)/$(g \cdot L^{-1})$	280 ~ 320	300 ~ 400	300 ~ 350
ρ(柠檬酸铵)/$(g \cdot L^{-1})$	20 ~ 25	10 ~ 15	
ρ(氨三乙酸)/$(g \cdot L^{-1})$			20 ~ 30
φ(氨水)/$(ml \cdot L^{-1})$			2 ~ 3
ρ(二氧化硒)/$(g \cdot L^{-1})$		0.008 ~ 0.02	0.008 ~ 0.02
ρ(2 – 巯基苯骈噻唑)/$(g \cdot L^{-1})$		0.002 ~ 0.004	
ρ(2 – 巯基苯骈咪唑)/$(g \cdot L^{-1})$		0.002 ~ 0.004	
pH	8.2 ~ 8.8	8.0 ~ 8.8	8.4 ~ 8.8
温度/℃	30 ~ 50	30 ~ 50	30 ~ 40
电流密度/$(A \cdot dm^{-2})$	0.8 ~ 1.5	1.5 ~ 3.0	0.5 ~ 1.0
阴极移动/$(次 \cdot min^{-1})$	25 ~ 30	25 ~ 30	
阴阳极面积比	1:2	1:2	

2.电极反应

阴极反应为

$$[Cu(P_2O_7)_2]^{6-} + 2e^- \longrightarrow Cu + 2P_2O_7^{4-}$$

阳极反应为

$$Cu - 2e^- + 2P_2O_7^{4-} \longrightarrow [Cu(P_2O_7)_2]^{6-}$$

当阳极钝化时,有氧气析出,即

$$4OH^- - 4e^- \longrightarrow 2H_2O + O_2$$

3.焦磷酸盐镀液中各成分及工艺的影响

(1) 焦磷酸铜

焦磷酸铜是供给铜离子的主盐。其含量对电解液性能有较大的影响,它主要影响电解液的阴极极化作用和工作电流密度范围。普通电解液中铜含量以 20 ~ 25 g/L 为宜,光亮镀铜电解液铜含量略高,约为 25 ~ 35 g/L。如果铜含量过低,不但镀层的光亮度和整平性差,而且使用的电流密度范围变窄;若铜含量过高,极化作用降低,镀层粗糙。在此情况下若要获得良好镀层须相应提高焦磷酸钾含量,这会使电解液的粘度增加,导电能力降低,而且受到焦磷酸钾溶解度的限制。

（2）焦磷酸钾

焦磷酸钾是 Cu^{2+} 的配位剂，与 Cu^{2+} 生成 $[Cu(P_2O_7)_2]^{6-}$，其反应为

$$Cu^{2+} + 2P_2O_7^{4-} \Longrightarrow [Cu(P_2O_7)]^{6-}$$

当电解液的 pH 为 7 ~ 10 时，$[Cu(P_2O_7)_2]^{6-}$ 的不稳定常数（$K_{不稳}$）为 1.0×10^{-9}。

焦磷酸根含量与铜离子含量之比（$P_2O_7^{4-}/Cu^{2+}$）称为 P 值，P 值对电解液性能有很大影响。为了使配合物稳定，提高阴极极化，电解液中必须有游离的焦磷酸钾存在。游离焦磷酸钾存在不但能使配合物稳定，防止产生沉淀，而且能提高电解液的分散能力，改善阳极溶解性能，提高镀层质量。P 值增加，游离的 $P_2O_7^{4-}$ 多，阴极极化作用随之增大，电解液的分散能力也有所提高，但 P 值过高电流效率下降（图 5.14），生产中一般控制 P 值为 7 ~ 8。P 值越低时，阳极溶解性能越差，镀层结晶粗糙，分散能力不好，因此滚镀时，P 值可适当提高。

（3）柠檬酸铵

柠檬酸铵是辅助配位剂，它不仅能改善电解液的分散能力和阳极溶解性能，还可以增强镀液的缓冲作用，用量以 10 ~ 20 g/L 为宜。含量低于下限，达不到应有效果；高于上限对镀层又无其他好处，而且在光亮镀电解液中，还会引起镀层发雾。作为辅助配位剂，除柠檬酸外，也可采用氨三乙酸和酒石酸盐。

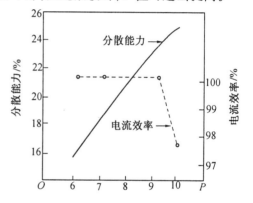

图 5.14　P 值对分散能力和电流效率的影响

在焦磷酸盐镀铜液中，常加入铵离子以改善镀层外观。可以氢氧化铵、柠檬酸铵等形式加入，当铵离子含量过低时，镀层粗糙，色泽变暗；浓度过高，镀层呈暗红色。铵离子含量以 1 ~ 3 g/L 为宜。

（4）光亮剂

研究表明，含有巯基（—SH）的化合物，对焦磷酸盐镀铜有一定的光亮作用，其中效果较好的是 2 - 巯基苯骈咪唑（俗称麻风宁或 MB 防老剂），它不但能使镀层光亮，还具有一定的整平作用，并能提高工作电流密度，用量为 0.001 ~ 0.005 g/L。2 - 巯基苯骈噻唑（又称 M 促进剂）和 2 - 巯基苯骈咪唑结构类似，来源广泛，但效果稍差。

为了获得更好的光亮度和降低镀层内应力，需要加入二氧化硒（SeO_2）或亚硒酸盐作为辅助光亮剂，其含量为 0.008 ~ 0.02 g/L。

（5）pH

在焦磷酸盐镀铜电解液中，pH 值对镀层质量和电解液的稳定性均有直接影响。当 pH 过低时，零件的深凹处发暗，镀层易产生毛刺，电解液中的焦磷酸钾易水解成正磷酸盐。如 pH 过高，允许使用的电流密度降低，镀层的光亮范围缩小，色泽暗红，结晶粗糙疏松，电解液的分散能力和电流效率均下降（图 5.15）。因此，严格地控制 pH 值是十分重要的。一般控制在 8.0 ~ 8.8。当 pH 值低时，用氢氧化钾溶液调整。如溶液中同时缺少铵离子，可用氨水调整 pH

值。降低 pH 值,可采用焦磷酸、柠檬酸调整。

（6）温度

焦磷酸盐镀铜电解液的温度直接影响工作电流密度的使用范围,一般情况下,提高温度可增大电流密度,但是温度不宜过高或过低,温度过高,会使氨的挥发增加;温度太低（低于 35℃）,镀层易"烧焦"。因此,温度控制在 40～45℃为好,此时相对应的电流密度为 0.1～1.2 A/dm²。

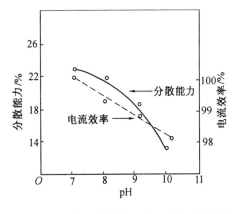

图 5.15　pH 值对分散能力和电流效率的影响

（7）电源

要获得良好的铜层,电镀的电流波形是值得注意的问题,这是焦磷酸盐镀铜与其他普通镀液差别较大的一个方面。试验和生产实践表明,采用不同的电源设备获得不同的电流波形,如直流发电机及其间歇电流、整流器的单相半波、单相全波、三相半波、三相全波等各类波形,所得的镀层差异较大,其中以整流器单相全波较好。采用周期换向电流也可获得良好的效果。

（8）搅拌

搅拌溶液可降低浓差极化,增大工作电流密度。如配合使用连续过滤装置,采用压缩空气搅拌效果最佳。如单纯使用压缩空气搅拌,由于压缩空气对溶液翻动较大,使槽底沉渣翻起附着在镀层表面会形成毛刺,反而影响了它的使用效果,目前生产中常用阴极移动,在光亮镀铜中,可采用 25～30 次/min 的移动速度（行程 100 mm）。

（9）阳极

焦磷酸盐镀铜所用阳极多采用电解铜,特别是采用经压延加工后的电解铜作阳极效果更好。焦磷酸盐镀铜时,阴阳极面积之比一般是 1:2,阳极电流密度不能过大,大于 1 A/dm² 时,阳极上将生成浅棕色的薄膜。此外,阳极是否正常溶解与电解液成分有关,当焦磷酸钾、柠檬酸盐、酒石酸盐不足时,阳极会钝化。

电镀过程中,铜阳极表面也会产生一定量的"铜粉"（氧化亚铜）,其形成原因为阳极的不完全氧化

$$Cu - e^- \longrightarrow Cu^+ \qquad 2Cu^+ + 2OH^- \longrightarrow 2CuOH \longrightarrow Cu_2O \downarrow + H_2O$$

铜阳极与溶液中二价铜离子反应

$$Cu + Cu^{2+} \longrightarrow 2Cu^+$$

$$2Cu^+ + 2OH^- \longrightarrow 2CuOH \longrightarrow Cu_2O \downarrow + H_2O$$

二价铜被铁还原

$$2Cu^{2+} + Fe \longrightarrow 2Cu^+ + Fe^{2+}$$

$$2Cu^+ + 2OH^- \longrightarrow 2CuOH \longrightarrow Cu_2O \downarrow + H_2O$$

"铜粉"附着在镀件上会形成毛刺,为防止产生毛刺,须加阳极护框。电解液中的"铜粉"可用双氧水氧化成 Cu^{2+},再与焦磷酸配位。

$$2Cu^+ + H_2O_2 + 2H^+ \longrightarrow 2Cu^{2+} + 2H_2O$$

$$Cu^{2+} + 2P_2O_7^{4-} \longrightarrow [Cu(P_2O_7)_2]^{6-}$$

5.2.5　无氰镀铜

我国无氰电镀铜工艺研究取得了丰硕成果。已投产使用的有哈尔滨工业大学研究并获国家发明奖的柠檬酸－酒石酸盐镀铜和南京大学为主研究的羟基乙叉二膦酸盐（HEDP）直接无氰镀铜工艺,经投产试验表明,这两种电解液稳定,分散能力和覆盖能力好,镀层与基体结合牢固。下面简介上述两种电解液。

1.柠檬酸－酒石酸盐镀铜(一步法无氰镀铜)

① 溶液组成及工艺条件。

碱式碳酸铜	$55 \sim 60$ g/L
酒石酸钾钠	$30 \sim 55$ g/L
柠檬酸	$250 \sim 280$ g/L
碳酸氢钠	$10 \sim 15$ g/L
二氧化硒	$0.008 \sim 0.02$ g/L
防霉剂	$0.1 \sim 0.5$ g/L
pH	$8.5 \sim 10.0$
温度	$30 \sim 40℃$
电流密度	$0.5 \sim 2.5$ A·dm^{-2}
阴极移动	$25 \sim 30$ 次·min^{-1}
阴阳极面积比	$1:(1.5 \sim 2)$

② 溶液各组分作用及工艺条件的影响。碱式碳酸铜是主盐,提供铜离子。碱式碳酸铜 $[(Cu(OH)_2 \cdot CuCO_3 \cdot nH_2O]$ 含铜质量分数为 $52\% \sim 56\%$。可用硫酸铜溶液和碳酸钠溶液制备

$$CuSO_4 + Na_2CO_3 + 2H_2O = Cu_2(OH)_2CO_3 + 2NaHSO_4$$

沉淀用水洗涤数次,以除去 SO_4^{2-}。

柠檬酸是含有三个羧基和一个羟基的有机酸,无毒可食用,分子式为 $C_6H_8O_7$,结构式如下所示,可简写成 H_3Cit。柠檬酸是铜离子的主配位剂

$$
\begin{array}{c}
H_2-C-COOH \\
| \\
HO-C-COOH \\
| \\
H_2-C-COOH
\end{array}
$$

它与溶液中铜离子的配合反应为

$$2Cit^{3-} + Cu^{2+} + 2OH^- \rightleftharpoons [Cu(OH)_2(Cit)_2]^{6-}$$

在碱性溶液中形成的混合配体配合物 $[Cu(OH)_2(Cit)_2]^{6-}$ 是比较稳定的,其 $K_{不稳} = 1.7 \times 10^{-19}$,因此它在阴极放电时有较大的阴极极化作用。

柠檬酸含量过低,阴极极化降低;含量过高,电解液粘度增加,影响电解液的导电能力。

一般 Cit^{3-}/Cu^{2+} 控制在 8~9 为宜。

酒石酸钾钠是含有二个羧基和二个羟基的有机盐。作为辅助配位剂,它与电解液中的铜离子配合反应如下。

酒石酸配合物 $\qquad -OOCCHOHCHOHCOO-(Tart^{2-})$

$$Tart^{2-}+Cu^{2+}+2OH^{-}\Longleftrightarrow[Cu(OH)_2(Tart)]^{2-}$$

配离子 $[Cu(OH)_2(Tart)]^{2-}$ 的不稳定常数 $K_{不稳}=7.3\times10^{-20}$,它较铜离子与柠檬酸根所形成的配离子更稳定,有利于提高阴极极化和镀层的结合力,使电解液更稳定。

实验结果表明,加入酒石酸钾钠后,使获得光亮镀层的电流密度范围增大,和二氧化硒配合使用能获得光亮镀层。电解液中加入酒石酸钾钠还有利于阳极溶解,但酒石酸钾钠含量过高,会增加镀层硬度。

碳酸氢钠为缓冲剂。

二氧化硒为无机光亮剂,加入微量的二氧化硒,就能使镀层光亮。

pH 值直接影响柠檬酸和酒石酸盐对铜的配合能力。pH 值升高,配合能力提高,阴极极化增加,镀层的结合力相应提高;但当 pH>10 时,光亮区范围缩小,易烧焦,阳极区易生成 CuOH 沉淀,进而转成 Cu_2O,所以 pH 值不宜超过 10,最佳 pH 为 9.0 ± 0.5。

随着温度的升高,电解液导电能力增加,浓差极化降低,因此光亮区范围扩大。但温度不宜过高,温度升高会使阴极极化降低,结合力降低,最佳温度范围为 30~40℃。

③ 电解液的配制。电解液性能的好坏与配制方法有关系,一步法无氰镀铜电解液的配制步骤如下:

首先用电解液体积 1/2 的蒸馏水将柠檬酸溶解,并加入氢氧化钾将 pH 值调到 3~4 左右。然后将碱式碳酸铜用水调成糊状,并在不断搅拌下慢慢加入槽内,此时有大量 CO_2 气体逸出,严防溶液溢出。在不断搅拌下加入氢氧化钾溶液,将 pH 调到 9.0 左右,再加入活性炭 1~3 g/L,搅拌均匀,静置 24 h 过滤。用水分别溶解酒石酸钾钠、碳酸氢钠和光亮剂,加入槽内,最后用水稀释至所需体积,调整 pH 值至 9.0 ± 0.5,即可试镀。调整 pH 用柠檬酸和氢氧化钾溶液。

2. 羟基乙叉二膦酸盐镀铜(简称 HEDP 镀铜)

电解液组成及工艺条件为

铜	8~12 g/L
HEDP(100%)	80~130 g/L
碳酸钾	40~60 g/L
酒石酸钾	10 g/L
过氧化氢	2~4 ml/L
pH	9~10
温度	30~50℃
电流密度	1 A/dm²
阴阳极面积比	1:1
阳极	电解铜板

搅拌方式   机械搅拌,压缩空气

HEDP——羟基乙叉二膦酸,其结构式为

$$\begin{array}{ccccc} HO & O & OH\,H & O & OH \\ & \| & \| & \| \\ & P & -C- & P \\ & | & | & | \\ HO & & CH_3 & & OH \end{array}$$

它是铜离子的配位剂。其含量取决于电解液中铜含量,应控制[HEDP]/[Cu^{2+}](摩尔比)比值。当比值大时,镀层结合力较好,镀层结晶细致,电解液分散能力好,阳极溶解正常。但比值太大时,阴极电流效率下降,沉积速度降低。反之,当比值太小时,不但阴极上有绿色铜盐析出,而且结合力下降。实验表明,控制[HEDP]/[Cu^{2+}](摩尔比)比值在 3～4,能镀得外观细致、光亮、结合力好的镀层。配方中,碳酸钾作为导电盐,酒石酸钾作为辅助配位剂,过氧化氢用以氧化 HEDP 中存在的少量还原性杂质(如亚磷酸根),其用量视 HEDP 的质量而定。一般过氧化氢用量在 2～4 ml/L 为宜。

5.3 镀 镍

5.3.1 概述

1.镀镍层性质及用途

镍具有银白色(略呈黄色)金属光泽,密度为 8.9,相对原子质量为 58.71,标准电极电势为 −0.25 V。镍具有很强的钝化能力,在空气中能迅速地形成一层极薄的钝化膜,使其保持经久不变的光泽。常温下,镍能很好地防止大气、水、碱液的浸蚀。在碱、盐和有机酸中很稳定,在硫酸和盐酸中溶解的很慢,易溶于稀硝酸。

由于镍的硬度较高(HV240～500),所以镍层可以提高制品表面硬度,并使其具有较好的耐磨性。在印刷工业中,常用镍来提高铅板表面的硬度。

由于镍的电势比铁正,所以对铁而言,镍镀层为阴极镀层,因此,只有当镀层完整无缺时,镍层才能对铁基体起到机械保护作用。然而,一般镍镀层是多孔的,所以除某些医疗器械外,镍常常与其他金属镀层组成多层体系来降低镀层的孔隙率,镍作为底层或中间层。如 Ni – Cu – Ni – Cr、Cu – Ni – Cr 或多层镍,用以提高镀层抗腐蚀性能,有时也用镀镍层作碱性介质的保护层。

镍是铁族元素,属于电化学极化较大的元素,当电解时能产生较大的极化作用,即使在很小的电流密度下,也会产生显著的极化作用。因此,镀镍与镀锌、铜等不同,它不需要特殊的配位剂和添加剂。因为电沉积镍时有较大的极化作用,所以在强酸性介质中,根本不可能把它沉积出来,只能使用弱酸性电解液。

镀镍层不仅仅用于装饰镀层,还广泛地用于功能性镀层,例如,耐腐蚀、耐磨、耐热镀层以及模具的制造等方面。特别是近年来在连续铸造结晶器、电子元件表面的压印模具、合金的压铸模具、形状复杂的宇航发动机部件、微型电子元件的制造等方面的用途越来越广泛。

2. 镀镍液体系、用途、操作规范及其对镀层性能的影响

镀镍液体系、用途及操作规范如表 5.18 所示。

表 5.18　镀镍液体系及操作规范

组成及工艺	氯化铵型	瓦特型	氨磺酸型	氯化物型	闪镀镍型	醋酸镍型
ρ(硫酸镍)/(g·L^{-1})	150	240				300
ρ(氯化镍)/(g·L^{-1})	15	45		240	400	10 ~ 30
ρ(氨基磺酸镍)/(g·L^{-1})			10			
ρ(溴化镍)/(g·L^{-1})						
ρ(醋酸镍)/(g·L^{-1})						15 ~ 30
ρ(硼酸)/(g·L^{-1})		35	30			0 ~ 30
φ(盐酸)/(ml·L^{-1})				125	35	
ρ(氯化铵)/(g·L^{-1})	15					
ρ(添加剂)/(g·L^{-1})	无	适量	防针孔剂	无		适量
pH	5.8 ~ 6.2	3.8 ~ 4.5	3.8 ~ 4.2	1.5 以下	1.0 ~ 2.0	4.0 ~ 5.0
温度/℃	室温	40 ~ 65	40 ~ 70	常温	60 ~ 70	40 ~ 60
电流密度/(A·dm^{-2})	0.3 ~ 0.5	2 ~ 10	2 ~ 15	5 ~ 10	1.5 ~ 3.5	2 ~ 8
搅拌	不需要	空气搅拌	机械搅拌 空气搅拌	不需要	空气搅拌	空气搅拌

其中,氯化铵型镀镍液的操作电流密度低,仅适合滚镀镍用。瓦特型镀液由于添加剂的不同,可以得到各种功能的镀液,例如,暗镍、半光亮镍、光亮镍等,是目前应用最为广泛的一种镀镍液。氨磺酸型镀液由于内应力低,可以得到很厚的镀层,因此多用来进行电铸镍。

3. 镀液种类及电镀规范对镀层性能的影响

影响镀层机械性能的因素包括镀液的种类、组分的浓度、阴极电流密度、温度、pH 值等多种因素。由于篇幅所限,这里仅对一些因素的影响趋势进行介绍。

(1) 内应力

在不同的镀液中得到的镀层内应力不同,镀液种类、电流密度与镀层内应力的关系如图 5.16 所示。

由图 5.16 可知,镀液中的阴离子酸根对镀层的

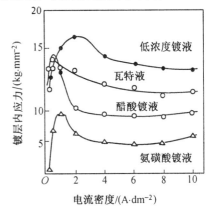

图 5.16　镀液种类、电流密度与镀层内应力的关系

内应力影响显著,对内应力影响程度为 $HN_2SO_3^- < SO_4^{2-} < Cl^-$。特别是,镀液中的氯离子浓度的增加,显著地影响镀层的内应力。如图 5.17 所示。

对于电铸所用的镀液,必须有很小的内应力,因此选用氨磺酸镀液比较恰当,而且为了进一步减少内应力,可以用溴化镍将镀液中的氯化镍取代。添加氯离子的目的是防止电镀用镍阳极的钝化,现在已经开发出了电化学溶解性能很好的含硫阳极。还可以通过向镀液中添加含硫化合物的方法来降低镀层的内应力,图 5.18 给出了添加糖精以及萘酚磺酸钠对镀层内应力的影响。

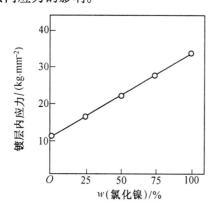

图 5.17　氯离子浓度对镀层内应力的影响(瓦特镀液,55℃,5 A/dm²)

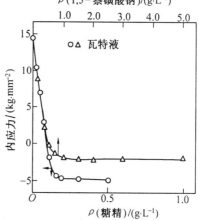

图 5.18　糖精及 1,5－萘酚磺酸钠对镀层内应力的影响

(2) 镀层的延伸率与抗拉强度

镀液的种类与阴极电流密度对镀层的延伸率与抗拉强度的影响如图 5.19 所示。从瓦特镀液中得到的镀层的延伸率最大,但是镀层的抗拉强度却很低。而在氨磺酸镀液中得到的镀层在电流密度变化的很大的范围内,无论是延伸率也好,还是抗拉强度也好,都不发生显著变化。但是当镀液中加入其他添加剂时,延伸率及抗拉强度要发生相应的变化。

(3) 硬度

在不同镀液中得到的镀层的硬度不同,如表 5.19 所示。尽管由于镀层的硬度因镀液组成、电镀条件、添加剂的不同而不同,但从总的趋势上看,暗镍层的硬度在 HV200 左右,而光亮镍层的硬度在 HV500 左右。

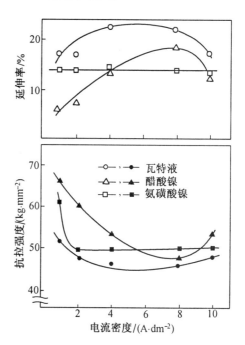

图 5.19　镀液的种类与阴极电流密度对镀层的延伸率与抗拉强度的影响

表 5.19　不同镀液中得到的镀层的硬度

镀液种类	pH	电流密度/(A·dm^{-2})	镀液温度/℃	硬度(HV)
醋酸镀镍液	4.5	5	50	335
氯化物镀液	1.5~5.8	2.5~21.6	30~70	181~360
氟硼酸镀液	1.0~4.0	3~15	30~70	125~300
氨磺酸镀液	9.5	0.1~6	20~80	240~600
硫酸镀镍液	3.5~4.5	2.2~30	49~57	140~650
瓦特镍(低浓度)	1.2~5.8	2.5~5.4	30~70	160~450
瓦特镍(中浓度)	3.0	5	55	170
瓦特镍(高浓度)	1.4~4.8	2.7~10.8	45~70	130~560
瓦特+硫酸钴	3.7~5	2~7	40~65	202~509
瓦特+有机添加剂	3~5	2~5	45~55	330~560

5.3.2　普通镀镍(镀暗镍)

　　根据不同的使用要求,以瓦特镍为基础,可以获得多种镍镀层。如暗镍、半光亮镍和光亮镍等。其中镀暗镍工艺是最基本的工艺,其他的镀镍工艺都是在镀暗镍的基础上发展起来的。因此本节以镀暗镍为例,揭示镀镍工艺的原理及特点。

1.镀镍电解液组成及工艺条件

　　普通镀镍电解液的组成及工艺条件列于表 5.20 中。

表 5.20　普通镀镍电解液的组成及工艺条件

配　方 组成及工艺	1	2	3
ρ(硫酸镍)/(g·L^{-1})	120~150	250~300	280~300
ρ(氯化镍)/(g·L^{-1})			40~60
ρ(氯化钠)/(g·L^{-1})	8~10	7~9	
ρ(硼酸)/(g·L^{-1})	30~40	35~40	35~40
ρ(硫酸钠)/(g·L^{-1})		80~100	
ρ(硫酸镁)/(g·L^{-1})		50~60	
ρ(十二烷基硫酸钠)/(g·L^{-1})	0.05~1.0		
pH	5.0~5.2	4.0~4.5	4.0~4.2
温度/℃	25~35	35~40	50~60
j_k/(A·dm^{-2})	0.8~1.5	0.8~1.0	1.0~2.5

　　注:1 用于预镀镍;3 用于快速镀镍。

2. 镀镍电解液各成分的作用及工艺条件的影响

（1）电解液各成分的作用

① 硫酸镍。硫酸镍是镀镍电解液的主盐。镀镍电解液的主盐可以采用硫酸镍和氯化镍,其中硫酸镍应用较广泛,因为硫酸镍的溶解度大、纯度高、价格低廉。使用氯化镍作主盐配制的电解液分散能力和导电性均优于硫酸镍,但氯离子含量过高,会使镀层内应力变大,并加剧了厂房及设备的腐蚀。

镍盐的含量可在较大范围内变化,一般控制在 100 ~ 350 g/L。当镍盐含量低时,电解液的分散能力好,镀层结晶细致,易于抛光,但沉积速度慢,阴极电流效率低;当镍盐含量高时,允许使用的电流密度高,沉积速度快,适用于快速镀镍;当镍盐含量过高时,阴极极化降低,分散能力变差,同时电解液的带出损失较大。

② 氯化镍或氯化钠。这些化合物中的氯离子为阳极活化剂,在镀镍电解液中,若不加氯离子或氯离子含量不足时,阳极容易钝化。阳极钝化对电镀生产是极为不利的,加入或适当补充氯化镍或氯化钠,可以消除阳极钝化。除 Cl^- 之外,I^-、Br^- 也可作为阳极活化剂,由于氯化钠货源充足,价格便宜,所以使用的较多。在快速镀镍溶液中,为了减少钠离子的影响,通常采用氯化镍作为阳极活化剂。

③ 硼酸。每种电解液在一定条件下的 pH 值,只有维持在一定的范围内,才能使电镀过程顺利进行。硼酸就是起稳定 pH 作用的成分——缓冲剂。在电镀过程中电解液中 H^+ 放电,会使电解液的酸度下降,此时,硼酸水解,以保证 pH 值维持在工艺范围内。

$$H_3BO_3 + H_2O \rightleftharpoons H^+ + B(OH)_4^-$$

当硼酸含量小于 15 g/L 时,它的缓冲作用甚微,含量达到 30 g/L 以上时,其缓冲作用才比较显著。因此,在一般的镀镍电解液中,硼酸含量通常维持在 30 ~ 40 g/L。

④ 硫酸钠和硫酸镁。硫酸钠和硫酸镁是导电盐,在硫酸盐低氯化物电解液中,由于硫酸镍的电导率较低,因而电解液的导电性能较差,也使电解液的分散能力变差,电压升高,允许使用的电流密度降低,为此在电解液中加入硫酸钠和硫酸镁,以改善电解液的电导,在现代快速镀镍溶液中,一般不用硫酸盐作导电盐,而是通过提高电解液中氯化镍含量来增加电解液的电导。

⑤ 十二烷基硫酸钠。十二烷基硫酸钠用做润湿剂(或称针孔防止剂)。镀镍层的针孔比较多,其形成原因是氢气泡在阴极表面滞留而发生屏蔽作用的结果。实际上氢气泡并不是形成针孔的直接原因,其直接原因是气泡滞留在阴极表面跑不掉。加入润湿剂后,电解液对电极表面的润湿性能变好,氢气不易吸附在电极表面上,从而减少或消除了针孔。十二烷基硫酸钠为常用的润湿剂,适宜用量为 0.05 ~ 1.15 g/L。

（2）操作条件的影响

① pH。电解液的 pH 值对电解液性能及镀层外观和机械性能影响较大。电解液的 pH 值很低时(例如 pH < 2),镍不能沉积,在阴极上只能析出氢气。生产中根据不同的 pH 值采用不同的电流密度和温度,见表 5.21。

表 5.21　pH 值对电解液性能和镀层质量的影响

条件及性能	pH 值低的电解液	pH 值高的电解液
pH	3.2 ~ 4	5.2 ~ 5.6
溶液中 Ni^{2+} 的浓度	高	不高
溶液温度/℃	高 45 ~ 60℃	不高 18 ~ 35℃
电流密度(j_k)	范围较宽	不允许使用较高的 j_k
电流效率	低	高
针孔	少	多
硬度	不高、韧性好	高、应力大

由表 5.21 可以看出,不管使用 pH 值高或低的电解液,它的范围均不宽。

② 温度。在温度较高的电解液中获得镍镀层的内应力小,延展性好,故升高温度的目的在于提高盐类的溶解度,增加电解液的电导。因此,可采用镍盐浓度较高的电解液,并可在较高的电流密度下工作,可以强化生产。当电解液温度升高时,阳极极化和阴极极化均有所降低,阳极不易钝化,阴极电流效率也随温度的升高而增加(图 5.20 曲线 1 和 2)。但是,升高温度也会带来一些不利的影响,因为随着温度的升高,盐类水解及氢氧化物沉淀的倾向增大,镀层易出现针孔,电解液的分散能力也有所降低,在生产中,普通镀镍一般采用 18 ~ 35℃;对快速镀镍、镀厚镍以及光亮镀镍一般采用 40 ~ 60℃为宜。

③ 电流密度。镀镍电解液类型很多,在电镀过程中所采用的电流密度与电解液组成、温度和搅拌强度有关。也就是说,电流密度只能根据电解液组成、温度和搅拌情况而定,不能随意选择。电流密度对电流效率的影响比较复杂,它们的变化规律与电解液的pH 值也有关,当 pH 值较高时,电流效率几乎与电流密度无关(图 5.20 曲线 3);当 pH 值低时,电流密度对电渡效率的影响,随着温度不同也不相同,如图 5.20中曲线 1、2。

④ 搅拌。搅拌可以加速传质过程,使反应粒子能迅速到达电极表面,减小浓差极化,加大电流密度。对镀镍过程搅拌更具有特殊作用。首先,可以防止因阴极表面附近液层中镍离子和氢离子的贫乏而引起pH 值的增加。pH 值增加,容易产生氢氧化物沉淀,夹杂在镀层中,使镀层的内应力增加;其次,搅拌电解液

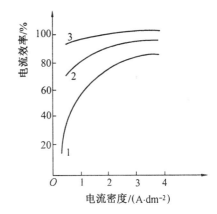

图 5.20　镀镍时电流密度对电流效率的影响

1—pH = 1.9,T = 25℃;2—pH = 1.9,T = 52℃;3—pH = 5.3,T = 25℃

有利于氢气泡从阴极表面逸出,减少镀层的针孔。搅拌方式可采用阴极移动、净化压缩空气搅拌及电解液高速循环等。快速镀镍可采用压缩空气搅拌和连续循环过滤装置。

3.电极反应

(1)阴极反应

镍和其他铁族金属一样,交换电流密度很小。例如,在室温下镍在 1 mol/L 的硫酸镍电解液中的交换电流密度约为 10^{-7} A/cm^2,这就决定了镍离子放电时会产生较大的电化学极

化。所以生产中使用简单盐电解液就能沉积出结晶细致的镍镀层。主要的阴极反应为

$$Ni^{2+} + 2e^- \longrightarrow Ni$$

$$2H^+ + 2e^- \longrightarrow H_2\uparrow$$

（2）阳极反应

镀镍采用可溶性的镍阳极，阳极反应为金属镍的电化学溶解，即

$$Ni - 2e^- \longrightarrow Ni^{2+}$$

由于镍具有强烈的钝化性能，当有电流通过时，镍的钝化倾向表现得更加强烈。当电解液中无活化剂（Cl^-）或活化剂不足时，电流密度达到某一数值之前，能维持阳极的正常溶解，再继续增加电流密度，阳极电势将急剧变正。而且电流不再升高，同时阳极表面生成一层褐色的膜。此时，阳极的正常溶解停止，发生了氧的析出反应，此时阳极钝化了，如图5.21曲线Ⅱ所示。

$$2H_2O - 4e^- \longrightarrow 4H^+ + O_2\uparrow$$

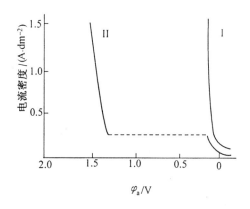

当阳极钝化后，电解液中的镍离子浓度降低，而氢离子浓度增加，导致阴极电流效率下降，并严重影响了镀层质量。目前防止镍阳极钝化的有效方法是加入一定量的氯化物，由于它在一定的浓度范围内能有效地促进镍阳极的正常溶解，对电流效率和镀层质量亦不发生显著影响，如图5.21中曲线Ⅰ。

图 5.21　镀镍电解液的阳极极化曲线
Ⅰ—$c(Cl^-) = 0.5$ mol/L；Ⅱ—$c(Cl^-) = 0$ mol/L

（3）阳极材料

镍阳极溶解的难易，还与阳极材料有关。一般来说，铸造阳极溶解较好，但溶解不均匀，产生的残渣较多。轧制阳极溶解比较均匀，但溶解较难，经 930～1 200 ℃退火处理可改善其溶解性能。使用电解镍板作阳极，纯度较高，溶解性能居中，残渣也较多。为了防止阳极残渣掉入溶液而影响镀层质量，使用时需套阳极袋。

为了克服电解镍阳极溶解过程中存在的问题。国际镍公司对镍阳极的溶解过程作了大量研究工作，目的是为了找到一种能均匀溶解、残渣又少的镍阳极。目前一种具有高电化学活性的含硫电解镍阳极已在工业中应用。它可加工成方块、圆饼状（镍冠）放入钛蓝中使用，还可以加工成不使用钛蓝的镍条状阳极。国际镍公司出售的圆饼状含硫电解镍是光滑似纽扣一样的圆块（直径为 25 mm，厚 6 mm），它在阳极溶解过程中呈圆形且溶解均匀，镍的残渣量很少。实验测定的普通电解镍和圆饼含硫电解镍溶解后的残渣量列于表 5.22。

表 5.22　每 1 000 kg 镍阳极溶解后的残渣总质量和金属残渣质量

镍阳极材料	总残渣/kg	金属镍残渣/kg
普通电解镍	2.7～2.8	1.5－1.6
圆饼状含硫电解镍	1.6	0.08～0.17

圆饼状含硫电解镍阳极在我国上海冶炼厂已研制成功。

5.3.3　光亮镀镍

从电镀槽中直接获得半光亮及光亮镍镀层具有很大的现实意义,可以节省繁重的抛光工序,不仅可以节约大量人力和物力,而且可以改善劳动条件、提高劳动生产率,为连续自动化生产创造了条件。所以,人们对电镀光亮镍层非常重视,并进行了大量研究和生产实践,目前已取得了很大进展。

1. 光亮作用机理相关理论

为了解释镀层的光亮度,曾提出过许多理论,如细晶粒理论、定向理论及吸附理论。这些理论似乎有一定说服力,然而,并不完全令人满意,下面略加叙述。

(1) 吸附理论

吸附理论认为,光亮镀镍添加剂能吸附在阴极表面上形成一层极薄的吸附层,它阻碍了金属离子的放电,因而提高了阴极极化,提高了镀层质量。

吸附作用可以发生在电极表面活性中心,也可以发生在生长着微细晶粒的某些晶面上。吸附在结晶成长点上的添加剂,会阻碍甚至完全抑制晶体的生长,因此,新的结晶便在其他位置产生。如此反复进行,便可获得晶粒细小而光亮的镀层。

吸附理论可以定性解释光亮剂抑制金属放电的原因。通过对双电层微分电容曲线的研究,可以确定各种添加剂吸附与脱附的电位范围,这对添加剂的选择有一定的指导意义,然而,微分电容曲线只表示电极宏观电容量的变化,因此,吸附理论只肯定了添加剂可在电极表面吸附这一普通现象,却无法说明为什么会吸附,分子在电极表面是怎样吸附的,为什么结构不同的添加剂对光亮镀层的形成有不同的影响,以及为什么同一添加剂在不同的电镀条件下有不同的光亮效果。此外,添加剂的光亮作用与电极极化作用之间关系比较复杂。例如,苯胺、苯二胺对镀镍有显著的极化作用,但却没有增光作用,所以说,吸附理论目前还是定性的理论,它并没有真正解决光亮作用的机理,更不能指导添加剂的选择。

(2) 细晶粒理论

光亮镀层的获得是由许多因素决定的,如金属离子本身的性质、配位剂和添加剂的性质及用量、电镀时的工艺条件、金属结晶颗粒的大小等,有人认为光亮镀层的获得与晶粒的细化有关,即要获得光亮镀层,就必须使金属晶粒尺寸减小到不超过可见光谱范围内反射光的波长(约 $0.5~\mu m$)。这样就不存在光的漫反射,入射光如同在镜面上被反射一样,镀层呈光亮状态。但是,细晶粒理论并不能解释所有现象,例如,从氰化镀铜电解液中得到的铜层结晶颗粒非常细致,却是不光亮的。因此,镀层的光亮度和晶粒尺寸之间没有对应的关系。

(3) 定向理论

定向理论认为,在镀层形成时,金属晶体的每一个面都是有规则地取一定方向平行于基体平面,这样才能形成具有镜面光泽的镀层。该理论也不能解释在光亮电镀中产生的所有现象。与细晶粒理论一样,它只考虑了光亮镀层的结构特点,而忽略了更为重要的产生光亮镀层的原因与条件。因此,这些看法不能解释形成光亮镀层的机理,也不能指导添加剂的选择。

1974 年,日本学者马场宣良用量子观点解释光亮电镀的发亮机理,他提出镀层上电子的自由流动是镀层光亮的原因。因为在金属结晶中充满了自由流动的电子,一旦接收光能,自由电子迅速将能量传递到全部结晶中去,并立即把光放出,一点也不吸收,这就是金属显示光亮的原因。因此,可以说光泽本是自由电子的特性。

当金属晶粒变小时,自由电子可以自由流动的范围逐渐缩小,即电子被来自原子或分子的力束缚,使其自由度减小,流动性下降。此时,再接受光能,电子就会把它吸收而不再反射,所以金属粉末并无光泽。金属表面越粗糙,电子的自由流动越困难,光亮性也越差;反之,镜面光滑的表面,就具有很好的金属光泽。

对于镀镍来说,最有效的光亮剂是含硫的化合物。在电镀时,含硫的光亮剂也可同时被还原成硫化物而夹杂到金属晶格中,这种硫化物具有半导体性能,可以一定程度地沟通结晶与结晶之间的电子流,因而提高了镀层的光亮度。

电子自由流动的观点可以说明镀层光亮的原因和金属表面粗糙度对光亮度的影响。但是,它用硫化物的半导体性能来解释光亮剂的作用机理是比较勉强的,因为有些光亮剂并不含硫,即便含硫也不一定被还原成硫化物,此外,含双键或三键的光亮剂的还原产物并无半导体性质。目前研究发现,含有双键、三键的有机化合物具有电子导体的性质,由此可以解释这些物质的光亮剂作用。

总之,光亮镀层的形成与它们电沉积时在其表面上存在的吸附膜有关,还取决于其表面微小凹凸的特性,凹凸差别越小,结晶定向程度越高,镀层光泽性越高。单纯从镀层结构或电子流动的难易说明光亮电镀的机理,为时过早。目前光亮电镀机理还很不成熟,有待进一步研究。

2.镀镍光亮剂

光亮镀镍中的添加剂绝大多数是有机化合物。有机添加剂在电解液中的含量虽然很少,但作用很大。除了可使镀层光亮之外,还在很大程度上决定了镀层的机械和化学性能。光亮镀镍的添加剂,就其作用可分为光亮剂、整平剂、应力消除剂和润湿剂。有的添加剂往往具有多种功能,例如糖精既是光亮剂,又是应力消除剂;香豆素既是整平剂,也是光亮剂。习惯上把镀镍光亮剂分成下面两大类,即第一类(初级)光亮剂与第二类(次级)光亮剂,目前又开始使用第三类光亮剂,称为辅助光亮剂。

(1)第一类光亮剂(初级光亮剂)

属于第一类光亮剂的化合物多数是具有 $\diagdown C$ —SO_2—结构的有机化合物。其通式为 R_1—SO_2—R_2,式中 R_1 为有一个或数个双键的芳香烃(苯、甲苯、萘等),R_2 为—OH、—ONa、—NH_2、– NH、– H 等基团。生产中使用较多的第一类光亮剂如表 5.23 所示。

使用这类光亮剂能显著减小镍镀层的晶粒尺寸,使镀层出现一定程度的光亮性,但不能使镀层全光亮。使用这类光亮剂,一般使镀层产生的压应力能抵消镀层中的拉应力,从而改善镀层的延展性。这类光亮剂对阴极极化影响小于第二类光亮剂。单独使用第一类光亮剂镀镍时,常使高电流密度区光亮,而低电流密度区光亮性较差,当它与第二类光亮剂配合使用时,可以取得更好的效果。

表 5.23　常用的第一类光亮剂(初级光亮剂)

与—C—结合物质	具 体 实 例	说　　　明
芳香族碳水化合物	苯、萘等	属最早使用的光亮剂,目前仍广泛使用
芳香族碳水化合物的衍生物	甲苯、二甲苯、萘胺、苯基萘酚、甲苯胺等衍生物	
与—SO_2—连接的环状化合物及基衍生物	含烯基、烯丙基的化合物	特别适合于高氯化物镀液
—OH	磺酸—$SO_2 \cdot OH$	早期光亮剂
—ONa 　—O＼　　　＼Ni　—O＼	磺化产物—SO_2—O—	
—NH_2	磺酰胺类—SO_2ONH_2	该类物质能减少第二类光亮剂的缺点例,苯甲酸磺酰胺
＼NH＼	磺酰亚胺　—SO_2＼　　　　　　　NH　　　—CO＼	
—H	亚磺酸　—$SO \cdot HO$	防止镀层发黑与剥落
—R	砜　—SO_2—	增强光亮性;降低镀液对有机物的敏感性

(2) 第二类光亮剂(次级光亮剂,发光剂)

第二类光亮剂的主要特点是使用它能获得全光亮镀层。但这时镀层多数是脆性的,而且,获得光亮镀层的电流范围狭小,只有和第一类光亮剂配合使用时,光亮范围才能明显扩大。这种光亮剂能明显地增加阴极极化,光亮镀镍电解液中常使用的光亮剂多数为含有不饱和基团,羰基 ＼C＝O 和炔基 —C≡C— 的有机化合物。常使用的光亮剂有:含有 ＼C＝O基的,如氧杂萘邻酮(俗称香豆素),由于香豆素的化学稳定性较差,使用过程中易分解成难溶于水的邻基苯丙酸,邻基苯丙酸会使镀层延展性降低,光泽性变差。因此,在使用香豆素的电解液中一般都添加甲醛,以抑制香豆素的分解。尽管如此,添加香豆素的镀液仍然较多。

生产中应用较多的是1,4 - 丁炔二醇,它虽然能获得全光亮的镍镀层,但是使用它存在添加量范围窄、允许使用的电流密度范围也窄的缺点,而且镀层延展性不太好。

常用的第二类光亮剂如表5.24所示。

(3) 辅助光亮剂

日本的一些学者认为,镀镍光亮剂除上述两类之外,还应增加辅助光亮剂,如添加烯丙基磺酸钠(CH_2＝$CHCH_2SO_3Na$)。它的主要作用是使光亮整平作用加快,防止或减少针孔的形成,降低次级光亮剂的消耗量。最主要的作用是使用这类光亮剂后,可增加光亮镍层与半光亮镀层层间电位差,从而提高制品的耐腐蚀性能。

表 5.24　第二类光亮剂(次级光亮剂)

官能团	实　　　例	说　　　明
C＝	羰基化合物	易造成裂纹
	酮	控制操作困难
	甲酯	非常有效
	脂肪酸	除甲酸、甲酸盐以外无效
	明胶类的蛋白质	
C＝C	烯烃、碳酸酯	与第一类光亮剂合用有效
	含烯基的醛类	虽有光亮效果,但易引起结合力下降
	带芳香基的醛类	几乎无光亮作用
	带芳香基醛类的磺化产物	非常有效
	含有丙烯基、乙烯基的生物碱	与第一类光亮剂合用有效
	香豆素及其衍生物	具有整平作用
C≡N	含乙烯基的化合物或氰醇	与第一类光亮剂合用有效,具有整平的作用
C≡C	含炔基的化合物	具有整平作用
N—C＝S	硫脲、含硫脲基的环状化合物	具有整平作用,并能增加阴极极化
N＝N	偶氮染料	和第一类光亮剂合用有很好的整平作用

上述镀镍光亮剂,无论是初级光亮剂,还是次级光亮剂或是辅助光亮剂,它们在镀镍溶液中的含量很重要,因此,在生产中必须严格控制其用量。

对含量很少的有机添加剂,目前尚无简便准确的分析方法以备选用,多数是借助于赫尔槽试验。

电解液中的有机添加剂,由于消耗要经常补充,另外由于化学或电化学作用总要产生一些分解产物,这些产物与原物质不同,它们积累到一定量时,对镀层会产生不良的影响,因此,要定期对电解液进行处理。

光亮剂随着镀镍技术的发展,目前已发展到第四代,其中:

第一代以醛类(如甲醛、水合氯醛)、香豆素、对甲苯磺酰胺为代表。这一代光亮剂分解快、寿命短、应力大、镀层有脆性。香豆素虽有良好的整平性,但在电镀过程中易分解成为邻羟基苯丙酸,使镀液浑浊、镀层光亮度下降、应力增加、产生毛刺,在一般情况下,镀液需半个月左右大处理一次。

第二代以丁炔二醇、萘二磺酸和糖精为代表,在镀层光亮度、使用寿命方面都比第一代有所提高,而且镀层脆性也小了,但由于丁炔二醇碳链长度较短,在阴极上的吸附强度不够,因此光亮度和整平性尚嫌不足,而且还是容易分解,镀液工作一个月左右后仍须大处理一次。

第三代以丁炔二醇与环氧乙烷、环氧丙烷或环氧氯丙烷的缩合物和糖精组合为代表,其中也加入苯亚磺酸钠和烯丙基磺酸钠等一些辅助光亮剂。这种丁炔二醇与环氧化物的缩合物(我国名为 PK、BE 等)是由环氧丙烷或环氧氯丙烷与丁炔二醇缩合的。环氧乙烷与丁炔二醇的反应需在加压条件下操作,设备要求高,技术难度大,还未见国内有相关生产方面的报道。缩合物的碳链长度,单丙氧基化的比丁炔二醇增加了 3 个,双丙氧基化的则增加了 6 个。碳链增长,表面活性提高,在阴极上吸附加强,阴极极化作用增大,因而镀层光亮性和整平性都有增加。由于添加量可减少,因而分解产物也相应减少了,使镀液的工作寿命延长,一般能达两个月左右才大处理一次。

第四代光亮剂以丙炔醇衍生物和吡啶的衍生物为代表,初级的除糖精外,还有性能更佳的含硫化合物,同时光亮剂中还包含着辅助添加剂,如整平剂、走位剂、柔软剂、除杂剂和低泡润湿剂等。这些辅助添加剂有的组合在光亮剂中,有的则单独添加。丙炔醇衍生物有单乙氧基化丙炔醇(PME)、单丙氧基化丙炔醇(PAP)、二乙胺基丙炔胺(DEP)和二乙胺基戊炔二醇(EAP)等,加入量都很少,如 0.005 ~ 0.05 g/L。这些光亮剂在阴极上吸附能力较强,因而镀层结晶细致,分散能力极好。配以初级光亮剂,并适当加入辅助光亮剂,在空气搅拌条件下,在电流 2 A 下镀 3 min 左右的赫尔槽试片能得到全板光亮的镀层,且镀层柔韧性好。吡啶的磺化产物有极佳的整平效果,且应力也小。应当指出,丙炔醇虽是一种强烈的次级镀镍光亮剂,但是它易分解,镀层有脆性,一般不宜使用。吡啶也是一种强烈的次级镀镍光亮剂,如没有季胺化和磺化好,更是不能作为镀镍光亮剂,因为它只能得到极其脆性的镀层。

第四代镀镍光亮剂因其用量比第三代光亮剂成倍的减少,即使分解得一样快,分解产物也少了十几倍乃至数十倍。

3.光亮镀镍

(1) 光亮镀镍

在电镀生产中,光亮镀镍占有重要地位,它主要用做镀铬的底层,使多层镀层具有防护装饰性能,光亮镀镍层的含硫质量分数约为 0.04% ~ 0.08%。实验事实表明,镍层的稳定电势随硫质量分数的增加而变负。光亮镀镍电解液的组成及工艺条件列于表 5.25 中。

表 5.25　光亮镀镍电解液的组成及工艺条件

组成及工艺	一般光亮镀镍	整平性光亮镀镍	滚镀光亮镀镍
ρ(硫酸)/(g·L^{-1})	250 ~ 300	250 ~ 300	300 ~ 350
ρ(氯化镍)/(g·L^{-1})	30 ~ 50	30 ~ 50	
ρ(氯化钠)/(g·L^{-1})			25 ~ 30
ρ(硼酸)/(g·L^{-1})	35 ~ 40	35 ~ 45	40 ~ 45
ρ(糖精)/(g·L^{-1})	0.6 ~ 1.0	0.6 ~ 1.0	1 ~ 3
ρ(1,4 - 丁炔二醇)/(g·L^{-1})	0.3 ~ 0.5	0.3 ~ 0.5	
ρ(香豆素)/(g·L^{-1})		0.1 ~ 0.3	
ρ(甲醛)/(g·L^{-1})		0.2 ~ 0.3	
ρ(光亮剂)/(g·L^{-1})			2 ~ 4 mL/L
ρ(十二烷基硫酸钠)/(g·L^{-1})	0.05 ~ 0.15	0.05 ~ 0.15	0.1 ~ 0.3
pH	4.0 ~ 6.0	3.8 ~ 4.6	4.0 ~ 4.5
温度/℃	40 ~ 50	45 ~ 55	20 ~ 25
电流密度/(A·dm^{-2})	1.5 ~ 3	2 ~ 4	2 ~ 4

(2) 半光亮镀镍

在现代电镀生产中,半光亮镀镍和光亮镀镍一样占有重要位置。半光亮镀镍的主要目的不是装饰,而是为了提高多层电镀的耐腐蚀性能。半光亮镀镍几乎都是用做双层镍和三层镍组合镀层的底层。我国生产上常采用的半光亮镀镍工艺见表 5.26。半光亮镀镍层的含硫质量分数为 0.003% ~ 0.005%,它的稳定电势高于光亮镍层。

表 5.26　半光亮镀镍电解液的组成及工艺条件

组成及工艺	配方 1	配方 2
ρ(硫酸镍)/(g·L^{-1})	280 ~ 300	240 ~ 280
ρ(氯化镍)/(g·L^{-1})	30 ~ 40	45 ~ 60
ρ(硼酸)/(g·L^{-1})	35 ~ 40	30 ~ 40
ρ(香豆素)/(g·L^{-1})	0.15 ~ 0.30	
ρ(1,4 - 丁炔二醇)/(g·L^{-1})		0.2 ~ 0.3
φ(甲醛,质量分数为 37%)/(ml·L^{-1})	0.15 ~ 0.20	
φ(醋酸)/(ml/L)		1 ~ 3
ρ(十二烷基硫酸钠)/(g·L^{-1})	0.1	0.01 ~ 0.02
pH	3.8 ~ 4.2	4.0 ~ 4.5
温度/℃	55 ~ 60	45 ~ 50
电流密度/(A·dm^{-2})	3 ~ 4	3 ~ 4

4.几种常见杂质对镀层质量的影响及处理

镀前处理不良或电镀过程中间断电流均会影响镀层与基体的结合力,在生产中必须注意。另外,电解液不净也会使镀层质量恶化,为了提高镀层质量,必须早发现,快速消除故障。表 5.27 简单介绍几种常见杂质对镀层质量的影响及其处理方法。

表 5.27　几种常见杂质对镀层质量的影响及处理方法

杂质	影　响	处　理　方　法
Cu^{2+}	低电流密度区镀层灰暗、粗糙,甚至呈海绵状。所以,光亮镀镍电解液中 $\rho(Cu^{2+})$ < 0.01 g/L;普通镀镍电解液中 $\rho(Cu^{2+})$ < 0.3 g/L	电解处理:pH = 2 ~ 3,电流密度 = 0.1 ~ 0.3 A/dm^2
Zn^{2+}	Zn^{2+} 含量不同,对镀层影响也不同,主要表现低电流密度区外观变化,$\rho(Zn^{2+})$ = 0.02 ~ 0.06 g/L 时,镀层脆而亮;$\rho(Zn^{2+})$ > 0.06 g/L,黑灰色;Zn^{2+} 含量更高时,镀层呈黑色条纹	少量时电解处理。条件:pH > 4,电流密度 = 0.2 ~ 0.4 A/dm^2;[Zn^{2+}] 较高时,采用高 pH 值法,pH = 6.2,加热至 70℃,搅拌 1 ~ 2 h,静止过滤
Cr^{6+}	显著降低阴极电流效率(η_k),当 $\rho(Cr^{6+})$ = 0.010 g/L 时,η_k = 5% ~ 10%,含量更高时,低电流密度区无镀层,严重时,整个镀件表面镀不上	首先使 $Cr^{6+} \longrightarrow Cr^{3+}$,然后提高 pH 至 6.2,使 $Cr(OH)_3$ ↓。常用保险粉($Na_2S_2O_4$)法 $2H_2CrO_4 + Na_2S_2O_4 + 2H_2SO_4 \longrightarrow$ $Na_2SO_4 + Cr_2(SO_4)_3 + 4H_2O$ $Cr_2(SO_4)_3 + 6NaOH \longrightarrow 2Cr(OH)_3 ↓ + 3Na_2SO_4$

续表 5.27

杂质	影　　　响	处　理　方　法
Fe^{3+}	当电解液 pH = 4.7 时，Fe^{3+} 会形成 $Fe(OH)_3\downarrow$，$Fe(OH)_3$ 沉淀的存在会导致镀层粗糙、生成针孔、产生脆性、光泽度下降，电解液中 $\rho(Fe^{3+}) < 0.08$ g/L	采用高 pH 值法实现。为了提高处理效果，先加质量分数为 30% 的 H_2O_2 1 ml/L，使 $Fe^{2+} \longrightarrow Fe^{3+}$，加热至 60℃，加入碱性化合物，使 pH = 5.5，生成 $Fe(OH)_3\downarrow$，Fe^{3+} 含量小时，可用电解法除去
NO_3^-	NO_3^- 的存在会显著降低 η_k，少量 NO_3^- 使低电流密度区镀不上镀层，较高时，会使高电流密度区出现黑色条纹，含量更多时，使整个阴极无镀层	采用电解法除去。pH = 1～2，温度 60～70℃，少量时，电流密度为 0.2 A/dm²，较多时，电流密度先用 1～2 A/dm²，而后再降至 0.2 A/dm²
PO_4^{3-}	高电流密度区镀层阴暗、发黑，而且使电流密度上限降低	将 pH 调为 3.8～4.0，加热至 60℃，搅拌下加入过量的 $Fe_2(SO_4)_3$（或 $FeCl_3$），搅拌 60 min，使其形成溶解度小的 $FePO_4$，再加入碱，调 pH = 5.5，生成 $Fe(OH)_3\downarrow$ 过滤除去，将 pH 值调至正常值
有机杂质	杂质种类不同，会使镍层发雾、发花、发暗，有时还会使镍层亮而脆、针孔多或形成桔皮状	加入双氧水（2～3 ml/L），再加入活性炭（2～3 g/L）处理，或加入适量的高锰酸钾 - 活性炭
胶类杂质	使镀层发黄，出现针孔使结合力下降，有的使镀层产生条纹状光亮且有脆性	先加热至 65～75℃，边搅拌边加入质量分数为 5% 丹宁酸溶液，连续搅拌 30 min，静置过夜，再加入 1～3 g/L 的活性炭，静置过滤
油类	使镀层发花、发雾，出现明显的针孔，结合力降低	加热 60℃，边搅拌边加入 0.8～1 g/L 十二烷基硫酸钠，搅拌 1 h，加入 35 g/L 活性炭，再搅拌 30 min，静置过滤，调整成分试镀

5.3.4　多层镍技术及其耐蚀性

随着汽车工业的发展，对防护装饰性镀层的要求越来越高，1950 年美国哈夏诺公司首先开发了双层镀镍工艺，即 Cu/半亮 Ni/亮 Ni/Cr。自 1960 年以来，在研究双层镍耐蚀机理的基础上又提出了高硫镍、镍封闭及高应力镍等新工艺，出现了三层镀镍工艺。

1.多层镀镍及其耐蚀性

（1）多层镍的组合形式

国外自 20 世纪 50 年代以来，开发了多层镍 - 铬为主体的防护装饰性镀层体系，目前用于生产的防护装饰镀层体系有如下几种：

铜/半亮镍/亮镍/常规铬

铜/半亮镍/亮镍/镍封闭/微孔铬

铜/半亮镍/亮镍/高应力镍/微裂纹铬

铜/半亮镍/高硫镍/亮镍/ - 常规铬

（2）多层镍的耐蚀性

多层镍 - 铬镀层体系之所以能提高镀层抗腐蚀性能是由于电化学保护的作用。电化学保护分为牺牲阳极型(如双层镍和高硫镍组合镀层)和腐蚀分散型(如镍封闭及高应力镍组合的镀层)两种。

牺牲阳极型是通过牺牲多层镍组合镀层中电势较负的镀层来延缓电势较正镀层的腐蚀,从而使整个镀层的耐腐蚀性能得到提高。例如,双层镍－铬型的耐腐蚀性比单层镍－铬体系好,就是因为铜基底上先沉积一层填充性比亮镍更好的柱状结构的半亮镍,其硫的质量分数小于0.005%,接近暗镍,一般占镍层总厚度的75%～80%;然后在它的外面套上一层亮镍,其硫的质量分数大于0.03%。这样镀层的机械性能由较韧的半亮镍决定,外观又很漂亮。其提高耐蚀性的机理如图5.22所示。

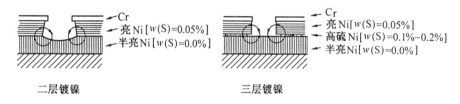

二层镀镍　　　　　　　　　　三层镀镍

图 5.22　多层镍的耐蚀机理示意图

在单层镍－铬体系中,当腐蚀介质通过上面的铬镀层的孔隙或裂纹腐蚀穿透光亮镍层直至基体时(镍层通常是多孔的),由于铁的电极电势比镍还负,它在与镍组成的腐蚀微电池中作为阳极受到腐蚀,即腐蚀向纵向发展。

在双层镍－铬体系中,当腐蚀介质通过铬层孔隙或裂纹将光亮镍腐蚀并穿透至半亮镍时,光亮镍和半亮镍组成腐蚀微电池。此时,硫的质量分数较低的半亮镍的电极电势较正,作为阴极;而硫的质量分数较高的亮镍电极电势较负,作为阳极,这样就使腐蚀方向由纵向变成横向发展,使半亮镍层受到了保护,从而使整个镀层体系的耐蚀性提高。研究表明,影响耐蚀性的主要因素是半光亮镍与亮镍层的电势差,该电势差可以测量。当半亮镍和亮镍电势差为130 mV时,镍层的腐蚀速度为3 μm/a;但当其电势差为100 mV时,腐蚀速度剧增到9 μm/a。镍层的活性主要由镀层中的硫的质量分数决定。一般来说,半亮镍层硫的质量分数为0.003%～0.006%,而亮镍层中硫的质量分数约为0.04%～0.65%。

腐蚀分散型是以适当的工艺,在铬层上形成大量数目的微孔隙或微裂纹,从而使腐蚀电流大大分散,以达到延缓腐蚀。使整个镀层体系的耐腐蚀性能明显提高,微间断铬(微孔铬或微裂纹铬)的耐腐蚀性能比常规铬体系好。因为常规铬表面的孔隙或裂纹粗而少,腐蚀电流较集中,腐蚀迅速地向纵深发展,贯穿到底层。而在微间断铬中,由于铬层表面有大量的微孔隙或微裂纹,在这些部位形成大量的腐蚀微电池,分散了镍层的腐蚀电流,从而延缓了镍层因受腐蚀而穿透的速度,使整个镀层体系的耐腐蚀性明显提高,如图5.23所示。

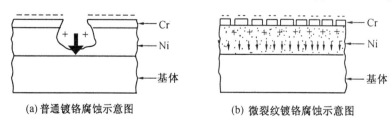

(a)普通镀铬腐蚀示意图　　　　　(b)微裂纹镀铬腐蚀示意图

图 5.23　微裂纹镀铬腐蚀机理示意图

　　美国通用汽车公司对双层镍、三层镍体系的耐蚀性进行了 CASS 试验,其结果列于表5.28,从中使人们进一步了解和认识到了多层镍体系的优点。

表 5.28　各种镍 – 铬体系的耐蚀性比较(CASS 试验)

镀层种类	镀层厚度/μm					抗腐蚀评级			
	氰铜	半亮镍	高硫镍	亮镍	铬	14 h	24 h	48 h	72 h
单层镍	—			25	0.25	8,7,10	7,4,9	1,2,3	0,0,1
铜 – 镍 – 铬	10		—	15	0.25	9,10,9	9,10,8	2,2,4	1,1,1
双层镍	—	17	—	8	0.25	10,10,8	9,7,7	7,5,6	2,1,3
三层镍		17	1	7	0.25	9,10,10	9,10,10	9,10,10	8,10,10

　　注:① 试片总厚度相同约为 25.25 μm;② 试片各为三片;③ 评级,10 为最高,0 为最低。

　　(3) 多层镍中不同镍层的电镀工艺

　　① 镍封闭。镍封闭又称复合镀镍,镍封闭工艺是在一般光亮镀镍电解液中加入固体非金属微粒(微粒直径 < 0.5 μm)。借助搅拌,使固相微粒与镍离子共同沉积,并均匀分布在金属组织中,在制品表面形成由金属镍和非金属固体颗粒组成的致密镀层。在这种镀层上沉积铬时,由于微粒不导电,所以微粒上无铬沉积,从而得到微孔型的铬层。这种铬层对提高镍 – 铬防护性镀层体系的耐蚀性起着重要作用。据资料报导,作为防护装饰性镀层,铬层厚度在 0.25 ~ 0.5 μm 为好,因为随着铬层厚度的增加,微孔会因形成"桥架"而消失。目前生产上采用的镍封闭电解液及工艺列于表 5.29 中。

表 5.29　镍封闭电解液组成及工艺条件

组成及工艺	配方 1	配方 2	配方 3
ρ(硫酸镍)/(g·L^{-1})	300 ~ 350	300 ~ 350	300 ~ 350
ρ(氯化钠)/(g·L^{-1})	10 ~ 15	10 ~ 15	10 ~ 15
ρ(硼酸)/(g·L^{-1})	35 ~ 40	35 ~ 40	35 ~ 40
ρ(糖精)/(g·L^{-1})	0.8 ~ 1	0.8 ~ 1	0.8 ~ 1
ρ(1,4 – 丁炔二醇)/(g·L^{-1})	0.3 – 0.4	0.3 ~ 0.4	0.3 ~ 0.4
ρ(二氧化硅微粉)/(g·L^{-1})	10 ~ 25	10 ~ 25	10 ~ 25
促进剂	适量	适量	适量
pH	3.8 ~ 4.4	3.8 ~ 4.4	3.8 ~ 4.4
温度/℃	50 ~ 55	50 ~ 55	50 ~ 55
电流密度/(A·dm^{-2})	2 ~ 5	2 ~ 5	2 ~ 5
搅拌	强烈搅拌	强烈搅拌	强烈搅拌
时间/min	1 ~ 5	1 ~ 5	1 ~ 5

　　② 高硫镍。高硫镍工艺通常是在普通镀镍槽内加入适当的含硫添加剂来实现的。目前国内生产的高硫镍添加剂有 BS – 1、TN – 1、TN – 2 及苯亚磺酸钠等。高硫镍镀层硫的质量分数为 0.1% ~ 0.3%,其厚度为 0.25 ~ l μm。

　　实验测得镀层的电极电势与硫的质量分数之关系列于表 5.30 中。

表 5.30　镍镀层含硫量与电极电势的对应关系

镀层种类	$w(S)/\%$	电极电势/mV
半光亮镍	$0.003 \sim 0.005$	-60
光亮镍	$0.04 \sim 0.05$	-220
高硫镍	$0.1 \sim 0.3$	-300

目前可供生产采用的高硫镍电解液的组成及工艺列于表 5.31 中。

表 5.31　高硫镍电解液的组成及工艺条件

组成及工艺	配方 1	配方 2	配方 3
$\rho(硫酸镍)/(g \cdot L^{-1})$	$300 \sim 350$	100 ± 1	300
$\rho(氯化钠)/(g \cdot L^{-1})$	$12 \sim 16$		
$\rho(氯化镍)/(g \cdot L^{-1})$			40
$\rho(硼酸)/(g \cdot L^{-1})$	$30 \sim 40$	35 ± 5	40
$\rho(柠檬酸)/(g \cdot L^{-1})$		100 ± 10	
$\rho(1,4 - 丁炔二醇)/(g \cdot L^{-1})$	$0.3 \sim 0.5$		
$\rho(糖精)/(g \cdot L^{-1})$	$0.8 \sim 1.0$		
$\rho(苯亚磺酸钠)/(g \cdot L^{-1})$	$0.5 \sim 1.0$		
$\varphi(BS - 1 添加剂)/(ml \cdot L^{-1})$		$1 \sim 2$	
$\varphi[TN - 1(或 TN - 2)]/(ml \cdot L^{-1})$			$2 \sim 6$
$\rho(十二烷基硫酸钠)/(g \cdot L^{-1})$	$0.05 \sim 0.15$		$0.05 \sim 0.10$
pH	$2.5 \sim 3.0$	6.0 ± 0.5	$3.0 \sim 3.5$
温度/℃	45 ± 2	40 ± 5	$40 \sim 50$
电流密度/$(A \cdot dm^{-2})$	$3 \sim 4$	$1 \sim 3$	$3 \sim 4$
搅拌	不需要	压缩空气搅拌	压缩空气搅拌

③ 高应力镍。高应力镍工艺通常是在光亮镍层上再镀一层应力很高且结合力良好的薄镍层(约 $1 \sim 2.5\ \mu m$),然后,在标准镀铬槽中镀铬。因为高应力镍层应力大易龟裂成微裂纹,铬层也相应呈微裂纹状。

高应力镍电解液的主盐多采用氯化镍,也可部分采用硫酸盐,为了使镀层有高的应力,常使用多种有机添加剂。国外常用的有机添加剂有:3 - 吡啶甲醇、异烟酸、对苯二甲酸、六水合呱嗪、3 - 吡啶羧酸、六次甲基四胺等。国内也开始了这方面的研究工作。国内外有关高应力镍电解液的组成及工艺列于表 5.32 中。

表 5.32　高应力镍电解液的组成及工艺条件

组成及工艺	美国 HarShaw 公司	美国 L－PW 公司 1		我国配方
ρ(氯化镍)/(g·L^{-1})	250	220	220	220 ~ 250
ρ(硫酸镍)/(g·L^{-1})			80	
ρ(醋酸铵)/(g·L^{-1})		6.0		
ρ(3－吡啶甲醇)/(g·L^{-1})		0.4		
ρ(异烟酸)/(g·L^{-1})			0.2	
φ(润湿剂)/(ml·L^{-1})			1	
ρ(乙酸钠)/(g·L^{-1})	50			60 ~ 80
ρ(异苈肼)/(g·L^{-1})	2			0.2 ~ 0.5
pH	4.0	3.5	3 ~ 4	4.5 ~ 5.5
温度/℃	29	35 ~ 45	40	30 ~ 35
电流密度/(A·dm^{-2})	8	5 ~ 15	5 ~ 15	4 ~ 8
搅拌	空气搅拌	空气搅拌	空气搅拌	空气搅拌
电镀时间/min	1 ~ 3	0.5 ~ 10	0.5 ~ 1.0	2 ~ 5
裂纹数/(条·cm^{-2})	600	1 500	1 500	250 ~ 800

5.3.5　镀黑镍

黑镍是一种黑色镀层,其中,$w(Ni) = 40\% ~ 60\%$、$w(Zn) = 20\% ~ 30\%$、$w(S) = 10\% ~ 15\%$、$w(有机物) \approx 10\%$。黑镍镀层具有很好的消光能力,主要用在光学仪器及军工生产中。

在钢铁零件上直接镀黑镍,镀层与基体结合力不好,用铜做中间层,耐蚀性差;用镍做中间层,结合力和耐蚀性均可提高。氢和氧在黑镍上电解析出时过电势很小,因此,黑镍可在电解水制取氢气和氧气的生产中做电极。

黑镍镀层比较硬,镀层较薄,一般只有 2 μm 左右,抗蚀能力差,经过涂漆或浸油处理后可提高耐蚀性,用于生产的镀黑镍电解液的组成及工艺条件列于表 5.33 中。

镀黑镍时,电解液不需要搅拌。为了避免产生针孔,可加入少量润湿剂(如十二烷基硫酸钠 0.01 ~ 0.03 g/L)。零件需带电入槽,中途不能断电。挂具用过 2 ~ 3 次后,应退去镀层,以免接触不良。

表 5.33　镀黑镍电解液的组成及工艺条件

组成及工艺	配方 1	配方 2
ρ(硫酸镍)/(g·L^{-1})	70 ~ 100	120 ~ 150
ρ(硫酸锌)/(g·L^{-1})	40 ~ 70	
ρ(硫酸镍铵)/(g·L^{-1})	40 ~ 60	
ρ(硼酸)/(g·L^{-1})	25 ~ 35	20 ~ 25
ρ(硫氰酸铵)/(g·L^{-1})	25 ~ 35	
ρ(钼酸铵)/(g·L^{-1})		30 ~ 40
pH	4.5 ~ 5.5	4.5 ~ 5.5
温度/℃	30 ~ 36	24 ~ 38
电流密度/(A·dm^{-2})	0.1 ~ 0.4	< 0.5
阳极	镍板	镍板

关于镀层呈现黑色的原因,目前仍不清楚。有的学者认为是由于镀层中存在黑色硫化物(硫化镍和硫化锌)所致;也有人则认为镀层显黑色是由于镀层结构的作用呈现黑色。也有的人把两种看法结合起来解释。

5.4　镀　铬

5.4.1　概述

镀铬层是带有微蓝的银白色金属,它的标准电势 $\varphi^{\ominus} = -0.74$ V。虽然电极电势很负,但由于金属铬有很强的钝化能力,在空气中很容易生成一层极薄的氧化膜,所以镀铬层有较好的耐蚀性,并显示了贵金属的性质。因此,对钢铁基体来说,镀铬层属于阴极镀层。

镀铬在作为装饰性镀层使用时,一般都镀在光亮镍镀层的表面,镀层厚度一般在 0.1 ~ 0.5 μm。作为功能性镀层镀厚一般在 2 μm 至数百微米之间。目前镀铬所用的溶液绝大多数为六价铬镀液,这种镀液已经使用了近 180 年,人们已经对其进行了详尽的包括阴极过程、阳极过程、镀层性能等多方面的研究。但是六价铬有毒,电镀过程中的废水、废气不可避免的要污染环境,损害人的健康。进入 21 世纪以后,从环境保护的角度出发,预计这种镀液的使用范围会逐渐减少,目前低浓度的三价镀铬液在我国广东已经获得了应用。采用不同组分的三价镀铬液可分别获得装饰性与功能性镀层。表 5.34 给出了目前使用的各种镀铬液的用途以及镀液与镀层的特点。

表 5.34　目前使用的各种镀铬液的用途以及镀液与镀层的特点

	镀液类型与种类	装饰用	工业用	镀液与镀层特点
1	萨金特类型 标准镀铬液 低浓度镀液 高浓度镀液	○ ○ ○	○ ○	镀液中仅含铬酐与硫酸(催化剂) 铬酐浓度仅为 100 g/L,镀液带出量少 铬酐浓度高达 400 g/L,溶液成分变化小
2	含氟化物类型 复合镀铬液 高催化镀铬液 自动调节镀铬液	○ ○ ○	○ ○	部分硫酸被氟化物取代,阴极电流效率高达 25% 由于氟化物浓度高,镀液可进行滚镀 催化剂浓度能自动控制,镀液管理简单
3	高速类型 商品镀液 含氯化物镀液		○ ○	不含氟化物的条件下,阴极效率可达 25%,低电流密度下镀液不腐蚀基体 铬酐浓度高,含卤化物,电流效率可达 40%
4	忒特拉类型	○	○	低温下电流效率可达 30%,镀层柔软灰暗需后抛光
5	三价铬类型	○		使用三价铬,镀液毒性小
6	高硬度类型 含碳镀铬液		○	镀层含碳质量分数为 1% ~ 3%,在 600℃下进行热处理时,硬度可达 1 800 HV
7	黑色镀铬液	○	○	装饰,吸收太阳能
8	高耐蚀类型 微裂纹镀铬液 微孔镀铬液 无裂纹镀铬液 多层镀铬液	○ ○ ○	 ○ ○	裂纹数达数百根/cm,可分散集中的腐蚀电流。 由于镍底层中含有不导电的微粒,使得镀铬层中的微孔数达到数百万个/cm^2 选择适当的电镀条件,获得无裂纹镀层,镀层软 采用多层镀铬的方法可减少到达底层的裂纹数
9	耐磨类型 松孔镀铬液		○	镀后进行阳极侵蚀,使镀层表面出现大量的孔,用来吸收润滑油

镀铬过程与其他金属的电镀过程有着许多的不同之处,以采用六价铬的镀液为例进行说明,镀液中的主盐实际上并不是镀层金属的盐类,而是铬酐。镀液中除铬酐外,仅含有少量的起催化作用的硫酸、氟化物、氟硅酸。阳极采用铅合金。

镀液中三价铬来自阴极,消失于阳极。这一过程达到稳态时,镀液中的三价铬含量总是保持在一定值,而这也是获得良好镀层的必要条件。作为一种镀液,镀铬液还存在以下一些特点:

① 不必要采用光亮剂,只要控制一定电镀液的组成及电镀规范,便能获得全光亮镀层。

② 阴极电流密度高达 $10 \sim 75$ A/dm^2,槽压也相应的高达几伏。

③ 阴极电流效率低,仅为 15% ~ 25%,电镀时阴极大量析氢。所以不必采用搅拌。但是能够造成工件的氢脆,对于氢敏感的工件,一定要进行镀后的驱氢热处理。

④ 电流密度过低时得不到镀层,阴极电流效率随电流密度增大而增大。镀液的分散能力与深镀能力都十分不好。

⑤ 电镀过程中一旦发生意外的断电,就会导致镀层起皮、发花、变色与失去光泽等一系列质量问题。所以滚镀时需要特殊的镀液与镀槽。

⑥ 由于采用的是不溶性阳极,所以在电镀过程中要不断补充铬酐。

⑦ 镀层内存在着很高的内应力,导致出现裂纹,影响镀层的耐蚀性。

⑧ 六价铬毒性大,必须考虑防止铬雾溢出,镀槽边部要设置排风装置。

5.4.2 镀铬的阴极过程

普通镀铬液的组成是比较简单的,主要成分是铬酐,另外,再加入少量硫酸作催化剂,并控制铬酐与硫酸的质量比为 100:1。虽然镀铬电解液成分较简单,但是,镀铬的阴极过程却相当复杂,下面以普通镀铬液为例,讨论镀铬的阴极过程。在镀铬溶液中,六价铬在阴极上还原为金属铬的过程,大致有如下三种论点:

① 铬酸中的六价铬首先还原为三价铬,再还原为二价铬,最后还原为金属铬,即所谓三步还原过程

$$Cr^{6+} \longrightarrow Cr^{3+} \longrightarrow Cr^{2+} \longrightarrow Cr^0$$

② 由六价铬先还原为三价铬,然后再还原为金属铬,即所谓二步还原过程

$$Cr^{6+} \longrightarrow Cr^{3+} \longrightarrow Cr^0$$

③ 由六价铬直接还原为金属铬

$$Cr^{6+} \longrightarrow Cr^0$$

上述三种论点,各持己见,争论不休,相持很久。随着科学技术的不断发展和实验技术的进步,由六价铬直接还原为金属铬的论点,逐渐被更多的实验所证实,被人们所接受。该论点首先由 C. Kasper 在 1932 年提出,至 1949 年才由 F. Ogbum 和 A. Brenner 等人用放射同位素 Cr^{51} 进行研究,证明了铬酸溶液中电沉积铬是由六价铬直接还原为金属铬的。随后,又相继进行了许多类似的实验,进一步证明了上述论点的正确性。另外,从热力学的数据也可看出,六价铬还原为金属铬是比较容易的。已知三氧化铬生成自由能为 – 506 264 J/mol,而三氧化二铬生成自由能为 – 529 589 J/$\frac{1}{2}$ mol,这说明三氧化铬是容易分解的。若从铬的还原电势来看,六价铬(重铬酸盐)还原为金属铬的还原电势为 + 0.4 V(有些资料报导为 + 0.3 V),三价铬还原为铬的还原电势为 – 0.74 V,二价铬还原电势为 – 0.91 V。这也说明了六价铬还原为金属铬是比较容易的。虽然经实验证明,从铬酸溶液中电沉积铬是由六价铬直接还原为金属铬的,但是,六价铬是通过怎样的过程还原的,至今尚未提出满意的电沉积理论。拥护者较多的要算 C. A. Snavely 1947 年提出的镀铬过程的胶体膜理论和 J. P. Hoare 1979 年提出的金属铬电沉积机理。下面先介绍镀铬的阴极反应,然后再介绍两种理论。

1. 镀铬阴极极化曲线的分析

普通镀铬电解液的组成为

铬酐	250 g/L
硫酸	2.5 g/L
三价铬	3 ~ 7 g/L

铬酐溶于水中,生成铬酸和重铬酸

$$CrO_3 + H_2O \longrightarrow H_2CrO_4$$

$$2CrO_3 + H_2O \longrightarrow H_2Cr_2O_7$$

当 pH = 2~6 时,溶液中存在着下列平衡

$$2CrO_4^{2-} + 2H^+ \rightleftharpoons Cr_2O_7^{2-} + H_2O$$

因为镀铬溶液的 pH < 1,故 $Cr_2O_7^{2-}$ 为主要存在形式。在电解液中除有少量的 SO_4^{2-} 外,还存在大量的 $Cr_2O_7^{2-}$ 和 H^+ 离子,以及一定量的 CrO_4^{2-} 离子,电解液的 pH 值和铬酸的浓度又直接影响 $Cr_2O_7^{2-}$ 与 CrO_4^{2-} 的含量,由平衡关系式可见,当铬酐含量一定而 pH 值减小时,平衡向生成 $Cr_2O_7^{2-}$ 的方向移动。但是,究竟哪些离子参加电极反应,又是哪种离子在阴极上放电得到铬镀层呢? 实践证明,SO_4^{2-} 和 Cr^{3+} 不参加阴极反应,而 $Cr_2O_7^{2-}$、CrO_4^{2-} 和 H^+ 都可参加阴极反应,只要阴极电势达到这些离子的放电电势,反应就可进行。下面以铬的阴极极化曲线(图 5.24)为例,讨论镀铬的阴极反应与电极电势之间的关系。

图 5.24 所示的极化曲线有几个分支,在各个分支上进行着不同的反应。在 ab 段,氢气和金属铬均不析出,此时,阴极表面附近的 pH < 1,进行的电极反应就是 $Cr_2O_7^{2-}$ 还原为 Cr^{3+} 的反应

$$Cr_2O_7^{2-} + 14H^+ + 6e^- \longrightarrow 2Cr^{3+} + 7H_2O$$

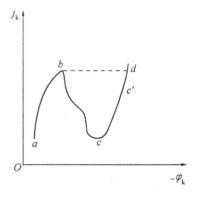

随着电极电势向负方向移动,反应速度不断增加,点 b 达到最大值。当电极电势达到点 b 以后,除了 $Cr_2O_7^{2-}$ 离子还原为 Cr^{3+} 离子外,氢气开始明显析出

$$2H^+ + 2e^- \longrightarrow H_2$$

图 5.24　镀铬过程的阴极极化曲线

在 bc 段,$Cr_2O_7^{2-} \longrightarrow Cr^{3+}$ 和 $H^+ \longrightarrow H_2$ 两个反应同时进行。但是,从曲线上看到反应速度是逐渐减小的,这主要是因为电极表面状态发生了变化,生成了一层膜,阻碍了电极反应的进行,致使反应速度大大降低。另外,由于氢气析出,消耗了大量 H^+,使阴极表面附近 pH 增加,这就给 $Cr_2O_7^{2-}$ 离子转变为 CrO_4^{2-} 离子创造了条件,于是阴极表面附近的 CrO_4^{2-} 离子浓度大大增加,当电极电势达到点 c 时,CrO_4^{2-} 离子还原为金属的反应开始进行,即

$$CrO_4^{2-} + 6e^- + 8H^+ \longrightarrow Cr + 4H_2O$$

在 cd 段,除了有金属铬析出外,CrO_4^{2-} 还原为 Cr^{3+} 和 H^+ 还原为 H_2 的反应也同时进行,只是各自的反应速度不同而已。有人曾做了这样一个实验,在金属铬已开始明显析出的电极电势范围内(曲线 cd 段)取一点,例如,电流密度为 20 A/dm² 时,在这个电流密度所对应的电极电势下测量各个反应的电流密度。所得数据如下:H^+ 离子还原为氢气所消耗的电流密度为 13 A/dm²,占 65%;金属铬析出所消耗的电流密度为 4 A/dm²,占 20%;$Cr_2O_7^{2-}$ 还原为 Cr^{3+},所消耗的电流密度为 3 A/dm²,占 15%。

从上面的分析可以看出,要从铬酸电解液中得到铬镀层,需在比较负的电极电势下才能实现。然而,要造成比较大的阴极极化,对于镀铬溶液来说,必须升高电流密度。又因为镀铬过程产生了大量的气体,因而,溶液的欧姆电阻很大,使得槽电压升高。因此,在镀铬生产中需采用电压较高的直流电源,这是电极过程本身决定的。

应该指出,决定电极反应能否进行的是电极电势,电流密度只表示电极反应的速度,它不能反映某个电极反应是否能够进行。例如,在上述极化曲线上,从点 b 作一水平线。交曲线 cd 段于点 c',b、c' 两点对应的电流密度是同一数值,但电极电势却不相同,且所进行的电极反应也不同,在点 b 的电极电势下铬析不出来,只进行 $Cr_2O_7^{2-} \longrightarrow Cr^{3+}$ 和 $H^+ \longrightarrow H_2$ 反应,只有在点 c' 的电极电势下,铬才能沉积出来,同时还进行 $Cr_2O_7^{2-} \rightarrow Cr^{3+}$ 和 $H^+ \rightarrow H_2$ 反应。也就是说,如果槽压太低,就沉积不出铬来。

2.阴极过程中的胶体膜理论

由上述可见,镀铬层是由 CrO_4^{2-} 离子在阴极上放电而得到的,但是,为什么在电解液中要加入一定量的 SO_4^{2-} 呢?实践证明,如果电解液中没有 SO_4^{2-},则在正常的电流密度下,被镀的零件上将只冒 H_2 气,而析不出铬来。如果没有一定含量的 Cr^{3+},也不可能得到质量合格的铬镀层。关于 SO_4^{2-} 和 Cr^{3+} 在镀铬过程中的作用,曾有过各种解释,今将目前较普遍的一种看法介绍如下。

在镀铬过程中,由于析出氢气,阴极表面附近的 H^+ 浓度下降,pH 值升高。这一方面促使 $Cr_2O_7^{2-}$ 转化为 CrO_4^{2-},另一方面,当 pH 达到 3 左右时,便产生 $Cr(OH)_3$ 胶团,它和六价铬组成了碱式铬酸铬。这是一种粘膜状物质,一般叫胶体膜,它致密而均匀地吸附在阴极表面上,使阴极表面状态发生变化。它只允许半径较小的 H^+ 通过该膜且放电,而 CrO_4^{2-} 的放电受到阻碍,使阴极极化显著增加,电流密度明显降低,这种现象是由于阴极表面上胶体膜的出现而引起的。

1960 年 Weiner 等人用电子显微镜直接观察到胶体膜的生成和存在,Shluger 等人测定了胶体膜的组成(表 5.35)。

表 5.35　胶体膜的成分

漂洗次数	ρ(溶液成分)/($g \cdot L^{-1}$)			w(膜的成分)/%			膜的质量
	CrO_3	H_2SO_4	CrO_3/H_2SO_4	Cr^{6+}	Cr^{3+}	SO_4^{2-}	
30	300	3	100	67.4	20.0	12.6	1.96
50	316.7	4	80	67.4	22.4	10.0	2.63
30	300	5	60	70.6	16.3	13.1	2.49
50	316.7	6	53	68.3	20.0	11.5	4.93
50	316.7	11	29	66.6	23.4	10.0	10.36
30	300	12	25	61.0	28.4	10.6	6.01

斯内夫里提出膜的可能结构式为

$$\begin{array}{c} \quad\quad (OH)_2 \\ \quad\quad \diagup \\ Cr \\ \quad \diagdown \\ \quad\quad CrO_4 \\ \quad \diagup \\ Cr \\ \quad\quad \diagdown \\ \quad\quad (OH)_2 \end{array}$$

电解液中的 SO_4^{2-} 吸附在胶体膜上,与膜生成易溶于水的物质,即

$$
\begin{array}{c}
\text{(OH)}_2 \\
\text{Cr} \\
\text{CrO}_4 \quad + 2\text{H}_2\text{SO}_4 \longrightarrow \\
\text{Cr} \\
\text{(OH)}_2
\end{array}
\qquad
\begin{array}{c}
\text{SO}_4 \\
\text{Cr} \\
\text{CrO}_4 \quad + 4\text{H}_2\text{O} \\
\text{Cr} \\
\text{SO}_4
\end{array}
$$

这就促使胶体膜溶解,使阴极表面局部露出,致使局部电流密度增加,阴极极化增大,最后,达到 CrO_4^{2-} 在阴极析出的电势而获得铬镀层。与此同时,在阴极表面新的胶体又不断生成,也就是说,膜的生成和溶解是周而复始地交替进行着,这样才能实现镀铬过程。

综上所述,可得到以下结论:要使零件镀上铬镀层,必须在阴极表面上生成一层胶体膜,而这种膜的生成必须有 Cr^{3+} 和 CrO_4^{2-} 同时存在时才有可能,SO_4^{2-} 的溶膜作用又是铬沉积不可缺少的条件。

3.金属铬电沉积的机理

霍尔指出,从宏观上看金属铬的电沉积是由六价铬直接还原得到的,但是,从微观来看,六价铬一步得到六个电子也是不可思议的。大家知道,铬酸根离子的金属－氧键是指向正四面体的四个角,铬酸根四面体之间失水后通过共享顶角的氧原子连接在一起而形成聚合物。其反应为

$$H_2CrO_4 + H_2CrO_4 \longrightarrow H_2Cr_2O_7 + H_2O$$

$$H_2CrO_4 + H_2Cr_2O_7 \longrightarrow H_2Cr_3O_{10} + H_2O$$

$$H_2Cr_2O_7 + H_2Cr_2O_7 \longrightarrow H_2Cr_4O_{13} + H_2O$$

铬酸根离子呈黄色,重铬酸根离子呈橙色,三铬酸根离子呈红色,四铬酸根离子呈棕色,可见铬酸溶液的颜色反映铬酸的聚合度,颜色越深,聚合度越高。从生产实践可知,普通镀铬溶液的颜色是红色的,可以认为铬酸溶液中的活性粒子是三铬酸根离子($HCr_3O_{10}^-$)。

在含有活性粒子 $HCr_3O_{10}^-$ 离子的镀铬液中,这些带负电荷的阴离子扩散趋向阴极亥姆荷兹双电层的外平面,因为双电层的厚度很小,约为 $0.3 \sim 0.6$ nm,在电场作用下,电子有可能以量子力学隧道效应的方式在双层跃迁,而使三价铬酸根离子放电。霍尔提出金属铬电沉积机理为:

第一个电子传递到靠近双电层外平面的三铬酸根离子的一端,将六价铬还原成五价铬

$$
\text{-O-Cr-O-Cr-O-Cr-OH} + e^- \longrightarrow \text{-O-Cr-O-Cr-O-Cr-OH} \tag{1}
$$

第二个电子传递使五价铬还原成四价铬

$$
\text{-O-Cr-O-Cr-O-Cr-OH} + e^- \longrightarrow \text{-O-Cr-O-Cr-O-Cr-OH} \tag{2}
$$

第三个电子传递使四价铬还原成三价铬,并失去氧

$$\begin{array}{c} O^- \\ | \\ ^-O-Cr-O-Cr-O-Cr-OH \\ | \qquad \| \qquad \| \\ O^- \qquad O \qquad O \end{array} + e^- \longrightarrow \begin{array}{c} O^- \\ | \\ Cr-O-Cr-O-Cr-OH \\ | \qquad \| \qquad \| \\ O^- \qquad O \qquad O \end{array} + O^{2-} \qquad (3)$$

O^{2-} 与 H^+ 作用生成 H_2O

$$O^{2-} + 2H^+ \longrightarrow H_2O \qquad (4)$$

反应(3)右边的重铬酸铬是形成阴极膜的物质,所形成的阴极膜相当于胶体膜理论中的"胶体膜"。由于将三价铬束缚在重铬酸配合物中,从而阻止了稳定的三价铬的水合铬离子 $Cr(H_2O)_6^{3+}$ 的形成。在强酸性溶液中,第四个电子传递使重铬酸铬还原成重铬酸亚铬,并失去氧

$$\begin{array}{c} O^- \\ | \\ Cr-O-Cr-O-Cr-OH \\ | \qquad \| \qquad \| \\ O^- \qquad O \qquad O \end{array} + e^- \longrightarrow \begin{array}{c} \\ ^-O-Cr-O-Cr-O-Cr-OH \\ \| \qquad \| \qquad \| \\ O \qquad O \qquad O \end{array} + O^{2-} \qquad (5)$$

O^{2-} 与 H^+ 作用生成水

$$O^{2-} + 2H^+ \longrightarrow H_2O$$

重铬酸亚铬与 H_3O^+ 离子反应,生成氢氧化亚铬和重铬酸

$$\begin{array}{c} O \qquad O \\ \| \qquad \| \\ ^-O-Cr-O-Cr-O-Cr-OH \\ \| \qquad \| \\ O \qquad O \end{array} + H_3O^+ \longrightarrow \begin{array}{c} OH \\ | \\ Cr \\ | \\ OH \end{array} + H_2Cr_2O_7 \qquad (6)$$

重铬酸和铬酸缩合又生成三铬酸

$$H_2Cr_2O_7 + H_2CrO_4 \longrightarrow H_2Cr_3O_{10} + H_2O$$

$Cr(OH)_2$ 在什么条件下可以继续还原呢? 这与 H_2SO_4 的催化作用有关。过去,一般认为起催化作用的是 SO_4^{2-},其实在铬酸溶液中,无论以硫酸或硫酸钠的形式加入,最后 SO_4^{2-} 总是以 HSO_4^- 形式存在于镀铬液中。因为在镀铬液中加入的 H_2SO_4 是 100% 电离为 HSO_4^-;加入的 Na_2SO_4 实际上也 100% 电离为 SO_4^{2-},SO_4^{2-} 经水解生成 HSO_4^-

$$SO_4^{2-} + H_2O \Longleftrightarrow HSO_4^- + OH^- \qquad K_{水} = 8.7 \times 10^{13}$$

在强酸性溶液中有利于上述平衡右移,HSO_4^- 离子浓度增加,从简单的平衡计算可以得出上述平衡可完全右移。当溶液中存在 HSO_4^- 时,HSO_4^- 与氧化亚铬(氢氧化亚铬脱水而得)通过氢键而形成配合物

$$Cr(OH)_2 \Longleftrightarrow CrO + H_2O \qquad (7)$$

$$Cr=O + HSO_4^- \Longleftrightarrow \begin{array}{c} O \\ \| \\ Cr-O \cdots H-O-S-O^- \\ \| \\ O \end{array} \Longleftrightarrow \begin{array}{c} O \\ \| \\ Cr-O-H \cdots O=S-O^- \\ | \\ O^- \end{array} \qquad (8)$$

为了便于讨论,用下式代表配合物的共振式

$$^{\delta+}Cr-O \longleftrightarrow H \longleftrightarrow \begin{array}{c} O \\ \| \\ O=S-O^- \\ | \\ O^- \end{array}$$

式中,双前头代表氢键,形成一偶极,Cr 带正电,用 δ^+ 表示。配离子的正端特性吸附在阴极表面,第五个及第六个电子传递使二价铬依次还原成一价铬和金属铬

$$
\delta^+ Cr\!-\!O\longleftrightarrow H\longleftrightarrow O\!\!=\!\!\underset{\underset{O^-}{|}}{\overset{\overset{O}{\|}}{S}}\!-\!O^- \longrightarrow \delta^+ Cr\!-\!O^{\delta^-}\longleftrightarrow H\longleftrightarrow O\!-\!\underset{\underset{O^-}{|}}{\overset{\overset{O}{\|}}{S}}\!-\!O^-
$$

$$
\delta^+ Cr\!-\!O\longleftrightarrow H\longleftrightarrow O\!-\!\underset{\underset{O^-}{|}}{\overset{\overset{O}{\|}}{S}}\!-\!O^- \xrightarrow{\;2H^++e^-\;} Cr+H_2O+HSO_4^- \tag{9}
$$

在上述讨论中,三铬酸根离子只有一端被还原,倘若无 HSO_4^- 离子存在,三铬酸根离子的另一端也能被还原,与反应(1)~(4)类似,即得铬酸二铬配合物

$$
\underset{\underset{O}{|}}{\overset{\overset{O^-}{|}}{Cr}}\!-\!O\!-\!\underset{\underset{O}{\|}}{\overset{\overset{O}{\|}}{Cr}}\!-\!O\!-\!\underset{\underset{O^-}{|}}{\overset{\overset{O^-}{|}}{Cr}}
$$

此配合物在酸性溶液中即被分解而得到三价铬离子和铬酸根离子

$$
\underset{\underset{O^-}{|}}{\overset{\overset{O^-}{|}}{Cr}}\!-\!O\!-\!\underset{\underset{O}{\|}}{\overset{\overset{O}{\|}}{Cr}}\!-\!O\!-\!\underset{\underset{O^-}{|}}{\overset{\overset{O^-}{|}}{Cr}} + 9H^+ \longrightarrow 2Cr^{3+} + HCrO_4^- + 4H_2O \tag{10}
$$

Cr^{3+} 离子立即生成稳定的水合铬离子 $Cr(H_2O)_6^{3+}$,因此,阻止了三价铬的继续还原,于是在阴极上平行地进行着式(6)和式(10)的反应,所以在无 HSO_4^- 存在的铬酸溶液中,铬酸只能还原成黑铬和三价铬,而不能获得亮铬。

为了避免铬酸二铬化合物的生成,三铬酸根离子的另一端必须采用保护措施,这个任务就由 HSO_4^- 来承担,也即三铬酸根离子与 HSO_4^- 通过氢键形成配合物来完成保护任务。被保护后的三铬酸根离子表示为

$$
{}^-O\!-\!\underset{\underset{O}{\|}}{\overset{\overset{O}{\|}}{Cr}}\!-\!O\!-\!\underset{\underset{O}{\|}}{\overset{\overset{O}{\|}}{Cr}}\!-\!O\!-\!\underset{\underset{O}{\|}}{\overset{\overset{O}{\|}}{Cr}}\!-\!OH
\begin{matrix} O\longleftrightarrow H\longleftrightarrow O\!-\!S\!-\!O^- \\ \\ O\longleftrightarrow H\longleftrightarrow O\!-\!S\!-\!O^- \end{matrix}
$$

有人认为,当三铬酸根离子一端的两个 $Cr\!=\!O$ 键与 HSO_4^- 配合时,抑制了电子传递到该端的铬原子上,即该端被保护起来了。

上述讨论表明 HSO_4^- 的作用有两个方面:

第一,起催化作用,催化二价铬的化合物还原为金属铬;

第二,起屏蔽作用,它保护三铬酸根离子的一端,使它不与阴极上的电子进行还原反应,从而保证获得光亮铬镀层。

5.4.3　镀铬的阳极过程

为了全面认识镀铬过程,还必须了解阳极过程。

1.镀铬用的阳极

一般欲使电镀过程正常进行,阳极溶解的金属量和阴极析出的金属量应相对平衡,才能稳定进行生产。电镀用的阳极一般都是可溶性的。但镀铬却不能用金属铬作阳极,而用不溶性的铅或铅合金阳极,其理由如下:

① 镀铬时若用金属铬作阳极,阳极溶解的电流效率(接近 100%)大大超过阴极电沉积的电流效率(8% ~ 18%),于是电解液中很快会积累大量金属铬离子,使电解液变得不稳定。

② 在电镀过程中,阴极上沉积的金属铬是六价铬还原得到的。而铬阳极是以不同价态进行溶解,并以三价铬为主。这样,电解液中六价铬不断减少,三价铬逐渐增加,破坏了放电离子的动态平衡,而使电沉积过程受阻。

③ 另外,金属铬比铬酐贵得多,且金属铬很脆,也不易机械加工。

由于以上原因,镀铬就不能用金属铬作阳极,而采用不溶性阳极,电解液中六价铬的消耗靠添加铬酐来补充。

常用的不溶性阳极有金属铅、铅 – 锑合金(锑的质量分数为 6% ~ 8%)和铅 – 锡合金(含锡质量分数为 7% ~ 10%)等。后者在含有 SiF_6^{2-} 的镀铬液中有更好的耐蚀性。不能用铁、钛和铂等作阳极,因这些金属作阳极时,三价铬离子不能被氧化为六价铬,于是电解液成分逐渐失掉平衡。

在正常电镀过程中,铅或铅合金阳极表面生成一层棕色(似巧克力色)的二氧化铅薄膜,但如果膜太厚,能影响电流分布,可用擦刷和浸蚀的方法去除。停止工作时,应将阳极取出,否则二氧化铅膜被溶解,并生成黄色铬酸铅膜,它的电阻大,会造成槽电压升高,甚至不导电。

由于铬酸电解液的分散能力很差,必须特别注意阳极形状,在生产中,经常采用象形阳极和辅助阴极。如果镀件内径小,可使用镀铅的铜丝或铜棒作阳极。

2.镀铬的阳极反应

在阳极上进行的反应有三种(主要是析氧),即

$$2H_2O - 4e^- \!\!=\!\!= O_2 \uparrow + 4H^+$$

$$2Cr^{3+} + 6H_2O - 6e^- \!\!=\!\!= 2CrO_3 + 12H^+$$

$$Pb + 2H_2O - 4e^- \!\!=\!\!= PbO_2 + 4H^+$$

由生产实践得知,为了获得优良镀层,新配好的电解液,首先进行电解,产生一定量的 Cr^{3+}。为了维护电解液中 Cr^{3+} 含量在一定范围内,应保持阳极面积与阴极面积的比值为 2:1 或 3:2。

若电解液中 Cr^{3+} 含量过低,采用大阴极和小阳极电解一段时间即可。这是因为用大阴极时,阴极电流密度降低,使六价铬还原为三价铬的效率升高。

5.4.4　镀铬电解液的类型、成分和特点

1.镀铬电解液的类型

镀液的种类及电镀条件如表 5.36 所示。

表 5.36　镀铬液的种类及电镀规范

组成及工艺	萨金特型镀液			氟化物型镀液			高速镀铬型镀液		
	标准镀液	高浓度镀液	低浓度镀液	含氟硅酸镀液	自动调节镀液	滚镀液	商品镀液	含卤化物镀液	特殊镀液
ρ(无水铬酐)/(g·L⁻¹)	250	350~400	100~150	250~350	300~400	300~350	250~300	700~900	800~900
ρ(硫酸)/(g·L⁻¹)	2.5	3.5~4.5	1.5~2.0	5~10	0.1~1.0	0.5	3.0~4.0		
ρ(氟硅酸)/(g·L⁻¹)				1.5		15~20			
ρ(氟硅酸钠)/(g·L⁻¹)					8~15				
ρ(硫酸锶)/(ml·L⁻¹)					4.5				
φ(盐酸)/(ml·L⁻¹)								36	
ρ(氢碘酸)/(g·L⁻¹)							20		5~6
温度/℃	45~55	45~55	45~55	35~55	40~50	25~45	50~60	10~50	40~55
j_k/(A·dm⁻²)	10~30	30~80	10~30	10~60	20~60	10~30	5~300	30~20	
电流效率/%	13~16	13~16	13~16	约25%	约25%	约25%	约25%	−70%	50~55%
硬度(HV)	700~1000	700~1000	700~1000	700~1000	700~1000	1000~1200		980~1100	
裂纹数/(条·cm⁻¹)	50~200	50~200	50~200	200~600	200~600	400~1200			

（1）萨金特镀液

萨金特溶液是 1920 年 Sargent 发明的，主要成分是铬酐与硫酸。80 余年来，这种溶液一直是镀铬的主要镀液，其中的铬酐浓度变化范围很大，在 50～500 g/L 之间。但是不论铬酐浓度变化多大，要得到好的镀层，必须保持镀液中硫酸与铬酐的比为 1/100。铬酐浓度高时镀液带出量大，浓度低时镀液在使用过程中成分变化大，控制难度大。萨金特类型镀液在操作与管理上较为容易，但是电流效率低，在 13%～16% 之间。

（2）氟化物镀液

氟化物镀液是将萨金特镀液中的硫酸部分的或全部的由氟硅酸、氢氟酸、氟硼酸或以上这些含氟酸的盐类取代而得到的。这类溶液的阴极电流效率在 25% 左右，远高于萨金特镀液。此外，在该镀液中可于低温下镀得光亮镀层，分散能力与覆盖能力均较好。缺点是镀液中的氟化物浓度控制较难，在低电流密度区得不到镀层的地方，镀液对基体有侵蚀作用。镀液对铅合金阳极有一定的溶解作用，铅阳极消耗速度快。由于该类溶液对于操作过程中的断电反应不明显，所以在此类溶液的基础上，提高氟化物的浓度，可以得到用于滚珠、螺丝、螺母等小件镀铬用的滚镀液。

自动调节镀铬液的简称为 SRHS 镀铬液，SRHS 为 Self Regulating High Speed 的缩写，镀液中除含有铬酐外，还含有硫酸锶、氟硅酸钾或者氟硅酸钠。由于在电镀过程中，过剩添加的这些低溶解度的催化剂的盐类，能够通过自动电离来补充镀液中的硫酸催化剂，所以能够实现较高速度的电镀。

（3）高效镀铬液

为了在电镀过程中，低电流无镀层的区域不被镀液中的氟化物腐蚀，这类溶液中不含有氟化物。取代具有催化作用的氟化物的物质为烷基磺酸盐或者氨基酸。也有人研究了添加除氟化物以外的卤化物来取代氟化物。

1984 年，市场上出现了不含氟化物的、不腐蚀工件的高速镀铬液。这类镀液的优点是：

① 电流效率高,为 25% 左右,与含氟硅酸的镀液相同;② 镀液对工件上的低电流区腐蚀作用小,这点与萨金特镀液相同。③ 镀层硬度高,可达 HV1 100 左右,而且电镀参数变化对镀层硬度影响小。④ 镀层中的微裂纹深度浅,而裂纹数较多,在 400 ~ 1 000 根/cm 之间,因此镀层有很好的耐蚀性。这类镀液在活塞环、减震器杆、印刷辊上都有很多的应用。近年来许多专业电镀厂家也开始使用这类镀液。由于这种镀液中含有特殊的催化剂,在催化剂的管理上有一定的难度。但是这种溶液可以由萨金特镀液转换得到。

(4) 忒特拉镀铬液

忒特拉镀铬液的组成为铬酐:400 g/L;氢氧化钠:58 g/L;硫酸:0.75 g/L。这类镀液中的铬酸以 $Cr_4O_{13}^{2-}$ 存在,因此也称为四铬酸镀铬液。镀液中的 $NaOH/CrO_3$ 的比保持在 1:4 ~ 6 之间。温度在 20℃ 时可采用 20 ~ 90 A/dm² 的高电流密度操作。适合于锌铸件、铝件浸锌后的电镀。镀层色调发灰、柔软,抛光后可得到光亮镀层。

(5) 耐蚀性镀铬液

虽然铬镀层自身耐蚀性很好,但是由于镀层中存在裂纹,腐蚀介质通过裂纹达到底层的镍表面,引起腐蚀。因此提高镀层耐蚀性的方法分两个方面:一个是改善镍层的耐蚀性,例如,采用双层镍、三层镍;另一个是使铬层的耐蚀性提高,例如,镀无裂纹铬来阻止腐蚀介质进入镍层,或者是镀微裂纹铬或微孔铬来分散腐蚀电流。

① 无裂纹镀铬液。镀铬层中裂纹数可以通过增加铬酸浓度、降低硫酸浓度、提高镀液温度来降低。但是提高温度得到的无裂纹镀铬层的表面灰暗,作装饰性镀层时还要进行镀后抛光。特别是镀得的无裂纹镀层在镀后一段时间内,往往由于受热膨胀、外力作用,而使潜在的内应力释放,产生宽而深的裂纹。因此实际上无裂纹镀铬在工业上应用的比较少。无裂纹镀铬多用于双层镀铬层的底层。近年来又开发出了利用 1 ~ 3 kHz 的脉冲电镀法,获得了无裂纹镀铬。这种镀层光亮性与硬度均不下降。该溶液已经商品化,并在工业生产中应用。

② 微裂纹镀铬与微孔镀铬。在萨金特镀液中,镀得的铬层的裂纹数不到 100 条/cm,在氟硅酸镀液中的为 50 ~ 200 条/cm。假如裂纹数增加,则能使达底部镍层的腐蚀电流分散,从而提高镀层的耐蚀性。

微裂纹镀铬便是能够满足以上要求的镀层。与常规镀铬层相比,微裂纹镀铬层的裂纹数高出数百条/cm。得到微裂纹镀层的方法有以下三种:

i. 单层镀铬法。向常规的镀铬液中加入促进析氢反应的硒酸盐,使裂纹变小而且数量增多。

ii. 双层镀铬法。底层镀高应力的无裂纹镀层,表层镀普通的铬层。镀在表层的铬层受到底层内应力的作用,产生大量微小的裂纹。

iii. 高应力镍法。最底层在氯化物溶液中镀高应力镍层,在其表面再镀 0.3 ~ 3 μm 的光亮镍层,最后镀铬层。

③ 微孔镀铬。最底层镀光亮镍层,在其上镀含有非导电微粒的镍层,称为镍封,粒子的直径在 0.1 ~ 1.0 μm 之间。微粒一般为陶瓷粉末或塑料粉末。在这种复合镀层的表面再镀铬层,便得到了含有大量微孔的铬层,称为微孔铬。孔的密度为 2 ~ 40 万个/cm²。镍封的电镀时间在 1 ~ 4 min。

（6）松孔镀铬

在摩擦状态下工作时,松孔铬镀层表面的大量松孔中含有润滑油,以减少磨损,降低摩擦力。这种镀层多用在汽缸活塞环、汽缸头上。具体方法是采用机械方法使工件表面凸凹不平,镀铬后这种凸凹更加明显,再采用电化学阳极浸蚀的方法使镀层中的深孔直径或隧道的宽度增大。浸蚀后的镀层表面形貌如图 5.25 所示。获得深孔型和隧道型松孔铬层的方法和工艺有所不同,如表 5.37 所示。

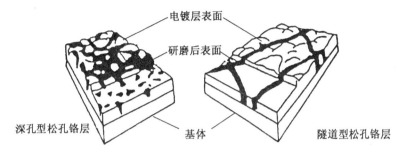

图 5.25　松孔镀铬电镀形貌示意图

表 5.37　松孔镍电镀液的组成及工艺条件

组成及工艺	深孔型	隧道型
ρ（铬酐）/（$g \cdot L^{-1}$）	250	250
铬酐/硫酸	100/1	100/0.75
电流密度/（$A \cdot dm^{-2}$）	40 ~ 55	40 ~ 45
温度/℃	50	60
镀层厚度/mm	0.1 ~ 0.5	0.1 ~ 0.5

镀后阳极浸蚀的电流为 30 ~ 60 A/cm^2,浸蚀深度由浸蚀时间而定。浸蚀后还要采用机械抛光,将突起的部分抛光掉。

最近,出现了在松孔镀铬后,使孔隙内含浸聚四氟乙烯微粉的方法来降低工作中的摩擦力的技术。使镀层加热到 190 ~ 310 ℃,当镀层中的裂隙增大时进行含浸,冷却后缝隙中便含有了微粉。这种技术常用于模具、辊子工件上。

2.镀铬液中各成分的作用

（1）铬酐

铬酐的水溶液是铬酸,它是电解液的主要成分。因镀铬工艺采用不溶性阳极,所以它是铬的惟一来源。铬酐在电解液中的含量范围很宽,为 50 ~ 600 g/L,通常使用的为 150 ~ 400 g/L。在标准镀铬液中含铬酐 250 g/L,其中大约含铬 125 g/L,若全部被利用而无损失,可覆盖大约 70 m^2 的表面,其镀层厚度为 0.25 μm。含铬酐低的电解液有较高的电流效率。较浓的电解液多用于装饰性电镀、较稀的多用于镀硬铬。电解液性能虽然与铬酐含量有关,最主要的取决于铬酐与催化剂的比值。

（2）催化剂

镀铬液中除含有铬酐外,还含有催化剂。已经使用的催化剂有硫酸根、氟化物、氟硅酸根或氟硼酸根以及它们的混合成分。当催化剂含量过低时,得不到镀层或得到很少的镀层,主要是棕色氧化物。若催化剂过量时,会造成覆盖能力差和电流效率下降,并可能导致局部或全部没有镀层。目前应用最广泛的催化剂是硫酸。

① 硫酸根的作用。镀铬溶液中硫酸的含量,不在于绝对值的多少,在于铬酐与硫酸根的比值,一般控制 $CrO_3 : SO_4^{2-} = 80 \sim 100 : 1$,最佳值为 $100 : 1$。当 SO_4^{2-} 含量过高时,得到的镀层不均匀,有时镀层发花,特别是凹处还可能露出基体金属,阴极上气泡减少。这是因为 SO_4^{2-} 含量过高时,胶体膜溶解速度增大,即溶膜机会大于成膜机会,膜不连续。电流密度小,阴极极化也低,因而铬不易析出,只有在电极电势比较负的区域才能获得铬层。当生产中出现上述问题时,根据化学分析的结果,可往电解液中加入适量的碳酸钡,然后滤去生成的硫酸钡沉淀即可。

当 SO_4^{2-} 含量低时,镀层发灰粗糙,光泽性差。因硫酸根含量太低,阴极表面上只有很少部位膜被溶解,即成膜速度大于溶膜速度,铬的析出受阻或在局部地区放电长大。所以得到的镀层粗糙。此时,往电解液中加入一定量的硫酸即可。

② 氟离子、氟硅酸根和氟硼酸根的作用。氟离子和含氟的酸根离子与硫酸根的作用是相同的。当氟离子取代硫酸根作催化剂时,氟离子的含量大致是铬酐含量的 $1.5\% \sim 4\%$。这类电解液的优点是:电解液的阴极电流效率高,镀层的硬度较大,使用电流密度较低,不仅适用于挂镀,也适用于滚镀。

我国使用较多的是氟硅酸根离子,它也有使镀层表面活化的作用,在电流中断或二次镀铬时,仍能得到光亮镀层,也能用于滚镀铬。一般加入 H_2SiF_4 或 Na_2SiF_6(或 K_2SiF_6)作为 SiF_6^{2-} 离子的来源,含 SiF_6^{2-} 离子的电解液,随温度上升,其工作范围较含 SO_4^{2-} 离子的电解液为宽。含 SiF_6^{2-}(或 F^-)的电解液主要缺点是对工件、阳极、镀槽的腐蚀性大,维护要求高,所以,不可能完全代替含有 SO_4^{2-} 的电解液。目前不少厂家将 SO_4^{2-} 和 SiF_6^{2-} 混合使用,效果较好。

③ 三价铬离子的作用。镀铬溶液中除含有铬酐和催化剂外,还需含有一定量的三价铬离子,才能得到正常的光泽镀铬层。它是组成胶体膜的主要成分,其来源可以是加入一定量的有机还原剂(如糖、草酸、柠檬酸或酒石酸)等,使铬酸中的六价铬还原为三价铬,也可通过电解处理(大面积阴极和小面积阳极)得到,普通镀铬液中 Cr^{3+} 含量大约为 $2 \sim 5$ g/L,也有资料报导是铬酸的质量分数为 $1\% \sim 2\%$。三价铬的允许含量与电解液的类型和工艺条件,以及电解液中杂质的含量有关,物别是当含有铁杂质时,允许 Cr^{3+} 含量甚低,当 Cr^{3+} 的含量过低时,会进一步降低电解液的分散能力,这是因为 Cr^{3+} 含量过低时,生成的胶体膜不连续,使镀层不连续,甚至有的地方没有镀层,和 SO_4^{2-} 含量过高的现象相似。若 Cr^{3+} 含量过高,生成的胶体膜致密,镀层发灰白。并使光泽镀层的电流密度范围缩小,与 SO_4^{2-} 含量过低时现象相似,同时还降低了镀液的导电性,使槽电压升高。在生产中,为了维持电解液中 Cr^{3+} 的适当含量,通常控制阴阳极的面积比或控制阴阳极的电流密度。

3.镀铬液的性能与工艺条件

镀铬液随组成与工艺条件变化,将可以得到许多特点不同的镀层,具体情况如表5.38所示。

表5.38　镀液与电镀条件的变化对镀层性能的影响(萨金特镀液)

项　目	光亮性	镀速	分散能力	深度能力	硬度	裂纹数
铬酐浓度增加	逐渐变差	逐渐变慢	逐渐变坏	略有好转	有所下降	逐渐降低
铬酐/硫酸 比值增大	向高电流密度区移动	逐渐变慢	逐渐变好	比例一定好	1%程度增大	逐渐降低
温度增加	向高电流密度区移动	逐渐变慢	逐渐变坏	逐渐变坏	45~50℃时最大	逐渐降低
电流密度增高	与温度变化趋势相同	逐渐增加	—	—	逐渐上升	无影响
镀层厚度增加	略有下降	—	—	—	—	逐渐增加

（1）光亮性

如图 5.26 所示,镀层的光亮性受阴极电流密度、镀液温度的影响。随镀液温度升高,镀层的光亮区域向高电流区域移动,而且电流密度变化范围变宽。此外,随着镀液浓度的增加,光亮区向低温、低电流区域移动。采用低浓度镀液时,光亮区向高温、高电流区域移动。还有,当电镀液中的催化剂浓度增加时,光亮区向高电流区域移动。当镀液中三价铬以及杂质的浓度超标时,镀层的光亮区变窄。因此这些物质的含量要求控制在 30 g/L 以下。另外,光亮镀铬层的光亮性受基体镀层光亮性的影响显著,所以要求底层的镍不仅要有很好的光亮性,还要有很好的活性。

（2）电流效率与电镀速度

镀铬过程的阴极电流效率很低,萨金特镀液在 13% ~ 16%,含氟化物镀液在 25%左右,

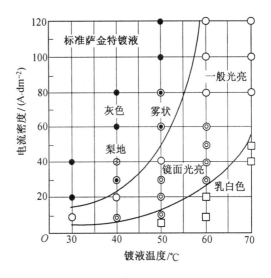

图 5.26　镀铬的外观与电镀条件的关系（镀层厚度 50 μm）

而且随工作电流密度的增加,阴极电流效率上升。如图 5.27 所示。另外,电流效率随镀液中铬酸浓度和镀液温度的下降而上升。

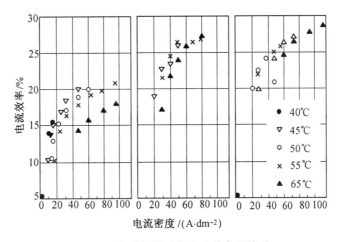

图 5.27　各种镀铬液与电流效率的关系

在萨金特镀液中,在温度为 50℃、电流密度为 50 A/dm² 的条件下,镀速为 40 μm/h。在含有复合催化剂以及高速镀液中的沉积速度比这要高出 20% ~ 30%。电流密度、温度与镀速的关系如图 5.28 所示。

另外,镀铬层的另一显著特点是尖端效应严重,如图 5.29 所示。因此往往要求采用象形阳极与辅助阴极。为了保证一定的厚度,还要仔细设定电镀时间。

(3) 镀液的覆盖能力与分散能力

在低电流区,阴极反应为六价铬还原成三

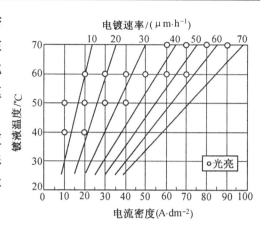

图 5.28　电镀条件与电镀速率的关系

价铬。因此对于形状复杂的工件,其凹下的部分,或者背对阳极的部分往往得不到好的镀层。因此充分了解镀液的覆盖能力与分散能力就显得十分重要。镀液的覆盖能力与镀液中铬酐浓度与硫酸浓度关系如图 5.30 所示。

镀液的覆盖能力受其中三价铬浓度的影响,当三价铬浓度为 1.3 ~ 3.0 g/L 时,镀液的覆盖能力最好。浓度的进一步增加,会导致覆盖能力下降。另外镀液的覆盖能力还受基体金属的析氢过电势与表面状态的影响,对于像铸铁件等低氢过电势金属以及形状复杂的工件,入槽后应考虑采用大电流冲击的方法,获得起始镀层。这是由于六价铬为主盐时,六价铬放电的电化学极化小的缘故。而且电流密度越高,电流效率也越高,因此电镀时要尽可能地增加阴阳极距离、工件的尖端部分设置挡板并仔细考虑设置挡板的位置,当然还要考虑使用辅助阴极与象形阳极。

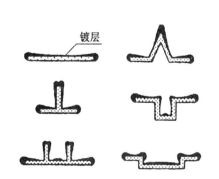

图 5.29　电镀层厚度的分布(无辅助阴极)

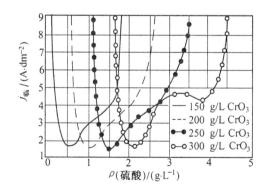

图 5.30　铬酸浓度与硫酸浓度对覆盖能力的影响

(4) 硬度与耐磨性

镀层的硬度与阴极电流密度、镀液的温度的关系如图 5.31 所示,当温度在 45 ~ 50℃、电流密度为 50 ~ 80 A/dm² 时,所得的镀层硬度最高。不同的镀铬液中,所得镀层的硬度也有所区别,高速镀液中所得镀层硬度高于萨金特与含氟催化剂镀液,后两者的硬度相同。人们已经明确了硬铬层的硬度在 HV 800 以上时硬度与耐磨性的关系,一般情况下,硬度越高,耐磨性越好。镀层的耐磨性还与摩擦副的材料、摩擦时的干湿状态、润滑油的种类有关。

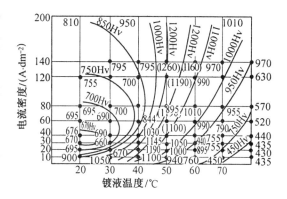

图 5.31　镀铬层的硬度与电镀条件的关系

4.杂质及其影响

① 金属杂质。镀铬电解液中的有害杂质主要有铁、铜、锌、镍等。其中,任何一种金属离子积累到一定含量时,将给镀铬工艺带来危害,如镀层光亮范围缩小,电解液的分散能力降低,导电性变差等。当电解液中铁离子的含量超过 15 g/L(或 20 g/L)或铜离子含量超过 5 g/L 或锌离子含量超过 3 g/L 时,电解液必须进行处理。用低电流密度处理能收到一定效果。

当铁离子等含量过高时,用离子交换法处理,效果很好。在处理时先将镀铬液稀释,使铬酸的含量不超过 120 g/L,然后注入交换柱中。经过这样处理的镀铬液可以重新使用。欲延长树脂的使用寿命,应该避免浓的镀铬液与阳离子树脂直接接触,这样可以防止树脂因氧化而破坏。

② 氯离子。镀铬液对氯离子比较敏感,允许含量比较小(0.3 g/L 以下)。含量高时,会使电解液的电流效率和覆盖能力降低,镀层发灰、发花、产生针孔、抗蚀能力下降。

去除方法可加适量的碳酸银,生成氯化银沉淀,但加入的碳酸银还能与铬酸反应生成铬酸银沉淀。这样不仅银盐消耗大,又损耗了铬酐,但其效果还是比较好的。为了防止氯离子带入电解液中,在配制和调整电解液时,最好采用蒸馏水或去离子水,尽量不用自来水。镀前弱浸蚀采用稀硫酸,而不使用稀盐酸,以防止将氯离子带入槽中。

③ 硝酸根。电解液中含有少量的硝酸根就能使镀层出现灰黑色,还能破坏镀槽的铅衬。当硝酸根达到 1 g/L 时,必须显著地提高阴极电流密度,才能使铬沉积。

去除方法以每升电解液 1 A 的电流进行电解处理。若电解液中含硝酸根较多时,应先用碳酸钡把硫酸根除去,然后用大电流处理。这样可减少铬在阴极上沉积,提高处理效率。

5.4.5　特殊镀铬

1.三价铬镀铬液

尽管很早有人便开始了三价铬镀铬工作的研究,但是直到 1975 年,这一研究才获成功,这便是 Albright&Wilson 公司开发出的商品名为 Alecra3 的三价镀铬液,六价铬具有刺激皮肤等一系列的毒性,三价铬的毒性要小得多,有报道,三价铬的毒性比六价铬小 100 倍左右。因此目前三价铬镀液在装饰镀层方面获得了越来越多的应用。三价铬与六价铬的镀液性能的差别如表 5.38 所示。

表 5.38　三价镀铬液与六价镀铬液性能比较

项　　目	三价铬镀液	六价铬镀液
镀液中铬浓度/(g·L⁻¹)	5 ~ 25	50 ~ 200
溶液 pH 值	2.4 ~ 4.0	< 1
镀液温度/℃	30 ~ 50	40 ~ 60
阴极电流密度/(A·dm⁻²)	3 ~ 8	10 ~ 80
空气搅拌	需要	不要
连续活性炭处理	需要	不要
阳极材料		
单槽式	碳	铅锡或铅锑合金
多槽式	铅锡合金	
对杂质的敏感性	敏感	不敏感
覆盖能力	良好	不良
烧焦	不常出现	高电流密度区出现
色调	与不锈钢类似	蓝白色
耐蚀性处理	需要进行钝化等处理	不需要
沉积速率	0.07 μm/min	0.1 ~ 0.2 μm/min
镀层厚度上限	1.5 μm 以内	具有镀厚性
硬度(HV)	500 ~ 700	800 ~ 1 100
镀层中的杂质	含有百分之几的碳与氧	很少
滚镀	可以	需要特殊镀液
废水处理	中和即可	先化学还原,再中和
毒性	低	高

从表中可以看出,三价镀铬液的镀厚性、镀层耐蚀性、镀层硬度与纯度不如六价镀铬液,所以不能用在需要硬铬厚镀层的场合,而且三价镀铬液的成分较为复杂,操作控制上有一定的难度。但是三价铬镀液分散能力好,不容易烧焦,能够进行滚镀,这对于装饰性镀层,特别是小件的镀铬是非常重要的。三价铬镀铬后需要进行钝化处理,这也是其缺点之一。

(1) 三价镀铬液的组成及电镀条件

三价镀铬液的组成及电镀条件如表 5.39 所示,由该表可知,三价铬镀铬液是含有 pH 缓冲剂与导电盐的复杂镀液,部分溶液中还含有配位剂。镀液中三价铬盐的浓度为5 ~ 20 g/L,比六价铬镀铬液低许多。由此可知,三价铬镀铬液操作难度相对较高。与一般镀液不同的是,镀液中还加有电沉积促进剂,例如溴化钾、硫氰化钠与硫代硫酸钠。

三价铬镀铬液的沉积速率与电流密度的关系如图 5.32 所示,在低电流密度区较高,在高电流密度区受到了抑制。因此三价铬镀液的分

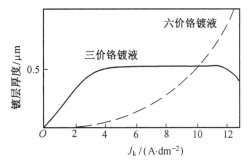

图 5.32　两种镀铬液阴极电流密度对镀层厚度的影响

散能力远远好于六价镀铬液。在工件的凹处,甚至深孔处也能镀得镀层。

在三价铬镀液中,最初得到的镀层为微孔镀层,当镀厚达到 0.5 μm 以上时,得到的镀层为微裂纹镀层。早期的三价铬镀液得到的是略暗的、类似不锈钢色调的镀层。由于电镀温度为 30℃ 左右,因此电镀设备中需要有加热与冷却装置。镀液温度高时,镀液分散能力下降,镀液温度低时虽然分散能力提高,但是镀层发暗。温度过低时镀液中易生成金属盐的沉淀。

表 5.39　三价镀铬液的组成及电镀条件

有　效　成　分		溶液 1	溶液 2	溶液 3
铬的来源	ρ(三氯化铬)/(g·L^{-1})	106		
	ρ(硫酸铬钠)/(g·L^{-1})		100	80
配位剂	ρ(甲酸钾)/(g·L^{-1})	80		
导电盐	ρ(苹果酸钠)/(g·L^{-1})		10	54
	ρ(氯化铵)/(g·L^{-1})			
	ρ(硫酸钾)/(g·L^{-1})		100	150
	ρ(硫酸钠)/(g·L^{-1})		50	100
pH 缓冲剂	ρ(硼酸)/(g·L^{-1})	40	60	60
电沉积促进剂	ρ(硫氰化钠)/(g·L^{-1})		0.05	
	ρ(硫代硫酸钠)/(g·L^{-1})			0.15
其他	ρ(溴化钾)/(g·L^{-1})	10		
	表面活性剂	适量		

三价镀铬的最大难点是阳极的问题,而这也正是近年来三价铬镀铬技术发展最快的方面。一般三价铬镀铬都采用不溶性阳极(DSA),例如碳、铅合金、钛上烧结金属氧化物阳极,如钛上氧化钌、氧化钽、氧化铱等。而在不溶性阳极工作时,只要阳极的电势足够高,就在析氧的同时,不可避免地将三价铬氧化成六价铬。镀铬液中不允许含有过高的六价铬离子,因为 Cr^{6+} 会影响镀层的外观,当六价铬离子浓度过高时,镀层沉积便发生了困难。目前三价铬镀槽一般有两种形式:一种是单槽式,一种是复槽式。单槽式采用碳或其他不溶性阳极,通过严格的选择阳极材料,可降低析氧过电势,抑制六价铬的析出。复槽式是将不溶性阳极装入阳极篮中,阳极篮的面向阴极面的一侧为氟树脂离子交换膜,防止产生的六价铬进入镀液。阳极区的电解液多采用质量分数为 10% 的稀硫酸溶液。

(2) 三价铬镀液故障的排除

三价铬镀液对以下金属杂质非常敏感:六价铬,镍离子,铜离子,铁离子,锌离子。当镀液被以上这些离子污染时,可采用小电流电解的方法去除。当镀液被有机物污染时可采用活性炭吸附后过滤的方法去除。

当镀得的工件发暗或出现云雾状花斑时,可认为镀液受到了金属离子的污染或溶液中的配位剂浓度过低。当镀液的分散能力下降时,应该检查电流密度是否过低、镀液温度是否过高、搅拌是否过于强烈以及镀液 pH 值是否过低等电镀条件。当镀液表面出现白斑时,可以检查镀液是否受到铅离子的污染,或混入了高浓度的镀镍光亮剂。

2.镀黑铬

黑色镀铬层中,金属铬的质量分数为 55%~85%,其余为铬的氧化物与氢氧化物。该镀层与其他的黑色镀层相比,黑度、耐蚀性、耐磨性以及与基体的结合力要好。这种镀层主要用于汽车、照相机、电子部件上。当镀层厚度为 0.3~2.5 μm 时,对太阳光的吸收非常好,主要用于红外线吸收领域,并选择性地用于太阳光的吸收。

黑色镀铬液中,添加的是催化性能不完全的醋酸与尿素、氨磺酸、硝酸以及微量的氟化物、还有钒酸盐等。

黑色镀铬液的组成及工艺条件如表5.40所示,镀黑铬时,温度要控制在30℃以下,要采用大电流密度电镀,镀槽中要设置冷却设备。

表5.40　黑色镀铬液的组成及工艺条件

组成及工艺	溶液1	溶液2	溶液3
ρ(铬酐)/(g·L^{-1})	300～400	200	100
ρ(醋酸钡)/(g·L^{-1})	5～10		
ρ(醋酸锌)/(g·L^{-1})	5～10		
ρ(醋酸钙)/(g·L^{-1})	4～8		
ρ(氯化镍)/(g·L^{-1})		20	
φ(醋酸)/(ml·L^{-1})		6	6.5
温度/℃	22～40	25	25
电流密度/(A·dm^{-2})	30～100	50～100	50～100

3.高硬度镀铬

高硬度镀铬技术诞生于1985年,镀液的组成及工艺条件如表5.41所示,镀液中含有甲酸、乙酸等有机羧酸。得到的镀层中含有质量分数为2%～3%的碳,实际上得到的是 Cr－C 合金镀层。

表5.41　高硬度镀铬镀液的组成及工艺条件

组成及工艺	含草酸镀铬液	含甲酸镀铬液
ρ(铬酐)/(g·L^{-1})	200	100
ρ(硫酸)/(g·L^{-1})		5
ρ(草酸)/(g·L^{-1})	640	
φ(甲酸)/(ml·L^{-1})		10～20
ρ(硫酸铵)/(g·L^{-1})	75	
温度/℃	60	30
电流密度/(A·dm^{-2})	10～100	20～40
pH	1	
硬度(HV)		
析出时	1 100	1 000
600℃处理后	1 800	1 800

该镀层的硬度随热处理条件的不同而不同,如图5.33所示。

由于硬铬层中含有碳,所以镀层不仅硬度好,还有一定的自润滑性能,所以耐磨性也很好,尽管硬铬镀液在操作上的难度较大,还是得到了工业化的应用。今后如何改善镀液的操作性是研究的一个方向。

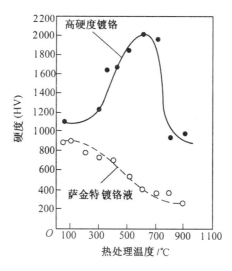

图 5.33　热处理对镀铬层的硬度的影响

5.5　电镀贵金属

　　银是应用最广的贵金属。属于贵金属的还有金以及铂系金属,如铂、钌、铑、钯、锇、铱。也有人把汞和铼也列为贵金属。

　　贵金属在金属中占有一定的特殊地位,首先它具有很高的化学稳定性。贵金属在大气中不发生腐蚀,虽然表面上常形成一层极薄的氧化膜。只有银例外,它对硫以及含硫化合物的亲和力较大。

　　由于贵金属具有良好的化学稳定性能和工艺性能,同时由于储量稀少,所以贵金属具有相当高的商业价值。

　　近些年来,许多贵金属在电子工业中越来越重要。特别是银和金,由于具有良好的电性能,所以应用增加。在化学工业和在高级测量仪器制造业、空间工业和现代技术的其他部门中都应用贵金属镀层。由于贵金属的价格很高,一般在其他金属镀层上沉积薄镀层。

5.5.1　电镀银

　　银是一种银白色、可锻、可塑及有反光能力的贵金属,它的相对原子质量为 107.87,密度为 10.5 g/cm³,熔点为 960.8℃,硬度为 60～140HV,低于铜高于金,电导率在 25℃时为 $63.3 \times 10^{-4}(\Omega \cdot cm)^{-1}$,是良好的导体,焊接性能也很好,所以镀银广泛应用于电器、电子、通信设备和仪器仪表制造等工业。

　　银具有较高的化学稳定性,与水和大气中的氧不起作用,但易溶于稀硝酸和热的浓硫酸,在含有卤化物、硫化物的空气中,银表面很快变色,破坏其外观和反光性能,并改变导电及钎焊等电性能。银的标准电势 $\varphi^{\ominus}(Ag^{+}/Ag) = +0.799$ V,相对于常用金属为阴极性镀层。一价银的电化当量为 4.025 g/(A·h),由于银的价格昂贵,又是阴极性镀层,一般不作为常用金属的防护镀层,但由于银在大多数有机酸、强碱及盐溶液中具有良好的化学稳定性,因而在装饰件、乐器、首饰、餐具、纪念章等工艺品方面得到应用。镀银溶液有氰化物、微氰和无氰镀银几类,目前生产上已应用的有氰化物镀银、硫代硫酸盐镀银、烟酸镀银、亚胺基二磺酸胺盐镀银及磺基水杨酸盐镀银等,其中工业生产大量采用的仍是氰化镀银溶液。

1.镀银预处理

镀银的制件一般是铜或铜合金,当在钢铁件上镀银时,应先镀上一层铜的底镀层。由于铜的标准电势比银负得很多,当铜及其合金零件进入镀银液时,在未通电流前即发生置换反应,镀件表面形成置换银层,它与基体结合力差,同时还会有部分的铜杂质污染镀液。因此,镀件进入镀银槽之前,除按常规进行除油和酸洗外,还需进行预处理。预处理方法一般常用的有以下三种:

(1) 浸银

镀件浸入由低浓度银盐和高浓度配位剂组成的溶液中,通过置换反应沉积上一层致密且结合力好的银层的过程叫浸银,这样,再进行镀银时,镀层结合力即可大大提高。处理方法见表5.42。浸银的时间不能过长,并必须加强清洗,严防浸银液带入镀银槽引起污染。

表 5.42 浸银处理液组成及工艺条件

成分及工艺	1	2
ρ[硝酸银($AgNO_3$)]/($g \cdot L^{-1}$)	15 ~ 20	
ρ[金属银(以亚硫酸银加入)]/($g \cdot L^{-1}$)		0.5 ~ 0.6
ρ[硫脲[$CS(NH_2)_2$]]/($g \cdot L^{-1}$)	200 ~ 220	
ρ[无水亚硫酸钠(Na_2SO_3)]/($g \cdot L^{-1}$)		100 ~ 200
pH(用 1:1 盐酸调节)	4	
T/℃	15 ~ 30	15 ~ 30
时间/s	60 ~ 120	3 ~ 10

(2) 预镀

镀银前将制件镀上一层薄而结合力好的镀层称为预镀。一般采用高浓度配位剂和低浓度金属盐镀液,它可以提高阴极极化,产生活化过程,使镀件表面迅速生成一层薄而结晶细致、结合力好的镀层。预镀溶液的特点是稳定性好,具有较强的分散能力和覆盖能力,镀层结晶细致,操作温度低,阴极电流密度较低等。一般有预镀铜、预镀银、预镀镍。

① 预镀铜。对于钢铁件、镍合金件、磷青铜件、铍青铜、黄铜铸件,精度要求高的铜及其合金、多种金属组装件或焊接件,要先预镀一层铜,再预镀银,而后镀银。铜及其合金件也可预镀铜后,在氰化物镀液中带电下槽镀银。预镀铜溶液成分及工作条件为

氰化亚铜(CuCN)　　　　　　10 ~ 20 g/L

氰化钾(KCN)　　　　　　　70 ~ 90 g/L

T/℃　　　　　　　　　　20 ~ 30

j_k/($A \cdot dm^{-2}$)　　　　　　1.5 ~ 3

时间/min　　　　　　　　1 ~ 2

② 预镀银。预镀银有两种,表 5.43 配方 1 适用于有色金属件,如铜及铜合金、镍及镍合金等,也适用于经预镀铜后的各种镀件的第二步预镀;配方 2 适用于钢铁件,须经两次预镀。

表 5.43　预镀银溶液成分及工艺条件

镀液组成及工艺	1	2	
		第一次	第二次
$\rho[$氰化银$(AgCN)]/(g \cdot L^{-1})$	$1 \sim 2$	$1 \sim 2$	$1 \sim 2$
$\rho[$氰铜$(CuCN)]/(g \cdot L^{-1})$		$8 \sim 11$	
$\rho[$氰化钾$(KCN)]/(g \cdot L^{-1})$	$60 \sim 120$	$60 \sim 75$	$60 \sim 120$
$T/℃$	室温	$20 \sim 30$	室温
$j_k/(A \cdot dm^{-2})$	$2 \sim 3$	$1.5 \sim 2.5$	$2 \sim 3$
时间/s	$5 \sim 10$	$5 \sim 10$	$5 \sim 10$

③ 预镀镍。如果镀银层要求镀层薄而耐磨时,可采用预镀镍。当镀件基材为镍或以镍为中间层,为防止镍的钝态,将镀件先盐酸活化,即在体积分数为 50% 的盐酸中浸渍 10 ~ 30 s,用水清洗后再进行预镀镍,用银镍合金制成的零件,一般先预镀镍,然后再预镀银,预镀镍溶液成分及工艺条件为

氯化镍$(NiCl_2 \cdot 6H_2O)$	240 g/L
盐酸(HCl)	125 ml/L
温度	室温
$j_k/(A \cdot dm^{-2})$	$5 \sim 15$
T/min	$1 \sim 2$

(3) 汞齐化

将铜制件浸入含有汞盐及配位剂溶液中,表面生成一层薄而致密、覆盖能力好的铜汞齐层,其电极电势比银正,镀银时防止了置换镀银层产生。汞齐化既可采用氰化物溶液,又可采用酸性溶液,见表 5.44。

汞齐化过程中,汞原子会沿基体金属晶格的外缘进入晶格内部,使金属晶格力松溃,产生脆裂,因此特殊产品必须谨慎使用。同时汞的毒性大,会造成公害,所以常用浸银或预镀代替。

表 5.44　汞齐化处理成分及工艺条件

成分及工艺	1	2	3
$\rho[$氧化汞$(HgO)]/(g \cdot L^{-1})$	$5 \sim 10$		
$\rho[$氯化汞$(HgCl_2)]/(g \cdot L^{-1})$		100	$6 \sim 7$
$\rho[$氰化钾$(KCN)]/(g \cdot L^{-1})$	$50 \sim 100$		
$\rho[$氯化铵$(NH_3Cl)]/(g \cdot L^{-1})$			$4 \sim 6$
$\rho[$盐酸$(HCl)]/(g \cdot L^{-1})$		120	
$T/℃$	室温	室温	室温
时间/s	$3 \sim 5$	$3 \sim 5$	$3 \sim 5$

2.氰化物镀银

氰化镀银溶液主要由银氰配盐和游离氰化物组成,它稳定可靠,电流效率高,有良好的分散能力和覆盖能力,镀层结晶细致有光泽,缺点是含剧毒的氰化物,污染环境,危害生产者的健康,因此须妥善治理排放的废水和有良好的通风设备。

(1) 镀液成分及工艺条件

氰化镀银溶液成分及工艺条件见表 5.45。

表 5.45　氰化镀银溶液成分及工艺条件

成分及工艺	一般镀银	光亮镀银	快速光亮
ρ[氯化银（AgCl）]/（g·L^{-1}）	35~40	30~40	
ρ[硝酸银（AgNO$_3$）]/（g·L^{-1}）			70~90
ρ[氰化钾（KCN 总）]/（g·L^{-1}）	65~80	45~80	100~125
ρ[氰化钾（KCN 游离）]/（g·L^{-1}）	35~45	30~55	45~75
ρ[碳酸钾（K$_2$CO$_3$）]/（g·L^{-1}）		18~50	
ρ[硝酸钾（KNO$_3$）]/（g·L^{-1}）			70~90
φ（混合光亮剂）/（ml·L^{-1}）		5~10	5~10
φ[氨水（NH$_3$·H$_2$O）]/（ml·L^{-1}）		0.5	
T/℃	10~35	10~35	10~43
时间/s	0.1~0.5	0.3~0.8	1~3.6

（2）配合平衡和电极反应

氰化镀银的主要成分是银氰配盐和一定量的游离氰化物,银氰配盐由银的单盐与氰化物作用配合而成,根据氰化物含量不同,银与氰化物配合可能形成［Ag（CN）$_2$］$^-$、［Ag（CN）$_3$］$^{2-}$ 和［Ag（CN）$_4$］$^{3-}$ 三种配离子,在氰化镀液中根据 CN$^-$ 含量,以配位数为 2 的 ［Ag（CN）$_2$］$^-$ 形式为主,并有以下配合平衡

$$AgCl + 2KCN \longrightarrow K［Ag（CN）_2］+ KCl$$

$$K［Ag（CN）_2］\Longleftrightarrow K^+ + ［Ag（CN）_2］^-$$

$$［Ag（CN）_2］^- \Longleftrightarrow Ag^+ + 2CN^-$$

由于［Ag（CN）$_2$］$^-$ 的不稳定常数很小,$K_{不稳} = 8 \times 10^{-22}$,镀液中游离的银离子（Ag$^+$）浓度极小。在氰化镀银液中,阴极反应实际是银配阴离子在阴极上直接放电还原,而不是简单银离子放电还原。

阴极反应:通电时,银配离子直接在阴极上还原析出银层,即

$$［Ag（CN）_2］^- + e^- \longrightarrow Ag + 2CN^-$$

由于镀液中游离氰化钾存在,使银配离子更加稳定,在阴极上放电还原困难,阴极极化作用较大,所以镀液有良好的分散能力和覆盖能力,电流效率高、稳定,镀层结晶细致,光亮度好。

阳极反应:采用可溶性银阳极,在电流作用和游离氰存在下发生阳极反应,即

$$Ag - e^- \longrightarrow Ag^+$$

$$Ag^+ + 2CN^- \longrightarrow ［Ag（CN）_2］^-$$

即

$$Ag + 2CN^- - e^- \longrightarrow ［Ag（CN）_2］^-$$

若阳极钝化时,则有氧气析出

$$4OH^- - 4e^- \longrightarrow 2H_2O + O_2 \uparrow$$

（3）镀液中各成分的作用及影响

① 氯化银、硝酸银。与配位剂氰化钾生成银氰配盐,是银氰配盐中银离子的来源。其含量的高低对镀液的导电性、阴极极化、分散能力和沉积速度有一定的影响。一般金属银的含量在 20~45 g/L 之间,银的含量低,有利于银与氰化钾配合的稳定性,可提高阴极极化和分散能力,使镀层结晶致密,并促进阳极溶解。银的含量高,可增加镀液的导电性,允许使用

较高的电流密度。但银含量太高时,镀层结晶粗糙,高电流密度区镀层容易呈桔皮状镀层。银的含量太低时会降低电流密度上限,使沉积速度减慢,镀层色泽变淡,又容易变色。

② 氰化钾。镀液中的主配位剂,配合能力极强,可与银盐配合生成银氰配离子。在镀银液中以$[Ag(CN)_2]^-$配离子为主,它在阴极上还原形成银镀层。为了保证$[Ag(CN)_2]^-$配离子有足够的稳定性,要求镀液中有一定的游离氰化钾存在。其主要作用是稳定镀液,提高阴极极化作用,使镀层均匀细致,分散能力和深镀能力好,促进阳极溶解,提高溶液导电能力,发挥光亮剂的最大功能,防止氰化银沉淀。一般控制在 30~60 g/L 之间,快速镀银可达60~120 g/L。但是游离氰化钾含量过高时,电流效率下降,沉积速度减慢,阳极可能出现颗粒状金属溶解;含量太低时,镀液不稳定,阳极易钝化,使表面出现灰黑色膜,镀银层呈灰白色,严重时结晶粗糙,甚至结合力不良。

③ 碳酸钾。镀液中的导电盐,能提高镀液的导电能力,加快沉积速度,提高分散能力,改善镀层质量。由于氰化物的水解和从空气中吸收二氧化碳,会生成碳酸钾,反应式为

$$2KCN + H_2O + CO_2 \longrightarrow K_2CO_3 + 2HCN\uparrow$$

并逐渐增多,其含量维持在不超过 80 g/L 的范围内,对阳极极化作用不会发生显著的影响,新配镀液时可按低限含量加入。

④ 添加剂。在一般氰化镀银液中可不加添加剂。为了获得光亮或半光亮的银镀层,需要在镀液中添加适量的光亮剂,光亮剂一般含有硫,大致有 5 种:a. 二硫化碳;b. 二硫化碳衍生物;c. 无机硫化物(如硫代硫酸盐等);d. 有机硫化物(如硫醇类等);e. 金属化合物(如锑、硒、碲等)。光亮剂的作用主要是增大镀液的阴极极化作用,使镀银结晶细致、定向排列而出现光泽,但量太多会使镀层产生脆性。

(4) 工艺条件的影响

① 阴极电流密度(j_k)。镀银的j_k比较小,一般$j_k < 1$ A/dm²,但是镀液中银的含量、添加剂的性质及含量、配位剂及其含量及温度的高低对电流密度的使用范围有很大的影响。在一定的工艺条件下,提高j_k使镀层结晶细致,但略带脆性。j_k过高时,镀层粗糙甚至呈海绵状,在滚镀时,会产生桔皮状镀层。当j_k过低时,使沉积速度下降,影响光亮镀银的光亮度。

② 温度。温度控制在工艺范围内,银层结晶细致均匀。提高镀液温度,可相应地增大阴极电流密度和沉积速度,提高导电能力。但温度太高时,一方面使银层结晶疏松,表面发雾得不到光亮镀层;另一方面会使镀液不稳定,加快添加剂的分解和消耗,加速镀液的挥发和碳酸盐及 HCN 的生成。一般在室温下操作。而温度过低时,沉积速度下降,电流效率明显下降,严重时镀层呈黄色,并有花斑及条纹。

③ 搅拌。能提高阴极电流密度,扩大温度范围,加快沉积速度,降低浓差极化。

④ 阳极。镀银时一般采用可溶性银阳极,银阳极中银的质量分数最低应为 99.95%。为了保证镀层质量,应选用纯度高、不含杂质,特别是难溶的铅、硒、碲等杂质的阳极。因为银阳极中的杂质会使极板变黑,影响正常溶解,导致镀层粗糙。为了防止阳极钝化,保证阳极正常溶解,阳极与阴极的面积比($S_{阳}/S_{阴}$)不低于 1:1。为了控制镀液中银含量的增加,除采用纯银阳极外,还可按比例地采用镍、钢或不锈钢制成的不溶性阳极和银阳极联合使用。

(5) 镀液中杂质影响及排除

① 铁少量存在可引起镀层出现锈迹,可用化学沉淀法净化处理。用双氧水将二价铁氧

化成三价铁,调 pH 值至 5~6,升温至 60~70℃,搅拌 2 h,使铁杂质生成氢氧化铁沉淀过滤除去。

② 铅使镀层整平性差,用低电流密度电解除去。

③ 铜含量大于 7 g/L 时,会引起镀层发黑变暗,用低电流密度电解除去。

④ 镍大量存在时,可使镀层过分变硬,用低电流密度电解除去。

⑤ 氯离子含量高时,使镀层发花呈彩虹色,用大电流密度电解除去。

⑥ 有机杂质使镀层表面变暗、产生条纹等,用活性炭吸附处理,并经搅拌、静置及过滤除去。

3.无氰镀银

(1) 硫代硫酸盐镀银

以硫代硫酸根作为配位剂的无氰镀银电解液,有的用硫代硫酸的钠盐,有的用它的铵盐作为配位剂,但不论是钠盐或铵盐,都是硫代硫酸根与银离子结合成硫代硫酸合银的配离子,如 $[Ag(S_2O_3)]^-$ 和 $[Ag(S_2O_3)_2]^{3-}$,其不稳定常数分别是

$$[Ag(S_2O_3)]^- \qquad K_{不稳} = 1.5 \times 10^{-9}$$

$$[Ag(S_2O_3)_2]^{3-} \qquad K_{不稳} = 3.5 \times 10^{-14}$$

在酸性条件下,硫代硫酸根不稳定,会发生如下反应分解出硫

$$S_2O_3^{2-} + H^+ \Longrightarrow HSO_3^- + S$$

当有亚硫酸根存在时,硫代硫酸根的稳定性可以提高,这主要是亚硫酸根在酸性条件下,会形成亚硫酸氢根。这样,由于共同离子效应,抑制了 $S_2O_3^{2-}$ 的分解,使电解液较为稳定。因此,在硫代硫酸盐的无氰镀银电解液中,通常加入亚硫酸盐或焦亚硫酸盐,以抑制配位剂在酸性条件下的分解。

① 硫代硫酸钠镀银液成分及工作规范。

硝酸银	40 g/L
焦亚硫酸钾(又名偏重亚硫酸钾)	40 g/L
硫代硫酸钠	200 g/L
pH	5
阴极电流密度	0.2~0.4 A/dm²
温度	室温
阴极面积:阳极面积	1:(2~3)

② 镀液配制方法。

a.将焦亚硫酸钾和硝酸银分别溶解于常温的蒸馏水中。

b.在常温下用蒸馏水溶解硫代硫酸钠。

c.将焦亚硫酸钾和硝酸银溶液混合,搅拌,此时生成白色的焦亚硫酸银沉淀。并在不断搅拌下,迅速加入到硫代硫酸钠的溶液中,使白色沉淀完全溶解。这时的反应是

$$2AgNO_3 + K_2S_2O_5 \Longrightarrow Ag_2S_2O_5 \downarrow (白色) + 2KNO_3$$

$$Ag_2S_2O_5 + 4Na_2S_2O_3 \Longrightarrow 2Na_3[Ag(S_2O_3)_2] + Na_2S_2O_5$$

d.加蒸馏水至规定体积,并置溶液于日光下照射数小时(或将槽液敞开放置 1~2 d),此后,加 0.5~1 g/L 活性炭,搅拌、静置、过滤,即得澄清的镀液。配制溶液时,特别应该注意

的是,切不可将硝酸银直接加入到硫代硫酸钠溶液中去。因为两者作用时,先生成白色的硫代硫酸银沉淀,然后逐渐水解,会生成黑色的硫化银,使溶液中沉淀的颜色由白色变黄、变棕,最后变成黑色。其反应是

$$2AgNO_3 + Na_2S_2O_3 == Ag_2S_2O_3 \downarrow (白色) + 2NaNO_3$$

$$Ag_2S_2O_3 + H_2O == Ag_2S \downarrow (黑色) + H_2SO_4$$

由于上述原因,当需要向镀液中补充银盐时,也应先把硝酸银与焦亚硫酸钾(硝酸银与焦亚硫酸钾的配比量为 1:1)在槽外分别用少量水溶解,然后混合沉淀,再将带有沉淀的混合液加入到有足够量的硫代硫酸钠的镀液中去。否则会使镀液变色、变坏。同时在配制镀液时,各种器皿和搅拌棒也应各自分开,切勿混用,避免产生上述现象。

新配的镀液,有时可能会显现微黄色,或有极少量的沉淀物。这种现象过滤后能消除。对镀液无妨碍。

③ 镀液的维护。

a. 新配的镀液,电解时阳极表面可能会出现棕黑色的现象。这时,应将阳极用铜丝刷刷洗,以免棕黑色物落入镀液。这种现象经几次电解即可消除。

b. 当镀液中焦亚硫酸钾含量太低时,镀液不稳定,容易产生黑色沉淀物。因此,必须定期分析其含量,当发现其含量偏低时,应及时补充。

c. 不生产时,镀槽应加盖盖好。

d. 镀液 pH 不宜太低,注意在调 pH 时,不宜用高浓度酸,以免局部镀液 pH 太低而导致银配合物分解,使镀液中出现黄褐色胶体或黑色的硫化银沉淀,其反应式为

$$4Na_3[Ag(S_2O_3)_2] + 4H^+ \longrightarrow 2Ag_2S \downarrow + 7S \downarrow + 4Na_2SO_4 + 3SO_2 \uparrow + 4Na^+ + 2H_2O$$

因此,宜用稀酸调 pH,并应在搅拌下缓慢地加入。

(2) 烟酸镀银

烟酸又名维生素 B_5,相对分子质量为 123.11,熔点为 236℃。它是无色针状结晶,能溶于水,在水溶液中比较稳定。

烟酸镀银层外观细致,光亮度和韧性较好,镀液的主要性能接近氰化物镀银。现将该工艺简单介绍如下:

① 镀液成分及工艺条件。

硝酸银	42 ~ 50 g/L
烟酸	90 ~ 110 g/L
氢氧化钾	45 ~ 55 g/L
碳酸钾	70 ~ 82 g/L
醋酸铵	77 g/L
氨水(浓)	32 ml/L
pH	9.0 ~ 9.5
温度	室温
j_k	0.2 ~ 0.4 A/dm^2

② 镀液配制方法。

a. 将计算量的烟酸和氢氧化钾用少量蒸馏水溶解,再加入计算量的醋酸铵和氨水,搅拌

使之完全溶解。

b.将计算量的硝酸银用蒸馏水溶解后,加入到上述烟酸溶液中,并稀释至接近规定体积,再加入碳酸钾总量的 1/2(约 35~41 g/L),搅拌使其溶解。

c.加入 1~3 g/L 活性炭,搅拌 30 min,静置后过滤。

d.加蒸馏水至规定体积,调 pH 至 9.0~9.5。

e.根据试镀情况,再加入余量的碳酸钾。

③ 镀液的维护和注意事项。

a.为了使镀液有较好的稳定性、分散能力、覆盖能力和电流效率,烟酸与硝酸银的比值应控制在 1.5~3:1 为好。

b.为了防止铜杂质进入镀液,阴极、阳极的铜导电杆和铜挂钩,最好先镀一层厚银。铜零件落入槽内应立即取出。

c.由于烟酸对银的配合能力不强,镀液中不宜带入 Cl⁻,零件电镀前,须用蒸馏水清洗后入槽,同时为了防止镀好的镀层发花,零件出槽时须先用蒸馏水清洗干净。

d.镀前浸银,应认真仔细,发现不符合要求时,应重新操作。

e.镀液的 pH 值应经常测量,发现偏高或偏低时,应及时调整。

f.停镀时,镀槽应加盖盖好,防止氨挥发和灰尘落入槽液内。

(3) 亚氨基二磺酸铵镀银(简称 NS 无氰镀银)

① 镀液成分及工艺条件

硝酸银	30 g/L
亚氨基二磺酸铵	40~50 g/L
硫酸铵	80~100 g/L
柠檬酸三铵	2 g/L
pH	8.5~9
阴极电流密度	0.3~0.5 A/dm²
温度	室温

② 亚氨基二磺酸铵的制备。

a.将尿素研细,并在 80℃下烘 2 h。

b.以尿素与硫酸摩尔比为 1:1.25,称取配制镀液的所需用量。

c.将硫酸放入较大的容器内,然后缓缓加入尿素。由于此反应为放热反应,因此必须用冰盐浴降温,使温度保持在 20℃以下,最后得到一种白色糊状产物。

d.经 1 h 左右,用砂浴慢慢升温到 130℃左右,并在 130~140℃下恒温 30~60 min,此时有少量气泡逸出,迅速升温到 150℃以上,使其反应。当有大量气泡产生时,立即移去热源,这时体积膨胀(约 30 倍)生成白色海绵状物质。

e.将白色海绵状生成物在温度为 40~45℃下溶解在 pH 为 8 左右的氨性溶液中,静置,趁热过滤。

f.在冰冷条件下通入液氨直至饱和,温度控制在 0~50℃,过滤、结晶。

g.反复结晶两次,即得亚氨基二磺酸铵产物。

③ 镀液的配制。在电镀槽中倒入 2/3 体积的蒸馏水,用氢氧化钠溶液调至 pH = 8,加入所需量的亚氨基二磺酸铵、硫酸铵和柠檬酸三铵,搅拌使之全部溶解后,再用氢氧化钠溶液

调至 pH = 10。在另一容器中溶解所需量的硝酸银。然后在不断搅拌下,把硝酸银缓慢地加入电镀槽中,加水至所需体积,再调 pH 至 8.5,即可试镀。

④ 镀液的维护。

a.此类镀液中铁杂质的影响较为明显,铁的存在会使光亮区域缩小,因此,要尽量注意防止铁杂质带入。特别需要注意钢铁零件镀银前的处理。当铁零件落入槽中应及时取出。

b.因为溶液是碱性,故氨较易挥发,pH 变化大,应经常调整。

c.不镀时,镀液应加盖盖好。

(4) 磺基水杨酸镀银

① 镀液的组成及工艺条件(表 5.46)。

表 5.46　磺基水杨酸镀银液的组成及工艺条件

组成及工艺	吊　镀	滚　镀
ρ(磺基水杨酸)/$(g \cdot L^{-1})$	$100 \sim 140$	$120 \sim 150$
ρ(硝酸银)/$(g \cdot L^{-1})$	$20 \sim 40$	$25 \sim 40$
ρ[总氨量(以硝酸铵与氨水 1:1 加入)]/$(g \cdot L^{-1})$	$20 \sim 30$	$25 \sim 30$
ρ(氢氧化钾)/$(g \cdot L^{-1})$	$8 \sim 13$	$10 \sim 13$
pH	$8.5 \sim 9.5$	$8.5 \sim 9.5$
j_k/$(A \cdot dm^{-2})$	$0.2 \sim 0.4$	$0.2 \sim 0.4$

② 镀液的配制(用蒸馏水配制)。

a.称取需要量的磺基水杨酸,溶于总体积 2/5 ~ 3/5 的水中。

b.将需要量的氢氧化钾用水溶解,待冷却后加入上述溶液中。

c.将需要量的硝酸银用水溶解后,在搅拌下加入上述混合液中。

d.将需要量的醋酸铵用水溶解后,加入上述混合液中,然后再加入氨水。

e.加水至规定体积,最后用氢氧化钾调 pH 值至工艺规范。

③ 镀液的维护。

a.每次电镀前应测定溶液的 pH 值,若 pH 值下降,要用质量分数为 20% 的氢氧化钾溶液或浓氨水调 pH 至 9,方可电镀。

b.镀银前需预镀银或预浸银,否则影响结合力,还会使铜离子溶入槽内。阳极铜挂钩不得浸入镀液,若铜零件落入槽内,应立即取出。

c.不镀时,镀槽应加盖盖好,避免氨挥发和光照射。

d.镀液中的总氨量,要勤分析、勤调整,保证镀液的正常使用。

无氰镀银除了上述几种镀液以外,还有碘化物镀银、焦磷酸盐镀银等镀液。这里暂不介绍。

4.防止镀银层变色的措施

镀银层在大气中 SO_2、H_2S 等腐蚀性介质的作用下,很快地会使银层表面生成浅黄色、黄褐色、甚至黑褐色的硫化银($K_{sp}(Ag_2S) = 1.6 \times 10^{-49}$)薄膜。特别是在工业气氛中与含硫的橡胶、胶木、油漆等物接触的状态下,或者在高温高湿的条件下,变色程度就更迅速、更严重。除了上述引起银层变色的原因外,还有不可忽视的因素,是电镀工艺操作不当所造成,如镀银层的表面清洗不净,留有电镀残液或银镀层中夹有铁、铜、锌等低电势金属杂质,也会使镀层变色(这是因为含这些金属杂质对介质敏感性比纯银大,同时易形成微电池,引起电化学腐蚀)。另外,若银层表面粗糙或孔隙较多等也是造成银层容易变色的重要因素,因此必须严格控制电镀工艺操作。银层变色以后,不仅影响外观,更重要的是接触电阻增大,影响导电性能,而且造成焊接困难,降低了实用价值。特别是电子设备中的高频及超高频微波元件由于银层变色而造成的导电性能下降更为突出。为防止银镀层变化,零件镀银后要采用防银变色处理,其方法有化学钝化、电解钝化、覆盖有机薄膜、抗暗剂处理或在镀银层表面加镀贵金属铑等。使用钝化方法会影响镀银层的颜色、光泽,覆盖有机膜会影响银镀层的电阻和焊接性能,加镀铑会提高成本。因此,采用何种方法处理应根据产品的使用要求来选择。在手表工业中,希望表盘的银镀层呈银白色、不泛黄发暗,但不必考虑电阻和焊接性能。为满足此要求,防银变色处理方法有:将镀银后的表盘浸于四氮唑磷酸钠溶液再覆盖有机薄膜,在银镀层上加镀一层锡薄膜再覆盖有机薄膜等。

目前国内生产上采用的防止银层变色方法大致有以下几种:

(1) 化学钝化

通常采用重铬酸盐处理,在表面形成氧化银和铬酸银薄膜,这种膜抗 H_2S 能力差,抗变色效果不明显。

(2) 电化学钝化

在重铬酸盐溶液中以镀银件作阴极,通以一定电流,使 Ag 层表面形成一层钝化膜。电化学钝化比化学钝化效果稍好些,但还不理想。据资料介绍英国开宁公司的 A24512 银电解保护粉,其防变色效果比一般电解钝化液效果好得多,除适用于镀 Ag 层外,铜及铜合金的防变色也适用,其工艺规范为:电解保护粉含量 130 g/L,温度 15 ~ 35℃,阴极电流密度 1.5 ~ 2.5 A/dm^2,电压 4 ~ 6 V,时间 45 ~ 75 s,阳极材料不锈钢。

(3) 电泳法

溶液中含有 $BeSO_4$ 或 $Al(OH)_3$ 胶粒,带有一定的正电荷,在电场作用下移向阴极沉积在 Ag 层表面上,形成一致密膜层,达到防 Ag 变色效果。但也提高了 Ag 层表面接触电阻,可焊性差,故很少采用。

(4) 在 Ag 层表面上镀一薄层贵金属

如金、钯、铑、铂等能有效地防止 Ag 层变色。但成本太高,一般只用于高可靠性、高稳定性的少数军用产品上。

(5) 水溶性有机防变色剂

如 TX、TF、SN、LP - 98S 等属有机缓蚀剂之类,能使 Ag 镀层表面生成一层配合物保护膜,提高 Ag 层的防变色能力。TX 防变色剂是国内较早使用的一种产品,缺点是溶液稳定性差,放置一段时间后有大量沉淀物析出;TF、SN 防变色剂处理后镀 Ag 层表面外观较差,必须水洗,水洗后防变色效果略有下降。其中以 LP - 98S 防变色效果较好,还具有润滑作用。

(6) 有机溶剂型有机防变色剂

如 BY - 2、DJB - 823、FB - 4、TPS - Ag、LY - 9025、SP - 90S 等能使 Ag 镀层表面生成一薄层固态膜,改善表面摩擦性能,具有润滑作用,接触电阻稳定,抗变色能力好,尤其是适合接插、开关元件等电子器件。BY - 2、DJB - 823 用溶剂汽油作溶剂,操作复杂,使用时要注意防火问题。SP - 90S、LY - 9025 为无色透明液体,不燃烧,浸渍后自然干燥即可,使用较为方便,防变色效果最佳。从总体情况看,目前国内使用的几种类型处理膜的抗变色能力综合效果为:有机溶剂型有机处理膜 > 水溶性有机处理膜 > 电泳沉积膜 > 电解钝化膜 > 化学钝化膜。有些工厂使用综合处理法:化学钝化 + 电解钝化 + 浸渍防银变色剂,防变色效果较佳。对要求有良好的防变色效果,且有稳定的接触电阻和润滑减磨作用的镀银层,建议优先选用有润滑作用的防银变色保护剂,如 LP – 98S、SP – 90S、LY – 9205、DJB – 823 等。

5. 银的回收

银属贵重金属,对电镀过程中的镀银清洗水、化学浸亮液、不合格镀件的退镀液、电镀挂具未绝缘部分的银及各种银渣等,应设法回收,方法如下:

设回收槽,随着回收槽和清洗槽数目的增多,最后一只清洗槽中银的含量可降到极低。这种方法适用于容积较小的镀银槽。

(1) 无氰镀银的废液中回收银的方法

① 将废液用质量分数为 20% 的 NaOH 调整 pH = 8 ~ 9,然后加 Na_2S 使其生成 Ag_2S 沉淀。对硫代硫酸盐镀银废液加 Na_2S,发生的反应为

$$2[Ag(S_2O_3)_2]^{3-} + Na_2S = Ag_2S\downarrow + 4S_2O_3^{2-} + 2Na^+$$
$$2Ag^+ + Na_2S = Ag_2S\downarrow + 2Na^+$$

② 用水洗净 Ag_2S 沉淀,滤去水后放于坩埚在 800 ~ 900℃加热,进行脱硫,获得银渣。以银渣 100 份(质量)加硼砂 10 份、氯化钠 5 份搅匀,放入坩埚中灼烧获得粗制银。再用硝酸溶解粗制银,获得硝酸银溶液,用活性炭脱色、过滤。

③ 将滤液浓缩,使硝酸银结晶析出,用吸滤法使硝酸银结晶与母液分离。将结晶的硝酸银干燥,即可供配制镀液用。若所得的硝酸银纯度不高,可用多次结晶的方法提高纯度。

(2) 氰化镀银废液中回收银的方法

① 化学法回收银。化学法回收银是将镀银废液冲稀,加入过量的盐酸,使生成白色氯化银沉淀,静置溶液,倒去上层清液,用清水洗净氯化银沉淀,用氰化钾溶液溶解氯化银沉淀形成银氰配合物溶液,返回氰化镀银槽使用。

【注意】　往氰化镀银废液中加入盐酸时,将产生剧毒的氢氰酸,必须有良好的抽风设备,并戴好安全用具。由于一般工厂的安全措施难以达到,最好交由专门回收银的企业去处理。

② 电解法。电解法是一种回收银的主要方法,由于银的标准电势较正,容易从镀液中沉淀出来,用不锈钢作阴极和阳极,用高电流密度电解,使银沉积在阴极上,再把沉积在阴极上的银洗下来精制。现在国内研制的漩流式直流电解提银破氰装置,可从氰化镀银废水中直接回收质量分数 99.99% 的纯银,且工作电流密度大,电流效率高,能耗少,能有效地消除氰的污染。

5.5.2　电镀金

1. 概述

(1) 金的性质和用途

金是金黄色的贵金属,延展性好,易于抛光,密度为 19.3 g/cm^3,相对原子质量为196.97,熔点为 1 063℃,原子价有一价和三价,标准电势 $\varphi^{\ominus}(Au^+/Au) = 1.68$ V、$\varphi^{\ominus}(Au^{3+}/Au) = 1.5$ V,电化当量 Au^+ 为 7.36 $g/(A \cdot h)$、Au^{3+} 为 2.45 $g/(A \cdot h)$。由于金的标准电势比铁、铜、银及其合金更正,所以金是阴极性镀层,金的化学稳定性很高,不溶于普通酸,只溶于王水,反应为

$$Au + 4HCl + HNO_3 \longrightarrow HAuCl_4 + 2H_2O + NO\uparrow$$

因而金镀层耐蚀性强,有良好的抗变色能力,同时,金合金镀层有多种色调,故常用做名贵的装饰性镀层,如镀首饰、钟表零件、艺术品等,但由于金的价格昂贵,所以应用受到限制。金具有较低的接触电阻,导电性好,易于焊接,耐高温,并有一定的耐磨性(指硬金)。因而广泛应用于精密仪器仪表、印制板、集成电路、电子管壳、电接点等要求电参数性能长期稳定的零件。

金很昂贵,对于不同的使用目的,应选不同的金镀层厚度(表5.47)。

表5.47　金镀层厚度的选择

用　途	镀层厚度/μm
闪镀金	$0.02 \sim 0.2$
接点及接插件镀金	$0.2 \sim 0.75$
接点、焊接、熔接镀金	$0.75 \sim 1.25$
印刷线路板接点镀金	$1.25 \sim 2.0$
工业用耐磨镀金	$2.5 \sim 5.0$
耐腐蚀、耐磨性镀金	$5.0 \sim 7.5$
电子器件防辐射镀金	$12 \sim 38$
电铸金	38以上

一般手表零件金镀层的厚度,可选取闪镀金,镀金的厚度不大于 $0.75\ \mu m$,而表壳镀金应考虑到耐磨、耐腐蚀的要求,必须大于 $5\ \mu m$,同时采用硬度较高的金合金电镀层,依照手表属高档表或中档表的不同,表壳镀金层的厚度和工艺也不相同,金镀层为 $10\ \mu m$ 厚的电镀工艺为:

预镀铜(或镍)1 μm

电镀光亮镍 4~6 μm

闪镀金

镀 14K~18K 金合金 7~9 μm

镀 22K~24K 金 1 μm

所谓 K 金,即为不同金含量的金合金。当镀金液中添加适量的镍、铜、镉、钴、银、锑、锡等金属离子时,就能获得不同金含量的金合金(表5.48)。采用不同 K 金的电镀金方法,既可改善镀层的硬度和光泽,改变金镀层的色泽,还可节省用金,它是电镀金表壳普遍采用的工艺方法。

表5.48　不同 K 金的金含量

K金名称	14K	16K	18K	20K	22K	24K
$w(Au)/\%$	$54.2 \sim 62.0$	$62.6 \sim 70.8$	$70.9 \sim 79.2$	$79.3 \sim 84.5$	$84.6 \sim 95.6$	95.9以上

(2) 镀金溶液的种类

早期镀金多用氰化镀液,因有毒又不能适应日益发展的电子工业及镀厚金的要求,又逐渐发展了无氰酸性镀金液和碱性镀金液。为了节约昂贵的黄金,人们还研究出脉冲镀金的方法,由于较薄的脉冲金镀层具有较厚的普通金镀层的机械性能,因此可相应减薄金镀层的厚度。一般脉冲镀金可节约1/3的金。此外,除了电镀金溶液外,还有不通电镀覆的化学镀金溶液。

目前,常用的电镀金液有氰化物镀液,柠檬酸镀液和亚硫酸盐镀液。

2.氰化物镀金

(1) 镀液的组成及工艺条件

生产上用的含氰化物镀金液有两类:

一类是碱性氰化镀金液,以金的氰配盐和游离氰为主要成分,即一般的氰化镀金液。溶液具有较强的阴极极化作用,分散能力和覆盖能力很好,镀层光亮细致,镀层纯度较高,但有一定的孔隙度。为了提高镀层的耐磨性,尤其是用于装饰性镀层,可在镀液中加入适量的镍、钴等重金属离子。氰化物剧毒,不适于印制板的电镀。镀液的组成及工艺条件列于表 5.49。

表 5.49　碱性氰化物镀金溶液的组成及工艺条件

组成及工艺	1	2	3
$\rho\{$金以$[KAu(CN)_2]\}/(g\cdot L^{-1})$	4 ~ 5	5 ~ 20	4 ~ 5
$\rho[$氰化钾$(KCN)]/(g\cdot L^{-1})$	15 ~ 20	25 ~ 30	15 ~ 20
$\rho[$碳酸钾$(K_2CO_3)]/(g\cdot L^{-1})$	15	25 ~ 35	10
$\rho\{$钴氰化钾$[K_2CO(CN)_4]\}/(g\cdot L^{-1})$			12
$\rho[$磷酸氢二钾$(K_2HPO_4)]/(g\cdot L^{-1})$		25 ~ 35	
pH	8 ~ 9	12	
$T/℃$	60 ~ 70	50 ~ 60	70
$j_k/(A\cdot dm^{-2})$	0.05 ~ 0.1	0.1 ~ 0.5	2
阳极材料	金、铂	金、不锈钢	金
搅拌	阴极移动	阴极移动	

另一类溶液中金是以金氰化钾的形式加入的,但溶液中没有游离的氰,氰化物含量较少。根据溶液的 pH 值可将此类溶液称为酸性或中性镀金液。这类溶液比较稳定,镀层的孔隙率较小,可焊性较好。其中以柠檬酸为辅助配合剂的酸性镀液应用较多,溶液的组成及工艺条件如表 5.50。

表 5.50　碱性和中性镀金溶液的组成及工艺条件

组成及工艺	酸性	中性
$\rho\{$金以$[KAu(CN)_2]\}/(g\cdot L^{-1})$	10 ~ 20	
$\rho[$柠檬酸$(C_6H_8O_7)]/(g\cdot L^{-1})$	30 ~ 35	
$\rho[$柠檬酸钾$(K_3C_6H_5O_7)]/(g\cdot L^{-1})$	30 ~ 70	
$\rho[$磷酸二氢钠$(NaH_2PO_4)]/(g\cdot L^{-1})$		15
$\rho[$磷酸氢二钾$(K_2HPO_4)]/(g\cdot L^{-1})$		20
$\rho\{$镍氰化钾$[K_2Ni(CN)_4]\}/(g\cdot L^{-1})$		0.5
pH	4.5 ~ 5.0	6.5 ~ 7.5
$T/℃$	35 ~ 50	
$j_k/(A\cdot dm^{-2})$	0.3 ~ 0.8	0.5
阳极材料	金、不锈钢	铂、不锈钢
搅拌	阴极移动	阴极移动

生产上用的金氰化钾一般都用三氯化金来制备。市售的三氯化金($AuCl_3 \cdot HCl \cdot 4H_2O$)含有盐酸,在使用前必须中和,否则会产生氢氰酸。将计量的三氯化金用少量蒸馏水溶解,搅拌下缓慢加入碳酸钾粉末(1 g 三氯化金约用 1.1 g 碳酸钾)直至不冒气泡。然后在不断搅拌下缓缓加入氨水(1 g 金约用 10 ml 浓氨水),生成淡黄色沉淀,即雷酸金

$$AuCl_3 + 3NH_4OH = Au(OH)_3 \cdot (NH_3)_3 \downarrow + 3HCl$$

在不断搅拌下蒸发除氨,并不断加蒸馏水以防干燥,经过抽滤、冲洗,得到纯净的雷酸金。将雷酸金沉淀连同滤纸一起倒入氰化钾溶液中,得到金氰化钾。

(2) 配合平衡及电极反应

溶液中的金氰化钾 $K[Au(CN)_2]$ 发生解离,产生氰金配离子

$$K[Au(CN)_2] \rightleftharpoons K^+ + [Au(CN)_2]^-$$

在阴极:金氰配离子直接还原沉积

$$[Au(CN)_2]^- + e^- \longrightarrow Au + 2CN^-$$

在阳极:金进行溶解,并立即与 CN^- 配合

$$Au + 2CN^- \longrightarrow [Au(CN)_2]^- + e^-$$

采用惰性阳极(铂、不锈钢)时,有氧的析出

$$4OH^- \longrightarrow 2H_2O + O_2 \uparrow + 4e^-$$

(3) 镀液中各成分的作用及影响

① 金氰化钾。金氰化钾是镀液的主盐,含量不足时,镀层仍较细致,但会引起阴极电流效率下降,允许的阴极电流密度上限降低,镀层易烧焦,有时镀层色泽较浅。提高含量,允许的电流密度上升,电流效率高,有利于镀层光泽,但含量过高时,镀液冷却后会有结晶析出,镀层粗糙,色泽易变暗发红及发花。

② 氰化钾。氰化钾是镀液中的配合剂,游离氰化钾能使阳极反应后的银离子立即被氰离子配合形成 $[Au(CN)_2]^-$ 配离子,使阳极正常溶解,镀液稳定;能提高阴极极化作用,使镀层结晶细致。含量过高时,使镀层色泽浅且易发脆;含量过低时,阳极溶解不良,镀层粗糙且色泽暗而深。

③ 碳酸盐。碳酸盐是镀液中的导电盐,能增加镀液的导电性,含量高时,会由于氰化物水解和吸收空气中二氧化碳而不断增加;含量过高时,使镀层粗糙及出现斑点。

④ 磷酸盐。磷酸盐是镀液中的缓冲剂,能稳定镀液及改善镀层的光泽。

⑤ 柠檬酸盐。柠檬酸盐是酸性镀液的辅助配位剂,与金形成柠檬酸金配离子 $[Au(HC_6H_5O_7)]^-$,能控制镀液中金离子的浓度,提高阴极极化,使镀层结晶细致光亮。

(4) 工艺条件的影响

① pH 值。pH 值影响镀液中配合物的形成,应按碱性、中性及酸性镀液的要求严格控制 pH 值。同时对外观和硬度都有明显影响,过高过低得到的镀层外观都不理想,硬度也会下降。

② 温度。温度影响电流密度范围和镀层外观,对镀液导电性影响不大。升高温度可提高阴极电流密度范围。但过高使镀层粗糙、发红甚至发暗发黑。过低使阴极电流密度范围缩小,镀层易发脆。

③ 阴极电流密度。一般采用较低的阴极电流密度。当电流过高时,阴极大量析氢,电

流效率低,镀层结晶粗糙颜色发红;当过低时,镀层颜色浅,甚至为无光泽黄铜色。

④ 阳极。可采用可溶性的金和不溶性的铂、不锈钢等材料,金阳极在含有钾离子的镀液中溶解度较好,当镀液中存在钠离子时,金阳极表面将形成金氰化钠的覆盖层,导致阳极钝化,溶液呈褐色。

氰化镀金液要避免使用氰化钠而必须采用氰化钾。在酸性镀液中,只能采用不溶解的材料作为阳极,故必须定期补充金含量。

⑤ 杂质。氰化镀液对杂质敏感性小,但镀液中也应避免铜、银、砷等金属离子和有机物等杂质带入,过量时影响镀层的外观和结构,降低镀层的可焊性和导电性,大量氯离子会降低镀层的结合力。

3. 亚硫酸盐镀金

亚硫酸盐镀金工艺是较有前途和有实用价值的无氰镀金工艺,它无毒、分散能力和覆盖能力较好,电流效率高(接近 100%),镀层光亮致密,沉积速度快,孔隙少,镀层与镍、铜、银等金属结合力好,耐酸,抗盐雾性能好。但单独用亚硫酸盐做配位剂时,镀液不够稳定,常加入辅助配位剂(如柠檬酸盐、酒石酸盐、磷酸盐、EDTA)和含氮有机添加剂配合使用。加入钴或锑盐还可镀硬金。由于阳极不溶,要定期加金盐补充镀液中金的消耗。

(1) 镀液的组成及工艺条件(表 5.51)

表 5.51　亚硫酸盐镀金溶液的组成及工艺条件

组成及工艺	1	2	3
$\rho[金(Au)]/(g \cdot L^{-1})$	5 ~ 25 (以三氯化金加入)	10 ~ 15 (以三氯化金加入)	8 ~ 12 (以雷酸金加入)
$\rho\{亚硫酸铵[(NH_4)_2SO_3]\}/(g \cdot L^{-1})$	150 ~ 200		
$\rho[柠檬酸钾(K_3C_6H_5O_7 \cdot H_2O)]/(g \cdot L^{-1})$	80 ~ 120	80 ~ 100	
$\rho\{亚硫酸钠[Na_2SO_3 \cdot 7H_2O]\}/(g \cdot L^{-1})$		140 ~ 180	80 ~ 100
$\rho(EDTANa_2)/(g \cdot L^{-1})$		40 ~ 60	20 ~ 30
$\rho\{酒石酸锑钾[KSb(C_4H_4O_6)_3]\}/(g \cdot L^{-1})$	0.1 ~ 0.3		
$\rho[氯化钾(KCl)]/(g \cdot L^{-1})$		60 ~ 80	
$\rho[氯化铵(NH_4Cl)]/(g \cdot L^{-1})$			35 ~ 45
$\rho[硫酸钴(CoSO_4 \cdot 7H_2O)]/(g \cdot L^{-1})$		0.5 ~ 1	
pH	8.5 ~ 10	8 ~ 10	9 ~ 10
$T/℃$	45 ~ 65	40 ~ 60	室温
$j_k/(A \cdot dm^{-2})$	0.1 ~ 0.8	0.1 ~ 0.8	0.2 ~ 0.5
阳极材料	金、铂	金、铂	金、铂
搅拌	阴极移动	阴极移动	阴极移动

(2) 配合平衡和电极反应

生产中常用三氯化金(AuCl$_3$)配制镀液,以配方 1 为例,配制过程:将三氯化金用蒸馏水溶解,在流水或冰盐水冷却的条件下,用质量分数约为 40% 的氢氧化钾溶液慢慢中和至 pH 为 7 ~ 8,得血红色透明氯金酸钾(KAuCl$_4$)溶液,将此溶液慢慢倒入亚硫酸铵蒸馏水溶液中,先得到淡黄色透明液,再加热到 55 ~ 60℃,并不断搅拌,得亚硫酸金铵无色透明液。总反应式为

$$AuCl_3 + 3(NH_4)_2SO_3 + 2KOH \longrightarrow (NH_4)_3[Au(SO_3)_2] + NH_4Cl + 2KCl + H_2O + (NH_4)_2SO_4$$

关于亚硫酸盐镀金电极反应的机理,目前还不十分清楚,其中的一种看法是:金的亚硫酸根阴配离子$[Au(SO_3)_2]^{3-}$在阴极上得到一个电子,还原成金属金而沉积在阴极上。

阴极反应:　　　　　　　　　　$[Au(SO_3)_2]^{3-} + e^- \longrightarrow Au + 2SO_3^{2-}$

阳极反应:因金或铂在阳极不溶解,则有氧气析出

$$4OH^- \longrightarrow 2H_2O + O_2 \uparrow + 4e^-$$

(3) 镀液中各成分的作用及影响

① 三氯化金、雷酸金。镀液中的主盐,可提供金离子,含量高时,允许阴极电流密度范围较高,含量过低时,阴极电流密度范围窄,镀层色泽差。

② 亚硫酸盐。镀液中的主配位剂,与金离子生成亚硫酸金铵配合物。提高含量,能提高阴极极化作用,使镀液稳定,镀层光亮细致及改善镀液的分散能力和覆盖能力;含量过高时,阴极析氢增多,电流效率降低;含量过低时,镀层粗糙、无光泽。亚硫酸盐同时又是还原剂,把三价金还原成一价金。游离亚硫酸根(SO_3^{2-})会被空气中的氧氧化成硫酸根(SO_4^{2-}),故需经常补充。

③ 柠檬酸钾。在镀液中有配合剂的作用和稳定 pH 值的作用,能改善镀层与基体金属的结合力。

④ 酒石酸锑钾。能提高镀层硬度,过量时金镀层变脆。

(4) 工艺条件的影响

① pH 值。pH 值是保证镀液稳定的重要因素,在亚硫酸盐还原剂存在的条件下,pH < 6.5 时,溶液迅速变混浊,一般应严格控制 pH > 8,但 pH > 10 时,镀层光泽下降,所以,pH 值的范围较窄,可用氨水调整。

② 温度。升高温度有利于扩大电流密度范围,提高沉积速度。但加温时要防止局部过热,使溶液分解而析出黑色的硫化金(Au_2S)。

③ 阳极。阳极是不溶性的,需要加金盐补充消耗。加金盐时,也要加入适量亚硫酸盐和柠檬酸钾。

④ 搅拌。阳极区的局部酸化(pH 值下降)有可能破坏溶液的稳定性,搅拌将防止这种影响,并有利于使用较高电流密度。

(5) 金的回收

① 将水浴浓缩过的废液,加入浓硫酸并调节 pH 到 2,在搅拌下加入过氧化氢(质量分数为 30%)2 ml/L 左右,加热煮沸成黑色沉淀物,经蒸馏水洗涤后,用分析纯浓硫酸反复洗涤,烘干得黄色海绵金,溶于王水,加热赶走 NO_2,得氯金酸。

② 废液在搅拌下加入硫酸亚铁(经盐酸酸化),金呈黑色粉状沉淀,经蒸馏水洗涤后,溶于王水,加热赶去 NO_2 可得氯金酸。或将黑色粉状沉淀物先用盐酸,再用硝酸煮一下,蒸馏水洗涤数次后,在 700 ~ 800℃ 条件下焙烧 30 min 即可。

③ 废液用盐酸调节 pH 到 1 左右,加热到 70% ~ 80%,在搅拌下加入锌粉,至溶液变成半透明黄白色及大量金粉沉积下来为止(保持 pH = 1)。

5.5.3　电镀铂

铂镀层为银白色,耐高温氧化,常温下能耐酸、碱,有极高的化学稳定性。镀铂层硬度

高,电阻小,可以钎焊。铂的价格比钯贵,要求抗蚀性的零件,多用镀钯代替。铂的价格虽然比铑便宜,但铑的性能比铂好,因此凡要求导电或耐磨的零件也多采用镀铑,而不镀铂;同时,镀铂的电流效率低,内应力大,镀层厚度大于 $1 \sim 2~\mu m$ 就容易开裂脱落。所以,一般用镀钯或镀铑代替镀铂,镀铂应用不广泛,主要用于电极材料。常用的是亚硝酸盐镀铂工艺。

1.工艺规范

铂盐 $[(NH_3)_2Pt(NO_2)_2 \cdot 2H_2O]$	$20 \sim 30~g/L$
硝酸铵 (NH_4NO_3)	$100~g/L$
亚硝酸钠 $(NaNO_2)$	$10~g/L$
氢氧化铵 $(NH_4OH)(25\%)$	加至 $pH > 9$
电流密度	$1 \sim 3~A/dm^2$
温度	$95 \sim 100℃$
电流效率(%)	$10 \sim 15$
阳极	铅板

2.溶液的配制方法

(1) 铂盐的配制

① 将氯铂酸 195 g 配成质量分数约为 10% 的溶液,在高温下搅拌加入 170 g 氯化钾(也配成氯化钾的质量分数为 10%)溶液,此时氯铂酸钾沉淀析出,放置 4 h 后再抽滤,用冷蒸馏水洗涤 3 ~ 4 次后,抽干(洗液及母液可保留回收)。

② 将上述沉淀移至烧杯中,用 100 ml 水搅成糊状,在砂浴上加热,同时加入 100 g 亚硝酸钠(先溶在 150 ml 水中),溶液温度达 90℃时,有气泡产生,析出二氧化氮气体,温度最好控制在 105℃左右,直至反应完全,溶液呈黄绿色。

③ 反应物冷却后,一次加入 3.5 ml 氨水(质量分数为 25%),并将瓶口塞紧,摇匀。很快会有沉淀析出,放置过夜。

将沉淀抽滤干,冷水洗涤数次,然后在约 2 L 的沸水中重新结晶,结晶母液可重复使用,将结晶抽干后,立即装瓶即为成品铂盐。

废铂液回收时,先加水合联氨 $(N_2H_4 \cdot H_2O)$,使铂完全沉淀成铂黑,用王水溶解制成氯铂酸,然后再按上述方法制取铂盐。

(2) 镀铂溶液的配制

① 称取所需量的铂盐,加热溶于稀的氨水中。

② 称取所需量的硝酸铵、亚硝酸钠混合溶解在蒸馏水中,过滤后加入上述铂盐溶液中。

③ 将溶液煮沸并通电处理至试件镀层光亮,不脱皮方可正式电镀。处理过程中始终保证 $pH > 9$。

3.溶液组成和工艺条件的影响

① 铂盐是主盐,必须维持在 6 g/L 以上,如果小于 6 g/L,镀层就发灰,甚至发黑。

② 硝酸铵是导电盐,可增加溶液的导电性,从而提高均镀能力。硝酸铵在配制时加入,平时不需补充。

③ 加入亚硝酸钠是为了防止 Pt 盐的分解,稳定溶液。配制时必须加入,平时不需补充。

④ pH 值用氨水调节。电镀时,pH 值必须保持在 9 以上,否则镀层发灰或发黑,故在电镀过程中,必须经常补充氨水。

⑤ 温度必须控制在 90℃以上。温度低,不但沉积速度慢,甚至镀层发黑。

⑥ 电流密度必须维持在 $2 \sim 3$ A/dm²。电流密度小于 1 A/dm²,沉积速度慢,镀层发灰,若大于 3 A/dm²,镀层粗糙,严重时镀层脱皮。

⑦ 阴阳极。不能用铜作阴、阳极,因为铜是有害杂质,易污染溶液。可采用镍、不锈钢或铜材镀镍等作为阴、阳极。

4.废液回收

从废溶液中回收铂时,可以用盐酸将其酸化,并通入硫化氢气体,将沉淀下来的硫化铂过滤出来,干燥,并在空气中煅烧,还原成金属铂。

5.5.4　电镀铑

镀铑层呈银白色光泽,抗大气中硫化物及二氧化碳气体的腐蚀,在室温下对酸和碱均有较高的稳定性;耐磨性好,反射系数高,接触电阻小,导电性良好;但不能钎焊,在高温下容易氧化。镀铑层常作为装饰镀层,也用于化学仪器、反光镜、显微镜,在镀银层表面镀铑时,可作为防银变色镀层,无线电或声频上用做表面接触镀层,印制线路板上可作为插接件耐磨镀层。

镀铑工艺常用的有硫酸型、磷酸型和无裂纹型三种。

硫酸型镀铑工艺简单,溶液易维护,电流效率高,但应力大,易开裂,一般在镀银层上镀铑,厚度可达 $0.5 \sim 2.5$ μm。

磷酸型镀铑,镀层洁白光泽,耐热性较好,常用于首饰业。镀层厚度一般在 $0.025 \sim 0.05$ μm。

当镀铑层厚度大于 2.5 μm 时,采用无裂纹型工艺。

镀铑层的一般厚度要求见表 5.52

表 5.52　镀铑层的一般厚度

用　　途	镀层厚度/μm
装饰	$0.025 \sim 0.127$
防氧化变色	$0.127 \sim 0.25$
低负载接触点	$0.73 \sim 0.5$
高负载接触点	2.5
防腐蚀	$\geqslant 0.25$
防严重腐蚀	$\geqslant 0.5$
强烈磨损的触点	$\geqslant 6.2$

1.工艺规范

镀铑工艺规范见表 5.53。

表 5.53　镀铑的工艺规范

溶液组成及工艺	硫酸型		磷酸型	无裂纹型		
	1	2	3	4	5	6
ρ(铑)/(g·L^{-1})	1.5~2.5	10			2~2.5	2
φ[硫酸(相对密度1.84)]/(ml·L^{-1})	12~15	25~200		5~20	13~16	
φ[磷酸(质量分数86%)]/(ml·L^{-1})			60~80	100		
ρ(氨基磺酸)/(g·L^{-1})						20
ρ(硫酸铜)/(g·L^{-1})					0.6	0.3
ρ(硫酸镁)/(g·L^{-1})					10~15	
ρ(硝酸铅)/(mg·L^{-1})					5	
ρ(硒酸)/(g·L^{-1})				0.5~1		
ρ(磷酸铑)/(g·L^{-1})			8~12			
温度/℃	40~50	50~70	30~50	50	20~25	40~45
电流密度/(A·dm^{-2})	1~3	1~2	0.5~1	1	0.4~0.6	0.8~1

2.溶液的配制方法

① 按 Rh∶KHSO$_4$ = 1∶30(质量比)称取所需铑粉和硫酸氢钾(硫酸氢钾事先在研钵中研细)。

② 将铑粉与硫酸氢钾均匀混合,放入洁净瓷坩埚里(坩埚内先放一层硫酸氢钾打底),然后在表面再轻轻盖上一层硫酸氢钾。

③ 待马福炉预热到250℃时,将盛有混合物的坩埚放入炉中,升温至450℃恒温 1 h,再升温至580℃恒温 3 h,然后停止加热,随炉冷却至接近室温取出。

④ 将烧结物转移入烧杯内,加适量蒸馏水,加热 60~70℃,搅拌、助溶,得到粗制硫酸铑。

⑤ 将粗制硫酸铑溶液过滤,将沉渣用蒸馏水洗 2~3 次,连同滤纸放入坩埚中灰化,保存,留待下次烧融铑粉时再用。

⑥ 将滤液加热至 50~60℃,在搅拌下慢慢加入质量分数为10%的氢氧化钾,使硫酸铑完全生成谷黄色氢氧化铑沉淀(注意:氢氧化钠的加入量,要使溶液呈弱碱性反应,pH = 6.5~7.2。因碱过量时氢氧化铑会溶解在其中)。

⑦ 将沉淀物过滤,并用温水洗涤 4~5 次。

⑧ 将沉淀物同滤纸一起移入烧杯中,加水润湿,根据溶液类型滴加硫酸或磷酸至沉淀物全部溶解。氨基磺酸溶液也先用硫酸溶解沉淀,然后再加入已溶解好的氨基磺酸。

⑨ 其他材料可各自溶解后逐一加入,并补充蒸馏水至工作液面。

3.溶液组成和工艺条件的影响

(1) 硫酸型

① 镀铑溶液中铑的浓度范围很广,在 1~4 g/L 之间均能获得优质的镀铑层。在一定的温度及电流密度下,随着铑含量的增加,电流效率也随之上升,为了获得光泽度高,孔隙率少的镀层,铑的浓度宜控制在 1~2 g/L。如铑含量低于 1 g/L,镀层颜色发红、发暗及孔隙增加。

② 溶液中硫酸浓度范围很广,在 18~90 g/L 范围对镀层外观及电流效率几乎没有影响。一般来讲,随着游离硫酸含量的增高,电流效率降低,因此,一般维持在 18~30 g/L 之

间。

③ 控制镀铑溶液的温度极为重要,当温度高时,不仅影响电流效率,使沉积速度减慢,而且镀层质量将显著下降,当温度低于20℃时,所获之镀铑层色暗、无光。

④ 电流密度升高,电流效率降低很多。为此一般保持在 $0.5 \sim 1$ A/dm² ,电流效率约为 50% 左右。

(2) 无裂纹镀铑

① 铑的含量为 $2 \sim 5$ g/L 左右,含量低于 2 g/L 时,镀层不亮。

② 硫酸能稳定溶液,使溶液具有一定的酸度及足够的导电率。在同一电流密度下,硫酸浓度不同时,对电流效率影响不大。

③ 在镀层厚度低于 5 μm 时,硫酸镁能防止裂纹及提高镀层的抗蚀性能。最大用量不超过 30 g/L,过高易影响外观。

④ 硫酸铜和硝酸铅必须兼用,可使镀层金属结晶细致、平滑、光亮。实践表明,硝酸铅 5 mg/L,硫酸铜 0.6 g/L,配用最优。硫酸铜最大用量不超过 0.8 g/L,否则镀层易发脆,出现裂纹。

⑤ 当其他参数一定时,温度在 $18 \sim 30$ ℃范围内都能获得良好镀层。低于 12℃时,镀层不亮。

⑥ 电流密度一般控制在 $0.4 \sim 0.6$ A/dm² 左右,镀层外观良好。电流密度过高时,阳极气泡增多,边缘处脆裂。

5.5.5　电镀钯

钯呈银白色,在高温、高湿或硫化氢含量较高的空气中,性能稳定。镀钯层厚度为 $1 \sim 2$ μm 时,就有防银变色的作用。虽然钯的硬度很低,但镀钯层的硬度较高,并且十分耐磨。另外镀钯层还有可焊接和接触电阻较低等特性,钯可直接镀在铜或银的抛光面上。在恶劣环境下使用的产品,要求镀层具有耐磨、不变色、可焊和低的接触电阻时,镀钯是十分适宜的。镀钯层也可以作为铑的底层,以达到防护及装饰目的。

镀钯层的厚度在 $1 \sim 5$ μm 的范围内。在电解沉积钯的同时,有许多氢渗入阴极,因此薄壁零件镀钯时,必须注意防止零件发生氢脆而降低机械性能。为满足电子产品的三防性能和电接触性能,钯镀层越来越受到人们的重视和青睐。在微电子领域,钯的良好的可焊性和低接触电阻特性备受人们的赞赏;而在抗蚀方面,它的防银层变色能力也得到了众口一词的赞誉。在化学反应中钯还是良好的催化剂。

化学镀钯(或电镀钯)可以直接沉积在裸露的铜层表面,0.15 μm 的纯钯层即可拥有良好的锡焊接性能,且可与多种绝缘漆及免洗助焊剂达到良好的配合。在 $225 \sim 250$ ℃焊接过程中钯锡可以形成合金 $PdSn_4$,从而提高了焊点的强度。如果将钯层的厚度增加到 $0.4 \sim 0.6$ μm,并在其上镀 $0.1 \sim 0.2$ μm 的金层,其导电性和焊接性能都将良好,可以在微电子电路等方面得到广阔的应用。如应用于薄膜电路、微波印制电路、微波器件的腔体电镀和触点电路电镀等。金在 245℃附近极易和锡形成合金,溶解速度达 1.3 μm/s,这就是微电子电路(薄膜电路、微波印制电路)焊接时的噬金现象。很显然,钯具有一个小的溶解速度,使得它可以和锡形成合金,以增加焊接的强度,提高了可焊性;同时,这个小的溶解速度,使得钯不容易被噬掉,进而达到阻挡和保护底层金属不与锡接触,减少了扩散现象的发生。钯的这一特点,不仅使得它在锡焊时有良好的焊接特性,而且焊点在焊接后的寿命也优越于金层锡焊点和铜层锡焊点。

印制板铜层上,化学镀覆 0.2 μm 的钯层,就可以满足 SMT 的焊接要求。高导电、高可焊性要求的微电子电路可以采用在 0.4 ~ 0.6 μm 钯层上闪镀 0.1 ~ 0.2 μm 金层的镀层设计。

在有三防要求的镀银件上套镀 1 ~ 2 μm 的钯镀层,可以很好地防止银层变色,增加其抗硫化的能力。

镀钯溶液种类虽多,但常用的是二氯二氨基钯溶液。该溶液可以在室温和较大的电流密度下进行电镀。

1.工艺规范

二氯二氨基钯盐[$Pd(NH_3)_2Cl_2$]	20 ~ 40 g/L
氯化铵(NH_4Cl)	10 ~ 20 g/L
氨水(质量分数为 25%)	40 ~ 60 g/L
游离氨水	4 ~ 6 g/L
pH 值	9
温度	18 ~ 25℃
槽压	4 V
电流密度	0.25 ~ 0.5 A/dm²
阳极(不溶解)	钯板或铂板
阳极面积:阴极面积	2:1
阴极电流效率(%)	90

镀钯槽可采用有旁侧抽风的聚氯乙烯塑料固定槽。极棒应为镀镍铜棒。

2.溶液的配制方法

① 精确称取需要量的金属钯,在加热的条件下溶解于王水,缓缓加入浓盐酸(按 20 g 钯加入 10 ml、相对密度 1.19 的浓盐酸)。将溶液蒸发至近似干燥,该工序可重复两次,使金属钯溶解完全,即

$$Pd + 2HCl \longrightarrow PdCl_2 + H_2 \uparrow$$

② 将蒸干的物质溶于质量分数为 10% 的盐酸中,加热至 60 ~ 70℃,使其完全溶解成四氯化钯,即

$$PdCl_2 + 2HCl \longrightarrow H_2PdCl_4$$

③ 将溶液加热至 80 ~ 90℃。在不断搅拌下,慢慢加入过量的氢氧化铵(每 20 g 钯加质量分数为 25% 的氢氧化铵 26 ml),起初生成玫瑰色二氯二氨基钯盐沉淀,逐渐在过量的氨液中溶解为亮绿色的溶液,即

$$H_2PdCl_4 + 4NH_4OH \longrightarrow Pd(NH_3)_2Cl_2 + 2NH_4Cl + 4H_2O$$

$$Pd(NH_3)_2Cl_2 + 2NH_4OH \longrightarrow Pd(NH_3)_4Cl_2 + 2H_2O$$

④ 将溶液过滤去除氢氧化铁杂质。用质量分数为 10% 的盐酸,以 1:1(体积比)加入溶液,溶液中出现鲜黄色沉淀的二氯二氨基钯,使钯盐完全沉淀为止,即

$$Pd(NH_3)_4Cl_2 + 2HCl \longrightarrow Pd(NH_3)_2Cl_2 \downarrow + 2NH_4Cl$$

⑤ 用布氏漏斗过滤,用蒸馏水清洗沉淀,至滤液呈中性为止(洗液与溶液收集在一起,以便蒸发回收钯溶液)。

⑥ 清洗后的沉淀可溶解于按配方计算所需量的氢氧化铵中,注入工作槽内,并加入已溶解的氯化铵溶液,最后加蒸馏水,并稀释到所需要的容积。

注:纯度高的钯盐可以不进行再结晶提纯,即可省去4、5、6 三个工序。

3.溶液成分和工艺条件的影响

① Pd^{2+} 含量的影响。Pd^{2+} 含量对允许的工作电流密度影响较大,一般希望维持在 15 ~ 18 g/L,这时允许的工作电流密度为 0.3 ~ 0.4 A/dm^2,镀钯层外观很光亮。Pd^{2+} 在 20 g/L 时,允许工作电流密度可达 0.5 A/dm^2,Pd^{2+} 含量在 10 g/L 时,允许工作电流密度为 0.2 A/dm^2,含量小于 10 g/L 时,镀层颜色不均匀,甚至产生发黑现象。

② 氯化铵含量的影响。氯化铵在溶液中有两个作用:一是起导电盐作用,另一个作用是与氢氧化铵一起形成缓冲液,控制 pH 值。氯化铵含量在 20 ~ 26 g/L 时,镀层外观良好。当其他条件控制在工艺范围内,氯化铵含量较低时,镀层外观会发花,或有白云状不均匀现象。氯化铵过高时,镀层外观会生成一层红膜或产生黑条。

③ 温度的影响。当其他工艺参数一定时,镀槽溶液在 15 ~ 30℃ 范围内均能获得良好的镀层,在室温下,也可进行电镀。

④ 电流密度的影响。电流密度一般控制在 0.3 ~ 0.4 A/dm^2,电流密度过高,零件尖端处发白暗,过低也会使镀层发花,甚至发黄。

⑤ pH 值的影响。pH 值最好控制在 8.9 ~ 9.3,过高由于氨气太多,易在镀层上产生气流,若 pH < 8,钯盐易沉淀出来,阳极发生钝化。

⑥ 溶液中游离氨的含量。溶液中的游离氨的含量要控制在 5.5 ~ 6.5 g/L 以内。含量多时,溶液的颜色为青绿色,镀层上呈现出黑色的斑点或花纹,含量太少时,在阳极上产生黄色沉淀,致使镀层粗糙、颜色发花。

⑦ 镀钯用的导电棒及挂具,均不能直接采用铜,因溶液中含有氨,易与铜作用而将铜离子带入,污染溶液。

4.杂质的影响及去除方法

铜杂质对溶液最有害,当含量大于 1 g/L 时,溶液成铜绿色,镀层变脆且易脱皮。若溶液已成铜绿色,则用相对密度为 1.19 的浓盐酸将二氯四氨基钯还原成二氯二氨基钯盐沉淀,进行过滤及清洗后,再配制成镀钯溶液。

第6章 电镀合金

6.1 概　述

电镀合金是利用电化学的方法使两种或两种以上的金属(也包括非金属)共沉积的过程。合金镀层是指含有两种或两种以上金属的镀层,不管这些金属在镀层中的存在形式和结构如何,只要它们结晶致密,凭肉眼不能区别开来,均可视为合金镀层。为了得到合金镀层,可以采用热溶法、真空镀法、离子镀法、溅射法、化学镀法和电镀法等,本章将主要讨论电镀法。

6.1.1　电镀合金的分类及用途

合金镀层具有许多单金属镀层所不具备的优异性能,合金镀层与单金属镀层相比,常具有较高的硬度、致密性、耐蚀性、耐磨性、耐高温性、磁性、钎焊性以及美丽的外观。因此,它在近代已被广泛用做防护性、防护装饰性以及其他功能性镀层。

若根据电镀合金的特性和应用来分类,电镀合金大致可分为以下几种:

1.电镀防护性合金镀层

目前已在生产中应用的防护性合金镀层主要有:Cd – Ti、Zn – Ni、Zn – Fe、Zn – Co 和 Zn – Ti等,它们对钢铁基体来说,属于阳极镀层,故具有优良的防护性。另外,该类合金电镀工艺多具有低氢脆性,因此,特别适用于汽车、船舶、航空和航天等工业。

2.电镀防护装饰性合金镀层

用 Cu – Sn 合金和 Ni – Fe 合金作为镀铬层的底层,可以减少镍的消耗;以锡为基的某些合金,如 Sn – Co、Sn – Ni 和 Sn – Ni – X(X 为 Zn、Cd 等金属)合金等,镀层外观似铬,可代替装饰性镀铬。

近几年来,用于装饰目的的仿金镀层已引起人们的兴趣,如 Cu – Sn – Zn 和 Cu – Zn – In 等三元合金镀层。

3.电镀可焊性合金镀层

从氟硼酸盐电解液中电沉积的 Sn – Pb(Sn 的质量分数为 60%,Pb 的质量分数为 40%)合金,已在印刷线路板上得到广泛应用。

4.电镀耐磨性合金镀层

Cr – Ni、Cr – Mo、Cr – W 以及 Ni – P、Ni – B 合金镀层,具有很高的硬度和良好的耐磨性。

5.电镀磁性合金镀层

Co – Ni 和 Ni – Fe 等磁性合金镀层,已在计算机和记录装置上作为记忆元件使用。其他如 Co – Fe、Co – Cr、Co – W、Ni – Fe – Co 和 Ni – Co – P 等也具有良好的磁性。

6.电镀减摩性合金镀层

Pb – Sn、Pb – In、Pb – Ag、Cu – Sn、Ag – Re、Pb – Sn – Cu、Pb – Sb – Sn 等合金镀层,具有良

好的润滑减摩性能。

7.电镀仿不锈钢合金镀层

电镀 Fe – Cr – Ni 合金镀层,从硬度、防变色和耐腐蚀方面考虑,可与 18Cr8Ni 不锈钢相媲美,现已可以从不同的镀液中获得。如果在普通钢铁基体上电镀一层不锈钢,其使用性能并不逊色于不锈钢,而其成本可大为降低。

8.电镀贵金属合金

电镀贵金属合金主要指以金、银、钯等贵金属为基的合金,如 Au – Co、Au – Ni、Au – Ag、Ag – Zn、Ag – Sb 和 Pd – Ni 合金等,其中 Pd – Ni 合金作为代金镀层,用以节约贵金属。这类合金多用在电子元器件上,有其特殊的使用要求。

合金镀层的各种特性已引起人们的极大关注,近年来,国内外对电镀合金工艺的研究、开发和应用极为重视,可望不久的将来,会有更多的合金镀层在工业生产中得到应用。

6.1.2　电镀合金镀液的类型

电镀合金的镀液大致可以分成简单盐镀液、配合物镀液、有机溶剂镀液和熔融盐镀液等四种体系。

1.简单盐镀液

镀液仅由简单金属盐组成。例如,从硫酸盐和(或)氯化物镀液中电沉积铁族(Fe、Co、Ni)合金,从氟硼酸盐镀液中电镀 Pb – Sn 合金,从氯化物镀液中电镀 Zn – Ni、Zn – Fe 和 Zn – Co 合金等。

一般来说,简单盐镀液具有成分简单、维护容易、电流效率高等优点,但其分散能力和覆盖能力较差。

2.配合物镀液

镀液中至少含有一种配位剂,大多数合金镀层都是从配合物镀液电沉积出来的。有的配合物镀液仅含有一种配位剂,如:氰化物电镀 Cu – Zn 合金镀液;有的配合物镀液含有两种配位剂,它们分别配合两种金属离子,如碱性氰化物电镀 Cu – Sn 合金镀液。

目前,应用比较广泛的配位剂仍然是氰化物。配合物镀液的分散能力和覆盖能力好,但镀液成分比较复杂,维护和控制比较麻烦。

3.有机溶剂镀液

有些金属离子在有机溶剂中的沉积电势比在水溶液中更接近,因而很容易实现共沉积。例如,从甲酰胺溶液中电镀铝合金,从 N,N – 二甲基甲酰胺溶液中电镀 La – Ni 合金等。对于活泼金属(如 Al、Mg、Be 等)和难于从水溶液中电沉积的金属(如 Ti、Mo、W 等)及其合金,往往可以从有机溶剂电解液中沉积或共沉积出来。

4.熔融盐镀液

有些重要的金属,如碱金属和碱土金属,以及一些稀土金属,由于它们的电极电势很负,不能单独从水溶液中阴极还原析出。为得到这类金属的合金,往往可以采用熔融盐镀液。例如,从尿素熔体 – NaBr – KBr 中电镀 Na – Co 合金,Tb – Co 合金,从 NaCl – KCl 熔融盐体系中电镀钛及其合金。

6.2　金属共沉积理论

6.2.1　金属共沉积的基本条件

目前,人们对单金属电沉积和电结晶还了解得不深入,对于金属共沉积,则研究得更少。由于金属共沉积需考虑两种以上金属的电沉积规律,因而对金属共沉积规律和理论的研究就更加困难。多数研究者仅停留在实验结果的综合分析和定性的解释方面,而定量的规律和理论就很不完善。

合金共沉积的应用和研究,目前局限在二元合金和少数三元合金方面,在理论指导生产实践方面还有很大距离。以下重点讨论二元合金的共沉积。

二元合金的共沉积需具备两个基本条件:

① 合金中的两种金属至少有一种金属能单独从其水溶液中电沉积出来。有些金属(如 W、Mo 等)虽然单独不能从水溶液中电沉积出来,但可与另一种金属(如 Fe、Co、Ni 等)同时从水溶液中实现共沉积。

② 金属共沉积的基本条件是两种金属的析出电势要十分接近或相等,即

$$\varphi_{析} = \varphi_{平} + \Delta\varphi = \varphi^{\ominus} + \frac{RT}{nF}\ln a + \Delta\varphi$$

式中　$\varphi_{析}$——析出电势;

　　　　$\varphi_{平}$——平衡电势;

　　　　$\Delta\varphi$——极化超电势;

　　　　a——金属离子的活度。

欲使两种金属离子在阴极上共沉积,它们的析出电势应该相等,即

$$\varphi_{析1} = \varphi_1^{\ominus} + \frac{RT}{nF}\ln a_1 + \Delta\varphi_1 \quad \varphi_{析2} = \varphi_2^{\ominus} + \frac{RT}{nF}\ln a_2 + \Delta\varphi_2 \quad \varphi_{析1} = \varphi_{析2}$$

在金属共沉积体系中,合金中个别金属的极化值是无法测定的,也不能通过理论进行计算。因此,以上关系式的实际应用价值不大。

根据上式,由标准电极电势表可以看出,仅有少数金属可以从简单盐溶液中预测出共沉积的可能性。例如,Pb(– 0.126 V)与 Sn(– 0.136 V)、Ni(0.25 V)与 Co(0.277 V)、Cu(0.34 V)与 Bi(0.32 V),它们的标准电极电势比较接近,通常可以从它们的简单盐溶液中实现共沉积。

一般金属的析出电势与标准电势是有很大差别的,如离子的配合状态、超电势以及金属离子放电时的相互影响等,因此,仅从标准电势来预测金属共沉积是有很大局限性的。

若金属平衡电势相差较大,则可通过改变金属离子的浓度(或活度),降低电势较正金属离子的浓度,使它的电势负移,或者增大电势较负金属离子的浓度,使它的电势正移,从而使它们的析出电势互相接近。但金属离子的活度每增加或降低 10 倍,其平衡电势才分别正移或负移 29 mV,这是非常有限的。

多数金属离子的平衡电势相差较大,采用改变金属离子浓度的措施来实现共沉积显然是不可能的,因为金属离子浓度变化 10 倍甚至 100 倍,其平衡电势仅能移动 29 mV 或 58

mV。例如，$\varphi^{\ominus}(Cu^{2+}/Cu) = 0.337$ V，$\varphi^{\ominus}(Zn^{2+}/Zn) = -0.763$ V，它们是不可能从简单盐溶液中实现共沉积的。若想通过改变离子的相对浓度来实现共沉积，根据计算，溶液中离子浓度要保持在 $c(Zn^{2+})/c(Cu^{2+}) = 10^{38}$，即当溶液中 Cu^{2+} 离子的浓度为 1 mol/L 时，则 Zn^{2+} 离子的浓度为 10^{38} mol/L。由于 Zn^{2+} 离子的浓度受盐类溶解度限制，这样高的浓度实际上无法实现。

为了实现金属的共沉积，通常采取的措施有：

① 加入配位剂。在镀液中加入适宜的配位剂，使金属离子的析出电势相互接近而实现共沉积，是非常有效的方法。它不仅使金属离子的平衡电势向负方向移动，还能增加阴极极化。例如，在简单盐镀液中，银的电势比锌正 1.5 V，但在氰化物镀液中，银的电势比锌还要负。

金属离子在含有配合物的镀液中，所形成的配离子的电离度都很小。配离子在镀液中的稳定性，取决于不稳定常数的大小，不稳定常数越小，配离子电离成简单离子的程度越小，则溶液中简单离子的浓度也越小。例如

$$[Cu(P_2O_7)_2]^{6-} \rightleftharpoons Cu^{2+} + 2P_2O_7^{4-}$$

其不稳定常数为

$$K_{不稳} = \frac{c(Cu^{2+})\,c[(P_2O_7^{4-})^2]}{c[Cu(P_2O_7)_2^{6-}]} = 10^{-9}$$

当配离子的 $K_{不稳}$ 比较大时，金属可能仍以简单离子形式在阴极上放电，以浓度近似地代替活度，则平衡电势可以写成

$$\varphi_{平} = \varphi^{\ominus} + \frac{RT}{nF}\ln c$$

式中　　c——放电金属离子浓度。

由离子不稳定常数的表达式可知，溶液中简单金属离子的浓度取决于 $K_{不稳}$ 的大小、配离子的浓度以及配位剂的游离量。当采用配合能力较低的配位剂时，其不稳定常数（$K_{不稳}$）较大，此时仍将以简单离子在阴极上放电，但简单离子的有效浓度会大大降低，其平衡电势向负方向移动，并随配离子的电离度和配位剂的游离量而变化。

通常在不稳定常数比较小（如 $K_{不稳} = 10^{-8} \sim 10^{-30}$）的配合物镀液中，简单金属离子的浓度是很低的，而且可能存在的时间很短，一般不超过 $10^{-8} \sim 10^{-30}$ s。因此，可以认为简单金属离子放电的可能性极小，主要是配离子在阴极上放电。例如，当 $Ag(CN)_2^- \rightleftharpoons Ag^+ + 2CN^-$，其 $K_{不稳} = \dfrac{c(Ag^+)\,c[(CN^-)^2]}{c[Ag(CN)_2^-]} = 10^{-22}$ 时，得

$$c(Ag^+) = \frac{K_{不稳}\{c[Ag(CN)_2^-]\}}{c[(CN^-)^2]} = 10^{-22} \times \frac{c[Ag(CN)_2^-]}{c[(CN^-)^2]}$$

则有

$$\varphi_{平} = \varphi^{\ominus} + \frac{RT}{nF}\ln c(Ag^+) = \varphi^{\ominus} + 0.059\,\lg c(Ag^+) =$$

$$\varphi^{\ominus} + 0.059\,\lg 10^{-22} + 0.059\,\lg\left\{\frac{c[Ag(CN)_2^-]}{c[(CN^-)^2]}\right\} =$$

$$\varphi^{\ominus} - 1.298 + 0.059\,\lg\left\{\frac{c[Ag(CN)_2^-]}{c[(CN^-)^2]}\right\}$$

从上式可以看出,金属离子在镀液中以配合物形式存在时,使金属的平衡电势明显负移。另外,由于金属离子在配合物镀液中形成稳定的配离子,使阴极析出的活化能提高,就需要更高的能量才能在阴极还原,所以阴极极化也增加,这样就有可能使两种金属离子的析出电势相近或相等,达到共沉积的目的。

②　加入添加剂。添加剂一般对金属的平衡电势影响甚小,而对金属的极化往往有较大的影响。由于添加剂在阴极表面的吸附或可能形成表面配合物,所以常具有明显的阻化作用。添加剂在阴极表面的阻化作用常带有一定的选择性,一种添加剂可能对几种金属的沉积起作用,而对另一些金属的沉积则无效果。例如,在含有铜和铅离子的镀液中,添加明胶可实现共沉积。因此,在镀液中添加适宜的添加剂,也是实现共沉积的有效方法之一。为了实现金属的共沉积,在镀液中可单独加入添加剂,也可和配位剂同时加入。

6.2.2　实际金属共沉积时的特点和影响因素

两种金属在阴极上共沉积时,总是存在着一定的相互作用。同时,由于电极材料的性质、电极表面状态的变化、零电荷电势和双电层结构的变化,都能引起双电层中金属离子浓度的变化。

1.电极材料性质的影响

对金属离子的放电和氢析出都可能有影响。

(1) 形成合金时的去极化作用

形成合金时的去极化作用即极化减小的倾向,使金属离子还原过程变得容易,这与形成合金时自由能的变化有关,使组分的平衡电势向正方向移动,即

$$\Delta \varphi = \frac{-\Delta G}{nF}$$

式中　　$\Delta\varphi$——平衡电势的变化值;

　　　　ΔG——形成合金时自由能的变化。

金属共沉积形成的合金多属于固熔体,金属离子从还原到进入晶格作有规则的排列要放出部分能量,于是能量聚集在阴极表面,使局部能量升高,它能改变电极的表面状态,使其电势升高,导致电势较负的金属向电势较正的方向变化,即发生了极化减小的作用(去极化作用),结果使得电势较负的金属变得容易析出。因此,这可使一些不能单独沉积的金属与铁族金属离子共沉积成为可能。这种类型的金属共沉积称为诱导共沉积。

(2) 形成合金时的极化作用

由于基体金属阻化电化学反应的进行,可能促使电极电势负移(极化增加)。实验证明,电极表面是不均匀的,它是由活性区和钝化区所组成的。对于不同金属电极来说,在各部位上进行的化学反应速度有很大的差别,这与基体金属和还原离子的本性有关。在电极上还原迟缓的原因,可能来自两个方面:①电化学反应迟缓,使极化增大;②电极表面吸附外来质点,如氧化物和表面活性剂等,使放电增加困难,这种现象叫钝化极化。由于基体金属的钝化倾向,改变了电极的表面状态,可使晶体在基体上的形成功增大,因而影响了合金的沉积速度。研究 Ni－Mo 合金电沉积时可以看到这种现象。随着沉积层中钼的质量分数的增加,合金变得越来越容易钝化,合金中钼含量在 33% ~ 34% 时,电极表面钝化状态特别显著。

2.双电层结构的影响

当金属共沉积形成合金时,由于双电层中离子浓度和双电层结构的变化,离子的还原速

度也将发生变化。电极反应的速度主要取决于反应物离子在双电层中的浓度,而与溶液中的离子浓度关系不大。在单金属电镀时,溶液主体和双电层中放电金属离子的类型是同一种,但在合金电镀中,由于存在多种金属离子,双电层中原来单一的金属离子被另一些金属离子取代一部分,故双电层中每种离子的浓度将小于单独还原时的浓度。一般认为,二元合金中两种金属离子在双电层中的浓度分布,不但与它们在溶液内部的浓度有关,而且还和离子的大小、电荷的多少、离子迁移速度、离子在溶液中的状态以及表面活性物质的吸附有关。

3.金属离子在溶液中的状态的影响

当金属离子共沉积时,由于另一种离子的存在,会使某种放电离子在溶液中所处的状态发生变化,也可能形成新的离子形式。例如,可能形成多核配离子或缔合离子,将使金属离子的还原速度受到影响。

根据对单金属离子沉积时离子还原的速度,不能断定离子共同沉积的速度,因为在离子共同放电时,影响的因素很多,而且是错综复杂的。为了掌握金属共沉积时所发生的一系列电化学变化,必须研究合金共沉积时的动力学问题。目前,最广泛的方法是测定阴极极化曲线,它能更集中地反映各种合金的沉积规律。

6.2.3　形成合金时金属自由能的变化

当形成合金时,组分金属平衡电势的移动是组分金属相互作用引起自由能变化的结果。若金属离子放电形成合金,其电极反应为

$$M^{n+} + ne^- \longrightarrow M_{合金}$$

其平衡电势可表示为

$$\varphi_{平} = \varphi_x^{\ominus} + \frac{RT}{nF} \ln a_{M^{n+}}$$

式中　$\varphi_x^{\ominus}$——合金与金属离子 M^{n+} 的平衡电极电势。

可表示为

$$\varphi_x^{\ominus} = \varphi^{\ominus} - \frac{RT}{nF} \ln a_M$$

式中　$\varphi^{\ominus}$——纯金属 M 与金属离子的标准电极电势;

　　　a_M——金属 M 在合金中的活度。

当 $a_M = f_M x_M$(f_M 为合金相中该金属 M 的活度系数,x_M 为金属 M 在合金中的摩尔分数)时,则有

$$\varphi_x^{\ominus} = \varphi^{\ominus} - \frac{RT}{nF} \ln f_M - \frac{RT}{nF} \ln x_M$$

由此,又可得到标准电极电势的偏移值为

$$\Delta \varphi_{合金}^{\ominus} = \varphi_x^{\ominus} - \varphi^{\ominus} = -\frac{RT}{nF} \ln f_M - \frac{RT}{nF} \ln x_M = -\frac{\Delta G_{合金}^{\ominus}}{nF}$$

式中　$\Delta G_{合金}^{\ominus}$——形成合金时的标准自由能的变化。

同理,合金与金属离子 M^{n+} 的平衡电极电势的偏移值为

$$\Delta \varphi_{合金} = -\frac{\Delta G_{合金}}{nF}$$

在低共熔合金中,可以认为合金中组分金属间不发生相互作用,各组分的 x_M 可看成 1,

各组分的标准自由能变化与纯金属相同,所以平衡电势不发生变化。但是,当电沉积得到共熔合金时,组分中较活泼的金属在阴极还原时,是在比 $\varphi_x^{\ominus}$ 还要正的电势下发生的。电沉积形成固溶体合金时,组分金属 M_1 和 M_2 的沉积电势之差可由下式计算

$$\varphi_2 - \varphi_1 = -\frac{\Delta G_2}{n_2 F} + \frac{\Delta G_1}{n_1 F}$$

电沉积形成金属间化合物时,若该金属间化合物按下式形成

$$a\mathrm{A} + b\mathrm{B} \rightarrow \mathrm{A}_a\mathrm{B}_b$$

且已知形成反应的标准自由能变化为 $\Delta G_{\mathrm{A}_a\mathrm{B}_b}^{\ominus}$,也可以由纯金属的标准电极电势计算出金属间化合物 $\mathrm{A}_a\mathrm{B}_b$ 的标准电势

$$\varphi_x^{\ominus} = \varphi_{\mathrm{A}}^{\ominus} + \frac{1}{a n_{\mathrm{A}} F}\Delta G_{\mathrm{A}_a\mathrm{B}_b}^{\ominus}$$

6.2.4　金属共沉积的阴极过程

1.金属共沉积时阴极电势的作用

金属共沉积时,阴极电势的变化受平衡电势变化的影响。在沉积过程中,电势较负的金属、电势较正的金属、镀液中的添加剂对平衡电势的变化有着不同的影响。

沉积电势与合金组成有关。当沉积合金的某一条件发生变化,使得金属单独的沉积电势互相接近时,则会增加电势较负金属在合金中的含量。这意味着电势较正金属的极化曲线向较负的电势变化,或电势较负的金属的极化曲线移向较正的电势。在电沉积合金中,要想保持合金中各成分含量恒定是相当困难的,因此必须有效地控制各参量的变化,并维持在稳定的范围内。研究表明,在恒电势下沉积的合金镀层,比在恒电流密度下得到的合金镀层组成更为稳定,如在恒电势下沉积得到的 Cu – Zn 合金镀层,就比在恒电流密度下得到的镀层的组成更为均匀。

2.金属共沉积阴极过程的特性

在金属电沉积中,电化学步骤之前的迁移和化学转化步骤起着重要作用。因此,当考虑金属或合金在阴极沉积时,特别是在配合物镀液中沉积时,需要考虑浓差极化的作用。金属在阴极沉积过程中,形成沉积层中的离子能量状态很可能不同于其在给定金属正常晶格中的状态,而处于一个较高的能级。由亚稳态到稳态形式的转变,也可能引起一种特殊类型的相(结晶化)超电势出现。至于哪种类型超电势占优势,将决定于金属本性、镀液组成、电流密度和温度等。在常温下使用简单盐镀液时,超电势依赖于金属的本性,如 Hg、Ag、Cd 和 Sn等金属沉积的特点,主要表现为由新相缓慢形成和生长所引起的极化作用不大(电化学步骤的速度不太缓慢);Fe、Co、Ni 等金属在沉积时,具有很大的极化,主要是由电化学步骤缓慢所造成的;另有一些金属(如 Cu、Zn 等),其极化作用的大小介于上述两者之间。

金属超电势的特性和大小也依赖于阴极表面的状态,不同的金属,有不同的阴极状态,其表面析氢超电势不同。在 Fe、Co、Ni 等金属上,电沉积时易析氢,而氢的存在可以引起金属沉积层晶格扭曲,增大脆性和内应力。金属沉积层中氢含量增加,金属超电势将增大,即氢可能阻碍金属的阴极过程。有研究表明,由于氢在沉积层中形成一种表面膜或金属氢化物,氢对放电过程有抑制作用。在铁族金属沉积时,由于氢原子复合速度缓慢,所以沉积层含有较大量的氢。

在沉积过程中,镀液中任何一种离子在阴极表面附近均存在着物料平衡,电流密度决定了可沉积金属离子的浓度梯度和它们在阴极表面的总浓度。若有 A、B 两种成分形成合金(A 为电势较正的金属),其离子的表面浓度分别为 c_A 和 c_B。扩散理论不可能既确定 A 与 B 的相对浓度梯度,又确定阴极界面上的 c_A/c_B 大小,仅在极限电流密度下,当 $c_A = 0$ 或 $c_A = c_B = 0$ 时,扩散才是决定合金组成的主要因素。

在其他所有情况下,决定沉积层组成的主要因素是金属的沉积电势,电势通过控制阴极界面上沉积金属离子的相对浓度来控制合金组成。

在正常的合金电沉积过程中,阴极界面上两种金属离子具有趋于和达到相互平衡的趋势,即具有使体系中两种金属之间电势差为零的趋势,这就要求电势较正的金属离子浓度与电势较负的金属离子的浓度之比要大大降低,可表示为

$$\frac{c_A}{c_B} < \frac{c_A^0}{c_B^0}$$

式中　　c_A^0、c_B^0——A、B 两种金属离子在溶液中的浓度。

也可以写成

$$c_A^0 c_B^0 - c_A c_B^0 > c_A^0 c_B^0 - c_A^0 c_B$$

整理得

$$c_B^0(c_A^0 - c_A) > c_A^0(c_B^0 - c_B) \qquad \frac{c_A^0 - c_A}{c_B^0 - c_B} > \frac{c_A^0}{c_B^0}$$

设

$$c_A^0 - c_A = \Delta c_A \qquad c_B^0 - c_B = \Delta c_B$$

根据扩散理论,有

$$\frac{w_A}{w_B} \approx \frac{\Delta c_A}{\Delta c_B}$$

w_A、w_B——两种成分在镀层中的含量。

从而有

$$\frac{w_A}{w_B} > \frac{c_A^0}{c_B^0}$$

上式表示,在正常共沉积中,电势较正的金属优先沉积,并表明优先沉积是金属离子在阴极界面上达到化学平衡趋势的必然结果。

6.2.5　金属共沉积时的电流分配

1.扩散控制下的金属共沉积

(1) 在稳态扩散电流密度下的金属共沉积

当 A、B 两种金属的共沉积受扩散控制时,若忽略阴极/溶液界面上的对流和电迁移作用,并在电沉积过程中达到稳态,则可得到金属的稳态扩散电流密度分别为

$$j_A = n_A F D_A \frac{c_A^0 - c_A}{\delta} \qquad j_B = n_B F D_B \frac{c_B^0 - c_B}{\delta}$$

如果电沉积过程中没有副反应发生,即电流效率为 100% 时,则两种金属在沉积层中的质量分数分别为

$$w_A = K_A j_A \qquad w_B = K_B j_B$$

式中　　K_A、K_B——金属 A、B 的电化当量$[g/(A \cdot h)]$。

令
$$c_A^0 - c_A = \Delta c_A \quad c_B^0 - c_B = \Delta c_B$$

则有
$$\frac{w_A}{w_B} = \frac{K_A j_A}{K_B j_B} = \frac{n_A K_A D_A}{n_B K_B D_B} \times \frac{c_A^0 - c_A}{c_B^0 - c_B} = \frac{n_A K_A D_A}{n_B K_B D_B} \times \frac{\Delta c_A}{\Delta c_B}$$

由上式可见,合金沉积层组分金属质量比与该金属离子在阴极界面与溶液本体浓度差之比成直线关系。若 $n_A = n_B$, $D_A = D_B$,并令 $K = \dfrac{K_A}{K_B}$,则有

$$\frac{w_A}{w_B} = K \frac{\Delta c_A}{\Delta c_B}$$

(2) 在浓差极化超电势下的金属共沉积

当 A、B 两种金属的共沉积受稳态扩散超电势控制时,若忽略阴极／溶液界面上的对流和电迁移作用,则可得浓差极化超电势为

$$\Delta \varphi_A = \frac{RT}{n_A F} \ln \frac{c_A}{c_A^0}, \Delta \varphi_B = \frac{RT}{n_B F} \ln \frac{c_B}{c_B^0}$$

由金属共沉积的基本条件 $\varphi_A^\ominus + \dfrac{RT}{n_A F} \ln a_A + \Delta \varphi_A = \varphi_B^\ominus + \dfrac{RT}{n_B F} \ln a_B + \Delta \varphi_B$ 得

$$\varphi_A^\ominus + \frac{RT}{n_A F} \ln a_A + \frac{RT}{n_A F} \ln \frac{c_A}{c_A^0} = \varphi_B^\ominus + \frac{RT}{n_B F} \ln a_B + \frac{RT}{n_B F} \ln \frac{c_B}{c_B^0}$$

整理得

$$\frac{F(\varphi_A^\ominus - \varphi_B^\ominus)}{RT} = \ln \frac{(a_B c_B)^{\frac{1}{n_B}} \times c_A^{0 \frac{1}{n_A}}}{(a_A c_A)^{\frac{1}{n_A}} \times c_B^{0 \frac{1}{n_B}}}$$

当温度 T 一定时,$\dfrac{F(\varphi_A^\ominus - \varphi_B^\ominus)}{RT} = H$ 为一常数。

设 $a_A = f_A c_A^0$, $a_B = f_B c_B^0$(f_A、f_B 分别为 A、B 金属离子的活度系数),代入上式,得

$$K = \frac{(f_B c_B)^{\frac{1}{n_B}}}{(f_A c_A)^{\frac{1}{n_A}}}$$

其中　　K——常数。

当 $n_A = n_B = n$ 时,则 $K^n = \dfrac{f_B c_B}{f_A c_A}$。若 $f_A = f_B$,则简化为

$$K^n = \frac{c_B}{c_A}$$

上式表明,金属离子 A 和金属离子 B 在阴极／溶液界面上的浓度比为一常数。

2. 电化学控制下的金属共沉积

在稳态极化情况下,极化电流密度与超电势的关系可用下式表示

$$j = j^0 \left[\exp\left(- \frac{\beta n F}{RT} \Delta \varphi\right) - \exp\left(\frac{a n F}{RT} \Delta \varphi\right) \right]$$

式中　　j^0——交换电流密度;

　　　　α、β——传递系数,$\alpha + \beta = 1$。

若在高超电势下进行金属共沉积,则有

$$j = j^0 \exp(-\frac{\beta nF}{RT}\Delta\varphi) \quad 或 \quad -\Delta\varphi = -\frac{RT}{\beta nF}\ln j^0 + \frac{RT}{\beta nF}\ln j$$

令 $\eta = -\Delta\varphi$，$\eta^0 = -\frac{RT}{\beta nF}\ln j^0$，代入上式,则有

$$\eta = \eta^0 + \frac{RT}{\beta nF}\ln j$$

上式即为 Tafel 公式。

若金属的电沉积受稳态极化下的电化学控制,则得到

$$\eta_A = \eta_A^0 + \frac{RT}{\beta_A n_A F}\ln j_A \qquad \eta_B = \eta_B^0 + \frac{RT}{\beta_B n_B F}\ln j_B$$

根据共沉积的基本条件

$$\varphi_A^\ominus + \frac{RT}{n_A F}\ln a_A + \eta_A^0 + \frac{RT}{\beta_A n_A F}\ln j_A = \varphi_B^\ominus + \frac{RT}{n_B F}\ln a_B + \eta_B^0 + \frac{RT}{\beta_B n_B F}\ln j_B$$

若沉积过程无副反应发生,则将 $\dfrac{w_A}{w_B} = \dfrac{K_A j_A}{K_B j_B}$ 代入上式,得

$$\varphi_A^\ominus - \varphi_B^\ominus + \frac{RT}{F}\ln \frac{a_A^{\frac{1}{n_A}}}{a_B^{\frac{1}{n_B}}} = \eta_B^0 - \eta_A^0 - \frac{RT}{F}\ln \frac{(K_B w_A)^{\frac{1}{\beta_A}}}{(K_A w_B)^{\frac{1}{\beta_B}}}$$

假定 $n_A = n_B = n$，$\beta_A = \beta_B = \beta$ 及 $\dfrac{a_A}{a_B} = \dfrac{c_A}{c_B}$，则上式变为

$$\ln \frac{w_A}{w_B} = \frac{\beta F}{RT}(\varphi_B^\ominus - \varphi_A^\ominus + \eta_B^0 - \eta_A^0) - \ln \frac{K_B}{K_A} - \frac{\beta}{n}\ln \frac{c_A}{c_B}$$

当温度(T)不变时,则$\dfrac{\beta F}{RT}(\varphi_B^\ominus - \varphi_A^\ominus + \eta_B - \eta_A) - \ln \dfrac{K_B}{K_A} = G$($G$ 为常数),令 $Q = -\dfrac{\beta}{n}$，由上式得到

$$\ln \frac{w_A}{w_B} = G + Q\ln \frac{c_A}{c_B}$$

上式表明,在合金沉积层中,A、B 的质量比的对数与溶液中金属离子浓度比的对数成线性关系。

3.形成合金时电流的分配

(1) 形成低共熔合金时电流的分配

对于低共熔合金可作以下假设,即形成的合金是各金属晶体的混合物,不同金属的晶体间不发生相互影响,分别独立生长着。在共沉积层中,各组分金属晶体所占的面积将比电极总面积小,它近似地正比于合金组成中该金属的摩尔分数。在同一阴极电势下,合金组分金属离子放电的分电流密度,将比纯金属的小。合金镀层中组分金属电沉积的表观电流密度可表示为

$$j_表 = j_A \frac{S_A}{S_A + S_B}$$

式中　　S_A、S_B—— 金属 A 和金属 B 所覆盖的表面积;

j_A—— 同一阴极电势下纯金属 A 上的电流密度。

由于每一种组分金属覆盖的面积与沉积的真实电流密度成正比,于是

$$\frac{S_A}{S_A + S_B} = \frac{j_A(K_A/\rho_A)}{j_A(K_A/\rho_A) + j_B(K_B/\rho_B)}$$

式中　　ρ_A、ρ_B——金属 A、B 的相对密度；

　　　　K_A、K_B——金属 A、B 的电化当量。

由以上两式得

$$j_{表} = \frac{j_A^2}{j_A + j_B[K_B \cdot \rho_A/(K_A \cdot \rho_B)]}$$

形成这种类型的合金时,金属离子电化学还原的动力学特征保持不变,只是电沉积的有效电极面积减小,所以电沉积的速度比在纯金属上电沉积的速度要小。

上述关系式是在假设金属离子在同种金属上放电的情况下得到的,这只能在超电势相当小时才是真实的,这时晶核的形成速度非常慢。事实上,若放电步骤是电沉积速度的控制步骤时,即使在低超电势下分电流密度也会比按上式计算的值大,因为还会有部分附加的金属原子电沉积在它种金属表面上,并通过表面扩散到同种金属的表面上。

在合金电沉积时,双电层结构的改变也对同时放电的离子还原速度产生不同的影响。在合金镀液中,组分金属离子可能以不同的形式存在。因此,双电层结构的影响也不相同。这种效应只是当镀液浓度很小或存在离子型表面活性剂时才突出地表现出来。合金镀液的浓度一般比较大,因而影响较小,特别是当镀液中含有大量导电盐时影响就更小了。

(2) 形成固溶体合金时电流的分配

当两种金属离子共沉积形成固溶体时,由于合金镀液的浓度一般较大,可以认为阴极／溶液界面的双电层结构是紧密的。另外,合金的零电荷电势有可能与组分金属的零电荷电势不同,合金的零电荷电势一般介于两组分金属的零电荷电势之间。零电荷电势的改变也会影响金属离子放电的速度。实验结果表明,当两种金属离子共同放电形成固溶体时,组分金属离子在阴极还原的速度不同于该金属离子单独还原时的速度。合金的零电荷电势对组分金属电沉积可能产生不同的影响,当组分金属的零电荷电势比纯金属的零电荷电势负时,共沉积时其沉积速度就减小;当组分金属的零电荷电势比纯金属的零电荷电势正时,共沉积时其沉积速度就增大。

另外,由于零电荷电势的改变,将会促使表面活性物质在电极上的吸附发生变化,双电层的 ψ 电势也会改变,这些变化都会影响金属离子的放电速度。例如,从焦磷酸盐的稀溶液中电沉积 Cu – Zn 合金时,Cu – Zn 合金的零电荷电势介于铜和锌的零电荷电势之间,且合金的零电荷电势比锌的正,比铜的负。对锌来说,合金的零电荷电势比锌正一些,这意味着将加速锌配离子的放电过程,因而也就解释了铜和锌从焦磷酸盐镀液中共沉积的可能性。

(3) 扩散控制时电流的分配

在对流作用和电迁移的影响可以忽略(镀液中存在大量导电盐) 时,若金属共沉积的电流效率为 100% ,那么在沉积层中组分金属的摩尔分数可表示为

$$x_A = \frac{c_A^0 - c_A}{c^0 - c} \times 100\% = \frac{\Delta C_A}{\Delta C} \times 100\% \qquad x_B = \frac{c_B^0 - c_B}{c^0 - c} \times 100\% = \frac{\Delta c_B}{\Delta c} \times 100\%$$

式中　　x_A、x_B——沉积层中金属的摩尔分数；

　　　　c_A^0、c_B^0——镀液中 A、B 的离子浓度；

　　　　c_A、c_B——在阴极／溶液界面上 A、B 的离子浓度；

c^0、c—— 在镀液中和阴极／溶液界面上的总离子浓度。

按上式计算电沉积 Ni – Co 合金的组成,结合试验分析测定,其测试结果与计算结果相吻合。

若合金电沉积是在极限电流密度下进行,两组分金属离子在阴极／溶液界面的浓度 c_A 和 c_B 均等于 0,于是

$$x_A = \frac{c_A^0}{c^0}100\% \qquad x_B = \frac{c_B^0}{c^0}100\%$$

即在极限电流密度下,在电沉积的合金中组分金属的原子比等于溶液本体中组分金属离子的摩尔浓度比。

4.金属共沉积的阴极极化曲线

阴极电势是阴极反应的基本参数。由于电解液组成和工艺条件的变化,大都集中反映在电流密度和阴极电势关系的曲线上。值得提出的是,不能通过两种金属单独沉积时的极化曲线来预测两种金属共沉积的可能性和合金的组成,因为这与实验结果不符合,即实际情况要比单金属沉积复杂得多。

(1)金属共沉积和单金属沉积时的极化曲线

金属共沉积的极化曲线大致可分为以下几种类型:合金的极化曲线位于单金属极化曲线的左侧,如氰化物镀液电沉积 Ag – Zn 合金的极化曲线(图 6.1),由于该合金属于固溶体,可以认为合金共沉积的电势处于比电势较正金属单独沉积时更正的值,这是因为固溶体的形成导致自由能的降低;合金的极化曲线处于各单金属极化曲线的中间位置,如氰化物镀液电沉积 Ag – Cd 合金的极化曲线(图 6.2),这表明金属共沉积能使电势较负的金属在较正电势下沉积,而电势较正的金属在较

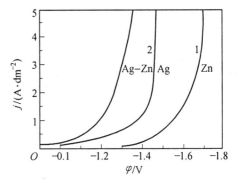

图 6.1 氰化物镀液电沉积 Ag – Zn 合金极化曲线

负的电势下沉积;合金沉积的极化曲线至少和一种单金属极化曲线相交,如 Cu – Pb 合金沉积的极化曲线(图 6.3)。

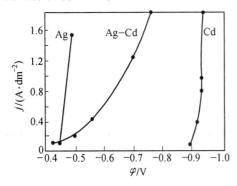

图 6.2 氰化物镀液电沉积 Ag – Cd 合金极化曲线

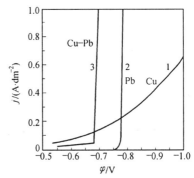

图 6.3 碱性酒石酸盐镀液电沉积 Cu – Pb 合金的极化曲线

以上几种极化曲线的特点表明,金属共沉积时离子的相互影响是非常重要的。因而,若

从单金属沉积的极化曲线来预测合金沉积的极化曲线的形状和位置是不可能的,而且合金沉积极化曲线的位置并不能反映合金的组成。一般来说,固溶体合金和简单混合物合金的极化曲线,常处于两种单金属沉积的极化曲线的中间位置。

(2) 金属共沉积的极化曲线的分解

由于合金沉积时存在着金属离子间的相互作用,为了加深对合金沉积规律性的认识,可将合金沉积的极化曲线分解为组分金属的分曲线,如果有析氢反应,还应包括氢的分极化曲线。

极化曲线分解的方法很简单。极化曲线分解的方法如下(以电沉积 Cu – Bi 合金为例):在某一电流密度(如 5 A/dm²)下电沉积 Cu – Bi 合金,通过分析得到镀层中 Cu 的摩尔分数为 91%,Bi 的摩尔分数为 9%,然后按下式计算

$$j_i = x_i \times j \times 100\%$$

式中　j_i——合金中某一成分的分电流密度;

　　　x_i——合金中某一成分的含量;

　　　j——总电流密度。

按上述方法,可计算一系列不同电流密度下的分电流密度,作图就可得到如图 6.4 所示的分极化曲线,它是已考虑了金属共沉积时的相互影响后的极化曲线。

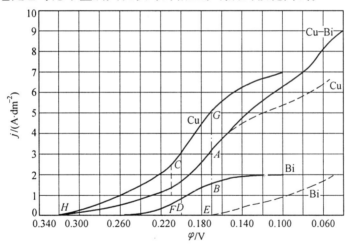

图 6.4　Cu – Bi 合金的极化曲线及分极化曲线(虚线)

6.3　影响金属共沉积的因素

6.3.1　金属共沉积的类型

根据合金电沉积动力学特征以及镀液的组成和工艺条件,可将合金电沉积分为以下五种类型:

1.正常共沉积

正常共沉积的特点是电势较正的金属优先沉积。依据各组分金属在对应镀液中的平衡电势,可定性地推断合金镀层中各组分的含量。正常共沉积又可分为三种:

（1）正常共沉积

共沉积的特点是共沉积过程受扩散控制,合金镀层中电势较正金属的含量随阴极扩散层中金属离子总含量的提高而提高,电镀工艺条件对沉积层组成的影响,可由电解液在阴极扩散层中金属离子的浓度来预测,并可用扩散定律来估计。因此,提高电解液中金属离子的总含量、降低阴极电流密度、升高电解液温度或增加搅拌强度等能增加阴极扩散层中金属离子浓度的措施,都能使合金镀层中电势较正金属的含量增加。简单金属盐电解液中的电沉积一般属于正则共沉积,例如,Ni – Co、Cu – Bi、Pb – Sn 合金等从简单金属盐电解液中的共沉积。有的配合物电解液中的共沉积也属于正则共沉积。若能取样测出阴极溶液界面上各组分金属离子的浓度,就能推算出合金沉积层的组成。如果各组分金属的平衡电势相差较大,且共沉积时不能形成固熔体合金时,则容易发生正则共沉积。

（2）非正常共沉积

非正则共沉积的特点是受阴极电势控制,即阴极电势决定沉积合金的组成。电镀工艺条件对合金沉积层组成的影响远比正则共沉积小。有的电解液组成对合金沉积层各组分的影响遵循扩散理论,而另一些则不遵循。配合物电解液,特别是配合物浓度对某一组分金属的平衡电势有显著影响的电解液,多属于此类共沉积。例如,氰化物电沉积 Cu – Zn 合金。另外,如果各组分金属的平衡电势比较接近,且容易形成固熔体合金的电解液,也容易出现非正则共沉积。

（3）平衡共沉积

平衡共沉积的特点是在低电流密度下(阴极极化非常小),合金沉积层中各组分金属含量比等于电解液中各金属离子浓度比。当将各组分金属浸入含有各组分金属离子的电解液中时,它们的平衡电势最终变得相等,在此电解液中以低电流密度电沉积时(阴极极化很小)发生的共沉积,即称为平衡共沉积。属于此类共沉积的体系不太多,已经发现,在酸性电解液中电沉积 Cu – Bi、Pb – Sn 合金属于平衡共沉积。

以上三种类型的共沉积通称为正常共沉积,其共同特征是电势较正的金属优先沉积。在沉积层中,组分金属之比与电解液中相应金属离子含量比符合以下关系式

$$\frac{x_A}{x_B} \geqslant \frac{c_A^0}{c_B^0} \quad 或 \quad \frac{x_A}{x_A + x_B} \geqslant \frac{c_A^0}{c_A^0 + c_B^0}$$

式中　　x_A、x_B——合金中电势较正金属和电势较负金属的摩尔分数;

　　　　c_A^0、c_B^0——电解液中电势较正金属和电势较负金属的离子浓度。

2. 非正常共沉积

目前对非正常共沉积研究得还不太深入,了解得不多,虽然也提出了各种不同的机理,但都有较大的局限性,还需要进一步的研究。

（1）异常共沉积

异常共沉积的特点是电势较负的金属优先沉积。对于给定的电解液,只有在某一浓度、一定的工艺条件下才能出现异常共沉积,而当条件发生变化时,有可能转为正常共沉积。含有铁族金属中的一种或多种的合金的共沉积多属于此类。例如,Ni – Co、Fe – Co、Fe – Ni、Zn – Ni、Fe – Zn 和 Ni – Sn 合金等,其沉积层中电势较负金属组分的含量总比它在电解液中的浓度要高。

（2）诱导共沉积

从含有 Ti、Mo、W 等金属盐的水溶液中是不能电沉积出纯金属镀层的,但当与铁族金属一起电沉积时,可实现共沉积,这种共沉积称为诱导共沉积。诱导共沉积与其他类型的共沉积相比,则更难推测出电解液中金属组分和工艺条件对沉积层组成的影响。通常把能促使难沉积金属共沉积的铁族金属称为诱导金属。发生诱导共沉积的合金有:Ni – Mo、Co – Mo、Ni – W、Co – W 合金等。

6.3.2 电解液成分的影响

合金电沉积是比较复杂的过程,影响的因素较多。其中电解液的影响比较突出。

1. 电解液中金属离子浓度的影响

控制镀液中金属离子浓度,一般可采用以下三种方法:

① 改变金属离子浓度比。保持镀液总浓度不变,仅改变一种金属离子对另一种金属离子的比率。用这种方法改变镀液组成,一般可以获得任意成分的合金镀层。

② 改变金属离子总浓度。保持镀液中金属离子浓度比不变,仅改变金属离子的总浓度。金属离子总浓度变化时,合金成分仅在一个有限的范围内变化。

③ 仅改变一种金属离子的浓度。保持镀液中一种金属离子的浓度不变,仅改变某一种金属离子的浓度。这种方法的结果,实际上是金属离子总浓度和离子浓度比都发生变化。由于同时改变了两个参数,因此不易控制,给操作带来麻烦。

根据以上控制方法,金属离子浓度的影响实际包括金属离子总浓度和离子浓度比两方面的影响。

（1）镀液中金属离子浓度比的影响

若由 A、B 两种金属形成合金,若金属离子总浓度保持不变,当镀液中金属离子浓度比(c_A/c_B)增加时,镀层中 A 含量会增加,但多数并不是成正比关系。对于五种不同的共沉积类型,其影响规律各具有一定的特征,如图 6.5。图中 AB 为成分参考线,它能帮助说明合金成分与镀液组成的关系。在参考线上,合金成分与镀液中金属离子的比例相同;在参考线之上,说明所研究的金属在镀层中含量高于它在镀液中的含量,该金属发生了优先共沉积。图中曲线 1 代表正则共沉积,其特征是在金属总浓度不变的情况下,稍增加镀液中电势较正的金属相对于电势较负的金属的离子的浓度比,合金镀层中电势较正金属的含量就按比例激增,这与正则共沉积受扩散控制的规律相符合;曲线

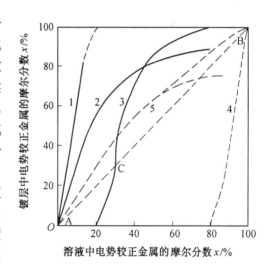

图 6.5 在五种金属共沉积的类型中,金属离子浓度和合金组成的关系

2 代表非正则共沉积,随镀液中电势较正金属离子的浓度增加,该金属在镀层中的含量也增加,但不成正比关系,所以过程并不受扩散控制,而是受沉积电势控制;曲线 3 代表平衡共沉积,曲线与对称线相交于点 C,在该点,镀液中金属离子浓度比与镀层中金属含量比相同,相

当于两种金属处于化学平衡状态,点 C 以上电势较正的金属占优势,点 C 以下电势较负的金属占优势。以上三条曲线表明,电势较正的金属优先沉积,这是正常共沉积的特征。曲线4 代表异常共沉积,它位于参考线的下方,说明电势较负的金属优先沉积;曲线 5 代表诱导共沉积,它位于参考线的上方,说明仍然是电势较正的金属优先沉积。这两条曲线说明,异常共沉积中金属离子浓度比的影响比较复杂。由此可见,要获得一定组成的合金,应严格控制镀液中金属离子的浓度比。

(2) 金属离子总浓度的影响

在镀液中金属离子浓度比不变的情况下,金属离子总浓度对合金组成的影响如图 6.6、6.7。对于正则共沉积(图 6.6 曲线 1),提高金属离子总浓度,镀层中电势较正金属的含量提高,但其提高没有增加金属离子浓度比那样明显;对于非正则共沉积(图 6.6 曲线 3),提高金属离子总浓度,合金组成变化不大,并且因镀液中金属离子浓度比而异,某种成分的含量有可能增加,也可能减少;对于异常共沉积,提高金属离子总浓度,合金组成的变化因体系而异,图 6.7 为硫酸盐电镀 Co – Ni 合金时,提高镀液中金属离子总浓度,镀层含钴量提高;对于诱导共沉积,通过对 Co – W、Ni – W 合金的电沉积研究表明,提高金属离子总浓度,镀层含钨量略有增加。

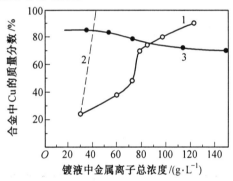

图 6.6　正常共沉积时,镀液中金属离子总浓度对镀层组成的影响

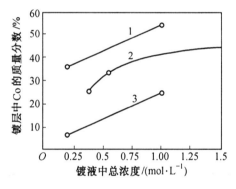

图 6.7　异常共沉积时,镀液中金属离子总浓度对镀层组成的影响

总之,在保持镀液金属离子浓度比不变的情况下,提高金属离子总浓度,对正则共沉积合金的组成有明显的影响,但对非正则共沉积、异常共沉积和诱导共沉积影响较小,且趋向不定。

2. 配位剂浓度的影响

在合金镀液中,常需要加入适宜、适量的配位剂,它对合金成分的影响较大。根据配合物使用的特点,可分为两种类型:

(1) 单一配位剂镀液

合金镀液中仅含有一种配位剂,它可以同时配合两种金属离子,也可以仅配合其中一种金属离子。如:在氰化物镀黄铜镀液中,Cu^+、Zn^{2+} 离子都能和 CN^- 形成配离子,且铜氰配离子比锌氰配离子稳定,$K_{不稳}\{[Cu(CN)_3]^{2-}\} = 5.0 \times 10^{-32}$,而 $K_{不稳}\{[Zn(CN)_4]^{2-}\} = 1.3 \times 10^{-17}$。因此,配位剂(即氰化物)的含量对铜离子的析出电势影响比锌大,所以,提高配位剂的含量,镀层中铜含量就降低。在酸性氟化物电镀 Sn – Ni 合金时,氟化物只与锡离子配合,而镍离子以简单离子形式存在,在该镀液中,增加配位剂的含量,能使镀层含锡量降低,通过控制镀液中镍离子的含量,也能改变镀层组成。

(2) 混合配位剂镀液

镀液中的两种金属离子可选用两种不同的配位剂,形成两种金属配离子。如碱性氰化物 Cu – Sn 合金镀液,Cu^+ 与 CN^- 配合,Sn^{4+} 与 OH^- 配合。在同一镀液中有两种不同的配离子存在,当增加 CN^- 含量时,$[Cu(CN)_3]^{2-}$ 稳定性增强,阴极放电比较困难,镀层中铜含量就会减少;若增加 OH^- 含量,则 $[Sn(OH)_6]^{2-}$ 稳定性增强,在阴极上析出受阻,镀层含锡量减少(图 6.8)。

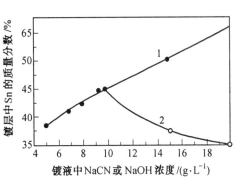

图 6.8 从碱性氰化物镀液中沉积铜锡合金时,配位剂浓度的影响
1—NaCN 浓度对合金成分的影响;
2—NaOH 浓度对合金成分的影响

在含有配位剂的合金镀液中,一般加入的配位剂要有一定的游离量,一方面是为了使配离子稳定,另一方面也可以控制镀层的组成。

3.添加剂的影响

合金电镀中使用较多的添加剂,有些添加剂具有良好的选择性吸附,如果它对镀液中某一种金属离子的还原过程有影响,而对另一种金属离子没有影响,则选择适宜的添加剂,并控制其用量,就能得到适宜组成的合金镀层。例如:在焦磷酸盐 – 锡酸盐 Cu – Sn 合金镀液中,加入少量 GT – 4 和苯骈咪唑时,可使镀层含锡量提高;在电沉积 Pb – Cu 合金时,明胶的影响如图 6.9。由图可见,明胶仅对铜沉积有影响,而对铅沉积无影响,所以加入明胶后,可以实现 Pb – Cu 共沉积。

添加剂对合金成分的影响可参见图 6.10。在电镀 Zn – Cd 合金时,即使镀液中添加剂含量增加很少,也会引起镀层组成的极大变化,但当添加剂达到一定含量后,镀层含锌量不再随添加剂含量的增加而增加;在电镀 Pb – Sn 合金时,随添加剂含量的增加,镀层含锡量增加,但其影响趋势与前者不同。以上两体系均为简单盐镀液。

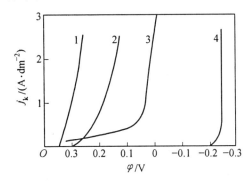

图 6.9 明胶对 Pb – Cu 合金电沉积的影响
1—镀铜液的极化曲线;2—镀铜液加明胶的极化曲线;3—合金镀液加明胶的极化曲线;4—铅镀液加明胶(或不加)的极化曲线

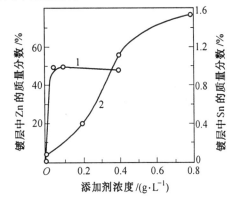

图 6.10 添加剂对合金组成的影响
1—硫酸盐镀液中沉积锌镉合金;
2—氟硼酸盐镀液中沉积铅锡合金

添加剂含量对合金组成的影响有以下特点:① 添加剂与配位剂相比,其影响要小得多;② 添加剂含量达到一定值后,镀层组成可基本保持不变;③ 添加剂通常对简单盐镀液有明

显影响;④ 添加剂对合金成分的影响常具有选择特性。

6.3.3　工艺条件的影响

1.pH 值的影响

pH 值对金属共沉积的影响往往是因为它改变了金属盐的化学组成。对某些电解液来说,pH 值影响较大,对另一些电解液,则影响较小,这与电解液的基本性质有关。例如:锌酸盐、锡酸盐和氰化物等配合离子,在碱性溶液中是稳定的,而在 pH≤7 时,往往发生分解;又如焦磷酸盐电镀 Cu – Sn 合金镀液,在 pH = 8 ~ 12 范围内,配离子随 pH 值的变化,其结构形式和不稳定常数都将发生变化,且与镀层成分有很大关系。因此,pH 值对电解液性质和镀层组成的影响要根据具体条件来具体分析。

（1）pH 值对正则共沉积合金成分的影响

在正则共沉积中,若镀液中的金属离子以简单金属离子形式存在,pH 值的影响不大。例如,在酸性高氯酸盐镀液中电镀 Cu – Bi 合金,pH 值降低,镀层含铜量仅略有增加。

（2）pH 值对非正则共沉积合金成分的影响

在非正则共沉积中,由于镀液中含有金属配离子,随 pH 值的变化合金组成有明显变化。例如,电镀 Cu – Sn 合金时,随着 pH 值的增加,镀层含锡量下降;而在电镀 Cu – Zn 合金时,随着 pH 值的增加,镀层含锌量反而增加。

（3）pH 值对异常共沉积合金成分的影响

如图 6.11 所示,在电镀 Zn – Ni 合金时,随着 pH 值的增加,镀层含镍量略有增加,其影响不太明显。

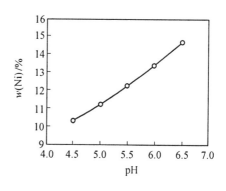

图 6.11　pH 值对合金镀层组成的影响

以上分析表明,pH 对合金组成的影响与共沉积类型无关,它主要还是通过影响金属配合物形式来影响合金组成。

2.电流密度的影响

在合金电镀中,电流密度对合金组成和镀层质量有明显的影响。一般来说,随着电流密度的提高,阴极电势负移,合金成分中电势较负的金属的含量增加,这对于正则共沉积是正确的,可由扩散理论来解释。另外,根据扩散理论,金属沉积的速率有一个上限,电势较正的金属的沉积速率比电势较负的金属更容易接近极限值,因此,增加电流密度也会有助于电势较负金属沉积速率的增加。

（1）电流密度对正则共沉积合金成分的影响

在正则共沉积中,电流密度提高,合金镀层中电势较正金属的含量将下降,如图6.12。由图可以发现:① 在低电流密度区,镀层中电势较正金属的含量较高;② 随着电流密度的升高,合金镀层中电势较正金属的含量急剧减少;③ 当电流密度增加到一定值后,合金镀层的组成基本恒定,其组成接近于镀液金属离子浓度比。

但是,电流密度对正则共沉积合金组成的影响有时也有反常现象。例如,在氰化物电镀 Cu – Sn 合金中,在允许电流密度范围内,随电流密度的增加,镀层中电势较负的金属锡的含量反而降低。

（2）电流密度对非正则共沉积合金组成的影响

在非正则共沉积中，电流密度对合金成分的影响比较复杂，其影响作用往往不大，通常不易预测。图 6.13 为几种典型的非正则共沉积体系中合金组成与电流密度的关系曲线。

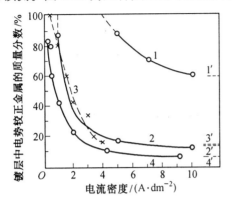

图 6.12　正则共沉积中电流密度对合金
组成的影响

1—高氯酸镀液中电沉积铜铋合金；2—不含高
氯酸的镀液中电沉积铜铋合金；3—氰化物镀液
中电沉积银镉合金；4—含锡酸盐和硫代锑酸盐
镀液中电沉积锑锡合金

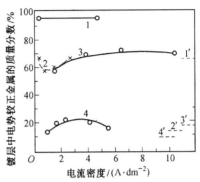

图 6.13　非正则共沉积中电流密度对合
金组成的影响

1—酒石酸盐镀液中沉积铜锑合金；2—氰化物
镀液中沉积铜镉合金；3—氰化物镀液中沉积铜
锡合金；4—氰化物镀液中沉积锡锌合金

（3）电流密度对其他共沉积合金成分的影响

对于平衡共沉积，仅在较低电流密度下，即阴极极化忽略不计时，电解液中金属离子的浓度比和合金镀层中金属成分比相同，若提高电流密度，一般将增大合金中电势较负的金属的含量。对于异常共沉积，电流密度的影响规律不易确定；对于诱导共沉积，电流密度对合金组成影响不大。

总之，电流密度对合金成分的影响，仅对正则共沉积有预测指导意义，对其他几种类型的合金共沉积，一般不能预测，即电流密度对合金组成的影响没有明确的规律性。

3. 温度的影响

温度对合金组分的影响是通过它对阴极极化、金属离子在扩散层中的浓度以及金属在阴极沉积时的电流效率等综合影响的结果。当金属共沉积时，升高温度既降低了电势较正金属的阴极极化，也降低了电势较负金属的阴极极化，因此，很难推测它如何影响合金的组成。温度对阴极/溶液界面上金属离子浓度的影响是：随着温度的升高，扩散速度加快，导致电势较正金属优先沉积。温度的变化，也会影响金属沉积的电流效率。

一般来说，由于正则共沉积主要受扩散控制，随温度升高，合金中电势较正金属的含量增加，受温度的影响比较明显。在氰化物电镀 Ag - Cu 合金（图 6.14）时，随着镀液温度的升高，镀层含银量

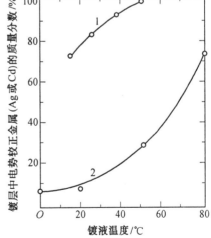

图 6.14　镀液温度对正则共沉积合金成
分的影响

1—氰化物镀液中沉积银铜合金；
2—硫酸盐镀液中沉积锌镉合金

明显增加。

对于非正则共沉积和异常共沉积,温度对合金组成的影响没有一定规律。对于诱导共沉积,镀液温度升高,通常引起难沉积金属在合金镀层中的含量增加,但影响程度也不是太大。

4. 搅拌的影响

搅拌镀液或阴极移动能降低阴极扩散层厚度,从而直接影响合金镀层组成。在电沉积合金过程中,由于在阴极上金属沉积的比率不同,造成扩散层中金属离子的浓度的比率与本体浓度有差别。搅拌可以导致阴极扩散层内金属离子的增加,并促使扩散层中金属的比率接近本体浓度,这有利于电势较正金属的优先沉积。

搅拌对合金镀层成分的影响,因电镀合金体系而异。对正则共沉积,随着搅拌强度的增加,扩散层的厚度减薄,合金成分中电势较正金属的含量增加。搅拌对非正则共沉积、异常共沉积的影响不太明显。如果合金成分随搅拌变化很大,则表明沉积过程受扩散控制。

如果镀液中含有配位剂,配合离子的影响也是不可忽略的。例如,在氰化物镀液中电沉积时,在阴极扩散层中游离 CN^- 的浓度比本体浓度要高,这势必影响到金属离子的沉积电势,从而影响合金组成。但通过搅拌,在阴极扩散层中游离 CN^- 的浓度将降低,从而起到稳定合金组成的作用。图 6.15 为搅拌强度对合金组成的影响。

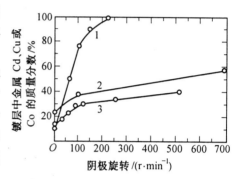

图 6.15 旋转阴极对合金组成的影响
1—硫酸盐镀液电沉积锌镉合金(正则共沉积);
2—高氯酸盐镀液电沉积铜铋合金(正则共沉积);
3—氯化物镀液电沉积镍钴合金(异常共沉积)

6.4 电镀合金的阳极

电镀合金的阳极的作用与单金属电镀一样,也是起导电作用,而且还可以补充金属离子的消耗,保持阴极上电力线分布均匀。对于合金阳极,要求它能等量、等比例地补充镀液中金属离子的消耗,所以要使阳极成分和镀层成分一致,并能均匀地连续溶解,使镀液中金属离子浓度比不致波动太大。因此,合金电镀对阳极的要求比单金属电镀要高。

6.4.1 电镀合金阳极的分类

目前,合金电镀中的阳极大致可以分成四种类型:可溶性合金阳极、可溶性单金属联合阳极、不溶性阳极、可溶性与不溶性联合阳极。

1. 可溶性合金阳极

将欲沉积的两种或几种金属按一定比例熔炼成合金,浇铸成单一的可溶性阳极,通常合金阳极的成分应与合金镀层的成分相同或相近。例如,电镀低锡 Cu - Sn 合金时,常采用 Sn 质量分数为 10% ~ 15% 的合金阳极。使用合金阳极进行电镀,工艺控制比较简单,成本较低,因此获得了广泛的应用。必须注意:合金阳极的金相结构、物理性质、化学成分及杂质等,对合金的溶解电势以及溶解均匀性都有明显的影响。通常采用单相的或固溶体型的合金阳极能取得满意的效果。若合金阳极为金属间化合物,其溶解电势就比较高;若合金阳极由两相组成,往往存在选择性溶解,使阳极溶解不均匀。

2. 可溶性单金属联合阳极

在某些合金电镀体系中,使用合金阳极时很难保证阳极的正常溶解,可采用分开的单金属可溶性阳极。如果两种金属阳极的溶解电势很接近,可将欲沉积的两种金属分别制成阳极板,挂在同一阳极导电杠上,用调节两种金属的阳极面积比例来控制其溶解速度,即可保证镀液中金属离子成分的稳定。若作为阳极的两种金属溶解电势相差很大,就需要采用两套阳极电流控制系统,使电流按要求分别通过两种阳极,这将使设备复杂,增加操作的困难。在电镀高锡 Cu – Sn 合金时,就经常采用这类阳极。

3. 不溶性阳极

当采用可溶性阳极有困难时,可使用化学性质稳定的金属或其他导体作阳极,它仅起导电作用,在阳极上进行的反应主要是氧气的析出。电解液中金属离子的消耗靠添加金属盐类来补充,这常给电解液带进很多不需要的阴离子。另外,还需频繁地调整镀液,使成本提高。因此,只有在镀液中不能使用可溶性阳极或金属离子的浓度允许有较大的波动时,才使用不溶性阳极。

4. 可溶性与不溶性联合阳极

在合金电镀生产中,有时将可溶性单金属阳极与不溶性阳极联合使用。镀液中消耗量较小的金属离子,可用金属盐或氧化物来补充。例如,电镀低钴的 Ni – Co 合金时,用镍作可溶性阳极,不锈钢作不溶性阳极,钴以硫酸钴或氯化钴的形式加入。采用不锈钢阳极是为了调节镍阳极的电流密度,防止镍阳极钝化。

6.4.2　电镀合金阳极的应用

以上每一种类型的阳极,都曾作为电镀合金阳极而应用于生产。阳极必须要保证其溶解速度与镀层的沉积速度一致,并按同样的比例溶解。阳极溶解的速度,取决于合金阳极化学成分和物理性质、电流密度、温度、使用镀液的类型、pH 值以及搅拌等因素。

一般来说,采用合金阳极在控制上最简单。呈单相或固溶体类型的合金阳极溶解比较均匀,使用效果较好。当合金阳极中存在两个相时,就有选择溶解的可能性,往往溶解不均匀。由机械混合物或金属间化合物组成的合金阳极,在使用中常出现各种问题。例如,由机械混合物组成的合金,常因其中两种组分的化学活性有差别而出现置换现象;当存在金属间化合物(如 CoFe、CoFe$_3$、NiFe 等)时,则其溶解电势比其他合金组分要高。以上情况都可能引起合金阳极的不正常溶解。若采用合金阳极不合适时,就应考虑使用分挂的单金属联合阳极。

当使用分开的单金属可溶性阳极时,通常应注意以下要点:

① 分别调整通过两个阳极上的电流和浸在镀液中的阳极面积,以控制每个阳极所需要的电流密度。

② 控制好两个不同阳极之间的电压降。

③ 控制好每个阳极和阴极之间的电压降。

④ 阳极在镀液中的位置要适当排列。

按以上要求使用的分挂单金属阳极,就能保证挂在同一组上的阳极不会从另一组上的阳极接受串联的电流。在电镀合金镀液中,使用这种单金属联合阳极是成功的,但相对于合金阳极在控制上要复杂些。

在电镀装饰性 Cu – Zn 合金时,已广泛使用合金阳极。但在氰化物镀液中电镀 Cu – Zn 合金时,也可使用分挂的单金属铜和锌的阳极,通常选用合适的面积比,就可以在长期的电镀中保持铜和锌两者的比例。

在氰化物 – 焦磷酸盐电镀 Cu – Sn 合金时,青铜阳极溶解时表面清晰明亮,所以镀液浓度容易控制。在氰化物 – 锡酸盐电镀 Cu – Sn 合金时,Sn 的质量分数为 10% 的 Cu – Sn 合金阳极溶解较好。

在少数情况下,不溶性阳极也成功地被利用,但会带来一些问题。这时,镀液中金属离子的补充是依靠添加可溶性的金属化合物来实现的。除非能用金属氧化物或碳酸盐(酸性镀液中)来补充金属离子,否则都会造成镀液中不需要的阴离子的积累和 pH 值的变化。

电镀合金中,如果两种组分金属中有一种含量相对很低,常采用含量高的金属作阳极,而含量很低的金属以可溶性盐或氧化物形式加入到镀液中。这种方式比较简便,得到广泛应用。

当采用金属间化合物作阳极时,如果金属间化合物不易溶解,可利用周期间断电流、周期换向电流和交直流叠加等,以使阳极溶解的速度与合金沉积的速度接近。另外,在镀液中添加氟化物或氯化物等阳极去极化剂,有利于阳极的正常溶解,并提高阳极正常溶解的极限电流密度。添加剂的选择取决于添加到镀液中的主盐和辅助盐的阴离子类型以及被溶解金属的性质,可首选对单金属阳极溶解有效的添加剂。

对于金属相复杂的合金阳极,则合金阳极的溶解除电化学溶解外,还存在化学溶解。如镍铁合金阳极在溶解过程中,存在着铁的选择性优先溶解。

6.5　合金镀层的结构与性能

6.5.1　合金镀层的结构类型

1.机械混合物合金

形成合金的各组元(金属或非金属)仍保持原来组元的结构和性质,这类合金称为机械混合物合金。如:电沉积得到的 Sn – Pb、Cd – Zn、Sn – Zn 和 Cu – Ag 合金等,属于机械混合物合金,它是各组分晶体的混合物,组分金属之间不发生相互作用,各组分金属的标准自由能也同纯金属一样,平衡电势不发生变化。

2.固溶体合金

将溶质原子溶入溶剂的晶格中,仍保持溶剂晶格类型的金属晶体称为固溶体。通常把溶质原子分布于溶剂晶格的间隙中形成的固溶体,称为间隙固溶体;把溶质原子占据溶剂晶格的一些节点,即溶剂原子被溶质原子置换的固溶体,称为置换固溶体(图 6.16)。

形成固溶体时,虽然保持着溶剂金属的晶体结构,但由于溶质原子和溶剂原子的尺寸大小不可能完全相同,随着溶质原子的溶入,固溶体的晶格常数将会发生不同程度的变化,其变化程度和规律与固溶体的类型、溶质原子的大小及其溶入量(浓度)等有关。对于置换固溶体,若溶质原子半径大于溶剂原子半径,则晶格常数随溶解度的增加而增大;反之,固溶体的晶格常数将减小。对于间隙固溶体,晶格常数总是随着溶质溶解度的增加而增大。

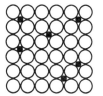

● 溶质原子:　　　　　○ 溶剂原子:
○ 溶剂原子　　　　　● 溶质原子
(a) 间隙固溶体　　　　(b) 置换固溶体

图 6.16　固溶体结构示意图

固溶体的晶格常数,代表固溶体晶格中大量晶胞棱边长度的统计平均值。固溶体的晶格常数与固溶体溶剂元素的晶格常数之差,在一定程度上反映了晶格畸变的平均大小。

合金中金属的相互作用,会引起自由能的变化。合金的零电荷电势与单金属有所不同,其零电荷电势一般介于组分金属的零电荷电势之间。零电荷电势的改变也会影响金属离子的放电速度,合金的零电荷电势对两组分金属的电沉积可产生不同的影响,当某种金属的零电荷电势比组成合金的零电荷电势还正时,在共沉积中它的电沉积速度会减小;反之,在共沉积中它的电沉积速度会增大。当从焦磷酸盐溶液中电沉积 $Cu - Zn$ 合金时,合金的零电荷电势比铜负,比锌正,结果发现铜配离子的放电速度减小,而锌配离子的放电速度加快。这一效应有助于解释焦磷酸盐镀液中铜与锌共沉积的机理。

3. 金属间化合物

金属间化合物是合金组元间发生相互作用而生成的一种新相,其晶格类型和性能完全不同于任一组元,一般可用分子式表示其组成。它与普通化合物不同,除离子键和共价键外,金属键也在不同程度上起作用,使这种化合物具有一定程度的金属性质,故称为金属间化合物。如 $Cu - Sn$ 合金(Cu_6Sn_5)、$Sn - Ni$ 合金(Ni_3Sn_2)等。

金属间化合物一般具有复杂的晶体结构,熔点高,硬而脆。当合金中出现金属间化合物时,通常能提高合金镀层的硬度和耐磨性,但会降低其塑性。金属间化合物的种类很多,根据其形成条件,可划分为正常价化合物和电子化合物。

(1) 正常价化合物

正常价化合物的特点是符合一般化合物中的原子价规律,成分固定,并可用化学分子式表示。通常由化学性能上表现出强金属性的元素与非金属或类金属元素组成,如 Mg_2Sn、Mg_2Pb 等。这类化合物具有很高的硬度和脆性。

(2) 电子化合物

电子化合物不遵守原子价规律,但其晶体结构与电子密度有一定的对应关系:电子密度为 3/2 的电子化合物,通常具有体心立方结构,称为 β 相,如 $CuZn$、Cu_5Sn 等;电子密度为 21/13 的电子化合物,具有复杂立方结构,其晶胞由 52 个原子组成,称为 γ 相,如 Cu_5Zn_8 等;电子密度为 7/4 的电子化合物,具有密排六方结构,称为 ε 相,如 Cu_3Zn、$CuZn_3$ 等。这类化合物的形成规律主要与电子密度有关,故称为电子化合物。但是,电子密度并不是决定电子化合物结构的惟一因素,各组元的原子大小及其电化学特性等对其结构亦有影响。电子化合物原子之间为金属键,因而具有明显的金属特性,它的熔点和硬度都很高,但塑性较低。

4. 非晶态合金

电沉积得到的非晶态合金,一般是以过渡元素(如铁、钴、镍和铬等)为主,含有少量的磷、硼、钼、钨和铼等的合金,如 Ni – P、Ni – B、Fe – Mo、Co – Re 和 Cr – W 等。非晶态合金的原子排列是无序的,所以没有晶粒间隙、位错等晶格缺陷,也不会出现某一成分的偏析现象,它是各项等同的均匀合金。由于其独特的结构特点,其化学、物理和机械等性能均与晶体不同。

非晶态合金属于介稳结构,它对热具有不稳定性,在加热过程中结构会发生变化,并引起原子重排而逐渐结晶化。

6.5.2　电沉积合金与热溶法制备的合金的相特点

用电沉积方法得到的合金镀层具有多种多样的结构,有些结构形态至今还不能用其他方法得到。电沉积制备的合金与热溶法制备的合金相比较,当合金组成相同时,其相结构和物理性能往往不相同。当改变电沉积条件时,还能得到组成相同但相结构不同的合金。因此,研究在阴极上形成不同相结构的合金的机理以及相结构和性能间的关系,就有可能根据电沉积条件预测合金镀层的结构,也有助于探索获得具有特殊性能合金镀层的有效措施。

电沉积获得的合金镀层与热溶法制备的合金相比较,具有以下独特的特点:

1. 电沉积合金是非平衡(体系)状态

热溶法制备的合金是在高温下得到的,电沉积合金是从水溶液中且在常温或较低的温度下得到的。因此,电沉积合金通常不是处于热力学平衡状态,所以多数与热溶法制备的合金具有不同的相结构。对于低熔点金属的合金,如 Sn – Pb、Sn – In、Sn – Zn 合金等,若在较高的温度下电沉积,也可得到稳定的相结构。

在合金平衡相图中,有的相在热溶法制备的合金中并未发现,而在电沉积的合金镀层(如 Ag – Cd 合金)中却能得到平衡相图中所没有的相结构。这些相在电沉积的温度下是不稳定的,当改变合金电沉积的条件时,有可能获得处于介稳状态的、性能和结构不相同的合金镀层。

电沉积得到的 Sn – Ni 合金是亚稳态,类似于六方的 Ni_3Sn_2 的单晶相合金结构,但其组成却是 NiSn。

2. 合金相的组成不同

合金各组分可能形成单相或混相、固溶体或金属间化合物相等,用电沉积方法或热溶法制备的合金,其相组成往往有很大差别。

图 6.17 表示某些电沉积合金的相与平衡相图的比较。

合金电沉积能形成在平衡条件下难以得到的金属间化合物,例如,Sn – Ni 合金。对于固溶体来说,相组成的差异是很重要的。两种金属可能在高温下是互溶的,但在常温下的溶解度却很小,甚至观察不到固溶体的形成。在电沉积的合金中,却能得到极大饱和的固溶体相,例如,Ag – Pb、Ag – Bi、Cu – Pb 和 Cu – Sn 合金等。电沉积的 Ag – Pb 合金中,铅质量分数达 10%。在含有硫脲的高氯酸镀液电沉积的 Cu – Pb 合金中,铅的质量分数为 12%,为面心立方固溶体,铅含量远远超过平衡体系时的溶解度(当温度为 500℃时,铅在铜中的溶解度为 0.04%)。

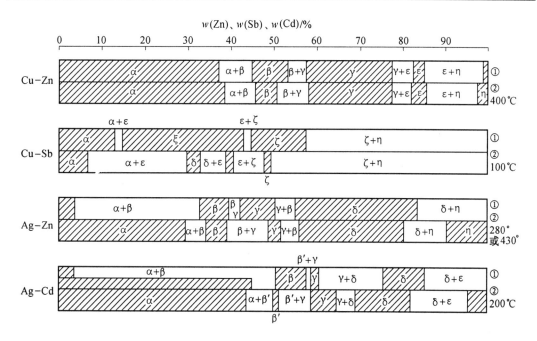

图 6.17　电沉积合金与热熔合金相组成比较

①—电沉积合金；②—重结晶合金

3.电沉积合金具有特殊的显微结构

合金电沉积层的结构与电沉积条件有着密切的关系。当条件变化时,沉积层的结构也有明显的改变。电沉积得到的合金镀层具有多种多样的结构,用电沉积得到的合金结构迄今还不能用其他方法制得。虽然这些不寻常的结构可能是介稳态结构,但在加热条件下可以转变为稳定的、平衡相图上能预测的相结构。这种介稳态特性,在许多情况下,相转变的温度往往比室温高得多,实际上并不影响合金镀层的应用。

合金沉积层的结构类型取决于电势较负的金属的析出超电势。如金属共沉积在极化很小的条件下进行,形成的是固溶体或过饱和固溶体;若共沉积在极化高的条件下进行,形成的是混相(复相)合金。

电沉积合金的晶粒一般比较细而致密,例如,Ag – Pb 合金沉积层的晶粒特别细,也观察不到铅的偏析。

6.5.3　电沉积合金的结构及其影响因素

许多合金镀层的结构是过饱和固溶体。例如,Fe – Mg、Fe – Zn、Cu – Al、Ag – Ni 和 Ag – Zn 合金等,这类镀层经过热处理后,将转化为混相结构。Sn – Ni、Sn – Cu 合金等的结构处于介稳状态,加热后也转化为混相结构。

若电势较负金属在析出时具有较高的超电势,当其值超过电势较正金属时,因异类原子进入其点阵而造成晶格畸变时,那么便有可能形成过饱和固溶体相。当电势较负金属在电势较正金属上生成自己的相有困难时,若沉积电势低于形成该相的电势值,那么形成的将是单相过饱和固溶体。

形成金属间化合物的沉积电势通常介于两种金属组分的电势之间。如果化合物的分子式为 A_xB_y,当某种金属组分含量超过了相应的比例,那么超过的量便会形成单独分离的相混杂在化合物中。

1. 层状结构

电沉积合金容易形成层状结构。这是由于阴极扩散层内,组分金属的浓度发生了周期性的变化。阴极表面的特性往往使某一组分金属离子优先沉积,从而阻碍了另一组分金属在阴极上的沉积。由于优先沉积的离子消耗快,使得另一种离子在阴极界面浓度相对提高,从而该金属易发生优先沉积,于是阴极附近金属离子的变化处于周期性动态平衡状态。

若有 A 和 B 两种金属共沉积,由于在相同金属的晶格上放电消耗的能量最小,因此两种金属彼此不能在异种金属的晶格上沉积。若 A 是电势较正的金属,共沉积在恒电流密度下进行,且电流密度高于 A 单独沉积时的极限电流密度。在开始沉积的数秒内,主要是金属 A 的沉积,于是在阴极/溶液界面上 A 离子的浓度很快接近于零;之后,B 离子开始放电以保持电流密度的稳定,这促使阴极电势变得更负,使金属 B 的沉积变得容易,生成富 B 的合金层;A 离子放电速度减慢的结果,导致阴极界面上 A 离子浓度的提高,接着又是富 A 的合金层。这种共沉积的重复与循环,从而形成了层状结构的合金沉积层。

另外,在合金电沉积中,镀液中的添加剂和杂质有可能在合金层中夹杂并共沉积,这也会形成层状结构的沉积层。

2. 热处理对合金微观结构的影响

电沉积合金的结构有时处于介稳状态,但在加热条件下可转变为稳定的、从平衡相图上可查到的相结构。这种介稳特性并不影响合金镀层的使用,因为在大多数情况下其相转变温度比室温高得多。例如,含有铁族金属的合金镀层往往为层状结构,当加热到 500℃ 时,层状结构发生扩散,直至消失;在更高的温度(800～1 000℃)下,特征结构消失,同时进行重结晶。

一般来说,电沉积合金的晶粒结构比热熔合金小,也比组分金属单独沉积的晶粒小。电沉积合金经热处理再结晶后,其相结构与热熔合金一致。

3. 沉积电势对合金结构的影响

沉积电势除对共沉积过程起决定作用外,对沉积层结构也有较大影响。在金属共沉积时,当电势尚未达到电势较负金属的平衡电势,电势较负金属也可能在已沉积的电势较正金属上发生共沉积,即欠电势沉积。当电势较负金属在电势较正金属上生成自己的相有困难时,如沉积电势低于形成该相的电势,形成的合金将是单相的固溶体。电势较负金属的溶解度极限随电势较正金属的超电势增大而升高。如果电势较负的金属在沉积时具有很高的超电势,便很有可能形成过饱和固溶体。电势较负金属的沉积超电势增加,形成固溶体的饱和度也增加。

组分金属离子的沉积超电势对合金沉积层的相结构有很大影响。当沉积超电势很大时,即有可能形成平衡系统中观察不到的新相。

金属间化合物的特性类似于单金属,其沉积电势通常介于两种组分金属的沉积电势之间,当其中某组分金属含量超过相应的计算比时,则超过的量会形成单独分离的相混杂在化合物中。如果一种组分金属的电沉积不受另一组分金属的影响,则形成的合金镀层是一种机械混合物。

综上所述,电沉积合金的结构类型,主要取决于电势较负金属的沉积超电势。若共沉积在低极化下进行,则形成的是固溶体或过饱和固溶体,甚至根据相图组分金属在固态并不互溶时也是如此;如果共沉积在高极化下进行,即使能形成固溶体,也仍然是形成两相合金,即固溶体相和电势较负金属相组成的两相体系。

4.镀液组成及工艺条件对合金结构的影响

电沉积合金层的结构不像热熔合金结构那样可以控制和再生,它是随镀液组成和工艺条件而变化的。

镀液组成对合金结构的影响可通过电镀 Ag－Cd 合金来说明。分别采用两种镀液来电镀 Ag－Cd 合金,一种是简单氰化物镀液,另一种是加入光亮剂(土耳其红油)的氰化物镀液。对镀层结构测试发现,从加入光亮剂的镀液中沉积的镀层,与热熔法得到的合金结构相同,都是成分均匀的单一固溶体;从简单氰化物镀液中沉积的镀层是银和镉的混合物或富镉的多相体(图 6.18)。

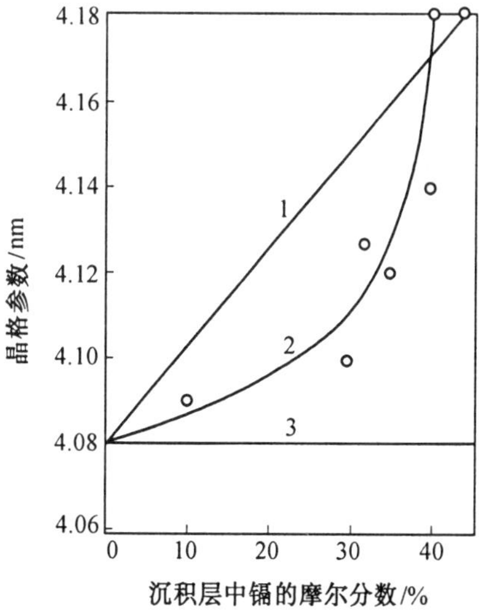

在合金镀液成分相同的条件下,改变镀液的 pH 值,也可使合金结构发生变化。

电流密度和温度对合金沉积层结构的影响目前研究较少。在电镀 Ag－Cd 合金时,在较低的电流密度下沉积得到的合金是均相的,但电流密度过低或过高得到的是黑色粉状沉积物。在电镀 Cu－Sn合金时,与恒电流沉积相比,恒电势沉积可得到更均匀的单相沉积层。

图 6.18　镀液组成对电沉积 Ag－Cd 合金晶格参数的影响

1—热熔的 Ag－Cd 合金;2—从含光亮剂的氰化物镀液中沉积的 Ag－Cd 合金;3—从简单氰化物镀液中沉积的 Ag－Cd 合金

5.金属晶体结构与共沉积难易程度间的关系

含有相似晶胞和相似类型空间晶格的金属,容易形成固溶体合金,这类金属比那些没有相同类型空间晶格及晶格参数的金属更容易共沉积。当然也有例外,少数晶格有显著差别的金属反而容易共沉积,相反,有些晶格类型相似、晶格参数相差不大的金属反而难以实现共沉积,参见表 6.1。

以上分析说明,合金的晶体结构特点不是金属共沉积的主要因素,化学和电化学因素才是主要的。

表 6.1 某些金属的晶格类型和晶格参数

金属	晶体结构	晶格常数(kX 单位)	合金结构类型	共沉积难易程度
Bi	菱形	4.736	简单低共熔	易
Cu	面心立方	3.608		
Sn	体心立方	5.819	简单低共熔	易
Zn	密集六方	2.659		
Cu	面心立方	3.608	简单低共熔	易
Pb	面心立方	4.940		
Ag	面心立方	4.077	微互溶	易
Pb	面心立方	4.940		
Cr	体心立方	2.879	固溶体	难
Fe	体心立方	2.861		
Cr	体心立方	2.875	固溶体	难
Mo	体心立方	3.140		
Ag	面心立方	4.077	固溶体	难
Pb	面心立方	3.880		

6.5.4　电沉积合金的性质

电沉积合金具有许多优良的性能,如化学稳定性、物理性能、机械力学性能和电性能等,其中一些性能与热熔合金有着明显的差别,因此得到越来越广泛的应用。一般来说,与热熔合金相比,电沉积合金具有结晶细致、耐蚀性优良、硬度高、韧性小等优点。

1.机械性能

（1）硬度

电沉积合金的硬度随某一组分含量的增加而提高,在该组分含量较低时,硬度随含量增加较明显。电沉积 Cu－Sn 合金即如此。电沉积 Ag－Pb 合金中,当铅的质量分数在 3% 左右时,镀层硬度达极限值(图 6.19)。

某些电沉积层经热处理后硬度增加,如电沉积 Ni－P、Co－P 和 Co－W 合金等,这种现象称为弥散硬化。热处理参数(温度、时间等)对硬度有较大影响,对于电沉积 Cu－Pb 合金层,当在适当温度下长时间热处理时,硬度增加缓慢,并逐渐接近硬度最高值;当温度较高时,延长热处理时间会导致硬度下降。

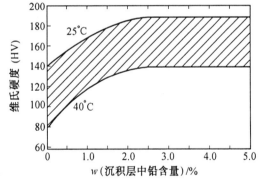

图 6.19　从氰化物－酒石酸盐镀液中电沉积银铅合金时,铅含量对合金层硬度的影响(25℃和 40℃时)

（2）韧性

韧性是电沉积合金的重要指标之一,它对于机械产品和电子产品尤为重要。合金镀层的韧性与镀液组成有很大关系。一般来说,当合金镀层是固溶体时,其韧性比金属间化合物和非晶态镀层大。合金镀层的韧性易受晶粒尺寸、内应力、镀层杂质和温度变化的影响。

（3）应力

电沉积合金过程中,阴极沉积层往往产生压应力或拉应力,多数为拉应力。由于应力较大,可能造成镀层晶粒畸变、产生裂纹、气泡和破裂,甚至与基体剥离。电沉积合金的韧性一般比组分单金属小,所以应力的影响尤为显著。镀层产生脆性的原因,多数与镀液组成、工艺条件、添加剂成分及含量以及杂质有关。有些添加剂可降低光亮镀层的应力,如糖精。多数合金镀层随厚度的增加应力也增大,如 Co – Mo 合金,而 Ni – Fe 合金镀层厚度小于 1 μm 时,内应力较大,当超过 1 μm 时,内应力基本保持恒定。

2.电性能和磁性能

（1）电阻率

纯金属中含有少量其他元素形成合金时常会增加电阻,电沉积合金亦如此,如图 6.20 所示。

由图可见,含有非金属元素的镀层电阻率增加比较明显。经热处理（或退火）,合金镀层电阻率下降。

（2）磁性

磁性能的重要指标是导磁率、磁场强度和剩余磁感应。电沉积磁性合金目前主要用于计算机的记忆装置和记录用磁盘、磁带。一般将磁场强度在 10^4 A/m 以上的镀层称为硬磁镀层,磁场强度在 10^3 A/m 以下的镀层称为软磁镀层。硬磁镀层有 Co – P、Ni – P 和 Co – Ni – P 合金等,它们多用做磁盘等记录用磁性材料,软磁镀层有 Ni – Fe 合金等。

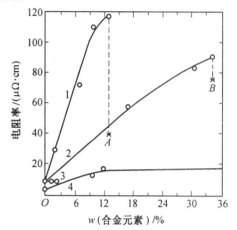

图 6.20　合金镀层组成对电阻率的影响
1—镍磷合金;2—钴钨合金;3—钴镍合金;4—铜铅合金
A—镍磷合金经 800℃退火的电阻率;
B—钴钨合金经 1200℃退火的电阻率

根据高密度化的要求,人们希望磁性合金具有高的磁场强度。影响磁场强度的因素一般有镀层的晶粒尺寸、晶粒取向和内应力等,其中影响最大的是晶粒尺寸,有时合金镀层的厚度也有一定影响。

3.耐蚀性能

耐蚀性合金镀层主要是锌基合金,如 Zn – Ni、Zn – Fe、Zn – Co、Zn – Ti、Zn – Mn、Zn – Cr 和 Zn – Sn 等。合金镀层的耐蚀性一般比锌镀层高数倍。合金镀层也可以进行钝化处理,其耐蚀性可得到明显提高。图 6.21 表示出了几种合金镀层的耐蚀性结果。合金镀层的耐蚀性还与使用环境的温度有关。一般来说,当温度超过 100℃时,耐蚀性有所下降（图 6.22）。

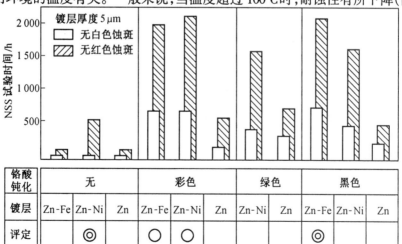

图 6.21　钝化膜的耐蚀性

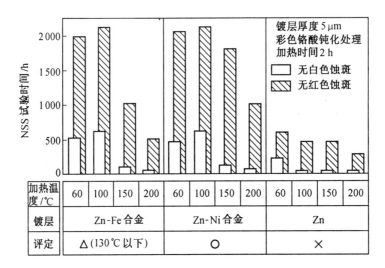

图 6.22　加热温度对耐蚀性的影响

除锌基合金镀层外,锡基合金镀层作为防护－装饰性合金镀层也得到应用。如 Sn－Co、Sn－Ni 合金等,其耐蚀性与铬镀层相当,装饰效果很好。表 6.2 表示出了几种锡基合金镀层的耐蚀性结果。

表 6.2　镀层的耐蚀性结果

镀层类型	镀层厚度(μm)与后处理方式				耐蚀性试验结果				
	暗镍	光亮镍	最外层	钝化	NSS	CASS	酸性汗	碱性汗	耐指纹性
Ni	12	8		—	9.5	4	×	△	○
				化学	9.8	4	×	○	×
				电解	9.8	3	×	○	×
Sn－Co	12	8	Sn－Co	—	9	9.8	○	○	×
				化学	10	9.8	○	○	○
				电解	10	10	○	○	○
Sn－Ni	12	8	Sn－Ni	—	10	9.5	○	○	○
				化学	10	10	○	○	○
				电解	10	10	○	○	○
Sn－Ni－Cu	12	8	Sn－Ni－Cu	—	7	9	△	×	×
				化学	10	10	○	○	×
				电解	10	10	○	○	×
Sn－Cu－Zn	12	8	Sn－Cu－Zn	—	7	7	○	○	×
				化学	10	10	○	○	×
				电解	10	10	○	○	×
Cr	12	8	Cr	—	10	9.8	○	○	○

注:○无变化,△轻微变化,×变色,盐雾试验评定最好为10级。

6.6　电镀铜锡合金

6.6.1　概述

Cu - Sn 合金(俗称青铜)是合金电镀中应用较多的一个镀种。20 世纪 30 年代首次提出了锡酸盐 - 氰化物电镀 Cu - Sn 合金的专利,50 年代由于金属镍供应短缺,曾作为代镍镀层得到推广应用,近年来,随着金属镍价格的回落,作为代镍的 Cu - Sn 合金用量有所减少。Cu - Sn 合金还可用来作为最后的加工精饰,合金镀层经过清漆保护后,外观为金黄色,与金的颜色相似,可作为仿金镀层。另外,还可用于电视机及其他家用电器线路板上代替铜作底层,虽然电镀合金层比电镀铜成本高,但其抗蚀性、硬度和沉积速度等方面都比镀铜好。

1.铜锡合金的性质和用途

在 Cu - Sn 合金镀层中,随锡含量的增加,镀层的外观、色泽也发生变化。当锡的质量分数低于 8% 时,其外观与铜相似,为红色;当锡的质量分数增加到 13% ~ 15% 时,镀层为金黄色;当锡的质量分数达到或超过 20% 时,镀层为白色。根据合金镀层中含锡量的多少,可分为三种类型:

(1) 低锡青铜

合金中锡的质量分数为 8% ~ 15%,镀层呈黄色。低锡青铜硬度较低,有良好的抛光性。对钢铁基体而言,镀层属于阴极镀层。低锡青铜在空气中易氧化而失去光泽,不宜单独作防护 - 装饰性镀层,表面还要套铬,仅用做装饰性镀层的底层。低锡青铜在热水中有较高的稳定性,可用于在热水中工作的工件的电镀。

(2) 中锡青铜

合金中锡的质量分数大致在 15% ~ 35% 范围内。中锡青铜的硬度、抗氧化性和防护性能均比低锡青铜好。中锡青铜一般也可以套铬,作为底层,但容易发花和色泽不匀,故应用较少。

(3) 高锡青铜

锡的质量分数大致在 40% ~ 55% 范围内,镀层呈银白色,抛光后有良好的反光性能。在空气中不易失去光泽,能耐弱酸、弱碱和食物中的有机酸。高锡青铜的硬度介于镍与铬之间,同时还有良好的导电性和钎焊性,一般可用来代银或代铬,可用做反光镀层,在仪器仪表、日用五金、餐具、乐器等方面有较广泛的应用。高锡青铜的缺点是镀层脆性较大,产品不能经受变形。

2.电镀 Cu - Sn 合金镀液的类型

电镀 Cu - Sn 合金镀液可分为氰化物、低氰和无氰三种。

(1) 氰化物电镀 Cu - Sn 合金

氰化物电镀 Cu - Sn 合金应用最广,也最成熟。常用的是氰化物 - 锡酸盐电镀液。通过对镀液成分和工艺条件的调整,可得到低锡、中锡和高锡的合金镀层。该工艺的主要缺点是氰化物剧毒,不利于环境保护。

(2) 低氰化物 - 焦磷酸盐镀液

低氰化物 - 焦磷酸盐镀液采用少量氰化物与 Cu^+ 配合,Sn^{2+} 与焦磷酸盐配合,也能得到低锡、中锡和高锡的合金镀层,外观比较光亮。该工艺的主要缺点是镀液中仍含有剧毒的氰化物,合金阳极溶解性差。

(3) 低氰化物 – 三乙醇胺镀液

低氰化物 – 三乙醇胺镀液一般由氰化物 – 锡酸盐镀液过渡而来。在氰化物含量逐渐降低的过程中,补充三乙醇胺配位剂,氰化物含量保持在 3 ~ 8 g/L 范围内,这样,Cu^+ 基本上以铜氰配离子的状态存在。该镀液可获得满意的低锡合金镀层。

(4) 无氰 Cu – Sn 合金镀液

我国在 20 世纪 70 年代就研究了无氰电镀 Cu – Sn 合金工艺,并取得一定的成果。例如,焦磷酸盐 – 锡酸盐电镀 Cu – Sn 合金已成功用于生产,此外,酒石酸盐 – 锡酸盐镀液、柠檬酸 – 锡酸盐镀液、HEDP 镀液和 EDTA 镀液等,仍处于研究试验阶段。

6.6.2　氰化物电镀 Cu – Sn 合金

1.镀液组成和工艺

铜的标准电极电势为:$\varphi^{\ominus}(Cu^+/Cu) = 0.52$ V, $\varphi^{\ominus}(Cu^{2+}/Cu) = 0.34$ V,锡的标准电极电势为:$\varphi^{\ominus}(Sn^{2+}/Sn) = 0.14$ V, $\varphi^{\ominus}(Sn^{4+}/Sn) = 0.005$ V,两金属的标准电极电势相差较大,因而在简单盐镀液中很难得到合金镀层,必须选用适宜的配位剂。该镀液采用两种配位剂分别配合两种金属离子,以 CN^- 与 Cu^+ 配合,OH^- 与 Sn^{4+} 配合,两种配位剂互不干扰,镀液稳定,维护容易。氰化物电镀 Cu – Sn 合金的镀液组成及工艺条件列于表 6.3 中。

表 6.3　氰化物电镀 Cu – Sn 合金的镀液组成及工艺条件

组　成　及　工　艺	低锡青铜		中锡青铜	高锡青铜	
	1	2	3	4	5
ρ[铜(以 CuCN 形式加入)]/$(g\cdot L^{-1})$	7 ~ 9	25 ~ 30	10 ~ 14	10 ~ 15	10 ~ 15
ρ[锡(以 Na_2SnO_3 形式加入)]/$(g\cdot L^{-1})$	10 ~ 12	14 ~ 18	40 ~ 45	30 ~ 45	45 ~ 60
ρ(游离氰化钠)/$(g\cdot L^{-1})$	7 ~ 8	16 ~ 20	14 ~ 17	10 ~ 15	10 ~ 15
ρ(游离氢氧化钠)/$(g\cdot L^{-1})$	7 ~ 8	6 ~ 9	20 ~ 25	5 ~ 7	25 ~ 30
ρ(白明胶)/$(g\cdot L^{-1})$		0.2 ~ 0.5			
温度/℃	58 ~ 62	55 ~ 65	55 ~ 60	60 ~ 70	60 ~ 65
j_k/$(A\cdot dm^{-2})$	1.5	2.5	2.5	1.5 ~ 2.5	3 ~ 4

2.镀液组成和工艺对合金镀层组成的影响

(1) 金属离子总浓度和浓度比的影响

镀液中的铜以氰化亚铜的形式存在,锡以锡酸钠的形式存在,它们提供了在阴极放电的金属离子。改变镀液中金属离子的总浓度(保持金属离子浓度比不变),对合金镀层的成分影响不大,它主要影响阴极电流效率。当总浓度提高时,阴极电流效率有所提高,但总浓度不能过高,否则镀层结晶粗糙。镀液中铜和锡的含量比,对合金镀层成分影响较大,如图 6.23 所示。通常降低镀液中铜与锡的含量比,镀层含铜量下

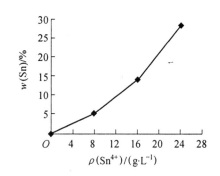

图 6.23　金属离子浓度对镀层组成的影响

降,而含锡量升高。为获得锡的质量分数为 10% ~ 15% 的低锡合金,应维持 $c(Cu^+)$: $c(Sn^{4+}) = (2 \sim 3) : 1$。

(2) 配位剂浓度的影响

镀液中的 CuCN 与 NaCN 生成铜氰配合物,即

$$CuCN + NaCN = Na[Cu(CN)_2]$$

在水溶液中,铜氰配合物电离为铜氰配离子,即

$$Na[Cu(CN)_2] = Na^+ + [Cu(CN)_2]^-$$

$K_{不稳}\{[Cu(CN)_2]^-\} = 1 \times 10^{-24}$,因此,镀液中 Cu^+ 的含量几乎可以忽略不计。在阴极上放电的是铜氰配离子,电极反应为

$$[Cu(CN)_2]^- + e^- = Cu + 2CN^-$$

镀液中游离氰化钠的含量影响铜氰配离子的稳定性。提高游离 CN^- 的含量,配离子的稳定性提高,因此,它在阴极上放电更加困难,需要消耗更大的能量,使阴极极化增大。另外,随着游离 CN^- 的含量的提高,在溶液中可能生成配位数更高、更稳定的配离子。例如,生成 $[Cu(CN)_3]^{2-}$($K_{不稳} = 2.6 \times 10^{-28}$)和 $[Cu(CN)_4]^{3-}$。

当几种不同形式的离子在溶液中同时存在时,直接在阴极上放电的首先将是低配位数和负电荷较少的配离子。当溶液中游离 CN^- 含量足够高时,$[Cu(CN)_3]^{2-}$ 配离子可能参加电极反应,即

$$[Cu(CN)_3]^{2-} + e^- = Cu + 3CN^-$$

从而使阴极极化进一步提高。因此,镀液中游离氰化钠含量的多少,影响铜氰配离子在阴极上放电的速度,即影响沉积速度,也必定影响镀层的含铜量。随着镀液中游离氰化钠含量的增加,镀层含铜量下降。

在电解液中,锡以锡酸钠的形式加入,它在碱性溶液中电离,并生成具有配离子性质的水合物

$$Na_2SnO_3 \longrightarrow 2Na^+ + SnO_3^{2-}$$

$$SnO_3^{2-} + 3H_2O = [Sn(OH)_6]^{2-}$$

它的电离平衡为

$$[Sn(OH)_6]^{2-} \rightleftharpoons Sn^{4+} + 6OH^-$$

其 $K_{不稳} = 1 \times 10^{-56}$,由于 $K_{不稳}$ 很小,因此溶液中 Sn^{4+} 非常少。在阴极上将主要是配离子直接放电,即

$$[Sn(OH)_6]^{2-} + 4e^- \longrightarrow Sn + 6OH^-$$

同理,溶液中游离氢氧化钠含量提高,锡配离子的稳定性增加,它在阴极放电更困难,极化增大,镀层含锡量降低。

低锡青铜的电流效率大致为 60% 左右。如果游离配位剂含量太高,铜和锡析出电势负移,有利于氢的析出,不仅使阴极电流效率进一步下降,而且使镀层针孔增加,严重时将造成镀层粗糙和疏松。

(3) 电流密度的影响

在合金电镀中,阴极电流密度对镀层的质量和成分都有一定的影响,低锡青铜电流密度以 $1.5 \sim 2.5$ A/dm^2 为宜。

电流密度对合金成分的影响比较复杂,还没有得到统一的规律。对于 Cu - Sn 合金而言,随着电流密度的升高,镀层内电势较负的金属(锡)的含量下降。

(4) 温度的影响

温度对镀层成分、质量和电流效率都有影响。对于电镀低锡 Cu - Sn 合金,温度常控制在 60 ~ 65℃,这时镀层的色泽、电流效率和阳极溶解情况都较好。升高温度,镀层含锡量升高;降低温度,镀层含锡量下降,电流效率下降,镀层光泽性差,阳极工作也不正常。

(5) 阳极

电镀低锡 Cu - Sn 合金多用铜锡合金可溶性阳极,其阳极溶解曲线比较复杂。当镀液中铜含量为 18.4 g/L、锡 28 g/L、游离氰化钾 27.2 g/L、游离氢氧化钠 13.2 g/L 时测得的阳极极化曲线如图 6.24 所示。

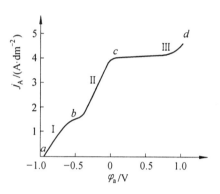

图 6.24 铜锡合金阳极极化曲线(阳极成分 Cu 的质量分数为 85%,Sn 的质量分数为 15%)

极化曲线分为三段:在 ab 段电势下,铜以 Cu^+ 的形式进入溶液,而锡则以 Sn^{2+} 形式溶解;随着电流密度的升高,电势上升至某一数值后,出现电势第一次突跃,在 bc 段电势下,铜以 Cu^+、锡以 Sn^{4+} 形式溶解,这时阳极上出现黄绿色的膜,此时阳极处于半钝化状态;继续升高电流密度,当接近于 4 A/dm² 时,电势又一次发生突跃,在 cd 段电势下,阳极上被一层黑色膜所覆盖,合金阳极完全钝化,溶解停止,大量析出氧气,即

$$4OH^- - 4e^- \longrightarrow 2H_2O + O_2 \uparrow$$

合金阳极溶解时,可能伴随有 Cu^{2+} 和 Sn^{2+} 生成,这都是有害的。Sn^{2+} 能与氢氧化钠形成亚锡酸钠,亚锡酸钠易水解,生成亚锡酸沉淀而消耗金属锡,即

$$Na_2SnO_2 + 2H_2O \Longrightarrow 2NaOH + H_2SnO_2 \downarrow$$

Sn^{2+} 对镀层也有不良影响,使镀层发灰或产生毛刺等,一般可加入双氧水将其氧化为 Sn^{4+}。

另外,由于空气中的二氧化碳或氧不断地与溶液中的氢氧化钠和氰化钠作用生成碳酸盐,过量的碳酸盐应定期地除去。

6.6.3 仿金电镀工艺

采用 HEDP 作配位剂的电镀 Cu - Sn 合金工艺,可得到与 18K 金相同色泽的镀层,可用于装饰品。

1.镀液组成及工艺

硫酸铜($CuSO_4 \cdot 5H_2O$)	40 ~ 50 g/L	pH 值	11 ~ 13
硫酸锌($ZnSO_4 \cdot 7H_2O$)	15 ~ 20 g/L	温度	35 ~ 45℃
羟基乙叉二磷酸(HEDP)	80 ~ 100 ml/L	电流密度	0.8 ~ 2.0 A/dm²
稳定剂(SC)	120 ml/L	时间	30 ~ 45 s

2.钝化处理

为防止金黄色镀层变色或泛点,镀后需进行钝化处理。钝化液组成及工艺条件:重铬酸钾 40 ~ 50 g/L,pH 值(用醋酸调节)3 ~ 4,时间 30 min。

3.涂有机膜

仿金镀层虽较一般铜合金镀层稳定,但在空气中放置时间过长亦会变色,为保持经久不变,表面需涂覆有机膜。涂覆溶液组成为

w(604 环氧树脂)　　　　50%

w(丙酮)　　　　　　　20%

w(丁醇)　　　　　　　20%

w(二甲苯)　　　　　　10%

w(环己酮)　　　　　　10%

以上成分混合后,用丁酯调密度至 0.925 g/cm³,涂层在烘箱中(120℃)保温 2 h 即可。

6.7　电镀镍铁合金

Ni - Fe 合金镀层最早作为磁性镀层用于电子工业,自 1970 年之后,又大量用做防护 - 装饰性镀层。我国自 1976 年开始对电镀 Ni - Fe 合金进行了系统的研究和工厂中间试验,并取得成功。常用的 Ni - Fe 合金有两种:一种是铁的质量分数为 25% ~ 35% 的高铁合金,一种是铁的质量分数为 10% ~ 12% 的低铁合金。根据镀层使用环境,可使用单层、双层或三层 Ni - Fe 合金。

Ni - Fe 合金具有以下特点:① 可在钢铁基体上直接电镀,不需铜作底层或其他中间层,减少了工序;② 以廉价铁代替镍,节约了贵金属镍。镀液中镍含量比电镀亮镍降低 1/3,既降低了镀镍的成本,又减少了镍的带出损失;③ 可方便地由光亮镀镍液转化为 Ni - Fe 合金镀液,镀液的整平能力优于光亮镍;④ 镀层韧性好,与基体结合牢固,容易套铬。

6.7.1　电镀 Ni - Fe 合金的镀液组成及工艺条件

表 6.4 为常用电镀 Ni - Fe 合金的镀液组成及工艺条件。

表 6.4　电镀 Ni - Fe 合金的镀液组成及工艺条件

组　成　及　工　艺	低铁合金	高铁合金
ρ[硫酸镍($NiSO_4 \cdot 7H_2O$)]/(g·L⁻¹)	180 ~ 220	180 ~ 220
ρ[硫酸亚铁($FeSO_4 \cdot 7H_2O$)]/(g·L⁻¹)	10 ~ 20	30 ~ 40
ρ[氯化钠(NaCl)]/(g·L⁻¹)	25 ~ 30	25 ~ 30
ρ[硼酸(H_3BO_3)]/(g·L⁻¹)	40 ~ 45	40 ~ 45
ρ[柠檬酸钠($Na_3C_6H_5O_7 \cdot 2H_2O$)]/(g·L⁻¹)	15 ~ 20	20 ~ 30
ρ[苯亚磺酸钠($C_6H_5SO_2Na \cdot 2H_2O$)]/(g·L⁻¹)	0.3 ~ 0.5	0.3 ~ 0.5
φ(791 光亮剂)/(ml·L⁻¹)	4 ~ 6	4 ~ 6
ρ(糖精)/(g·L⁻¹)	3 ~ 5	3 ~ 5
ρ(十二烷基硫酸钠)/(g·L⁻¹)	0.1 ~ 0.3	0.1 ~ 0.3
pH 值	3.2 ~ 3.8	3.2 ~ 3.8
阴极电流密度/(A·dm⁻²)	2 ~ 5	2 ~ 5
温度/℃	60 ~ 65	60 ~ 65
阳极/($S_{Ni} : S_{Fe}$)	(6 ~ 8):1	(6 ~ 8):1

6.7.2　镀液中各成分的作用及影响

1.主盐

镀液中 Ni^{2+} 与 Fe^{2+} 浓度之比对镀层组成的影响较大,见表6.5。

表6.5　主盐浓度比与镀层组成的关系

$w(Ni^{2+})/\{w(Fe^{2+})+w(Fe^{3+})\}$	$w(镀层含铁量)/\%$
30.14%	7.65
17.62%	18.40
9.79%	27.00
6.44%	34.10

另外,当 pH 值超过 3.8 或阳极钝化、剧烈搅拌等均会使 Fe^{2+} 氧化成 Fe^{3+},若 Fe^{3+} 含量超过 Fe^{2+},会严重影响镀液的整平能力和电流效率,使镀层韧性降低。一般情况下,Fe^{3+} 的质量分数不应超过总铁量的30%。

镀液中 Ni^{2+} 含量一定时,增加 Fe^{2+} 的浓度,镀层含铁量成线性增加。

2.柠檬酸钠

柠檬酸钠是稳定剂,其作用在于配合 Fe^{3+},防止产生 $Fe(OH)_3$ 沉淀。随着柠檬酸钠含量的增加,镀层含铁量降低。

3.氯化钠

氯离子是阳极活化剂,它能使阳极正常溶解,增加镀液的导电性,加快沉积速度。

4.光亮剂

镀液中的糖精是初级光亮剂,"791"是次级光亮剂,苯亚磺酸钠是次级辅助光亮剂。"791"是1,4-丁炔二醇、环氧氯丙烷和环氧丙烷的合成产物,用它代替1,4-丁炔二醇的主要优点是添加范围较宽,允许电流密度范围宽。

光亮剂的消耗速度比较快,糖精大约为 $0.02 \sim 0.03$ g/(A·h),"791"光亮剂为 $0.08 \sim 0.1$ g/(A·h),苯亚磺酸钠为 0.005 g/(A·h)。

5.硼酸

电镀 Ni-Fe 合金溶液的 pH 值控制比镀镍更重要。当 pH 值超过 3.6 时,Fe^{2+} 易氧化,生成氢氧化铁沉淀夹杂在镀层中。硼酸主要在阴极表面附近起缓冲作用,而对溶液内部的缓冲作用不太明显。

6.十二烷基硫酸钠

十二烷基硫酸钠是润湿剂,消耗量大约为 0.0005 g/(A·h)。

6.7.3　工艺条件对镀层质量的影响

1.阴极电流密度的影响

电流密度对合金镀层组成的影响不大。

2.温度的影响

温度对合金镀层组成无明显的影响。温度低于 58℃,会使镀层失去光泽,降低镀液的整平性能和沉积速度;温度超过 70℃,虽能提高沉积速度,但也加速了 Fe^{2+} 的氧化。

3.搅拌的影响

搅拌对合金镀层组成影响显著。搅拌方式对镀层含铁量的影响为:用空气搅拌时所得镀层含铁量最高,阴极移动次之;搅拌条件下所得镀层铁的质量分数可达 40%,而停止搅拌后所得镀层铁的质量分数下降到 20%;采用空气搅拌会促使 Fe^{2+} 氧化成 Fe^{3+},如无连续过滤设备,最好使用阴极移动。

4.阳极

阳极采用镍和铁分挂,不需要单独控制电流密度,但分布应该均匀一些,应保证有 8% ~ 12% 的电流通过铁阳极。铁阳极的纯度应尽量高,最好单独装在钛篮中,并用聚丙烯布包扎,以免阳极泥进入槽液。

6.8　电镀锌镍合金

随着生产技术的提高,人们对钢铁材料和各种零件的耐蚀性的要求越来越高,对环境污染的控制越来越严格。为了寻找提高耐蚀性的新途径,曾进行了大量实验研究,发现某些以锌为基的合金具有良好的防护性能。通过电沉积的方法,可以得到锌和其他很多金属的二元合金或三元合金,如锌与铁、钴、镍、铬、锰、钛、锡等形成的合金,其中大多数合金的防护性能比锌镀层好。引人注目的是 Zn – Ni、Zn – Fe、Zn – Mn、Sn – Zn 合金等。下面主要介绍电镀 Zn – Ni 合金。

6.8.1　电镀 Zn – Ni 合金的特点

电镀 Zn – Ni 合金镀层具有优异的防护性,随着镀层含镍量的增加,耐蚀性提高,当镍的质量分数增至 13% 左右时,镀层耐蚀性最高,若含镍量继续增加,则耐蚀性逐渐降低。目前国内外已用于生产,并取得了良好的经济效益和社会效益。

Zn – Ni 合金电镀工艺的主要优点如下:

① 镀层防护性高,比锌镀层高 2 倍以上,镍的质量分数为 13% 的 Zn – Ni 合金的耐蚀性是锌镀层的 6 倍,可用于高防护性部件或作为代镉镀层。

② 电镀工艺的氢脆性很小,几乎无氢脆,适用于高强度钢的电镀。

③ 合金与基体结合牢固,镀层具有良好的可焊性。

④ 镀液成分简单,使用方便,易于维护。

⑤ 镀液毒性低,有利于环境保护。

6.8.2　电镀 Zn – Ni 合金的镀液组成及工艺条件

电镀 Zn – Ni 合金镀液可分为酸性和碱性两种,其中酸性镀液应用比较广泛,其镀液组成及工艺条件为

氯化锌	65 ~ 75 g/L
氯化镍	120 ~ 130 g/L
氯化铵	200 ~ 240 g/L
硼酸	20 ~ 25 g/L
添加剂(721 – 3)	1 ~ 2 ml/L
十二烷基硫酸钠	0.05 ~ 0.07 g/L
温度	15 ~ 30℃

阴极电流密度	$1 \sim 4 \ A/dm^2$
pH 值	$5 \sim 6$
搅拌	阴极移动或循环过滤
阳极	锌、镍分控

6.8.3　Zn – Ni 合金电沉积机理

Zn – Ni 合金电沉积属于异常共沉积,虽然锌的标准电极电势比镍的标准电势负很多,但锌却比镍优先沉积。关于 Zn – Ni 合金异常共沉积的机理有几种学说。A. Brener 认为:电沉积过程中,由于阴极析氢,使阴极表面 H^+ 的浓度下降,pH 值升高,从而首先生成氢氧化锌,它吸附在阴极表面上,阻抑了镍的析出,使锌的析出变得容易。从镀层方面分析,仓知三夫等人通过对镀层金属间化合物的热力学分析及其他分析,证实生成了金属间化合物 Ni_5Zn_{21} 或 $NiZn_3$,即 γ 相,此时生成自由能最低,析出超电势较高,因而 γ 相可在较宽的范围内形成。并指出 Zn – Ni 合金电沉积过程中,镍的沉积分两步进行:

前置化学步骤	$Ni^{2+} + H_2O \Longrightarrow (NiOH)^+ + H^+$
电子转移步骤	$(NiOH)^+ + 2e^- \Longrightarrow Ni + OH^-$

Zn^{2+} 的存在使这两步的反应速度减慢,从而发生锌的优先沉积。其影响方式是在双电层中 Zn^{2+} 与 $(NiOH)^+$ 形成多核配合物

$$[4Zn(OH)_p Ni(OH)_q]^{m+}$$

其中 $p \geqslant 0, q \geqslant 2, m \leqslant 10 - 4p - q$。

该配合物放电就形成了 γ 相的 Zn – Ni 合金镀层。

6.9　电镀金合金

人们对金合金电镀的研究已越来越感兴趣,这主要是由于金的多种合金不但具有各种不同色泽的装饰效果,更因为它有单一纯金镀层难以达到的各种特殊性能,同时还可以起到节约用金的效果。

金合金镀层色泽与合金成分的关系可归纳为表 6.6。金合金色泽随着第二、第三合金成分的增加而富于变化,为现代的高档装饰行业提供着可选择的镀层。

表 6.6　镀层色泽与合金成分的关系

金合金类型	递增变化组分	镀层色泽变化
Au – Cu	Cu	金黄→浅红→红
Au – Ni	Ni	金黄→淡黄→白
Au – Co	Co	金黄→桔黄→绿
Au – Cd	Cd	黄→绿
Au – Ag	Ag	黄→绿
Au – Bi	Bi	黄→紫
Au – Pd	Pd	黄→淡黄
Au – Cu – Cd	Cu	金黄→红
	Cd	金黄→白

　　金合金镀层与纯金镀层的性能比较如表 6.7 所示。由表可看出,微量的外加元素(如 Co、Ni)提高了镀层的电阻率,但对接触电阻几乎没什么影响。而 Au－Cu－Cd 最引人注目的是它有很大的硬度,是纯金镀层的 4~5 倍。与金共沉积的还有镀液中的有机物,它们也可能是从氰化聚合物衍生而来的,在金层中起润滑剂的作用,使镀层本身的性能发生了改变,这些与金共沉积的物质在一定程度上减少了金镀层经摩擦而相互粘接的趋势。电镀而得的金合金镀层与传统冶金法所得到的合金是完全不同的,沉积的金合金晶粒是亚微米级的,用光学方法很难分辨,有较高的硬度值。单就钴和镍的金合金来说,夹裹存在的有机物与经氰化配合的金合金沉积,可以得到一个层状结构。

表 6.7　纯金镀层与几种合金镀层的性能比较

镀层种类	$w(Au)/\%$	硬度(HV)	电阻率$/(\mu\Omega\cdot cm)$	接触电阻$/m\Omega$
纯金镀层	100	40~90	2.4	0.3
金钴	99.5	120~250	15.0	0.6
金镍	99.3	160~200	11.0	0.3
金铜镉	72	250~370	1.84	<10

　　现对几种金合金镀液作一简单介绍。

6.9.1　Au－Co 合金

　　金钴合金镀层主要用于集成电路电接点镀层、印制电路板等耐磨件。这种合金镀层有良好的耐磨性。首次提出 Au－Co 光亮合金配方的是 Rinker 和 Dnval,主要用做装饰性的光亮合金防护层,其配方的主要成分如表 6.8 的配方 1。

　　该镀液在 29~35℃间进行电镀,pH 控制在 3.2~4.0 之间,可用柠檬酸或磷酸来调节,电流密度在 0.8~2 A/dm² 范围内。此种镀液的电流效率很低,只达到 30%。在金钴合金镀液中如加入了硫酸铟,便可以很显著地提高合金镀层的光亮度,却不会增加镀层的脆性。镀液中使用配位剂会趋向于降低效率,但却能保证镀层的厚度,硬度以及光亮度。加了铟以后用于珠宝首饰的光亮金－钴镀层配方见表 6.8 配方 2。

　　这种类型的电镀液寿命很长,有的用了 10 多年后,用它电镀还能得到高质量的镀层。几种常用的 Au－Co 合金镀液配方及工艺条件由表 6.9、6.10、6.11 列出。

表 6.8　装饰性金钴合金

镀液主要成分及工艺条件	1	2
ρ[金(以氰以金钾加入)]$/(g\cdot L^{-1})$	4~12	6
ρ(柠檬酸)$/(g\cdot L^{-1})$	20~70	25
ρ(柠檬酸钾)$/(g\cdot L^{-1})$	50~90	80
ρ(硫酸钴)$/(g\cdot L^{-1})$	1~3	9
ρ(EDTA 钠盐)$/(g\cdot L^{-1})$		15
ρ[铟(以硫酸盐形式加入)]$/(g\cdot L^{-1})$		0.4
pH(以柠檬酸调节)	3.2~4.0	3.2
电流密度$/(A\cdot dm^{-2})$	0.8~2.0	0.8~1.5

表 6.9　焦磷酸盐体系镀金钴合金

镀液成分及工艺条件	含　　量
ρ[金(以氰化金钾加入)]/(g·L^{-1})	0.01 ~ 4.0
ρ(焦磷酸钴钾)/(g·L^{-1})	1.3 ~ 4.0
ρ(酒石酸钾钠)/(g·L^{-1})	50
ρ(焦磷酸钾)/(g·L^{-1})	100
pH	7 ~ 8
电流密度/(A·dm^{-2})	0.5
温度/℃	50

表 6.10　氰化物体系镀金钴合金

镀液成分及工艺条件	含　　量
ρ[金(以氰化金钾加入)]/(g·L^{-1})	8.0
ρ[钴(以氰化钴钾形式加入)]/(g·L^{-1})	< 1.0
ρ(磷酸二氢钾)/(g·L^{-1})	120
pH	4.3 ~ 5.0

表 6.11　无氰亚硫酸盐体系镀金钴合金

镀液成分及工艺条件	含　　量
ρ(亚硫酸金钾)/(g·L^{-1})	1 ~ 30
ρ(硫酸钴)/(g·L^{-1})	0.5 ~ 5.0
ρ(亚硫酸钠)/(g·L^{-1})	40 ~ 150
ρ(缓冲剂)/(g·L^{-1})	5 ~ 150
pH	> 8.0
电流密度/(A·dm^{-2})	0.1 ~ 5.0
温度/℃	50

pH 为 8 ~ 13 的碱性氰化物镀液一般说来比酸性镀液的镀层光泽好,电流效率高、镀层也较耐磨,但不适用于电子元器件,特别是印制电路板电镀,也因氰化物剧毒性而使它的应用受到制约。所以随着电镀工艺的发展,低氰和无氰体系的金钴合金镀液已渐渐取代剧毒氰化物镀液。如 EDTA 体系、焦磷酸盐体系以及无氰的亚硫酸盐体系等,但这些体系的溶液稳定性及镀层质量等还有待于进一步提高。

6.9.2　Au – Ni 合金

Au – Ni 合金镀层硬度高、耐磨性好,可以用于接插件、印制板插头及触点等耐磨件的电镀。它与金钴镀层的性能比较如表 6.12(表中数据摘自美国乐思金属工业公司报告)。

表 6.12　Au – Co、Au – Ni 合金镀层性能比较

镀层	w(Au)/%	硬度(HV)	耐磨性/次	应力/MPa	抗 H$_2$S、SO$_2$ 实验
Au – Co	99.8	~ 190	1 800	+ 240	好
Au – Ni	80	~ 350	2 700	- 7	差

由表可见 Au – Ni 合金镀层的硬度和耐磨性更优于 Au – Co 合金。Au – Ni 与 Au – Co 合

金体系相似,在发展初期,因它们的槽液体系都是在很高的 pH 值(碱性氰化槽)和相对较高的操作温度下(60 ~ 80℃),所以不适合用于电子器件方面,而是更多地用于装饰领域,它的典型配方如表 6.13。

表 6.13　Au – Ni 合金电镀

镀液组成	含　量
ρ[金(以氰化金钾加入)]/$(g \cdot L^{-1})$	3 ~ 5
ρ[镍(以氰化物形式加入)]/$(g \cdot L^{-1})$	1 ~ 2
ρ(硒)/$(g \cdot L^{-1})$	微量
ρ(游离的氰化钾)/$(g \cdot L^{-1})$	10 ~ 35
ρ(磷酸盐(钾盐))/$(g \cdot L^{-1})$	40 ~ 70
ρ(磷酸盐(钾盐))/$(g \cdot L^{-1})$	10 ~ 25
φ(润湿剂)/$(ml \cdot L^{-1})$	2 ~ 5

此类槽液的操作温度是 60 ~ 65℃,电流密度范围是 0.3 ~ 1 A/dm^2,电流效率高、镀层光亮、硬度大、抗磨耗性好。金与镍的共沉积并不会影响到镀层的色泽,而只会影响到镀层的光亮度。硒的加入只起了一个“催化”作用,而不直接进入镀层。这种槽液的缺点是剧毒,在配置过程中比较麻烦,镀液还必须进行预处理。

6.9.3　Au – Cu – Cd 合金

Au – Cu – Cd 合金最初也是用于装饰行业中的。因为在较厚的条件下,镀层是很光亮平整的。该种合金发展至今已不局限用于装饰行业,它优良的耐磨性、很高的硬度和优良的电性能使得这种镀层受到了很大的重视,目前正用于国防装备上并已达到很好的效果。它的基本配方如表 6.14。

表 6.14　Au – Cu – Cd 合金电镀

镀液组成及工艺	含　量
ρ(金)/$(g \cdot L^{-1})$	10 ~ 30
ρ(铜)/$(g \cdot L^{-1})$	0.5 ~ 3
ρ(镉)/$(g \cdot L^{-1})$	0.2 ~ 2
ρ(亚硫酸钠)/$(g \cdot L^{-1})$	100 ~ 200
ρ(磷酸氢二钾)/$(g \cdot L^{-1})$	15 ~ 25
ρ(配位剂)/$(g \cdot L^{-1})$	5 ~ 14
pH	>8.0
电流密度/$(A \cdot dm^{-2})$	0.3 ~ 1
温度/℃	30 ~ 70

第7章　特种电镀技术

7.1　高速电镀

7.1.1　高速电镀的特点及基本原理

电镀产品的完成需经过前处理(包括抛光、除油、酸洗、活化)、电镀、后处理、干燥等工序,且各工序之间还要进行水洗。为使电镀生产高速化,有必要缩短各道工序的操作时间和工序之间的间歇时间,这里仅就电镀工序本身的高速化问题进行论述。

现在的电镀速度一般为 $1\ \mu m/min$ 左右,与其他的覆层工艺相比较,这种速度可以说是低速的,因此,将速度提高数倍乃至数百倍的电镀技术便称之为高速电镀。采用高速电镀有下列优点:① 明显提高生产效率;② 缩小厂房面积;③ 省力;④ 改善工厂环境;⑤ 能够采用低浓度镀液而不降低原来的电镀速度。基于上述,高速电镀是当今引人注目的、有开发前景的新技术。

电镀过程由以下三个步骤组成:

① 被还原金属离子自溶液本体向电极表面传输的过程,即物质迁移过程;

② 电极表面金属离子脱水获得电子成为原子的过程,即得电子过程;

③ 被还原后的原子组成适当形式的结晶而形成镀层的过程,即晶格化过程。

现今获得高速电镀的方法,主要是设法促进第一步骤,即物质迁移过程。

物质迁移过程可按扩散、电迁移、对流来进行。当不考虑电迁移和对流的影响时,物质迁移占支配地位,其扩散极限电流密度表达式为

$$j_d = nFD\,\frac{c}{\delta}$$

式中　δ——扩散层厚度;

　　　D——扩散系数;

　　　c——金属离子浓度;

　　　F——法拉第常数。

可以清楚看出,若使 j_d 增大,就应增大 D 及 c,减小 δ。因此在高速电镀过程中常常采取以下措施提高扩散极限电流密度来提高电镀速度。

1.使用扩散系数大的盐类

例如在使用镍盐时,氯化镍的扩散系数约为同浓度硫酸镍扩散系数的 2 倍,D 与绝对温度 T 之间存在的关系为

$$D = \frac{KT}{\nu}$$

式中　K——常数;

ν——动力粘度系数。

升高镀液温度,则 ν 变小,D 值增大,j 亦随之增大。

2. 增大金属离子浓度 c

极限电流密度与浓度的一次方成正比,所以,采用高浓度金属离子溶液对电镀高速化是极有效的手段,但其缺点是溶液的带出量增多,而且在停镀时有金属盐类析出。

3. 升高镀液温度

使用高温镀液可以增大扩散系数,提高金属盐的溶解度,得到高离子浓度的溶液,同时,也降低动力粘度系数,从而得到高极限电流密度,但缺点是增加了热能的消耗。

4. 激烈搅拌溶液

在其他的电解条件不变的情况下,欲增加极限电流密度,惟一的办法是加强溶液的搅拌。为增加电极与电解液之间的相对移动速度,可采用溶液强制流动法和电极移动的方法。

5. 使用高频间歇电流

因为 δ 在电解开始时相当薄,到一定时间后则保持不变。因此,可考虑采用脉冲电镀,即在电解初期通以大电流,然后切断电流使扩散层消失,再继续通以短时间的大电流。然而,从高速电镀的角度考虑不太实用。脉冲镀之所以引人注目是因为采用这种方法有助于改善镀层性能。

在多数镀液中,电流密度如果接近极限值,则产生粉末状或树枝状结晶,镀层无实用价值,因此,需添加适当的添加剂,控制电极面垂直方向结晶的长大,使其变得平滑。另外还有必要采用物理方法改善结晶状态。

7.1.2 高速电镀的各种方法

在高速电镀中常采用阴极表面电解液强制流动、移动阴极、在电解液中摩擦电极表面、脉冲电镀等方式来进行。

1. 平行流动法

所谓平行流动法,即阴、阳极之间保持一定的狭窄间距,电解液从狭缝中高速通过而进行连续电镀的方法。

本法要求流速为 2.4 m/s 以上的紊流,有时也采用 6 m/s 的流速。通常不需使用特殊镀液,一般镀液即可。采用此法所得电镀速度为

镀铜、镍、锌　　　25 ~ 100 $\mu m/min$

镀铁　　　　　　25 $\mu m/min$

镀金　　　　　　18 $\mu m/min$

镀铬　　　　　　12 $\mu m/min$

例如,采用图 7.1 所示的装置,在不锈钢或镀铬的滚筒上,以
150 ~ 450 A/dm^2 的电流密度、25 ~ 100 $\mu m/min$ 以上的速度电镀铜、
镍、锌等。镀后将其从一端剥离,得到 50 ~ 100 μm 厚的金属箔。
甚至能采用 25 ~ 75 cm/min 的高速制造这种金属箔。所得的这种
金属箔可用来研究各种镀液电镀层的机械性能。

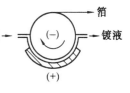

图 7.1　制造金属箔的电
解装置

现在镀铬所用的电流密度为 15 ~ 60 A/dm^2,电流效率低于
20%,在工艺操作范围内,如果增加铬酸浓度,提高镀液温度并激

烈搅拌,都会因促使氢放电加速而导致电流效率下降。然而若以图7.2所示的250 cm/s流速进行电镀,则电流密度超过250 A/dm² 时,其电流效率高于一般挂镀电流效率;电流密度超过500 A/dm²,电流效率也可达60%,但是,使用高电流密度时,从标准镀铬液中沉积的镀层发暗,外观呈银白色。

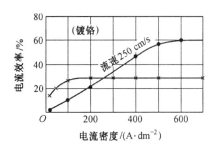

图7.2　镀铬在静止和流动状态的电流效率

这种方法对于那些由于金属电势相差较大的合金电镀具有较大的优势,常规方法不能共析的合金,如果采用高电流密度,则即可共析。据称,这种方法不仅能镀出铁镍铬钴四元合金,而且这种合金的耐蚀性可与不锈钢相媲美。

由于平行流动法要求阴极和阳极间距小而且均等,只适用于圆筒内、外表面及平板状等简单形状,复杂零件则不适用。另外,如果使用可溶性阳极,随着电解的进行,两极间的距离发生改变,使流速出现局部变化;使用不溶性阳极时,镀液组成又随着电解过程的进行而发生变化,所以必须使电解液返回贮槽进行调整,而且要注意阳极上析出气体的流动。

基于上述各点的考虑,人们设计了一种喷射槽,图7.3是它的横剖视图,图7.4是它的纵剖视图。喷射槽是上下密闭的卧式槽。电镀液逆钢带进料方向强制流动,以增大相对流动速度。镀液的循环速度为20～30 m/min。这样,不仅可以获得高电流密度,同时还将阳极上析出的氧气排出系统之外,以防止对电镀的不良影响。

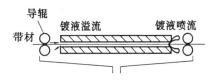

图7.3　喷射槽横剖面图
（上部密闭卧式槽）

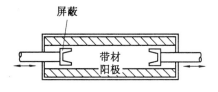

图7.4　喷射槽纵剖面图

图7.5表示线速度和良好的电镀范围,电流密度可以达到100 A/dm² 以上。因为使用不溶性阳极,所以锌离子的补充是用另外的系统,即在其他的槽子里,用电解液溶解电镀锌板或热镀锌时产生的锌渣来调整镀液,同时进行循环。

这种喷射电镀方法使用高电流密度,是高速电镀,使用不溶性阳极,具有省力、自动化、低成本等多重效果。

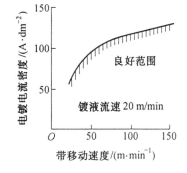

图7.5　线速度和电流密度的关系

2.喷流法

喷流法原理如图7.6所示。该法是将电解液通过喷嘴连续喷流到阴极表面进行电镀的方法。该法特点是能局部使用高电流密度。目前局部高速电镀法主要应用于电子元器件如印刷线路底板触头或半导体器件的焊接点电镀,现在已开发出专用设备。根据硫酸铜镀铜试验,喷流法的极限电流密度大体上与流速的平方根成正比,这说明流动属层流范畴。

3．超声波法

超声波法是一种在镀液中导入超声波振荡,一边向阴极表面照射超声波一边进行电镀的方法。超声波在前处理除油方面用得相当多,但在电镀方面尚未得到工业应用。这是因为超声波是一种频率高、振幅小的振动,很难得到高的能量。而且由于超产波属直线传播,很难照射到整个电镀表面;另外,由于镀层种类的不同,超声波法电镀常出现镀层条纹。

图 7.6　喷流电解装置

7.1.3　高速电镀存在的问题

高速电镀技术还不太成熟,有待今后进一步发展,现针对其存在的问题,分述加下:

1．电流分布

即使是普通的电镀方法在镀件形状比较复杂时也容易产生电流密度局部不均,以致引起镀层厚度的不均。高速电镀中使用较高的电流密度,其局部电流密度相差将会更大,因而要特别注意阳极的配置,电流密度的均匀分布是极其重要的因素。高速电镀之所以只限于简单形状工件的电镀,原因就在于此。

2．阳极

使用可溶性阳极时,必须考虑溶解的极限电流密度,若高于极限电流密度,则出现阳极钝化,槽电压上升,镀液组成发生变化。使用不溶性阳极时,必须考虑阳极上氧析出的超电势,同时对镀液组成和 pH 的变化也必须采取相应措施,析出气体的影响也要考虑。

3．镀层的物理性能

要事先研究高电流密度下电镀层的物理、化学性能。

4．镀液组成、添加剂

必须开发适合于高速电镀的镀液及添加剂。

7.2　电刷镀

电刷镀,也称刷镀,是不用镀槽而用浸有专用镀液的镀笔与镀件作相对运动,通过电解而获得镀层的电镀过程。

电刷镀技术的显著特点是设备简单、工艺灵活,用同一套设备可以在各种基材上镀覆不同镀层,并可以在现场流动作业,尤其适用于大型机械零件的不解体现场修理和野外抢修,也适合于大零件上窄缝或凹下部位的电镀和难以入槽镀的组合件的电镀。

电刷镀的镀速快,耗电量小。镀覆速度是一般槽镀的 10 ~ 15 倍,而耗电量是一般槽镀的 1/10。

7.2.1　电刷镀技术的基本原理

电刷镀的基本原理如图 7.7 所示。可以看出,电刷镀技术是采用专用的直流电源设备,将浸有镀液的镀笔接电源的正极,作为电刷镀时的阳极,工件接电源的负极,作为电刷镀时的阴极。镀笔通常用高纯细石墨块作阳极材料,石墨块外面包裹上棉花和耐磨的涤棉套。

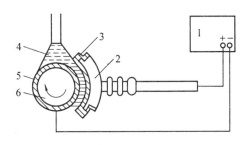

图 7.7　刷镀原理示意图
1—电源;2—镀笔;3—阳极包套;4—电解液;
5—镀层;6—工件(阴极)

电刷镀时使浸满镀液的镀笔以一定的相对运动速度在工件表面上移动,并保持适当的压力。在镀笔与工件接触的部位,镀液中的金属离子在电场力的作用下扩散到工件的表面,并在工件表面获得电子被还原成金属原子,这些金属原子在工件表面沉积结晶,形成镀层。随着电刷镀时间的增长,镀层逐渐增厚。

7.2.2　电刷镀设备

电刷镀设备主要包括专门用做电刷镀的直流电源、刷镀笔等。

1. 电源

电刷镀用电源应具备的主要性能有:

① 具有直流平滑特性,即随着负载电流的增大,电源输出电压应下降很少。

② 电源的输出电压应为无级调节。电压调节范围 0～30 V,最高不超过 40 V。

③ 电源应带有安培小时计或镀层厚度计,以显示电镀零件所消耗的电量或零件镀层厚度,保证镀层质量。

④ 电源应设有正负极转换装置,以满足电镀、活化、电净等不同工艺的要求。

⑤ 电源应设有过载保护装置,当负载电流超过额定电流 5%～10% 或正负极短路时,应能快速切断主电路,以保护电源和被电镀零件不受损坏。

⑥ 为适应现场修理或野外修理的需要,电源应体积小,重量轻,工作可靠,计量精度高,操作简单,维修方便。

2. 刷镀笔

刷镀笔由阳极、散热装置、导电芯棒和绝缘手柄等组成。导电柄与阳极的电阻热较大,因此在导电柄中部设计有散热片,否则会影响刷镀工作的正常进行。

电刷镀过程中通常使用不溶性阳极,它要求阳极材料具有良好的导电性,化学稳定性好,不污染镀液,工作时不形成高电阻膜而影响导电。一般是用石墨作阳极,有时也用不锈钢和镀铂钛作阳极。当阳极尺寸很小时或形状很复杂而无法用石墨作阳极时,可使用铂 - 铱合金(铱的质量分数为 10%)作阳极。

在某些场合可以采用可溶性阳极,如电刷镀铁、镍时,用铁或镍作可溶性阳极。如果阳极易钝化,应向刷镀液中加入防钝化剂,使阳极正常溶解。

3. 阳极包套材料

电刷镀阳极在使用过程中,表面要用脱脂棉、泡沫塑料或化学纤维将其包裹。其目的是贮存镀液,防止零件与阳极直接接触而短路,同时防止石墨颗粒进入溶液。常用的包套材料有涤纶、腈纶、涤纶毛绒、丙纶布等。

包套阳极时,应根据工艺条件和镀液性能选择适当的包套材料,以提高包套材料的使用寿命。

4.辅助设备

电刷镀的主要辅助设备有转胎,用以夹持零件,使其作匀速运动,保证阳极和阴极的相对运动速度,使镀层均匀;循环泵,用于连续供给镀液,使受镀表面始终完全被镀液覆盖,保证镀层质量。

7.2.3　电刷镀工艺流程

由于电刷镀的电解液多种多样,故不能用统一的工艺流程。但是,电刷镀的工艺流程大同小异,概括起来有如下工序

预处理→水洗→电净→水洗→活化(电化学浸蚀)→水洗→预镀(镀底层)→水洗→刷镀→水洗→镀后处理(钝化)→水洗→擦干(或热风吹干)

对工件表面进行预处理,是电刷镀的必不可少的工序。预处理质量的好坏,直接影响镀层与工件基体的结合强度。预处理主要指电净处理和活化处理。

电净处理的实质就是对工件表面进行电化学除油。电净时,采用阴极除油,即把工件接电源负极,镀笔接电源正极,利用工件表面(阴极)析出的大量氢气把油膜撕裂,同时由于电净溶液对油的乳化和皂化作用,以及镀笔对工件表面的擦拭作用,可达到良好的除油效果。这种方法除油速度快、效果好,但对氢气敏感的材料不宜采用。

为避免材料的氢脆,可采用阳极除油,即把工件接电源正极,镀笔接电源负极。利用工件表面析出的氧气撕裂油膜。由于阳极除油时氧气的析出量比阴极除油时氢气的析出量少1倍,所以阳极除油速度相对较慢。同时,由于阳极除油对工件表面金属有刻蚀作用,所以阳极除油不适用于有色金属。为了达到更好的除油效果,还可采用阳极除油与阴极除油交替进行的联合除油。

活化的实质是对工件表面进行电解刻蚀和化学腐蚀。活化时,工件接电源正极,镀笔接电源负极,利用电化学刻蚀作用和化学腐蚀作用除去工件表面的锈蚀、氧化膜或疲劳层等。

工艺中所用的电净液和电化学浸蚀液都是有关单位研制的专门溶液。电净液是一种碱性很强的(pH > 10)无色透明水溶液,具有很强的电化学除油作用。而各种电化学浸蚀活化液均是酸性水溶液,pH 值在 0.5 ~ 4 之间。

电刷镀溶液大多数是金属有机配合物水溶液,并加入其他添加剂。配合物一般在水中溶解度大,并且稳定性好,因而镀液中金属离子含量通常比一般槽镀溶液高几倍到几十倍,这就为使用大电流密度和快速沉积镀层提供了条件。添加剂有多种作用,在金属镀液中加入不同的添加剂可以起到细化晶粒、减小内应力、提高浸润性等作用。

刷镀液由专门研制单位提供,要求镀液性能稳定,工作范围宽;在较宽的电流密度和温度范围内使用,金属离子浓度和 pH 值无明显变化;不燃,不爆,无毒性,大多数镀液接近中性,腐蚀性小,因而具有安全可靠、便于运输和储存等特点。

镀液固化技术和固体制剂的研制成功,更便于镀液的运输、保管。

7.2.4　常用电刷镀溶液

1.特殊镍镀液

特殊镍镀液主要由主盐、辅盐和添加剂组成。主盐主要是硫酸镍;辅盐主要是一些碱金

属或碱土金属的盐类,其主要作用是提高镀液的导电性能,改善溶液的分散能力;添加剂主要是配位剂、润湿剂、缓冲剂、增光剂和整平剂等,其主要作用是改善镀层的性能和形貌特征。

特殊镍镀液可在不锈钢、铬、镍、钢、铁、合金钢、铸铁、铸钢、铜、铝以及其他高熔点金属基体上获得结合良好的镀层,但沉积速度慢,所以一般用特殊镍镀液沉积过渡层,厚度 $2 \sim 5~\mu m$。特殊镍镀层细致,孔隙率小,硬度高,耐磨性好,可作为防腐和耐磨镀层。

2. 快速镍镀液

快速镍镀液是电刷镀技术中应用最广泛的镀液之一。镀层具有多孔倾向和良好的耐磨性能,在钢、铁、铝、铜和不锈钢的金属表面都有较好的结合力。该镀液主要用于恢复尺寸和作耐磨层,是一种质优价廉的镀液。

快速镍工艺规范为

$NiSO_4 \cdot 7H_2O$	254 g/L
羧酸铵盐	56 g/L
醋酸铵($NH_4Ac \cdot H_2O$)	23 g/L
草酸铵[$(COONH_4)_2 \cdot H_2O$]	0.1g/L
氨水($NH_3 \cdot H_2O$)	105 g/L
pH	$0 \sim 0.7$
工作电压	$8 \sim 12$ V
阴阳极相对运动速度	$6 \sim 35$ m/min

3. 镍 – 钨合金镀液

镍 – 钨合金镀液为酸性溶液,pH = 1.4 ～ 2.4,呈深绿色,有轻度醋酸味,镍离子含量 80 ～ 85 g/L。20℃时的相对密度为 1.312 g/cm^3,电导率为 0.085 Ω^{-1}/cm。

在镍 – 钨合金镀液的基础上加入少量的硫酸钴及其他添加剂,组成 Ni – W – Co 合金镀液。它是酸性镀液,pH = 1.4 ～ 2.4,深绿色,20℃时相对密度为 1.29 g/cm^3,电导率为 2.052 Ω^{-1}/cm。

这两种镀液主要用来沉积耐磨的表面层,镀层硬度高、致密、孔隙少,在较高的温度下仍具有一定的硬度。Ni – W – Co 镀层的应力小,可沉积较厚的镀层(可达 0.2 mm),镍 – 钨合金镀层应力较大,当镀层厚度 $\delta > 0.03$ mm 时会产生裂纹。

总之,电刷镀应用的镀液种类繁多,几乎包括了所有能用于电镀的金属及合金。

7.2.5　电刷镀工艺的有关参数

1. 电刷镀的有关计算

在电刷镀时要进行一些基本计算,如已知时间求镀层厚度,或已知厚度求刷镀时间;或是已知厚度求通过的电量等。这些计算都与镀液的性能、被镀面积和通过的电量有关。假设:

δ——镀层厚度(μm);

d——被镀金属的相对密度(g/cm^{-2});

Q——通过的电量(A·h);

S——要刷镀的面积(cm^2);

K——沉积系数$(g/(A·h))$;

v——沉积速度$(\mu m/min)$;

t——刷镀时间(min);

n——刷镀面积占阴极面积的倍数。

即可进行下列计算:

(1) 已知厚度求电量

$$Q = \frac{S d \delta}{K} \times 10^{-4}$$

(2) 已知电量求厚度

$$\delta = \frac{QK}{S d} \times 10^{4}$$

(3) 已知时间求厚度

$$\delta = \frac{1}{n} v t$$

(4) 已知厚度求时间

$$t = \frac{\delta n}{v}$$

2. 阳极与零件的相对运动速度

电刷镀时,阳极和零件之间应保持一定的相对运动速度。速度太低,刷镀电流过大时,会使镀层烧焦、多孔、粗糙、发脆;速度太高,会降低电流效率,甚至无镀层。当阳极固定为圆柱形零件时,最佳相对运动速度与转速的关系按下式计算

$$n = \frac{v}{\pi D} \times 1\ 000$$

式中　n——零件转速(r/min);

　　　v——阴阳极最佳相对运动速度(m/min);

　　　D——被镀表面的直径(mm);

3. 工作电压和电流

工作电压是刷镀工艺中的一个重要参数。每种镀液都推荐了适宜的电压范围,但在刷镀时不能简单取中间值,应根据阳极的大小、阳极与零件的相对运动速度、镀液温度等情况选择最佳的电压值。通常开始刷镀时电压低一些,$2 \sim 3$ min 后,电压逐渐升高,接近要求厚度时,再把电压降低一些。

刷镀中的电流值不作为一个独立调节的工艺参数,在刷镀过程中,它不是固定值,但通过对电流值的监控,可以发现阳极和阴极的接触是否良好。

4. 零件和镀液的温度

镀液温度影响镀层质量,镀液最好使用温度为 50℃左右。如果温度太低,则开始刷镀时可以用较低的电压,随零件和镀液温度升高而逐渐升高电压;当环境温度较低时,大型零件最好先预热。

7.3　机　械　镀

机械镀原理与电镀完全不一样。机械镀不用电,是通过滚桶转动在加热或在某些介质

促进下,靠镀件与介质之间的滚动摩擦,将一种或一种以上金属"碾压"到镀件上,这是一种物理的方法。对冷机械镀而言,还有促进剂的促进作用。机械镀分热机械镀和冷机械镀两种方法,目前主要镀种是镀锌、锌铝和复合镀锌。机械镀具有镀层均匀、没有氢脆、速度快、成本低和节约电等优点。

机械镀主要应用于汽车上用的标准件,主要目的是防腐蚀和避免氢脆。机械镀还可代替热镀锌,如用于自来水管接头,钢丝绳的马夹头等,因为机械镀锌层厚度可达到接近热镀锌的厚度,而且只要与玻璃球和金属粉能接触到的表面都能均匀地镀覆。

7.3.1　热机械镀锌(干法)

热机械镀锌在我国发布的标准中被定名为"粉末机械镀锌"。因冷机械镀锌液使用锌粉末,为了区别起见,所以采用热机械镀锌(干法)的叫法,以示区别。

热机械镀锌是将脱脂和除过氧化膜的干燥零件放入一个密封的特制钢滚桶内。滚桶内同时加入需要量的锌粉和石英砂,将滚筒加热到 $350 \sim 400 \, ℃$,使锌粉软化。借助滚筒的转动和石英砂的滚压的作用,同时经十几分钟的热扩散反应,使锌铁产生共渗,形成一层锌铁覆盖层。其内层是铁的质量分数为 $21\% \sim 27\%$ 的 γ 层,外层是铁的质量分数为 $8.5\% \sim 13\%$ 的 δ 层。δ 层的厚度占镀层总厚度的 80% 左右,且 δ 层由里向外铁含量逐渐降低,镀层较厚时,外层部分铁的质量分数为 $3\% \sim 5\%$。

热机械镀锌可比冷机械镀锌得到更厚的镀层,甚至达到热浸镀锌的厚度水平,碳钢件最高达到 $70 \sim 80 \, \mu m$,铸钢件最高达到 $110 \, \mu m$。耗锌量比热浸锌降低 $6\% \sim 8\%$。目前问题是结合力还不如热浸锌好,但是热机械镀锌层的抗腐蚀能力要比热浸锌的好。这是因为锌铁合金比纯锌层对基体铁形成的原电池电势差较小,所以有比纯锌镀层更好的防腐蚀能力。

热机械镀锌的设备包括脱脂、酸洗、带加热装置的铁滚筒和分筛等。

7.3.2　冷机械镀锌

冷机械镀锌不需要将镀件加热,而是在室温条件下于水溶液中进行,在化学促进剂"催化"作用下,靠镀件与镀件、镀件与玻璃球之间的摩擦和锤击力,将锌粉"冷焊"到镀件表面上。如仅有玻璃球而不加促进剂,则锌层不会在镀件上沉积;由此可判断,在冷机械镀的过程中除机械物理作用外,还有相应的化学作用。

在装有镀件、玻璃球、锌粉、水和促进剂的旋转滚动桶内,作为冲击介质的玻璃球随着滚桶转动,与镀件表面发生碰撞产生机械物理能量,在化学促进剂的辅助作用下,将镀涂的锌粉碾压冷焊到镀件表面上,形成光滑、均匀和细致的具有一定厚度的镀层。

因为不需要加热,比电镀锌节电 70% 左右,总成本也能降低约 20%。冷机械镀锌除比热机械镀锌节能外,劳动条件也较好,且镀锌层银白光滑,外观比热机械镀锌为佳,还有设备较简单和投资小等优点,冷机械镀锌的锌层厚度可在 $2 \sim 50 \, \mu m$ 之间任意选择,镀层均匀性优于电镀,并能部分代替热镀锌。

冷机械镀锌适宜于小型的铁零件,螺栓螺母、自来水管接头、钢丝绳夹头等。镀件质量一般不大于 $1 \, kg$,长度不超过 $15 \, cm$。镀件太重或太长,不利于滚动,不能获得充分的能量;同样,太细、太小和太薄的零件也不适宜用机械镀锌方法。

冷机械镀锌的工艺流程为

脱脂酸洗→装料→活化→闪镀铜→清洗→镀锌→清洗→卸料→后处理

工艺说明：

(1) 脱脂酸洗

脱脂酸洗要求与电镀一样,必须将油污、氧化皮膜处理掉,但是酸洗时特别要防渗氢,因为机械镀锌往往对氢脆指标有特殊要求,对高强度钢制造的螺栓、螺母等不允许进行酸洗,可以用喷砂等方法进行表面清理。

(2) 装料

装镀件前,滚桶内应先放置与镀件质量相等的玻璃球,玻璃球要经过除油处理。玻璃球的规格为 $\phi 2$、$\phi 3$ 和 $\phi 4$,分别按质量 1:1:1 之比加入。滚桶内还放置能盖没玻璃球和镀件的自来水。

(3) 活化

在镀件装入滚桶后,开启电动机,使滚桶旋转 5 min 左右,以将表面一层薄的氧化膜摩擦除掉。

(4) 化学沉铜

化学沉铜在机械镀行业中俗称闪镀铜。采用一种酸性沉铜溶液,商品名 CPC 化学沉铜剂,加入量 70 ml/m²(镀件面积),pH 值 1.5~2.0,可用质量分数为 10% 的硫酸调整。化学沉铜的温度在 10~40℃ 范围内,时间 2~5 min。化学镀铜要在滚桶转动情况下进行。

(5) 清洗

将化学镀铜液倒出,流向一个专用的集水处理池。倒出后再进行一次自来水清洗即可。

(6) 机械镀锌

清洗后再加自来水,使水位略高于镀件与玻璃球混合体。开动电机,使滚桶旋转。加入促进剂。

(7) 卸料、清洗、分离

机械镀过程结束后,关闭转动装置,将溶液连同镀件和玻璃球一同倒出在电动的筛网上,将镀件与玻璃球和溶液分离,此时需要立即进行清洗。清洗工作可以边分离边进行。零件从筛网上抖落到不锈钢制的筛网上后,还需要再进行一次清洗。

(8) 后处理

冷机械镀锌通常不进行彩色钝化处理,因为获得的膜层外观黯淡。要获取银白色的表面时,需在专用的后处理液中进行处理。

(9) 促进剂

冷镀锌质量的好坏与促进剂质量的优劣密切相关。促进剂由金属活化剂、表面活性剂、载体形核剂、平整光亮剂和消泡剂组成。金属活化剂是一种或一种以上的有机酸和硫酸,能使镀件上的锌层表面保持活化、新鲜,除能保证镀层结合力外,还能使镀层平滑、均匀。表面活性剂能降低溶液表面张力,发挥润湿、分散和细化锌粉作用,使镀层厚度均匀细致,消除局部漏镀现象。表面活性剂分阴离子型、阳离子型、非离子型和两性表面活性剂,也可选用阴离子型和非离子型两种表面活性剂的组合。载体形核剂能吸附在镀件表面形成晶核,让锌粉在晶核上成长。载体形核剂是一种金属盐类,在水溶液中离解成一种金属离子。光亮剂有较好的润滑性,起到类似滚光或抛光作用,使镀层表面平整光亮。消泡剂则主要消除表面活性剂引起的过多泡沫。

机械镀锌设备包括滚桶、传动装置和分离筛网等,设备有自动组合机械和手工机械。自动组合机械已有整机,劳动强度低,节约操作人员,但投资较多。手工机械劳动强度高,是劳动密集型性作业,但是投资小,上马快。

滚桶大都由衬橡胶的钢材制造,上口小,下部大,滚桶向上。角度可任意调节,机械镀时,一般角度在水平线 30°～40°的范围内。滚桶的转速为线速度 0.9～1 m/s。

传动装置由电动机、减速机、皮带轮等组成,滚桶也安装于其上。

7.4　复合电镀

7.4.1　概述

在电镀或化学镀溶液中加入不溶性的固体微粒,并使其与基质金属在阴极上共沉积,形成的具有优异性能的新型镀层称复合镀层,亦称分散镀层。获得复合镀层的工艺称为复合镀,也叫分散镀或弥散镀。

复合镀层具有两相组织,一相是通过还原反应而形成镀层的金属称为基质金属,它为均匀的连续相;另一相为不溶性的固体微粒,它们通常是不连续地分散于基质金属中,组成一个不连续相。在将不溶性固体微粒分散于镀液中,并使其与金属共沉积的复合镀过程中,可供选择的不溶性微粒种类很多,可以采用的基质金属品种也很多。除了可以用单金属作为基质金属外,还可以用二元或三元合金作为基质金属;镀层中的微粒可以用一种,也可以用两种或三种微粒的组合,这样经过排列组合,复合镀层的种类是非常多的。

复合镀按沉积方法可分为电化学复合镀(复合电镀)和化学复合镀(无电解复合镀),若以电铸方法制备复合材料,则称为复合电铸。

复合电镀不但可以形成普通镀层难以具有的特殊性能的镀层,还可以制备一般电镀方法不易获得的某些合金材料。例如,以不锈钢镀层代替整体的不锈钢材料,可以节约大量的贵金属材料。但是电镀一定比例的 Fe-Ni-Cr 三元合金却有相当大的困难。如果采用复合电镀的方法,在工艺比较成熟的 Fe-Ni 合金电镀液中悬浮一定数量的铬粉,控制好工艺条件,使铬与 Fe-Ni 合金共沉积,形成与不锈钢组成近似的 Fe-Ni-Cr 复合镀层,然后对镀层进行热处理,通过金属间的相互扩散,可以得到与不锈钢金相组织相近的合金材料。再如,不论用冶炼法还是用一般电镀法,都很难制备金属与有机物的复合材料。这是因为在熔炼法的高温条件下,有机物会分解,一般电镀法只能形成金属材料。而采用复合电镀的方法,将高分子微粒分散到镀液中,使其与金属共沉积可制成金属与高分子材料组成的新型复合材料。所以说,复合镀层在材料科学的研究和应用中占有一定的重要地位。

复合镀层的种类很多。根据基质金属的不同,可将复合镀层分为镍基复合镀层(以镍为基质金属)、铜基复合镀层(以铜为基质金属)、铬基复合镀层(以铬为基质金属),还可以钴、银、铁、锌、镉、锡、铅等单质金属及镍钴合金、镍铁合金、铅锡合金、镍磷合金、铁磷合金、镍硼合金等作为基质金属。根据使用的不溶性微粒种类不同,可以将复合镀层分为无机材料复合镀层、有机材料复合镀层和金属材料复合镀层三类。其中无机复合镀层使用的微粒主要包括碳化物:如碳化硅(SiC)、碳化钨(WC)、碳化硼(B_4C)、碳化锆(ZrC)、氟化石墨等;氧化物:如氧化铝(Al_2O_3)、氧化钛(TiO_2)、氧化锆(ZrO_2)、氧化铬(Cr_2O_3)等;氮化物:如氮化硼

(BN)、氮化钛(TiN)、氮化硅(Si_3N_4)等；有机微粒目前使用最多的是聚四氟乙烯树脂(PTFE)、环氧树脂、聚氯乙烯、氟化石墨、有机荧光染料等。金属微粒主要是指不同于基质金属的另一种金属微粒，如钨、钼、镍、铬、铝粉等。还可以按照复合镀层的用途来划分，将它们分为防护 – 装饰性复合镀层、防护性复合镀层及功能性复合镀层。

研究发现，复合镀层中基质金属与微粒间并不是简单的混合，而是存在一定的相互作用。因此，根据基体与微粒在复合镀层中的相互作用的地位，将复合镀层分为另外三类。

第一类是微粒性能在复合镀层中起主导作用的镀层。例如镍 – 金刚石复合镀层是这类复合镀层的典型代表之一。镍 – 金刚石复合镀层制备钻磨工具时，主要是利用金刚石的切削刀。锌与各种树脂形成的复合镀层，可以大大增强油漆层与有机膜和基体之间的结合力，也是镀层中的树脂微粒性能起主要作用。其他如 SiC、Al_2O_3、ZrO_2、WC、TiC 等固体微粒与镍、铜、钴、铬等基质金属形成的各种复合镀层，具有较高的耐磨性；而将 MoS_2、石墨、氟化石墨、聚四氟乙烯等与铜、镍、铁、铅、金等金属或合金共沉积形成的复合镀层，具有自润滑减摩性能，都属于这一类。

第二类是基质金属起主要作用的复合镀层。这类镀层的典型代表是锡基复合镀层——可焊性镀层。在镀层中引入各种微粒(例如 Al_2O_3 等)都是为了改善镀层的可焊性。Ag – BN、Ag – La_2O_3、Ag – MoS_2、Ag – CeO_2、Au – WC、和 Au – SiC 等复合镀层也都是为了在保持镀银层和镀金层原有的良好导电能力的条件下，提高它们的耐磨性。目前生产中用得最多的防护 – 装饰性复合镀层体系是 Ni/Ni/Cr 或 Cu/Ni/Cr，中间层采用多层镍，如 Ni/镍封(镍与 SiO_2、SiC、高岭土、$BaSO_4$ 等形成的复合镀层)，微粒的存在只是为了形成微孔铬，从而大大提高镍镀层的耐腐蚀性能。这类镀层都属于基质金属起主要作用的复合镀层。

第三类是微粒与基质金属相互作用起主导作用的复合镀层。通过研究发现，复合镀层中微粒与基质金属并不是机械地混合在一起，而是各自保持自己的性质，存在一定相互作用，并使二者原有的性质发生了明显的变化。例如 TiO_2 是 n – 半导体，当它与镍形成复合镀层时，由于镍与 TiO_2 的相互作用，可使复合镀层中 TiO_2 的禁带宽度比 TiO_2 单晶降低 0.6 eV，大大提高了太阳能的光电转换率。又如使用镀有 Ni – WC、Ni – ZrO_2、Ni – MoS_2 复合镀层的电极进行电解时，对 H^+ 离子的还原反应具有明显的催化作用。这种镀层称为具有电催化活性的复合镀层，可用于电解工业、降低电能消耗。这也充分证明复合电极中的 Ni 与微粒间存在着相互作用。

复合镀层的性能不仅取决于基质金属和微粒的种类，而且与镀层中的微粒含量密切相关。复合镀层中微粒含量，直接影响着镀层性能，故需要标明它们的含量。

通常用以下两种方法表示镀层中微粒含量：

(1) 质量分数(w)

w 指复合镀层中固体微粒的质量在复合镀层中所占的质量分数。

$$w = \frac{复合镀层中微粒质量}{复合镀层的质量} \times 100\%$$

(2) 体积分数(φ)

φ 指复合镀层中固体微粒在复合镀层中所占的体积分数。由于各种固体微粒的相对密度差别很大，例如，石墨的相对密度仅为 2.2 g/cm^3，二硫化钼(MoS_2)的相对密度为 4.8 g/cm^3，而碳化钨(WC)的相对密度却高达 15.8 g/cm^3；基质金属之间的相对密度差也很大。所以,有时用质量分数难以形象地表示微粒在复合镀层中实际占有的空间大小,而复合镀层的性质又常与微粒在复合镀层中所占的体积分数关系密切,因此,以体积分数表示比用质量分数表示更实用。

除此之外,还有其他的表示方法。如百分比浓度和表面分布密度等方法。当然,要如实表示镀层中微粒含量,精确地测定复合镀层中微粒含量是一项重要而困难的工作,特别是当使用的固体微粒粒径特别小时,例如纳米固体微粒,其在复合镀层中的含量的测定更加困难。

用化学符号表示复合镀层时,通常将基质金属写在前面,固体微粒写后面,基质金属和固体微粒间用短线连接(也有用斜线连接的)。例如,镍与碳化硅形成的复合镀层,可表示为 Ni – SiC(Ni/SiC);当基质金属为合金时,可用括号将基质金属与固体微粒区分开。例如,铜锡合金与碳化硅形成的复合镀层表示为(Cu – Sn) – SiC。

用于制备复合镀层的固体微粒的粒径,大多数在 $40~\mu m$ 以下,最细的不足 $1~\mu m$。粒径过大的颗粒很难在镀液中均匀地悬浮。

将不同的固体微粒与不同的基质金属或合金组合可以得到多种不同的复合镀层,其中应用最早的耐磨性复合镀层是 Ni – SiC 等,应用比较广泛的是提高耐大气腐蚀的镍封复合镀层。随着生产和科学技术的发展,复合镀层的研究和应用日益受到重视,具备各种特殊功能的新型复合镀层不断出现,是当前科技界比较活跃的领域之一。

7.4.2　复合电镀基本原理

关于复合镀层的形成工艺研究已总结出了一些规律性的知识,但关于复合电沉积机理的研究还不成熟。不过大量的实验证明,微粒与金属共沉积过程可以分为以下三个步骤:

① 悬浮于镀液中的微粒,由本体溶液向阴极表面附近输送。此步骤主要由对镀液的搅拌方式和强度,以及阴极形状和排布情况等因素决定。

② 微粒粘附于电极上。凡是影响微粒与电极间作用力的因素,均对这种粘附有影响。它不仅与微粒和电极的特性有关,还与镀液的成分和性能,以及电镀的操作条件有关。

③ 微粒被阴极析出的基质金属嵌入。粘附于电极上的微粒在电极上的停留时间必须超过一定的值(极限时间),才有可能被电极上沉积的金属俘获而嵌入到镀层中,这个步骤除与微粒在电极上的附着力有关外,还和流动的溶液对粘附于电极上的微粒的冲击作用,以及金属电沉积的沉积速度等有关。一般情况下,被镀层捕获的微粒仍有被冲刷下来的可能,只有当镀层厚度超过微粒半径时,微粒才能牢牢地嵌埋在镀层中。

总之,微粒之所以能进入镀层,是微粒与镀液的流体动力场、电场、浓度场以及金属晶体的生长面之间的极其复杂的相互作用的结果。只有全面分析这些问题,才能得出较准确的结论。

1.外电场对复合电沉积的作用

使不溶性微粒与镀层共沉积的先决条件是微粒均匀悬浮于镀液中,而使微粒悬浮于溶液中的方法一般是采取搅拌。搅拌可以克服重力对微粒的吸引作用,使微粒得以充分的悬浮起来,由于微粒在溶液中的电泳速度(数量级 $10^{-5}~cm/s$)要比搅拌引起的微粒液流流动速度(数量级 $1~cm/s$)小得多,因此,微粒在镀液中的传递过程主要靠对流,而电泳作用可忽略不计。但是微粒到达阴极与溶液界面的分散层后,情况就发生了变化。这时的电泳速度可以比电结晶速度高百倍。因为分散层中的电势差降在以微米计的距离内,场强很高。如果认为微粒在双电层内的迁移是其进入镀层的关键,那么复合镀层的形成条件必然受两个条件的影响,即微粒自身所带电荷的多少和外电场的强弱。

微粒在镀液中吸附一定量的离子而使其表面带一定数量的某种符号的电荷,悬浮于镀液中的微粒表面所带电荷的大小和符号可以通过实验测出的 ζ 电势得知。在其他条件恒定的情况下微粒的电泳速度与 ζ 电势成正比。ζ 电势的正值越大,微粒表面的正电荷越多。在电沉积过程中,绝大多数情况下阴极表面都是荷负电的。因此,微粒表面带有足够高的正电荷有利于微粒与金属共沉积。

电极与溶液间的界面场强度也是影响微粒进入镀层的重要因素。如考虑到界面间紧密层的厚度与剩余场强的乘积在数值上等于过电势,则可以通过了解超电势对微粒与金属共沉积的影响,来了解外电场的重要作用。

温度升高,一方面导致镀液中微粒表面的吸附力减小,其表面荷电量下降;另一方面,又将引起阴极极化减小,界面间场强减弱。所有这些,均对微粒进入镀层不利,故在大多数情况下,随着温度的升高,复合镀层中微粒含量下降。

尽管不少镀液中微粒表面荷正电,有利于形成复合镀层,但也有一些体系,镀液中的微粒表面带负电,而它们进入复合镀层并无任何困难。例如,在柠檬酸镀金溶液中 SiC 微粒表面带有少量的负电荷,它仍能顺利地与金形成微粒的体积分数为 7% 左右的 Au – SiC 镀层。所以说,依靠微粒在电场作用下的电泳迁移而形成复合镀层,并不是具有普遍性的规律,但外电场对复合电沉积的有益作用是不容忽视的。

2. 两步吸附机理

为了解释实验中观察到的阴极电流密度对复合电沉积的影响,以及复合镀层中微粒含量与镀液中微粒浓度间的非线性关系而提出了两步吸附机理,即弱吸附和强吸附两步吸附理论。该理论认为,微粒进入镀层的过程经历了两个吸附步骤。首先是携带着离子与溶剂分子膜的微粒在范德华力作用下吸附在阴极表面上。一般情况下,它与悬浮于镀液中的微粒处于平衡状态。此步骤称为弱吸附步骤。在处于弱吸附状态的微粒中,有一小部分微粒能脱去它所吸附的离子和溶剂化膜,与阴极表面直接接触,形成不可逆的电化学吸附,转变成为强吸附。随后在界面电场的影响下,微粒固定在阴极表面,而后被不断增厚的金属镀层所捕获并在金属电沉积过程中被包入镀层。

在强吸附为速度控制步骤的前提下,可推导出微粒在镀层中的体积分数 φ、镀液中微粒浓度 c 及阴极过电势 $\Delta\varphi$ 之间的联系,它能反映出微粒与金属共沉积的主要面貌,即

$$\frac{(1-\varphi)c}{\varphi} = \frac{Wi_0}{nF\rho_m\nu_0}\left(\frac{1}{K} + c_V\right)e^{-(A-B)\Delta\varphi}$$

式中　W——金属的相对原子质量;

　　　n——金属离子获得电子的数目;

　　　ρ_m——金属的体积质量;

　　　B——反映电极与溶液界面间场强对微粒强吸附影响程度的常数;

　　　K——与弱吸附微粒和电极间相互作用强度有关的常数;

　　　ν_0——表达弱吸附的覆盖度为 1 和过电势为零时的微粒强吸附速度的常数;

A——塔菲尔公式中的常数，$A = \dfrac{b}{2.303}$。

由上式可以看出，在不同的 $\Delta\varphi$ 下，以 $(1-\varphi)c/\varphi$ 为纵坐标，以 c 为横坐标作图，可得一条直线。当 $c = -\dfrac{1}{K}$ 时，根据上式可知，$(1-\varphi)c/\varphi = 0$ 时，无论 $\Delta\varphi$（阴极过电势）取何值，均满足此条件。因此，在不同 $\Delta\varphi$ 下画出的各条直线应与横坐标轴相交于 $c = -\dfrac{1}{K}$ 这一点上。

若复合镀层中微粒含量不高，则可近似地认为 $1-\varphi \approx 1$，于是上式可简化为

$$\frac{c}{\varphi} = \frac{Wi_0}{nF\rho_m v_0}\left(\frac{1}{K} + c\right)\mathrm{e}^{-(A-B)\Delta\varphi}$$

因为在稳态下电流密度与电极电势间总是存在着一定的对应关系，故在以实验数据检验该式时，可用维持恒定的 j_k 来取代维持恒定的 $\Delta\varphi$。例如，在氨基磺酸盐镀镍液 400 g/L（$Ni(SO_3NH_2)_2 \cdot 4H_2O$、5 g/L $NiCl_2$、30 g/L H_3BO_3、0.5 g/L 消孔剂、$pH = 4 \pm 0.2$）中于 50℃下电沉积 $Ni - TiO_2$ 复合镀层时，于维持 j_k 恒定条件下测出的 φ 与 c 关系示于图 7.8 中。对三种不同电流密度下的 c/φ 作图得出三条相交于一点的直线（图 7.9）。根据图中的数据，可以计算出上式中的常数或常数之间的关系，从而可对影响两步吸附的各项参数进行分析，有可能进一步掌握住控制复合镀层形成的关键因素。

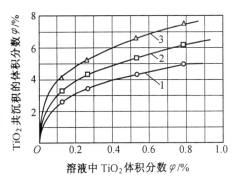

图 7.8　氨基磺酸盐镀镍液中 TiO_2 的体积分数与镀层中 TiO_2 的体积分数的关系

1—$j_k = 2$ A/dm^2，2—$j_k = 5$ A/dm^2，3—$j_k = 10$ A/dm^2

两步吸附中通常都是强吸附比弱吸附慢得多，上面介绍的内容都是以此为基础而提出来的。但是在某些情况下，也有可能出现由弱吸附步骤控制整个电极过程的现象。例如在普通镀镍溶液中电沉积 $Ni - SiC$ 镀层时，随着电流密度的增大，过程的速度控制步骤将由强吸附转变为弱吸附。这有可能是因为高电流密度下金属沉积速度加快，有利于处于弱吸附状态的微粒周围金属离子层的脱附，促使强吸附加速，发生控制步骤的转变。不过这个问题的实质，还有待于进一步研究。

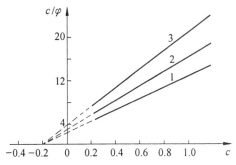

图 7.9　由图 7.8 得出的 c/φ 与 c 关系

1—$i_k = 2$ A/dm^2；2—$i_k = 5$ A/dm^2；3—$i_k = 10$ A/dm^2

两步吸附机理虽然已被多种不同体系的实验结果证实，但能否适用于所有的复合电镀体系，还有待今后做更多的工作。用这种理论处理粒径稍大（5 μm 以上）的微粒时，若仍然认为它们可以在电极上发生吸附，其物理意义就显得有些牵强。此外，处于强吸附状态下微粒中的一部分也有可能在高速度液流冲击下，脱离电极表面重新进入溶液中。所以认为强吸附的微粒一定能够进入镀层，也有值得商榷的地方。

3.流体动力因素对复合电沉积的作用

除电极与溶液界面间电场力对复合电沉积有重要影响外,流体动力因素也不容忽视。复合镀时,为了使固体微粒均匀悬浮在溶液中,必须对镀液进行搅拌。搅拌引起镀液的运动对复合电沉积产生的主要作用有两个方面:一个是随着搅拌强度的提高,微粒与电极间的碰撞频率增加,微粒被金属俘获的几率也随之增大;另一个是镀液对电极的冲击作用,又会使原已停留在电极表面上的微粒脱离电极重新进入溶液中。因此,镀液流速对复合镀层中微粒含量的影响是比较复杂的。

在有些体系中,开始时镀层中的微粒含量随镀液流速的增加而增加,上述镀液运动的第一种作用占优势。流速增加到一定数值后,液流的第二种作用显得突出了。这时,微粒在镀层中的含量将变得随镀液流速的增加而减小。实践证明,镀液流速对复合镀层形成的影响相当显著。另外,两步吸附机理不能用来解释流体动力因素起主导作用的复合电沉积过程。

镀液的高速运动,不仅会使镀层中微粒含量下降,而且还会影响进入复合镀层中微粒的粒度。例如,有人曾在普通镀镍液中与旋转圆柱电极上沉积 Ni - Al$_2$O$_3$ 镀层时发现,随着旋转圆柱电极转速的提高,能够进入镀层中的微粒尺寸将按比例地减小。

随着人们对流体动力因素的重要作用认识的提高,已陆续提出了一些能反映出镀液流速影响复合镀层中微粒含量的数学模型。实践已证明,在某些体系中,流体动力因素对于复合电沉积的确起着决定性作用。

7.4.3　复合电镀工艺

1.复合电镀的基本条件

复合电镀通常是在一般电镀溶液中加入所需的固体微粒,在一定的条件下进行。要制备复合镀层,需要满足以下条件:

① 使不溶性固体微粒进入镀液并在镀液中呈均匀悬浮状态。

② 使用的微粒尺寸要适当,微粒尺寸(粒径)过大,则不易被包覆在镀层中,而且镀层粗糙;微粒尺寸过小,微粒在溶液中易结块,从而使其在镀层中分散不均。一般常使用的微粒粒径以 0.1 ~ 10 μm 为宜,近几年随着纳米技术的发展,用一些特殊的方法也可以将纳米固体微粒用于复合电镀中。

③ 微粒应具有亲水性,在水溶液中最好是荷正电荷。这一点对于疏水微粒,如氟化石墨、聚四氟乙烯等特别重要。微粒,特别是疏水微粒在使用前(入电镀槽前)应该用表面活性剂对其进行润湿处理,已被润湿的微粒还需要进行活化处理(在稀酸中浸渍以除去铁等金属杂质)。活化后,清洗数次,清洗后微粒表面应呈中性,再与少量镀液混合并充分搅拌,最后将处理好的微粒倒入镀液中。为了使微粒表面荷正电荷,在镀液中应添加阳离子表面活性剂。

2.复合电镀装置

复合电镀装置(主要指镀槽)与一般电镀装置的主要差别在于如何保证不溶性固体微粒在电镀过程中始终保持均匀悬浮状态。搅拌能使微粒均匀悬浮于镀液中,搅拌镀液的方法和特点,在很大程度上影响复合镀层的质量和性能。因为搅拌方式不同,搅拌速度不同,微粒共沉积量也不相同。目前国内外进行复合镀时,采用的搅拌方式大体相同。主要方式有机械搅拌(螺旋桨搅拌)、空气搅拌、溶液循环及平板泵搅拌等。

（1）机械搅拌法

用可调速电动机带动搅拌棒（螺旋桨），以一定速度旋转，其转速大小以使溶液上部无清液，底部无微粒沉降为宜。

（2）溶液循环法

用泵使溶液和微粒强制循环、悬浮液从槽上部溢出，再从槽底送入，达到均匀搅拌目的。

（3）联合搅拌法

为了加强搅拌效果，或弥补某种搅拌方法不足，可以考虑两种搅拌方法同时采用。例如，在溶液强制循环的同时，再通入经过过滤的压缩空气，以强化搅拌作用。

（4）上流循环法

上流循环法只适用于汽车、摩托车等发动机汽缸缸套内壁。电镀时将缸套叠加，以缸套内腔作为镀槽，溶液从缸套底部向上流动，再从上部溢流出来回到底部，如此流动使微粒均匀悬浮于镀液中。

（5）平板泵法

平板泵法是采用常规的矩形槽，槽底有仿形板，板上钻有排列整齐且具有适当的间距的小孔（孔径一般为 19 ~ 20 mm），此板称为多孔板。多孔板与槽壁之间有一定间隙。使用传动装置使多孔板在距槽底一定高度的范围内（约 40 mm）上下运动，以达到均匀搅拌固体微粒的目的。

平板泵法具有结构简单、搅拌均匀等优点。用此法搅拌，获得的复合镀层中微粒分布均匀、掺入量高，因此得到了广泛应用。实践证明，间歇搅拌可以提高镀层中微粒的含量，但搅拌时间与间歇时间之比对不同种类、不同粒径的微粒，其最佳值不同。

对于微粒粒径大于数十微米以上的不溶性固体微粒，也可采用让被镀件水平放置，当停止搅拌时，使微粒沉降在镀件表面的同时进行电镀。随着电镀时间的延长，逐渐把微粒埋入基质金属中。此法亦称为沉淀共沉积法或镶嵌镀。这种方法适用于制作硬质材料加工用的切削工具，特别是异形工具。如探井钻头、硬质合金加工磨具、切割锯片及医用小型钻头等。

3.固体微粒的镀前准备

复合镀液主要由电镀基质金属溶液、固体微粒和共沉积促进剂组成。目前用于制备复合镀层的微粒多数已商品化，一般并不需要制备微粒。市售的固体微粒在加入镀液前，需要进行表面处理，现在主要介绍固体微粒前处理的一些方法。

复合电镀时，必须使用纯度高的微粒。多数固体微粒是经粉碎法制备的，表面不可避免地会被油污和金属杂质污染。因此，对微粒进行活化处理非常重要。为了保证微粒在镀液中润湿并均匀悬浮形成表面荷电荷的固体微粒，微粒入镀液前，一般需经以下三步处理。

（1）碱液处理

目的是除去微粒表面油污。可使用质量分数为 10% ~ 20% 的 NaOH 溶液煮沸 5 ~ 10 min，也可使用一般的化学除油溶液。然后用热水和冷水冲洗数遍。

② 酸处理。微粒表面含有可溶性的不纯物（多为氧化物）时，可分别使用盐酸、硫酸或硝酸进行洗涤。一般使用酸的质量分数为 10% ~ 15%，然后用清水彻底洗掉 Cl^-、NO_3^-、SO_4^{2-}。特别要指出在化学复合镀时，不能使用含有毒化剂的微粒，毒化剂主要指锑、镉、铋及铅的化合物。

③ 表面活性剂处理。憎水性强的固体微粒，例如石墨、氟化石墨、聚四氟乙烯等，入镀

液前,应先与适量的表面活性剂混合,并高速搅拌 1 h 至数小时,静止后待用。当使用的微粒非常细小时,直接加入到镀液中会出现微粒结块现象。因此,可先用少量镀液润湿微粒并调成糊状,再倒入镀液中。对于一些导电能力较强的固体微粒,特别是金属粉末,在共沉积时,复合镀层表面会很快变粗糙。为防止此类现象发生,可以把这些微粒预先在稀的树脂液中浸一下,烘干。使微粒表面形成一层绝缘的树脂膜,从而使之失去导电能力;较方便的方法是向镀液中加入对这种微粒吸附能力强的表面活性剂。由于表面活性剂的大量吸附,从而把微粒包围住,并使之彼此分隔开,也可以避免出现镀层粗糙现象。

也有些微粒并非以固体形式直接加入到镀液中,而是以可溶性盐的形式加入,然后让它们在镀液中发生反应,生成固体沉淀。例如,在瓦特镍镀液中电沉积 Ni – $BaSO_4$ 复合镀层时,可向镀液中加入需要量的 $BaCl_2$ 水溶液,于是它和镀液中硫酸根离子生成 $BaSO_4$ 沉淀。通常用这种方法形成的微粒,粒径较小,并呈球形。不需用碱溶液和酸溶液处理,而且在镀层中易均匀分布。

电镀金属与纤维丝复合镀层时,例如碳纤维丝、碳化硅纤维丝、玻璃纤维等,镀前应将长纤维均匀排列并固定在镀件表面。例如,将纤维丝缠住镀件,并使镀件缓慢转动。转动的同时金属沉积,而且纤维丝连续缠绕到镀件表面的同时被基质金属埋入镀层中。

4.微粒共沉积促进剂

为提高固体微粒的分散性能,增加共沉积量,镀液中经常加入微粒共沉积促进剂对微粒进入镀层起促进作用的镀液添加剂。例如,在硫酸盐电镀铜液中电沉积 Cu – γ – Al_2O_3 或在普通镀铬液中电沉积 Cr – SiC 复合镀层时,如果不向镀液中加入共沉积促进剂,微粒就不能进入镀层,得到的镀层几乎只是普通的铜层或铬层。另外有些体系,虽然微粒与基质金属共沉积,但微粒在镀层中的含量较低,往往不能满足工程要求,因此也需要向镀液中加入微粒共沉积促进剂。微粒共沉积促进剂的加入可以使原来不能与基质金属共沉积的微粒进入镀层,同时也可以提高微粒在复合镀层中的含量。

可以作为微粒共沉积促进剂的一般是一些特定的阳离子和一些阳离子表面活性剂。共沉积促进剂的作用主要是与微粒对共沉积促进剂的吸附有关。例如,在酸性硫酸盐电镀 Cu – $BaSO_4$ 复合镀层时,由于 $BaSO_4$ 微粒表面对镀液中 Cu^{2+} 和 H^+ 等吸附能力很低,复合镀层中的微粒很少。甚至在镀液中加入 150 g/L $BaSO_4$ 微粒,镀层中 $BaSO_4$ 含量仍然接近于零。如果向镀液中加入 Tl^+,就可以顺利地形成复合镀层。镀液中 Tl^+ 含量增加,微粒在镀层中的含量也将增加。其他碱金属离子和 NH_4^+ 也能对 Cu – $BaSO_4$ 镀层的形成有促进作用。

但是微粒共沉积促进剂是有选择性的,一种共沉积促进剂只对某些微粒有促进作用,而并不是对所有微粒有促进作用。例如 Tl^+ 对 $BaSO_4$ 在复合电沉积时有促进作用,但对于 α – Al_2O_3 与铜的复合镀层的促进作用不大。

一般情况下,作为促进剂的无机离子并不参加电极反应。但是也有共沉积促进剂离子参与电极反应的例子。例如,在普通镀镍液中加入少量的 Co^{2+} 后,能使原来不能进入镀层的 125 μm 金刚石微粒顺利进入镀层。测定结果表明,镀层中的基质金属不是纯镍,而是含有很少量钴的 Ni – Co 合金。在这里 Co^{2+} 既是微粒共沉积促进剂,又参加了电极反应。

作为微粒共沉积促进剂的可以是体积较大的无机离子,也可以是有机化合物,例如EDTA、乙二胺、氨基乙酸、六次甲基四胺、甲基紫、甲基绿等,对从各种类型镀液中电沉积铜基和银基复合镀层有一定促进作用。一些表面活性剂也可以作为共沉积促进剂。它们能降低镀液与微粒间的界面张力,有利于镀液对微粒的润湿,为微粒与金属共沉积提供了有利条件。但是,有时由于这些表面活性剂加入量不合适,会使镀层出现异常现象。如无镀层,产生黑色斑点、彩色条纹,特别是在高电流密度区比普通电镀更容易出现异常。为解决这些问题,应尽量控制共沉积促进剂的使用量。一般控制比正常量稍低一些。可用表面张力计或赫尔槽试验方法进行管理,特别是使用开孔的赫尔槽试验,不但可以观察这些现象,而且还可以观察到由于电流密度差异而造成的复合镀层外观差异和微粒共沉积量的多少。

共沉积促进剂除能促进微粒与金属共沉积之外,还可能对镀层的结构和性能有一定的影响。例如,在镀镍液中电沉积 $Ni - Al_2O_3$ 时,加入 0.5 g/L 氨基乙酸作为共沉积促进剂,可以使镀层的硬度提高 50% 以上,镀层的光亮度也得到极大提高。

7.4.4　复合镀层的应用

使用电沉积方法获得的复合镀层,已作为耐磨镀层、减摩镀层、耐高温氧化镀层、防护装饰性镀层及其他特殊功能镀层在工程技术中获得了广泛应用。

1.防护 – 装饰性复合镀层

防护 – 装饰性复合镀层是目前国内外大规模生产中用得最多最早的一类镀层。如在多层镍 – 铬防护装饰性镀层体系铜/半亮镍/亮镍/镍封闭/微孔铬组合中,镍封闭(镍封)即是复合镀层,它提高了多层电镀的耐蚀性。

镍封工艺是在一般光亮镀镍电解液中加入粒径 < 0.1 μm 的固体微粒(如 TiO_2、SiO_2、$BaSO_4$ 等不溶性固体微粒)和适当的共沉积促进剂,借助搅拌,使固体微粒与镍离子共沉积,并均匀地分布在金属组织中,在基体表面形成由金属镍和微粒组成的致密镀层。再在此镀层上沉积铬,便得到微孔铬。这种镀层具有典型的腐蚀电流分散型耐蚀结构,据介绍此镀层能成倍地提高组合镀层的耐腐蚀能力。

作为防护 – 装饰性复合镀层除"镍封"外,还有"缎面镍",它具有绸缎般的外观,广泛用于需要光反射的部件,制造方法与镍封类似。对耐腐蚀性能要求较高的零件经常采用这两种镀层。

锌基耐蚀性复合镀层可以提高镀锌层的耐蚀性。复合电镀 $Zn - TiO_2$ 镀层经彩色钝化后,中性盐雾试验证明其耐蚀性能比纯锌钝化层提高 2 倍以上。其电镀工艺规范为

$ZnCl_2$	60 ~ 100 g/L
KCl	180 ~ 240 g/L
H_3BO_3	20 ~ 30 g/L
$CoCl_2$(促进剂)	5 ~ 20 g/L
TiO_2(0.03 ~ 0.5 μm)	5 ~ 60 g/L
光亮剂 FD – 1	10 ~ 20 ml/L
光亮剂 FD – 2	1 ~ 3 ml/L
表面活性剂	0.01 ~ 0.1 g/L
pH	3.8 ~ 4.5
j_k	1 ~ 4 A/dm²
温度	10 ~ 40℃

镀液循环速度　　　　　　　　$5 \sim 30 \ m^3/min$

阳极使用锌板

阳极面积∶阴极面积 = 1∶1

2. 耐磨复合镀层

提高镀层的耐磨性是复合电镀的主要目的之一。目前,耐磨复合镀层在世界范围内已获得广泛应用。机械零件的磨损是相互接触产生摩擦而发生损耗或变形的过程。尤其在自动化大规模高速生产的现代工业中,某一零件的磨损损坏,就可能引起整个生产线的停车检修。所以,减少磨损能提高设备的可靠性和精度。世界各国每年为更换由于磨损而报废的零件的花费十分可观。

复合电镀对于减少零件磨损,即提高零件耐磨性能起到一定的作用。其方法为使用硬度高的固体微粒,如碳化钨(WC)、碳化硅(SiC)、碳化硼(B_4C)、氮化硼(BN)、氧化铝(Al_2O_3)等与硬度较高的基质金属如镍、铬、钴、铁等共沉积形成耐磨复合镀层。

耐磨复合镀层之所以比单质金属耐磨,原因是复杂的。一般认为,复合镀层与滑动摩擦面接触时,首先是镀层表面的基质金属受到磨损,再使嵌镶在基质金属中的固体微粒得以凸出并承受磨损。此外,镀层表面离微粒周围稍远些的位置,部分基质金属被磨损掉,会形成一些深浅不等、方向不同的凹槽,它可以储存润滑油,从而减轻了磨损。电镀耐磨复合镀层必须使用硬度高的微粒,基质金属也必须有一定的强度和硬度,耐磨性要好,以免微粒过早地从基质金属中脱落而不能起到提高耐磨性的目的。目前常用的基质金属,如镍、铜、钴,它们的韧性很好,但强度和硬度还是比较低。由它们形成的复合镀层,耐磨性能虽然比普通金属镀层好,但在多数情况下,这类复合镀层的耐磨性还难以与镀硬铬、离子镀、喷涂得到的耐磨层相竞争。

镀层耐磨性,除与基质金属的力学物理性质和镀层中微粒含量有关外,也受微粒自身的机械物理性能及其粒径大小的影响。一般认为,粒径在 $2 \sim 10 \ \mu m$ 的微粒形成的复合镀层,耐磨性较好。微粒粒径太小,不易在复合镀层表面出明显的凸点,起不到支撑作用,故对提高耐磨性作用不大;若微粒粒径大于 $15 \ \mu m$,则又由于一般基质金属的强度不太高,而承受摩擦力又比较大,所以常会使微粒在基质金属中旋转、窜动、甚至脱落,所以它的耐磨性也不会太好。

与基质金属共沉积的固体微粒的硬度并不是越硬越好,而是必须和基质金属的性质相适应,才能取得更好的效果。据介绍,固体微粒的硬度与基质金属硬度之比等于 $4 \sim 8$ 时,镀层耐磨性最好。

除镍基复合镀层和铬基复合镀层之外,还可以使用铁基复合镀层如 $Fe - Al_2O_3$、$Fe - B_4C$等以提高铸铁缸体或缸套的耐磨性。

3. 减摩复合镀层

为解决机械设备与零件的摩擦磨损问题,除需采用增加材料本身或其表面层的强度、硬度等方法增加材料的耐磨性以减少机械零件的磨损办法外,还可以改善摩擦界面上的润滑状态。在摩擦界面上添加液体或膏状润滑剂对减少机器工作时的摩擦力、降低磨损有极好的效果。但是,由于液体润滑剂难于牢固地粘附于摩擦界面上,在机器运转时往往会大量流失,并且造成对周围环境的污染。随着科学技术的发展,很多设备需要在强氧化性介质、强腐蚀性介质及高温条件或宇宙真空等特殊环境中工作,普通液体润滑油在这些条件下润滑效果较差。因此在航天航空工业中所使用的各种飞行器内的电动机、齿轮、轴承等滑动部件中,固体润滑剂已得到广泛应用。电镀具有自润滑功能的复合镀层是一种很有前途的把固体润滑剂固定在摩擦界面上的方法。它克服了液体润滑剂的缺点,可在高温、超低温、高真空和强辐射等环境下工作。不需要定期补充润滑剂,几乎没有润滑剂的流失,因而对环境污染很小。这点对容易产生放射物质污染的核工业和对污染要求较高的食品工业,更具有特殊意义。

用作自润滑复合镀层的基质金属,主要有镍、铜、银、铅、锡、金、钴等。可用于共沉积的固体润滑剂主要有以下几类:

① 具有层状结构的物质,如 MoS_2、WS_2、石墨、氟化石墨、云母等。这类物质的层与层间的剪切强度很小,容易滑动,摩擦系数低。

② 硬度较低的金属,如铅、锡、铟、银、金等。这类金属延展性和滑移性比较好,特别是在 $-200℃$ 以下的低温条件下,这些金属表现出稳定的自润滑性能。

③ 高分子材料和其他固体润滑剂。聚四氟乙烯(PTFE)、尼龙、聚酰亚胺等高分子材料和某些氧化物如氧化铅(PbO)、氧化锑(Sb_2O_3)及一些氟化物如氟化钙(CaF_2)、氟化钡(BaF_2)。其中有些在 $800℃$ 高温下仍有良好的润滑性。

固体润滑剂的不足之处是摩擦系数比液态润滑剂大得比较多。

(1) 镍基自润滑复合镀层

金属镍可以和 MoS_2、WS_2、氟化石墨、石墨、PTFE、BN、CaF_2、PVC 形成自润滑复合镀层。

聚四氟乙烯(PTFE)作为有机聚合物类型的固体润滑剂代表,它的稳定性高、摩擦系数低且平稳,在 $-200℃$ 以下的低温条件下,仍有很好的自润滑性能。此外它的抗有机溶剂和抗粘附性也极好,即憎油又憎水。氟化石墨的性质与之类似。所以如果把它们以复合镀层的形式镀在模具内壁表面,则可以充分发挥它们的抗粘附的脱模性能。$Ni-(CF)_n$(氟化石墨)镀层的性能虽比 $Ni-PTFE$ 差一些,但使用效果也不错。例如,在 $200℃$ 条件下压铸聚丙烯树脂时,如压铸模表面镀了 $Ni-(CF)_n$,可使压铸模的使用寿命增长 2 倍以上。

$Ni-MoS_2$、$Ni-(CF)_n$ 主要在低负荷条件下使用,$Ni-BN$ 具有很好的润滑性能和低的摩擦系数,而且耐热性优良。

(2) 铜基自润滑复合镀层

在很多情况下,铜基自润滑复合镀层有着比镍基复合镀层更优越的减摩和耐磨性能。铜基复合镀层主要用于对电性能要求不高的电接触点。通过提高镀层的硬度与耐磨性,或使镀层具有自润滑特性来达到延长电接触点使用寿命的目的。

除上述常用的镍基、铜基复合镀层外,还可用铁、钴、锡、锌以及某些合金作为基质金属,制备自润滑复合镀层。另外,利用化学镀的方法制备自润滑复合镀层也在很多领域得到了应用。

4. 高温下耐磨与抗氧化复合镀层

随着超音速飞机速度的提高和燃气轮机性能的改进,以及各种宇航装置的出现,使得各种机械及其零件的工作温度不断提高。例如进入燃气轮机的工作气体温度,由 $850℃$ 提高到 $1050℃$,其推动力就可提高 $29\% \sim 45\%$。研制高温条件下耐高温磨损、抗氧化并能保持高强度的材料的要求越来越迫切。

目前研究较多的耐高温、抗氧化复合镀层主要是钴基和镍基复合镀层。例如,Co-

Cr_3C_2、$Co-ZrB_2$、$Co-SiC$、$Co-WC$、$Co-Cr_2O_3$ 等具有良好的高温（300~800℃）耐磨性能。$Co-Cr_3C_2$ 复合镀层在 800℃下仍具有耐磨性能，并已用于生产。代表工艺为

$CoSO_4 \cdot 7H_2O$	430~470 g/L
NaCl	15~20 g/L
H_3BO_3	25~35 g/L
Cr_3C_2（平均粒径 2~5 μm）	350~550 g/L（最佳值 500 g/L）
电流密度	1~7 A/dm²（最佳值 4 A/dm²）
pH	4.5~5.2（最佳值 4.7）
温度	20~65℃（最佳值 50℃）

$Co-Cr_2O_3$ 复合镀层制备工艺规范为

$CoSO_4 \cdot 7H_2O$	500 g/L
NaCl	15 g/L
H_3BO_3	35 g/L
Cr_2O_3（粒径 1~10 μm）	200~250 g/L
电流密度	1~7 A/dm²
pH 值	4.7
温度	50℃

5.作为电接触材料的复合镀层

在电子及电工技术中广泛使用镀金或镀银层作为电接触材料，就是因为它们具有良好的导电、导热性能和较强的耐腐蚀性能。作为电接触材料，既要求它有良好的导电性和导热性，又要求它有很好的耐磨性和抗电蚀性能。但是金和银的硬度和熔点较低，耐磨性和耐电蚀的能力较差。这些性能直接影响镀层在电接触条件下的使用寿命。

将一些固体微粒与金或银共沉积形成相应的复合镀层，则在保持金、银镀层良好导电性的条件下，可以大大增强其耐磨性和抗电蚀性，显著延长它们作为电接触材料的使用寿命。这是因为镀层中担任导电任务的仍然是纯金或银，而夹杂于镀层中的微粒，只是大体上相当于导体的截面略微有些缩小。这种变化对镀层导电性的影响是相当小的。

如电镀 $Au-SiC$（或 WC）复合镀层的耐磨性和电接触性能均比纯金镀层好。其工艺规范为

Au[以 $KAu(CN)_2$ 形式加入]	10 g/L
$(NH_4)_2HC_6H_5O_7$	100 g/L
SiC（或 WC）（0.5 μm）	1~8 g/L
pH 值	5.5~6.0
温度	30~50℃
电流密度	0.1~10 A/dm²

可使用上流循环法搅拌溶液。

在电接触材料中，银用量最大。所以提高银电接触材料的使用性能和延长使用寿命对节约银无疑是至关重要的。银基复合镀层的研究，主要是为了制备出既有良好电接触性能，又能降低成本，节约银的新电接触材料。例如，在氰化物镀液中电沉积的 $Ag-La_2O_3$ 复合镀

层的硬度,比普通镀银层的硬度高得多,而其接触电阻的变化却不大。在一些其他组分的作用下,$Ag-La_2O_3$ 镀层制备的电接触头耐电蚀能力相当强,可以取代纯银触头,用于低压电器的生产中,有很大经济效益。

6. 具有催化功能的复合镀层

在电解工业中,为了节约电能,需要采用一些催化活性较高的电极,以降低电极反应的过电势。寻找新型、价格低廉、性能良好的电催化剂,一直是人们努力的方向。20 世纪 80 年代初期发现,由镍基复合镀层制备的电极,对肼和氢的电极过程有一定的催化活性,这给复合镀层的应用开辟了一条新途径。

例如,电解水制氢或隔膜法电解食盐水溶液时,以 $Ni-MoS_2$ 复合镀层作阴极,随阴极中 MoS_2 含量增加,阴极过电势数值减少。这一事实表明,$Ni-MoS_2$ 镀层对氢从碱性溶液中析出的反应具有催化活性。实验结果见表 7.1。

表 7.1　氢在 $Ni-MoS_2$ 电极上的析出过电势

电极中体积分数 $\varphi(MoS_2)$/%		0	4.4	7.3	9.5	14.7	22.2
过电势/V	10 A/dm²	0.45	0.41	0.37	0.35	0.31	0.24
	50 A/dm²	0.62	0.56	0.48	0.47	0.45	0.41

除前面介绍的几种复合镀层外,化学镀复合镀层和电镀纳米微粒复合镀层的研究也比较活跃,有些已进入实用化阶段。比如化学镀(Ni－P)－PTFE 复合镀层,具有耐磨、耐蚀和自润滑性能,已用于汽车、食品、塑料、纺织等工业部门。

综上所述可见,对于电镀复合材料镀层,无论是理论,还是工艺的研究,均具有重要价值。复合电镀是获得功能性材料的很有前途的方法之一。

尽管复合电镀有许多其他方法无法比拟的优点,但它在应用中目前还存在一些问题,在工艺实施上还有些困难;另外,电镀时由于电流在基体表面分布不均匀,镀层厚度也不均匀,微粒含量受电流分布影响也不均匀。当然表面性能也会稍有差别。总之,复合电镀有自己的优点,也有其不足。所以复合电镀并不能完全取代热加工方法。

7.5　脉冲电镀

7.5.1　脉冲电镀的基本原理

脉冲电镀是将电镀槽与脉冲电源相连接构成的电镀体系,脉冲电镀与直流电镀的主要区别在于所使用的电源不同,脉冲电镀所使用的是一种可以提供通断直流电流的脉冲整流器。脉冲电源电流的波形有方波(或称矩形波)、正弦半波、锯齿波和间隔锯齿波等多种形式,一般镀单金属以方波脉冲电流为好。典型的方波脉冲电流波形如图 7.10 所示。

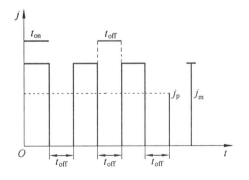

图 7.10　方波脉冲电流波形示意图

从图中可以看出,脉冲电镀过程中,除可以选择不同的电流波形之外,还有三个独立的参数可调,即脉冲电流密度 j_p、脉冲导通时间 t_{on}、脉冲关断时间 t_{off},而一般直流电镀只有一个参数(电流或电压)可调。因此,采用脉冲电源就为在槽外控制镀层质量提供了有力的手段。

可以通过试验选择最佳的工艺参数,各参数之间的关系可按下列公式进行换算。

脉冲周期　　　　　　　　　　　　　　　$\theta = t_{on} + t_{off}$

脉冲频率　　　　　　　　　　　　　　　$f = 1/\theta$

占空比 ν:导通时间与周期之比为占空比,常用百分数表示

$$\nu = \frac{t_{on}}{\theta} \times 100\% = \frac{t_{on}}{t_{on} + t_{off}} \times 100\%$$

脉冲峰值电流密度　　　　　　　　　　　$i_p = \dfrac{i_m}{\nu}$

平均电流密度 i_m　　　　　　　　　　　$i_m = i_p \nu$

脉冲电镀所依据的化学原理主要是利用电流(或电压)脉冲的张弛来增加阴极的活化极化和降低阴极的浓差极化,从而改善镀层的物理化学性能。在直流电镀时,阴极表面附近液层中的金属离子不断被沉积,不可避免地会引起浓差极化和析氢等副反应。在脉冲电镀时,当电流导通时,接近阴极表面液层中的金属离子被充分地沉积;当电流关断时,阴极附近的放电离子又恢复到初始浓度。这样,不断周期重复的脉冲电流主要用于金属离子的电沉积。如果使用导通时间很短的短脉冲(导通时间选在微秒级),则可使用非常大的脉冲电流密度,这将使金属离子处在直流电镀时实现不了的极高过电势下沉积,其结果不仅可以改善镀层的性质,而且还可以降低析氢等副反应所占的比例。关断时间的存在不仅对阴极附近金属离子浓度的恢复有好处,而且还将产生一些对沉积层有利的重结晶、吸脱附等现象。

脉冲电镀能克服直流电镀的不足,主要是脉冲宽度(即导通时间)很短,峰值电流很大,在 t_{on} 期间接近阴极处金属离子急剧减少,但扩散层来不及长厚就被切断电源,在脉冲关断(t_{off})时间里,阴极表面缺少的金属离子及时从溶液中得到补充,脉冲扩散层基本被消除,而使电解液中金属离子浓度趋于一致。这样,脉冲电镀可以采用较高的阴极平均电流密度,不但电流效率不会下降,而且改进了镀层质量。

和直流电镀相比,脉冲电镀有以下优点:

① 改变镀层结构,晶粒度小,能获得致密、光亮和均匀的镀层。

② 改善了分散能力和深镀能力。

③ 降低镀层孔隙率,提高了抗蚀性。

④ 降低了镀层内应力,提高镀层韧性。

⑤ 减小或消除氢脆,改善镀层的物理性能。

⑥ 减少添加剂的用量,降低镀层中杂质含量,提高了镀层的纯度。

⑦ 降低浓差极化,提高阴极电流密度,可以提高沉积速度。

此外采用脉冲电镀可用比较薄的镀层代替较厚的直流电镀层,节约了原材料,尤其是在节约贵重金属方面具有很大的潜力。即脉冲电镀是利用提高镀层质量的方法来达到节约贵重金属的目的,具有较大的经济效益。

目前生产中应用脉冲电镀的主要是贵重金属,如镀金、镀银,其次是镀镍,也有镀锌和将直流与脉冲电流叠加用于铝的阳极氧化。

脉冲电镀作为镀槽外控制电极过程的手段,为电镀技术的发展开辟了新的途径,但是,脉冲电镀也有一定的局限性。

① 脉冲通断时间的选择受电容效应的影响。

② 脉冲电镀的最大平均沉积速度不能超过相同流体动力学条件下直流电镀的极限沉积速度。

脉冲电镀的方式有恒电势脉冲与恒电流脉冲。

应用恒电势脉冲电镀需要在电镀槽中引进一个参比电极用来控制阴极的电势,即采用三电极系统。它的优点是电流效率和合金组成易控制,电镀过程中无需因镀件的增减而调节电流。但由于在电镀槽中所有镀件上都保持恒定电势,在仪器制造方面存在较大困难。另外,当电流脉冲终结时,需重新达到起始电势,如果该电势与电极/镀液界面的静态电势相近,沉积金属有可能溶解。

应用恒电流脉冲电镀无需引入参比电极,这在实践上比较简单。如果脉冲的通、断时间选择合适且镀液电阻可以忽略,即不受电阻和电容效应的影响,那么恒电流脉冲能够在瞬间达到最大值,从而能够充分发挥脉冲电镀对镀层物理化学性能的有利影响。因此,通常采用恒电流脉冲电镀。

7.5.2　脉冲电镀过程中金属的电结晶

晶核形成的几率与电极的极化有着密切的关系,即电极的过电势越大时,电流密度越大,电极表面吸附原子的浓度越高,晶核形成的几率越大,晶核的尺寸越小。这样就可以得到光滑细致的金属层。但在直流电镀时,过大的电流密度会引起浓差极化的显著增加,反而会使镀层质量下降。

在脉冲电镀条件下,金属的电结晶过程与在直流电镀时的规律是一样的。在电流导通时,由于峰值电流密度比直流电镀时的电流密度高得多,从而导致高的过电势,结果使成核几率大大提高,使得沉积层的晶粒细化。如果导通时间选择适当,当阴极表面附近金属离子浓度降到最低点时,电流关断,金属电结晶过程中止,这样就避免了浓差极化对电结晶过程的影响,从而得到细致光滑的金属层。

在脉冲电镀条件下,金属的电结晶过程和沉积层的形貌与脉冲参数有着密切的关系。下面分别论述各参数的影响。

1.脉冲电流密度的影响

脉冲电镀时采用的平均电流密度通常都不超过在相同条件下直流电镀电流密度的极限值。这样,在每个脉冲结束时,其扩散层中的离子不致过度消耗。根据公式

$$j_m = j_p \frac{t_{on}}{t_{on} + t_{off}}$$

在固定平均电流密度 j_m 的条件下,通过改变导通时间或关断时间的长度,可以得到不同的峰值电流密度 j_p。

j_p 是脉冲时金属离子在阴极表面的最大沉积速度。j_p 越大,过电势越大,这就有利于晶核的形成,使得晶核形成的速度大于晶粒生长的速度。一般来说,在平均电流密度不变的条件下,峰值电流密度越大,晶粒的尺寸越小,沉积层也就越细致光滑,孔隙率也相应降低。因此,在选定 t_{on} 和 t_{off} 及保持 $j_m/j_p \leqslant 0.5$ 的前提下,选择 j_p 越大越好。

2.脉冲关断时间 t_{off} 的影响

在脉冲电镀的关断周期内,在阴极附近被消耗的金属离子,通过扩散传质恢复到或接近初始浓度,以确保下一个脉冲周期到来时电极过程的进行。与此同时,还可能发生一些对电结晶过程很有影响的现象,如重结晶和吸附等现象。

在对照一些金属(铜、银、金)脉冲电镀层的扫描电镜照片中发现,在给定的脉冲幅度和长度条件下,随着关断时间的延长,晶粒长大。这可由在关断时间内发生了晶粒的重结晶来解释。从热力学知道,晶粒越大越稳定,如果体系有足够的时间,将达到最稳定状态。

但对某些金属,随着关断时间的延长,晶粒尺寸减小,得到的镀层更细致。这种现象可解释为是一种阻化物质吸附的结果,这种阻化物质在关断时间内屏蔽了晶粒生长中心。这就迫使体系在每一个新脉冲时形成新的晶核。延长关断时间,使得阻化物质吸附较充分,其晶粒尺寸就较细。

在氰化镀金液中,采用直流电镀时发现镀金层中含有相当数量的碳,而且随着电流密度的增加含碳量增加。在采用脉冲电镀时,镀层中含碳量明显降低,使沉积层纯度提高。这可解释为在关断时间内,某些含碳物质脱附的结果。在镀镍过程中也发现采用脉冲电镀可以大大降低氢的含量。

脉冲关断时间 t_{off} 由受特定离子迁移率控制的阴极脉动扩散层的消失速率来确定的。如果外扩散层向脉动扩散层补充金属离子使之消失得快,则 t_{off} 可取短些,反之则 t_{off} 可取长些。一般脉冲电镀贵重金属 t_{off} 选择在 $0.5 \sim 5$ ms 范围内,脉冲电镀普通金属 t_{off} 选择在 $1.0 \sim 10$ ms 范围内。

3.脉冲导通时间 t_{on} 的影响

导通时间的影响有两种情况:

① 当 j_m 和 j_{off} 维持恒定时,改变 t_{on},将使 j_p 发生变化,其对电结晶过程的影响前面已作了叙述。

② 当 j_p 和 j_{off} 维持恒定,延长脉冲导通时间,一方面将增加沉积金属量对吸附物质量的比率,其结果是降低了有效的阻化作用,从而降低了干扰晶粒生长的作用,并降低了晶核形成速率,导致晶粒粗大;另一方面将导致阴极附近金属离子的过度消耗,以致在关断时间内,金属离子浓度无法恢复到接近初始浓度而导致浓度极化。

脉冲导通时间 t_{on} 由阴极脉动扩散层建立的速率或由金属离子在阴极表面消耗的速率 j_p 来确定。如果 j_p 大,金属离子在阴极表面消耗得快,那么,脉动扩散层也建立得快,则 t_{on} 可取短些,反之则取长些。一般脉冲电镀贵重金属 t_{on} 选择在 $0.1 \sim 2.0$ ms 范围内,脉冲电镀普通金属 t_{on} 选择在 $0.2 \sim 3$ ms 范围内。

7.5.3　脉冲电镀中双电层的充放电影响

1.电容效应

在电极/溶液界面上存在一个近似于平板电容器的双电层,其间的距离只有原子或分子半径的大小,因而具有很高的电容。当电流通过电极时,必然首先给双电层充电。双电层充电需要一定的时间,它取决于电流密度和电镀体系的其他物理化学参数。在实际应用中,充电时间应比脉冲时间短得多,否则电流脉冲受电容效应的影响将明显变形;双电层的放电时间也应比关断时间短得多。在脉冲开始时给双电层充电所需的电流是不会损失的,因为当脉冲终结时,由于电容放电,电荷又可再生。因此,在一定频率范围内,脉冲的电容效应并不很显著地影响电流效率,但是影响脉冲幅度,从而影响到电极反应的能量和与其相关的镀层结构和性质。由于电容效应的存在,使得在脉冲电镀中瞬时峰电势高的有利作用不能充分发挥。因此,在使用脉冲电镀时,应该避免导通时间和关断时间比双电层的充放电时间短。

当给电极施加脉冲电流时,由于电容效应,每个脉冲电流都将分成两个部分,即用于双层充电的电容电流 j_c 和用于金属沉积的法拉第电流 j_F。

$$j_p = j_c + j_F$$

充电时间 t_c 为电极电势达到对应的脉冲电流值之前的时间,放电时间 t_d 为电势下降到相应于零电流以前的时间。图 7.11 描绘了与总脉冲时间相联系的不同充、放电时间的电流轮廓图。如果充电时间 t_c 与导通时间 t_{on} 相比可以忽略,同时放电时间 t_d 也可忽略,则可得到如图 7.11(a)中那样的理想脉冲,此时法拉第电流 j_F 实际上就等于施加的脉冲电流 j_p。然而在实际情况中,充电时间往往会占据一部分脉冲时间,使脉冲形状受到干扰,如图 7.11 (b)所示,此时尽管施加在阴极上的是方波脉冲电流,然而金属的沉积或多或少地要受到电容效应的干扰。如果充、放电时间比脉冲的导通和关断时间还长,则与脉冲电流密度相对应的电势值就无法达到,在整个脉冲过程中 j_F 都小于 j_p,如图 7.11(c)。j_F 永远也降不到零。在这种情况下,j_F 只在平均电流附近振荡,此时施加的脉冲电流变成了带有波纹的直流电流,也就失去了脉冲电镀中瞬时峰电势高的作用。

在图 7.11(c)的情形中,即在脉冲的导通时间 t_{on} 内沉积金属的法拉第电流受到阻尼情形中,沉积金属的电流接近于直流电镀条件,已不具备使用脉冲电流的一般优点。

就金属电沉积而言,法拉第电流受阻并不降低金属电沉积的电流效率,这是由于在脉冲时给双层充电的电量,在关断时间又放出来用于金属的电沉积。然而,晶核形成和晶核成长这两个同时发生的反应却受到阻尼的强烈影响。这是因为晶核的形成和成核速度与电极的瞬时过电势有关,因而也与法拉第电流响应的形状有关。图 7.11(a)、(b)中所示,由于脉冲电流没有受到电容效应阻尼的影响(或影响很小),电极的瞬间过电势保持很高值,因此其镀

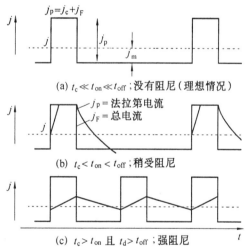

(a) $t_c \ll t_{on} \ll t_{off}$;没有阻尼（理想情况）

(b) $t_c < t_{on} < t_{off}$;稍受阻尼

(c) $t_c > t_{on}$ 且 $t_d > t_{off}$;强阻尼

图 7.11　受阻尼的法拉第电流

层的结晶细小,且基体被良好覆盖。而图 7.11(c)中所示,法拉第电流由于受电容效应的强烈影响而变平,电极的瞬间过电势也显著减小,因而结晶尺寸增大。

脉冲电镀中 t_c 和 t_d 可以用下式估算

$$t_c = 17/j_p \qquad t_d = 120/j_p$$

式中,t_c 和 t_d 为 μs 级,而 j_p 为 A/cm^2。

7.5.4　脉冲电镀中的扩散传质

1.脉冲电镀中的扩散层模型

在脉冲电镀过程中对流传质和电迁移的作用与直流电镀基本相同,而液相扩散传质在脉冲电镀过程中同样起着重要的作用。它限制了脉冲条件的有效范围和最大沉积速度,影响所得镀层的结构和性质,同样也影响镀液的宏观和微观分散能力。

对于脉冲电镀时液相传质的描述,N.Ibl 提出了双扩散层模型,如图 7.12 所示。

在脉冲电镀中阴极表面附近的传质速度不仅取决于流体动力学条件,还强烈地受到外加脉冲参数的影响。脉冲电镀时在阴极附近的浓度随脉冲频率而波动,在脉冲导通时浓度降低,而在关断期间浓度回升。因此在紧靠阴极表面有一个脉动扩散层。假如脉冲宽度较窄、扩散层来不及扩展到对流占优势的主体溶液中,那么,在脉冲时电沉积的金属离子必须靠主体溶液向脉动扩散层扩散来传输,这就意味着在主体溶液中也建立了一个具有浓度梯度的扩散层,叫外扩散层。这个扩散层的厚度与相同流体力学条件下用直流电流时所获得的扩散层的厚度相当,而且是稳定的。在关断时间内金属离子穿过外扩散层向阴极传递,从而使得脉动扩散的浓度回升。

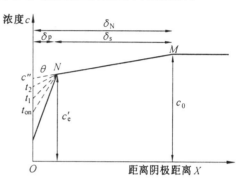

图 7.12　脉冲电镀中在一个脉动终结时两个扩散层的浓度分布

虚线表示在关断时间内脉动扩散层浓度的恢复($t_{on} <$ $t_1 < t_2 < \theta$);c_0—主体溶液浓度(mol/cm^3);c''—相当与直流电镀时的界面浓度(mol/cm^3);δ_s—外稳态扩散层厚度(cm);δ_N—外扩散层总厚度,即相当于直流电镀时的厚度(cm)

根据 Fick 定律,阴极反应物的扩散流量 J 与浓度梯度成正比。在一个脉冲时脉动扩散层的浓度分布近似一条直线,则脉动扩散层的扩散流量可表达为

$$J_p = D \frac{c'_e - c_e}{\delta_p}$$

换算成脉冲电流密度,可写为

$$j_p = nFJ_p = nFD(c'_e - c_e)/\delta_p$$

式中　　n——每个金属离子转移的电子数;

　　　　F——法拉第常数(C/mol);

　　　　D——扩散系数(cm^2/s);

　　　　J_p——脉动扩散层中一个脉冲时金属离子的扩散流量;

　　　　c'_e——外扩散层的内边界的浓度(mol/cm^3);

　　　　c_e——脉冲结束时阴极界面的浓度(mol/cm^3);

　　　　δ_p——脉动扩散层厚度(cm)。

该式只有在金属沉积的电流效率是 100% 时才是正确的。并且脉冲电流密度 j_p 与脉冲时浓度分布的斜率成正比。在关断时间内界面浓度梯度必须是零,故在浓度分布线的末端用一水平分支虚线来表示,如图7.12中由点 N 延伸至界面的水平虚线所示。

与 J_p 比较,通过外扩散层的扩散流量 J_d 在关断时间内不会降低,而是在导通和关断时间内以同样的方式继续。因而 J_d 正比于平均电流密度 j_m。

$$j_m = nFDJ_d = nFD(c_0 - c'_e)/\delta_d$$

式中　　δ_d——外扩散层的厚度;

　　　　c_0——本体溶液的浓度。

综上所述,采用很短的脉冲可能造成脉动扩散层的浓度梯度很大,而脉动扩散层的厚度却是很小。这就说明了为什么高的瞬时脉冲电流密度可以用于脉冲电镀。从图7.12中看出,在外扩散层中浓度分布的斜率比其脉动扩散层中的斜率要小得多,而且在外扩散层中的浓度梯度也不可能大于在直流条件下发生极限电流密度时的浓度梯度。由此可见,在采用脉冲电镀时,尽管脉冲瞬间的峰值电流密度可以很大,但其平均电流密度却不能超过在同样条件下直流电镀时的极限电流密度。

2. 脉冲极限电流密度

脉冲电镀中表征电极反应速度的一个最重要的参数就是脉冲极限电流密度 j_{pd},它是脉冲结束时电极表面浓度降到零时的脉冲电流密度。可表示为

$$j_{pd} = nFDC'_e/\sqrt{2Dt_{on}}$$

从式中可以看出,j_{pd} 只取决于脉冲参数的选择,特别是脉冲导通时间,脉冲导通时间越长,j_{pd} 值越小。

平均极限电流密度 j_{md} 是脉冲极限电流密度时的平均电流密度。可用下式表示

$$j_{md} = j_{pd}\nu$$

在脉冲电镀中平均脉冲极限电流密度总是比直流极限电流密度 j_d 小。

当使用带有反向脉冲的脉冲电镀时,在其反向脉冲时间内发生阳极过程。一方面,由于阳极溶解作用,电极表面的反应离子浓度增加,其结果在阴极周期需要一个较高的阴极电流密度来消耗电极附近的反应离子。因此具有反向脉冲的脉冲极限电流密度值要比相应只使用阴极脉冲的高。另一方面,在反向脉冲电镀中的平均沉积速度比通常的脉冲电镀要低,这是由于在阴极周期中沉积金属的一部分要在阳极周期内再溶解。同时电流效率也相应降低,但是由反向脉冲电流所带来的阴极电流损失,不能简单地从正向和反向时间及电流幅度来计算,因为相对于阴极和阳极的电流效率可以是不同的。

3. 脉冲扩散传质对电镀的实际影响

脉冲扩散传质过程对电镀层的结构和电流效率有影响。

(1) 对沉积层结构的影响

在直流电镀中,假如在极限电流密度或接近极限电流密度下进行电沉积,将得到树枝状或粉末状的镀层,这是因为从扩散传质角度来看,在镀件表面的凸处比凹处更容易沉积。所以在直流电镀中所施加的电流密度不能大于极限电流密度的 10% ~ 20%。在脉冲电镀中则不同,甚至在脉动扩散层非常薄时的脉冲极限电流密度下,也可能得到平滑的镀层。但是,若要避免形成树枝状或粉末状沉积层,仍应当保持脉冲电镀的平均电流密度低于直流时的极限电流密度。一般情况下,脉冲平均电流密度 j_m 与直流极限电流密度 j_d 之比(j_m/j_d)应小于等于 0.5。

（2）对电流效率的影响

在直流电镀中金属沉积的电流效率随着极限电流密度被超过而降低。在脉冲电镀中也是这样。因此在脉冲电镀单金属时,其脉冲平均电流密度通常保持在相应的直流电镀的极限电流密度之下。

7.5.5　脉冲电镀的电流分布

1.电流的分布

在直流电镀中的电流分布有两种情况,即只单纯考虑几何因素而不考虑电化学因素的"初次电流分布"和考虑到极化影响的"二次电流分布",电化学极化的存在对电流在阴极上分布的均匀性是有利的,即二次电流分布均匀。

但在脉冲电流的作用下,阴极上的电流分布要比在直流下复杂得多。对初次电流分布,脉冲与直流电镀受几何因素的影响相同,一次电流分布是相同的。但在极化作用下电流分布却变得复杂得多。在只考虑电化学极化作用时的二次电流分布有可能使阴极电流分布不均匀,即脉冲电镀过程中二次电流分布的均匀性不如直流电镀;将电化学极化和浓差极化一起考虑时的电流分布称为三次电流分布,三次电流分布将使电流重新分布均匀。

2.过电势对电流分布的影响

对于一个电极反应,其过电势 η 与电流密度 j 的关系如图 7.13 所示。从图中可以看出,在电流密度较小阶段,随着电流密度的增加,过电势增加较大,即极化度较大,电化学极化显著,因而有利于二次电流分布趋于均匀,一般直流电镀属于这种情况。

随着电流密度的继续增加,$\eta - j$ 曲线的斜率降低,即极化度减小,如图 7.13 的中间阶段。在这一阶段里虽然电流密度较高,但二次电流分布倾向于降低电流分布的均匀性。对于脉冲电镀而言,它的瞬时峰值电流密度比直流电镀中应用的电流密度高得多,因而这时的二次电流分布降低了电流分布的均匀性。

当采用更高的接近极限电流密度的电流时,如图 7.13所示的最后一段,传质的影响发挥作用,电沉积反应受传质控制,其影响因素还包含有扩散层厚度的均匀性,即几何因素。而此时当浓差过电势占优势时,浓差过电势随着电流密度的增大而增大,电流分布又变得均匀,这就是三次电流分布。

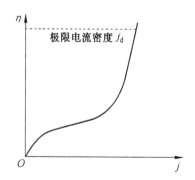

图 7.13　过电势对电流密度的影响

3.三次电流分布

在直流电镀过程中,考虑到活化过电势 η_a 的影响,可用 Tafel 方程来描述电流与过电势的关系。

$$\eta_a = a + b\ln j$$

式两边对 j 求导,可推出

$$d\eta_a/dj \propto j^{-1}$$

从上式可以看出,随着电流密度 j 的增加,$d\eta_a/dj$ 降低,电流分布不均匀。而脉冲电流密度较直流电流密度更高,故脉冲电镀二次电流分布的均匀性不如直流电镀。

当采用更高的接近极限电流密度的电流时,浓差过电势 η_c 起主要作用,传质控制着电化学反应,这时浓差过电势 η_c 与电流密度 j 可用下式表示

$$\eta_c \propto \ln(1 - j/j_d)$$

求导可得

$$d\eta_c/dj \propto (1 - j/j_d)^{-1}$$

显然对于一个给定的极限电流密度 j_d 而言,随着电流密度 j 的增加, $d\eta_c/dj$ 将增加,故三次电流分布又趋于均匀。采用脉冲电镀可以在脉冲极限电流密度下得到平滑的镀层。而采用直流电镀在极限电流密度时只能得到粉末状的沉积层,故三次电流分布使脉冲电镀优于直流电镀。

在实际应用中电流分布并不明显的分为一次、二次或三次,通常是处于二次分布和三次分布之间,因此,采用脉冲电镀有可能降低电流分布的均匀性,也可能提高电流分布的均匀性。采用脉冲电镀通过脉冲参数的选择有可能使得二次电流分布转变为由传质控制的三次电流分布,从而使电流分布均匀。

7.5.6 脉冲电镀的应用

1.脉冲镀金

脉冲镀金可以使用现在工业生产中的任何配方,工艺条件也基本相同,只是改变电流的施加方式即施加脉冲电流。脉冲电镀金是一种提高镀层质量减少黄金消耗量的有效方法。采用脉冲法得到的镀金层外观颜色好、结晶细致、密度大、均匀性好。在电子工业中广泛应用的晶体管座、印刷电路板、接插件、连接件及电器件采用脉冲镀金在达到规定指标的前提下,可以减薄镀层的厚度,节省 15% ~ 20% 的黄金,并且脉冲法得到的镀金层具有较好的抗高温变色能力。

脉冲镀金液可以采用低氰柠檬酸盐镀金液、亚硫酸铵镀金液及氰化物镀金液等。

脉冲镀金的工艺参数可为:导通时间 $t_{on} = 0.1$ ms,关断时间 $t_{off} = 0.9$ ms,占空比 $\nu = 10\%$,频率 1 000 Hz,脉冲平均电流密度与直流电流密度相同。

2.脉冲镀锌

电镀锌作为防护性镀层是应用最广泛的一个镀种。在电镀生产中,电镀锌占总产量的 60% 以上。在机械制造和电子工业中,电镀锌的比重更大,占总产量的 70% ~ 80%。采用脉冲镀锌对于改变镀层结构、提高抗蚀能力有明显的作用。

脉冲无氰镀锌工艺规范

氯化锌(ZnCl$_2$)	20 g/L
氯化铵(NH$_4$Cl)	220 ~ 270 g/L
氨三乙酸[N(CH$_2$COOH)$_3$]	30 ~ 40 g/L
聚乙二醇[HOCH$_2$(CH$_2$OCH$_2$)$_n$CH$_2$OH]	1 ~ 1.5 g/L
硫脲[(NH$_2$)$_2$CS]	1 ~ 1.5 g/L
pH 值	5.8 ~ 6.2
温度	10 ~ 35 ℃
脉冲导通时间	0.05 ms
脉冲关断时间	0.95 ms
平均电流密度	0.8 ~ 1.5 A/dm^2

脉冲氰化镀锌工艺规范

氧化锌(ZnO)	$30 \sim 45$ g/L
氰化钠($NaCN$)	$80 \sim 90$ g/L
氢氧化钠($NaOH$)	$80 \sim 85$ g/L
温度	$10 \sim 35$ ℃
脉冲导通时间	0.1 ms
脉冲关断时间	1 ms
平均电流密度	7 A/dm²

3.脉冲镀镍

脉冲镀镍可以减少镀层的孔隙率,增强镀层的延展性,减少或者不用光亮剂就可以获得光亮的镍镀层。脉冲镀镍的这些特点对于广泛用做中间镀层的镀镍来讲无疑是非常重要的。脉冲镀镍的工艺规范

硫酸镍($NiSO_4 \cdot 7H_2O$)	$180 \sim 240$ g/L
硫酸镁($MgSO_4 \cdot 7H_2O$)	$20 \sim 30$ g/L
硼酸(H_3BO_3)	$30 \sim 40$ g/L
氯化钠($NaCl$)	$10 \sim 20$ g/L
pH 值	5.4
温度	室温
脉冲导通时间	0.1 ms
脉冲关断时间	0.9 ms
平均电流密度	0.7 A/dm²

4.脉冲镀铬

脉冲镀铬对镀液性能的影响不大,阴极电流效率、分散能力与直流镀铬差不多。但脉冲镀铬能改变镀层的性能和结构,如提高镀铬层的抗蚀能力,增强耐磨性,获得无裂纹镀铬层。脉冲镀铬的工艺规范

铬酐(CrO_3)	250 g/L
硫酸(H_2SO_4)	2.5 g/L
氟硅酸钾(K_2SiF_6)	2.0 g/L
温度	$45 \sim 55$ ℃
脉冲导通时间	1.0 ms
脉冲关断时间	2.0 ms
平均电流密度	13 A/dm²

5.周期换向脉冲镀铜

在含有酒石酸盐的高效率氰化镀铜液中,采用周期换向脉冲电镀时,可以改善铜镀层的质量,使镀层厚度均匀、平整、孔隙少,而且允许采用较高的电流密度,获得较厚而且质量较好的镀铜层。

周期换向脉冲镀铜工艺规范

氰化亚铜($CuCN$)	$50 \sim 90$ g/L
游离氰化钠($NaCN$)	$6 \sim 9$ g/L
酒石酸钾钠($NaKC_4H_4O_6 \cdot 4H_2O$)	$10 \sim 20$ g/L

硫氰酸钾（KSCN）	10~20 g/L
氢氧化钠（NaOH）	10~20 g/L
温度	55~70 ℃
j_k	4~8 A/dm^2
j_a	2~4 A/dm^2
阴阳极时间比 $t_k:t_a$	20:5

6. 不对称交流镀铁

镀铁层由于纯度高，耐磨性好，在印刷制版行业应用比较广泛，在汽车、机车的曲轴和大型机床等零件的磨损修复方面也有应用。采用传统的氯化亚铁工艺必须在 85℃ 才能得到结合良好、内应力小、纯度高、延展性好的镀铁层，而在常温下镀出的铁层硬而脆，结合力差。

采用不对称交流起镀，而后逐步过渡到直流电镀，则可以在 30~50℃ 的温度下，得到与基体结合良好而较软的底层，面层却是硬度高、耐磨性好的镀层。典型工艺为

氯化亚铁（FeCl$_2$·4H$_2$O）	350~550 g/L
pH	1.0~1.5
温度	30~50 ℃
电流密度	15~30 A/dm^2

起镀时采用 $1 < j_k/j_a < 1.3$ 的不对称交流电，电镀 5~10 min。然后逐步过渡到 $j_k/j_a = 8~10$，在此电流比例下电镀 2~3 min，然后转入直流电镀，电渡时间约 15~20 min。转入直流电镀后 j_a 降为零，然后逐步提高 j_k 到规定的电流密度。

第 8 章　化　学　镀

8.1　化学镀的特点及应用

8.1.1　化学镀的发展历史

化学镀也叫无电解电镀(Electroless plating),也就是在镀的过程中无需通电。化学镀是在 1944 年由美国的 A. Brenner 和 G. Riddell 发现的。化学镀镍的最早工业应用是二战后的美国通用运输公司(GATC)。到了 20 世纪 70 年代,科学技术的发展和工业的进步,促进了化学镀镍的应用和研究。此间化学镀镍槽容量以每年 15% 的速度增长。80 年代后,化学镀镍技术有了很大突破,长期存在的一些问题(如镀液寿命、稳定性等)得到初步解决,基本实现了镀液的自动控制,使连续化的大型生产有了可能。因此化学镀镍的应用范围和规模进一步扩大。

早期只有含磷质量分数 5% ~ 8% 的中磷镀层,80 年代初发展出磷的质量分数为 9% ~ 12% 的高磷非晶结构镀层,使化学镀镍向前迈进一步。80 年代末到 90 年代初又发展了磷的质量分数为 1% ~ 4% 的低磷镀层。含磷量不同的镀层,物理化学性能也不同。

有关化学镀铜技术的报道晚于化学镀镍,1947 年 Narcus 首先报道了化学镀铜的研究。化学镀铜技术于 1957 年由 Cahill 提出,为碱性酒石酸镀液,甲醛做还原剂。50 年代后期即出现商品化镀铜液,主要用于制造印刷电路板,其后开发出一系列用于多层印刷电路板通孔镀的化学镀铜液。化学镀铜技术目前广泛用于材料表面金属化、电连接、电磁屏蔽等方面。

化学镀钴及其合金具有很好的磁性能,随着计算机工业的发展而迅速开展起来。

目前化学镀贵金属 Ag、Au、Pd、Pt 等均有报道,相应地出现了很多的专利,特别是化学镀 Au 在电子工业上得到了工业化的应用。

值得注意的是化学镀镍技术的新进展。为了满足更复杂工况的要求,化学复合镀、化学镀镍基多元合金、Ni – P 层的着色等工艺也逐渐发展起来。如 Ni – P/SiC、Ni – P/PTFE 复合镀层比 Ni – P 镀层有更佳的耐磨性及自润滑性能;Ni – Fe – P、Ni – Co – P 及 Ni – Cu – P 等三元镀层在计算机及磁记录系统中的应用;黑色 Ni – P 镀层的出现又开辟了一个新的市场。

8.1.2　化学镀与电镀区别

化学镀不同于电镀,它不需要外电源,是一种利用镀液中的还原剂来还原金属离子的过程。置换镀则是在强离子化金属溶解时依靠游离电子还原溶液中金属离子的过程。例如,在铜基体上镀金、银、钯等金属,这类镀层由于基体被溶解而导致镀层针孔较多,当基体完全被金属覆盖住后,反应将停止,所以,难以获得厚的镀层,沉积速率随时间变化比较大。

化学镀反应的最大特点就是在同一表面上进行着两个过程,以化学镀镍为例,这两个过程为:还原剂的氧化和镍离子的还原,在以次磷酸钠为还原剂的镀液中,镍离子的还原过程中同时伴有磷的析出、氢气的析出。这两个过程的共存带来了热力学上的不稳定因素,为了防止金属在镀液中立即析出,需要在镀液中添加适当的稳定剂,让稳定剂优先吸附在杂质微粒上,防止镀液的自然分解。为了防止氢脆或孔隙,需要加入表面活性剂以促进吸附氢复合成氢气而析出。在热力学上,化学镀或者置换镀是否可以进行,可以通过标准电极电位来做初步的判断。

化学镀与电镀相比最大的优点是镀层厚度均匀、孔隙率低。化学镀过程是一种自催化的化学反应过程,镀层的增厚与经过的时间成一定的关系,因此没有镀厚的限制,也不存在电镀过程中由于电流分布不均匀而引起的镀层厚度差异的问题。化学镀一般使用次磷酸钠(NaH_2PO_2)、硼氢化钠$(NaBH_4)$、二甲基胺硼烷$((CH_3)_2HNBH_3)$、肼(N_2H_4)、甲醛$(HCHO)$等作为还原剂,当其在催化活性表面上被氧化时,会产生游离电子,这些游离电子可在催化表面还原溶液中的金属离子,只要沉积出的金属层对于还原剂具有催化活性,就可以不断地沉积出金属,当工艺条件一定时,可以通过时间的控制来获得特定厚度的镀层。化学镀与电镀镀液、镀层性能的比较详见表 8.1。

表 8.1　电镀与化学镀镀液、镀层性能的比较

镀液与镀层的性能	电　镀	化　学　镀
镀层沉积驱动力	电能(电压)	化学能(还原剂)
镀液的组成	比较单纯	相当复杂
溶液组成的变化	小(可溶性阳极)	大
受 pH 值影响的程度	比较小	大
受温度影响的程度	比较小	大
沉积速度	采用阴极电流密度调节,沉积速度大	受温度、pH 值的影响,沉积速度小
镀液寿命	长	短
镀层结晶	细	微小,非晶态
膜层厚度分布	不均匀	非常均匀
溶液管理	容易	严格
基体	导体	导体、非导体
成本	低	高

8.2　化 学 镀 镍

8.2.1　化学镀镍镀层的性质及应用

目前,化学镀 Ni – P 合金镀层的应用遍布于各工业部门,主要是由于该镀层具有优异的特性和工艺可行性。化学镀的方法可以获得厚度均匀、镀层致密、孔隙率低的镀层,适用于复杂零件的镀覆,不需用电源,可以在金属及非金属基体上镀覆,具有优异的化学、机械、电磁性能,而且可以通过改变溶液组成和操作条件,得到不同 P 含量的镀层,以满足不同的使用要求。

目前工业生产中所用的化学镀镍液绝大多数以次磷酸盐为还原剂,得到的是镍磷合金镀层,化学镀镍层具有光亮或半光亮、并略带黄色的外观。其相对密度比纯镍要小,随磷含量的不同,Ni–P合金的相对密度在7.9~8.5范围内变化。

化学镀Ni–P合金在碱、盐、海水及有机酸等介质中比较稳定,具有较好的耐蚀性,而且随着P含量的增加,镀层的耐蚀性提高。这主要是因为P影响了Ni–P合金镀层的组织结构。与电镀Ni相比,Ni–P合金镀层的孔隙率低。化学沉积Ni–P合金镀层在钢铁基体上为阴极镀层。由于镀层的化学稳定性高,孔隙率低,因而对基体材料有极好的机械保护作用,常用做石油化工等行业的耐腐蚀镀层。

化学镀Ni–P合金镀层的硬度高,经过热处理后,其硬度与硬铬相当。经常应用于承受摩擦磨损的场合,以延长零部件的使用寿命。也可以镀覆在模具的表面,延长模具的使用时间,而且由于Ni–P合金镀层良好的润滑性,脱模容易,使产品质量大大提高。

化学镀Ni–P合金镀层的导热率低,只有电镀镍层的1/10,常用做耐热浸蚀的中间层。

由于镀层中含有反磁性的P,所以化学镀Ni–P合金的磁性比电镀Ni层低,常用做计算机磁鼓的底层。

近年来低磷化学镀镍工艺($w(P) = 1\% \sim 5\%$)受到重视。低磷合金的硬度很高,可达700 HV,热处理(400℃,1 h)后,可达1 000 HV。其耐磨性能与硬铬和高硼镍合金相近。其粘着磨损、微振磨损、疲劳磨损都远低于中磷和高磷镀层,但腐蚀失重高于中磷和高磷镀层,与镍硼合金相近。因此可以取代镍硼合金镀液。在连续使用过程中所得到的低磷镀层的应力变化较小,即使在6个周期后其应力也没有明显增长,这在工程应用上是一个十分重要的优点。在电性能方面,低磷合金的电阻较低,为20~30 $\mu\Omega \cdot$ cm,热处理后降为15 $\mu\Omega \cdot$ cm以下。在质量分数为1%~3%的低磷镀层的熔点较高,一般可达1 090℃。它在碱性环境中有很好的抗蚀性,但在盐雾试验中,其耐蚀性能不如高磷镀层。工艺操作范围宽是低磷化学镀镍的显著优点,pH值范围为5~8,温度的范围为60~90℃。由于可在60~65℃下工作,因此节省了升温时间和能量消耗。

低磷化学镀镍的硬度高、耐磨性好,有可能代替镀硬铬。仅就化工原材料成本看,得到同样厚度的镀层,镀硬铬比化学镀镍要便宜60%~80%。但综合考虑各种因素,例如镀层的均匀性、物理化学性能、废水处理等,化学镀镍具有更好的经济效益和社会效益。硬铬的硬度通常为950~1 000 HV。退火去应力后,硬度有所下降。中磷化学镀镍的硬度为500~550 HV,热处理后上升到900~950 HV。低磷化学镀镍经热处理后的硬度可接近硬铬的硬度。硬铬的耐磨性能优良,Taber磨损试验结果为1 000个周期后失重1~2 mg,经热处理后的低磷镀层失重2~4 mg,接近硬铬的水平。化学镀镍层的耐蚀性优于硬铬,25 μm的低磷化学镀镍的中性盐雾试验合格的时间是同样厚度硬铬的100倍以上。

8.2.2　化学镀的热力学与动力学

化学镀反应进行的必要条件是镀液中还原剂的氧化还原电势要比氧化剂的氧化还原电势低,要保证还原剂有将镍离子还原成金属镍的能力。在水溶液体系中,当氢离子参加反应时,反应物质的氧化还原电势大都要受溶液的pH值的影响,而了解还原剂对镍离子以及第三种金属离子与镍离子发生共沉积的可能性的最好途径是考查氧化剂与还原剂的 E – pH

图。$E-pH$ 图是通过热力学数据的计算得出,它反映了一定条件下图中各组分生成的条件及组分稳定存在的范围。

1.通过 $E-pH$ 图判断化学镀可能性

将磷水体系 $E-pH$ 图与镍水体系 $E-pH$ 图叠加在一起,如图 8.1 所示。

理论上可能发生化学镀镍的电势和 pH 值范围为阴影所示的区域。由图可知,还原剂 H_3PO_2 或 $H_2PO_2^-$ 的电势总比 Ni^{2+} 的电势(-0.25 V)更负,故可以在任何 pH 下还原 Ni^{2+},在不含配位剂的水溶液中,当 pH > 6.15 时,镍离子要发生水解生成氢氧化镍沉淀,Ni^{2+} 以 $Ni(OH)_2$ 形式存在。如果加入配位剂,Ni^{2+} 沉淀的 pH 值可以更高,这时可以在较高的 pH 值下进行化学镀镍。因而在实际生产时,为了获得较快的反应速度和稳定的溶液,都要向镀液中添加与镍离子形成配合物的配位剂。尽管从 $E-pH$ 图上来看,pH 值在 $0 \sim 4$ 之间时次磷酸能够氧化成亚磷酸,所放出的电子能够将镍离子还原成金属镍,但是由于 H^+ 离子的竞争放电析出,实际上是很难得到金属镍层。

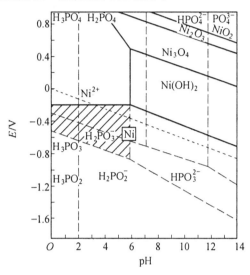

图 8.1 镍 – 磷 – 水体系的 $E-pH$ 图

了解第三种金属离子能否与镍离子同时被次磷酸还原而沉积出来的热力学可能性最简便的办法也是考查其 $E-pH$ 图。下面将几种金属和水溶液的 $E-pH$ 图,以及在碱性溶液中它们与配位剂形成配体后的 $E-pH$ 图给出,分别如图 8.2 和 8.3 所示。

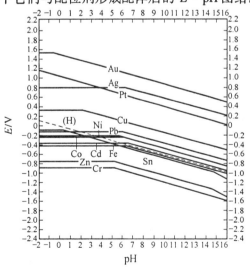

图 8.2 金属 – 水 $E-pH$ 图(25℃)

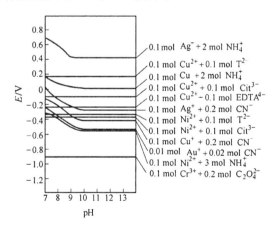

图 8.3 碱性配合物溶液的金属 – 水的 $E-pH$ 图

从热力学上看,凡是氧化还原标准电极电势位于次磷酸与亚磷酸的氧化还原电极电势直线上方的金属,都可以被次磷酸还原而与镍发生共沉积。在碱性范围内沉淀的金属离子都有可能在与适当的配位剂发生配合而稳定存在于水溶液中,这些金属离子配合物的氧化标准电极电势将发生负移。假若负移后的还原电势仍高于次磷酸的氧化电势的话,则在热力学上仍有被其还原的可能性,这是实现多元化学镀镍的必要条件。实际生产中能够和镍离子一起被次磷酸还原的金属离子如表 8.2 所示。

表 8.2　能够与镍一起被次磷酸钠还原的金属

IVA	VA	VIA	VIIA		VIII		IB	IIB	IIIB	IVB	VB
—	—	—	—	—	—	—	—	—	Al	Si	P
Ti	Ⓥ	Ⓒr	Ⓜn	Ⓕe	◎Co	Ni	Ⓒu	Ⓩn	Ga	Ge	As
Zr	Nb	Ⓜo	Tc	Ru	Rh	Ⓟd	Ag	Cd	In	Ⓢn	Sb
Hf	Ta	Ⓦ	Ⓡe	Os	Ir	Pt	Au	Hg	Tl	Pb	Bi

◎表示该金属能够与镍大量沉积;　　○表示该金属的沉积量小

2.通过标准电极电势判断化学镀的可能性

另一方面,考查次磷酸在酸性与碱性溶液中还原金属离子的可能性时,还可以采用其氧化还原标准电极电势来进行。由热力学关系式可知,反应的自由能 $\Delta G = - nF\Delta E$,当 $\Delta G <0$ 时,反应有自发的可能性,因而当氧化还原反应的电动势 $\Delta E > 0$ 时,在热力学上就具有了反应的可能性,这里将一些常见金属离子的氧化还原标准电极电势列出以供参考。

如表 8.3 所示,在电势序中标准电极电势越负,则还原能力越强。金属的电极电势越正,则氧化能力越强,将表 8.3 中的各种反应进行组合,可以构成各种不同的氧化还原体系,其电势差越大,则热力学上的反应驱动力越大。

表 8.3(1)　几种金属的氧化还原标准电极电势

1) $Au^{3+} + 3e^- = Au$	$\varphi^{\ominus} = 1.50$ V
2) $Pt^{2+} + 2e^- = Pt$	$\varphi^{\ominus} = 1.20$ V
3) $Pd^{2+} + 2e^- = Pd$	$\varphi^{\ominus} = 0.987$ V
4) $Ag^+ + e^- = Ag$	$\varphi^{\ominus} = 0.88$ V
5) $Cu^{2+} + 2e^- = Cu$	$\varphi^{\ominus} = 0.34$ V
6) $Sn^{4+} + 2e^- = Sn^{2+}$	$\varphi^{\ominus} = 0.15$ V
7) $Ni^{2+} + 2e^- = Ni$	$\varphi^{\ominus} = - 0.25$ V
8) $Co^{2+} + 2e^- = Co$	$\varphi^{\ominus} = - 0.28$ V
9) $Fe^{2+} + 2e^- = Fe$	$\varphi^{\ominus} = - 0.44$ V
10) $Zn^{2+} + 2e^- = Zn$	$\varphi^{\ominus} = - 0.763$ V
11) $Al^{3+} + 3e^- = Al$	$\varphi^{\ominus} = - 1.66$ V

表 8.3(2)　在碱性溶液中几种还原剂的标准电极电势

1) $HPO_3^{2-} + 2H_2O + 2e^- \rightleftharpoons H_2PO_2^- + 3OH^-$	$\varphi^\ominus = -1.57\ V$
2) $HCOO^- + 2H_2O + 2e^- \rightleftharpoons HCHO + 3OH^-$	$\varphi^\ominus = -1.14\ V$
3) $BO_2^- + 6H_2O + 8e^- \rightleftharpoons BH_4^- + 8OH^-$	$\varphi^\ominus = -1.24\ V$
4) $N_2 + 4H_2O + 4e^- \rightleftharpoons N_2H_4 + 4OH^-$	$\varphi^\ominus = -1.16\ V$

表 8.3(3)　在酸性溶液中几种还原剂的标准电极电势

1) $H_3PO_2 + H_2O \rightleftharpoons H_3PO_3 + 2H^+ + 2e^-$	$\varphi^\ominus = -0.50\ V$
2) $N_3H_5^+ \rightleftharpoons N_2 + 5H^+ + 4e^-$	$\varphi^\ominus = -0.23\ V$
3) $HCHO + H_2O \rightleftharpoons HCOOH + 2H^+ + 2e^-$	$\varphi^\ominus = -0.056\ V$

以下列反应为例,首先我们判断$[Ni(CN)_4]^{2-}$配离子中的镍离子被次磷酸还原的可能性,考查下列数据

$$[Ni(H_2O)_6]^{2+} + 2e^- \rightleftharpoons Ni + 6H_2O \qquad \varphi^\ominus = -0.25\ V \qquad (8.1)$$

$$[Ni(CN)_4]^{2-} + 2e^- \rightleftharpoons Ni + 4CN^- \qquad \varphi^\ominus = -0.90\ V \qquad (8.2)$$

$[Ni(CN)_4]^{2-}$与次磷酸盐构成的半电池反应为

$$[Ni(CN)_4]^{2-} + 2e^- \rightleftharpoons Ni + 4CN^- \qquad \varphi^\ominus = -0.90\ V \qquad (8.3)$$

$$H_2PO_2^- + H_2O \longrightarrow H_2PO_3^- + 2e^- \qquad \varphi^\ominus = -0.50\ V \qquad (8.4)$$

由$[Ni(CN)_4]^{2-}$和$H_2PO_2^-$构成的氧化还原反应和电池的电动势为

$$[Ni(CN)_4]^{2-} + H_2PO_2^- + H_2O \rightleftharpoons Ni + 4CN^- + H_2PO_3^- + 2H^+ \quad \Delta\varphi^\ominus = -0.40\ V \quad (8.5)$$

则有

$$\Delta G^\ominus = -nF\Delta\varphi^\ominus = -2 \times 96\ 500 \times (-0.4) = 7.72 \times 10^4\ J$$

因为$\Delta G^\ominus > 0$,反应不能自发进行,也就是说次亚磷酸盐不能从镍氰配合物中还原出镍。

再考查$[Ni(NH_3)_6]^{2+}$的半电池反应与次亚磷酸盐在碱性溶液中的半电池反应的加合

$$[Ni(NH_3)_6]^{2+} + 2e^- \rightleftharpoons Ni^0 + 6NH_3(aq) \qquad \varphi^\ominus = -0.49\ V \qquad (8.6)$$

$$H_2PO_2^- + 3OH^- \longrightarrow HPO_3^{2-} + 2H_2O + 2e^- \qquad \varphi^\ominus = -1.57\ V \qquad (8.7)$$

$$[Ni(NH_3)_6]^{2+} + H_2PO_2^- + 3OH^- \rightleftharpoons Ni^0 + HPO_3^{2-} + 2H_2O + 6NH_3(aq) \quad \Delta\varphi^\ominus = 1.08\ V$$

$$(8.8)$$

则

$$\Delta G^\ominus = -nF\Delta\varphi^\ominus = -2 \times 96\ 500 \times 1.08 = -2.084\ 4 \times 10^5\ J$$

因为$\Delta G^\ominus < 0$,所以可知电池反应 1 是能够自发进行的,次亚磷酸盐能从镍氨配合物中还原出镍来,在实际生产过程中往往采用氨水来调节溶液的 pH 值。

3.化学镀的混合电势理论

化学镀过程的最大特点是在具有催化活性的表面同时进行着氧化剂即金属离子的还原,还原剂的氧化,这种电子的得失对于放电的表面来说,只能也必须在同一个电极所处的电势下进行,因为是在同一表面的同一微区下进行的,所以通常把这一对反应称为局部的阴极反应和局部的阳极反应。图 8.4 给出了化学镀过程中局部阴阳极极化曲线。当 $j_a = j_c$ 时所对应的电势即电极表面混合电势(E_{mp})。从图中可以看出,当反应受扩散控制时,化学镀沉积速度受镀液搅拌影响。当增强搅拌时,混合电势从 E_{mp1} 变到 E_{mp2},其沉积速率也随之

增大(如 8.4(b)、(c)所示)。要使沉积速度不受搅拌影响,最好在金属离子和还原剂都是高浓度的条件下操作,然而这种条件下化学镀液的稳定性很差。因此目前生产中使用的化学镀液均受搅拌影响,使用这类溶液时,必须注意其流动条件。

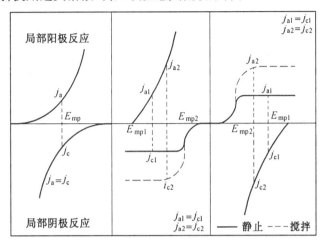

(a)电化学控制　(b)局部阴极扩散控制　(c)局部阳极扩散控制

图 8.4　化学镀的局部阴阳极极化曲线与沉积速度的关系

4.金属的催化活性

金属的催化活性在化学镀中具有非常重要的作用。金属离子的沉积需靠基体和沉积层的催化来进行,如果沉积出的金属不具备对氧化反应的催化活性,当基体完全被金属镀层覆盖时反应即停止;催化活性随金属种类的不同而不同,不仅受金属原子自身的核外电子结构所决定,其催化能力大小还和还原剂的还原能力、镀液的 pH 值等因素有关。表 8.4 列出了对不同镀层具有催化能力的还原剂。图 8.5 则给出了各种还原剂对不同金属离子阴极还原的催化活性的大小。

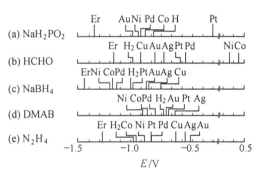

图 8.5　还原剂对金属离子阴极还原的催化活性

Er—还原剂氧化还原电势;H—标准氢电极电势

表 8.4　对各种金属具有催化能力的还原剂

镀层	还原剂
Ni	次磷酸钠、二甲氨基硼烷、联氨、硼氢化钾
Co	次磷酸钠、二甲氨基硼烷、联氨、硼氢化钾
Pd	次磷酸钠、亚磷酸钠、硼氢化钾
Cu	甲醛、二甲氨基硼烷、硼氢化钾、甲醛
Ag	二甲氨基硼烷、硼氢化钾、甲醛
Au	二甲氨基硼烷、硼氢化钾
Pt	联氨、硼氢化钾
Sn	三氯化钛

还原剂的氧化需要催化活性,而这个催化活性与金属的电子结构密切相关。对于次磷

酸盐的化学镀镍溶液,具有催化活性的基体一般是第ⅧB族d轨道具有空位的金属,即钴(只在碱性溶液中)、镍、钌、钯、锇、铱、铂等,该族金属具有脱氢催化活性。铁、铝、铍和钛等金属虽本身不具备催化活性,但因其在电解液中比镍活泼,当这些金属浸在溶液中时,通过置换反应在表面上沉积镍核,这些镍核可以使化学沉积过程发生。铜、银、金、碳等金属不具备催化活性,在电解液中没有镍活泼,此时要在这些基体上化学镀镍必须进行触发。例如铜,为了获得自催化化学镀镍的效果,可以把一段铁丝缠绕在铜件上再镀。这样最初镀层是从铁丝与铜件接触的部位开始出现,继而外延,当铜件表面都出现镍层后,镀层便开始均匀生长。也可以在铜上面进行闪镀镍后再化学镀镍。而锌、镉、锡、铋、铅、锑和硫是化学镀镍的毒化剂,能阻止化学镀镍的催化反应。

硼氢化钠对大多数金属都具备还原能力,例如在钴、锰、铬、钼、钨、铜、金、银、铂、石墨等基体上都可以直接进行化学镀镍。但硼氢化钠溶液却十分不稳定。

8.2.3　化学镀镍机理

1.以次磷酸为还原剂的镍磷共沉积机理

(1) 原子氢析出机理

1946年由 Brenner 和 Riddel 提出原子氢析出机理,他们认为还原镍的物质实际上就是原子氢,其反应过程为

$$H_2PO_2^- + H_2O \longrightarrow HPO_3^{2-} + H^+ + 2H_{ad} \tag{8.9}$$

$$Ni^{2+} + 2H \longrightarrow Ni + 2H^+ \tag{8.10}$$

$$H_2PO_2^- + H^+ + H \longrightarrow 2H_2O + P \tag{8.11}$$

$$2H_{ad} \longrightarrow H_2 \tag{8.12}$$

式(8.9)表示,水和次磷酸根反应产生了吸附在催化表面上的原子氢。

式(8.10)表示,吸附氢在催化表面上还原镍的过程。

式(8.11)表示,吸附氢在催化表面上还原磷的过程。

式(8.12)表示,在还原镍－磷的同时原子态的氢结合成氢气而析出的过程。

(2) 电子还原机理

在原子氢析出机理提出后不久,1959年 W.Machu 提出了电子还原机理,其反应过程为

$$H_2PO_2^- + H_2O \longrightarrow H_2PO_3^- + 2H^+ + 2e^- \tag{8.13}$$

$$Ni^{2+} + 2e^- \longrightarrow Ni \tag{8.14}$$

$$H_2PO_2^- + 2H^+ + e^- \longrightarrow 2H_2O + P \tag{8.15}$$

$$2H^+ + 2e^- \longrightarrow H_2 \tag{8.16}$$

上式可以解释为:在酸性溶液中次磷酸根与水反应给出电子,产生的电子再使 Ni^{2+} 还原成金属 Ni。在此过程中电子也同时使少许的 P 和 H^+ 得到还原。

(3) 正负氢离子机理

此理论是由 Hersch 提出,在1964年被 Lukes 所改进。根据 Lukes 的理论,作为 H^- 的氢起先是在次磷酸根离子内与 P 相连的,即式(8.19),此式同时也解释了 P 的共沉积。具体内容如下:

在酸性溶液中

$$H_2PO_2^- + H_2O \rightarrow H_2PO_3^- + H^+ + H^- \tag{8.17}$$

$$Ni^{2+} + 2H^- \rightarrow Ni + H_2 \tag{8.18}$$

$$H_2PO_2^- + 2H^+ + H^- \rightarrow 2H_2O + \frac{1}{2}H_2 + P \tag{8.19}$$

$$H^+ + H^- \rightarrow H_2 \tag{8.20}$$

在碱性溶液中

$$H_2PO_2^- + 3OH^- \rightarrow H_2PO_3^- + H_2O + H^- \tag{8.21}$$

$$Ni^{2+} + 2H^- \rightarrow Ni + H_2 \tag{8.22}$$

$$H_2O + H^- \rightarrow H_2 + OH^- \tag{8.23}$$

(4) Cavallocei – Salvage 机理

1968 年 Cavallocei 和 Salvage 首次提出,后为 Pandin 和 Hinfermana 所完善。

其具体反应为

$$2H_2O \longrightarrow 2H^+ + 2OH^- \tag{8.24}$$

$$Ni(H_2O)_6^{2+} + 2OH^- \longrightarrow Ni(aq)\begin{matrix} OH \\ \\ OH \end{matrix} + 6H_2O \tag{8.25}$$

$$Ni(aq)\begin{matrix} OH \\ \\ OH \end{matrix} + H_2PO_2^- \longrightarrow NiOH_{ad} + H_2PO_3^- + H \tag{8.26}$$

$$NiOH_{ad} + H_2PO_2^- \longrightarrow Ni + H_2PO_3^- + H \tag{8.27}$$

$$H + H \longrightarrow H_2 \tag{8.28}$$

$$Ni_{pat} + H_2PO_2^- \longrightarrow P + Ni + 2OH^- \tag{8.29}$$

$$H_2PO_2^- + H_2O \rightarrow H_2PO_3^- + H_2 \tag{8.30}$$

下标 ad 表示吸附,pat 表示催化镍表面。

现在众多的研究证明了 H_2/Ni 的摩尔比不会超过 1,磷的沉积量因沉积条件不同而不同,变化范围在 1% ~ 15% 之内,考查次磷酸的结构式,如图 8.6 所示。有人采用了重氢(D)来制备 $D_2PO_2^-$ 以及 D_2O,发现由 $D_2PO_2^-$ 与水分子作用放出电子来还原镍时,副反应放出的氢气中同位素的组成有着显著的不同:由 P – H 结合来的次磷酸作为还原剂,其中重氢的比例占 50%,以 $D_2PO_2^-$ 为还原剂时重氢的比例占 92%,这一实验结果用机理(1)和(2)无法说明。假若反应按机理(3)与(4)进行的话,由于一个次磷酸根离子被氧化后仅能放出一个电子,因而次磷酸还原镍的效率最大也不会超过 50%,然而这与化学镀 Pd – P 合金的情况不符,因为采用乙二胺做配位剂的化学镀 Pd – P 合金的效率可达 61% ~ 80%。

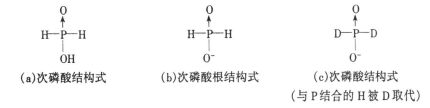

(a)次磷酸结构式　　(b)次磷酸根结构式　　(c)次磷酸结构式
　　　　　　　　　　　　　　　　　　　　　　　　(与 P 结合的 H 被 D 取代)

图 8.6　次磷酸的结构式

2.以硼氢化钠和二甲胺基硼烷为还原剂的镍磷共沉积机理

G.O.Mallor 在 1971 年发表了以硼氢化钠和二甲胺基硼烷为还原剂的镍硼共沉积机理,具体内容为

$$4Ni^{2+} + BH_4^- + 8OH^- \longrightarrow 4Ni + BO_2^- + 6H_2O \tag{8.31}$$

$$4Ni^{2+} + 2BH_4^- + 6OH^- \longrightarrow 2Ni_2B + 6H_2O + H_2 \uparrow \tag{8.32}$$

$$3Ni^{2+} + (CH_3)_2NHBH_3 + 3H_2O \longrightarrow 3Ni + (CH_3)_2H_2N^+ + H_3BO_3 + 5H^+ \tag{8.33}$$

$$4Ni^{2+} + 2(CH_3)_2NHBH_3 + 3H_2O \rightarrow Ni_2B + 2Ni + 2(CH_3)2H_2N^+ + H_3BO_3 + 6H^+ + 1/2H_2 \uparrow \tag{8.34}$$

3.还原剂脱氢机理

在进行了氢的同位素跟踪试验之后,1981 年 VamdemMeerakker 指出:无论是采用次磷酸、硼氢化钠,还是二甲胺基硼烷作为还原剂,其还原剂的第一步反应均为脱氢反应,对于以次磷酸为还原剂的还原过程,他提出了如下的机理

脱氢　　　　　　　　$$H_2PO_2^- \longrightarrow \cdot HPO_2^- + H \tag{8.35}$$

氧化　　　　　　$$\cdot HPO_2^- + OH^- \longrightarrow H_2PO_3^- + e^- \tag{8.36}$$

再结合　　　　　　　　$$H + H \longrightarrow H_2 \tag{8.37}$$

氧化　　　　　　　$$H + OH^- \longrightarrow H_2O + e^- \tag{8.38}$$

金属析出　　　　　　　$$Ni^{2+} + 2e^- \longrightarrow Ni \tag{8.39}$$

析氢　　　　　　$$2H_2O + 2e^- \longrightarrow H_2 + 2OH^- \tag{8.40}$$

磷析出　　$$mNiL_2^{2+} + H_2PO_2^- + (2m+1)e^- \longrightarrow Ni_mP + 2mL + 2OH^- \tag{8.41}$$

式中 L 表示配合物。其中式(8.37)、(8.38)与式(8.39)、(8.40)为两对竞争反应,由参加反应的金属与还原剂特性决定。对于次磷酸还原镍和甲醛还原铜的过程,反应式(8.37)是主反应,全部阳极反应可统一写成

$$2RH + 2OH^- \longrightarrow 2ROH + H_2 + 2e^- \tag{8.42}$$

则可知次磷酸对镍还原效率为 50%;相反,当反应式(8.38)为主反应时次磷酸钠的还原效率最大为 100%。

其中总的阳极反应可写成

$$RH + 2OH^- \rightarrow ROH + H_2O + 2e^- \tag{8.43}$$

VandenMeerakker 机理的第一步是还原剂脱氢。这个氢可以被氧化放出电子以还原金属离子,也以相互复合而析出,因而解释了早期理论所不能解决的问题。

8.2.4　酸性次磷酸盐化学镀镍工艺

化学镀镍的工艺决定了镀层的沉积速度、含磷量及性能。按操作温度分,可将镀液分成高温镀液(85~95℃)、中温镀液(65~75℃)、低温镀液(50℃以下)。按 pH 值分,又可将其分为酸性镀液和碱性镀液。按其使用的还原剂又可大致分为四种:次磷酸盐型、硼氢化物型、肼型、胺基硼烷型。最常用的是次磷酸盐为还原剂的酸性高温化学镀镍液,常称为普通化学镀镍液。镀液的组成与工艺如表 8.5 所示。

表 8.5 酸性化学镀镍液的组分与工艺

配　　方	1	2	3	4
$NiSO_4 \cdot 6H_2O$	20 g/L		20 g/L	0.095 mol/L
$NiCl_2 \cdot 6H_2O$		25~30 g/L		
$NaH_2PO_2 \cdot H_2O$	30 g/L	30 g/L	35 g/L	0.227 mol/L
醋酸钠	10 g/L			
乳酸(质量分数为88%)	15 ml/L		15 ml/L	
丙酸	5 ml/L		10 ml/L	
柠檬酸	10 g/L	10 g/L		
琥珀酸	5 g/L	羟基乙酸钾 4 g/L		0.135 mol/L
苹果酸	10 g/L			0.179 mol/L
碘酸钾	15~25 mg/L			
pH	4.7~5.1	5~6	4.5~4.7	5.8~6.0
温度/℃	90±2	60~65	90~93	90~93

注:配方1用于普通化学镀镍,配方2用于中温化学镀镍,配方3用于高速化学镀镍,配方4用于高稳定性长寿命化学镀镍

1.酸性化学镀镍的镀液组成

(1) 镍盐

最常用的镍盐有硫酸镍和氯化镍两种。由于硫酸镍的价格低廉,且纯度较高,被认为是镍盐的最佳选择。有些配方中也加入氯化镍,然而由于氯离子的活性高,对于有可能被腐蚀的工件,如铝及铝合金和铁合金件上,化学镀镍时一般不使用氯化镍。醋酸镍也是镍离子的提供源,并且对镍液的使用性能及镀层质量都有所提高,但价格比较昂贵,所以较少使用。

次磷酸镍是镍离子最为理想的来源。因为使用次磷酸镍不但可以避免硫酸根离子的存在,并且在补加镍盐时,能使碱金属离子的累计量达到最小值。如能解决其在制备过程中遇到的问题,使用这种镍盐将极大地改善镀液的性能。

镀液中镍离子浓度不宜过高,镀液中镍离子过多,会降低镀液的稳定性,容易形成粗糙的镀层,甚至可能诱发镀液瞬时分解,继而在溶液中析出海绵状镍。镍离子与次磷酸盐浓度的最佳摩尔比应在 0.4 左右。

试验结果表明,镍离子的浓度与镀速及镀层中磷的含量都有密切关系,在酸性镀液中镍离子的浓度对镀层的磷含量及镀速的影响如图 8.7 所示。镍离子浓度较低时,速率随浓度升高而上升,达到一定浓度后,速度不再改变。其浓度应控制在 8~12 g/L,这时沉积速率最高,且镀层中的含磷量也比较稳定。

(2) 还原剂

还原剂是化学镀镍的主要成分,它能提供还原镍离子所需要的电子,在酸性镀液中采用的还原剂主要为次磷酸盐。

次磷酸盐在镀液中的反应为

$$[Ni^{2+} + mL^{n-}] + 4H_2PO_2^- + H_2O \longrightarrow Ni^0 + P + 3H_2PO_3^- + 3H^+ + mL^{n-} + H_2 \uparrow \quad (8.44)$$

在一定范围内镍沉积的反应速度与次磷酸的浓度成正比,因而次磷酸的浓度直接影响着反应的沉积速率。

$Ni^{2+}/H_2PO_2^-$ 比值对沉积速率的影响关系如图 8.8 所示,发现次磷酸盐的浓度应该在

0.15 mol/L和0.35 mol/L之间;Ni^{2+}:$H_2PO_2^-$的最佳摩尔比应保持在0.25~0.6之间,最好在0.3~0.45之间,一旦Ni^{2+}:$H_2PO_2^-$的摩尔比降到低于0.25,得到的镀层呈褐色,比值升高,镀层含磷量下降,而当比值高于0.6时,镀速变得很慢,效率降低。图8.9同时给出了镀液的次磷酸浓度与镀层的沉积速率和磷的含量的关系。

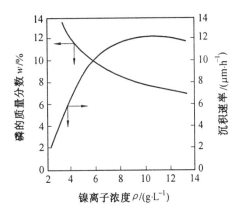 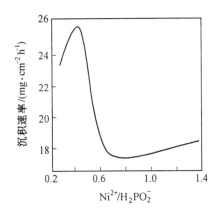

图8.7　镍离子对镀速及磷含量的影响　　　　图8.8　在含醋酸盐溶液中,镀速与 Ni^{2+}／
　　　　　　　　　　　　　　　　　　　　　　　　　　$H_2PO_2^-$ 比值的关系

由式(8.44)可知,每还原1 mol镍离子,就有3 mol的亚磷酸根离子产生。若想反应继续进行,就必须补加次磷酸盐,这样势必使亚磷酸根离子在溶液中不断积累。当亚磷酸根离子浓度达到30 g/L时,将迅速降低化学镀镍的沉积速率。亚磷酸根离子还会与溶液中的镍离子生成溶解度很小的亚磷酸镍沉淀,使镀液浑浊,镀层粗糙无光,甚至催化镀液,发生瞬时分解。因此控制镀液中亚磷酸根离子浓度是十分必要的。在初形成亚磷酸镍的溶液中加入含羟基的羟基酸如乳酸或羟基乙酸,可较有效地阻止亚磷酸镍的生成(其允许量见图8.10);当亚磷酸根离子浓度达到不能用配位剂阻止亚磷酸镍的生成时,只好报废镀液或用电渗析处理。

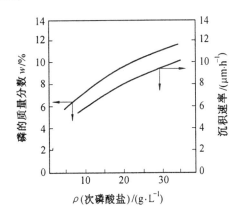 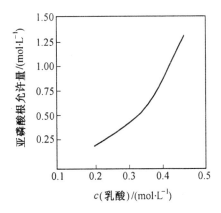

图8.9　次磷酸盐浓度对镀速与磷含量的影响　　图8.10　乳酸浓度与亚磷酸根允许量之间的
　　　　　　　　　　　　　　　　　　　　　　　　　　　　关系

（3）缓冲剂

缓冲剂的主要用处是维持镀液的 pH 值，防止化学镀镍时由于大量析氢所引起的 pH 值下降。试验表明，每消耗 1 mol Ni^{2+} 的同时，生成 3 mol 的 H^+。也就是说，在一升镀液中如果消耗 5.4 g 的 $NiSO_4 \cdot 7H_2O$，就会生成 0.06 mol 的 H^+。如不考虑其他因素的影响，只考虑生成的 H^+，则溶液的 pH 值下降为 1.22。因此，随着反应的进行，溶液的 pH 值不断降低，沉积速率也随之降低，所以应加入缓冲剂，以维持镀液的 pH 值。

化学镀镍中常常使用醋酸钠作缓冲剂，使用量为 0.5 mol/L 左右，即 15 g/L。醋酸钠能起到缓冲剂的作用原理是它部分与溶液中的氢离子结合成弱酸，形成弱酸 – 弱酸盐体系。常用的弱酸电离常数见表 8.6。

表 8.6 一些常用弱酸的电离常数

弱酸类别	酸	分子式	电离常数 K（温度℃）
单基羧酸	甲酸	HCOOH	1.8×10^{-3} (25)
	乙酸	CH_3COOH	1.66×10^{-5} (0)
	丙酸	C_2H_5COOH	1.34×10^{-5} (25)
	丁酸	C_3H_7COOH	1.53×10^{-5} (18)
	丙烯酸	$CH_2CHCOOH$	5.6×10^{-5} (25)
	三甲基醋酸	$(CH_3)_3COOH$	9.4×10^{-5} (18)
二元羧酸	草酸	$(COOH)_2$	5.9×10^{-2} (25) 6.4×10^{-5} (25)
	琥珀酸	$(CH_2)_2(COOH)_2$	8.7×10^{-5} (25) 4.77×10^{-6} (25)
	丙二酸	$(CH_2)_2(COOH)_2$	1.4×10^{-3} (25) 2.03×10^{-6} (25)
	马来酸	$C_2H(COOH)_2$	1.42×10^{-3} (25) 8.59×10^{-7} (25)
	甲叉丁二酸	$C_3H_4(COOH)_2$	1.40×10^{-4} (25) 3.56×10^{-6} (25)
羟基羧酸	羧基乙酸	$CH_2OHCOOH$	1.48×10^{-4} (25)
	乳酸	$CH_3CHOHCOOH$	1.26×10^{-4} (25)
	水杨酸	$C_6H_4OHCOOH$	1.07×10^{-3} (19) 4.0×10^{-4} (18)
	酒石酸	$C(CHOH)_2(COOH)_2$	1.04×10^{-3} (25) 4.55×10^{-5} (25)
	柠檬酸	$C_3H_4OH(COOH)_3$	8.4×10^{-4}(25),1.8×10^{-5} (25),5.5×10^{-7} (25)
无机酸	硼酸	H_3BO_3	6.53×10^{-10} (25)
	碳酸	H_2CO_3	4.57×10^{-7} (25) 5.6×10^{-11} (25)
	亚硫酸	H_2SO_3	1.54×10^{-2} (25) 102×10^{-7} (18)

（4）配位剂

当 pH＞6 时，假如溶液中不存在与镍离子配合的配位剂，镍离子不可避免要发生水解，生成氢氧化镍沉淀，为了使镀液稳定，在化学镀镍溶液中通常选用有机酸及其盐作为配位剂。配位剂的作用主要是与镍离子进行配合，降低游离镍离子的浓度，提高镀液的稳定性。镍离子与配位剂在镀液中的存在形式还受溶液的 pH 值的影响。镍的存在形式与 pH 值的关系如图 8.11 所示。化学镀镍常用的配位剂有乙醇酸、柠檬酸、乳酸、苹果酸、丙酸、甘氨酸、琥珀酸、氨基醋酸等。一般不采用碳链过长的有机酸作配位剂，因为它们会形成不溶性的镍盐。化学镀速率与各种有机酸浓度的关系如图 8.12 所示。一些常用的配位剂的属性及结构和稳定常数如表 8.7 所示。

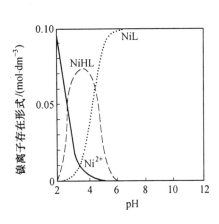

图 8.11 镍的存在形式与 pH 值的关系

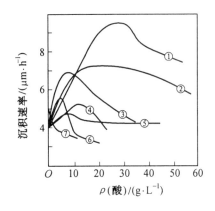

图 8.12 镀速与各种有机酸浓度的关系
①—乳酸；②—羟乙酸；③—丁二酸；④—水杨酸；
⑤—甘氨酸；⑥—邻苯二甲酸；⑦—酒酸酸

表 8.7 一些常用的配合物的属性及结构

酸	柠檬酸	乳酸	苹果酸	丁二酸(琥珀酸)
英文名	Citricacid	Lactic acid	Malic acid	Succinic acid
分子式	$C_6H_8O_7 \cdot H_2O$	$C_3H_6O_3$	$C_4H_5O_5$	$C_4H_6O_4$
相对分子质量	294	90.08	134.09	118.09
物性	白色结晶,在湿空气中微有潮解性,溶于水	无色或浅黄色粘稠液体,吸潮,与水互溶	无色晶体,易溶于水	无色或白色晶体,溶于水
在化学镀镍中的用量	20~50 g/L	27~30 g/L	15~10 g/L	12~20 g/L
结构式	(结构式)	(结构式)	(结构式)	(结构式)
与镍的配合产物	(结构式)	(结构式)	(结构式)	(结构式)
稳定常数 pK	6.9	2.5	3.4	2.2

A.Brenner 研究了各种配位剂对镀速的影响,发现一些配合物的不同特点:配位剂为乳酸时,其沉积速率为最大,但是从此溶液中所获得的镀层比较粗糙,镀液使用寿命也比较短。配位剂为羟基乙酸时,其沉积速率比乳酸作配位剂的镀液低,但是镀层比较光滑,溶液的使用寿命也比较长。该镀液的主要问题是沉积速率不稳定,会随反应进行时间的延长而降低。使用柠檬酸盐作配位剂时,其沉积速率很慢,但溶液非常稳定。当向这种镀液中加入四硼酸盐做辅助配位剂时,则可得到较高的沉积速率。

(5) 稳定剂

在正常条件下,化学镀镍溶液较稳定。但在槽液受到污染、存在有催化活性的固体颗粒、装载量过大或过小、pH 值过高等异常情况下,化学镀镍溶液会自发分解,会在整个溶液内生成金属镍的颗粒,溶液迅速分解失效。为了防止上述情况的发生,溶液中通常需要加入稳定剂。稳定剂阻止或推迟了化学镀镍液的自发分解,稳定镀液,同时对化学镀镍层的磷含量以及内应力也有影响。

判断化学镀镍溶液稳定剂有效性的方法:将含有稳定剂的化学镀镍溶液加热到工作温度,向其中加入 $1 \sim 2 \ ml$ 浓度为 $100 \ mg/L$ 的氯化钯溶液,测量生成黑色沉淀的时间,根据时间长短来判断其稳定性。如果时间超过 $60 \ s$,则认为它是稳定的。稳定剂分 4 类,如表8.8所示。

表 8.8 化学镀镍稳定剂的类型

分　类	第 1 类	第 2 类	第 3 类	第 4 类
类型	第六族元素	含氧酸根	重金属离子	不饱和有机酸
稳定剂	S、Se、Te	AsO_2^{-}、IO_3^{-}、MoO_4^{2-}	Sn^{2+}、Pb^{2+}、Hg^{+}、Sb^{3+}	马来酸、甲叉丁二酸
浓度范围	0.1 mg/L	0.1 mg/L	$10^{-5} \sim 10^{-3} \ mol/L$	$10^{-3} \sim 10^{-1} \ mol/L$

稳定剂种类的选择:首先明确镀液情况,确认有哪些问题,用哪种稳定剂可以解决;接着必须确认稳定剂不与镀液中的其他的添加剂作用而降低催化活性。如果同时使用多种稳定剂,则必须几种稳定剂之间不会相互阻碍或减弱稳定作用的发生。稳定剂的选择必须要在保证镀层符合性能要求的前提下,发挥其作用。

(6) 促进剂

化学镀镍溶液中的配位剂和稳定剂往往会使沉积速率下降。因此,常常在镀液中添加少量的能提高沉积速率的物质,即所谓促进剂,也称为加速剂。促进剂的加入,能促使次磷酸盐分子中氢和磷原子之间键变弱,使氢在被催化表面上更容易移动和吸附。也可以说促进剂能起活化次磷酸根离子的作用。可用作促进剂的物质有氨基羧酸,如 $\alpha -$ 氨基丙酸、$\alpha -$ 氨基丁酸、天冬氨酸等。可溶性氟化物和某些溶剂也具有加速作用。

(7) 光亮剂

化学镀镍是一种功能性镀层,通常为半光亮外观,然而近年来人们对化学镀镍的光亮性的要求越来越高。由于化学镀镍体系操作温度一般较高,而且位于镀液中工件的表面要大量不断地析出氢气,特别是与电镀不同,工件不被阴极极化,因而无论酸性镀液还是碱性镀液,其光亮剂的选择都是十分困难和重要的。初级光亮剂一般可由萘、苯、甲苯、炔－烃化合物、萘胺的磺酸、磺酸盐或它们的氨磺酰产物等组成,如丁炔二醇及它们与环氧己烷和环氧丙烷的醚化产物、邻甲苯磺酰胺、苯二磺酸钠、糖精、对氨醛基苯酚等。次级光亮剂由镉、硒、锑、钼、硫、硫脲等金属离子或硫类化合物组成,如醋酸铅、硫代硫酸钠、硫酸镉等。某些光亮电镀镍用的次级光亮剂也直接用于化学镀镍。目前已经有商品化的化学镀镍光亮剂销售。

2.酸性化学镀镍的工艺条件

（1）pH 值

由式(8.44)可以看出,反应物 Ni^{2+}、$H_2PO_2^-$ 及产物 H^+、$H_2PO_3^-$ 和 L^{n-},都是影响沉积速率的参数。此外温度、所用镍盐的阴离子、稳定剂的种类等也影响其沉积速率。同时也可以看出,每沉积 1 mol 的金属镍,就会产生 3 mol 的 H^+,因此沉积不断地进行,则镀液的 pH 值也不断下降,同时沉积速率也随之下降,如图 8.13 所示。在酸性镀液中,如果 pH < 3 时,镍离子就不会被还原析出。在研究中发现镀层中磷的含量也随溶液 pH 值的变化而变化,如图8.14 所示。

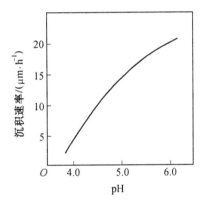

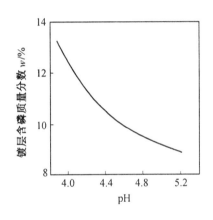

　　图 8.13　pH 值对沉积速率的影响　　　　图 8.14　镀层磷含量随镀液 pH 值的变化

（2）温度的影响

温度是影响化学镀镍反应活化能的主要参数。化学镀工作时有一个启镀的温度,特别是酸性化学镀镍,温度必须高于 50℃时才能以明显的速率进行。酸性次亚磷酸盐体系镀液的操作温度一般为 85～95℃,温度过高,镀液不稳定,容易分解;温度过低,反应不进行。

由图 8.15 可知,温度对镀速有很大的影响,当其他条件不变时,温度升高,镀速也随之大幅度地增加,在 90℃时其沉积速率相当于 75℃时的 2.6 倍。从图 8.16 也可以看到,在当温度从 90℃升高到 100℃时其镀速增加了 1 倍,而此时的镀液却极不稳定。一般在 105℃时便已达到最大的镀速。化学镀镍的温度必须严格控制,而不使其发生大范围变化。Baldwin 和 Sneh 的研究表明,在酸性溶液中获得的镀层的磷含量随温度升高而降低,因此温度大幅度的变化将产生不同含磷量的层状组织而使镀层容易脱落。

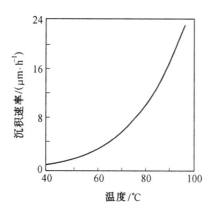

图 8.15　沉积速率与镀液温度的关系　　　图 8.16　相对镀速与镀液温度的关系

（3）杂质的影响

在镀液的配制和使用过程中,不可避免地要向镀液带入一些有机物和无机物,如油脂、溶剂、Pb^{2+}、Cr^{3+}、Cu^{2+}、Zn^{2+}、Fe^{2+} 等等,当这些杂质超过一定量时,就会引发出一些质量问题。除油溶剂、油脂、酸雾抑制剂等有机物的带入容易引起云状和条纹状的质量问题,使得结合力下降。另外在硫酸镍镀液中硫酸钠在低温时容易生成结晶,析出造成搅拌器叶片被固定以及向预备槽输送镀液的管线被堵塞等故障,因而也必须考虑除去或抑制硫酸钠的生成。金属离子的带入可以来自基体的溶解、水、前处理槽溶液和灰尘。这些金属离子的影响及解决办法如表 8.9 所示。

表 8.9　杂质的影响及解决办法

污染物	极限浓度/$(mg·L^{-1})$	现　象	解决办法
Pb,Cd	5	无镀层或出现漏镀	通电处理镀液
Zn	300	镀速慢	废弃并更换镀液
Cu	15	镀层黑	通电处理镀液
Fe	130	镀速低	废弃并更换镀液
Al	300	镀层黑,镀速慢	废弃并更换镀液
Pb	3	分解	废弃并更换镀液
Cr^{3+}	13	漏镀,镀速低	废弃并更换镀液
Cr^{6+}	3	漏镀	废弃并更换镀液
S^{2-}	10	无镀层或镀层黑	通电处理镀液
NO_3^-	50	无镀层	在 85℃下 pH 值为 4 时保温 2 h
H_3PO_3	80～150 g/L	镀速低	废弃并更换镀液(升高 pH,温度)

8.2.5　其他类型化学镀镍

在化学镀镍的发展中也开发出了其他类型的化学镀镍。主要有碱性化学镀镍、胺基硼烷为还原剂的化学镀镍液、以硼氢化钠为还原剂的化学镀镍液、以肼为还原剂的化学镀镍液。其典型的组成及工艺如表 8.10 所示。

表 8.10 其他化学镀镍液的组分及工艺

组成及工艺	碱性化学镀镍	硼氢化钠为还原剂	肼为还原剂	胺基硼烷为还原剂
$\rho(NiSO_4 \cdot 6H_2O)/(g \cdot L^{-1})$	24		60	
$\rho(NiCl_2 \cdot 6H_2O)/(g \cdot L^{-1})$		30		24 ~ 48
$\rho(NaH_2PO_2 \cdot H_2O)/(g \cdot L^{-1})$	20			
$\rho(硼氢化钠)/(g \cdot L^{-1})$		0.5 ~ 0.6		
$\rho(二甲基胺硼烷)/(g \cdot L^{-1})$				3 ~ 4.8
$\rho(肼)/(g \cdot L^{-1})$			100	
$\rho(羟基乙酸)/(g \cdot L^{-1})$			60	
$\rho(酒石酸钾钠)/(g \cdot L^{-1})$			25	
$\rho(醋酸钠)/(g \cdot L^{-1})$				18 ~ 37
$\rho(氢氧化钠)/(g \cdot L^{-1})$		40		
$\rho(乙二胺)/(g \cdot L^{-1})$		60		
$\rho(柠檬酸)/(g \cdot L^{-1})$	60			
$\rho(硼酸)/(g \cdot L^{-1})$	40			
$\rho(稳定剂)/(g \cdot L^{-1})$	适量	适量	适量	适量
pH	8 ~ 9	14	1	5.5
温度/℃	85 ~ 88	90 ~ 95	90	70

1.以次磷酸盐为还原剂的碱性化学镀镍液

酸性化学镀镍工艺虽然沉积速度快,可以获得耐腐蚀性高的镀层,但一般溶液温度高,能耗高,镀层光亮性差,同时镀液稳定性差,溶液自分解现象严重。

从碱性化学镀镍液得到的镀层中磷含量比酸性镀液要低,镀层孔隙率比较大,耐蚀性较差,但溶液比较稳定,操作方便,起镀温度较低,有的工艺在室温下即可进行。因此近年来碱性化学镀镍工艺在工业上的应用越来越广。

碱性化学镀镍工艺中,主盐和还原剂与酸性镀液一样,采用硫酸镍和次磷酸盐。其总反应为

$$2NaH_2PO_2 + 4NaOH + NiSO_4 \xrightleftharpoons{\hspace{1cm}} 2Na_2HPO_3 + Na_2SO_4 + 2H_2O + Ni + H_2 \uparrow \qquad (8.45)$$

碱性化学镀镍在镍析出的同时,也伴随着磷的共沉积,得到镍磷合金镀层,但其镀层的含磷量要比酸性镀液获得的镀层的含磷量低得多,其质量分数仅为 3% 左右。

在碱性化学镀液中一般用氨水调整 pH 值。氨水与镍离子可以生成配合物,但当 pH > 6.8 时,会生成氢氧化镍沉淀。因此必须加入其他配位剂。在碱性镀液中使用的最理想的配位剂是柠檬酸钠,也可以使用焦磷酸盐。化学镀过程中随温度升高,沉积速率加快,镀层含磷量增加,硬度降低,但温度超过 75℃ 时,镀液很不稳定,镀层呈灰黑色。碱性镀液在一定的 pH 值范围内时,提高 pH 值,其沉积速率没有明显变快,反而降低了溶液的稳定性,若想通过提高 pH 值使其沉积速率增加,也应防止氢氧化镍沉淀的产生。

2.以胺基硼烷为还原剂的化学镀镍液

胺基硼烷作为还原剂有如下优点:镀液可在较宽的 pH 值范围内操作,使用温度一般低于 75℃;镀液再生能力强,因而使用周期长;镀液稳定性较好;并且由于其氧化反应活化能低(为 35.5 kJ/mol)。因此有些金属如铜、银、不锈钢等在次磷酸钠化学镀镍液没有催化能

力,但在二甲基胺基硼烷化学镀液中都有足够的催化作用,不需要活化处理。

化学镀镍的反应过程为

$$3Ni^{2+} + (CH_3)_2HNBH_3 + 6H_2O \longrightarrow 3Ni + 3H_2\uparrow + 2(CH_3)_2HN + H_3BO_3 + 6H^+ \quad (8.46)$$

胺基硼烷在强酸性介质中易于分解,所以槽液的 pH 值应控制高于 5。溶液的 pH 值还影响镀层的含硼量。测试结果表明,随 pH 值升高,镀层中含硼量降低,从 pH 值为 9 的镀液中获得的镀层含硼质量分数为 0.5% 左右。所以若想获得高硬度的耐磨的镀层,就必须严格控制溶液的 pH 值。调整 pH 值一般仍使用氨水或氢氧化钠。

镀液温度对沉积速率有明显影响,室温下镀层沉积速率较低,一般低于 2.5 μm/h,提高温度镀速明显加快。因此,温度控制在 60 ~ 70℃ 为宜。

3. 以硼氢化钠为还原剂的化学镀镍液

以硼氢化钠为还原剂的化学镀镍液使用硫酸镍或氯化镍作主盐。硼氢化钠是一种白色盐类、易溶于水,具有较强的还原作用。在理论上一个当量的硼氢化钠能还原四个当量的金属离子,而次磷酸盐只能还原一当量的金属离子。硼氢化钠除了在强碱性溶液外极易分解,所以此镀液 pH 值应保持在 11 以上。

在强碱溶液中硼氢化钠能使镍离子还原,反应式为

$$NaBH_4 + 4NiCl_2 + 8NaOH =\!=\!= 4Ni + NaBO_2 + 8NaCl + 6H_2O \quad (8.47)$$

$$2NaBH_4 + 4NiCl_2 + 6NaOH =\!=\!= 2Ni_2B + 6H_2O + 8NaCl + H_2\uparrow \quad (8.48)$$

副反应

$$NaBH_4 + 2H_2O =\!=\!= NaBO_2 + 4H_2\uparrow \quad (8.49)$$

硼氢化钠的浓度将明显地影响沉积速率和镀液稳定性,随 BH_4^- 浓度增加,槽液的稳定性下降。要保持溶液的稳定性,降低溶液温度是一种办法,但这样会导致沉积速率的陡然下降,因此,可在加入氢氧化钠的同时,间隔地加入少量的硼氢化钠以维持溶液中还原剂的浓度和保持较理想的沉积速率。

为了防止生成碱式镍盐沉淀,必须加入配位剂。配位剂一般采用乙二胺、乙二胺四乙酸或柠檬酸盐等。在高 BH_4^- 浓度、高温度下镀液的稳定性很差,所以应加入稳定剂。稳定剂一般为铊盐、醋酸铅、氯化汞、香豆素、硫酸镉、含硫的脂肪族羧酸、炔酸、芳香族硫化物、噻吩、硫茚等。铅或铊盐的浓度只要为 0.1 ~ 0.3 mg/L 就能对镀液起到稳定的作用。

一般镀液的 pH 值必须保持在 12 以上,否则槽液就不会稳定。因此,必须经常对溶液进行化验和过滤。当溶液中镍含量降至原始含量的 20% 以下时就不能再使用了,需处理或倒掉。在工作超过 4 周期(补加金属离子的量相当于初始镀液的量)后,由于偏硼酸钠的浓度的累积,使镀液再调整也难以正常使用。

4. 以肼为还原剂的化学镀镍液

用次磷酸钠、胺基硼烷、硼氢化物作还原剂的化学镀镍工艺都存在还原剂氧化产物在溶液中积累而导致镀液性能逐渐恶化、直至无法使用的问题。而肼的氧化物是水和氮,不存在有害氧化物积累的问题。肼,又名联氨,其分子式为:H_2NNH_2,它是一种无色油状液体,易溶于水而形成水合肼。

镀液使用酒石酸盐、丙二酸盐、EDTA 作为配位剂,用氢氧化钠调整 pH 值。pH 值根据不同工艺控制,温度控制在 90℃ 以上。

用肼作还原剂虽然不存在有害氧化物积累问题,并可获得纯度较高的镍镀层,但镀层内应力大、脆性大,限制了镀层使用范围。再加上肼在空气中激烈氧化发烟,并有刺激性的臭味,污染环境,所以应用比较少。

8.2.6 化学镀镍液的配制调整与维护

文献中化学镀镍的研究往往偏重于配方和添加剂,而对溶液的配制、调整与维护却很少涉及。在实际生产中,不仅要有好的原始配方,更要有好的镀液的配制与操作,以在连续变化的镀液中获得沉积速率、含磷量、性能均稳定的镀层。实际上目前商品化的任何一种镀液都是分两个以上的组分销售的,包括开缸溶液和补充溶液,因而仅仅给出配方是远远不够的。要合理地操作镀液,必须了解其在使用过程中的变化。主要包括:如何控制 pH 值、补加镍盐及还原剂、补加配位剂及稳定剂、净化镀液、提取镀液中积累的副产物、提高镀液的寿命以及如何分析镀液的组成。

化学镀镍的工艺要求比一般电镀工艺严格,镀液使用、调整维护问题较多,不作特殊处理时镀液很难维持使用六个周期以上。因此化学镀镍液的配制与调整维护是一个很值得注意研究的课题。

8.2.7 化学镀镍液的配制

(1) 用次磷酸盐作还原剂的一步法酸性镀液的配制

一步法酸性镀液采用的配制原则是按配方直接配制化学镀镍液,具体操作步骤如下:

① 称取药品,分别用少量蒸馏水或去离子水溶解。

② 将已完全溶解的镍盐溶液,在不断搅拌下倒入含配合物的溶液中。

③ 将完全溶解的还原剂溶液,在剧烈地搅拌下,倒入已按②配制好的溶液中。

④ 分别将稳定剂溶液、缓冲剂溶液、促进剂溶液,在充分搅拌作用下,倒入③溶液中。

⑤ 用蒸馏水或去离子水稀释至计算体积。

⑥ 用硫酸或氨水或氢氧化钠稀溶液调整 pH 值。

⑦ 仔细过滤溶液。

⑧ 取样化验,合格后加温生产。

在以上镀液的配制过程中应注意的事项有:严格按照以上①～⑧的工序进行溶液的配制,先后顺序千万不可颠倒,否则就得不到性能合格的镀液。例如将 pH 值调整剂的氢氧化钠溶液加入到不含配位剂、仅含有还原剂的镍盐溶液中,不仅要生成镍的氢氧化物,而且会还原出镍的颗粒状沉淀;在配制过程中一定要进行搅拌,即使已预先将各部分药品完全溶解,进行混合时,若不进行充分搅拌也会生成肉眼难以发现的镍的化合物;在进行 pH 值调整时,除了应在剧烈搅拌下进行外,药品的加入还应缓慢少量地进行,不可加入太快,否则会使局部 pH 值过高,容易产生氢氧化镍的沉淀;在化验过程中,如化验后某种成分不合格,应严格按上述配制程序加入,不可直接加入。

(2) 以次磷酸作还原剂的两步法镀液制备程序

在工业生产中多采用两步法配制镀液,即首先将镀液的组分进行分类,分成开缸液、补加液、急救液等,在实际生产中并不是直接配制工作液,而是先配制 5 倍稠的浓缩液。在使用前由浓缩液再配制工作镀液,并进行镀液的补充。如表 8.11 所示,将工作镀液的组分划分成 A、B、C、D 四个部分,其中 A 与 B 为开缸液,C 与 D 为补加液,E 为急救溶液。以下列配方为例介绍制备过程。

表 8.11　镀液组分及其归类

组　分	工作镀液浓度	A	B	C	D	E
$NiSO_4 \cdot 6H_2O$	20 g/L	◎			◎	
$NaH_2PO_2 \cdot H_2O$	30 g/L		◎	◎		
醋酸钠	10 g/L		◎	◎		
乳酸(质量分数88%)	15 ml/L		◎	◎		
丙酸	5 ml/L		◎			
柠檬酸	10 g/L	◎				
琥珀酸	5 g/L	◎			◎	
苹果酸	10 g/L	◎				
碘酸钾	15~25 mg/L		◎			
硫酸	10%					◎
pH	4.7~5.1					
温度	90℃±2℃					

　　浓缩液 A 的配制:首先将作为配位剂的柠檬酸、琥珀酸、苹果酸在蒸馏水中溶解,控制用水量为浓缩液总体积的 20% 以内,再将溶于水中的净化过的浓度为 300 g/L 的硫酸镍按计量加入已溶解好的配位剂溶液中,充分搅拌后稀释到所定体积。

　　浓缩液 B 的配制:首先用氢氧化钠水溶液将乳酸的 pH 值调至 5.0 左右,注意氢氧化钠要缓慢地加入,以防因反应剧烈而发生溅射,再将调制好的乳酸与醋酸分别加入到蒸馏水中,使总体积为所定体积的 70% 以内,而后将次磷酸钠在搅拌的条件下加入上述酸的水溶液中,并加入蒸馏水到所定体积。在整个溶解的过程中不允许采用任何加热及升高 pH 值的操作,以防次磷酸钠的分解。

　　浓缩液 C 与 D 的配制参考浓缩液 A 与 B 的配制方法进行。

　　镀液的配制及补加原则:在使用前定量取出 A 液和 B 液在不加热条件下混合后,用质量分数为 10% 的稀氨水调至所定的 pH 值,再将其稀释到所定体积。

　　急救液采用的是质量分数为 10% 的硫酸水溶液,在镀液出现分解的前兆时,加入该酸使镀液的 pH 值在 3.8 以下以迅速稳定镀液,进行镀液调整。

8.3　化 学 镀 铜

　　化学镀铜在电子工业上具有广泛的用途。化学镀铜最重要的工业应用是印制电路制造过程中的通孔镀。化学镀铜不受电场分布的影响,能使非导体的孔壁上和导线上生成厚度均匀的镀铜层。化学镀铜技术的应用极大地提高了印制电路的可靠性。该镀种在非金属材料的表面金属化方面也得到广泛应用。商品化学镀铜液出现于 20 世纪 50 年代,该镀液为碱性酒石酸镀液,甲醛为还原剂。化学镀铜技术在 70 年代已经走向成熟;形成了印制电路板镀薄铜、图形镀、加法镀厚铜以及塑料镀的系列化的规模。由于甲醛具有很强的毒性,80 年代不少人开始尝试采用次磷酸盐、肼或硼化合物作为还原剂替代。化学镀铜技术从诞生到现在的 50 多年的历史中经历了发展和巨大的进步,为电子产品的可靠性和丰富人民生活作出了贡献。由于环境和价格的因素,引发了研究代替化学镀铜的其他金属化方法;塑料装饰用化学镀铜的产量有明显的减少,但用于射频和磁屏蔽的化学镀铜市场却在看好。

8.3.1　化学镀铜的机理

用于化学镀铜的还原剂有甲醛、次磷酸钠、硼氢化钠和肼。但目前普遍使用的是甲醛,近年来,由于各国加强了对使用甲醛的限制,促进了次磷酸钠作为还原剂的化学镀铜的研究和应用。

1.甲醛还原铜的机理

化学镀铜时,Cu^{2+}离子得到电子还原成金属铜

$$Cu^{2+} + 2e^- \longrightarrow Cu \tag{8.50}$$

所需电子是由还原剂甲醛提供,即

$$2HCHO + 4OH^- \longrightarrow 2HCOO^- + H_2\uparrow + 2H_2O + 2e^- \tag{8.51}$$

只有在催化剂(Pd、Ag 或 Cu)存在的条件下,才能沉积出金属铜,新沉积出的铜本身就是一种催化剂,所以在活化处理过的表面,一旦发生化学镀铜反应,此反应可以继续在新生的铜上继续进行。

甲醛的还原能力与 pH 值的关系表现在还原电势的大小上:

在中性或酸性介质中

$$HCHO + H_2O = HCOOH + 2H^+ + 2e^- \tag{8.52}$$
$$E^{\ominus} = -0.056 - 0.06pH$$

在 pH > 11 的介质中

$$2HCHO + 4OH^- = 2HCOO^- + H_2 + 2H_2O + 2e^- \tag{8.53}$$
$$E^{\ominus} = +0.32 - 0.12pH$$

甲醛必须在 pH > 11 的碱性介质中,才具有还原铜离子的能力。甲醛在碱性液中主要是以甲叉二醇及其阴离子的形式存在。在化学镀铜过程中还有以下 3 个反应。

(1)康尼查罗反应

甲醛在碱性溶液中,将会迅速地发生歧化反应,产生它自身的氧化还原产物,这种反应消耗了大量的甲醛,同时也产生了甲酸。甲酸会使二价铜的还原被阻止在一价铜的状态,引起镀液过早老化。

$$2HCHO + NaOH \longrightarrow HCOONa + CH_3OH \tag{8.54}$$

(2)氧化亚铜的产生

甲醛在碱性溶液中,不仅能把二价铜还原成金属铜,而且还能将它部分地还原成一价铜,从而导致 Cu(OH)、Cu_2O 的产生。由于镀液中没有 Cu^+ 的配位剂,因此,这些氧化物只有极少量能被溶解

$$Cu(OH)或(Cu_2O) \longrightarrow Cu^+ + OH^- \qquad k = 1.4 \times 10^{-15} \tag{8.55}$$

而大量的 Cu^+ 则以一种沉淀物的形式存在镀液中,并不断积累增多。

(3)Cu^+ 的歧化反应

$$Cu_2O + H_2O \longrightarrow Cu^0 + Cu^{2+} + 2OH^- \tag{8.56}$$

反应的结果,会产生细小的铜粒子。这些细微铜粒不规则地分散在整个溶液中。产生

这种现象的原因是,在溶液中存在有大量可还原的 Cu^{2+} 的情况下,所形成的任何一价铜离子不可能被还原成金属铜。因此,化学镀液内部便由非催化反应转变到自催化反应,这种反应不是在被镀件的催化表面上,而是发生在溶液的内部,所以必将促使镀液自然分解。

2.次磷酸钠还原铜机理

显然,次磷酸钠能还原铜离子。但是,次磷酸钠的氧化反应必须在催化表面上发生。金属的催化活性的次序为

$$Au > Ni > Pd > Co > Pt > Cu$$

由于反应不被沉积的铜催化,故已被催化的表面为铜所覆盖时(通常小于 1 μm),反应便停止进行。如果在镀液中加入少量镍离子,能使自催化反应得以继续进行。这样,即使反应进行 60 min 后,化学镀铜的速度仍能维持恒定。因此镀液中必须保持适当数量的镍离子。

镀液中的主要氧化还原反应是铜离子还原成金属铜和次磷酸根离子,氧化成亚磷酸根离子。由于反应只能在催化表面上发生,故第一步反应是还原剂的脱氢反应

$$H_2PO_2^- \xrightarrow{\text{催化表面}} HPO_2^- + H \tag{8.57}$$

生成的 HPO_2^- 和 OH^- 反应生成 $H_2PO_3^-$,并释放电子

$$HPO_2^- + OH^- \longrightarrow H_2PO_3^- + e^- \tag{8.58}$$

Cu^{2+} 和 Ni^{2+} 得到电子,还原成金属。

水与 Cu^{2+} 和 Ni^{2+} 争夺电子,发生下述反应

$$H_2O + e^- \longrightarrow OH^- + H \tag{8.59}$$

式(8.57)和式(8.59)生成的氢原子结合成氢气,即

$$H + H \longrightarrow H_2 \uparrow$$

式(8.50)、(8.57)、(8.58)构成化学镀铜的主要反应为

$$2H_2PO_2^- + Cu^{2+} + 2OH^- \longrightarrow Cu + 2H_2PO_3^- + H_2 \uparrow \tag{8.60}$$

而式(8.57)、(8.58)、(8.59)构成了副反应

$$H_2PO_2^- + H_2O \longrightarrow H_2PO_3^- + H_2 \uparrow \tag{8.61}$$

产生副反应的原因是铜离子浓度过低,$H_2PO_2^-$ 含量过高,使式(8.61)得以进行。这时沉铜速率降低,溶液中大量析氢。

生成的金属镍催化次磷酸盐的氧化反应,并与溶液中的铜离子反应

$$Ni + Cu^{2+} \longrightarrow Ni^{2+} + Cu \tag{8.62}$$

镀层的电子能谱化学分析(ESCA)也没有发现镍沉积,说明金属镍又进入溶液中。

8.3.2 化学镀铜的工艺

以甲醛做还原剂,采用的配位剂主要有酒石酸钾钠、乙二胺四乙酸(EDTA)或双配位剂。按照配位剂的不同,常用的化学镀铜溶液分为以下三类(表 8.12)。

表 8.12 以配位剂分类的化学镀铜液组成及工艺

组成及工艺	酒石酸钾钠		EDTA		双配位剂
$\rho(CuSO_4 \cdot 5H_2O)/(g \cdot L^{-1})$	5	7	7.5	10	14
$\rho(NaKC_4H_4O_6 \cdot 4H_2O)/(g \cdot L^{-1})$	25	22.5			16
$\rho(EDTA)/(g \cdot L^{-1})$			15	20	20
$\rho(NaOH)/(g \cdot L^{-1})$	7	4.5	20	14	12
$\rho(HCHO)/(g \cdot L^{-1})$	10	25.5	40	5	45
$\rho(Na_2CO_3)/(g \cdot L^{-1})$	—	2.1			
$\rho(NiCl_2 \cdot 6H_2O)/(g \cdot L^{-1})$		2			
$\rho(NaCN)/(g \cdot L^{-1})$			0.5		
pH	12.8	12.5			12.5
温度/℃	15~25	15~25	40~60	40~60	15~50

在 EDTA 配位剂配方中加入 NaCN 能提高铜层光亮度和可塑性,可用于镀厚铜(20~30 μm),但需要时间较长(达 24~48 h),镀液的利用率高,可用于印刷电路板的孔金属化。含双配位剂的化学镀铜溶液工作温度范围宽,稳定性较高,可镀厚铜,镀速也较快。

以次磷酸盐作还原剂的化学镀铜溶液中含有铜离子、配位剂、缓冲剂、镍离子、稳定剂和还原剂。硫酸铜提供铜离子,柠檬酸钠作配位剂,硫酸镍提供镍离子,次磷酸钠作还原剂。通常采用的稳定剂有硫脲,2 - 巯基苯骈噻唑等。化学镀铜溶液的组成及工艺条件如表8.13所示。

表 8.13 以柠檬酸作配位剂的化学镀铜液组成及工艺

组成及工艺	含 量
$\rho[硫酸铜(CuSO_4 \cdot 5H_2O)]/(g \cdot L^{-1})$	6
$\rho[柠檬酸钠(Na_3C_6H_5O_7 \cdot 2H_2O)]/(g \cdot L^{-1})$	15
$\rho[次磷酸钠(NaH_2PO_2 \cdot H_2O)]/(g \cdot L^{-1})$	28
$\rho[硼酸(H_3BO_3)]/(g \cdot L^{-1})$	30
$\rho[硫酸镍(NiSO_4 \cdot 7H_2O)]/(g \cdot L^{-1})$	0.5
$\rho(稳定剂)/(g \cdot L^{-1})$	适量
温度/℃	65°
pH	9.2

8.3.3 化学镀铜成分和工艺条件的影响

1.化学镀铜溶液的组成

化学镀铜液主要由铜盐、还原剂、配位剂、稳定剂、pH调整剂及其他添加剂组成。

(1) 铜盐

铜盐是化学镀铜的离子源,可使用硫酸铜、氯化铜、碱式碳酸铜、酒石酸铜等二价铜盐。

大多数化学镀铜溶液都使用硫酸铜。化学镀铜溶液中铜盐含量越高,镀速越快;但是当其含量继续增加达到某一定值后,镀速变化不再明显。铜盐浓度对于镀层性能的影响较小,然而铜盐中的杂质可能对镀层性质造成很大的影响,因此化学镀铜溶液中铜盐的纯度要求较高。

(2) 还原剂

化学镀铜溶液中的还原剂可使用甲醛、次磷酸钠、硼氢化钠、二甲胺基硼烷(DMAB)、肼等等。目前配制化学镀铜溶液时普遍采用质量分数约为 37% 的甲醛水溶液为原料。甲醛的还原作用与镀液的 pH 值有关;只有在 pH > 11 的碱性条件下,它才具有还原铜的能力。镀液的 pH 值越高,甲醛还原铜的作用越强,镀速越快。但是镀液的 pH 值过高,容易造成镀液的自发分解,降低了镀液的稳定性,因此大多数化学镀铜溶液的 pH 值都控制在 12 左右。增加镀液中的甲醛浓度,可显著提高镀速;但是当镀液中甲醛浓度较大时,浓度变化不再明显影响镀速。

(3) pH 值调整剂

由于化学镀铜过程是镀液 pH 值降低的过程,因此必须向化学镀铜溶液中添加碱,以便始终维持镀液的 pH 值于正常范围内,通常化学镀铜用的 pH 调整剂是氢氧化钠。

(4) 配位剂

如前所述,以甲醛作还原剂的化学镀铜溶液是碱性的;为防止铜离子形成氢氧化物沉淀析出,镀液中必须含有配位剂,使铜离子成为配离子状态。化学镀铜溶液中可使用的配位剂很多。表 8.14 所列为常用配位剂及其配合稳定常数;pK 值越大,表示其铜配离子越稳定。配位剂对于化学镀铜溶液和镀层性能的影响很大。现在化学镀铜溶液中通常添加两种或两种以上的配位剂,如酒石酸钾钠和 EDTA 钠盐混合使用。正确地选用配位剂,不仅有利于镀液的稳定性,而且可以提高镀速和镀层质量。

表 8.14 常用化学镀铜配位剂及其配合稳定常数

中心离子	配 位 剂		配 离 子	pK
	名 称	分 子 式		
Cu^{2+}	酒石酸	$C_4H_6O_6$	$[Cu(C_4H_4O_6)_2]^{2-}$	6.51
	乙二胺四乙二钠	$(CH_2COOH)_2NC_2H_4N$ $(CH_2COONa)_2$	$[CuEDTA]^{2-}$	18.86
	乙二胺	$NH_2C_2H_4NH_2$	$[Cu(C_2H_4N_2H_4)_4]^{2+}$	19.99
	氨	NH_3	$[Cu(NH_3)_4]^{2+}$	12.68
	水杨酸	$C_6H_4OHCOOH$	$[Cu(C_6H_4OHCOO)_2]^{2+}$	18.45
	三乙醇胺	$N(C_2H_5OH)_3$	$[CuN(C_2H_5OH)_3]^{2+}$	6.0
Cu^+	氰化钠	$NaCN$	$[Cu(CN)_4]^{3-}$	30.30
	硫脲	NH_2CSNH_2	$[Cu(CSN_2H_4)_4]^+$	15.39
	α,α' - 联吡啶	$(C_5H_4N)_2$	$[Cu(C_5H_4N)_2]^+$	14.2
	硫代硫酸钠	$Na_2S_2O_3$	$[Cu(S_2O_3)_3]^{5-}$	13.84
	硫氰化钾	$KCNS$	$[Cu(CNS)_2]^-$	12.11

(5) 稳定剂

化学镀铜过程中,除二价铜离子在催化表面进行有效的表面化学反应被甲醛还原成金属铜之外,还存在许多副反应。

这些副反应不仅消耗了镀液中的有效成分,而且产生氧化亚铜和金属铜微粒造成镀层疏松粗糙,甚至引起镀液自发分解。为抑制上述副反应,镀液中通常添加有稳定剂。化学镀铜溶液的稳定剂种类很多,常用的稳定剂有甲醇、氰化钠、2－疏基苯并噻唑、α,α′－联吡啶、亚铁氰化钾等等。这类稳定剂对提高镀液的稳定性有效;但是大多数稳定剂又是化学镀铜反应的催化毒性剂,因此稳定剂的含量一般很低;否则会显著降低镀速甚至造成停镀。值得指出的是,化学镀铜溶液最常用的稳定剂是持续的压缩空气(即氧气)鼓泡。

(6) 其他添加剂

提高镀速的添加剂称之为加速剂或促进剂。作为化学镀铜液加速剂的化合物有氨盐、硝酸盐、氯化物、氯酸盐、钼酸盐等。某些表面活性剂也用于降低化学镀铜液表面张力,有利于改善镀层质量。

2.工艺参数

(1) pH 值

化学镀铜反应在一定的 pH 条件下才能发生,由于配位剂对铜的配合反应随溶液的 pH 而变化,铜离子的氧化电势也随之变化,使化学镀铜反应所需要的 pH 值也不同。例如,用 EDTA 作配位剂的最佳化学镀铜反应所需的 pH 值为 12.5,而用酒石酸盐作配位剂最佳化学镀铜反应所需的 pH 值为 12.8。当化学镀铜液的 pH 值低于规定值 0.1时,化学镀铜反应虽然能进行,但镀层中的针孔率上升,或局部大面积范围沉积不上铜。当溶液 pH

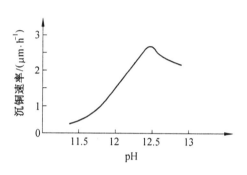

图 8.17　pH 值对化学镀铜速率的影响

值过高时,会产生粗糙的化学镀铜层,而且溶液会快速分解。pH 对沉积速率的影响,如图8.17 所示。从图 8.17 可以看出化学镀铜反应在 pH 值为 11 以上时才开始随着 pH 值增加速率加快,在 pH 为 12.5 时沉积速率最快,此时化学镀铜层外观最好。pH 值超过12.5以后,沉积速率开始下降,副反应加剧,溶液开始自分解。

(2) 温度

一般情况下,酒石酸盐镀液都在室温下工作,EDTA 镀液在较高的温度下工作(50℃以上)。随着温度的升高,镀液的沉积速度都加快,得到铜层的内应力显著变小,韧性提高。可是,在液温升高的同时,镀铜过程中的副反应也加剧,溶液的沉铜速度和稳定性降低。要使镀液温度高、沉铜速度快、溶液稳定性好,应借助于其他的配位剂和添加剂。

(3) 搅拌

搅拌在化学镀铜过程的作用主要有两点:其一,使接触被镀件表面的溶液浓度尽可能与整体溶液的浓度一致,以保证有足够的二价铜离子能还原成镀层,从而提高了镀液的沉积速率;其二,使停留在被镀件表面的气泡迅速脱离逸出液面,以减少镀层针孔,起泡,提高镀层质量。此外,还可使镀层厚度均匀。搅拌的方法可采用机械和空气搅拌。

8.3.4　化学镀铜溶液的稳定性及其维护

1.化学镀铜溶液的稳定性

提高化学镀铜溶液的使用寿命,或者说保持化学镀铜溶液的稳定性是提高镀层质量、降低生产成本的主要指标。通常在化学镀铜的生产中出现溶液不稳定的现象,表现在:气泡不仅仅从镀件表面析出,而且从溶液内部逸出;溶液颜色由蓝色透明逐渐变浅,最后呈浑浊状;容器壁上出现不连续的金属铜层;溶液中有沉淀产生。如发现上述现象之一,便应该立即停止生产,找出原因,采取相应的措施。

化学镀铜溶液的稳定性,通常是根据配制的镀液放置到自然分解时间的长短来衡量。用这种方法考察化学镀铜溶液的稳定性,只能找出各组分的本性及其含量对镀液稳定性的影响,而不能确定施镀过程中各因素的影响。

(1) 镀液组成的影响

化学镀铜溶液中加入配位剂很主要的目的是使 Cu^{2+} 离子与配位剂形成稳定的配合物。若配位剂选择不当或含量不足时,则镀液中将会产生 $Cu(OH)_2$ 沉淀。另外,还原剂含量过高,也会加速镀液的分解。镀液中 NaOH 浓度过高,还会加速坎尼查罗反应,消耗大量还原剂甲醛,而且将发生 Cu^{2+} 离子不完全还原为 Cu^{+} 离子的反应,使镀液的稳定性下降。

(2) 化学镀铜前的表面处理不良

对于在金属基体上的化学镀铜,若除油或浸蚀不彻底,镀层与基体结合不牢固,有铜屑或铜粉落入镀液中,将会由于铜的自催化反应而使镀液分解。对于基体为非金属材料的化学镀铜,若在化学镀铜前的活化处理中,清洗不彻底,将还原剂 Ag^{+} 离子、Pd^{2+} 离子带入化学镀铜溶液中,则镀液会立即分解。

(3) 化学镀铜槽壁不清洁

若槽壁粘附有金属铜、铁或其他催化剂,则在这些催化剂中心将发生化学镀铜的反应,器壁上产生大量不连续的铜层,并消耗大量的氧化剂和还原剂,使镀液过早地失效。

(4) 操作条件的影响

适当提高化学镀铜的操作温度,可以提高沉积速率,减小镀层的内应力。但是当温度过高时(高于 80℃),将加速坎尼查罗反应,消耗大量甲醛,降低镀液的稳定性。此外,由于装载量过大也会加速镀液的分解。

2. 化学镀铜液的维护

在生产实践中,为了提高化学镀铜溶液的稳定性,常常采取以下措施:

① 加入能与 Cu^{+} 离子配合的配合剂,以防止 $Cu(OH)_2$ 的产生,常用的配合剂有酒石酸钾钠、EDTA 以及由二者组成的双配合剂。当其他条件相同时,镀液稳定性与配合剂的关系按下列顺序递减,即酒石酸钾钠和 EDTA 构成的双配位剂镀液 > EDTA 镀液 > 酒石酸钾钠镀液。

② 加入适量的稳定剂。选择与 Cu^{+} 离子配合能力强的化合物做稳定剂,以防止铜粉及 Cu_2O 沉淀的产生,或加入适量的甲醇也能抑制 Cu^{+} 离子的产生。

③ 严格控制化学镀铜的前处理工艺,以防止固体颗粒铜、铁或 Ag^{+}、Pd^{2+} 等离子引入镀液。

④ 在对沉积速率影响不大的前提下,尽量降低操作温度,以减缓康尼查罗反应的发生,特别要注意防止镀液局部过热。

此外,经常过滤溶液,加强搅拌,维持一定的 pH 值,装载量保持在 $3.8 \, dm^2/L$ 以下,都是保证化学镀铜溶液稳定性的必要措施。

第9章 轻金属的表面处理

轻金属及其合金由于具有一系列优良的性能,在现代工业中的应用日益广泛。最重要的轻金属材料有铝、镁、钛及其合金。它们和钢铁材料相比,具有很多优良的性能。首先是质量轻,铁的质量是铝的2.9倍,是镁的4.5倍;铝镁及其合金的导电和导热性能仅次于铜,比钢铁高得多;铝合金经抛光后具有良好的反光能力。因此,轻金属材料广泛应用于航天、航空、造船、仪器仪表、电子、建筑装饰、化工等工业领域。

然而,这些轻金属材料也存在缺点,主要是耐蚀性差,其合金容易产生一种最危险的腐蚀破坏——晶间腐蚀。钛及其合金的耐蚀性虽然好,但导电性、导热和可焊性差。轻金属的这些缺点可以通过表面处理的途径即氧化或电镀的方法得到克服和改善,从而提高其使用性能。

9.1 铝及其合金阳极氧化

9.1.1 铝及其合金阳极氧化膜的性质和用途

铝是比较活泼的金属,标准电极电势 -1.66 V,在空气中能自然形成一层厚度为 $0.01 \sim 0.1$ μm 的氧化膜(Al_2O_3)。这层氧化膜是非晶态的,薄而多孔,机械强度低,耐蚀性差,不能有效地防止基体金属的腐蚀。

为了提高铝及其合金的抗蚀性,通常采用人工氧化的方法(化学氧化和电化学氧化)获得厚而致密的氧化膜。由于氧化的方法不同,得到的氧化膜可以满足不同的性能要求。化学氧化得到的膜较薄(约 $0.5 \sim 4$ μm)且多孔,具有一定的抗蚀能力,具有良好的吸附能力,适合作油漆底层或用于铆钉、垫片等小零件生产。

将铝及其合金放在适当的电解液中作为阳极进行通电处理,在外加电场作用下,在铝制品(阳极)上形成一层氧化膜的过程称为阳极氧化,或称电化学氧化。阳极氧化膜的厚度在 $10 \sim 200$ μm 之间,其耐蚀性、耐磨性、电绝缘性和装饰性都有明显的改善和提高。氧化膜为双层结构,内层为致密无孔的 Al_2O_3,称为阻挡层,外层是由孔隙和孔壁组成的多孔层。若采用不同的电解液和操作条件,就可以获得不同性能的氧化膜。

铝及其合金阳极氧化膜在工业上有以下几方面的应用:

① 防护性涂层。提高零件的耐磨、耐蚀和耐气候腐蚀。

② 防护-装饰性。在硫酸中进行阳极氧化得到的膜具有较高的透明度,经着色处理后,能得到各种鲜艳的色彩。在特殊工艺条件下,还可以得到具有瓷质外观的氧化层。

③ 绝缘层。阳极氧化膜具有很高的绝缘电阻和击穿电压,可以用做电解电容器的电介质层或电器制品的绝缘层。

④ 涂装底层。阳极氧化膜具有多孔性和良好的吸附特性,作为喷漆或其他有机覆盖层的底层,可以提高漆膜或其他有机物膜与基体的结合力。

⑤ 电镀、搪瓷的底层。利用阳极氧化膜的多孔性,可以提高金属镀层或搪瓷层与基体的结合力。

⑥ 开发中的其他功能用途。在多孔膜中沉积磁性合金作记忆元件、太阳能吸收板、超高硬质膜、干润滑膜、触媒膜等。

9.1.2　铝及其合金阳极氧化的机理

1.电极反应

在阳极氧化过程中铝及其合金作为阳极,阴极一般用铅,只起导电作用,电解液为酸性溶液。氧化过程中的阳极反应比较复杂,至今仍有不少问题未弄清楚。

早期观点认为,在进行阳极氧化处理时,铝阳极表面水放电析出氧,初生态氧有很强的氧化能力,它与阳极上的铝生成了结实的氧化铝膜,阳极附近液层中 Al^{3+} 含量增加,同时在阳极上有氧气析出,在阴极上有氢气析出,还伴有溶液温度上升的现象。此时在阳极上发生如下反应

$$H_2O - 2e^- = [O] + 2H^+$$

$$2Al + 3[O] = Al_2O_3$$

应用电子显微镜、示踪原子等手段研究后,近代对氧化膜形成过程、生成氧化膜的区域提出了新观点。

在阳极上铝原子失去电子而氧化

$$Al - 3e^- \longrightarrow Al^{3+}$$

与铝结合的氧来自何处仍不得而知,一种假说认为由 H_2O 电离而来

$$3H_2O \longrightarrow 6H^+ + 3O^{2-}$$

$$2Al^{3+} + 3O^{2-} \longrightarrow Al_2O_3 + 1\ 669\ J$$

在硫酸电解液中用 ^{18}O 和 ^{16}O 同位素进行实验表明,在电场下氧离子的扩散速度比铝离子的扩散速度快,氧化膜是由于阳离子扩散到阻挡层内部与铝离子结合而形成的,新的氧化膜在铝/阻挡层界面上生长,氧化膜内的离子电流 60% 由氧离子、40% 由铝离子输送。

在氧化膜/溶液界面上(即孔底和外表面)则发生氧化膜的溶解

$$2Al + 6H^+ = 2Al^{3+} + 3H_2 \uparrow$$

$$Al_2O_3 + 3H_2SO_4 \longrightarrow Al_2(SO_4)_3 + 3H_2O$$

氧化膜的生成与溶解同时进行,因此,只有当膜的生成速度大于膜的溶解速度时,膜的厚度才能不断增长。

2.阳极氧化膜生成的特性曲线

氧化膜的生成是两种不同反应同时进行的结果。一种是电化学反应,析出氧与金属铝结合,生成氧化膜;另一种是化学反应,即酸对膜的溶解。只有当电化学反应速度大于化学反应速度时,氧化膜才能顺利生长并保持一定厚度。通电瞬间,由于铝和氧有很大的亲和力,在铝表面立即生成一层致密无孔、且具有很高绝缘电阻的阻挡层。其厚度取决于槽电压,一般为 15 μm 左右。由于氧化铝比铝原子体积大,故而发生膨胀,阻挡层变得凹凸不平。这就使得电流分布不均匀,凹处电阻较小而电流较大,凸处则相反。凹处由于在电场的作用下发生电化学溶解,以及由硫酸的浸蚀作用产生化学溶解,逐渐加深变成孔穴,继而变成孔

隙,凸处变成孔壁。于是氧化膜的生成又伴随着膜的溶解,不断反复进行。当膜的生成速度大于膜的溶解速度时,膜层逐渐增厚。

铝氧化膜的生长规律可以通过测定在硫酸中阳极氧化时的电压－时间曲线来说明(图9.1)。

电压－时间曲线是在 200 g/L 的硫酸溶液中,于温度 25℃、阳极电流密度 1 A/dm^2 的条件下测得的。它反映了氧化膜的生成规律,所以又称为铝阳极氧化的特性曲线。该曲线明显地分为三段,每一段都反应了氧化膜的生长特点。

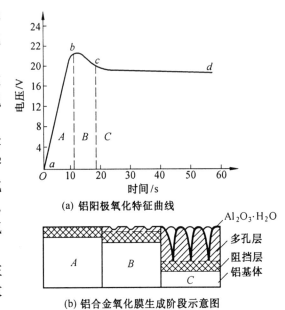

(a) 铝阳极氧化特征曲线

(b) 铝合金氧化膜生成阶段示意图

图9.1　阳极氧化特征曲线与氧化膜生长过程示意图

曲线 $ab(A)$ 段:在开始通电后的 10 s 左右,电压急剧上升。这时铝表面生成一层致密无孔的氧化膜(即阻挡层),厚度约为 10 ~ 15 μm,有很高的电阻,阻碍了电流通过及氧化反应的继续进行。阻挡层的厚度在很大程度上取决于外加电压,外加电压越高,其厚度也越大,硬度也越高。该段为阻挡层的生成阶段。

曲线 $bc(B)$ 段:当阳极电压达到最大值后开始下降,一般可比其最高值下降 10% ~ 15%。此时由于阻挡层膨胀,凹处发生电化学和化学溶解,出现孔穴,电阻下降,电压也就随之下降。氧化膜产生孔穴后,氧离子通过孔穴扩散,与 Al^{3+} 结合生成新的阻挡层。电化学反应又继续进行,氧化膜就能继续生长。

点 b 的电压以及它出现的时间,主要取决于电解液的性质及操作温度。电解液不同,它对氧化膜的溶解作用也不同。电解液对氧化膜的溶解速度越快,氧化膜越易出现孔穴,点 b 的电压就越低,出现的时间也越早。电解液温度高,氧化膜的溶解速度快,点 b 的电压降低,出现的时间也就提前。

曲线 $cd(C)$ 段:当阳极氧化进行约 20 s 以后,电压下降至一定数值就趋于平稳,不再下降。但是,氧化反应并未停止。反应在阻挡层和铝基界面上继续进行,使孔穴底部逐渐向基体内部移动。随着时间的延长,孔穴逐渐加深形成孔隙孔壁,多孔层逐渐加厚。孔壁与电解液接触的部分也同时被溶解并水化($Al_2O_3 \cdot xH_2O$),从而成为可以导电的多孔层,其厚度由 1 μm 至几百微米,硬度也比阻挡层低得多。此时,阻挡层的生成速度与溶解速度基本达到平衡,厚度不再增加,电压保持平稳。

在阳极氧化的整个过程中氧化膜的厚度都在增长,但是随着电解时间的延长,膜的增长速度减小。显然这与阳极氧化过程中电流效率的变化有关。首先,随着膜厚度的增加,膜中的孔也逐渐加深,电解液到达孔底就愈加困难。其次,由于孔中的真实电流密度很高及外层水化程度加大,提高了它的导电能力,从而促使氧的析出加剧,降低了形成氧化膜的电流效率。再者,电解液对氧化膜的溶解。所有这些都导致氧化膜的增长随时间延长而变慢。阳极电流效率与电解液和工艺参数有关。见表9.1。因此,在选择阳极氧化用的电解液组成时,应当考虑到在氧化过程中,氧化膜的电化学生成速度应明显大于膜的化学溶解速度。但是也必须使氧化膜在该电解液中有一定的溶解速度和较大的溶解度,否则氧化膜也不能增厚。

表 9.1　不同阳极氧化电解液的阳极效率

电解液	电流密度/(A·dm^{-2})	温度/℃	阳极效率/%
w(硫酸) = 15%	1.3	25	79.4 ~ 63.8
w(草酸) = 3%	1.3	22 ~ 30	69.4 ~ 50.3
w(铬酸) = 9%	0.33	35	52.4

3. 电渗现象

氧化膜的生长与金属电沉积不同,不是在膜的外表面上生长,而是在已生成的氧化膜下面,即氧化膜与金属铝的交界处,向着基体金属生长。为此必须使电解液达到孔隙的底部溶解阻挡层,而且孔内的电解液还必须不断更新。实验证明,膜孔的孔径为 15 ~ 33 nm。为使电解液在这样的孔隙中不断更新,电渗起着重要的作用。电渗产生的原因可解释如下:在电解液中水化了的外层氧化膜表面带负电荷,而在其附近的溶液中排布着带正电荷的离子(如由于氧化膜溶解而大量存在的 Al^{3+})。由于电势差的作用,带电质点相对于固体壁发生电渗液流,即贴近孔壁带正电荷的液层向孔外流动,而外部的新鲜电解液沿孔的中心轴流向孔内,如图 9.2 所示,使孔内的电解液不断更新,从而使孔加深并扩大。这种电渗液流是氧化膜生长的必要条件之一。

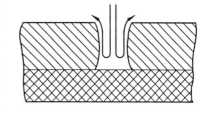

图 9.2　氧化膜孔中的电渗液流动示意图

4. 氧化膜的组成和结构

近代测试方法测定证明氧化膜由两部分组成。内部为阻挡层,较薄(大约是膜厚的0.1% ~ 2%)、致密、电阻高(电阻率为 10^{11} Ω·cm);外层为多孔层,较厚、疏松多孔、电阻低(电阻率为 10^{7} Ω·cm)。

氧化膜的具体成分,在很大程度上取决于电解液的类型、浓度和工艺参数。在质量分数为 20% 的硫酸电解液中得到的氧化膜,未经封闭处理前,其外表层是非晶态的,由 Al$_2$O$_3$·H$_2$O 和 γ – Al$_2$O$_3$ 混合而成,内部是具有 γ – Al$_2$O$_3$ 结构的无定形相,用水封闭处理后形成Al$_2$O$_3$·H$_2$O 和 Al$_2$O$_3$·3H$_2$O 的混合物。

在阳极化过程中,随着电解液对孔壁水化过程的进行,膜可能吸附或化学结合电解液中的离子。吸附量取决于电解液本身和工艺参数,如温度和电流密度等。例如,可以吸附多达质量分数为 0.7% 的铬酸或质量分数为 13% ~ 20% 的硫酸。表 9.2 中列出在硫酸电解液中得到的氧化膜的组成。

表 9.2　硫酸阳极氧化膜的成分

成　分	封闭前	用水封闭后
w(Al$_2$O$_3$)/%	78.9	61.7
w(Al$_2$O$_3$·H$_2$O)/%	0.5	17.6
w[Al$_2$(SO$_4$)$_3$]/%	20.2	17.9
w(H$_2$O)/%	0.4	2.8

铝的不同处理方法与膜层特性的关系列于表 9.3 中。

表 9.3　铝的不同处理方法与膜层特性的关系

处理方法 ＼ 膜层特性	温度/℃	阻挡层厚度/nm	膜层厚度/μm	膜的结构和组成
干燥空气	20	1 ~ 2	0.001 ~ 0.002	无定形 Al_2O_3
干燥空气	500	2 ~ 4	0.04 ~ 0.06	无定形膜加 $\gamma - Al_2O_3$
干燥氧气	20	1 ~ 2	0.001 ~ 0.002	无定形 Al_2O_3
干燥氧气	500	10 ~ 16	0.03 ~ 0.05	无定形 Al_2O_3 加 $\gamma - Al_2O_3$
常规阳极氧化	10 ~ 25	10 ~ 15	5 ~ 30	无定形 Al_2O_3(加)溶液中的阴离子
硬质阳极氧化	+6 ~ -3	15 ~ 30	105 ~ 200	无定形 Al_2O_3(加)溶液中的阴离子
阻挡膜阳极氧化	50 ~ 100	30 ~ 40	1 ~ 3	晶形 Al_2O_3(加)无定形 Al_2O_3(加)溶液中的阴离子

通过电子显微分析观察,在硫酸、铬酸和磷酸等电解液中生成的氧化膜的结构基本相似,其多孔层都是六角形结构,如图 9.3 所示。靠近金属铝的内层是阻挡层,较薄 10 ~ 50 nm,致密无孔,电阻高(电阻率为 $10^{11}\Omega\cdot cm$),硬度高(显微硬度可达 15 000 MPa 以上);外层为多孔层,较厚(可达 250 μm),疏松多孔,电阻低(电阻率为 $10^7 \Omega\cdot cm$)。

氧化膜的孔隙率与电解液性质和工艺参数有关。表 9.4 列出了在不同电解液中、不同电压下生成氧化膜的孔径和孔数。

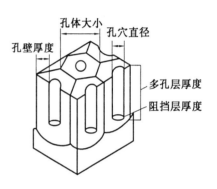

图 9.3　阳极氧化膜结构示意图

表 9.4　不同电解液在不同电压下生成氧化膜的孔径和孔数

电解液	温度/℃	电压/V	孔径/nm	孔数/[10^9(个·cm^{-2})]
硫酸[$w(H_2SO_4)=15\%$]	10	15 20 30	12.5	77 52 28
铬酐[$w(CrO_3)=3\%$]	50	20 40 60	24.0	22 8 4
草酸[$w(H_2C_2O_4)=2\%$)]	25	20 40 60	17.0	36 11 6
磷酸[$w(H_3PO_4)=4\%$)]	25	20 40 60	30.0	19 8 4

9.1.3　铝及其合金的阳极氧化工艺

阳极氧化的工艺过程可分为:

① 铝及其合金制件的表面准备。铝及其合金在阳极氧化前,必须进行适当的表面准备,如除油、酸洗和抛光(化学抛光或电解抛光)等。

② 阳极氧化生成多孔的氧化膜。

③ 着色处理。非装饰性制品,可不进行着色。

④ 封闭处理。

1.硫酸阳极氧化

在稀硫酸电解液中通过直流或交流电流对铝及其合金进行氧化处理,能得到厚度约 $5 \sim 20 \mu m$ 无色透明的氧化膜。其吸附力强,易于染色,硬度高,经封闭处理后,具有较高的抗蚀能力。主要用于防护和装饰。

硫酸阳极氧化工艺简单,操作方便,溶液稳定,电能消耗小,成本较低,允许杂质含量范围较大,适用范围较广。但不适合孔隙大的铸造件、点焊和铆焊的组合件。

(1) 溶液组成及工艺条件

硫酸阳极氧化溶液及工艺条件见表 9.5。

表 9.5　硫酸阳极氧化的工艺规范

组成及工艺	1	2	3	4	5
$\rho[$硫酸$(H_2SO_4)]/(g \cdot L^{-1})$	$180 \sim 200$	$150 \sim 160$	$280 \sim 320$	$100 \sim 150$	$180 \sim 360$
$\rho[$铝离子$(Al^{3+})]/(g \cdot L^{-1})$	< 20	< 20	< 20	< 20	< 20
$\rho[$硫酸镍$(NiSO_4 \cdot 6H_2O)]/(g \cdot L^{-1})$			$8 \sim 10$		
$\rho[$草酸$(H_2C_2O_4 \cdot 2H_2O)]/(g \cdot L^{-1})$					$5 \sim 15$
$\varphi[$甘油$(C_3H_8O_7)]/(ml \cdot L^{-1})$					$5 \sim 15$
$\varphi($添加剂$)/(ml \cdot L^{-1})$					$6 \sim 100$
温度/℃	$15 \sim 25$	20 ± 1	$20 \sim 30$	$15 \sim 25$	$5 \sim 30$
电流密度/$(A \cdot dm^{-2})$	$0.8 \sim 1.5$	$1.1 \sim 1.5$	$2 \sim 3$	$3 \sim 4$	$4 \sim 8$
电压/V	$12 \sim 22$	$18 \sim 20$	$18 \sim 20$	$16 \sim 24$	$15 \sim 25$
电源	直流	直流或脉冲	交流	交流	交流
时间/min	$30 \sim 40$	$30 \sim 60$	$30 \sim 40$	$30 \sim 40$	$30 \sim 40$
搅拌	需要	需要	需要	需要	需要

注:配方 1 为通用配方;配方 2 用于建筑铝合金;配方 3 为宽温快速氧化;配方 4 为交流氧化,只能获得较薄较软的膜层;配方 5 为优质交流氧化,硬度和厚度与直流法相同。

(2) 影响因素

① 硫酸浓度。当其他条件不变时,提高硫酸浓度将提高电解液对氧化膜的溶解速度,使氧化膜的生长速度较慢,膜孔隙多、弹性好、吸附力强、染色性能好,但硬度较低。降低硫酸浓度,则氧化膜生长速度较快,而孔隙率较低,硬度较高,耐磨性和反光性良好。

② 铝离子。新配制的槽液中必须加入 1 g/L 以上的铝离子才能获得均匀的氧化膜。以后由于膜的溶解,铝离子会不断积累,铝离子浓度增加影响电流密度、电压、膜层的耐蚀性和耐磨性。铝离子浓度的积累导致游离硫酸浓度降低,导电性下降。当恒电压生产时,电流密度则降低,造成膜厚度不足,透明性下降,甚至出现白斑等不均匀现象。当控制电流生产时,

引起电压升高,电耗增大。

若溶液中无铝离子,膜层耐蚀、耐磨性差;当 Al^{3+} 含量为 $1 \sim 5$ g/L 时,膜层耐蚀、耐磨性好;Al^{3+} 继续增加,耐蚀、耐磨性明显下降。

一般铝离子控制在 $2 \sim 12$ g/L 范围内,极限浓度为 20 g/L,大于此值必须部分更换新溶液,即抽出 1/3 的溶液,补充去离子水和硫酸,旧氧化液可用于铝型材的脱脂工序。

③ 镍盐。在快速氧化液中加入 $8 \sim 10$ g/L 硫酸镍,可提高氧化速度,扩大电流密度和温度的上限值。其作用机理不明。

④ 添加剂。交流氧化时,加入添加剂获得的氧化膜厚度均匀,不发黄,硬度较高。克服了常规交流氧化时,膜厚度不能增加,膜层均匀性差、硬度低、外观发黄等缺点。膜层质量可与直流氧化媲美。

⑤ 草酸和甘油。加入二元酸和三元醇,可提高氧化膜硬度、耐磨和耐蚀性。一般认为它们可吸附于氧化膜上,形成一层抑制 H^+ 浓度变化的缓冲层,致使膜溶解速度降低,温度的上限值亦可提高。

⑥ 温度。氧化温度是影响膜层性质的主要参数。温度升高,溶液粘度降低,电流密度升高(电压恒定时)或电压降低(电流恒定时),有利于提高生产效率和降低电耗,但是却带来电解液对膜溶解的加剧,造成膜生成率、膜厚和硬度降低,耐蚀和耐磨性下降。若同时电流密度也低,则会出现粉状膜层。氧化温度高,还会出现膜层透明度和染色性降低,着色不均匀。最优质的氧化膜是在 (20 ± 1) ℃ 的温度下获得的。高于 26 ℃,膜质量明显降低,而低于 13 ℃,氧化膜脆性增大。

因此,在铝及其合金进行阳极氧化时,必须严格控制硫酸溶液的温度。必要时,需用冷冻设备控制电解液的温度,以保证氧化膜的质量。

⑦ 电流密度。电流密度是阳极氧化的重要参数,在相同条件下,提高电流密度,膜生成速度加快,生产率提高,孔隙率增加,易于着色。但电流密度不能过高,否则升温快,膜溶解加快,对复杂零件还会造成电流分布不均匀,引起厚度和着色不均匀,严重时还会烧蚀零件。在搅拌强、制冷好的前提下,可采用电流密度上限值,以提高工作效率。但电流密度也不宜低于 0.8 A/dm^2,否则膜层质量降低。

因此,一般阳极电流密度应控制在 $0.8 \sim 1.5$ A/dm^2 之间,在生产过程中允许电流在 5% 的范围内波动。

⑧ 氧化时间。阳极氧化时间应根据电解液的浓度、温度、电流密度和所需要的膜厚来确定。在相同条件下,随着时间延长,氧化膜的厚度增加,孔隙增多,易于染色,抗蚀能力也不断提高。但达到一定厚度后,生长速度会减慢,到最后不再增加。为获得具有一定厚度和硬度的氧化膜,需要氧化 $30 \sim 40$ min,要想得到孔隙多、便于染色的装饰性氧化膜,时间需增加至 $60 \sim 100$ min。

⑨ 搅拌。在氧化过程中,由于产生较多的热量,造成制件附近的溶液温度升温较快,导致氧化膜的质量下降。为了保证氧化膜的质量,必须采用搅拌措施,通常可采用无油压缩空气搅拌或用泵使电解液循环。

⑩ 合金成分。一般情况下铝合金元素的存在都使氧化膜的质量下降,例如,含铜较多的铝合金的氧化膜上缺陷较多,含硅铝合金的氧化膜发灰发暗。在同样氧化条件下,在纯铝上获得的氧化膜最厚,硬度最高,抗蚀性最好。

⑪ 杂质的影响。电解液中常见的杂质有 Cl^-、F^-、Al^{3+}、Cu^{2+} 和 Fe^{2+} 等,其中对阳极氧化影响显著的是 Cl^-、F^- 和 Al^{3+}。当活性离子 Cl^- 和 F^- 存在时,膜的孔隙率增加,膜表面粗糙疏松,甚至使氧化膜发生腐蚀。Cl^- 的最高允许含量为 $0.05\ g/L$。因此,在配制溶液时,应注意水的质量。Al^{3+} 含量增加,使氧化膜表面出现白斑点,并使吸附能力下降,当含量超过 $20\ g/L$ 时,电解液的氧化能力显著下降。此时可以将电解液的温度升高到 $40 \sim 50\ ℃$,在不断搅拌的情况下缓慢加入 $(NH_4)_2SO_4$ 溶液,使 Al^{3+} 生成 $(NH_4)_2Al_2(SO_4)_4$ 的复盐沉淀,然后用过滤法除去。Cu^{2+} 的含量超过 $0.02\ g/L$ 时,氧化膜上会出现暗色花纹和斑点。可以用铅作电极,阴极电流密度控制在 $0.1 - 0.2\ A/dm^2$,使铜在阴极析出。

⑫ 电源波形和电压的影响。铝阳极氧化可以使用直流电源、脉冲电源、交流电源以及交直流叠加电源。

硫酸法一般用连续波直流电源,电流效率高,膜层硬度高、耐蚀性好。当操作条件掌握不当时,易出现"起粉"和"烧焦"等现象。采用不连续波直流电源时(如单相半波),由于周期内存在瞬间断电过程,创造了表面附近热量及时散失的条件(与脉冲电流类似),降低了膜层的溶解速度,因此可提高极限厚度,允许提高电流密度和温度的上限值,能避免"起粉"、"烧焦"和孔蚀现象,但是生产效率降低。

脉冲电源阳极氧化比直流电源阳极氧化的膜层性能好,可全面提高氧化质量和氧化速度(表 9.6),还可避免"起粉"、"烧焦"等现象,可使用较高的电流密度,缩短 30% 氧化时间,节约电能 7%。现在用于建筑铝型材阳极氧化的大功率的单向脉冲电源已问世,如日本的"慢"脉冲电源,意大利的"快"脉冲电源。国产 $5\ 000 \sim 10\ 000\ A$ 的脉冲电源已用于生产。

表 9.6　脉冲阳极化膜与直流阳极化膜的比较

氧化膜性能	直流氧化膜	脉冲氧化膜
维氏硬度(HV)	300(20 ℃)	650(20 ℃)
CASS 试验/h	8	> 48
耐碱性试验(滴碱)/s	250	> 1 500
弯曲试验	–	好
耐击穿电压/V	最大 300	1 200(100 μm)
膜层均匀性	差	好

交流电氧化是一种不用整流设备,将交流电经变压器降压后直接用做氧化电源,两极均可氧化。因此交流电氧化具有成本低、工效高、节能等一系列优点。由于存在负半周,所以获得的氧化膜孔壁薄、孔隙率高、质软、透明度高、染色性好,但适应度低、耐磨性差、膜层带黄色,难以获得 $10\ \mu m$ 以上的厚度。往电解液中加入添加剂,可获得硬度高、耐腐蚀性好、无黄色、较厚的氧化膜,既适用于 $Al - Si$ 系、$Al - Cu$ 系等难氧化的铝合金,又适用于一般纯铝和建筑铝型材,因此是一种大有发展前途的氧化电源。

交直流叠加电源,常用于草酸阳极氧化。日本、德国应用较多。电压与阻挡层厚度和电流密度有依赖关系。电压高,阻挡层增厚,孔壁增厚,耐蚀和耐磨性提高,但孔隙率降低,着色性能下降。电压升高且电流密度也高时,还容易造成氧化膜"烧焦"。电压升高,电能损耗增大。电压也不能低于 $12\ V$,否则硬度低,耐磨、耐蚀性差。一般装饰性氧化采用 $12 \sim 16\ V$,铝型材采用 $18 \sim 22\ V$。

2.铬酸阳极氧化

经铬酸阳极氧化得到的氧化膜很薄,一般厚度只有 $2 \sim 5~\mu m$,膜层质软,弹性好,耐磨性差。氧化膜本身呈灰白色或深灰色,不透明,很难染色。孔隙率很低,不经封闭处理即可使用。该膜层与有机涂料有良好的结合力,是油漆等涂料的良好底层。

由于铬酸电解液对铝的溶解度很小,形成氧化膜薄,仍能保持零件原来的精度和表面粗糙度,因此,铬酸阳极化适用于公差小和表面粗糙度低的制件以及一些铸造件、铆接件和点焊件,但对于含铜、硅量较高的铝合金制件不适用。

铝及其合金铬酸阳极氧化工艺规范见表9.7。

表9.7 铬酸阳极氧化工艺规范

组成及工艺	1	2	3
$\rho[\text{铬酐}(CrO_3)]/(g \cdot L^{-1})$	$50 \sim 60$	$30 \sim 40$	$95 \sim 100$
温度/℃	35 ± 2	40 ± 2	37 ± 2
$j_a/(A \cdot dm^{-2})$	$1.5 \sim 2.5$	$0.2 \sim 0.6$	$0.3 \sim 2.5$
电压/V	$0 \sim 40$	$0 \sim 40$	$0 \sim 40$
氧化时间/min	60	60	35
阴极材料	铅板或石墨		

注:工艺1适用于一般机加工和钣金件,工艺2适用于经过抛光并允许公差小的零件,工艺3适用于纯铝零件。

在铬酸电解液中进行阳极氧化时,所得到的氧化膜较致密,且随着氧化膜的增厚,其电阻逐渐升高。为了使氧化过程能够正常进行,使氧化膜得以增厚,必须在阳极氧化过程中采用逐步升高电压的方法使电流密度保持在规定的范围内。一般是在氧化开始的 15 min 内,使电压逐步由 0 V 升至 25 V,维持电流密度在 2 A/dm² 左右,然后再逐步将电压升至 40 V 并维持到氧化结束,总计约 1 h。

在铬酸阳极氧化电解液中 SO_4^{2-}、Cl^- 和 Cr^{3+} 都是有害的杂质。SO_4^{2-} 含量超过 0.5 g/L、Cl^- 超过 0.2 g/L 时,氧化膜变粗糙。Cr^{3+} 过多会使氧化膜变得暗而无光。

因此,配制铬酸阳极氧化电解液必须使用蒸馏水或去离子水。当溶液中 SO_4^{2-} 太多时,可加入 $Ba(OH)_2$ 或 $BaCO_3$,使其生成 $BaSO_4$ 沉淀,经过滤除去。应当避免带入 Cl^-,含量太多时,只能弃去部分溶液重新调整或全部更换。

Cr^{3+} 是在阳极化过程中由 Cr^{6+} 在阴极上还原产生的。当电解液中 Cr^{3+} 积累过多时,可以通电处理。以铅做阳极,维持电流密度 $j_a = 0.2$ A/dm²,以不锈钢做阴极,其电流密度 $j_k = 10$ A/dm²,使 Cr^{3+} 在阳极上重新氧化为 Cr^{6+}。

3.草酸阳极氧化

草酸阳极氧化能得到 $8 \sim 20~\mu m$ 厚度的膜层,最高厚度可达到 $60~\mu m$。草酸阳极氧化膜弹性好,硬度较高,具有良好的电绝缘性能。根据铝合金成分的不同,可直接得到银白色、草黄色和黄褐色氧化膜,但着色困难。当采用交流电进行氧化时,能获得较软的、弹性和电绝缘性良好的氧化膜,可作为铝线绕组的良好绝缘层,也可以作为日用品的表面装饰,还可以用于建筑、机械、电气等工业部门。

草酸阳极氧化的缺点是成本高,电能消耗大,并且草酸有毒。在生产过程中草酸在阳极

上被氧化成 CO_2,在阴极上被还原为羟基乙酸,造成电解液的不稳定,因此需经常调整。

草酸的阳极氧化工艺规范见表 9.8。

表 9.8　草酸阳极氧化工艺规范

组成及工艺	1	2	3	4	5
ρ[草酸($H_2C_2O_4\cdot 2H_2O$)]/(g·L^{-1})	27 ~ 33	50 ~ 100	50	80	40 ~ 50
ρ[铬酐(CrO_3)]/(g·L^{-1})					1.0
ρ[甲酸(CH_2O_2)]/(g·L^{-1})				47	
温度/℃	15 ~ 21	35	35	13 ~ 18	20 ~ 30
j_a/(A·dm^{-2})	1 ~ 2	2 ~ 3	1 ~ 2	4 ~ 5	1.5 ~ 4.5
电压/V	110 ~ 120	40 ~ 60	30 ~ 35	40(初始)	40 ~ 60
氧化时间/min	120	30 ~ 60	30 ~ 60	20 ~ 30	30 ~ 40
电源	直流	交流	直流	交流或直流	交流
用途	电气绝缘	表面装饰	表面装饰	装饰零件快	一般应用

草酸阳极氧化膜致密,电阻率高,因此只有在高电压下才能获得较厚的阳极氧化膜。为了防止氧化膜不均匀和在高电压下出现电击穿现象,操作过程中必须逐步升高电压。以工艺 1 为例,工件氧化时,应带电(小电流)下槽,在最初的 5 min 内保持阳极电流密度在 1 ~ 2 A/dm^2,将电压逐步由 0 V 升至 40 V 后,继续在 10 ~ 20 min 内升至 90 V,然后阳极电流密度保持不变,在 15 ~ 20 min 内将电压升至 110 V,并在此电压下维持氧化 70 ~ 90 min。在氧化过程中应用无油压缩空气剧烈地搅拌溶液。

溶液中的铝离子或氯离子含量过高时,膜层疏松或被溶解。一般不允许 Cl$^-$ 含量超过 0.04 g/L,Al^{3+} 的含量不允许超过 3 g/L,过高,则需要更换溶液或弃去部分溶液后补加新液。因此配制溶液应使用蒸馏水或去离子水。根据经验,每通电 1 A·h/L,约耗用草酸 0.13 ~ 0.14 g/L,同时有 0.08 ~ 0.09 g/L Al^{3+} 进入溶液。每 1 g 铝能与 5 g 草酸结合生成草酸铝。

4.硬质阳极氧化

硬质阳极氧化又称厚层阳极氧化,它可在铝及其合金制件的表面生成质硬、多孔的厚氧化膜,最大厚度可达 250 μm。

(1) 硬质阳极氧化膜的特点和用途

① 色泽。根据材质成分和工艺不同,膜层外观呈灰、褐和黑色,而且温度越低、膜层越厚,则色泽越深。

② 硬度高、耐磨。硬质阳极氧化膜的硬度很高,纯铝上氧化膜的显微硬度(HV)可达 12 000 ~ 15 000 MPa,铝合金上的可达 2 500 ~ 5 000 MPa。膜层多孔可吸附和储存各种润滑油,提高了减磨能力。

③ 绝缘和耐热。氧化膜具有很高的电阻率。厚 100 μm 的膜,可耐 2 000 V 以上的电压。经封闭处理后,平均 1 μm 厚的氧化膜可耐压 25 V。氧化膜的熔点高达 2 050℃,而且导热系数低,约为 67 kW/(m·K),是极好的耐热材料。

④ 耐腐蚀。氧化膜经封闭处理后,在大气和海洋气候条件下具有很好的抗蚀能力。氧化膜与纯铝或铝合金的结合力很强。

由于硬质氧化膜的优良特性,它在耐热、耐磨、绝缘性要求高的铝制零件上应用很广,如活塞、气缸、轴承、水电设备叶轮等。

（2）硬质阳极氧化膜的生成过程

硬质阳极氧化的机理与普通阳极氧化相同，都是膜的电化学生长与化学溶解两个过程同时作用的结果。由于硬质氧化膜厚、致密而且有较高的电阻，为了得到硬度高、膜层厚的氧化膜，必须采用高电压和大电流使氧化膜的生长速度大于溶解速度。而电压升高（电压 $60 \sim 120$ V），电流加大（电流密度 $2.5 \sim 4$ A/dm^2），必然会产生大量的热，使电解液温度升高，又加速了氧化膜的溶解。因此就需要采用制冷设备强制降温（低温 $-5 \sim 10$℃），并用净化的压缩空气剧烈搅拌，以带走零件周围的热量。由于工艺条件的改变，膜的生长过程亦有所变化。反映在膜层结构上，硬质氧化膜与普通氧化膜也有差别。这可以通过硬质阳极氧化过程的特性曲线（图9.4）来分析。

从图9.4上看出，硬质阳极氧化过程的特性曲线与普通阳极氧化相似。第Ⅰ段是阻挡层形成阶段，其厚度约为 $100 \sim 120$ nm；第Ⅱ段是多孔层的形成阶段，这两段与普通阳极氧化的特性曲线有相似的规律。第Ⅲ段为多孔层的形成和加厚阶段，这一阶段与普通阳极氧化明显不同。随着膜层增厚，电阻不断增加，膜层的孔隙率减少，故电压平稳地上升。这一阶段越长，生长速度与溶解速度达到平衡的时间也越长，氧化膜就越厚。第Ⅳ段电压急剧上升，达到一定电压后，出现火花，膜被击穿。这是由于电压升高后，膜孔中析氧量也增加，且扩散困难，积累的氧气导致膜的

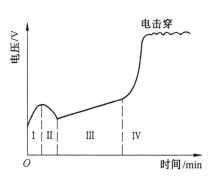

图9.4　硬质阳极氧化过程的特性曲线

电阻增加，使电压剧增。在高压作用下，膜层的热量增加，达到一定程度后，会引起氧气放电，出现火花，使膜层被破坏。此时的电压叫击穿电压。正常的氧化时间应在第Ⅲ阶段后结束，时间大约为 $90 \sim 100$ min，这样能保证氧化膜的质量。

硬质氧化膜与普通氧化膜的结构相似，也为两层结构，由阻挡层和多孔层构成。其区别在于硬质氧化膜的阻挡层厚度大约是普通氧化膜的 10 倍，孔壁增厚，孔隙率比普通氧化膜小，只有 $2\% \sim 6\%$。在纯铝上得到的硬质氧化膜与普通氧化膜特征的比较见表9.9。

表9.9　硬质氧化膜与普通氧化膜特征比较

类　　型	膜厚/ μm	阻挡层/ μm	显微硬度/ MPa	孔径/nm	孔隙率/ %	电阻率/ (Ω·cm)	击穿电压/V
普通氧化膜	$5 \sim 30$	$0.01 \sim 0.015$	$400 \sim 800$	12.0	$20 \sim 30$	10^9	$280 \sim 500$
硬质氧化膜	$30 \sim 200$	$0.1 \sim 0.15$	内 $3\,300 \sim 6\,000$ 外 $3\,000 \sim 4\,500$	12.0	$2 \sim 6$	10^{15}	$800 \sim 3\,000$

（3）硬质阳极氧化工艺

能够获得硬质阳极氧化膜的电解液很多，最常用的是硫酸和混酸溶液，其他还有草酸、丙二酸、苹果酸、磺基水杨酸等。常用的电源有直流、交流、交直流叠加和各种脉冲电流。

① 硫酸硬质阳极氧化。硫酸硬质阳极氧化与普通阳极氧化基本相同，主要不同是电解液温度较低，必须经强制冷和强搅拌才能获得硬而厚的氧化膜。硫酸硬质阳极氧化工艺规范见表9.10。

表 9.10　硬质阳极氧化工艺规范

组成及工艺	1	2	3
$\rho[硫酸(H_2SO_4)]/(g\cdot L^{-1})$	100～200	200～300	130～180
温度/℃	0±2	-8～10	10～15
$j_a/(A\cdot dm^{-2})$	2～4	0.5～5	2
电压/V	20～120	40～90	开始 5 终止 100
氧化时间/min	60～240	120～150	60～220
处理材料	变形铝合金	变形铝合金	铸造铝合金

　　在硬质阳极氧化过程中,硫酸浓度一般为 100～300 g/L,浓度低时所生成的氧化膜硬度高。这一点对纯铝尤为明显。但对于硬铝和含铜量较高的铝合金,在氧化过程中由于不均匀相(如 $CuAl_2$ 相)溶解较快,容易烧毁零件,必须采用 310～350 g/L 的硫酸,用交直流叠加或脉冲电流氧化。

　　氧化温度对硬质阳极氧化膜硬度和耐磨性影响较大。一般来说,温度低时,氧化膜的硬度高、耐磨性好。但温度过低,膜层脆性增大。但对纯铝来说,在 6～11℃下得到的氧化膜硬度和耐磨性比 0℃时得到的高。适宜的温度要根据硫酸的浓度、电流密度和合金成分而定,一般控制在 -5～10℃范围内,对纯铝应控制在 6～11℃。

　　硬质阳极氧化常采用恒电流法。提高电流密度,则膜层生长速度加快,氧化时间缩短,膜层硬度高、耐磨性好。但当电流密度超过某一数值(8 A/dm²)时,因发热量大,膜层硬度反而降低。电流密度太低,则成膜慢,化学溶解时间长,膜层的硬度低。一般电流密度选择 2～5 A/dm²。但开始氧化时的阳极电流密度应控制在 0.5 A/dm² 左右,在 25 min 内分 5～8 次逐步提高到 2.5 A/dm² 左右,最高不超过 5 A/dm²,然后保持电流恒定,并每 5 min 用升高电压法调整电流密度,直至氧化终止。这样可以得到与基体结合力很强的氧化膜。

　　② 混酸硬质常温氧化。混酸硬质阳极氧化是在硫酸或草酸溶液的基础上加入一定量的有机酸或少量无机盐,如丙二酸、乳酸、苹果酸、磺基水杨酸、酒石酸、甘油、硼酸、硫酸锰、水玻璃等。这样可以在接近常温的条件下获得较厚的硬质阳极氧化膜,而且膜的质量有所提高。

　　混酸阳极氧化允许提高氧化温度,无需强制冷设备,便于生产,成本较低。常用的几种混酸硬质阳极氧化工艺规范列于表 9.11 中。

表 9.11　硬质阳极氧化工艺规范

组成及工艺	1	2	3	4	5
$\rho[硫酸(H_2SO_4)]/(g\cdot L^{-1})$	120	200		150～240	120
$\rho[草酸(H_2C_2O_4\cdot 2H_2O)]/(g\cdot L^{-1})$	10		30～50		
$\rho[苹果酸(C_4H_6O_5)]/(g\cdot L^{-1})$		17			
$\rho[丙二酸(C_3H_4O_4)]/(g\cdot L^{-1})$			25～30	12～24	25～30
$\rho[甘油(C_3H_8O_3)]/(g\cdot L^{-1})$		12		8～16	
$\rho[乳酸(C_3H_6O_3)]/(g\cdot L^{-1})$					25～30
$\rho[硫酸锰(MnSO_4\cdot 5H_2O)]/(g\cdot L^{-1})$			3～5		
$\rho[硫酸铝(Al_2(SO_4)_3\cdot 18H_2O)]/(g\cdot L^{-1})$				8	
温度/℃	9～10	16～18	10～30	10～20	室温
$j_a/(A\cdot dm^{-2})$	10～20	3～4	3～4	2.5～4	3～5
电压/V	10～75	22～24	初始 40 终止 130	35～70	20～30
时间/min		70	35～100		60
处理材料	多种铝合金	LC4 等铝合金	LC4、LF3 和铸造铝合金	LY11、LY12、LD5	

5.瓷质阳极氧化

铝合金瓷质阳极氧化,是在电解液中加入某些物质,使其在形成氧化膜的同时,被吸附在膜层中,从而得到的氧化膜具有瓷釉和搪瓷的光泽。膜层致密不透明,结合力好,硬度高,耐磨性好,耐蚀性强,还具有良好的绝热性、电绝缘性和吸附性,能染色,色泽美观。这种工艺已广泛应用于各种电子、仪器仪表及具有特殊性能要求的表面装饰与防护零部件中。

瓷质阳极氧化溶液主要可分为两类。一类是在草酸中加入某些稀有金属盐,如钛、锆、钍盐等。在氧化过程中,这些盐类水解,产生的发色物质沉积于氧化膜孔隙中,形成类似瓷釉的膜层,氧化膜硬度高,可以保持零件的高精度和高光洁度,但成本较高,溶液使用周期短,工艺条件要求严格。另一类是以铬酐、硼酸和草酸的混合酸为氧化液,溶液成分简单,成本低廉,可用于一般零件的瓷质阳极氧化。瓷质阳极氧化的阴极可用纯铝、铅板和不锈钢板。瓷质阳极氧化工艺规范见表9.12。

表9.12 瓷质阳极氧化工艺规范

组成及工艺	1	2	3
$\rho[$铬酐$(CrO_3)]/(g\cdot L^{-1})$	35~40	30~40	
$\rho[$草酸$(H_2C_2O_4\cdot 2H_2O)]/(g\cdot L^{-1})$	5~12		2~5
$\rho[$硼酸$(H_3BO_3)]/(g\cdot L^{-1})$	5~7	1~3	8~10
$\rho[$草酸钛钾$(TiO(KC_2O_4)\cdot 2H_2O)]/(g\cdot L^{-1})$			35~45
$\rho[$柠檬酸$(C_6H_8O_7\cdot H_2O)]/(g\cdot L^{-1})$			1~1.5
温度/℃	45~55	40~50	24~28
$j_a/(A\cdot dm^{-2})$	0.8~1	初始2~3 终止0.1~1.2	初始2~3 终止0.6~1.2
电压/V	25~40	40~80	90~110
氧化时间/min	40~60	40~60	30~40
膜层厚度/μm	10~16	10~16	10~16
颜色	乳白色	灰色	灰白色
说明	性能和成本最佳 容易掌握	工艺稳定 操作简便	工艺不易掌握
处理材料	纯铝和铝镁合金		

9.1.4 阳极氧化膜的着色与封闭

阳极氧化后得到的新鲜氧化膜,具有多孔性和化学活性,可以进行着色处理。这样既美化了氧化膜外观,又可以提高膜的抗蚀能力。纯铝、铝镁和铝锰合金的氧化膜易于染成各种不同的颜色,铝铜和铝硅合金的氧化膜发暗,只能染成深色。

着色必须在阳极氧化后立即进行。着色前应将氧化膜用冷水仔细清洗干净。

根据显色色素体存在位置不同,可分为化学浸渍着色、电解整体着色、电解着色和涂装着色四类。见图9.5。

1.化学浸渍着色

化学浸渍着色包括有机染料染色、无机颜料着色两种方法。该法具有工序少、工艺简单、容易操作、成本低、色种多且色泽艳丽、装饰性好等特点。

(1)化学浸渍着色的机理

铝阳极氧化膜有 20%~30% 的孔隙率,因此有巨大的表面积和极高的化学活性。有机染料分子在氧化膜上发生物理吸附或化学吸附积存于膜层的内表面而显色。一种情况是有

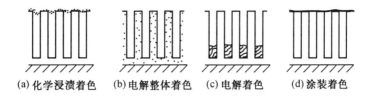

图 9.5 不同着色法色素体存在位置

机染料分子或离子靠静电力吸附于氧化膜的孔隙中,在染料分子或离子与氧化膜间,发生物理吸附,没有化学反应。吸附力取决于氧化膜的表面电荷和染料性质。在酸性染料中,氧化膜带正电荷,对阴离子型染料(如酸性染料),有较强的物理吸附力。与化学吸附相比,物理吸附力较弱且受温度的影响较大,所以化学浸渍着色的色牢度取决于化学吸附。另一种情况是有机染料分子与氧化膜发生了化学反应,有机染料分子与氧化膜通过化学键形式相结合。这种化学键结合方式有:氧化膜与染料分子上的磺酸基形成共价键,氧化膜与有机染料分子上的酚基形成氢键,氧化膜中的铝与染料分子形成配合物等。具体结合形式取决于染料分子的性质与结构。

无机盐浸渍着色的色素体是金属氧化物或金属盐,例如 Fe_2O_3(金黄色),$Ag_2Cr_2O_7$(橙色)。它是通过膜孔中的金属盐发生化学反应而得到有色物质的。

橙色 $\qquad 2AgNO_3 + K_2Cr_2O_7 \longrightarrow Ag_2Cr_2O_7 \downarrow + 2KNO_3$
$\qquad\qquad\qquad\qquad\qquad\quad$(橙色色素体)

黑色 $\qquad Co(Ac)_2 + Na_2S \longrightarrow CoS \downarrow + 2NaAc$
$\qquad\qquad\qquad\qquad\qquad\quad$(黑色色素体)

(2) 化学浸渍着色的工艺

① 有机染料着色。适用于铝氧化膜着色的有机染料很多,主要包括酸性染料、活性染料和可溶性还原染料等。常用的一些有机染料及染色工艺规范列于表 9.13 中。

表 9.13 常用的有机染料及染色工艺规范

颜色	颜料名称	$\rho/(g \cdot L^{-1})$	温度/℃	时间/min	pH 值
红色	茜素红(R)	5~10	60~70	10~20	
	酸性大红(GR)	6~8	室温	2~15	4.5~5.5
	活性艳红	2~5	70~80	2~15	
	铝红(GLW)	3~5	室温	5~10	5~6
绿色	酸性绿	5	70~80	15~20	5~5.5
	直接耐晒翠绿	3~5	室温	15~20	4.5~5
	铝绿(MAL)	3~5	室温	5~10	5~6
蓝色	直接耐晒蓝	3~5	15~30	15~20	
	直接耐晒翠蓝	3~5	40~60	10~15	4.5~5
	活性艳蓝	5	室温	1~5	4.5~5.5
	酸性兰	2~5	60~70	2~15	
黑色	酸性黑(ATT)	10	室温	3~10	4.5~5.5
	酸性元青	10~12	60~70	10~15	
	酸性粒子元(NBL)	10~15	60~70	15~20	5~5.5
	苯胺黑	5~10	60~70	15~30	5~5.5
金黄色	茜素黄(S)	0.3	70~80	1~3	5~6
	茜素红(R)	0.5		5~15	
	活性艳橙	0.5	70~80		5~5.5
	铝黄(GLW)	2~5	室温	2~5	

配制染色液的水最好用蒸馏水或去离子水而不用自来水,因为自来水中的钙、镁等离子会与染料分子配合形成配合物,使染色液报废。

染色槽的材料最适宜用陶瓷、不锈钢或聚丙烯塑料等。

② 无机颜料着色。通常采用无机颜料着色的氧化膜,色调不如有机染料着色鲜艳,结合力差,但耐晒性好,故可用于室外铝合金建筑材料氧化膜的着色。

常用无机着色液的配方及工艺规范列于表 9.14。由表可见,采用无机颜料着色时,所用溶液分为两种,这两种溶液本身不具有所需颜色,只有在氧化膜孔中起化学反应后才能产生所需色泽。

着色时,先把氧化好的铝及其合金制品用清水洗净,立即浸入溶液① 中约 10 ~ 15 min,取出用水清洗一下,立即浸入溶液② 中约 10 ~ 15 min。此时,进入膜孔中的两种盐发生化学反应,生成所需要的不溶性有色盐。取出后用水洗净,在 60 ~ 80 ℃烘箱内烘干。

如果制件所着颜色较浅,可在烘干前重复进行着色。

表 9.14　氧化膜常用无机颜料着色工艺规范

颜色	组　　成	$\rho/(g \cdot L^{-1})$	温度/℃	生成的有色盐
红色	① 醋酸钴($Co(CH_3COO)_2 \cdot 4H_2O$)	50 ~ 100	室温	铁氰化钴
	② 铁氰化钾($K_3Fe(CN)_6$)	10 ~ 50		($Co_3[Fe(CN)_6]_2$)
绿色	① 铁氰化钾($K_3Fe(CN)_6$)	10 ~ 50	室温	铁氰化铜
	② 硫酸铜($CuSO_4 \cdot 5H_2O$)	10 ~ 100		($Cu_3[Fe(CN)_6]_2$)
蓝色	① 亚铁氰化钾($K_4Fe(CN)_6 \cdot 3H_2O$)	10 ~ 50	室温	普鲁士蓝
	② 氯化铁($FeCl_3$)	10 ~ 100		($Fe_3[Fe(CN)_6]_3$)
黄色	① 铬酸钾(K_2CrO_4)	50 ~ 100	室温	铬酸铅
	② 醋酸铅($Pb(CH_3COO)_2 \cdot 3H_2O$)	100 ~ 200		($PbCrO_4$)
白色	① 氯化钡($BaCl_2$)	30 ~ 50	室温	硫酸钡
	② 硫酸钠(Na_2SO_4)	30 ~ 50		($BaSO_4$)
黑色	① 醋酸钴($Co(CH_3COO)_2 \cdot 4H_2O$)	50 ~ 100	室温	氧化钴
	② 高锰酸钾($KMnO_4$)	12 ~ 25		(CoO)

2.电解着色

铝和铝合金的电解着色是把经过阳极氧化的制件浸入含有重金属盐的电解液中,通过交流电作用,发生电化学反应,使进入氧化膜微孔中的重金属离子被还原为金属原子,沉积于孔底阻挡层上而着色。由于各种电解着色液中所含的重金属离子的种类不同,在氧化膜孔底阻挡层上沉积的金属种类不同,粒子大小和分布的均匀度也不同,因此氧化膜对各种不同波长的光发生选择性地吸收和反射,从而显出不同的颜色。

电解着色是金属离子在膜孔底部的阻挡层上被还原而显色的,但是铝的阻挡层是没有化学活性的,欲在阻挡层上电沉积金属,关键在于活化阻挡层。电解着色采用正弦波交流电,就是利用交流电的极性变化来活化阻挡层。阻挡层在负半周遭到破损,在正半周又得到氧化修复,这样阻挡层得到活化。交流电是如何还原金属的呢? 这是由于阻挡层有半导体特性,能起到整流作用。当其电势比铝的电势高(正)时,铝件一侧电流的负相成分就占主导,在阴极强还原作用下,通过扩散进入膜孔内的金属离子就被还原析出。研究表明,贵金属和铜及铁族金属离子被还原成金属胶态粒子;一些含氧酸根(如硒酸根、钼酸根、高锰酸根)则被还原为金属氧化物或金属化合物沉积在膜壁上。电解着色的色调依金属盐种类、金属沉积量而异,除金属的特征色以外,还与金属胶粒的大小、形态和粒度分布有关。如果胶粒的大小处于可见光波长范围,则胶粒对光波有选择地吸收和漫射,从而可见到不同的色调。

用电解着色工艺得到的彩色氧化膜具有良好的耐磨性、耐晒性、耐热性、耐腐蚀性和色泽稳定持久等优点,目前在建筑装饰用铝型材上获得了广泛应用。

常用的阳极氧化膜电解着色工艺规范列于表 9.15 中。

表 9.15 阳极氧化膜电解着色工艺规范

组　　成	$\rho/(g \cdot L^{-1})$	温度/℃	交流电压/V	时间/min	颜色
硝酸银($AgNO_3$)	0.4~10	室温	8~20	0.5~1.5	金黄色
硫酸(H_2SO_4)	5~30				
硫酸镍($NiSO_4 \cdot 7H_2O$)	25	20	7~15	2~15	青铜色 →褐色 →黑色
硼酸(H_3BO_3)	25				
硫酸铵$[(NH_4)_2SO_4]$	15				
硫酸镁($MgSO_4 \cdot 7H_2O$)	20				
硫酸亚锡($SnSO_4 \cdot 2H_2O$)	20	15~25	13~20	5~20	青铜色 →褐色 →黑色
硫酸(H_2SO_4)	10				
硼酸(H_3BO_3)	10				
硫酸铜($CuSO_4 \cdot 5H_2O$)	35	20	10	5~20	紫色→ 红褐色
硫酸镁($MgSO_4 \cdot 7H_2O$)	20				
硫酸(H_2SO_4)	5				
硫酸钴($CoSO_4 \cdot 7H_2O$)	25	20	17	13	黑色
硫酸铵$[(NH_4)_2SO_4]$	15				
硼酸(H_3BO_3)	25				

国内有不少厂家生产各种牌号用于氧化膜电解着色的稳定剂、促进剂和发色剂。

在电解着色过程中,重金属主盐浓度应控制在工艺范围内,过低,不宜在膜孔中着上颜色,过高,则容易产生浮色而脱落。温度一般控制在 20~35℃较为适宜,过低,着色速度慢且只能着较浅的颜色,高于 40℃,则着色速度太快,易产生浮色。交流电压低,着色较浅,提高电压可以增加着色深度。因此,在同样条件下,改变电压就可以在氧化膜微孔内分别着上多种不同的单色。

在着色液的浓度、pH 值、温度和交流电压都分别相同的条件下,随着电解着色时间的逐步延长,就可以在上述氧化膜的微孔内分别着上由浅到深的不同单色。

9.1.5 阳极氧化膜的封闭处理

由于铝及其合金的阳极氧化膜具有较高的孔隙率和吸附性能,很容易被污染和受腐蚀介质的浸蚀。因此,在工业生产中,经阳极氧化后的铝及其合金制品,不论着色与否,都要进行封闭处理。封闭处理的目的是提高膜的耐蚀性、抗污染能力和色彩的牢固性及耐晒性。

氧化膜封闭处理的方法很多,按其作用机理可分为三种:

① 利用水化反应使产物体积膨胀而堵塞孔隙,如热水封闭法、水蒸气封闭法。

② 利用盐的水解作用吸附阻化封闭,如无机盐水解封闭(含高温法和常温法)。

③ 利用有机物填充封孔,如浸油、浸漆、电泳涂装、喷粉等。

根据封闭处理的温度不同,可分为高温封闭工艺和常温封闭工艺。在生产中方法①和方法②应用得最广。而为了节省能源,利用吸附阻化作用的常温封闭法已占主导地位。

1. 高温封闭工艺

高温封闭是将具有很高活性的非晶态氧化膜转变成化学钝态的结晶态氧化膜的过程,其原理是利用 Al_2O_3 的水化作用,即

$$Al_2O_3 + nH_2O \xrightarrow{\triangle} Al_2O_3 \cdot nH_2O$$

水化反应在高温和常温下都能进行。水化反应结合水分子的数目为 1～3 个,依反应温度而定。水温低于 80℃时,发生

$$\gamma - Al_2O_3 \xrightarrow{H_2O} 2AlOOH \xrightarrow{2H_2O} \gamma - Al_2O_3 \cdot 3H_2O(3 \text{水})$$

这种水化氧化膜稳定性差,具有可逆性,水温越低,可逆性越大。

当温度高于 80℃,接近于沸腾时发生

$$\gamma - Al_2O_3 \xrightarrow{H_2O} 2AlOOH \xrightarrow{} \gamma - Al_2O_3 \cdot H_2O(1 \text{水})$$

这种水合氧化铝是稳定而不可逆的,在腐蚀介质中稳定,所以高温封闭水温一定要达到95℃以上。当 Al_2O_3 水化为一水合氧化铝($Al_2O_3 \cdot H_2O$)时,其体积可增加约 33%;生成三水合氧化铝($Al_2O_3 \cdot 3H_2O$)时,其体积增大几乎 100%。由于氧化膜表面及孔壁的 Al_2O_3 水化的结果,体积增大而使膜孔堵塞封闭。

高温封闭除采用热水封闭和水蒸气封闭外,还可以用加金属盐水溶液进行高温封闭,如加入镍盐、钴盐或重铬酸盐。

热水封闭适用于无色氧化膜。热水温度为 90～100℃,pH 值为 6～7.5,封闭时间 15～30 min。封闭用水必须是蒸馏水或去离子水,而不能用自来水,否则自来水中的杂质进入氧化膜微孔内会降低氧化膜的透明度和色泽。

蒸汽封闭的原理与热水封闭的原理相同。蒸汽温度为 100～110℃,压力为 0.1～0.3 MPa,处理时间 30 min。蒸汽封闭在蒸缸中进行。此法对着色氧化膜不会出现流色现象,但成本较高。

重铬酸盐封闭在具有强氧化性的重铬酸盐溶液中于较高温度下进行。氧化膜经重铬酸盐封闭处理后呈黄色,耐蚀性较高。此法适用于封闭硫酸阳极氧化法得到的氧化膜,而不适宜于封闭经过着色的装饰性氧化膜。

封闭液的组成和工艺条件为

重铬酸钾($K_2Cr_2O_7$)　　　　　60～100 g/L

pH 值(用 Na_2CO_3 调整)　　　6～7

温度　　　　　　　　　　　　90～95℃

封闭时间　　　　　　　　　　15～25 min

配制封闭液应该用蒸馏水或去离子水。

当经过阳极氧化后的制件浸入溶液时,氧化膜表面和孔壁的氧化铝与水溶液中的重铬酸钾发生下列化学反应

$$2Al_2O_3 + 3K_2Cr_2O_7 + 5H_2O \Longrightarrow 2Al(OH)CrO_4 \downarrow + 2Al(OH)Cr_2O_7 \downarrow + 6KOH$$

生成的碱式铬酸铝及碱式重铬酸铝沉淀于孔隙中,再加上热水分子与氧化铝生成的一水合氧化铝及三水合氧化铝,一起封闭了氧化膜的微孔。因此,重铬酸盐封闭是填充和水化双重作用的结果。

2.常温封闭

常温封闭有很多优点。常温工作($20 \sim 40℃$),节能效果显著,封闭效率高,比沸水封闭快 $2 \sim 3$ 倍,封闭质量优于其他方法。目前已成为国内外采用的主要封闭方法。

常温封闭液的主要成分是镍盐、钴盐等及其他助剂、配位剂、缓冲剂及表面活性剂等。其主要原理是金属的水解沉积和氧化膜孔隙的吸附作用。根据其组成不同,还有水化作用和生成化学转化膜等协同效应的综合结果。

（1）水化作用

常温下氧化膜与水生成亚稳态的水化产物($\gamma - Al_2O_3 \cdot 3H_2O$),常温封闭液中加入能促进水化反应的物质(如 Ni^{2+}、Co^{2+}、Cr^{3+}、Zr^{4+} 等),加速水化作用。

（2）金属盐的水解作用

常温封闭液大都采用 $Ni - F$ 或 $Ni - Co - F$ 系。其中 F^- 特性吸附在膜壁上,中和了阳极氧化膜的正电荷,使之带负电荷,有利于金属离子向膜孔中扩散,另外,F^- 与膜反应又生成 OH^-,与扩散进入膜孔中的 Ni^{2+} 结合,生成的氢氧化物沉积在氧化膜微孔中而将孔隙封闭。

$$Al_2O_3 + 12F^- + 3H_2O \Longrightarrow 2AlF_6^{3-} + 6OH^-$$

$$AlF_6^{3-} + Al_2O_3 + 3H_2O \Longrightarrow Al_3(OH)_3F_6 + 3OH^-$$

或
$$x\,AlF_6^{3-} + \frac{1}{2}\,y\,Al_2O_3 + 3x\,H_2O \longrightarrow Al_{x+y}(OH)_{3x}F_{3y} + 3x\,OH^-$$

$$Ni^{2+} + 2OH^- \longrightarrow Ni(OH)_2$$

$$Co^{2+} + 2OH^- \longrightarrow Co(OH)_2$$

少量的氢氧化镍和氢氧化钴几乎是无色的,用来封闭着色的氧化膜不会影响制品的色泽,还会和有机染料形成配合物,增加染料的稳定性和耐晒性。

（3）形成铝的化学转化膜

铝氧化膜与封闭剂作用,发生微溶,生成的铝离子与封闭液的某些成分(如极性分子)作用,生成有保护性的化学转化膜。

3.有机物封闭

根据使用要求,阳极氧化膜可以采用有机物质进行封闭,如透明清漆、熔融石蜡、各种树脂和干性油等。有机物封闭不但可以提高阳极氧化膜的防护能力,还可以提高氧化膜的耐蚀性和电绝缘性。

9.1.6　不合格阳极氧化膜的退除

不符合质量要求的阳极氧化膜可在表 9.16 所列的溶液中退除。退除了氧化膜的铝及其合金制品应立即用清水洗净,以防止残留溶液对基体金属的腐蚀。然后按照要求重新进行阳极氧化的全部过程。

配方 1、2 适用于精度要求高的铝及其合金制件,其中配方 2 适用于含硅铝合金;配方 3 适用于精度要求高的制件。

表 9.16　不合格阳极氧化膜退除工艺规范

组成及工艺	1	2	3
ρ[氢氧化钠(NaOH)]/(g·L^{-1})	5～10		
ρ[磷酸三钠(Na$_3$PO$_4$·12H$_2$O)]/(g·L^{-1})	30～40		
ρ[硝酸(HNO$_3$, d = 1.40)]/(ml·L^{-1})		180	
φ[氢氟酸(HF 的质量分数为40%)]/(ml·L^{-1})		8	
φ[磷酸(H$_3$PO$_4$, d = 1.70)]/(ml·L^{-1})			35
ρ[铬酐(CrO$_3$)]/(g·L^{-1})			20
温度/℃	50～60	室温	80～90
退膜时间	氧化膜退净为止		

9.1.7　铝及其合金的化学氧化

铝及铝合金经化学氧化获得的氧化膜较薄且多孔、质软,力学性能和抗腐蚀性能均不如阳极氧化膜。但化学氧化膜有良好的吸附能力,是有机涂层的良好底层,并且可点焊。除特殊用途外,一般不宜单独作为保护层。化学氧化的工艺特点是设备简单、操作方便、生产效率高、适用范围广、不受零件的大小和形状的限制,尤其适用于对大型复杂组合件和微小零件的处理。

铝及铝合金的化学氧化工艺按其溶液性质,可分为碱性氧化法和酸性氧化法两类。国外广泛采用的 Alodine(阿洛丁)或 Alocron(阿洛克罗姆)氧化均属酸性氧化法,该法所获得的氧化膜厚度约为 2.5～10 μm,其耐蚀性优于一般化学氧化膜,在汽车工业、航空航天工业中应用甚广。我国在汽车轮毂处理上也广泛应用 Alodine(阿洛丁)或 Alocron(阿洛克罗姆)氧化法。

1.碱性铬酸盐氧化

表 9.17 为铝及铝合金碱性铬酸盐化学氧化工艺规范。

表 9.17　铝及铝合金碱性铬酸盐化学氧化工艺规范

组成及工艺	配方编号		
	1	2	3
ρ[碳酸钠(Na$_2$CO$_3$)]/(g·L^{-1})	40～60	50～60	40～50
ρ[铬酸钠(Na$_2$CrO$_4$·4H$_2$O)]/(g·L^{-1})	15～25	15～20	10～20
ρ[氢氧化钠(NaOH)]/(g·L^{-1})	2～5		
ρ[磷酸三钠(Na$_3$PO$_4$)]/(g·L^{-1})		1.5～2.0	
ρ[硅酸钠(Na$_2$SiO$_3$)]/(g·L^{-1})			0.6～1.0
温度/℃	85～100	95～100	90～95
时间/min	5～8	8～10	8～10

配方 1、2 适用于纯铝、铝镁合金、铝锰合金和铝硅合金的氧化。膜层颜色为金黄色,但在后两种合金上得到的氧化膜颜色较暗。碱性氧化液中得到的膜层较软,耐蚀性差,孔隙率高,吸附性好,适于作为涂装底层。

配方 3 中加入硅酸钠,获得的氧化膜无色,硬度及耐蚀性略高,孔隙率及吸附性略低,在硅酸钠的质量分数为 2% 的溶液中经封闭处理后可单独作为防护层用,适用于含重金属铝合金的氧化。

工件经化学氧化处理后,为提高其耐蚀性,可在 20 g/L 的 CrO_3 溶液中,室温下进行钝化处理 5～15 s,然后在低于 50℃ 的温度下烘干。

2. 酸性铬酸盐氧化

表 9.18 是铝及铝合金酸性铬酸盐化学氧化工艺规范。

表 9.18　铝及铝合金酸性铬酸盐化学氧化工艺规范

组成及工艺	配方编号				
	1	2	3	4	5
ρ[磷酸(H_3PO_4)]/(g·L⁻¹)	10～15	50～60	22		
ρ[铬酐(CrO_3)]/(g·L⁻¹)	1～2	20～25	2～4	4～5	3.5～5
ρ[氟化钠(NaF)]/(g·L⁻¹)	3～5		5	1～1.2	0.8
ρ[氟化氢铵(NH_4HF_2)]/(g·L⁻¹)		3～3.5			
ρ[磷酸氢二铵($(NH_4)_2HPO_4$)]/(g·L⁻¹)		2～2.5			
ρ[硼酸(H_3BO_3)]/(g·L⁻¹)		0.6～1.2	2		
ρ[铁氰化钾($K_3Fe(CN)_6$)]/(g·L⁻¹)				0.5～0.7	
ρ[重铬酸钾($K_2Cr_2O_7$)]/(g·L⁻¹)					3～3.5
温度/℃	20～25	30～40	室温	25～35	25～30
时间/min	8～15	2～8	15s～60s	0.5～1.0	3

配方 1 得到的氧化膜较薄,韧性好,耐蚀性好,适用于氧化后需要变形的铝及铝合金,也可用于铸铝的表面防护,氧化后不需要钝化或填充处理。

配方 2 溶液 pH 值为 1.5～2.2,得到的氧化膜较厚,约 1～3 μm,致密性及耐蚀性都较好。氧化后零件尺寸无变化,氧化膜颜色为无色至浅蓝色,适用于各种铝及铝合金氧化处理。在配方 2 溶液中经氧化处理后,零件应立即用冷水清洗干净,然后用 40～50 g/L $K_2Cr_2O_7$ 溶液填充处理(pH 为 4.5～6.5,用 Na_2CO_3 调整),温度 90～95℃,时间 5～10 min。清洗后 70℃ 烘干。

配方 3 溶液中得到的氧化膜无色透明,厚度为 0.3～0.5 μm,膜层导电性好,主要用于变形的铝电器零件。

配方 4 适用于纯铝、防锈铝及铸造铝合金。氧化膜很薄,导电性及耐蚀性好,硬度低,不耐磨,可以电焊和氩弧焊,但不能锡焊。主要用于要求有一定导电性能的铝合金零件。

配方 5 得到的氧化膜较薄,约 0.5 μm,导电性及耐蚀性好,孔隙少,可单独作防护层用。

3. 阿洛丁(Alodine)氧化

阿洛丁氧化法使用含有铬酸盐、磷酸盐及氟化物的酸性溶液对铝及其合金进行化学氧化处理,溶液组成为:20 ~ 100 g/L PO_4^{3-}、2.6 ~ 6.0 g/L F^-、6.0 ~ 20 g/L CrO_3。

阿洛丁氧化膜层厚度为 2.5 ~ 10 μm,膜层组成大体为:$w(Cr) = 18\% ~ 20\%$、$w(Al) = 45\%$、$w(P) = 15\%$、$w(F) = 0.2\%$。加热氧化膜时,其质量约减少 40%,而耐蚀性却得到极大提高。

该氧化法按所获得的氧化膜颜色不同,可分为有色和无色氧化两大类。其施工工艺方法有三种,即浸渍法、手工涂刷法及自动喷涂法。工艺流程为

铝制件→机械抛光→化学除油及浸蚀→清洗→中和→化学氧化→热水烫(50℃)→压缩空气吹干→烘干(70℃)→成品检验

9.2 铝及其合金上的电镀

铝及铝合金具有质量轻、力学强度高、导电导热性能好、无磁性、易加工等优点,但铝及铝合金存在易产生晶间腐蚀、表面硬度低、耐磨性差、不易焊接等缺点,影响其应用范围和使用寿命。采用电镀方法,在其表面沉积一层其他金属,可以克服其弱点,延长使用寿命,扩大应用范围。铝及其合金表面经电镀后,可以得到各种不同装饰性镀层,还可以改善它的导电性、易焊性、耐磨性、光学性、抗蚀性以及与橡胶的粘接能力等。铝及其合金的电镀在汽车工业、计算机行业有着广泛的应用。

但是在铝及合金上进行电镀存在不少困难,主要在于铝对氧有很强的亲和力,表面极易形成氧化膜;铝是两性金属,在酸碱中均不稳定;铝的电负性很高(标准电势为 – 1.66 V),在电镀溶液中易被浸蚀并置换出被镀金属;铝的膨胀系数较大,易引起镀层起泡脱落;铸造铝合金的砂眼、针孔也会影响镀层的结合力。

因此,为了在铝及其合金表面上获得良好的金属镀层,电镀前除了采用常规的脱脂、浸蚀等处理外,还必须采用特殊的镀前表面预处理,即在铝基体和镀层之间制造一层既能与铝良好结合,同时又与镀层良好结合的中间层,这是铝及铝合金电镀工艺中最关键的工序。目前生产上采用较多的预处理方法有:化学浸镀金属、阳极氧化处理。

9.2.1 铝及其合金化学浸镀和闪镀预处理

铝及其合金在电镀以前,可采用下述两种方法进行预处理,以保证镀层与基体的结合力。

1.化学浸金属层

(1) 化学浸锌

对于大多数铝及其合金,经过表面准备之后,都可以进行化学浸锌处理。化学浸锌的目的是在除去铝表面自然氧化膜的同时沉积上一薄层置换锌。该锌层既能防止铝上自然氧化膜的再生,又可在其上电沉积其他金属。目前,使用的化学浸锌溶液主要是碱性锌酸盐溶液,见表 9.19。

表 9.19　化学浸锌工艺规范

组成及工艺 ╲ 铝基材	各种铝合金		铝镁合金	铝铜合金	铝硅合金
	第一次浸锌	第二次浸锌			
ρ[氢氧化钠(NaOH)]/$(g\cdot L^{-1})$	500	100	500	60	500
ρ[硝酸钠(NaNO$_3$)]/$(g\cdot L^{-1})$		1		1	
ρ[氧化锌(ZnO)]/$(g\cdot L^{-1})$	100	20	100	6	100
ρ[酒石酸钾钠(KNaC$_4$H$_4$O$_6\cdot$4H$_2$O)]/$(g\cdot L^{-1})$	20	10	20	80	10
ρ[三氯化铁(FeCl$_3$)]/$(g\cdot L^{-1})$	1	2	1	2	2
ρ[氢氟酸(HF 的质量分数为40%)]/$(g\cdot L^{-1})$	1				2~3
温度/℃	15~20	15~25	20~25	20~25	25~35
时间/min	0.5~1	0.5~1	0.5~1	0.5~1	0.5~1

当铝及其合金制品浸入到锌酸盐溶液中时,首先是铝表面自然氧化膜的溶解

$$Al_2O_3 + 2NaOH \Longrightarrow 2NaAlO_2 + H_2O$$

随后裸露出来的金属铝和溶液中的锌离子发生共轭的电化学反应。阳极铝被溶解下来,阴极则析出锌,同时有少量的氢气析出。

阳极　　　　　　　　$$Al + 3OH^- \longrightarrow Al(OH)_3 + 3e^-$$

$$Al(OH)_3 \Longrightarrow AlO_2^- + H_2O + H^+$$

阴极　　　　　　　　$$Zn(OH)_4^{2-} + 2e^- \longrightarrow Zn + 4OH^-$$

$$2H_2O + 2e^- \longrightarrow H_2\uparrow + 2OH^-$$

氢在锌上有较高的过电势,且溶液为强碱性介质,氢离子浓度很低,析出的氢可以忽略;由于锌与铝的电势比较接近,因而共轭氧化 – 还原反应进行得比较缓慢,可以得到均匀致密的沉积锌层。

当处理镁、铜、硅含量较高的铝合金时,为提高浸锌的质量,可以在溶液中加入少量的三氯化铁(三氯化铁应先用酒石酸钾钠配合后再加入)。Fe^{3+} 也可以与铝发生置换反应并与锌生成锌铁合金,微量锌铁合金的存在,有利于提高置换锌层与基体的结合力,并能提高抗蚀性。加酒石酸钾钠的目的是防止 Fe^{3+} 在碱性溶液中沉淀,并可以用酒石酸钾钠的添加量来控制锌层中的铁含量。

为了提高浸锌层的质量,普遍采用二次浸锌工艺。在第一次浸锌后,用1∶1(体积比)的硝酸溶液浸蚀 15 s,除去浸锌层,用清水冲洗后,在同一浸锌液中进行第二次浸锌。这样得到的浸锌层更均匀、细致、紧密、完整,与基体的结合力更好。浸锌层的颜色为青灰色至灰色。

化学浸锌工艺配方及操作简单,容易掌握。化学浸锌法的主要缺点是在潮湿和腐蚀环境下,锌相对于镀覆金属是阳极,锌将受到横向腐蚀,最终导致表层剥落。为克服这一缺点,可以改用浸锌镍合金或浸其他重金属层。

(2) 化学浸锌镍合金

化学浸锌镍合金是在化学浸锌工艺的基础上发展起来的,适用于多种铝合金。沉积出的锌镍合金层结晶细致、光亮致密、结合力好,在其上可以直接电镀镍、铜、银、硬铬或其他金属。因此日益受到人们重视,并在工业生产上得到应用。其工艺规范为

氢氧化钠(NaOH)　　　　　　　　　　　100 g/L

氧化锌(ZnO)　　　　　　　　　　　　　5 g/L

氯化镍(NiCl$_2$·6H$_2$O)　　　　　　　　 5 g/L

酒石酸钾钠(KNaC$_4$H$_4$O$_6$·4H$_2$O)　　 15g/L

硝酸钠(NaNO$_3$)　　　　　　　　　　　1 g/L

氰化钠(NaCN)　　　　　　　　　　　　3 g/L

三氯化铁(FeCl$_3$·6H$_2$O)　　　　　　　 2 g/L

温度　　　　　　　　　　　　　　　　　20~25℃

时间　　　　　　　　　　　　　　　　　20~30 s

浸出的锌镍合金为褐色。

(3) 化学浸锡

在碱性溶液中浸锡,可使镀层的结合力和抗蚀性得到较大的提高,其缺点是受合金成分和含量的变化影响比较明显。浸锡工艺规范见表9.20。

表9.20　化学浸锡配方及工艺规范

组成及工艺	1	2	3
ρ[锡酸钾(K$_2$SnO$_3$·H$_2$O)]/(g·L^{-1})	100	200	100
ρ[磷酸二氢钾(KH$_2$PO$_4$)]/(g·L^{-1})		100	
ρ[醋酸锌(Zn(CH$_3$COO)$_2$·2H$_2$O)]/(g·L^{-1})			2
ρ[间甲酚磺酸(C$_7$H$_8$OSO$_3$)]/(g·L^{-1})	55	60	33
温度/℃	1	5~10	50~60
时间/min			2

铝及其合金经过上述化学浸金属后,再闪镀一层金属后即可转到其它常规镀液中进行下一步电镀。一般闪镀的金属有锌、铜、镍。

2.闪镀

(1) 闪镀锌

闪镀锌溶液组成及工艺条件为

氧化锌(ZnO)　　　　　　　　　　　　　50~55 g/L

氰化钠(NaCN)　　　　　　　　　　　　90~100 g/L

氢氧化钠(NaOH)　　　　　　　　　　　50~55 g/L

硫化钠(Na$_2$S)　　　　　　　　　　　　3~5 g/L

碳酸钠(Na$_2$CO$_3$)　　　　　　　　　　10~12 g/L

温度　　　　　　　　　　　　　　　　　30~35℃

电流密度　　　　　　　　　　　　　　　0.2~0.5 A/dm^2

时间　　　　　　　　　　　　　　　　　2~3 min

(2) 闪镀铜

闪镀铜溶液组成及工艺条件为

氰化亚铜(CuCN)　　　　　　　　　　　40 g/L

氰化钠(NaCN)　　　　　　　　　　　　50 g/L

酒石酸钾钠(KNaC$_4$O$_6$·4H$_2$O)　　　 60 g/L

碳酸钠(Na_2CO_3)	30 g/L
游离氰化钠	4 g/L
温度	38 ~ 43℃
pH	10.2 ~ 10.5

工件必须带电入槽,开始电流密度为 2.6 A/dm^2,电镀 2 min,然后将电流密度降至 1.3 A/dm^2,再镀 3 ~ 5 min。

(3) 闪镀镍

闪镀镍溶液组成及工艺条件为

硫酸镍($NiSO_4 \cdot 7H_2O$)	200 g/L
柠檬酸钠($Na_3C_6H_5O_7 \cdot 2H_2O$)	220 g/L
氯化铵(NH_4Cl)	10 g/L
氯化钾(KCl)	5 g/L
温度	55 ~ 65℃
pH	6.4 ~ 6.8
电流密度	0.5 ~ 0.8 A/dm^2
时间	2 min

工件带电入槽。

9.2.2 铝及其合金阳极氧化预处理

在铝及其合金阳极氧化后获得的新鲜氧化膜上,可以电沉积结合良好的金属层,其条件是氧化膜必须有良好的导电性和较大的孔隙率,电镀时金属能很快沉积并牢固地附着在膜孔内,从而保证镀层与基体有良好的结合力。目前较普遍采用的是磷酸阳极氧化膜,而硫酸和草酸阳极氧化膜则难使用。其原因在于硫酸氧化膜和草酸氧化膜比较坚固致密,晶粒排列整齐,孔多而且孔径小,活性差,表面电阻很大,若在此膜上沉积金属,形成晶核困难,并且晶核多在有伤痕和有缺陷部位形成。随着晶核的生长而得到疏松的、甚至瘤状的沉积物。而铝合金磷酸氧化膜呈现较均匀的粗糙表面,具有超微观均匀的凹凸结构、最大的孔体积和最小的电阻。若在此表面上电沉积金属,则形成晶核多,沉积层可以很快覆盖表面,镀层平滑均匀、结晶细致、附着良好。常见的磷酸阳极氧化工艺规范见表 9.21。

表 9.21 铝基合金磷酸阳极氧化工艺规范

组成及工艺	配　方		
	1	2	3
ρ[磷酸(H_3PO_4 的质量分数 85%)]/($g \cdot L^{-1}$)	300 ~ 350	200	150 ~ 200
ρ[草酸($H_2C_2O_4$)]/($g \cdot L^{-1}$)		5	
ρ(十二烷基硫酸钠)/($g \cdot L^{-1}$)		0.1	
温度/℃	20 ~ 30	20 ~ 25	18 ~ 25
电压/V	30 ~ 40	25	20 ~ 40
电流密度/($A \cdot dm^{-2}$)	1 ~ 2	2	0.1 ~ 1.0
时间/min	10 ~ 15	18 ~ 20	10 ~ 15

注:配方 1 适用于硬铝合金;配方 2 适用于一般铝合金;配方 3 适用于含 Mn、Cu 的铝合金,不适用于纯铝、铸造铝合金。

阳极氧化操作时要搅拌溶液,使铝件表面附近的温度不致升高太快。氧化膜孔隙率随着溶液中 H_3PO_4 含量的增加和温度的升高而增加,随着电流密度的降低而减小;其厚度随着 H_3PO_4 质量浓度的增加而减小。一般氧化时间控制在 20 min 以下,即可满足厚 3 μm 的要求。

磷酸阳极氧化膜较薄,所以不应在强酸性或强碱性溶液中进行电镀,一般电镀溶液的 pH 值应在 5~8。工件经磷酸阳极氧化后,先在稀氢氟酸(HF 约 0.5~1 ml/L)溶液中活化一下(数秒钟),清洗后立即进入普通镀镍槽(pH≈5)或焦磷酸盐镀铜槽(pH≈8)中进行电镀,注意应带电入槽和使用高于正常电镀 2~3 倍的电流冲击镀 0.5~1.5 min。

9.2.3 铝合金一步法电镀

以 H_2SO_4 – $CuSO_4$ 作电解液,在该电解液中先对铝合金工件进行阳极氧化处理,随后在同一槽液内电沉积铜,也就是将镀前特殊处理和电镀两个过程合并在同一镀槽内完成,简化了铝合金电镀工序。其工艺流程为

化学脱脂→酸浸蚀→一步法镀铜(阳极氧化→电镀铜)→加厚镀铜→电镀其他金属

一步法镀铜溶液组成及工艺条件为

硫酸(H_2SO_4 质量分数为 98%)	90~120 g/L
硫酸铜($CuSO_4 \cdot 5H_2O$)	175~200 g/L
MG 添加剂	25~50 g/L
ET 添加剂	0.6~0.8 ml/L
温度	25~30℃

阳极氧化:

① 硬铝合金电压 13~15V,阳极电流密度 1~1.5 A/dm^2,时间 30 min。

② 防锈铝、冷锻铝合金电压 10~15 V,阳极电流密度 1.5~2.5 A/dm^2,时间 60 min。

电镀铜:

① 硬铝合金阴极电流密度 0.5 A/dm^2,时间 10 min;随后提高至 1 A/dm^2,时间 10 min。

② 防锈铝、冷锻铝合金阴极电流密度 0.2 A/dm^2, 10 min;随后提高至 1 A/dm^2,时间 10 min;搅拌:阴极移动,10~20 次/min;阳极材料:电解铜板。

加厚镀铜可用焦磷酸盐镀铜或酸性光亮镀铜。一步法镀铜后可根据需要再电镀其他金属,如 Ni、Cr、Sn、Ag、Au 等。

9.2.4 铝及其合金上不合格镀层的退除

由于铝的化学活性高,又是两性金属,在酸及碱中都可以溶解。因此,退除铝上镀层的溶液要选择适当,既要能退除镀层,又不使基体金属受腐蚀。为此可在下列溶液及条件下退除镀层

硫酸(H_2SO_4, $d = 1.84$)	400~500 ml
硝酸(HNO_3, $d = 1.40$)	200~250 ml
水	200~250 ml
温度	室温

9.3　镁及其合金的表面处理

镁合金是最轻的金属结构材料,具有高的比强度和比刚度,对撞击和振动能量吸收性强。因此在航空航天、汽车、仪表、电子等工业上得到了越来越广泛的应用。但镁是电负性很强的金属,标准电极电势为 − 2.37 V。因此镁的化学活性高,不耐腐蚀。为了提高防护性和装饰性,必须对镁合金表面采取有效的防护措施。

镁合金表面防护措施有化学氧化、电化学氧化、电镀和涂漆等表面处理方法。化学氧化法处理能提高镁合金的耐蚀性,可获得 0.5 ~ 3 μm 的薄膜层,膜层薄而软,使用时易损伤,因此除作涂装底层或中间工序防护外,很少单独使用;电化学氧化(阳极氧化)可获得 10 ~ 40 μm 的厚膜层,其原理和铝的化学氧化及电化学氧化相似。由于镁合金阳极氧化的应用至今不像铝及其合金阳极氧化那样广泛,其研究也不像对铝的阳极氧化那样深入,对镁合金阳极氧化膜的组成和结构尚不完全清楚。但是,电子衍射分析表明,经重铬酸盐处理过的镁,确认有 $Mg(OH)_2$ 的六方晶膜生成。用氟化碱金属溶液进行阳极氧化处理以后,生成以氟化镁为主体的白色膜。阳极氧化处理对镁合金制件的尺寸精度几乎不发生影响,对耐磨性等机械性有较大提高。阳极氧化膜表面比较粗糙、多孔,可以作为油漆的良好底层。

9.3.1　镁合金的化学氧化

镁及其合金可以在含有铬酸盐的溶液中生成化学转化膜。镁合金化学氧化溶液的配方很多,使用时应根据合金材料牌号、表面状态及使用要求,选择合适的工艺。表 9.22 列出部分化学氧化处理的工艺规范。

表 9.22　镁合金的化学氧化工艺规范

级成及工艺	配方编号				
	1	2	3	4	5
$\rho[$ 重铬酸钾$(K_2Cr_2O_7)]/(g \cdot L^{-1})$	130 ~ 160	30 ~ 50	15	30 ~ 60	30 ~ 35
$\rho[$ 硫酸铵$(NH_4)_2SO_4]/(g \cdot L^{-1})$	2 ~ 4		30	25 ~ 45	30 ~ 35
$\rho[$ 铬酐$(CrO_3)]/(g \cdot L^{-1})$	1 ~ 3				
$\varphi[$ 醋酸$(HAc$ 的质量分数为 60%$)]/(ml \cdot L^{-1})$	10 ~ 30	5 ~ 8			
$\rho\{$ 硫酸铝钾$[KAl(SO_4)_2 \cdot 12H_2O]\}/(g \cdot L^{-1})$		8 ~ 12			
$\rho[$ 重铬酸铵$[(NH_4)_2Cr_2O_7]\}/(g \cdot L^{-1})$			15		
$\rho[$ 硫酸锰$(MnSO_4 \cdot 5H_2O)]/(g \cdot L^{-1})$			10	7 ~ 10	
$\rho[$ 硫酸镁$(MgSO_4 \cdot 7H_2O)]/(g \cdot L^{-1})$				10 ~ 20	
$\rho[$ 邻苯二甲酸氢钾$(KHC_8H_4O_4)]/(g \cdot L^{-1})$					15 ~ 20
pH 值	3 ~ 4	2 ~ 4	3.5 ~ 4	4 ~ 5	4 ~ 5.5
温度/℃	60 ~ 80	15 ~ 30	95 ~ 100	80 ~ 90	80 ~ 100
时间/min	0.5 ~ 2	5 ~ 10	10 ~ 25	10 ~ 20	15 ~ 25

镁合金化学氧化溶液的维护、调整及适用性：

配方 1 适用于机械加工的成品或半成品，尺寸变化小，氧化时间短，但膜薄且耐腐蚀性差，膜层呈金黄色至棕褐色。溶液中的醋酸消耗及挥发较快，需要经常补充，以调整 pH 值。

配方 2 适用于锻铸件成品或半成品零件的氧化，膜层颜色呈金黄色至棕褐色，膜层耐热性较好，氧化后对工件尺寸影响较小。该溶液适用于室温工作。

配方 3 适用于成品件氧化，对工件尺寸影响较小，膜层耐蚀性好，膜层颜色呈黑色至浅黑色或咖啡色。该溶液氧化温度高，稳定性差，需经常用 H_2SO_4 调整 pH 值。

配方 4 适用于成品、半成品和组合件氧化，对工件尺寸精度无影响，膜层耐蚀性好，呈深棕色至黑色。重新氧化时可不除旧膜。

配方 5 适用于精度高的成品、半成品和组合件氧化，膜层耐蚀性较好，无挂灰。膜层颜色：ZMgAl8Zn 材料呈黑色，ZMgRe3ZnZr 呈咖啡色，MB2 呈军绿色，MB8 呈金黄色。重新氧化时可不除旧膜。

为提高膜层的耐蚀性能，工件经化学氧化后需在下列溶液中进行填充封闭处理

重铬酸钾（$K_2Cr_2O_7$）　　　　40～50 g/L

温度　　　　　　　　　　　90～98℃

填充封闭时间　　　　　　　15～20 min

9.3.2　镁合金的阳极氧化

镁合金阳极氧化膜的耐蚀性、耐磨性和硬度均比化学氧化法高，其缺点是膜层脆性较大，对复杂零件难以获得均匀的氧化膜。

镁合金可以在酸性溶液中阳极氧化，也可以在碱性溶液中阳极氧化，但碱性溶液中阳极氧化的应用并不多。表 9.23 列出了镁合金阳极氧化的工艺规范。

采用交流电氧化的电源频率为 50 Hz，由足够功率的自耦变压器和感应变压器供电。零件分挂在两根导电棒上，两极的零件面积应大致相等。无论是采用直流还是交流阳极氧化，通电后应逐步升高电压，以保持规定的电流密度。待达到规定电压后，电流自然下降，此时即可断电取出零件。这段时间约为 10～45 min。阳极氧化的电压对氧化膜层的生成、厚度和外观影响很大。

镁合金阳极氧化后得到的膜层是不透明的，外观均匀，较粗糙多孔。为了提高其抗蚀能力，应进行封闭处理，通常用质量分数为 10%～20% 的环氧酚醛树脂进行封闭，也可以根据需要涂漆或涂蜡。

不合格阳极氧化膜的退除可采用以下工艺退除。

（1）一般镁合金阳极化膜的退除工艺

铬酐（CrO_3）　　　　　　　100～150 g/L

硝酸钠（$NaNO_3$）　　　　　5 g/L

温度　　　　　　　　　　　温室

时间　　　　　　　　　　　退净为止

（2）变形镁合金阳极化膜的退除工艺

氢氧化钠　　　　　　　　　260～310 g/L

温度　　　　　　　　　　　70～80℃

时间　　　　　　　　　　　　　　　　　退净为止

退膜后需用热水和冷水清洗,并在铬酸溶液中中和 0.5～1 min。

表 9.23　镁合金阳极氧化工艺规范

组成及工艺条件	1	2	3	4
$\rho[$氟化氢铵$(NH_4HF_2)]/(g\cdot L^{-1})$	300	240		
$\rho[$重铬酸钠$(Na_2Cr_2O_7)]/(g\cdot L^{-1})$	100	100		
$\rho[$磷酸$(H_3PO_4, d=1.70)]/(g\cdot L^{-1})$	86	86		
$\rho[$锰酸铝钾(以 MnO_4^- 计)$]/(g\cdot L^{-1})$			50～70	
$\rho[$氢氧化钾$(KOH)]/(g\cdot L^{-1})$			140～180	
$\rho[$氟化钾$(KF)]/(g\cdot L^{-1})$			120	
$\rho[$氢氧化铝$(Al(OH)_3)]/(g\cdot L^{-1})$			40～50	
$\rho[$磷酸三钠$(Na_3PO_4\cdot12H_2O)]/(g\cdot L^{-1})$			40～60	
$\rho[$氢氧化钠$(NaOH)]/(g\cdot L^{-1})$				100～160
$\varphi($水玻璃$)/(ml\cdot L^{-1})$				15～18
$\rho[($酚$)]/(g\cdot L^{-1})$				3～5
电源	直流	交流	交流	直流
温度/℃	70～82	70～82	<40	60～70
阳极电流密度/$(A\cdot dm^{-2})$	0.5～5	2～4	0.5～1	
成膜终止电压/V　软膜	55～60	55～60	55	
软膜(油漆底层)	60～75	60～75	65～67	
硬膜	75～110	75～95	68～90	
氧化时间/min	至终止电压为止			

＊锰酸铝钾可以自己制备:高锰酸钾的质量分数为 60%、苛性钠的质量分数为 37%、氢氧化铝(可溶)的质量分数为 3%。

9.3.3　镁合金上的电镀

在镁合金上电镀适当的金属,可以改善它的导电性、焊接性、耐磨性、抗腐蚀性,提高外观装饰性。由于镁的电负性很强,在空气中能很快被氧化,特别是在潮湿的空气和含氯的环境中,能剧烈地反应,并迅速形成碱性的表面膜。因此,对镁合金进行电镀前,必须对其表面进行特殊的预处理,然后电镀才能保证镀层与基体具有良好的结合力。

关于在镁合金上电镀金属的研究是在 20 世纪 60 年代才开展起来的。到目前为止,在生产上采用的镀前处理方法有两种,即浸锌法和化学镀镍法。前一种工艺复杂,但附着力好,耐蚀性也好;后一种工艺主要用于大型或深孔内腔需电镀的镁合金制件。无论哪一种方法,都必须用不锈钢或磷青铜制作挂具,除接触点外都必须有良好绝缘性,而且接触点上保证没有镀层。

1.浸锌法

此法对锻造和铸造镁合金均适用。

在电镀前需要对镁合金表面进行浸蚀和活化处理。

(1) 浸蚀

浸蚀工艺规范见表 9.24。

表 9.24 镁及其合金的浸蚀工艺规范

组成及工艺	1	2	3
ρ[铬酐(CrO_3)]/(g·L^{-1})	180	180	120
ρ[硝酸铁($Fe(NO_3)_3·9H_2O$)]/(g·L^{-1})	40		
ρ[氟化钾(KF)]/(g·L^{-1})	3.5~7		
温度	室温	20~90	室温
时间/min	0.5~3	2~10	0.5~3

注:配方 1 适用于一般零件,配方 2 适用于精密零件,配方 3 适用于含铝高的镁合金。

(2) 活化

活化用来除去在上述铬酸溶液中酸洗时生成的铬酸盐膜,并形成一种无氧化膜的表面,其溶液组成及工艺条件为

磷酸(H_3PO_4, $d=1.70$)	200 ml/L
氟化氢铵(NH_4HF)	100 g/L
温度	室温
时间	0.5~2 min

(3) 浸锌

在镁及其合金表面形成一层置换锌,其配方及工艺条件为

硫酸锌($ZnSO_4·7H_2O$)	30 g/L
焦磷酸钠($Na_4P_2O_7$)	120 g/L
氟化钠(NaF)或氟化锂(LiF)	3~5 g/L
碳酸钠(Na_2CO_3)	5 g/L
pH	10.2~10.4
温度	70~80℃
时间	3~10 min
搅拌	工件移动

对于某些镁合金需要二次浸锌,才能获得良好的置换锌层。此时,可将第一次浸锌后的工件返回到活化液中退除锌层后,再在此溶液中进行二次浸锌。

(4) 预镀铜

预镀铜溶液的组成及工艺条件为

氰化亚铜(CuCN)	30 g/L
氰化钠(NaCN)	41 g/L
游离氰化钠	7.5 g/L
酒石酸钾钠($KNaC_4H_4O_6·4H_2O$)	30 g/L
温度	22~32℃
电流密度	先在 5 A/dm^2 下镀 2 min
	后降至 1~2 A/dm^2 镀 5 min
搅拌	移动阴极

预镀铜后,经水洗后即可电镀其他金属。

2.化学镀镍法

采用化学镀镍法时,除油和酸洗与浸锌法相同。在酸洗之后,经氢氟酸弱浸蚀,水洗后在含氟的化学镀镍溶液中镀镍。

(1) 弱浸蚀

弱浸蚀的溶液及工艺条件为

氢氟酸(HF,40%)	90～200 ml/L
温度	室温
时间	10 min

低浓度用于一般镁合金,高浓度用于铝含量高的镁合金。

(2) 化学镀镍

化学镀镍的溶液组成及工艺条件为

碱式碳酸镍($3Ni(OH)_2 \cdot 2NiCO_3 \cdot 4H_2O$)	10 g/L
柠檬酸($C_6H_8O_7 \cdot H_2O$)	5 g/L
氟化氢铵(NH_4HF_2)	10 g/L
氢氟酸(HF,40%)	11 ml/L
次磷酸钠($NaH_2PO_2 \cdot H_2O$)	20 g/L
氢氧化铵(NH_4OH)(25%)	37 ml/L
pH	4.5～6.8
温度	76～82℃
沉积速度	20～25 μm/h

镁合金化学镀镍后,经水洗即可镀其他金属。为提高镀镍层的结合力,可在 200℃ 下加热 1 h。

第 10 章 转 化 膜

10.1 转化膜的特点及其应用

所谓转化膜是指金属表面的原子层与某些介质的阴离子反应生成的膜。转化膜主要有以下几类:

① 磷酸盐膜,其成膜过程称为磷化。

② 氧化物膜,其成膜过程称为氧化,对钢铁零件的氧化又称为"发蓝"或"发黑"。

③ 金属着色膜,在金属的表面采用不同的方法得到有色膜层,如铜、锌、镍、不锈钢等的着色。

④ 铬酸盐膜,其成膜过程称为铬酸盐处理,习惯上称之为钝化处理。

10.1.1 磷化膜的性能和用途

磷化是将金属零件浸入含有磷酸盐的溶液中进行化学处理,在零件表面生成一层难溶于水的磷酸盐保护膜的过程。目前生产中大多采用在含有 Zn、Mn、Fe 的磷酸盐溶液中进行处理。黑色金属如普通碳钢、合金钢、铸铁等,有色金属如铝、镁、铜、锡、铜合金等都可进行磷化处理。

磷化膜的颜色随着基体材料及磷化工艺的不同由暗灰到黑灰色。磷化膜的主要成分是磷酸盐和磷酸氢盐。

磷化膜在金属的冷变形加工的制造业中能较好地改善摩擦表面的润滑性能,减少加工裂纹和表面拉伤,延长工具和模具的使用寿命。

磷化膜在大气条件下较稳定,本身的耐蚀性并不高,但经封闭填充、浸油或涂漆处理,能提高其耐蚀性。

磷化膜具有微孔,占膜体积的 1.5%。其所具有的毛细管吸附现象和强化学吸附作用决定了磷化膜对油类、漆类有良好的吸附性能,是油漆和涂料的优良底层。无论是普通油漆还是电泳漆,磷化膜在提高涂层和基体的结合力和耐蚀性方面起着有效的作用。因此随着涂料工业的发展,磷化工艺也在日益发展,特别是在汽车、船舶、机械制造、航空工业中起着重要的作用。

磷化膜对熔融金属(锡、铝、锌)的附着力极差,可用来防止零件粘附低熔点的熔融金属。钢铁零件渗氮时,采用镀锡保护不需要渗氮的部分。为了防止锡在高温时流入渗氮面,在准备渗氮的表面可进行磷化处理。在热镀锌时,磷化膜可作保护层。在浇铸金属器件时,将钢模作磷化处理,防止粘附。零件经磷化处理后不会影响其焊接性能。

磷化膜具有较高的电绝缘性能。厚 10 μm 的磷酸盐膜,电阻约为 $5 \times 10^7 \Omega$,因此是不良导体。如果磷酸盐膜再经浸油或覆以漆膜,则其绝缘性能将会更好。在用于制造电动机和变压器铁芯的各个铁片上,覆以一层合适的磷化膜,能遏制涡流电流的扩展,并将功率损失减至最低的程度。

磷化膜是一种无机盐膜,本身的机械强度不高,有一定的脆性。磷化过程同时伴随着析氢,如果被处理的是受力件或对氢脆敏感的材料,在处理时应同时考虑氢脆问题。

磷化处理常用浸渍法或喷淋法,工艺操作简单,成本低,生产效率高。磷化膜形成过程伴随有铁基体的溶解。膜厚在 15 μm 以下时,对零件尺寸改变较小,磷化膜与基体金属有较好的结合强度。磷化处理对基体金属的机械性能(如硬度、弹性、韧性等)影响不大。

10.1.2　氧化膜性能及用途

钢铁材料的化学氧化是在氧化剂存在下,在一定温度的碱液中进行的。它使制品表面生成一层均匀的蓝黑到黑色的磁性氧化铁(Fe_3O_4)转化膜,膜层的颜色取决于零件的表面状态、材料的成分和氧化处理的工艺规范。氧化是提高钢铁材料防腐能力的一种简便而又经济的工艺技术。氧化膜的厚度一般只有 $0.5 \sim 1.5$ μm,不会影响零件的精度。氧化膜具有较好的吸附性能,将膜层浸油或经其他处理,其抗蚀能力大大提高。氧化膜还具有一定的弹性和润滑性,不会产生氢脆,但耐磨性较差。钢铁的氧化常用于机械、精密仪器、仪表、武器和日用产品的防护 – 装饰,也适用于弹簧钢、钢丝及薄钢片等零件。

10.1.3　金属的着色与染色

金属的着色与染色,是指通过特定的处理方法,使金属自身表面上产生与原来不同的色调,并保持金属光泽的工艺。在金属表面上着色和染色,历史悠久,这类工艺大多是应用于金属制品的表面装饰,以改善金属外观,模仿较昂贵金属或古器具的外表。

金属的着色可用化学法或电化学法,在金属表面产生一层有色膜或干涉膜。该膜很薄(仅 $25 \sim 55$ nm)。有时干涉膜自身几乎没有颜色,而当金属表面与膜的表面发生光反射时,形成各种不同的色彩。当膜的厚度逐步增加时,色调随之变化,一般自黄、红、蓝到绿色,直至显示膜层自身的颜色。如膜的厚度不均匀,将产生彩虹色或杂色。

有些金属制品的着色工艺往往先经电镀,随后再经着色处理,会收到更好的效果。如钢铁制品,通常先镀铜,然后在铜层上着色,获得各种悦目的色泽。

金属表面的着色膜层的耐蚀性和耐久性等一般较差。金属制品经着色处理后,表面要涂覆一层透明的保护膜(如清漆等),以增加制品的耐久性和使用效果。

着色处理工艺一般应用于室内使用的装饰性产品,如灯具、工艺品、五金制品等,而不适用于恶劣环境中使用或经常受摩擦的产品。

金属染色工艺是用染料使金属表面发色的。染料通过金属表面的大量微孔或金属表面的强烈吸附和化学反应把染色液中的无机或有机染料均匀地染到金属表面上。有时亦可用电解法使金属离子与染料共沉积而产生色彩。能用做金属表面染色的染料不多。所以金属染色时,一般都在工件表面先镀上一层能够染色的防护装饰性镀层,经钝化处理后,再进行染色。金属染色的决定因素较多,受钝化工艺、颜料、染色过程等影响。

10.2　钢件的氧化

10.2.1　氧化膜形成机理

钢件的氧化处理通常是在含有氧化剂(硝酸钠或亚硝酸钠)的氢氧化钠溶液中,接近沸点的温度下进行的。金属上的转化膜(Fe_3O_4)是由氧化物从金属/溶液界面液相区的饱和溶液中结晶析出的。首先是氧化剂和氢氧化钠与金属铁作用生成亚铁酸钠(Na_2FeO_2),亚铁酸钠(Na_2FeO_2)被氧化成铁酸钠($Na_2Fe_2O_4$),两者再相互作用生成磁性氧化铁。氧化膜的形成过程一般包括以下三步反应:

1.表面金属的溶解

首先是铁在有氧化剂存在下被浓碱溶解生成亚铁酸钠(Na_2FeO_2),即

$$4Fe + NaNO_3 + 7NaOH = 4Na_2FeO_2 + 2H_2O + NH_3 \uparrow$$

$$3Fe + NaNO_2 + 5NaOH = 3Na_2FeO_2 + H_2O + NH_3 \uparrow$$

2.亚铁酸钠被氧化生成铁酸钠

随着反应的进行,金属表面液相区的亚铁酸钠浓度不断上升,要向溶液内部扩散;同时由于反应消耗了氧化剂,溶液内部的氧化剂硝酸钠或亚硝酸钠向金属表面扩散,后借助于沸腾溶液的搅拌作用,氧化剂将亚铁酸钠氧化,在界面附近生成铁酸钠,即

$$8Na_2FeO_2 + NaNO_3 + 6H_2O = 4Na_2Fe_2O_4 + 9NaOH + NH_3 \uparrow$$

$$6Na_2FeO_2 + NaNO_2 + 5H_2O = 3Na_2Fe_2O_4 + 7NaOH + NH_3 \uparrow$$

3.氧化物自饱和溶液中析出

第二步生成的铁酸钠与未被氧化的亚铁酸钠作用,生成了难溶化合物——磁性氧化铁:

$$Na_2Fe_2O_4 + Na_2FeO_2 + 2H_2O = Fe_3O_4 + 4NaOH$$

当析出的 Fe_3O_4 达到一定的过饱和度时,便在零件表面结晶析出氧化膜。在生成 Fe_3O_4 的同时,有一部分铁酸钠可能水解生成氢氧化铁的水合物,即

$$Na_2Fe_2O_4 + (2n + 4)H_2O \longrightarrow 2[Fe(OH)_3 \cdot nH_2O] + 2NaOH$$

$2[Fe(OH)_3 \cdot nH_2O]$在浓碱中的溶解度很小,容易在溶液中或零件表面沉积成所谓红色挂灰,这是钢铁氧化过程中的常见故障,应尽量避免。

从氧化膜的生成过程来看,在开始时金属铁在碱性溶液中溶解,经过一定时间后,在金属铁和溶液的界面处形成氧化铁的过饱和溶液,氧化铁就从过饱和溶液中结晶出来,在金属表面先形成晶核,而后晶核逐渐长大,形成一层连续的氧化膜。当氧化膜将金属表面全部覆盖后,溶液将与金属隔绝,铁的溶解速度和氧化膜的生成速度也随之降低。

氧化膜致密与否取决于晶核形成速度和晶核长大速度之比。当晶核形成速度大时,金属表面晶核较多,形成致密连续的氧化膜;如果晶核形成速度小于晶核长大速度,形成的晶核少,等待晶核相互连接时,结晶粗大而疏松,而氧化膜较厚。

铁在氧化溶液中的溶解速度和金属的化学成分、金相组织等有关。高碳钢氧化速度快,低碳钢氧化速度慢,氧化低碳钢时,宜采用碱含量高的氧化溶液。

钢铁的化学氧化反应过程还可以用电化学机理来详细说明:

在微阳极上发生铁的溶解,即

$$Fe - 2e^- \longrightarrow Fe^{2+}$$

在强碱性溶液中,氧化剂的存在可使二价铁离子氧化为三价铁的氢氧化物

$$Fe^{2+} + OH^- + [O] \longrightarrow FeOOH$$

在微阴极上氢氧化物又被还原

$$FeOOH + e^- \longrightarrow HFeO_2^-$$

由于氢氧化亚铁比氢氧化铁的酸性要弱,此二价化合物可以与溶液发生中和反应,在一定的工作温度下脱水,生成难溶的磁性氧化铁

$$2FeOOH + HFeO_2^- \longrightarrow Fe_3O_4 + OH^- + H_2O$$

剩余的 $HFeO_2^-$ 在微阳极上发生氧化反应,生成磁性氧化铁

$$3HFeO_2^- + 3H^+ + [O] \longrightarrow Fe_3O_4 + 3H_2O$$

在含有氧化剂的溶液中,处于不稳定状态的 $HFeO_2^-$ 很容易被氧化生成 Fe_3O_4,氧化过程的速度取决于亚硝基化合物氧化二价铁离子的速度。

微阴极上还会有氧化剂的还原

$$NO_2^- + 5H_2O + 6e^- \longrightarrow NH_3 \uparrow + 7OH^-$$

红色挂灰是在零件氧化初期生成的。因为在氧化初期,基体铁的溶解较快,铁酸钠的水解速度相对于四氧化三铁的形成速度要快,因此只要控制好氧化初期铁酸钠的水解速度,即可避免红色挂灰的生成。为了获得较厚的和耐蚀能力较高的氧化膜,可使用两种浓度不同的溶液进行两次氧化。一般情况下,第一种溶液的 NaOH 含量低于第二种溶液。在第一种溶液里氧化,主要使金属表面形成氧化物晶核,形成薄且致密的氧化膜,在第二种溶液中主要使氧化膜加厚。采用两种溶液两次氧化,既能得到厚的氧化膜,又能消除零件表面的红色挂灰。

10.2.2　碱性化学氧化溶液及工艺条件

钢铁的常用碱性化学氧化溶液成分和工艺条件见表 10.1。

表 10.1　碱性化学氧化溶液及工艺条件

组成及工艺	1	2	3		4	
			第一槽	第二槽	第一槽	第二槽
ρ(氢氧化钠)/$(g \cdot L^{-1})$	600~700	550~650	550~650	750~850	550~650	700~850
ρ(亚硝酸钠)/$(g \cdot L^{-1})$	200~250	150~200	100~150	150~200		
ρ(硝酸钠)/$(g \cdot L^{-1})$					70~100	100~150
ρ(重铬酸钾)/$(g \cdot L^{-1})$	25~35					1
温度/℃	130~135	130~145	130~135	140~150	130~135	140~152
时间/min	15	60~90	10~20	40~60		45~60

注:①号溶液氧化处理速度较快,氧化膜致密,但光亮性稍差。

②号溶液是通用氧化溶液,氧化膜美观光亮。

③号溶液可获得保护性能较好的蓝黑色光亮氧化膜。

④号溶液可获得较厚的黑色氧化膜。

10.2.3　溶液配制和工艺流程

1.溶液配制

在氧化槽内加 2/3 体积的水,将计算量的 NaOH 装入铁蓝吊入槽中使之溶解,在搅拌下再加入 NaNO$_2$ 等其他组分,待全部溶解后,加水至规定体积。

新配制的氧化溶液要用铁屑进行处理,使溶液中含有一定量的铁或者加入少量的旧氧化液。配好后,应分析溶液成分,进行试氧化,达到要求后再投入生产。

2.工艺流程

有机溶剂除油→化学除油→热水洗→流动冷水洗→酸洗(工业盐酸)→流动冷水洗→化学氧化→回收槽清洗→流动冷水洗→钝化处理→热水清洗→干燥→检验→浸油。

为提高膜层的防护性能及对油的润湿性,通常在浸油前将氧化制品进行钝化处理或称为填充处理,方法是水洗净后在质量分数为 3% ~ 5% 的肥皂溶液中,在 80 ~ 90℃ 下浸渍 1 ~ 2 min;或在质量分数为 3% ~ 5% 的重铬酸钾溶液中,在 90 ~ 95℃ 下处理 10 ~ 15 min。制品经钝化处理、洗涤干燥后,进行浸油处理,在 105 ~ 110℃ 的机油、锭子油或变压器油中浸 5 ~ 10 min。

10.2.4　工艺规范对膜层质量的影响

1.氢氧化钠的浓度

提高氢氧化钠的含量,容易出现氧化膜红色挂灰、疏松和多孔的缺陷。当 NaOH 含量超过 1 100 g/L 时,氧化膜被溶解。当 NaOH 含量太低时,氧化膜易发花且较薄,防护性差。

2.氧化剂的浓度

提高溶液中氧化剂的含量,可以加快氧化速度,获得的膜层致密牢固。氧化剂含量低时,生成的氧化膜厚而疏松。通常采用亚硝酸钠作氧化剂,获得的氧化膜呈蓝黑色,光泽较好。

3.铁离子的影响

氧化溶液中需含有一定量的铁,一般控制在 0.5 ~ 2 g/L,使膜层致密,结合力好。但当铁含量过高时,会影响氧化速度,且氧化膜易出现红色挂灰。

4.温度

在碱性氧化溶液中,氧化处理必须在沸腾的温度下进行。溶液沸点随 NaOH 浓度的增加而升高。温度升高,氧化速度加快,膜层薄而致密;温度过高,则氧化膜的溶解速度增加,氧化速度减慢,膜层疏松。在一般情况下零件进槽的温度应取下限,出槽的温度应取上限值。

5.氧化时间

氧化时间与钢的含碳量有关。当钢件含碳量高时,氧化容易进行,需要时间较短。合金钢含碳量低,不易氧化,需要时间较长。

10.2.5　其他氧化工艺

1.常温氧化工艺

常温氧化是开发较晚的一种氧化新工艺,其特点是常温操作,氧化速度极快,但氧化成本相对较高。

常温氧化液组成及工艺为

硒酸钠(NaSeO₃)	8～10 g/L
氯化亚铁(FeCl₂·6H₂O)	5～6 g/L
硫酸铜(CuSO₄·5H₂O)	2～3 g/L
亚硝酸钠(NaNO₂)	0.2 g/L
温度	20～30℃
氧化时间	1～3 min

2.中温酸性氧化

氧化液组成及工艺为

磷酸(H₃PO₄，$d=1.70$)	3～10 g/L
过氧化锰(MnO₃)	11～14 g/L
硝酸钙(Ca(NO₃)₂)	80～100 g/L
温度	100℃
时间	40～45 min

10.2.6　钢铁化学氧化常见故障及处理方法

钢铁化学氧化常见故障、产生原因及其处理方法见表10.2。

表10.2　常见故障及处理方法

常见故障	原因及处理方法
氧化膜有红色挂灰	1.NaOH 含量过高。降低 NaOH 含量 2.温度过高。降低温度 3.溶液中铁含量过高。稀释溶液使沸点降至 120℃左右,部分铁酸钠水解成 Fe(OH)₃ 沉淀,除去沉淀物,然后加热浓缩,使沸点上升至工艺条件;亦可加入甘油涝去浮渣
氧化膜色泽不均,发花	1.氧化时间不足 2.NaOH 含量低。补充 NaOH,将溶液沸点提高 3.除油不彻底。加强前处理
氧化膜附着力差	NaNO₂ 含量低。补充 NaNO₂
氧化膜色很浅,甚至不生成氧化膜	溶液太稀。补充各组分或蒸发水分,提高沸腾温度
局部不生成氧化膜或局部氧化膜脱落	1.零件相互接触紧密。氧化时要经常翻动零件 2.氧化前除油不彻底。加强前处理及清洗
零件上呈黄绿色挂霜	1.氧化液温度过高。补充水分,降低溶液沸腾温度 2.NaNO₂ 含量过高。调整 NaNO₂ 含量
零件表面出现白色挂霜	氧化后清洗不彻底,加强清洗工作
处理时,氧化膜出现白色斑点钝化	肥皂液水质硬,带腐蚀性,或氧化后清洗不干净。更换肥皂液,加强氧化后清洗

10.2.7　不合格氧化膜的退除

不合格的氧化膜经有机溶剂除油和化学除油、清洗干净后,在含 $100 \sim 150$ g/L 盐酸或硫酸溶液中浸蚀数秒至数十秒钟即可退除。

10.3　钢铁的磷化

将金属零件浸入含有磷酸盐的溶液中进行化学处理,可在零件表面生成一层难溶于水的磷酸盐保护膜。目前生产中大多采用在含有 Zn、Mn、Fe 的磷酸盐溶液中进行处理。黑色金属(包括铸铁、碳钢、合金钢等)、有色金属(包括锌、铝、镁、铜、锡及其合金等)均可进行磷酸盐处理。目前磷酸盐处理主要用于钢铁材料。

磷酸盐膜在金属的冷变形加工的制造业中能较好地改善摩擦表面的润滑性能,延长工具和模具的寿命;磷酸盐又是油漆和涂料的优良底层,无论是普通油漆还是电泳涂漆,磷酸盐膜在提高涂层与基体的结合力和耐蚀性方面都起着有效的作用。因此随着涂装工业的发展,磷化工艺也在日益发展。特别是在汽车、船舶、机器制造以及航空工业中,磷酸盐处理的应用将越来越广泛。

10.3.1　磷化膜成膜机理

1.化学成膜原理

磷酸盐处理溶液的基本组成是重金属磷酸二氢盐 $Me(H_2PO_4)_2$ (Me^{2+} 为 Zn^{2+}、Mn^{2+}、Fe^{2+} 等),此外还必须存在游离的磷酸。在这样的溶液里,在金属/溶液界面处,盐类溶解的化学平衡向生成磷酸二代或三代盐的方向移动。后两种盐类在这种介质中是不溶性的。

$$Me(H_2PO_4)_2 \longrightarrow MeHPO_4 \downarrow + H_3PO_4$$

$$3Me(H_2PO_4)_2 \longrightarrow Me_3(PO_4)_2 \downarrow + 4H_3PO_4$$

当金属与溶液接触时,在金属/溶液界面液层中,Me^{2+} 浓度的增高或 H^+ 浓度的降低,都将促使以上反应在一定温度下向生成难溶性磷酸盐的方向移动。由于铁溶于磷酸,氢离子会被中和,同时放出氢气。

$$Fe + 2H^+ \longrightarrow Fe^{2+} + H_2 \uparrow$$

产生的不溶性磷酸盐在金属表面沉积成为磷酸盐保护膜。因为它们就是在反应处生成的,所以与基体表面结合得很牢固。

同时,基体金属和一代磷酸盐之间可以直接发生反应

$$Fe + Me(H_2PO_4)_2 \longrightarrow MeHPO_4 \downarrow + FeHPO_4 \downarrow + H_2 \uparrow$$

$$Fe + Me(H_2PO_4)_2 \longrightarrow MeFe(HPO_4)_2 \downarrow + H_2 \uparrow$$

二价铁、锌和锰的一代磷酸盐易溶于水,二代磷酸盐除镍盐微溶外,其他均不溶于水,成为磷酸盐膜的主要成分。

以上反应只局限于钢铁表面,溶液的主体部分平衡未被破坏,反应所产生的磷酸几乎补偿了后面反应所消耗的酸,结果整个溶液的酸度变化甚微。

2.电化学成膜机理

一般认为磷化处理过程是微电池的腐蚀过程,在微电池的阳极上,铁发生溶解反应

$$Fe - 2e^- \longrightarrow Fe^{2+}$$

而在微电池的阴极上,氢离子放电使溶液的 pH 升高,然后不溶性的磷酸盐水解并沉积出来。进一步地研究认为,仅从微阴极区溶液酸度的降低来解释磷酸盐膜的形成是不完善的,阳极区所发生的现象同样不容忽视,溶液中的组分 $MePO_4^-$（如 $ZnPO_4^-$）起着十分重要的作用。该阴离子存在于下面的平衡反应中

$$Zn(H_2PO_4)_2 \rightleftharpoons ZnPO_4^- + H^+ + H_3PO_4$$

当金属同上述溶液接触时,在微阳极表面上,发生反应

$$Fe + 2ZnPO_4^- \longrightarrow FeZn_2(PO_4)_2 \downarrow + 2e^-$$

所生成的 Fe、Zn 混合磷酸盐构成初生的非晶体膜。由于有金属铁参与成膜反应,故与基体金属的结合十分牢固。当然阳极溶解的铁也会参与并加强这层非晶体膜的生成,该初生膜则可成为晶体磷化膜生长的基础。无论采用何种处理溶液,钢上磷酸盐膜总可观察到含铁底层的存在,证明确实有铁参与反应成膜。但膜层中该组分含量的增高,将降低膜层的防护性能。因此必须加强溶液的搅拌,降低该组分相对于 $Zn_3(PO_4)_2$ 的比例,以提高防护性能。

磷化液中加入硝酸盐能起催化作用,加速铁的溶解。随着金属表面上磷酸盐的结晶,磷化过程的速度随之减慢,当整个表面被磷化膜全部覆盖时,磷化过程结束。这可从氢的停止析出来判断。

10.3.2　磷化膜的组成及性质

根据基体材料、工件的表面状态、磷化液组成及磷化处理时采用的不同工艺条件,可得到不同种类、不同厚度、不同表面密度和不同结构、不同颜色的磷化膜(表 10.3)。

表 10.3　磷化膜分类及性质

分类	磷化液主要成分	磷化膜主要组成	膜层外观	膜重/(g·m⁻²)
锌系	$Zn(H_2PO_4)_2$	磷酸锌$[Zn_3(PO_4)_2·4H_2O]$ 磷酸锌铁$[Zn_2Fe(PO_4)_2·4H_2O]$	浅灰至深灰色	1 ~ 60
锌钙系	$Zn(H_2PO_4)_2$ 和 $Ca(H_2PO_4)_2$	磷酸锌钙$[Zn_2Ca(PO_4)_2·2H_2O]$ 磷酸锌铁$[Zn_2Fe(PO_4)_2·4H_2O]$	浅灰至深灰色 细结晶状	1 ~ 15
锰系	$Mn(H_2PO_4)_2$ 和 $Fe(H_2PO_4)_2$	磷酸锰铁$[Mn_2Fe(PO_4)_2·4H_2O]$	灰色至深灰色 结晶状	1 ~ 60
锰锌系	$Mn(H_2PO_4)_2$ 和 $Zn(H_2PO_4)_2$	磷酸锌、锰、铁混合物 $[ZnFeMn(PO_4)_2·4H_2O]$	灰色至深灰色 结晶状	1 ~ 60
铁系	$Fe(H_2PO_4)_2$	磷酸铁$[Fe_3(PO_4)_2·8H_2O]$	深灰色结晶状	5 ~ 10

磷化膜是由一系列大小不同的晶体所组成,在晶体的连接点上形成细小裂缝的多孔结构。这种多孔的晶体结构使钢铁件表面的耐蚀性、吸附性、减摩性等性能得以改善。

磷化膜的厚度一般在 1 ~ 50 μm。磷化膜在 200 ~ 300℃时仍具有一定的耐蚀性,当温度

达 450℃时,膜层防蚀能力显著下降。磷化膜在大气、矿物油、动植物油、苯、甲苯等介质中,均具有很好的抗蚀能力;但在酸、碱、雨水及水蒸气中耐蚀性差。

磷化处理后,其基体金属的硬度、磁性等均保持不变,但对高强度钢,在磷化处理后必须进行除氢处理(温度 130～200℃,时间 1～4 h)。

10.3.3 钢铁磷化膜种类及加工方法

1.磷化膜种类

(1) 耐蚀防护用磷化膜

① 防护用磷化膜。常用于钢铁件耐蚀防护处理,磷化膜类型可选用锌系或锰系,磷化膜覆盖量为 10～40 g/m^2。磷化后涂防锈油、防锈脂、防锈腊等。

② 油漆底层用磷化膜。这种磷化膜主要用于增强漆膜与钢铁工件的附着力及防护性,提高钢铁工件的涂层质量。磷化膜可选用锌系或锌钙系。

(2) 冷加工润滑用磷化膜

采用锌系磷化膜有助于冷加工成型,单位面积上膜层质量依使用场合而定。用于钢丝、焊接钢管的拉拔,磷化膜的质量为 1～10 g/m^2;精密钢管拉拔,磷化膜的质量为 4～10 g/m^2;钢铁工件冷挤压成型,磷化膜的质量大于 10 g/m^2;深冲成型,磷化膜质量为 1～10 g/m^2。

(3) 减磨用磷化膜

磷化膜能起润滑作用,降低摩擦系数。一般优先选用锰系磷化膜,也可选用锌系磷化膜。

(4) 电绝缘用磷化膜

电机及变压器用的硅钢片经磷化处理可提高电绝缘性能。一般选用锌系磷化膜。

2.磷化处理的方法

磷化处理主要施工方法有三种:浸渍法、喷淋法和浸喷结合法。浸渍法适用于高、中、低温磷化工艺,可处理任何形状的工件,并能得到比较均匀的磷化膜。这种方法使用的设备简单,仅需磷化槽和相应的加热设备。最好用不锈钢或橡胶衬里的槽子。不锈钢加热管道应安装在槽子的两侧。喷淋法适用于中、低温磷化工艺,可处理大面积工件,如汽车壳体、电冰箱、洗衣机壳体等大型物件作为油漆底层和冷变形加工等。这种方法处理时间短、成膜反应速度快、生产效率高。

3.钢铁工件磷化处理工艺流程

化学除油→热水洗→冷水洗→酸洗→冷水洗→磷化处理→冷水洗→磷化后处理→冷水洗→去离子水洗→干燥。

10.3.4 钢铁零件的磷化工艺

1.磷化液组成及工艺条件

磷化处理的溶液按温度,可分为高温磷化液(90～98℃)、中温磷化液(50～70℃)和常温磷化液(20～35℃)三种。溶液组成及工艺条件见表 10.4。

表 10.4　磷化液组成及工艺条件

组成及工艺	高　温			中　温			常　温	
	1	2	3	4	5	6	7	8
ρ[磷酸锰铁盐(马日夫盐)]/(g·L⁻¹)	30~35	30~40		30~35			30~40	
ρ{磷酸二氢锌[$Zn(H_2PO_4)_2$]}/(g·L⁻¹)			30~40		30~40			60~70
ρ{硝酸锌[$Zn(NO_3)_2$]}/(g·L⁻¹)	55~65		55~65	80~100	80~100	15~18	140~160	60~80
ρ{硝酸锰[$Mn(NO_3)_2$]}/(g·L⁻¹)		15~25						
ρ{硝酸钙[$Ca(NO_3)_2$]}/(g·L⁻¹)						18~22		
ρ[氧化锌(ZnO)]/(g·L⁻¹)							4~8	
ρ[氯化锌($ZnCl_2$)]/(g·L⁻¹)						3~5		
ρ[磷酸二氢铵($NH_4H_2PO_4$)]/(g·L⁻¹)						8~12		
ρ[氟化钠(NaF)]/(g·L⁻¹)					1~2		3~4.5	3~4.5
总酸度/点	40~60	35~50	40~58	50~80	60~80	20~30	80~100	70~90
游离酸度/点	5~8	3.5~5.0	6~9	5~7	5~7.5	1~3	3.5~5	3~4
温度/℃	90~98	94~98	90~95	50~70	60~70	65~75	20~30	20~30
时间/min	15~20	15~20	8~15	10~15	10~15	6~8	35~45	20~40

　　通常高温磷化水解作用较快,所得磷化膜较厚,具有较高的耐磨性,但热能和电能的消耗大,劳动条件差,溶液蒸发量大,常需调整。膜层经填充或浸油处理,可提高耐蚀性。由于膜层较厚,高温磷化膜不适于作为油漆底层。

　　常温磷化温度低,槽液蒸发量少,溶液稳定,溶液的使用寿命长,降低了能耗,改善了劳动条件,磷化膜具有光亮、结晶细致均匀的特点。但膜层的抗蚀性稍差,结合力稍差,磷化所需的时间较长。

　　中温磷化兼顾了高温和低温方法的优点,膜层质量接近高温磷化。磷化温度低、速度快,溶液稳定,使用较多。但溶液成分复杂,调整麻烦。

2.溶液配制与调整

（1）溶液配制

　　根据磷化槽的容积计算并称取所需的化学药品,往槽内加 2/3 容积的水,将化学药品分别溶解,加入槽中,加热至全部溶解,加水到规定体积。然后将溶液用铁屑处理,以增加亚铁离子,直到磷化溶液的颜色变成稳定的棕绿色或棕黄色,取样分析、调试。磷化试样合格后即可进行生产。

（2）游离酸度和总酸度的调整

　　当游离酸度低时,可以加入磷酸锰铁盐(马日夫盐)和磷酸二氢锌;当总酸度低时,可加入硝酸锌。一般加入磷酸锰铁盐或磷酸二氢锌约 5~6 g/L,游离酸度升高 1"点"（1"点"是指消耗 0.1 mol/L NaOH 溶液 1 ml）,同时总酸度升高 5"点"左右;加入硝酸锌大约 20~22 g/L 或硝酸锰约为 40~45 g/L 时,总酸度可升高 10"点";加入氧化锌 0.5 g/L 时,游离酸度可降低 1"点",总酸度可用加水稀释来降低。

3．各种因素的影响

（1）总酸度

提高总酸度能加速磷化反应，使膜层薄而致密。总酸度过高，常使膜层太薄。总酸度过低，磷化速度慢，膜层厚且粗糙。

（2）游离酸度

游离酸度过高，会使磷化反应时间延长，磷化膜结晶粗大多孔，耐蚀性降低，亚铁离子含量容易升高，溶液中的沉淀物容易增加。游离酸度过高可用氧化锌、碳酸锌、碳酸锰或用氢氧化锌中和。游离酸度每降低 1"点"约需上述药品 $0.5 \sim 1$ g/L。加入后，如果游离酸度没有明显降低，表明溶液中磷酸锌含量较高，这时应该稀释溶液，使酸度降低。游离酸度过低，磷化膜薄，甚至没有磷化膜，这时应该补充磷酸二氢锌。

（3）Zn^{2+}、Mn^{2+} 的影响

Zn^{2+} 可以加快磷化速度，使磷化膜致密，结晶闪烁有光。含锌盐的磷化液工作范围较宽，这在中温和常温磷化中尤为重要。仅含锰盐的磷化溶液，在中温和常温下不能生成磷化膜结晶。Zn^{2+} 含量低时，磷化膜疏松发暗；Zn^{2+} 含量过高时，磷化膜的结晶粗大，排列紊乱，磷化膜发脆。Mn^{2+} 可以提高磷化膜的硬度、附着力和耐蚀性能，并使磷化膜的颜色加深，结晶均匀。但中温和常温磷化溶液中锰离子含量过高时，磷化膜不易生成，中温磷化溶液一般保持 $[Zn^{2+}]:[Mn^{2+}] = (1.5 \sim 2):1$。

（4）Fe^{2+} 的影响

在高温磷化溶液中 Fe^{2+} 很不稳定，容易被氧化成 Fe^{3+}，并转化成为磷酸铁沉淀，从而导致磷化溶液混浊，游离酸度升高。磷酸高铁还会导致磷化膜结晶几乎不能生成，磷化膜的质量恶化。这时需校正和澄清溶液后才能继续工作。在常温和中温磷化溶液中，保持一定数量的 Fe^{2+}，能提高磷化膜的厚度、机械强度和防护性能，工作范围也比较宽。

Fe^{2+} 含量过高时，会使磷化膜结晶粗大，表面有白色浮灰，耐蚀性和耐热性降低。一般中、常温磷化溶液中的 Fe^{2+} 控制在 $0.5 \sim 2.5$ g/L 之间。

过多的 Fe^{2+} 可以用 H_2O_2 除去。每降低 1 g Fe^{2+}，约需加入 1 ml 质量分数为 30% 的 H_2O_2 和 0.5 g ZnO。

（5）NO_3^- 的影响

NO_3^- 可加快磷化速度，降低磷化槽液工作温度。在适当条件下可促使 Fe^{2+} 稳定。NO_3^- 是常温、中温磷化溶液的重要组成部分，但含量过高时，会使磷化膜层粗而薄，易出现黄点或白点。

（6）NO_2^- 的影响

NO_2^- 能提高常温磷化速度，促使磷化膜结晶细致，减少孔隙，提高抗蚀性。含量过高时，膜层易出现白点。

（7）温度的影响

提高温度可加快磷化速度，提高磷化膜的附着力、硬度、耐蚀性和耐热性。但在高温下，Fe^{2+} 易被氧化成为 Fe^{3+} 而沉淀，使溶液不稳定。

（8）杂质的影响

磷化溶液中常见的杂质有 SO_4^{2-}、Cl^-、Cu^{2+}。SO_4^{2-} 和 Cl^- 会使磷化过程延长，磷化膜多

孔易生锈。磷化溶液中二者的含量均不能超过 0.5 g/L。若过高,可用钡盐和银盐沉淀除去。当磷化液中含有 Cu^{2+} 时,磷化零件表面发红,耐蚀性降低,Cu^{2+} 可用铁屑置换除去。

10.3.5　磷化后处理及质量检验

磷化后,可根据工件的用途进行后处理,以提高磷化膜的抗蚀性能。磷化膜后处理通常采用填充和封闭处理。填充处理的工艺规范见表 10.5。

表 10.5　磷化膜填充处理工艺规范

组成及工艺	1	2	3
ρ(重铬酸钾)/$(g\cdot L^{-1})$	30 ~ 50	50 ~ 80	
ρ(铬酐)/$(g\cdot L^{-1})$			1 ~ 3
ρ(碳酸钠)/$(g\cdot L^{-1})$	2 ~ 4		
温度/℃	80 ~ 90	70 ~ 80	70 ~ 95
时间/min	5 ~ 10	8 ~ 12	3 ~ 5

磷化膜的封闭可用涂漆或锭子油。当使用锭子油封闭时,油温为 105 ~ 110℃,将零件浸渍 5 ~ 10 min 即可。

磷化膜的耐蚀性检验可以采用浸入法和点滴法。

浸入法是将经磷酸盐处理后的受检零件浸入质量分数为 3% 的氯化钠溶液中,在室温下保持 2 h,洗净吹干后无锈蚀为合格。

点滴法是在受检零件表面用蜡笔或特种铅笔画圈后,点滴以下试液,达到规定时间未出现玫瑰红斑点为合格。室温下,一般试件大于 3 min,作为油漆底层的快速磷化膜、常温磷化膜,则大于 30 s 为合格。试液组成为

硫酸铜($CuSO_4\cdot 5H_2O$,0.2 mol/L)	40 ml
氯化钠(NaCl 的质量分数为 10%)	20 ml
盐酸(HCl,0.1 mol/L)	0.8 ml

10.3.6　常见故障排除及不合格磷化膜的退除

常见故障产生的原因及排除方法见表 10.6。

表 10.6　磷化膜故障分析及排除方法

常见故障	产生原因	排除方法
磷化膜粗糙	游离酸度过高	调整酸度
	温度过高	降低温度
磷化膜不牢	温度和酸度低	调整温度和酸度
	时间短	延长磷化时间
磷化膜太薄或不成膜	温度过低	升高温度
	磷化溶液组成不协调	分析并调整溶液
	酸度比值太高	调整酸度比值
膜层有黑色斑点	游离酸度太高	降低游离酸度
	磷化溶液组成不协调	分析并调整溶液
	溶液单位体积负荷大	减少单位体积负荷
膜层表面有挂灰	溶液沉渣落在零件表面上	溶液沸腾时停止工作,根据情况取出部分沉渣

质量不合格的磷化膜可在 100 ~ 150 g/L 的硫酸溶液中于室温下退除。对于精密零件或光洁度较高的零件上的磷化膜,可在含 100 ~ 250 g/L 铬酐和 1 ~ 3 g/L 硫酸的溶液中于室温下退除。

10.3.7　其他磷化工艺

1.黑色磷化

在仪表制造业中,对精密钢铸件往往采用黑色磷化。因为黑色磷化既不影响零件的精度,又能减少仪器内壁的漫反射。黑色磷化膜结晶细致,色泽均匀,外观呈黑灰色,厚度为 2 ~ 4 μm。磷化膜的耐磨性和耐蚀性比氧化膜有显著提高。

在黑色磷化之前,零件应先在硫化钠溶液(5 ~ 10 g/L)中处理 5 ~ 20 s,然后用下述溶液处理

磷酸二氢锰铁盐	25 ~ 35 g/L
硝酸钙	30 ~ 50 g/L
硝酸锌	15 ~ 25 g/L
亚硝酸钠	8 ~ 12 g/L
磷酸(d = 1.70)	1 ~ 3 ml/L
游离酸度	1 ~ 3"点"
总酸度	24 ~ 26"点"
温度	85 ~ 95℃
时间	30 min

2."四合一"磷化

所谓"四合一"磷化是将除油、除锈、磷化和钝化四个工序综合在一个槽中进行。采用这种工艺可简化工序,减少设备和作业面积,缩短工时,提高劳动生产率,降低成本,便于实现机械化和自动化生产。用此法获得的磷化膜均匀、细致,有一定耐蚀性和绝缘性。其工艺规范为

工艺 1

磷酸(d = 1.70)	50 ~ 60 g/L
氧化锌	12 ~ 18 g/L
硝酸锌	180 ~ 210 g/L
磷酸二氢钠	0.3 ~ 0.4 g/L
酒石酸	5 g/L
烷基磺酸钠	15 ~ 20 ml/L
OP 乳化剂	10 ~ 15 ml/L
游离酸度	10 ~ 15"点"
总酸度	130 ~ 150"点"
温度	55 ~ 65℃

工艺 2

硝酸锌	80 ~ 110 g/L
酒石酸	5 g/L

磷酸二氢钠　　　　　　　　　0.4 ~ 0.5 g/L
烷基磺酸钠　　　　　　　　　15 ~ 20 ml/L
游离酸度　　　　　　　　　　18 ~ 25"点"
总酸度　　　　　　　　　　　75 ~ 100"点"
温度　　　　　　　　　　　　50 ~ 65℃

本工艺只适用于油、锈不多的零件。油、锈太多时,应事先进行除油和除锈,然后再用此工艺。"四合一"磷化处理溶液必须含有足够的亚铁离子。如亚铁离子不足,溶液会产生大量的沉淀。亚铁离子足够时,磷化速度快,磷化膜结晶细致,溶液稳定。

3.电化学磷化

关于用电化学方法促进磷化过程,有过大量研究,但在工业应用上还不成熟。一般电化学磷化可简化处理液成分,避免氧化剂作促进剂时的弊病(如生产过程产生有毒气体、溶液稳定性差、泥渣量大、成本高),在低温条件下快速获得很薄而性能高的磷化膜。电化学磷化方法有阴极极化法、恒电流极化法、恒电势极化法、交流电法等。生成的磷化膜一般比在相同条件下不通电流而生成的磷化膜多孔、膜层薄、结晶细致,适于作油漆底层。

10.4　铜及其合金的氧化、钝化和着色

铜及铜合金具有良好的传热、导电、压延等物理机械性能,但在空气中不稳定,容易氧化,在含有 SO_2、H_2S 等的腐蚀介质中,易受到强烈的腐蚀。为提高铜及铜合金的抗蚀能力,除通常采用电镀等措施外,普遍采用氧化和钝化方法,使零件表面生成一层氧化膜或钝化膜,以提高零件的保护与装饰性能。这些方法广泛应用于电器、仪表、电子工业和日用五金等零件的表面防护处理。

10.4.1　铜及铜合金的氧化处理

铜及铜合金的氧化处理,可用化学氧化或电化学氧化方法,使零件表面生成一层黑色、黑蓝色等颜色的氧化膜,膜的厚度一般为 0.5 ~ 2 μm。

铜及铜合金经氧化处理后,再涂油或涂透明漆,能提高氧化膜的防护能力。

1.化学氧化法

(1) 铜及铜合金的氧化溶液组成及工艺条件(表 10.7)。

表 10.7　铜及铜合金的氧化溶液组成及工艺条件

溶液组成及工艺	1	2
ρ[过硫酸钾($K_2S_2O_8$)]/(g·L^{-1})	5 ~ 15	
ρ[氢氧化钠(NaOH)]/(g·L^{-1})	45 ~ 55	
φ{碱式碳酸铜[$CuCO_3·Cu(OH)_2$]}/(g·L^{-1})		45 ~ 50
φ[氨水($NH_3·H_2O$)]/(ml·L^{-1})		200
温度/℃	60 ~ 65	15 ~ 40
时间/min	5 ~ 10	5 ~ 15

(2) 工艺控制

1 号溶液适用于纯铜零件的氧化。纯铜零件与含氧化剂的碱性溶液相互作用便形成氧

化膜。氧化膜的生成分为两个阶段:首先生成盐类化合物,然后水解生成氧化铜。其反应为

$$K_2S_2O_8 + 2NaOH \Longrightarrow K_2SO_4 + Na_2SO_4 + H_2O + [O]$$

$$Cu + 2NaOH + [O] \Longrightarrow Na_2CuO_2 + H_2O$$

$$Na_2CuO_2 + H_2O \Longrightarrow CuO + 2NaOH$$

溶液中的过硫酸盐是一种强氧化剂,易分解为硫酸和极活泼的氧原子,使零件表面氧化,生成黑色氧化铜保护膜。由于氧原子的不断供给,氧化膜也不断增厚。当生成紧密的氧化膜后,便冒出气泡,氧化处理已经完成。若溶液中的过硫酸钠含量不足,分解产生的氧原子有限,会影响膜的生成。若过硫酸钠含量过高,分解产生的硫酸过多,会加剧膜的溶解,造成膜层疏松易脱落。

NaOH 在溶液中的主要作用是中和在氧化过程中过硫酸盐分解产生的 H_2SO_4,减轻 H_2SO_4 对膜层的溶解,保证膜的厚度。若 NaOH 含量不足,H_2SO_4 不能完全被中和,氧化膜会变成微红色或微绿色。因此要获得优质的黑色氧化膜,必须保持 NaOH 和 $K_2S_2O_8$ 的比例恰当。

温度过高,将促使过硫酸盐分解加快,使氧化膜生成速度急剧增加,从而不能获得致密的氧化膜。温度过低,反应速度减慢,氧化时间延长,并且氧化质量下降。

氧化时间对氧化膜质量也有较大影响。时间过长,氧化膜反遭溶解,膜层变薄,而且疏松;时间过短,达不到应有的厚度。

1 号溶液的缺点是,稳定性较差,使用寿命短,在溶液配制后应立即进行氧化。

2 号氧化溶液适用于黄铜零件的氧化处理,能得到亮黑色或深蓝色的氧化膜。挂夹具只能使用铝、钢、黄铜材料制成,不能用纯铜作挂具,以防溶液恶化。

氧化过程中,溶液中氨的浓度会逐渐减少,使膜产生缺陷,故要经常调整溶液。

黄铜零件生成氧化膜层的速度与合金中锌含量有关,锌含量低的铜合金氧化膜的生成速度要慢些,而锌含量高的铜合金成膜速度较快。

黄铜零件氧化前,最好在含有 70 g/L 重铬酸钾和 40 g/L 的硫酸溶液中处理 15～20 s,直到零件表面合金成分均匀为止。然后在质量分数为 10% 的硫酸溶液中浸蚀 5～15 s,以保证氧化膜的质量。

在氧化过程中,要经常翻动零件,以免产生斑点。氧化后的零件需在 100～110℃ 左右烘干 30～60 min,然后涂油、浸蜡或浸干性油保护。

2. 电化学氧化法

铜及铜合金电化学氧化处理工艺简单,溶液稳定,氧化膜的机械性能和抗蚀性能较好,适用于各种铜及铜合金的氧化处理。

(1) 铜及铜合金电化学氧化溶液组成及工艺条件

氢氧化钠	100～200 g/L
温度	80～90℃
j_a	0.6～1.5 A/dm²
阴阳极面积比	(5～8):1
阴极材料	不锈钢
时间	20～30 min

（2）工艺控制

新配制的溶液应先用铜阳极处理,至溶液呈浅绿色后进行生产。零件先在槽中预热 1～2 min,以 0.3～0.6 A/dm² 的电流密度处理 3～5 min,再将电流密度升至正常范围继续处理。零件必须带电出槽。

在氧化过程中,阴极上产生海绵状的铜沉淀,必须按时取出清洗。

氢氧化钠含量过高,成膜速度快,但膜层疏松,结合力较差;含量过低,氧化膜薄,允许的电流密度范围变窄。

氧化后,零件应立即烘干,然后涂凡士林或浸清漆,以提高耐蚀能力。

3.不合格氧化膜退除

不合格的氧化膜可在浓盐酸或质量分数为 10% 的硫酸溶液中退除,也可在含有 30～60 g/L 铬酐和 15～30 g/L 硫酸溶液中退除。

10.4.2　铜及铜合金的钝化处理

铜及铜合金零件的钝化处理能提高其耐蚀性,是短时间内防止腐蚀的一种简易方法。钝化膜的颜色随着材料和工艺的不同而不同,具有一定的装饰性。重铬酸盐钝化后,膜层不易锡钎焊,铬酸钝化后的膜层易于锡钎焊。钝化处理的特点是,操作简便,成本低,生产效率高。

1.工艺规范

①铬酐　　　　　　　　　　30～90 g/L

　硫酸　　　　　　　　　　15～30 g/L

　氯化钠　　　　　　　　　1～2 g/L

　温度　　　　　　　　　　室温

　时间　　　　　　　　　　15～30 s

②重铬酸钠　　　　　　　　100～150 g/L

　硫酸　　　　　　　　　　5～10 g/L

　氯化钠　　　　　　　　　4～7 g/L

　温度　　　　　　　　　　室温

　时间　　　　　　　　　　3～8 s

③甲液:

　草酸　　　　　　　　　　40 g/L

　氢氧化钠　　　　　　　　16 g/L

　双氧水　　　　　　　　　80 g/L

　苯骈三氮唑　　　　　　　0.2 g/L

　pH　　　　　　　　　　　3～4

　温度　　　　　　　　　　30～40℃

　时间　　　　　　　　　　1～3 min

乙液：

苯骈三氮唑	$0.05 \sim 0.15$ g/L
温度	$50 \sim 60 \text{℃}$
时间	$2 \sim 3$ min

2. 工艺控制

在溶液中，重铬酸盐及铬酐是主要的成膜物质，强氧化剂，浓度高，钝化膜光亮。钝化膜的厚度和形成速度与溶液中酸度和阴离子种类有关。加入氯离子，穿透能力较强，能得到厚度较大的钝化膜。当硫酸含量太高时，膜层疏松，不光亮，易脱落，而含量太低时，成膜速度较慢。

钝化后的零件不允许热水洗，只能用压缩空气吹干，在 $70 \sim 80 \text{℃}$ 下烘干，使膜层老化，进一步提高其耐蚀性。

3. 不合格膜层退除

不合格的钝化膜可在浓盐酸或质量分数为 10% 的硫酸溶液中退除，也可在热的 300 g/L 氢氧化钠溶液中退除。

10.4.3　铜及铜合金的着色处理

铜及铜合金经过化学或电化学处理，可使其表面生成各种颜色，如古铜绿色、古铜色、金黄色、桃红色、黑色、蓝色等。铜及铜合金着色处理主要应用于装饰、光学仪器及美术。

1. 铜的着色

铜单质金属着色工艺规范见表 10.8。

表 10.8　铜着色工艺规范

颜色	序号	溶液组成	含量/$(g \cdot L^{-1})$	温度/℃	时间/min	备注
古铜色	1	碱式碳酸铜 氨水(质量分数为28%)	$40 \sim 120$ 200 ml/L	$15 \sim 25$	$5 \sim 15$	
	2	氢氧化钠 过硫酸钾	$45 \sim 55$ $5 \sim 15$	$60 \sim 65$	$10 \sim 15$	
	3	硝酸铜 氯化铵 氯化钾	25 25 25	$50 \sim 70$	数秒钟	浸渍后，可在空气中放置一段时间和在太阳照射下几分钟，使颜色变深
	4	硫酸铜 氯化铵 氯化钠 氯化锌 醋酸(质量分数为36%)	30 20 20 1 $3 \sim 5$ ml/L	室温		可采用喷涂、浸渍或擦拭方法，涂均匀后，自然干燥后再涂覆一次

续表10.8

颜色	序号	溶 液 成 分	含量/ (g·L⁻¹)	温度/ ℃	时间/ min	备 注
金黄色	1	硫化钾	3	室温		
	2	硫化钡 硫化钠 硫化钾	0.25 0.6 0.75	室温		
	3	硫化钡 硫化钠 硫化钾 硫化铵 高锰酸钾 双氧水(质量分数为30%)	0.3 4 0.8 1 0.13 0.7	室温		双氧水易挥发,需要定时补充
蓝色	1	醋酸铅 硫代硫酸钠 过硫酸钾	4 60 7	< 50	4~5	
	2	硫酸铜 氯化铵 氨水(质量分数为28%) 醋酸(质量分数为36%)	30~50 150 13 ml/L 10 ml/L	室温		
	3	氯化钾 硝酸铵 硝酸铜	100 100 1	室温	数分钟	
绿色	1	盐酸(d = 1.19) 醋酸铜 碳酸铜 氯化铵 氯化钠	330 ml/L 400 130 400 180	100	10	
	2	硝酸铜 氯化铵	30 30	80	数分钟	
	3	氯化铵 氯化铜	40 40	室温	数分钟	
黑色	1	氢氧化钠 过硫酸钾	50 10	100		
	2	硫化钾 硫酸铵	10~50 0.4	室温	数分钟	
	3	醋酸铜 硫酸铜 硫化钡 氯化铵	30 24 24 24	45	数分钟	
红色	1	硫酸铜 氯化钠	25 200	50	5~10	

2.铜合金的着色

铜合金中以黄铜着色较简便,其次是青铜、铝青铜、硅铜等。铜合金着色除在光学仪器上应用外,主要应用于装饰用品。铜合金着色工艺规范见表10.9。

表10.9　铜合金着色工艺规范

颜色	序号	溶液组成	含量/$(g \cdot L^{-1})$	温度/℃	时间/min	备注
古铜锈绿色	1	氯化铵 醋酸铜	350 200	室温	数分钟	
	2	氨水(质量分数为28%) 碳酸铜 碳酸钠	250 ml/L 250 250	30～40	数分钟	
	3	硫化钾 硫酸铵	5 20	室温	0.5	
蓝色	1	醋酸铅 亚硫酸钠	1 2	100	数分钟	
	2	硝酸铁 亚硫酸钠	50 6.25	75	数分钟	
	3	醋酸铅 硫代硫酸钠 醋酸	15～30 60 30	80	数分钟	
黑色	1	硫酸铜 氨水 氢氧化钾	25 少量 16	室温	数分钟	
	2	碳酸铜 氨水(质量分数为28%)	400 350 ml/L	80	数分钟	
	3	A液: 碱式碳酸铜 氨水 B液: 氢氧化钠	饱和液 少量 16	室温	至黑色为止	先在A液中着黑色,水洗,再浸B液,使膜稳定
红色	1	硝酸铁 亚硫酸钠	2 2	75	数分钟	
巧克力色	1	硫酸铜 硫酸镍铵 氯酸钾	25 25 25	100	数分钟	
	3	硫酸铜 高锰酸钾	60 7.5	95～98	2～3	
褐色	1	硫化铵 三氧化二铁	0.5 12	室温		涂布后放置至膜稳定
	2	A液: 硫化钾 氯化铵 B液: 硫酸($d=1.84$)	5 20 4～8	室温		按A、B顺序浸渍

10.5　不锈钢的着色

不锈钢是一种抗蚀性能高的银白色合金钢,主要含有铬、镍、铁、钼、钛等金属元素。其金相组织致密,表面能自然形成很薄的钝化膜,可以抵抗一般酸、碱、盐的侵蚀。根据其化学成分的不同,不锈钢除具有优异的抗蚀性能外,还具有一些其他的特殊性能,如耐高温等。

不锈钢着色是利用物理或化学方法使其表面产生颜色的过程。不锈钢着色的方法一般分为五种:离子沉积氮化物或氧化物法、电化学法、气相裂解法、高温氧化法、化学法。不锈钢着色不仅可以赋予零件各种颜色,增加产品的花色品种,而且可以提高零件的耐蚀性和耐磨性。因此,不锈钢着色在国外发展很快,其中离子沉积氮化物法和化学法已用于工业生产。不锈钢在军工产品、尖端科学、仪器仪表、医疗器械、工业设备、建筑行业、日用五金以及高级轻工产品和工艺品等方面有着重要的应用。

本节主要介绍不锈钢的化学着色和电解着色工艺。

10.5.1　熔融盐着色法

铬酸氧化法又称铬酸浴熔融法。它是将零件置于重铬酸盐的高温熔融盐中浸渍强制氧化。重铬酸盐在 320℃开始熔化,至 400℃放出氧,即

$$4Na_2Cr_2O_7 \longrightarrow 4Na_2CrO_4 + 2Cr_2O_3 + 3O_2$$

新生的氧活性很强,能使不锈钢表面氧化,生成镁、镍、铬的氧化物,形成均匀的黑色氧化膜层。

氧化操作步骤为:

① 零件先进行表面预处理——除油、水洗,用一定浓度的硫酸溶液浸蚀数十分钟,除去氧化膜,得到洁净表面,干燥。

② 将重铬酸盐置于容器中,加热至 450～500℃。

③ 将经过预处理并干燥的零件,浸入上述熔融盐中处理 15～30 min,即可生成均匀黑色氧化膜。

也可在下述工艺配方中进行着色处理

重铬酸钠($Na_2Cr_2O_7$)	1 份
重铬酸钾($K_2Cr_2O_7$)	1 份
温度	204～235℃
时间	20～30 min

经上述熔融盐着色后,冷却并用水冲洗干净,即能获得耐用的黑色着色层。

10.5.2　化学着色法

1.重铬酸钾法

着色溶液组成及工艺条件

重铬酸钾	300～350 g/L
硫酸($d = 1.84$)	300～350 ml/L
温度(镍铬不锈钢)	95～102℃

（铬不锈钢）	100～110℃
时间	5～15 min

一般零件在上述着色溶液中得到的着色膜为蓝色、深蓝色或藏青色,经抛光后为黑色,着色膜厚度小于 1 μm,操作简便。主要适用于海洋舰艇,高热潮湿环境下使用的仪器中的不锈钢零件的着色处理。

2.草酸法

着色溶液组成及工艺条件

草酸($H_2C_2O_4$)	质量分数 10%
温度	室温
时间	根据着色程度而定

零件经草酸着色处理后,冲洗干净并烘干,用质量分数为 1% 的硫代硫酸钠溶液浸渍即呈黑色。

3.着仿金色

着仿金色的工艺流程是

除油→清洗→电解抛光→清洗→浸酸→清洗→着色→清洗→清洗→烘干

电解抛光工艺

磷酸	600 ml/L
硫酸	300 ml/L
甘油	30 ml/L
水	70 ml/L
温度	50～70℃
j_a	20～50 A/dm²
时间	4～5 min

电解抛光是着色的关键,对着色影响很大,经抛光后应使表面平滑细致,才能在着色时容易上色。

浸蚀工艺

盐酸	质量分数为 10%
温度	室温
时间	1 min 左右

着色工艺

着仿金色可用下列两种溶液:

偏钒酸钠（$NaVO_3$）	130～150 g/L
硫酸	1 100～1 200 g/L
温度	80～90℃
时间	5～10 min

提高着色溶液温度,可使着色时间缩短,溶液中铁离子和镍离子对着色有干扰,应予以防止。

铬酐	250～300 g/L
硫酸	500～550 g/L

| 温度 | 70 ~ 80℃ |
| 时间 | 9 ~ 10 min |

该溶液适宜于纯度较高的不锈钢材料,如 1Cr18Ni9Ti。在着色液中添加钼酸铵能改善光亮性与色泽,加入硫酸锰可加速反应进行。着色挂具材料对着色有较大影响,一般应用不锈钢丝而不能用铁丝。

着色所用的设备是铅衬里的槽子,用水套加热方式进行溶液的升温与保温。

经化学着色得到的有色膜是疏松多孔的,耐污性和耐磨性都很差。为了提高着色膜的耐污性和耐磨性,一般要进行电解硬化处理。

电解硬化的溶液组成及工艺条件

铬酐(CrO_3)	250 g/L
硫酸	2.5 g/L
温度	40℃
j_k	0.5 ~ 1 A/dm^2
时间	10 ~ 15 min

着色的零件在上述溶液中进行阴极处理,使着色膜的硬度增加,耐磨性、耐污性提高。在溶液中加入二氧化硒能显著提高膜的硬度。对着色膜的电解硬化有两种解释:一种解释是金属铬在阴极沉积出来,使膜的硬度增加;另一种解释是铬的氧化物在阴极沉积出来,使有色膜致密而硬度增加,并且铬的氧化物还能填充在有色膜的孔中,使耐污性提高。根据实验,一般认为后一种解释是比较合理的。

应当指出,电解硬化过程也将使着色膜的厚度有所增加。对干涉成色来说,要考虑这一因素引起的颜色变化。

10.5.3 不锈钢着色膜的性质及控制方法

用原子吸收光谱及电子探针可以分析不锈钢着色膜的组成。用原子吸收光谱进行分析时,要将着色膜从不锈钢表面退除。退除膜所用的溶液是质量分数为 50% 的乙醇、50% 水(每升中有 100 g 硫酸),以阳极溶解法退除。退除液用原子吸收光谱分析,得到膜中各组分的质量分数是:$w(Cr) = 19.6\%$、$w(Fe) = 11.7\%$、$w(Ni) = 2.1\%$。膜中铬的含量比不锈钢内多,而且铬、镍、铁的质量仅为膜的总质量的 1/3,说明膜中含有较多的水。

电子探针分析未退除膜的各组分质量分数为:$w(Cr) = 21.36\%$、$w(Fe) = 11.5\%$、$w(Ni) = 6.3\%$,这和原子吸收光谱分析退除膜的结果相符合。

X – 射线分析退除膜,没有发现任何确定的衍射峰值,这意味着结晶尺寸很小。退除后用透射电子显微镜拍摄的照片指出,在着色初期形成的膜几乎是无定形结构。将由这个膜得到的电子衍射图放大,发现膜具有尖晶石的立方体结构。结晶尺寸为 5 nm。

远红外分析退除膜表明,在 3 370、1 640 cm 有两个强的吸收带,这些可能是与晶格或配位水分子有关的 $\nu(O—H)$ 和 $\delta(H—O—H)$ 的振动。进一步实验表明,在这个区域内 Cr_2O_3 和 $Cr_2O_3 \cdot xH_2O$ 具有强烈的吸收性。

综合上述实验结果,可以认为这个膜具有水化的尖晶石结构,铬的含量较高,其组成可以表示为 $(CrFe)_2O_3 \cdot (FeNi)O \cdot xH_2O$。

从透射电子显微照片还可以看到膜是多孔的,孔的密度为 10^{11}cm^{-2},孔的大小接近 10 ~

20 nm,孔隙率为 20%～30%,膜的示意图如图 10.1 所示。

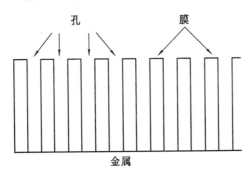

图 10.1　不锈钢着色膜示意图

10.5.4　电解着色法

着色溶液组成及工艺条件为

铬酐(CrO_3)	250 g/L
硫酸	500 g/L
温度	75℃
时间	9～10 min

着色零件的材料以 SUS304BA 不锈钢为宜。着色电压在 5 V 时为青色,11 V 时为金色,16 V 时为赤色,19 V 时为绿色。

第 11 章　电镀层性能的测定

电镀层质量的好坏,直接关系到产品的使用性能和使用寿命。因此,电镀层性能的检测是电镀加工过程中不可缺少的环节。

评定电镀层质量的方法有两类:一类是让镀件在使用情况下进行实际考核,这是最准确的方法,但试验时间较长;另一类是人工模拟使用时的条件或选择性地测定某些关键性能,这类方法虽不完全符合实际情况,但由于试验时间短,可及时地指导生产。在条件允许的情况下,两类方法可结合进行,做到既快速又准确地评定镀层质量。

电镀层性能的测定项目较多,主要包括:

外观检查;

镀层厚度及孔隙率;

机械性能(硬度、脆性、结合强度等);

耐腐蚀性能;

金相结构;

其他特殊性能(如电学、光学、磁学性能等)。

因电镀件的使用目的不同,所需测定的项目亦不同,并非所有镀层均需进行所有项目的测定。

11.1　镀层厚度的测定

镀层(包括电镀层、化学镀层、磷化层、铝阳极氧化膜等)的厚度,往往会影响到产品的使用性能(如耐蚀性、装饰性、导电性等)和使用寿命,以及成本等多项性能。近年来新的表面处理技术不断涌现,用途更为广泛。因此,对镀层厚度的管理、镀层厚度的测定要求也更高了。镀层厚度的测试方法很多,这些方法的基本原理和操作程序在国内外的各种标准及专业书籍上都有详细的介绍。如要进行科学合理地选择应用,电镀工作者必须了解诸方法的精度、适用范围及国际上的通用性。目前国际标准中通常采用根据镀层是否因测试而被破坏,分为无损法和破坏法,见表 11.1。

表 11.1　镀层厚度测量方法

无损法	破坏法
磁性法	阳极溶解法
涡流法	溶解法
β 射线反向散射法	金相显微镜法
X 射线光谱法	轮廓仪法
光切显微镜法	干涉显微镜法
机械量具法(测微计)	液流法

11.1.1　无损法

1.磁性法

磁性法有两种测厚仪:一种是电磁式测厚仪;另一种是永久磁铁式测厚仪。本测量方法简单、迅速,可直接读数,并且是非破坏性的,因体积小,重量轻,搬运方便,价格便宜,而被广泛使用。

(1) 电磁式测厚仪

电磁式测厚仪设计原理是由于镀层的存在改变了放入铁心的线圈本身的电感,引起磁阻或磁通量的变化,其变化量的大小与镀层的厚度存在函数关系。

(2) 永久磁铁式测厚仪

永久磁铁式测厚仪设计原理是,由于镀层的存在改变了永久磁铁与基体之间的磁引力或磁通路的磁阻,其变化量的大小与镀层的厚度存在函数关系。

使用上述两种测厚仪,测量误差通常小于待测厚度的 10%,可以测量磁性基体上非磁性覆盖层的厚度和磁性或非磁性基体上电镀镍层的厚度。

我国出产的 HCC – 24A 电脑涂层测厚仪,适用于测量导磁金属上的涂层,测量范围为 $0 \sim 1\ 200\ \mu m$,示值误差 $\pm (3\% H + 1\ \mu m)$。

2.涡流法

涡流法主要用于铝、铜、黄铜、奥氏体系列不锈钢等具有良好导电性的基体上绝缘的涂层、树脂、氧化物等厚度的测定,也就是用于测量非磁性金属上非导电层的厚度。涡流法是用高频交流电在金属表面产生涡流,涡流的深度与电流频率的平方根成反比,与金属的电阻率成正比。因此,在一定频率下,表面层产生的涡流深度只与有电流通过的表面层的电导率有关,即涡流振幅和相位是导体(基体)与测量探头之间非导电层厚度的函数,所以测定涡流的大小,可间接地测量镀层厚度,测量误差小于 10%。当厚度小于 $3\ \mu m$ 时误差较大。

我国出产的 HCC – 25 A 电涡流测厚仪适用于测量非导磁金属上的绝缘涂层,测量范围为 $0 \sim 1\ 200\ \mu m$,示值误差 $\pm (3\% H + 1\ \mu m)$。

电磁式测厚仪与电涡流测厚仪不同点是使用的交流电的频率不同。电磁式测厚仪使用的是低频交流,而电涡流测厚仪使用的是高频交流。因此,可以做到一机多用,只要变换不同的探头,就可以实现磁性法、涡流法两种性能的测试。德国 E.P.K 公司生产的 MINITES4000 就是这样一种测试仪器。

3.β 射线反向散射法

β 射线反向散射法就是使用 β 射线照射物质,研究物质的状态的一种方法,主要应用于判定镀层厚度、合金比、材料的性质等。用 β 射线仪测量被试样反向散射的 β 射线的强度,被反向散射的 β 射线的强度是镀层反向散射强度和基体金属反向散射强度的中间值。只有当镀层材料的原子序数和基体材料的原子序数明显不同时,才能用本方法测量。仪器用标定的样品校准。样品应和待测试样具有相同的镀层和基体。根据试样反向散射的 β 射线强度的测量值,计算镀层单位面积的质量。如果镀层的密度是均匀的,则质量与厚度成正比。

使用的 β 射线源不同,镀层厚度测量范围也不同,具体如表 11.2 所示。

表 11.2　不同 β 射线源时不同镀层的测量范围　　　　　　　　　　单位 μm

β 射线源 镀　层	碳 （C－14）	钷 （Pm－147）	铊 （Tl－204）	镭 （Ra－D＋E）	锶 （Sr－90）
聚氨酯	3～35	5～50	10～50		
聚丙烯	1～18	2～25	5～75		
镍	0.3～4.5	0.5～5.8	2～25	3～38	9～100
锌	0.3～4.5	0.5～5.8	2～25	3～38	8～100
银	0.2～2.2	0.3～3.2	2～15	3～25	7～70
镉	0.2～3.0	0.3～4.0	2～18	3～30	8～80
锡	0.2～3.2	0.3～4.3	3～22	4～35	10～100
金	0.1～1.5	0.1～2.0	0.8～8	1.0～11	2.5～28

4.X 射线光谱测定法

X 射线光谱测定法是利用发射和吸收 X 射线光谱的装置确定金属镀层的厚度。其工作原理是：X 射线照射到一定面积的镀层表面时，镀层要发射二次射线，或者是由基体发射但被镀层减弱了的二次射线，该射线的强度可以被测量到。利用 X 射线的二次射线强度和镀层厚度之间存在的一定关系，确定镀层的厚度。

X 射线法在一般情况下是适用的，但在下述情况下其精度偏低：

① 当基体金属中存在镀层的成分或镀层中存在基体金属成分时。

② 镀层多于两层时。

③ 镀层的化学成分与标定样品的成分有较大差异时。

X 射线光谱测定法的测量误差通常小于 10％。

5.光切显微镜法

光切显微镜法使用的仪器主要用于测量表面粗糙度，也可用于测量透明和半透明覆盖层的厚度，特别是铝上的阳极氧化膜。

使用仪器的工作原理是：将一束光以 45°的入射角照射到覆盖层表面上，光束的一部分从覆盖层表面反射回来，而另一部分穿透覆盖层并从覆盖层/基体的界面上反射回来。在显微镜的目镜中，可以看见两条分离的光线，其距离与覆盖层的厚度成正比，并且可以调节刻度标尺旋钮对该距离进行测量。

只有当覆盖层/基体界面上有足够的光线被反射回来，使得在显微镜内得到清晰的图像时，才能使用本方法。

对于透明或半透明的覆盖层，例如阳极氧化膜，本方法是无损的。若要测量不透明覆盖层的厚度，必须去掉一小块覆盖层，使覆盖层表面和基体之间形成一个能对光束进行折射的台阶，这样才能测出覆盖层的绝对值。此时，该方法属于破坏法。可测厚度为 0.002～2.0 μm，测量误差小于 10％。

11.1.2　破坏法

1.阳极溶解法（电量法或库仑法）

阳极溶解测厚方法是一种使用方便、准确度高、适用广泛的测厚方法。本方法是电化学原理在电镀领域中的一种具体应用。其工作原理是：配备必要的装置，在适当的电解液中，以电镀零件作阳极，对精确限定面积的镀层进行恒电流溶解。使用的电解液应具有如下性能：

① 无外加电流时,电解液不应与镀层发生化学反应。

② 镀层的阳极电流效率应为 100% 或接近 100%。

③ 当镀层被溶透,且露出的基体面积增大时,阳极电极电势应发生明显的变化,可以此来指示溶解的终点。

适用于不同金属镀层的电解液见表 11.3。阳极溶解法测量镀层的厚度在 $0.2 \sim 50\ \mu m$ 范围。有时由于镀层扩散到基体中形成合金时,可能会影响测试精度。本方法不适合小零件及形状复杂零件的镀层厚度的测定。

表 11.3　用于各种金属镀层和基体金属的试验电解液

镀层	基体金属	电解液的组成
镉	铁、铜、镍或铝	碘化钾 100 g/L,0.1 mol/L 碘溶液 1 ml/L
铬	铁	磷酸 118 ml/L,无水铬酐 10 g/L
	铁	硫酸钠 100 g/L
	铜	无水碳酸钠 100 g/L
	铜	盐酸 175 ml/L
	镍或铝	磷酸 64 ml/L
铜	铁	硝酸铵 800 g/L,氨水 10 ml/L
	镍	硫酸钾 100 g/L,磷酸 20 ml/L
	铝	酒石酸钾钠 80 g/L,硝酸铵 100 g/L
	锌	氟硅酸(质量分数为 30%)
镍	铁	硝酸铵 800 g/L,硫脲 3.8 g/L
	铜	盐酸 100 ml/L
	铝	硝酸铵 30 g/L,硫氰化钠 30 g/L
银	铁或镍	硝酸钠 100 g/L,硝酸 4 ml/L
	铜	氟化钾 100 g/L
锡	铁或铜	硝酸钾 100 g/L,氯化钾 100 g/L
	镍	盐酸 175 ml/L
	铝	硫酸 50 ml/L　氟化钾 5 g/L
锌	铁、铜或镍	氯化钠 100 g/L

2.溶解法(称重法)

溶解法是将试样在适当的溶液中溶解,可以只溶解镀层,对基体不浸蚀,对溶解前和溶解后的试样分别称重,来确定镀层的质量;也可以只溶解基体,对镀层不浸蚀,溶解后对镀层称重。根据质量、密度和面积,计算出试样上镀层的平均厚度。

本方法只适用于测定形状简单、尺寸小的零件上镀层的平均厚度。虽然操作手续麻烦,但它能测定平均厚度,并且在镀层均匀的情况下,具有较高的准确度。本方法的实验误差小于 5%。

选用的溶液不得浸蚀基体金属或下层金属。常用试验溶液如表 11.4 所示。

表 11.4　溶解法测厚所用溶液组成

镀层	基体金属或下层金属	溶液成分及其含量	工作温度/℃
锌	钢	$H_2SO_4(d = 1.84)50\ g/L$，$HCl(d = 1.19)70\ g/L$	18~25
镉	钢	NH_4NO_3 饱和溶液	18~25
铜及合金	钢	$CrO_3\ 275\ g/L$，$(NH_4)_2SO_4\ 110\ g/L$	18~25
镍	钢	发烟 HNO_3(质量分数为70%以上)	室温
铬	镍、铜及合金	$HCl(d = 1.19)$ 1 体积，蒸馏水 1 体积	20~40
银	钢、铜合金	$HNO_3(d = 1.41)$1 份，$H_2SO_4$19 份	40~60
铬	钢	$HCl(d = 1.19)1000\ ml$，$Sb_2O_3\ 20\ g/L$	18~25
锡	钢	$HCl(d = 1.19)1000\ ml$，$Sb_2O_3\ 20\ g/L$	室温
锡	铜及合金	$Pb(CH_3COO)_2\ 80\ g/L$，$NaOH\ 135\ g/L$	沸腾
氧化膜	铝及合金	$H_3PO_4\ 52\ g/L$，$CrO_3\ 20\ g/L$	90~100

测定方法:将经过除油等处理的待测试样称重并投入相应的溶液中,直至镀层完全溶解,裸露出基体金属或下层金属为止。取出试件,用水洗净,干燥后再称重。最后计算镀层的平均厚度。

由于没有一种溶液能脱去镍层而不溶解铜和铜合金,故不能按上述称重法求得镍层的平均厚度。所以,常使用化学分析法确定脱层之后的溶液的含镍量,然后再计算镍镀层的平均厚度。

3.金相显微镜法

金相显微镜法的操作过程是:按金相制备试样的要求,制备镀层的横断面,并对镀层进行必要的镶嵌、抛光和适当的浸蚀,利用金相显微镜,在放大了的镀层横断面图像上测量镀层厚度。

采用本方法应注意:

① 制备镀层的横断面时防止产生端面缺陷。

② 制备镀层的横断面时防止产生毛边。

③ 研磨时防止横断面产生圆角。

④ 不同材料应选择不同的浸蚀液。

⑤ 注意观测点、线的选择问题。

⑥ 对涂层、阳极氧化膜等反射率低的材料,要采取适当措施。

测厚时,首先要标定测微目镜。把测微尺(格值 0.01 mm)置于载物台上,将测微目镜放入目镜筒内,选用适当的放大倍数($\delta > 20\ \mu m$ 时,选用 200 倍;$\delta < 20\ \mu m$ 时,选用 500~1 000 倍)。测定测微目镜中每一小格相当于多少微米,以后就用此测微目镜进行镀层厚度的测定。将待测厚度的试件放在经过标定的具有测微目镜的金相显微镜上,测量断面上镀层的厚度。每次测厚,在同一位置上至少应取三次读数的平均值,如需测的是平均厚度,则应在镶嵌试样的全部长度内取五点测厚,取其算术平均值。由于直接观察测量,故精确度较高,常作为其他测厚方法的仲裁。

4.液流法

液流法在我国应用十分广泛。因设备简单,可测量多种镀层,所以作为生产过程中质量控制测厚方法较方便。其测量原理是,通过控制测试设备液柱高度和毛细管内径、毛细管距试件的距离来控制测试溶液流速和流量,使镀层局部溶解,根据镀层溶解的时间,计算溶解面镀层的平均厚度。溶解终点以金属颜色的变化或电势变化作为指示。因终点难于判断，测量误差较大，本方法未列入国际标准。

5.轮廓仪法(触针法)

轮廓仪法用来测量较宽范围内的镀层厚度。它可测量很薄的镀层(0.01 μm 级厚度)，测量误差在 ± 10% 以内。其测量方法是采用镀前屏蔽或镀后溶解的方式，使试件一小块镀层不存在，于是镀层与基体之间形成一个台阶，靠自动记录仪探针的运动，测量台阶的高度(即镀层厚度)。

6.多光束干涉仪法

本方法可测量 2 μm 以内、具有高反射率的镀层。采用与轮廓仪法相同的处理方法，造成基体与镀层之间的台阶。该台阶用多光束干涉测量仪测量，测量台阶的垂直距离在 0.002 ~ 2 μm 之间。

11.1.3　测厚方法的选择

为了获得高质量的产品，选择适宜的工艺及镀层检验方法是非常重要的。国际上最通用的镀层测厚方法及其适用性列于表 11.5。

表 11.5　各种镀层厚度的常用测量方法的适用范围

镀层＼基体	铜	镍	铬	化学镀镍	锌	金	银	锡	铅	铅－锡合金	阳极氧化膜	非金属
磁性钢	CM	CM(1)	CM	C(2)M(1)	BCM	EM	BCM	BCM	BCM	B(3)C(5)M	—	BM
非磁性不锈钢	CE(4)	CM(1)	C	BC(2)	BC	B	BCE(4)	BC	BC	B(3)C(3)	—	BE
铜及铜合金	C(5)	CM(1)	C	C(2)	C	B	BC	BC	BC	B(3)C(3)	—	BE
锌及锌合金	C	M(1)	—	—	—	B	B	B	B	B(3)	—	BE
铝及铝合金	BC	BCM(1)	BC	BC(2)E(1)(2)	BC	BC	BC	BC	BC	B(3)C(3)	E	E
镍	C	—	C	—	C	B	BC	BC	BC	B(3)C(3)	—	BE
非金属	BCE(4)	BCM(1)	BC	BC(2)	BC	B	BC	BC	BC	B(3)C(3)	—	—

注：B—β 反射法；C—库仑法；E—涡流法；M—磁性法。

(1) 易受覆盖层导磁率的影响；(2) 易受覆盖层中含磷量变化的影响；(3) 易受合金成分变化的影响；(4) 易受覆盖层电导率变化的影响；(5) 只用于黄铜和铍铜基体。

在选择测厚方法时，应注意以下几点：

① 被测工件是否允许破坏覆盖层，对贵金属镀层、造价高的大型零件等应选用无损法测厚。

② 根据产销合同规定，选择测量方法。

③ 镀层的厚度范围不同，可选用不同的测量方法。因为同一种测量方法，在不同厚度范围内测厚时，其误差是不同的。

④ 所用的测厚方法在国际上是否通用，通用性差的应少用或不用。

11.2　镀层机械性能的测定

镀件的用途不同,对镀层的机械性能亦有不同要求。一般常测定的机械性能是硬度、耐磨性、结合力、脆性和内应力等。镀层内应力的存在不仅影响镀层本身,而且也影响基体材料的力学性质。例如,高拉应力的镀铬层会降低钢等基体材料的疲劳强度达 75% 以上。材料在静应力和腐蚀介质共同作用下发生的脆性断裂称为应力腐蚀断裂。应力腐蚀断裂的危险性在于,它常发生在相当缓和的介质中及不大的应力状态下,而且往往没有明显的预兆,因此常造成灾难性的事故。在电镀过程中金属又都有吸氢而变脆的倾向。为此,在本节中着重介绍镀层的内应力和脆性。

11.2.1　镀层的内应力

早在 1858 年,Gore 已经发现镀层存在内应力。以后的测定结果表明,镀层存在内应力是相当普遍的。电沉积过程产生的应力影响镀层及基体金属材料的一系列物理、化学和力学性能,例如,镀层的硬度、耐磨性、导磁和导电性等。

根据镀层内应力测定时的特点,通常将内应力分为宏观内应力和微观内应力两类。宏观内应力是在镀层整体上表现出来的符号一致的应力,例如,镀层作为一个整体而变形,此种应力类似材料的残余应力。宏观内应力又可分为拉应力(张应力)和压应力(缩应力)两种。其符号可用图 11.1 的(a)和(b)来判断。微观内应力是在晶粒尺寸大小的范围内表现出来的,一般只能通过 X 射线等方法对结构畸变进行测定来求得。微观内应力常影响镀层的硬度,但

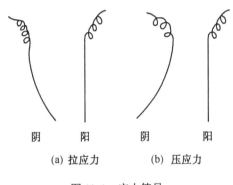

(a) 拉应力　　　(b) 压应力

图 11.1　应力符号

并不在宏观范围内表现为力,也不会造成镀层的宏观变形。

为了观察镀层产生应力的情况,常将金属沉积在柔软金属片的一面。应力的产生将使阴极弯曲。当阴极向着阳极弯曲时,产生的应力叫拉应力(张应力);当阴极背着阳极弯曲时,产生的应力叫压应力(缩应力)。

应力的符号不同,对镀层结合力将产生不同的影响。一般来说,拉应力使镀层结合力变差,压应力可提高镀层与基体的结合力。但是,不能因此就肯定镀层可以存在压应力,因为当镀层与基体结合不良时,镀层会以起泡的形式释放应力,而且使基体处于受拉状态。

已测得的数据说明,几乎所有的镀层都存在内应力,并且依基体材料、镀层厚度、电流密度、pH、温度和镀液成分的不同而变化。通常,内应力很高的镀层有:铬、镍、铁、钴、钯、钌、铑等;内应力较低的镀层有:铜、银、金、铝、锌、镉、铅等。

1.镀层宏观内应力形成的机理

镀层中存在内应力是镀层性能表现特殊性的主要因素。为了避免或控制内应力对材料产生的不良影响,很多学者致力于研究内应力形成的原因。由于这个问题很复杂,又受到测量技术上的限制,至今仍未得出完善的理论。目前已有许多理论试图解释电沉积时产生的

宏观应力。归纳起来有：聚结理论(晶体连接理论)、渗氢理论、外来物夹杂理论、过能量理论及位错理论等。但从本质看，内应力的产生是镀层形成过程中结构组织发生变化的结果。概括起来，产生内应力的原因可能有三个方面，即① 晶格参数的变化；② 沉积物中晶粒尺寸的变化；③ 沉积物中晶粒间距离的变化。根据具体的电沉积条件不同，可能是其中某一因素占优势，也可能几个因素同时起作用。

内应力的产生依赖于晶体生长时晶格参数的改变。晶格参数决定于构成晶格的原子或者离子之间的相互作用。在晶格中作用于内层的原子或离子比作用于表面层的原子或离子的数目多，在金属电沉积生长过程中，由于新的金属原子的沉积结果，原先属于表面层的晶格必然变成内层的晶格，因此在沉积物内部出现用于改变晶格常数的力，即内应力。此种观点，可以解释晶粒小的沉积层具有较大的内应力。

内应力的产生还可能由电沉积过程中(或过程之后)发生的晶粒尺寸变化所引起。一种观点认为，金属电沉积过程是在非平衡的条件下进行的，这时析出的高度分散的晶粒在沉积之后倾向于相互合并以减小总的表面能。晶粒的合并引起沉积层体积的减小，与此同时伴随着产生内应力。另一种观点认为，晶粒尺寸的变化是与晶格结构的转变相联系的。例如镀铬开始时，六方结构的铬比较容易形成，但随着晶粒的长大，转变为立方结构在能量上是较有利的。由于立方铬的比容比六方铬的比容小，沉积物的体积趋于缩小，于是产生内应力。这一观点同时可以解释减少氢夹杂会减小内应力这一事实，因为氢夹杂含量的变化会使晶格从一种结构变成另一种结构。

沉积层晶粒间距离的变化，可能是由表面活性物质和其他局外物质的夹杂所引起的。夹杂在沉积层中的表面活性物质，有的挤在晶格中，有的分布在晶界中。当这些分子处于金属/溶液界面中时，由于双层电场的作用，它们通常发生形变并沿一定方向拉伸，但当它们进入沉积层内部时，将力图恢复原状，从而把晶粒推开。沉积层中局外质点(包括杂质与沉积金属形成的化合物)的不规则分布，使晶粒间的距离发生变化，而且在沉积层形成之后，它们将通过扩散作用进行再分配，于是引起内应力。

2. 电沉积条件对镀层性能的影响

镀层的物理 - 机械性能取决于镀层的结构组织，后者又是由电沉积条件决定的。研究电沉积条件对镀层性能的影响，对生产实践具有直接的指导作用。现将镀层随电沉积条件变化的若干实验结果综述如下。

(1) 电流密度的影响

许多实验表明，提高电流密度会减小沉积物的晶粒尺寸，从而增大镀层的硬度、内应力和脆性。但是，在某些情况下，硬度、内应力随电流密度的变化曲线存在一个极大值，出现极大值的可能原因是当电流密度超过某一数值时，电结晶生长机理发生变化，以致晶粒中位错密度减小，甚至沉积层发生形态上的变化(如形成疏松的沉积层)。电流密度对镀层性能的影响有时更为复杂，这是其他因素产生的附加影响所造成的。例如，铬沉积层的内应力与电流密度的关系很复杂，这被归因于当铬沉积层达到一定厚度之后会产生裂纹，裂纹的存在将局部地降低内应力。同样，氰化物镀锌层的晶粒尺寸与宏观内应力存在一定的对应关系，当晶粒尺寸出现最小值时，宏观应力出现最大值。

(2) 温度的影响

Walker 等在研究锌酸盐镀锌时，发现提高电沉积温度有利于生成较大的晶粒，因而使镀层的内应力、脆性、硬度降低。在研究以 DE 为添加剂的碱性溶液镀锌时,曾观察到镀层的压应力随电沉积温度变化的规律。在 15 ~ 25℃范围内,压应力随温度升高而增大;在 25 ~ 40℃范围内,当镀层厚度超过 5 μm 时,压应力随温度升高而减小。另外,在研究铬镀层时,发现镀层厚度较小时(如 1 μm),应力随温度升高而减小;镀层的厚度较大时(如 12 μm),应力却随温度升高而增大;而在中等厚度下,应力随温度变化出现一个极小值。认为解释此现象必须同时考虑温度因素和破裂因素两个方面。在较低的温度下,沉积层的应力大,可能引起较大的裂纹,而裂纹的存在会使局部应力减小。

(3) 镀液组成的影响

镀液中局外盐的存在对镀层的内应力有很大的影响。已经发现,与不存在局外盐时的情况比较,局外盐硫酸亚铁的存在,会使镍沉积层的内应力增大,而硫酸锌却使其内应力减小。在酸性硫酸铜镀液中加入硫酸锌或硫酸铝,会使铜镀层的内应力增大,而添加硫酸镍却使内应力降低。溶液中无机盐类的存在,会改变内应力,可能是局外金属在沉积层中夹杂所致。这种夹杂会使晶格产生歪曲。铅和锌夹杂在铜晶格中引起晶格参数的增大,而镍的夹杂引起晶格参数的减小。

镀镍时,随着局外盐氯化钠浓度的提高,内应力首先是平稳地上升,随后几乎恒定不变。硬度的变化趋势也相同。这种现象被解释为 Cl^- 吸附导致的结果。

(4) 添加剂的影响

表面活性物质的存在对电沉积层的性能影响极大,通常它可使硬度增大,可以增大或减小内应力和脆性。

添加剂的作用效果首先决定于添加剂的本质。例如已经发现,单宁酸、苯胺、硝基酚、吡啶等化合物,浓度很小时,就会使镍镀层产生很大内应力,甚至造成镀层破裂;苯甲酸、水杨酸、葡萄糖等化合物,即使浓度相当大,对镍的内应力也没有影响;而萘二磺酸却能降低内应力。添加剂的影响有时会因所谓"老化"而改变。保存一年的萘二磺酸比刚制备的萘二磺酸具有较好的消除内应力的效果,实际上是由于久存的萘二磺酸已经被氧化成为比它本身有效的其他物质。

对同一种添加剂而言,浓度不同对镀层性能的影响程度也不同。以铜沉积层的脆性和内应力为例。随硫脲浓度的增大,脆性不断增大,内应力不断减小,当硫脲浓度约为 0.25 g/L 时,镀层的内应力转变为压应力。

表面活性物质对镀层性能的影响同它们在电极上的吸附性有关,吸附性的强弱顺序与添加剂对性能的影响存在一定的平行关系。例如,环氧胺系添加剂在单晶锌电极上的吸附性强弱顺序为

$$GT - 1 > DPE > DE、DIE > TPE$$

这一顺序同相应镀层的脆性大小顺序基本上一致。

添加剂影响镀层性能的另一重要现象是两种以上添加剂的"协同作用"。在含有 DE 的锌酸盐镀液中同时加入茴香醛和萘酰胺,可使镀层在 0 ~ 35 μm 的厚度范围内出现偏差只有 ± 1 kg/mm² 的均匀的应力分布,它不同于在仅含 DE 时或同时含有 DE 和萘酰胺时所表现出高的压应力。在生产实践中已经观察到,光亮剂的存在常常会提高镀层的脆性,在镀液中加入另一种添加剂却能抵消光亮剂的副作用。例如,在以硫脲为光亮剂的铜镀液中同时加入少量的刚果红,可以消除铜镀层的脆性并改善结合强度。由此可见,利用"协同作用",适当

地配用不同添加剂,是改善镀层质量的有效措施。

3.内应力的测量方法

宏观内应力的测量主要采用力学方法。目前采用的力学方法有弯曲阴极法、刚性平带法、螺旋收缩仪法、应力仪法、长度变化法等等。这类方法基于在材料的弹性极限内讨论应力和应变的关系。随后又有了新的发展,如 X 射线分析法测定宏观应力,因为宏观内应力的大小与镀层结构有直接关系。

(1)弯曲阴极法

弯曲阴极法是一种经典测量方法。如图 11.2 所示,阴极为一条长而窄的金属箔,测量时与阳极平行放置,背向阳极一面绝缘。电镀时一端固定。镀层应力是通过电镀后阴极的变形,再根据虎克定律计算而得,即应力 $\sigma = E\varepsilon$,E 为已知的弹性模量,ε 是电镀后产生的应变。应变可用阴极产生的挠度、自由端位移或阴极的曲率半径来表示。

若用阴极试样的曲率半径测量应变,可用下式表示镀层的应力

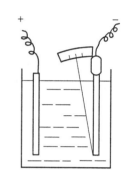

图 11.2　弯曲阴极法(示意图)

$$\sigma = \frac{ET^2}{6r\delta}$$

式中　　σ——镀层的内应力;

E——基体材料的弹性系数(杨氏模量);

T——基体的厚度;

r——阴极试样的弯曲半径;

δ——镀层的厚度。

使用弯曲阴极法测量应力的装置很多,其区别在于测量和记录阴极弯曲的方式不同。一般来说,用机械的方法误差较大,而用光学的方法较好,其中包括投射反射光束。在银幕上投射,显微镜测量自由端点位移,并把位移图像连续地记在胶卷上或用照相机摄影。

弯曲阴极法的主要缺点是:试样背面的绝缘层往往污染电镀溶液,同时影响试样的刚性,这种影响难以在应力计算中加以考虑和修正;绝缘不完全或在电镀中产生脱落也会改变自由端的实际位移,窄条试样变弯以后,改变了它与阳极的距离,也就改变了阴极上的电流分布。为了克服上述缺点,提出了螺旋收缩仪法、刚性平带法等。

(2)螺旋收缩仪法

从弯曲阴极法可知,窄条试样越长,自由端端点位移会越大,这就提高了测量的灵敏度。螺旋收缩仪就是将试样做成螺旋形,以增加阴极的长度,从而提高了测量精度。

螺旋式镀层应力测试仪就是根据螺旋收缩法原理制造的。它是利用特种钢材和专门工艺制成专用螺旋管。螺旋管一端固定,另一自由端与带刻度机构的活动轴相连。当对螺旋管进行单面电镀时,由于镀层应力,使螺旋管产生扭曲,其扭曲力矩借助自由端放大机构,使指针偏转。根据偏转角度即可计算镀层的内应力值。

上述方法,均需要一面绝缘。为了消除绝缘和弯曲形变对镀层应力的影响,还提出了用平板薄试片双面电镀,根据试样在长度方向的微小变化来测量应力。

（3）X 射线应力测定法

宏观内应力的测定可以用 X 射线衍射照相法、衍射仪法和应力测定仪法。照相法由于效率低、误差大，实际中已很少使用。X 射线法既能测量镀层的宏观应力，又能测量镀层的微观应力。根据 X 射线形成的衍射图，能够通过测量有无应力两种状态下晶面间距的差别或点阵的畸变量来求得应力值。此时可测量出宏观内应力。通过衍射线的展宽，可以测出微观内应力。

11.2.2　氢脆

氢脆是金属吸氢使塑性降低的现象。几乎所有的金属都具有吸氢而变脆的倾向。电镀过程及其他化学处理过程是造成金属氢脆的主要途径。这种方式产生的氢脆称为内部氢脆。另一种则是由于构件在含氢环境中使用时，吸收氢所造成的，称为环境氢脆。氢脆按其与外力作用的关系，又分为第一类氢脆和第二类氢脆。

第一类氢脆是在负荷之前，材料内部已存在某种氢脆断裂源。在应力作用下裂纹迅速形成与扩展，因而随着加载速度的增加，氢脆的敏感性增大。白点、氢蚀、氢化物致脆等属于这个类型。

第二类氢脆是在负荷之前材料内部并不存在氢脆断裂源，加载后由于氢与应力的交互作用才形成断裂源，因而氢脆的敏感性随着加载速度的降低而增大。这类氢脆中尚有不可逆性氢脆与可逆氢脆之分。所谓不可逆性氢脆是指材料经低速形变变脆后，如果卸载后再进行正常速度形变，原先已脆化材料的塑性不能恢复。可逆性氢脆则是指已脆化的材料卸载后停留一段时间再进行正常速度形变时，其塑性能够恢复。可逆性氢脆是氢脆中最为普通的一类。目前对可逆性氢脆提出了多种形成机理，主要有氢压理论、表面吸附理论、晶格脆化理论、氢与位错交互作用理论等。

1. 研究氢脆的方法

有关金属渗氢及其后果的研究测试方法主要包括两个方面：氢的含量和存在状态的测定；渗氢后塑性变化的测定。前者包括各种物理和化学的测氢方法，后者主要从力学性能和金属物理方面着手。

（1）氢含量的测定

金属内实际含氢量的测定常作为氢脆研究的基本方法。要说明一点，测量氢的总量并不能说明氢存在的部位和状态，然而，正是这些微观特征决定着氢对金属行为的影响。因此，在许多研究中，往往不进行繁琐的氢含量测定，而仅测试试件塑性降低的情况。

近年来发展起来一些物理方法，如光谱、质谱、示踪原子等，用于测定氢的含量。中子射线光谱法，不仅能测定氢的含量，还能测出氢原子在四面体或八面体点阵间隙中的位置及氢原子在间隙中的振幅。电化学暂态分析法可以测定氢的扩散速度、流量、扩散系数、吸附原子的覆盖率及渗入历程等动力学参数；X 射线、电子显微镜和扫描电镜等仪器的迅速发展，也可以直接或间接地从结构上分析氢的含量和行为。

制备用于测定氢含量的样品非常重要。例如，研究酸洗时氢渗入的影响，若忽视酸中可能存在的微量杂质（砷、磷等），就可能得出错误的结果。因为对渗氢过程来说，微量的促进剂"杂质（如砷）会显著地增加渗氢量；相反，极微量的有机物质（作为缓蚀剂）的吸附就会大大减少渗入的氢量。所以，制备试样必须严格控制条件。

（2）力学测试方法

在力学试验方法中，目前常用的是缺口持久试验法。这种方法就是用带缺口的抗拉试样在持久拉伸机或蠕变试验机上进行延迟破坏试验。如果材料在大于发生氢脆延迟破坏的时间里还没有断裂，就认为氢脆性合格。这种方法获得的结果，重现性较好，但对试样的加工要求高，持续时间很长。为了解决这些问题，美国海军研究发展中心发明了一种应力环试验法。这种方法主要用于生产上的监控，比较简单易行，成本低，速度快。C 形缺口应力环可以作为这种方法的代表，此法所用的试样形状和尺寸如

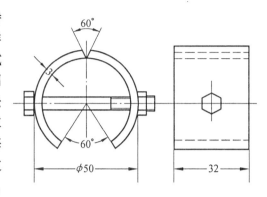

图 11.3　C 形缺口应力环试样

图 11.3 所示。试样管材外径为 2 英寸(约为 50.8 mm)，壁厚为 1/8 英寸(约为 3.2 mm)的管材，试样宽度为 1.25 英寸(约为 32 mm)，加工成 60°角的缺口。试样由沿直径穿过的螺栓加载，并用螺帽调节，试样承受的载荷用应力计测量，载荷通常采用破坏载荷的 75%，测试时间为 200 h，200 h 后，C 形环不破裂，为氢脆性合格。

2. 电镀过程中的氢脆

电镀过程中产生氢气的加工工序为阴极除油、酸洗及电镀，这些工序都可能使金属材料产生氢脆。为了防止氢脆，在酸洗和电镀后要进行除氢处理。处理温度为 180～240℃，时间为 1～5 h 不等，对某些高强度钢，除氢时间长达 48～72 h。为了减少渗氢，也可向酸洗溶液中加入缓蚀剂，或以喷砂处理代替酸洗。

电镀时的各种工艺参数对零件镀后的氢脆均有影响，表现如下：

（1）基体金属材料不同，阴极渗氢的程度也不同

一般来说，大致按 Pd > Ti > Cr > Mn > Fe > Co > Ni > Zn > Sn > Cu 的次序排列。由于影响因素很多，不同文献中的排序也有差异，所以只能作为参考。

（2）电流密度

提高电流密度，会增大阴极表面氢原子吸附的覆盖率，所以渗氢率会随着电流密度的上升而增加。例如，镀铜、镀镍。但提高电流密度也往往使镀层质量和结构变化，从而使渗氢量减小，两种因素影响的结果，有时渗氢率随电流密度的变化会出现极大值。

（3）溶液温度

一般来说，提高溶液温度将使渗氢量急剧下降，铁族金属尤其明显。

（4）溶液 pH 值

pH 值下降时，溶液中的氢离子浓度增大，有利于渗氢过程的进行。但是，酸性镀液往往是单盐镀液，电流效率较高，产生的氢气较少，因此，渗氢量的大小不能单纯考虑 pH 值的大小。而且，pH 值上升，镀层中夹杂的氢氧化物量增加，也会影响氢的测定和渗氢过程，故酸度影响也是很复杂的。

（5）溶液组成

溶液组成有时通过镀层质量来影响渗氢率。例如，镀层疏松有利于渗氢；然而，疏松镀层容易使氢自行逸出或在除氢时跑掉，这又有助于消除渗氢，松孔镀镉就是如此。对单盐和

配盐溶液而言,溶液组成的影响主要看组分对还原过程的影响。使阴极极化增大,有利于氢的析出,将增加渗氢的可能性。溶液中加入具有氧化性的阴离子,不利于渗氢,如氰化镀镉溶液中加入 NO_3^-。有时溶液组成的变化可以改变镀层成分及结构,从而改变材料的渗氢量的大小。例如镀镉溶液中加入钛盐,改变了镀镉层的结构,降低了氢脆性。

讨论材料氢脆性时,必须综合考虑电镀条件及溶液组成等各种因素的影响,以备在不影响镀层其他质量的前提下,尽量选择适宜条件来降低材料因电镀而造成的氢脆性。

11.2.3 镀层的硬度

硬度是指镀层对外力所引起的局部表面形变的抵抗强度,也即抵抗另一物体侵入的强度。镀层硬度的测定方法是将一个小钢球或金刚锥在一定荷重下压入试样,负荷与印迹面积之比即所谓的显微硬度值,单位 kg/mm^2。用小钢球进行试验所得的硬度值称为布氏硬度(HB),用立方金刚锥进行试验所得的硬度值称为维氏硬度(HV),而用菱状金刚锥进行试验所得的硬度值称为克氏硬度(KHN)。必须注意,同一试样采用不同试验方法所得的硬度值往往是不同的。硬度实际上不是金属镀层的基本性质,而是试样的各种有关性能的综合指标。镀层的硬度与抗磨性、抗张强度、柔韧性等有一定的联系,通常硬度大者,其抗磨损能力较强,抗张强度较大,而柔韧性较差。因此,硬度试验在某种程度上可以代替其他不容易进行的性能试验。

镀层的硬度主要由沉积层的结构组织所决定。一般镀层中含有一定量的氢化物、氧化物、氢、卤素离子、表面活性剂等非金属杂质,这些杂质存在于晶格中和晶格边缘上,从而改变了镀层机械性质。另外,镀层金属晶格变形也比其他场合多,晶格变形对镀层性质也有极大的影响。研究电沉积层硬度的主要困难之一是基体金属本身的硬度对它有很大的影响。当镀层厚度较小时,这种影响尤为严重。因此,根据镀层的硬度,选择 5～200 g 负荷,使压痕深度达到镀层厚度的 1/10～1/7 左右。

11.2.4 耐磨性

任何一部机器在运转时,各机件之间总要发生相对运动。当两个相互接触的机件表面作相对运动时就产生摩擦,有摩擦就有磨损,这是必然的结果。磨损是降低机器和工具效率、精确度甚至使其报废的重要原因,也是造成金属材料损耗和能源消耗的重要原因。磨损主要是力学作用引起的,但磨损并非单一力学过程。引起磨损的原因既有力学作用,也有物理和化学作用。耐磨性是材料抵抗磨损的性能,这是一个系统性质。迄今为止,还没有意义明确的统一的耐磨性指标。通常是用磨损量来表示材料的耐磨性,磨损量愈小,耐磨性愈高。测量电镀层的耐磨性有较多的方法。对于银、铜、镉镀层及其他软镀层可用落砂方法测试:使以一定速度由导管中流出来的砂子(石英砂)冲击试件表面,直至露出基体金属。试验时所消耗的砂子数量即为相对耐磨性的指标。对镍、铬镀层用如下方法试验:使由空气喷枪喷出来的带有金钢砂的空气流作用于被测试样表面,此时磨损镀层所消耗的金刚砂的数量或磨损镀层所花费的时间可作为耐磨性指标。此外,也可采用磨损试验机直接进行测量。磨损试验机可分为靠滑动接触和靠滚动接触两类。试验所用磨损试验机的原理如图 11.4 所示。

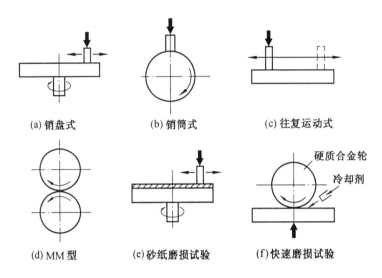

图 11.4　摩擦磨损试验机原理图

11.2.5　镀层结合强度的测定

镀层与基体金属的结合力是指单位表面积上的金属镀层剥离金属基体(或者中间镀层)时所需的力。有时结合力又称结合强度,一般用 kg/mm² 表示。结合力的大小意味着电沉积层粘附在基体金属上的牢固程度。显而易见,具有较大的结合力是金属镀层发挥防护、装饰及其他功能的基本条件。

从本质上看,结合力的大小是由沉积金属原子与基体金属原子之间的相互作用力所决定的。不言而喻,沉积金属与基体金属的本质是决定结合力的主要因素。当一种金属在另一种金属的清洁表面上沉积时,如果沉积物沿着基体的结构进行生长,或者沉积原子进入基体金属的晶格并形成合金,结合力一般都比较好。在讨论结合力时,还必须考虑有关金属的线膨胀系数。在电沉积过程或热处理时,难免存在着一定的温度波动,如果有关金属的线膨胀系数明显不同,就有可能造成镀层与基体的脱离。另外,结合力明显地受到基体表面状态的影响。基体表面上氧化物或钝化膜的存在以及镀液中杂质在基体表面上的吸附都会削弱结合力。遗憾的是,到目前为止,还没有一种快速非破坏性的测定结合力的理想方法。在国外,也没有一种测定结合力的定量方法被列入标准中。下面简单介绍常用的定性、定量试验方法。这些方法又可以分为力学方法测定结合力、非力学方法测定结合力,如表 11.6、11.7所示。

表 11.6　力学方法测定结合力

定性方法	定量方法
摩擦抛光法	剥离法
锉刀试验	激光剥离法
弯曲试验	压痕法
划线划格试验	划痕法
	拉伸法

表 11.7　非力学方法测定结合力

定性方法	定量方法
加热法	热学法
阴极法	核化法
X 射线衍射法	电容法

1.压痕法

用压痕法可以估计镀层与基体之间的结合力。镀层试样在不同的载荷作用下进行表面压痕试验(即硬度试验)。当载荷不大时,镀层与基体一起变形;但在载荷足够大的情况下,镀层与基体界面上产生横向裂纹,裂纹扩展到一定阶段就会使镀层脱落,能够观察到镀层破坏的最小载荷称为临界载荷。Burnett 和 Rickerby 提出一种模型,用来描述较软基体上硬质镀层在压痕试验时的力学行为。分析表明,在压痕试验时,镀层与基体界面上确实产生应力。当压入载荷足够大时,这种应力可能导致镀层与基体分离。因此可以用压入载荷的大小来反映镀层与基体间结合状况的好坏。

2.剥离法

常用的方法有两种,其一,焊接 – 剥离法。将 75 mm × 10 mm × 0.5 mm 的镀锡低碳钢带或黄铜试片电镀后,距一端 10 mm 处弯成直角,将短边平面进行钎焊,沿长边方向施一垂直于焊接面的拉力,直至试片与镀层分离,若在焊接处或镀层内部发生断裂,则认为其结合强度好;其二,粘接 – 剥离法。本方法适用于检验印刷线路中导体和触点上镀层的结合力。试验面积至少为 30 mm²。它是将一种纤维粘胶带粘附在镀层上,用一定质量的橡皮滚筒在其上滚压,以除去粘接面内的空气泡,粘胶带的附着力大约是 8 N/25 mm²,10 s 后,用一垂直于镀层的拉力使胶带剥离,镀层无剥离现象说明结合强度好。详细试验方法可参考国家标准及电镀手册。

3.锉刀试验

将试件(形状简单的)夹在台钳上,用一种粗齿扁锉刀锉其镀层边缘,锉刀与镀层表面大约成 45° 角,锉动方向是从基体金属向镀层,镀层不得揭起或脱落。薄而软的镀层不宜用此法。

4.弯曲试验

将镀件反复弯曲或拐折直至基体和镀层一起断裂。观察断口处附着情况,必要时可用小刀剥离,此时镀层不应起皮、脱落;或者用放大镜检查,基体与镀层间不允许分离。对于金属线材镀层,可采用缠绕弯曲试验。直径 1 mm 以下的金属线材,应绕在直径为线材直径 3 倍的轴上;直径 1 mm 以上的线材,缠在直径与线材相同的金属线上,绕成 10 ~ 15 匝紧密靠近的线圈,可用放大镜观察,镀层不应有起皮、脱落现象。

5.划线划格试验

用一刃口为 30° 锐角的硬质钢刀在镀层上划两条相距为 2 mm 的平行线或 1 mm² 的正方形格子。观察划线间的镀层是否剥离,划线时的压力应使划刀一次划到基体金属。

6.划痕法

划痕法是通过压头在镀层表面以一定速度划过,同时作用在压头上的垂直压力不断增加,直到镀层脱落来估计结合力的方法,使镀层从基体上剥落的最小压力称为临界载荷。临界载荷与压头、镀层试样的摩擦有很大关系。临界载荷不仅与加载速度、划痕速度、压头的磨损情况等试验固有的参数有关,还与基体性能、镀层性能、测试环境等非试验参数有关。与压痕法一样,划痕法测结合力的机制尚未完全清楚,临界载荷与镀层/基体结合力这二者的关系有待进一步研究。

7. 拉伸法

通过施加给镀层/基体体系一个应变,利用复合板模型进行简单的一维弹性分析,得到以界面剪切应力估算的界面结合力的半定量方法,称为拉伸法。此方法定义的界面结合力为:镀层在基体上能够保持不脱落的最大界面剪切应力。计算公式为

$$\tau_{max} = 3.1 e \sqrt{\frac{E_f t G_m}{d}}$$

式中　　e——应变;

E_f——镀层的杨氏模量;

t——镀层厚度;

G_m——基体剪切模量;

d——基体的厚度。

从上式出发,当对基体施加一定应变 e 时,可以计算得到镀层/基体界面上的最大剪切应力。如果试验中镀层与基体结合良好,没有脱粘现象发生,说明结合力大于 τ_{max};如果试验中镀层脱粘,则结合力小于 τ_{max}。对基体应变连续变化,并通过声发射监测脱粘应变点就可以测出实际结合力。上式是在弹性范围推出的,进入塑性应变范围只能是近似的和半定量的。

与划痕法、压痕法相比,拉伸法的机制比较清晰,试验既能在一般拉伸机上进行,又能在弯曲装置上进行。在弹性范围内数据的可比性好,影响试验的因素也较少。

8. 激光剥离法

Vosen 进行了一种所谓"激光剥离"试验。高能脉冲激光束从基体的一边射向另一边,所产生的压缩冲击波通过基体传送到镀层与基体的界面,如果冲击波的能量足够大的话,镀层就会脱离基体。逐渐加大激光的能量,就可以找到结合强度的临界值。

激光技术与其他方法相比有其优越性。但是设备的昂贵及操作过程的复杂性使其难以推广。

9. 加热试验

根据镀层与基体金属的性质,将镀件在箱式电炉中加热到规定温度,并保温 0.5 ~ 1 h,然后,在空气或温水中冷却,此时镀层不应起泡和脱落。

使用本方法时应注意:

① 加热温度不宜过高,尤其是基体经过表面淬火的镀件。

② 不宜在炉中作长时间保温,因为加温过程会使得镀层向基体扩散,会改变结合力,所以严格的试验还应规定升温速度。

③ 易氧化的镀层和基体应放在惰性气体、还原气体或液体中加温。有时根据镀件实际工作环境可进行冷热循环,考察结合力情况。

10. 阴极试验

将试样作为阴极放入密度为 1.054 的 NaOH 溶液中,以 10 A/dm² 的阴极电流密度通电

处理 2 min 为观察起点,15 min 后不起泡为结合力良好。也可在质量分数为 5% 的硫酸溶液中(温度为 60℃),以 10 A/dm² 的电流密度通电处理,判断周期为 5~15 min。本试验对铝、锌、锡、铜、银等金属镀层不适用。

11.3　电镀层耐蚀性能的试验

在使用环境中要求镀层具有不同程度的耐腐蚀性能。为了判断被镀物品抵抗外界条件浸蚀的能力,通常采用腐蚀试验的方法。评定镀层耐蚀性的方法很多,一般分为两大类:

① 自然环境试验,包括长期使用下的现场试验和大气曝晒试验。

② 人工加速腐蚀试验,包括孔隙率试验、中性盐雾试验、改性盐雾试验、腐蚀膏试验、工业气体试验等。

前者能较真实地评定镀层的耐腐蚀性能,但试验周期长,生产中不能应用,只有在长期的研究工作中采用。后者正好相反,由于自然环境复杂,人为模拟试验是难以完全实现的,因此,人工加速腐蚀试验的方法仅仅是一种考核镀层质量的试验方法。

为了更好地使用材料,准确地了解材料在使用环境下的腐蚀速度,并根据腐蚀速度推测材料的使用寿命是非常重要的。腐蚀测定法的现状已经从测定全面腐蚀转向测定局部腐蚀,也就是从测定宏观的腐蚀发展到测定微观的腐蚀。表 11.8 列出了现在使用的各种腐蚀测定法。

表 11.8　腐蚀测定法的分类

物理测定
　　质量测定:分析天平、真空微量天平、石英晶体微天平法(QCM)
　　厚度测定:光学显微镜、相位差显微镜、激光显微镜等。
　　电阻(与细丝径减小成比例)
化学分析
　　溶液分析:紫外可见吸收光谱分析、离子荧光光谱分析(ICP)等
　　表面分析法:SEM、TEM、XPS、AES、SIMS、GDS、可见紫外光谱分析法、激光拉曼光谱分析法
　　电化学方法:腐蚀电势测定、塔菲尔直线外推法、线性极化法、交流阻抗法、电化学噪声解析、旋转电极、管道流动电极、光电极
　　扫描电极法:扫描隧道显微镜(STM)、扫描激光显微镜、扫描 pH 电极、扫描振动电极(SVET)、扫描阻抗测量、扫描电化学显微镜(SECM)、扫描激光电解显微镜(SLEEM)

11.3.1　孔隙率测定

电镀层的防护能力,不仅取决于镀层的种类、性质和结构,而且与镀层的孔隙率有关,因此,在评定镀层质量时,孔隙率乃是主要项目之一。

孔隙率为单位面积上针孔的个数。孔隙是由于基体金属(或中间层)表面存在不导电的部分,镀不上镀层;或是由于氢气泡的滞留等原因所致。

测定电镀层孔隙率的方法较多,常用方法有贴滤纸法、涂膏法、灌注法,另外盐雾腐蚀或加速腐蚀试验等对测定阴极镀层孔隙率也是很有效的。这些方法的基本原理是相同的,即在试件的表面以专用试液做化学处理,试液通过镀层孔隙与基体或下层镀层金属起化学反

应,生成有颜色的化合物,然后,根据有色斑点数目来确定试件的孔隙率。测定前试样表面的受测部分需用有机溶剂或氧化镁膏除油,再用蒸馏水洗净,滤纸吸干待用。

湿润滤纸贴置法(简称贴滤纸法):

将吸有一定化学试剂的滤纸贴在试样受测表面上,孔隙处滤纸上的试剂和底层金属作用生成有色斑点。

本方法适用于测定外形简单的钢、铜和铜合金工件上铜、镍、镍－铬、铜－镍、铜－镍－铬和锡等单层或多层镀层的孔隙率,试验溶液如表 11.9 所示,药品均用化学纯。

表 11.9　贴滤纸法检验镀层孔隙率的溶液组成

底层金属	镀层种类	溶液成分	滤纸的粘贴时间/min	斑点的特征
钢	铬 镍－铬 铜－镍－铬	铁氰化钾 10 g/L 氯化铵 30 g/L 氯化钠 60 g/L	10	蓝色点—孔隙至钢层 红褐色点—孔隙至铜层 黄色点—孔隙至镍层
铜、铜合金	铬 镍－铬	铁氰化钾 10 g/L 氯化铵 30 g/L 氯化钠 60 g/L	10	红褐色点—孔到铜层 黄色点—孔隙至镍层
钢、铜 铜合金	镍	铁氰化钾 10 g/L 氯化钠 20 g/L	钢件 5 铜件 10	蓝点—孔隙至钢件 红褐色点—孔隙至铜
钢	铜－镍 镍－铜－镍	铁氰化钾 10 g/L 氯化钠 20 g/L	10	蓝点—孔隙至钢件 红褐点—孔隙至铜层 黄点—孔隙至镍层
钢	锡	铁氰化钾 10 g/L 氯化钠 5 g/L	60	蓝色点—孔隙至钢基体

1.测定方法

用浸过试液的潮湿滤纸贴在经过清洁处理的试件表面上。滤纸与清洁表面之间应无气泡。必要时可用滴管向贴好的滤纸补加试液,使其在测定时间内保持湿润。到时间后,取下印有孔隙斑点的滤纸,用蒸馏水冲洗,放在清洁玻璃板上,干燥后计算孔隙数目。

2.孔隙率的计算

分别计算在测定镀层面积内各种颜色斑点的数目,再将所得数相加,然后,确定一平方厘米内孔的数目。

$$孔隙率 = \frac{n}{s} \ 个/cm^2$$

式中　　n——孔隙斑点数(个);

　　　　S——受检镀层面积(cm^2)。

三次试验的算术平均值为检验结果。

11.3.2　盐雾试验

盐雾试验方法早在 1914 年美国材料试验学会(ASTM)第十七届年会上由 J.A.Capp 提出。当时目的是希望获得类似沿海大气的试验条件,以研究某些金属保护层使用的可靠性。目前,许多国家将盐雾试验(包括醋酸盐雾试验和 CASS 试验)列入国家标准,我国也是一样。按照我国电镀标准,盐雾试验方法主要用于检验下列项目:钢上镀锌和镀锡层钝化膜质量;铝和铝合金阳极氧化膜质量;防护装饰性镀层如钢上镀铜 – 镍 – 铬的防护性能。盐雾试验是在盐雾试验箱中进行的。盐雾箱按其结构,可分为离心式和喷雾式两种。

1.中性盐雾试验(NSS 试验)

(1)试验条件

试验箱内温度应为(35 ± 2)℃;相对湿度应大于 95%;试验溶液为氯化钠溶液,以蒸馏水或去离子水配制,浓度为(50 ± 5)g/L,溶液 pH 值为 6.5 ~ 7.2,原则上不应含铜、镍离子,碘化钠的质量分数小于 0.1%。

喷雾量的大小和均匀性一般由设备而定。一般说来,离心式盐雾箱喷出雾滴小而均匀,但设备结构复杂。喷雾量控制在 1 ~ 2 ml/($h \cdot 80 \ cm^2$)。

(2)试样

试样的类型和数量,它们的形状和尺寸应根据受试镀层或产品的规范来选定。当无此规定时,可经有关方面相互协商。试验前必须对试样进行清洁处理,但不得损坏其表面。试样在箱内应与垂线成 15° ~ 30°,并摆放在惰性材料制成的试架上。

(3)试验方法

按喷雾时间可分为两种,第一种方式间断喷雾,每天喷雾 8 h,停机存放 16 h 为一周期。目前世界上普遍采用第二种方式,即连续喷雾,推荐的周期时间为 2、6、24、48、96、240、480、720 h。

(4)试验后试件的清洗与评价

试验结束后,从箱内取出试样。为了减少去除腐蚀产物的危险,试样在清洗前干燥0.5 ~ 1 h。试样检查前,从试样表面小心除去喷雾溶液的残留物,为此可将试样在温度不超过 40℃的清净水中轻轻地清洗或浸渍,然后立即吹干。记录试验后的外观,去除表面腐蚀产物的外观,腐蚀缺陷的分布和数量,开始出现腐蚀前所经历的时间。然后评定试验等级。现在普遍采用出现腐蚀所需连续喷雾的时间作为试样评价标准。

2.醋酸盐雾试验(ASS 试验)

除在中性盐雾试验的溶液中加入适量的醋酸使 pH 值降至 3.2 ± 0.1 外,试验设备和条件与中性盐雾试验相同。本试验特别适用于 Cu/Ni/Cr 或 Ni/Cr 等装饰性镀层的加速腐蚀试验。

3.铜加速醋酸盐雾试验(CASS 试验)

铜加速醋酸盐雾的试验溶液是在醋酸盐水中加入一些$[(0.26 \pm 0.02) \ g/L]$铜盐$(CuCl_2)$,由于铜的电势较铁正,所以它可与基体铁组成微电池,从而加速了腐蚀速度。据介绍,CASS 试验速度比 NSS 试验快 8 倍。它重现性好,并且试验结果与自然环境的实际使用情况有可比性,因此,引起了电镀界广泛的重视。例如,能经受 16 h CASS 试验的镀件,在美国底特律地区的腐蚀起码可维持一年时间。CASS 试验适用于钢铁或锌及锌合金基体上的装饰性镀层,也适用于铝及铝合金上氧化膜的检验,效果比中性盐雾试验明显。试验条件为:

氯化钠(NaCl)(50 ± 5) g/L 或配成质量分数为 5% 的 NaCl 溶液

氯化铜$(CuCl_2 \cdot H_2O)(0.26 \pm 0.02)$g/L

pH 为 3.2 ± 0.1(用醋酸调节)

温度(50±2)℃(盐雾箱内温度)

喷雾量 1~2 ml/(h·80 cm²)

11.3.3　电解腐蚀试验(EC 试验)

电解腐蚀试验原理是,把试样放入电解液中,从外部通入电流,试样做阳极,镀层表面发生阳极反应,尤其是镀层孔隙处发生溶解,从而促进了表面的电化学腐蚀,缩短了试验周期。测量线路如图 11.5 所示。

鉴定方法是用显微镜观察腐蚀状况,还有一种方法是在电解液中加入能与基体金属离子作用显色的显色剂。据报导,用本法试验 2 min 相当于在底特律市使用一年的腐蚀状态。

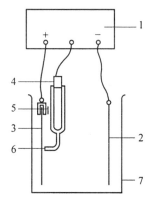

图 11.5　电解腐蚀试验线路图
1—恒电位仪;2—阴极;3—阳极;
4—参比电极;5—带螺钉的 C 形钳;
6—鲁金毛细管;7—电解槽

11.3.4　塔菲尔直线外推法

塔菲尔直线外推法的原理是,将实测的阴、阳极极化曲线的数据在半对数坐标上作图,从极化曲线上呈直线关系的塔菲尔区外推到腐蚀电势 φ_c 处,得到的交点所对应的横坐标就是 $\lg j_c$。由 j_c 即可按法拉弟定律换算成实践中通用的腐蚀速度指标。若阳极极化曲线的规律性不好,则将实测阴极极化曲线的直线部分外推至与腐蚀电势 φ_c 的水平线相交,同样可求得腐蚀速度 j_c。

这种方法实验操作简便。其缺点是用大电流强极化到塔菲尔区时,金属电极的表面状态会发生变化。与外加极化前的自腐蚀状态有所不同,这样测得的腐蚀速度就不能真实地代表原来的自腐蚀速度,并且体系的腐蚀控制机理也有可能发生变化,以至使塔菲尔区不明显而难以准确地进行外推。

11.3.5　扫描电极法

1.扫描 pH 电极法

在试件表面上,使用极细的 pH 电极进行扫描,测定由于腐蚀造成的局部 pH 的变化值,从而能够得到有关腐蚀的定域化的情报。使用在不锈钢细线上镀 Sb 的电极作为 pH 测量电极。

2.扫描阻抗法

在试件表面上,使用对电极和参比电极一体化的细的探针电极进行扫描,测定局部的阻抗分布。作为腐蚀方面的例子,可以测定镀层的恶化状况的二维分布。

11.3.6　室外暴露试验

检查快速试验结果是否符合实际,需要通过室外暴露试验或实际使用来检验。因为试验场所、试验时间、暴露方式不同,腐蚀条件也就不同,所以也不能根据一次室外试验结果下结论。

第 12 章 电镀三废治理

12.1 概 述

电镀是一种广为运用的表面处理工艺,点多面广,由此而产生的电镀三废污染也已成为当今环境保护中的重要污染问题。电镀生产过程产生的三废中,含高毒物质种类较多,对环境造成严重的污染,破坏自然环境,影响生态平衡。因此,电镀三废治理成为我国目前亟待解决的一个重要问题。

12.1.1 电镀三废的来源

电镀生产中产生的废水,含有酸、碱、氰、六价铬、铜、镍等离子,还含有苯类、硝基、胺基类等有机物,这些物质都有毒性,严重危害环境和人类。电镀废水的来源:一是镀件清洗水,是主要的废水来源,这种水的浓度较低,数量较大,经常性排放;二是废镀液的排放,主要包括工艺上所需的倒槽、过滤镀液后的废弃液、失效的电镀溶液等,这部分废水数量不多,但浓度高,污染大,而且回收利用价值较大;三是工艺操作和设备、工艺流程的安排等原因造成的"跑、冒、滴、漏"液;四是冲洗地坪、设备所产生的部分废水。

电镀生产过程的主要环节中,都有大量的废气产生,主要有两大类:一类是含尘气体,如喷沙、磨光、抛光等工序产生的灰尘;另一类是含有毒性物质的气体,如镀前处理过程中的除油、酸洗工序所产生的酸、碱废气,镀铬时所产生的铬酸雾,铜件酸洗时所产生的氮氧化物;氰化物电镀时所产生的剧毒的氢氰酸气体等。这些废气既危害人们健康,又对机械设备产生严重的腐蚀。

电镀生产过程中的废渣主要来源有两类:一类是电镀槽中阳极溶解所产生的泥渣和过滤残渣,这类废渣数量较少,回收利用价值较高;另一类是采用化学法和沉淀处理法处理电镀废水时所产生的二次污染物污泥,含有大量有害的重金属成分,数量较多,成分复杂,处理利用难度较大。

12.1.2 电镀三废的危害

电镀生产中排放的有毒废水、废气、废渣是环境的主要污染源之一。国家规定检查污染环境的 19 种物质,电镀废水中就有 14 种,因而电镀废水是治理的重要对象。电镀废水污染江、河、湖、海,危害人畜健康及水生生物;渗入土壤则会危害地下水源,有害物质通过水、土壤和空气,特别是通过食物链进入人体,将对人类健康产生更广泛、更深刻的影响。

氰化物是一种剧毒物质,直接或间接进入人体,会引起各种中毒症状,抑制细胞呼吸,导致组织缺氧,血压下降,使人因呼吸障碍而死亡。人如果误服 0.1 ~ 0.2 g 的氰化钠(或氰化钾),就会导致死亡。长期小剂量接触,会导致慢性中毒,引起头痛、胸闷、恶心、眩晕乏力等症状。

我国铬酐的消耗量也很大。铬酐的利用率较低,有 80% 左右变成含铬废水,形成环境污染物。六价铬可通过呼吸道、消化道、皮肤和粘膜侵入人体,能破坏全身细胞,使肝脏、心脏产生脂肪病变,引起鼻炎、咽喉炎、支气管炎,严重时造成鼻穿孔。据报道,还会引起脑膜炎和肺癌。

电镀废水中含有大量的多种金属离子,重金属废水无论用何种方法处理,都不能使其中的重金属分解破坏。世界上八大污染公害事故中,"水俣病"是由含汞废水引起的,"疼痛病"是由含镉废水引起的。镍可引起皮炎、虚脱、鼻癌、肺癌等病变。锌盐具有腐蚀作用,能损伤胃、肠、肾脏、心脏及血管等。因此,含重金属废水在某种意义上说是对环境污染最严重和对人类健康危害最大的工业废水。

电镀废气和粉尘对环境和操作人员的健康危害亦相当严重,对皮肤,特别是呼吸系统,都存在严重的刺激感染。对电镀操作工人,危害更直接,长期接触,会引起呼吸器官、血循环系统、大脑等部位多种病变,甚至致死。电镀废气,无论是含酸废气,还是含碱废气,其腐蚀性都很强,对车间的设施有较强的腐蚀作用,还可以伤害生物,污染环境。

12.1.3　电镀三废处理形式及处理方法

国内电镀废水处理系统一般分为含铬、含氰、含重金属和含酸碱等废水处理系统。目前,国内电镀废水处理发展很快,有些企业实行不同成分废水分流排放,单独处理;有些企业根据自身特点,实行混合排放,综合处理。分流排放和处理有利于废水的处理和回用;混合排放和处理,处理难度较大,常常产生二次污染物。一般对许多老的电镀工厂和技术力量薄弱、镀种又多的小型电镀工厂,实行混合排放和处理,既简单又经济。两种方法各有所长,均在实际生产中不断发展和完善。

电镀废水处理形式分为工厂化处理和社会化处理两种。工厂化处理形式分为槽边处理、线上处理和专门处理等,这种形式由电镀企业的工人进行操作,有利于提高电镀工人的环保责任,确保有效处理,运行管理方便。社会化处理形式分为流动处理和集中处理两种。对一些中小型电镀厂点,由于水量较小,场地、经费均有限,难以处理,可在地区范围组织起来,建立专业处理企业,实行社会化、专业化处理,有利于节约人力、物力、财力,具有一定的生命力,但目前存在着管理和专业处理企业的经济效益等问题,影响其发展。

不同的废水、废气有不同的处理方法,效果也不相同。对于废水、废气的处理,一般是优先考虑工艺改革和技术革命,使污染现象少产生或不产生。如采用无氰电镀或低氰电镀工艺,以消除或减少含氰废水的污染;以锌或锌合金电镀代替镉电镀工艺,可以消除镉的危害;以低铬钝化、低铬酸镀铬、三价铬盐镀铬工艺减少六价铬的污染;用回收措施和改进清洗方式、闭路循环等方式,减少废水的排放量;采用光亮电镀取代机械磨光、抛光工序,以减少含尘气体和氮氧化物气体的排放。另外,也要加强对行业的管理,加强环境监督等措施,改善电镀对环境的危害。

电镀废水处理方法,常用的有物理法、化学法、离子交换法、电解法、吸附法、膜分离技术等。

电镀废气的治理方法,常用的有加表面活性剂抑制废气的逸出、物理吸收方法、化学吸收方法等。

三废处理方法选择的基本原则:

① 处理方法的选择,应符合我国制定的环保法规和方针政策。

② 处理质量要好,处理后达标排放,不产生二次污染,尽可能加以回收,变废为宝,化害为利。

③ 选好处理方法、处理系统、处理形式,力求经济合理,适应性强。

④ 节约能源。

⑤ 因地制宜,结合实际。

12.2　电镀清洁生产

电镀行业中大多数企业为中小型企业,其中乡镇企业占 40%,多为手工作坊式的加工工业。行业中普遍存在技术落后、自动化程度差、管理水平低、资源消耗高、产污大、污染防治水平低的特点,污染事故时有发生。因此,电镀行业要发展,其根本的途径是走清洁生产的道路。

清洁生产的最初提法是"废物最小化",其含义是在可行的范围内减少最初产生的或随后经过处理、分类或处置的有害废物,它包括废物产生源的消减或回收利用,这些做法会减少有害物质的总体积或数量以及毒性。经十几年的发展和总结,1996 年提出的清洁生产的含义是:对生产过程,要求节约原材料和能源,淘汰有毒原材料,降低所有废弃物的数量和毒性;对产品,要减少从原料提炼到产品最终处置的生命周期的不利影响;对服务,要求将环境因素纳入年度考核和所提供的服务中。1994 年我国成立的清洁电镀中心开展了积极有效的工作。

电镀工作者已做了大量的工作,不断推进电镀行业清洁生产,取得了可喜的成绩。主要有以下几方面。

12.2.1　表面活性剂的应用

镀件在酸洗、除油、化学抛光、电镀等工艺过程中,都或多或少产生废气,在加温操作中更甚,还会增加一些雾气。这些废气逸出液面,并带出镀液,一方面对环境产生污染,同时浪费化学物质。为此,使用抑雾剂可以较好地解决上述问题。

除油、除锈一步法是在酸性溶液中分别加入一定量的表面活性剂、助洗剂、催化剂、缓蚀剂和酸雾抑制剂,可以在一槽酸性溶液中除去油和铁锈,省去了通常采用的热碱除油后再酸洗除锈的工艺。为了抑制酸雾的逸出,采用加入 OP 等表面活性剂、阴离子型的表面活性剂,以减少酸雾对环境的污染。

在除油工艺中,通常采用加入低泡、无毒的非离子型表面活性剂,抑制碱雾的逸出;在酸洗溶液对铜件化学抛光过程中,加入硫脲等可抑制氮氧化物气体的逸出;在六价铬镀铬溶液中加入有机表面活性剂 F-53,可防止或减少铬酸雾的逸出等等。表面活性剂的用量很小,但起到的作用相当大。

12.2.2　改革工艺

电镀污染主要来自工艺。改革工艺,将污染消灭在工艺过程中,则是最根本的、最有效的治理方法。如有毒电镀改为低毒、无毒工艺;无氰电镀替代氰化电镀,以无氰的碱性锌酸盐镀锌、钾盐光亮镀锌替代氰化镀锌;以酸性镀铜替代氰化镀铜;高浓度六价铬钝化改为低浓度、超低浓度甚至三价铬钝化;高铬电镀改为低铬电镀,甚至可以将六价铬电镀改为三价铬电镀或采用其他合金电镀替代六价铬镀铬;以双氧水为主要成分的化学抛光液替代传统的以硝酸为主要成分的溶液,消除氮氧化物的危害;采用超声波清洗新工艺替代传统的酸洗、除油工艺,并可实现水剂清洗剂取代有机清洗剂(如三氯乙烯、汽油等)。

12.2.3 新设备及其维护

维护和更新设备,同样是解决污染的有效办法。加强维护,消除跑、冒、滴、漏;改革清洗方法,采用回收清洗、连续逆流清洗、间歇逆流喷淋清洗、吹气浸洗组合清洗等方法;设计合理的挂具,尽量简单、平滑、不留淤存镀液的死角,合理安排挂具在镀槽上的停留时间,减少镀液的带出量;改变抽风方式;合理安排工艺流程,增设回收装置,合理选择三废治理技术,选用槽边循环处理技术等措施,尽可能减少废水的排放量,减少处理运行费用和水的循环利用,节约用水,尽可能最大限度地减少污染,更好地处理污染。

12.3 含铬废水处理

含铬废水是电镀厂的主要污染源,以六价铬的毒性最强,三价铬次之。含铬废水的处理方法很多,主要有化学法、电解法、离子交换法、活性炭吸附法、蒸发浓缩法等。此外,采用逆流漂洗、闭路循环、多级回收等措施,亦可减少含铬废水的污染。

12.3.1 化学法

化学法就是向废水中投加化学药品,与废水中的有害物质发生化学反应,变为无害的物质,或是变成易于分离的沉淀物,再将沉淀物分离除去,以达到废水处理的目的。

处理含六价铬废水常用的是化学还原 – 沉淀法。其基本原理是:

第一步,在酸性条件下,利用二氧化硫(SO_2)、亚硫酸氢钠($NaHSO_3$)、硫酸亚铁($FeSO_4$)、水合肼($H_2N – NH_2 \cdot H_2O$)、铁屑等还原剂把六价铬($Cr_2O_7^{2-}$)还原为三价铬(Cr^{3+})。

其反应式为

$$Cr_2O_7^{2-} + 14H^+ + 6e^- \longrightarrow 2Cr^{3+} + 7H_2O \qquad (12.1)$$

第二步,加入碱性沉淀剂碳酸钠(Na_2CO_3)、氢氧化钠($NaOH$)、石灰(CaO)等,提高废水pH 值,使三价铬成为氢氧化铬沉淀,然后除去。

其反应式为

$$Cr^{3+} + 3OH^- \longrightarrow Cr(OH)_3 \downarrow \qquad (12.2)$$

还原反应要求在 pH < 4 的酸性条件下进行,而沉淀反应的最佳条件是 pH 值为 8 ~ 10 之间。还原剂的用量与废水的 pH 值有关,在最佳还原的 pH 值下,还原剂的用量最小;pH 值升高,反应速度很慢,且还原剂的用量多。不同的还原剂其还原能力不同,污泥的性质也不同。选择还原方法时,不仅要考虑哪种方法效率高、还原剂的来源广、成本低,而且要考虑处理后污泥的回收和利用问题。

1.亚硫酸氢钠法

亚硫酸氢钠法是利用亚硫酸氢钠($NaHSO_3$)或者是亚硫酸钠(Na_2SO_3)、硫代硫酸钠

$(Na_2S_2O_3)$、焦亚硫酸钠$(Na_2S_2O_5)$等加入废水水解生成的亚硫酸氢钠,与六价铬进行氧化还原反应将六价铬还原为三价铬。以焦亚硫酸钠为例,其反应为

$$Na_2S_2O_5 + H_2O \Longrightarrow 2NaHSO_3 \tag{12.3}$$

$$2H_2Cr_2O_7 + 6NaHSO_3 + 3H_2SO_4 \Longrightarrow 2Cr_2(SO_4)_3 + 3Na_2SO_4 + 8H_2O \tag{12.4}$$

反应完成后,生成的 Cr^{3+},在加入沉淀剂后,提高 pH 值至 6.5 ~ 7,生成氢氧化铬沉淀,过滤后回收污泥。

亚硫酸氢钠法处理含六价铬废水时,pH 值的控制要求较严格,还原时 pH 值必须在酸性条件下进行,还原反应速度随 pH 值降低而加快。当 pH≤2 时,反应很快完成;pH > 4 时,反应很慢。一般 pH 值控制在 2.5 ~ 3 范围内。沉淀时的 pH 值,由于氢氧化铬呈两性,当 pH > 9 或 pH < 5.6 时,生成的氢氧化铬沉淀会再度溶解,难以生成稳定的沉淀物,一般沉淀时的 pH 值控制在 6.5 ~ 7 范围内。

沉淀剂用石灰,其价格便宜,原料易得,但反应慢,生成的泥渣多,泥渣难以回收利用;采用碳酸钠,反应时会产生二氧化碳气体,有效成分损失较多;采用氢氧化钠,成本较高,但用量较小,泥渣的纯度高,容易回收利用。因此,多采用质量分数为 20% 氢氧化钠溶液作沉淀剂。

还原反应终点的判断是采用目测比色法,利用六价铬与二苯偕肼反应,生成红色化合物来判断。

目前,亚硫酸氢钠法处理含六价铬废水方法主要有两种形式:一种是线外集中处理,另一种是线上处理。

线外集中处理是指将含铬废水集中到生产线外的废水储水池,达到一定的量时,间歇地用泵抽入反应池,进行化学还原 – 沉淀处理。其工艺流程为:

① 当储水池集中废水到一定量后,在不断搅拌下,用硫酸调节 pH 小于 3。

② 取样分析六价铬含量。

③ 根据六价铬的浓度,按比例投放还原剂,用压缩空气搅拌 15 min。

④ 静置数小时后,分析溶液中六价铬含量,是否达到处理要求。

⑤ 六价铬降到排放标准时,用泵将废水抽到沉淀池,不断搅拌,并加入质量分数为 20% 氢氧化钠调节 pH 至 6.5 ~ 7,再搅拌 15 min。

⑥ 静置数小时后,将上层清水排放或作回用水。

⑦ 从沉淀池底放出沉渣,过滤收集,回收处理。

该方法的特点是:能处理多种含铬废水,可将多种含铬废水集中在一起,进行处理,采用间歇处理,易于调节 pH 值、控制投药量和控制反应条件。

线上处理方法(又称为兰西法)是英国废水处理公司发明的,是一种废水的全面循环处理方法。它具有如下特点:表面处理清洗工艺和废水处理工艺融为一体,避免两者相互脱节;投药量少,污泥量少,且较为纯净;适应性强,管理简单;节约用水;占地面积小,投资较少等。生成的氢氧化铬沉淀经过清洗 2 ~ 3 次,洗净硫酸根,浓缩脱水后,烘干,在 1 200℃ 下灼烧,得到 Cr_2O_3,可以加以利用。其工艺流程见图 12.1。

2.硫酸亚铁 – 石灰法

硫酸亚铁 – 石灰法是一种处理含铬废水的最早使用的方法,它适用于浓度变化较大的含铬废水。

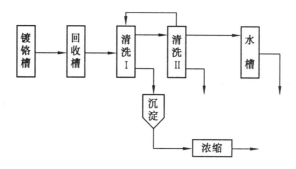

图 12.1　亚硫酸氢钠兰西法处理镀铬废水

调节含铬废水 pH 值在 3 左右,废水中铬以 $Cr_2O_7^{2-}$ 形式存在,加入硫酸亚铁,Fe^{2+} 把六价铬离子还原为三价铬,然后加入石灰,使 pH 值为 $7 \sim 9$,Cr^{3+}、Fe^{3+} 生成相应的氢氧化物沉淀。

处理时的反应为

$$H_2Cr_2O_7 + 6FeSO_4 + 6H_2SO_4 = Cr_2(SO_4)_3 + 3Fe_2(SO_4)_3 + 7H_2O \qquad (12.5)$$

加入石灰后反应为

$$CaO + H_2O = Ca(OH)_2 \qquad (12.6)$$

$$Cr^{3+} + 3OH^- = Cr(OH)_3 \downarrow \qquad (12.7)$$

$$Fe^{3+} + 3OH^- = Fe(OH)_3 \downarrow \qquad (12.8)$$

本法的优点是原料来源广、价格便宜、还原能力强、操作简单,在生产中得到广泛应用;缺点是用药量大,沉渣量大,污泥的回收利用最现实的出路是制造煤渣砖。

3.二氧化硫法

可以利用硫磺在燃烧炉中燃烧制得的二氧化硫(SO_2)气体或硫酸厂生产的液态二氧化硫、烟囱气体中的二氧化硫作为还原剂,将六价铬还原生成三价铬,然后再加碱,生成 $Cr(OH)_3$ 沉淀。

处理时的反应为

$$S + O_2 = SO_2 \uparrow \qquad (12.9)$$

$$SO_2 + H_2O = H_2SO_3 \qquad (12.10)$$

$$Cr_2O_7^{2-} + 3SO_3^{2-} + 8H^+ = 2Cr^{3+} + 3SO_4^{2-} + 4H_2O \qquad (12.11)$$

$$Cr^{3+} + 3OH^- = Cr(OH)_3 \downarrow \qquad (12.12)$$

该方法的优点是沉淀量少,设备简单,能回收利用氢氧化铬;缺点是还原剂的供应困难,并有刺激性气味。

4.水合肼法

在废水中加入水合肼($H_2N—NH_2 \cdot H_2O$)和硫酸,使六价铬还原成三价铬,当六价铬的浓度降至 0.5 mg/L 以下时,用氢氧化钠调节,使 pH > 8,即有大量氢氧化铬沉淀下来,静置、过滤并干燥得到洁净的氢氧化铬,进一步处理可以得到化学试剂。

处理时的反应为

$$N_2H_4 \cdot H_2O + H^+ \longrightarrow N_2H_5^+ + H_2O \qquad (12.13)$$

$$2Cr_2O_7^{2-} + 3N_2H_5^+ + 13H^+ = 4Cr^{3+} + 14H_2O + 3N_2 \uparrow \qquad (12.14)$$

$$Cr^{3+} + 3OH^- =\!=\!= Cr(OH)_3 \downarrow \qquad (12.15)$$

12.3.2　电解法

我国于 1964 年就开始采用电解法处理含铬废水,该方法操作工艺便于电镀工人掌握,处理后水质稳定,设备成熟,现已能供应还原、沉淀、过滤三位一体的成套设备。

电解法处理含铬废水,以铁板为电极,向废水中加入食盐(增加溶液导电和防止阳极钝化),并用压缩空气搅拌。电极反应为:

阴极反应:主要是氢离子放电析出氢气

$$2H^+ + 2e^- \longrightarrow H_2 \uparrow \qquad (12.16)$$

其次,还有少量六价铬在阴极上直接还原

$$Cr_2O_7^{2-} + 14H^+ + 6e^- \longrightarrow 2Cr^{3+} + 7H_2O \qquad (12.17)$$

$$CrO_4^{2-} + 8H^+ + 3e^- \longrightarrow Cr^{3+} + 4H_2O \qquad (12.18)$$

阳极反应　　　　　　　$$Fe - 2e^- \longrightarrow Fe^{2+} \qquad (12.19)$$

溶解下来的 Fe^{2+} 将六价铬还原成三价铬。

$$Cr_2O_7^{2-} + 14H^+ + 6Fe^{2+} \longrightarrow 2Cr^{3+} + 6Fe^{3+} + 7H_2O \qquad (12.20)$$

$$CrO_4^{2-} + 8H^+ + 3Fe^{2+} \longrightarrow Cr^{3+} + 3Fe^{3+} + 4H_2O \qquad (12.21)$$

当阳极发生局部钝化时,也会发生 OH^- 放电析出氧气,即

$$4OH^- - 4e^- \longrightarrow O_2 + 2H_2O \qquad (12.22)$$

实践证明,六价铬在阴极上的还原是微量的,若用非铁质材料的不溶性阳极,电解处理含铬废水,除铬效率很低。因此,电解法处理含铬废水主要是靠亚铁离子的还原作用,随着电解反应的进行,废水中的氢离子不断被消耗,废水的 pH 值不断升高,当达到氢氧化铬和氢氧化铁沉淀的 pH 值时,两者便沉淀析出。反应为

$$Cr^{3+} + 3OH^- =\!=\!= Cr(OH)_3 \downarrow \qquad (12.23)$$

$$Fe^{3+} + 3OH^- =\!=\!= Fe(OH)_3 \downarrow \qquad (12.24)$$

由此可看出,电解法需消耗大量电能和钢材。如何解决污泥问题也是一个难题,较可靠的出路是制造煤渣砖或青砖。

电解法处理含铬废水的工艺流程见图 12.2。

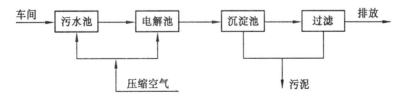

图 12.2　电解法处理含铬废水工艺流程

12.3.3　逆流漂洗 – 蒸发浓缩法

镀件漂洗水量愈大,则废水处理设备也愈庞大,改进清洗方法以减少污染物带出,可节约用水,同时可减少废水处理投资。逆流漂洗工艺在镀铬生产线上得到大量的推广应用。在镀槽后面设置 4~5 级逆流漂洗槽,仅在终端槽连续进水漂洗,其余各级漂洗槽的补给水

都是从后面一级清洗槽利用液位差连续逆流提供（$C_4 \to C_3$、$C_3 \to C_2$、$C_2 \to C_1$），最后一个漂洗槽中的六价铬含量应控制在 $10 \sim 20$ mg/L。理论计算可节水 90% 左右。第一漂洗槽中的清洗水采用常压薄膜蒸发器进行浓缩，全部返回镀槽；冷凝水返回清洗槽，实现闭路循环，不排废水。其工艺流程见图 12.3。

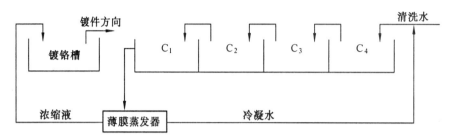

图 12.3　逆流漂洗 – 蒸发浓缩法处理含铬废水流程

目前使用钛质薄膜蒸发器较多，国内已有定型产品出售，设备投资可在 $1 \sim 2$ 年内得到偿还。在生产实践中，还有采用"逆流漂洗 – 蒸发浓缩 – 离子交换"组合方法。据资料报道，此法可提高回收铬酸的纯度。

12.3.4　活性炭吸附法

据报道，在活性炭的表面存在大量的含氧基团，如羟基（—OH）、甲氧基（—OCH₃）等，因此，活性炭不单纯是游离碳，而是含碳多、相对分子质量大的有机分子凝聚体，基本上属于苯核的各种衍生物。当 pH $= 3 \sim 4$ 时，由于含氧基团的存在，使微晶分子结构产生电子云，由氧向苯核中碳原子方向偏移，使羟基上的氢具有较大的静电引力（正电引力），因而能吸附 $Cr_2O_7^{2-}$ 等负离子，形成一个稳定的结构，即

$$RC—OH + Cr_2O_7^{2-} \longrightarrow RC \rightarrow O \cdots H^+ \cdots Cr_2O_7^{2-} \qquad (12.25)$$

可见，活性炭对六价铬具有明显的吸附效果。

随着 pH 值的升高，水中的 OH^- 浓度增大，而活性炭的含氧基团对 OH^- 的吸附力较强，由于含氧基与 OH^- 的亲和力大于与 $Cr_2O_7^{2-}$ 的亲和力，因此，当 pH > 6 时，活性炭表面的吸附位置被 OH^- 夺取，活性炭对 Cr^{6+} 的吸附明显下降，甚至不吸附。利用此原理，用碱处理可达到再生活性炭的目的，即当 pH 值降低后，再次恢复其吸附 Cr^{6+} 的性能。

活性炭对铬除有吸附作用之外，还有还原作用。因此，活性炭在净化含铬废水中既可作为吸附剂，又可作为一种化学物质。在酸性条件下（pH < 3），活性炭可将吸附在表面的 Cr^{6+} 还原为 Cr^{3+}，其反应式可能是

$$3C + 2Cr_2O_7^{2-} + 16H^+ \longrightarrow 3CO_2 \uparrow + 4Cr^{3+} + 8H_2O \qquad (12.26)$$

在生产运行中亦发现，当 pH < 4 时，含铬废水经活性炭处理后，出水中含 Cr^{3+}，说明在较低的 pH 值条件下，活性炭主要起还原作用。氢离子浓度越高，还原能力越强。利用此原理，当活性炭吸附铬达到饱和后，通入酸液，将其吸附的铬以三价铬形式解吸下来，以达到再生的目的。

活性炭吸附法处理含铬废水的设备国内已有成套出售，可根据生产条件选用。

活性炭吸附法处理含铬废水的主要工艺条件，一般控制 pH $= 3.5 \sim 4.5$。当 pH < 2 时，活性炭将 Cr^{6+} 全部还原为 Cr^{3+}，活性炭对 Cr^{3+} 无吸附作用。当 pH $= 8 \sim 12$ 时，活性炭对

Cr^{6+}几乎不吸附。一般选用活性炭的粒径为 20~40 目,机械强度大于 70%。

活性炭的再生,有碱再生和酸再生两种方法。

碱再生采用的质量分数为 8%~15% 的 NaOH 水溶液,再生剂用量和活性炭的体积相同,接触时间 30~60 min。活性炭经碱再生后,需用酸进行活化,硫酸质量分数为 5%~10%,用量为活性炭质量的一半。碱再生的出液为铬酸钠,可经脱钠后回收铬酸。

酸再生采用硫酸,质量分数为 10%~20%,用量为活性炭质量的一半,浸泡时间为 4~6 h。酸再生的出液为硫酸铬,可以用做鞣革剂,或用来制造抛光膏。

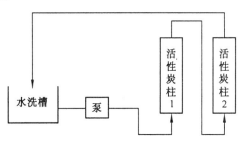

图 12.4　两柱活性炭吸附床工艺流程图

生产中常采用两柱或三柱活性炭吸附床工艺。两柱活性炭吸附床工艺流程见图 12.4。

该方法中活性炭预处理、再生恢复吸附性能的工艺比较简单、容易实现,装备制造比较便宜,操作简单,维修方便,近年来获得了广泛的应用。

12.3.5　离子交换法

离子交换法是利用高分子合成树脂进行离子交换的方法。树脂中,含有一种具有离子交换能力的活性基团,它不溶于水、酸、碱溶液及其他有机溶剂,对含离子的物质进行选择性交换或吸附,然后将被交换的物质用其他的试剂从树脂中洗涤下来,达到除去或回收的目的。

离子交换作用,是离子交换树脂活性基团上的相反离子与溶液中同性离子发生位置交换的过程。

磺酸型离子交换树脂(即阳离子交换树脂)表示为

$$R-SO_3^-H^+$$

R 为合成树脂的母体,$SO_3^-H^+$为活性基团,其上的 H^+ 为相反离子。其交换作用为

$$R-SO_3^-H^+ + Na^+OH^- \rightleftharpoons R-SO_3^-Na^+ + H_2O \tag{12.27}$$

强碱型离子交换树脂(即阴离子交换树脂)表示为

$$R\equiv N^+OH^-$$

其交换作用为

$$R\equiv N^+OH^- + H^+Cl^- \rightleftharpoons R\equiv N^+Cl^- + H_2O \tag{12.28}$$

根据上述原理,利用离子交换树脂的选择性交换作用,可以除去废水中的有害物质,如铬、铜、镍、氰化物等。一般处理浓度低、水量大的电镀废水,可以回收利用金属,回用大量的清洗水。

离子交换法的优缺点:处理过程不产生废渣,没有二次污染,占地面积小,一般条件好的可采用此法。操作管理较复杂,设备投资费用较大。

电镀车间排放的含铬废水中,除了含有有毒物质重铬酸根 $Cr_2O_7^{2-}$ 和铬酸根 CrO_4^{2-} 外,还含有 SO_4^{2-}、Cl^-、Cr^{3+}、Fe^{3+} 等。采用阳离子树脂除去废水中的阳离子(Cr^{3+}、Fe^{3+}),阴离子树脂与废水中的阴离子($Cr_2O_7^{2-}$、CrO_4^{2-}、SO_4^{2-}、Cl^-)进行交换,这种反应一般是可逆的。

离子交换法处理含铬废水流程为

废水过滤→阳离子交换→阴离子交换→树脂再生→脱钠→蒸发浓缩回收铬酸

1. 废水过滤

含铬废水在进入阳柱之前,将废水过滤,除去机械杂质及悬浮物,避免污染树脂。过滤方法有砂滤、聚氯乙烯微孔塑料过滤、氯纶棉毯过滤等。

2. 阳离子交换

为提高回收铬酸的纯度,消除其他金属离子,先进行阳离子交换。一般采用 732 号强酸型阳树脂。反应式为

$$3R—SO_3^-H^+ + Fe^{3+} \Longrightarrow (R—SO_3^-)_3Fe^{3+} + 3H^+ \tag{12.29}$$

$$3R—SO_3^-H^+ + Cr^{3+} \Longrightarrow (R—SO_3^-)_3Cr^{3+} + 3H^+ \tag{12.30}$$

经上述反应后,从阳柱出来的废水,H^+ 浓度升高,pH 值下降,废水中六价铬主要以 $Cr_2O_7^{2-}$ 形式存在。

3. 阴离子交换

含铬废水经阳柱交换后,进入阴柱处理,废水中的 $Cr_2O_7^{2-}$ 与 CrO_4^{2-} 被树脂吸附,树脂上的 OH^- 转入溶液。一般选用 710 弱碱阴离子树脂,其对含铬废水中主要阴离子的交换选择性为

$$OH^- > Cr_2O_7^{2-} > SO_4^{2-} > CrO_4^{2-} > Cl^-$$

其反应为

$$2R≡N^+OH^- + H_2Cr_2O_7 \Longrightarrow (R≡N)_2Cr_2O_7 + 2H_2O \tag{12.31}$$

$$2R≡N^+OH^- + H_2CrO_4 \Longrightarrow (R≡N)_2CrO_4 + 2H_2O \tag{12.32}$$

4. 树脂再生

选用适当的化学药品,将吸附在树脂上的物质洗脱下来,同时使树脂恢复到具有再吸附能力。

阴树脂再生:一般采用氢氧化钠作为再生剂,用氢氧化钠中的氢氧根(OH^-)将吸附在树脂上的重铬酸根 $Cr_2O_7^{2-}$ 和铬酸根 CrO_4^{2-} 交换下来,反应为

$$(R≡N)_2Cr_2O_7 + 2NaOH \Longrightarrow 2R≡N^+OH^- + Na_2Cr_2O_7 \tag{12.33}$$

$$(R≡N)_2CrO_4 + 2NaOH \Longrightarrow 2R≡N^+OH^- + Na_2CrO_4 \tag{12.34}$$

再生剂一般使用质量分数为 4% ~ 10% 的氢氧化钠溶液。

阳树脂再生:利用酸中的氢离子取代吸附在阳树脂上的金属阳离子,使之转化为 H 型树脂。其反应为

$$(R—SO_3^-)_3Fe^{3+} + 3H^+ \Longrightarrow 3R—SO_3^-H^+ + Fe^{3+} \tag{12.35}$$

$$(R—SO_3^-)_3Cr^{3+} + 3H^+ \Longrightarrow 3R—SO_3^-H^+ + Cr^{3+} \tag{12.36}$$

再生剂一般可用质量分数为 3% ~ 5% 的硫酸或 1 ~ 3 mol/L 盐酸溶液,再生剂用量为树脂体积的 3 倍。

5. 酸的回收

将再生所得的重铬酸钠或铬酸钠溶液,通过 732 号强酸性阳树脂进行脱钠。其反应为

$$2R—SO_3^-H^+ + Na_2Cr_2O_7 \Longrightarrow 2R—SO_3—Na^+ + H_2Cr_2O_7 \tag{12.37}$$

$$2R—SO_3^-H^+ + Na_2CrO_4 \Longrightarrow 2R—SO_3^-Na^+ + H_2CrO_4 \tag{12.38}$$

由于最初脱钠是在 pH 值较低情况下进行的,所以出水中的六价铬主要以重铬酸形式存在,颜色为橙红色。当脱钠接近终点时,pH 值上升,出水以铬酸为主,颜色为黄色。

脱钠后,铬酸的浓度太低,同时含有氯离子,必须经过浓缩和除氯才能使用。

6.离子交换法处理含铬废水的方式

在生产实践中一般采用双阴柱全饱和流程,由 H 型阳树脂交换柱、OH 型双阴柱和 Na 型阳柱组成,其工艺流程见图 12.5。

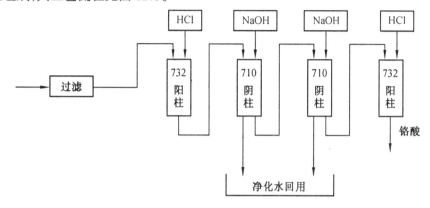

图 12.5　双阴柱全饱和流程图

12.4　含氰废水处理

含氰废水是电镀废水处理的重点对象。目前常采用的方法有碱性氯化法、硫酸亚铁盐法、电解法、臭氧法、离子交换法、化学回收法等。

12.4.1　碱性氯化法

碱性氯化法是国内外应用最普遍的治理手段,主要是利用活性氯的氧化作用,使氰化物氧化成氰酸盐,氰酸盐的毒性是氰离子的 1/100。氰酸盐进一步氧化,生成二氧化碳和氮气,以达到消除氰化物的目的。

含有活性氯的物质有:漂白粉(主要成分 CaClOCl)、次氯酸钠(NaClO)、液氯等,其中漂白粉的使用最多。

漂白粉除氰的化学反应是:

与游离氰的反应

$$2NaCN + 2CaOCl_2 === 2NaCNO + 2CaCl_2 \tag{12.39}$$

$$2NaCNO + 3CaOCl_2 + H_2O === N_2\uparrow + 2CO_2\uparrow + 2CaCl_2 + Ca(OH)_2 + 2NaCl \tag{12.40}$$

与配合氰反应,以[NaCu(CN)₂]为例

$$2NaCu(CN)_2 + 5CaOCl_2 + H_2O + 2NaOH === 4NaCNO + 5CaCl_2 + 2Cu(OH)_2 \tag{12.41}$$

$$4NaCNO + 6CaOCl_2 + 2H_2O === 2N_2\uparrow + 4CO_2\uparrow + 4CaCl_2 + 4NaCl + 2Ca(OH)_2 \tag{12.42}$$

漂白粉处理含氰废水的方式可以采用间歇处理法和连续处理法。间歇处理法适用于废水流量小、废水中含氰浓度高且浓度变化大、要求严格处理的场合;连续处理法适用于废水量较大,含氰浓度变化较小的场合。一般多采用间歇处理法,其工艺流程见图 12.6。

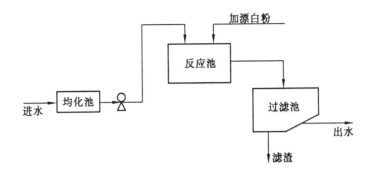

图 12.6　间歇法处理含氰废水流程图

漂白粉可以干投,也可以湿投。湿投使用质量分数为 5% ~ 10% 的漂白粉溶液,用压缩空气搅拌 1 h 左右,反应完全后,排入过滤沉淀池,进行分离。

用漂白粉作氧化剂的碱性氯化法除氰效果好,设备简单,操作方便,费用低。缺点是漂白粉中的有效氯在存放过程中会逐渐降低,存储困难。在反应时,要控制 pH 值在 8.5 ~ 11 之间,不能在酸性范围,否则,会产生剧毒氢氰酸气体。处理后会产生一定量的泥渣。

常用氧化剂的适用范围及优缺点比较见表 12.1。

表 12.1　氧化剂特性比较

氧化剂	优　点	缺　点	适用性
漂白粉	货源供应较液氯和次氯酸钠充足	产生的泥渣量较多,操作劳动强度大	浓度变化较大的废水
次氯酸钠	泥渣少,设备简单,操作较方便	货源供应有时较困难	低浓度,小水量
液氯	泥渣少,处理费用低	货源供应困难,操作时有刺激气体逸出,操作要求严格	高浓度或低浓度,大水量

12.4.2　硫酸亚铁法

将硫酸亚铁溶于水,离解出亚铁离子,与废水中的游离氰根结合为亚铁氰根离子

$$Fe^{2+} + 6CN^- \Longrightarrow [Fe(CN)_6]^{4-} \tag{12.43}$$

亚铁配离子进一步与 Fe^{2+} 反应,生成难溶的亚铁氰化亚铁

$$2Fe^{2+} + [Fe(CN)_6]^{4-} \Longrightarrow Fe_2[Fe(CN)_6] \downarrow \tag{12.44}$$

亚铁氰化亚铁在空气中可被氧化为亚铁氰化铁 $Fe_4[Fe(CN)_6]_3$,即蓝色染料——普鲁士蓝。

硫酸亚铁法设备简单、成本低、污泥量大、出水色度高,出水仍含有 5 ~ 10 mg/L 的氰离子。该法一般作为应急处理措施。

12.4.3　臭氧法

用臭氧处理含氰废水,反应分为二级。第一级 CN^- 迅速氧化成氰酸根离子

$$CN^- + O_3 \longrightarrow CNO^- + O_2 \uparrow \tag{12.45}$$

然后氰酸根缓慢被氧化为 N_2 及 HCO_3^-

$$2CNO^- + 3O_3 + H_2O \longrightarrow N_2 \uparrow + 2HCO_3^- + 3O_2 \uparrow \tag{12.46}$$

优点为臭氧氧化能力强,在水中能很快自行分解,不污染水源。由于臭氧的产生耗电,只适用于水量较小的场合。

12.4.4　电解氧化法

废水中的简单氰化物和配合氰化物通过电解,在阴极和阳极上产生反应,把氰电解氧化为 N_2 和 CO_2。

电解氧化法,目前使用的有直接电解法和间接电解法两种。

直接电解法:在阳极上产生的化学反应,对简单氰化物,第一阶段反应是

$$CN^- + 2OH^- - 2e^- \longrightarrow CNO^- + H_2O \tag{12.47}$$

反应进行得很强烈,接着发生第二阶段的两个反应

$$2CNO^- + 4OH^- - 6e^- \longrightarrow N_2 \uparrow + 2CO_2 \uparrow + 2H_2O \tag{12.48}$$

$$CNO^- + 2H_2O \longrightarrow NH_4^+ + CO_3^{2-} \tag{12.49}$$

对配合氰化物,反应过程为

$$Cu(CN)_3^{2-} + 6OH^- - 6e^- \longrightarrow Cu^+ + 3CNO^- + 3H_2O \tag{12.50}$$

在阴极产生的化学反应

$$2H^+ + 2e^- \longrightarrow H_2 \uparrow \tag{12.51}$$

$$Cu^{2+} + 2e^- \longrightarrow Cu \tag{12.52}$$

$$Cu^{2+} + 2OH^- \longrightarrow Cu(OH)_2 \downarrow \tag{12.53}$$

阳极采用石墨,极板厚 25~50 mm,阴极采用钢板,极板厚 2~3 mm,阴、阳极间距为 15~30 mm,槽压为 6~8.5 V。经处理后,出水含氰量为 0~0.5 mg/L,同时在阴极可回收金属,但在生产过程中会产生少量的 CNCl 气体,需采取保护措施。

间接电解法即先电解食盐水,产生次氯酸钠,把氰氧化生成 N_2 和 CO_2,其反应是

$$2NaCl + 2H_2O \longrightarrow 2NaOH + Cl_2 \uparrow + H_2 \uparrow \tag{12.54}$$

$$Cl_2 + 2NaOH \longrightarrow NaClO + H_2O + NaCl \tag{12.55}$$

$$NaCN + NaClO \longrightarrow NaCNO + NaCl \tag{12.56}$$

$$2NaCNO + 3NaClO + H_2O \longrightarrow N_2 \uparrow + 2CO_2 \uparrow + 3NaCl + 2NaOH \tag{12.57}$$

间接电解法可以实现线上处理,处理速度快,药品消耗少,设备简单,适用于含氰浓度大的含氰废水处理。

12.4.5　化学回收法

利用酸与含氰废水中的氰根离子发生化学反应,生成氰化氢气体,再用碱回收。其工艺流程如下:含氰废水加热至 51℃,在 pH 为 2~4 范围内,导入硫酸真空反应池,往反应池中通入空气和水蒸气,使温度上升到 98~99℃,形成 HCN 和 H_2O 热混合气体,通过热交换器后,导入 NaOH 吸收塔,生成 NaCN。这种方法在国外使用较多。

12.5 含重金属废水处理

除含铬废水外,含重金属离子废水还包括镍、铜、锌、镉等。一般采用化学沉淀法、电解法、离子交换法、膜分离技术、蒸发浓缩法等。以下就其共性方法和特殊方法加以介绍。

12.5.1 化学沉淀法

1.氢氧化物沉淀法

向含重金属离子的废水中投加碱性沉淀剂(氢氧化钠、石灰乳、石灰石、电石渣、碳酸钠等),使重金属离子与氢氧根反应,生成难溶的氢氧化物沉淀,从而予以分离。氢氧化物沉淀法是调整、控制 pH 值的方法。常见氢氧化物溶度积及析出 pH 值如表 12.2 所示。

表 12.2 部分金属离子溶度积与析出 pH 值

金属离子	金属氢氧化物	溶度积常数	析出 pH 值	排放浓度 $\rho/(\mathrm{mg \cdot L^{-1}})$
Mn^{2+}	$Mn(OH)_2$	4.0×10^{-14}	9.2	10.0
Cd^{2+}	$Cd(OH)_2$	2.5×10^{-15}	10.2	0.1
Ni^{2+}	$Ni(OH)_2$	2.0×10^{-16}	9.0	0.1
Co^{2+}	$Co(OH)_2$	2.0×10^{-16}	8.5	1.0
Zn^{2+}	$Zn(OH)_2$	7.0×10^{-18}	7.9	5.0
Cu^{2+}	$Cu(OH)_2$	5.6×10^{-20}	6.8	1.0
Cr^{3+}	$Cr(OH)_3$	6.3×10^{-31}	5.7	0.5
Fe^{3+}	$Fe(OH)_3$	3.2×10^{-38}	3.0	

对于重金属离子废水,基本上均可通过调节 pH 值,沉淀分离。而对于重金属离子以配合物形式出现时,需要先破配,然后调节 pH 值进行沉淀。

氢氧化物沉淀法以石灰应用最广,它可以同时起到中和与混凝的作用,其价格便宜,来源广,生成的沉淀物沉降性好,污泥脱水性好。因此,它是国内外处理重金属废水的主要中和剂。美国在 1980 年评选重金属废水处理方法中,首先推荐的就是石灰中和法。

中和沉淀工艺一般有一次中和沉淀和分段中和沉淀两种。一次中和沉淀是指一次投加碱剂提高 pH 值,使各种金属离子共同沉淀,工艺流程简单,操作方便,但沉淀物含有多种金属,不利于金属回收。分段中和是根据不同金属氢氧化物在不同 pH 值下沉淀的特性,分段投加碱剂,控制不同的 pH 值,使各种重金属分别沉淀,工艺较复杂,pH 值控制要求严格,但有利于金属的回收。

采用中和沉淀法的关键是要控制好 pH 值,要根据处理水质和需要除去的重金属种类,选择好中和沉淀工艺。

2.硫化物沉淀法

向废水中投加硫化钠或硫化铵等硫化剂,使金属离子与硫离子反应,生成难溶的金属硫化物沉淀,予以分离除去。金属硫化物沉淀析出顺序为: $Hg^{2+} \rightarrow Ag^+ \rightarrow As^{3+} \rightarrow Bi^{3+} \rightarrow Cu^{2+} \rightarrow Pb^{2+} \rightarrow Cd^{2+} \rightarrow Sn^{2+} \rightarrow Zn^{2+} \rightarrow Co^{2+} \rightarrow Ni^{2+} \rightarrow Fe^{2+} \rightarrow Mn^{2+}$,位置越靠前的金属硫化物,其溶解度越小,处理也越容易。表 12.3 列出了各种金属硫代物的溶度积常数。

表 12.3　金属硫化物溶度积常数表

硫化物	溶度积常数	硫化物	溶度积常数
MnS	2.5×10^{-13}	PbS	8.0×10^{-28}
FeS	3.2×10^{-18}	CuS	6.3×10^{-36}
NiS	3.2×10^{-20}	HgS	4.0×10^{-53}
SnS	1.0×10^{-25}	Hg_2S	1.0×10^{-45}
CdS	7.9×10^{-27}	Cu_2S	2.6×10^{-49}
ZnS	1.6×10^{-24}	Ag_2S	6.3×10^{-50}

硫化物沉淀法处理效果好,但泥渣的回用存在问题。

如采用硫化物沉淀法处理含镉废水,无论有无配合物,均能收到较好的除镉效果。其工艺流程见图 12.7。

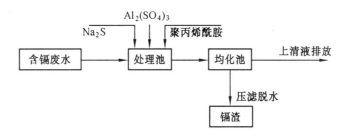

图 12.7　硫化物处理含镉废水流程图

12.5.2　含镍废水处理

镍是重要的战略资源,在冶炼、仪表和国防工业中大量应用,我国镍的矿藏不丰富,同时镍也是一种致癌物质,镀镍废水的处理很有必要,处理方法有中和沉淀法、离子交换法、反渗透法等。这里介绍反渗透法和离子交换法。

1.反渗透处理镀镍废水

反渗透法在 20 世纪 70 年代初被引入处理电镀镍废水,完全获得成功并被迅速推广应用。我国反渗透法处理含镍废水,最早在 1979 年于北京广播器材厂的生产线上应用,后来在许多厂家应用,运转正常。

用一张半透膜将淡水和某种溶液隔开,如图 12.8 所示,观察到该膜只让水分子通过,而不让溶质通过。由于淡水中水分子的化学位比溶液中水分子的化学位高,所以淡水中的水

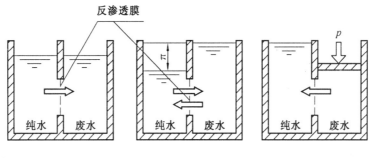

图 12.8　反渗透示意图

分子自发地透过膜进入溶液中,这种现象叫渗透。在渗透过程中,淡水一侧液面不断下降,溶液一侧液面则不断上升。当两液面不再变化时,渗透便达到了平衡状态。此时两液面高度差称为该种溶液的渗透压。如果溶液一侧施加大于渗透压的压力 p,则溶液中的水就会透过半透膜,流向淡水一侧,使溶液浓度增加,这种作用称为反渗透。

实现反渗透过程必须具备两个条件:一是必须有一种高选择性和高透水性的半透膜;二是操作压力必须高于溶液的渗透压。

反渗透技术处理废水有以下特点:第一,可以实现电镀废水按照电镀槽槽液成分进行"原样"浓缩,使被浓缩的电镀废水即可回到电镀槽中重新使用。透过水中含镀液成分的量很少,可以用做清洗水。这样,可以形成闭路循环处理。第二,与其他电镀废水的处理方法不同,反渗透处理一般不加任何化学物质。因此不产生污泥和残渣,不造成二次污染。第三,与蒸发法或其他有"相"变的处理方法相比,膜法对电镀废水的处理过程没有"相"变,因而耗能低。第四,反渗透法处理设备占地面积小,设备紧凑,易控制,可连续操作。

反渗透是一种膜分离技术,是净化废水和富集溶解金属的有效方法。在反渗透过程中,是使废水在一定的机械压力下,通过离子树脂半透膜(如醋酸纤维素膜),该膜只允许水分子通过,阻止溶解金属和杂质通过,使通过的水得到净化,并可循环使用,而被阻止的金属化合物可直接回用。反渗透方法其溶液流动平行于半透膜,水能渗透过去,且成去离子水,而滞留在膜表面上的杂质很快被溶液冲刷流走,不会积聚在表面,故能使膜保持良好的渗透性,不需要频繁更换膜。

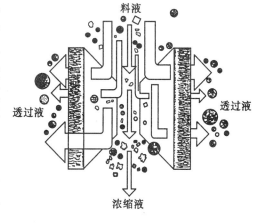

图 12.9 是微观半渗透膜作用的示意图。当含有 $NiSO_4$、$NiCl_2$、H_3BO_3 等的废水(图中用非圆点形状表示)溶液从顶部输入底部时,纯水(渗透剂,图中用圆点表示)能透过膜,$NiSO_4$、$NiCl_2$、H_3BO_3 等无法透过而被浓缩,从底部流出,这样,通过半透膜即达到了分离的效果。

图 12.9　微观反渗透处理含镍废水示意图

利用反渗透方法处理含镍废水,可以实现闭路循环,浓缩液返回镀槽重新使用,处理水可补充到漂洗槽,作为清洗水。工艺流程图见图 12.10。用单反渗透器处理含 Ni^{2+} 电镀废水,去除率分别是:Ni^{2+} 为 95% ~ 99%,SO_4^{2-} 为 98%,Cl^- 为 80% ~ 90%,H_3BO_3 为 30%。正常使用三年可收回投资。

利用此法还可处理含铬、含铜、含锌等金属废水。

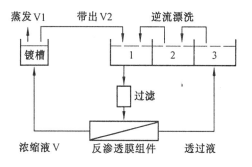

图 12.10　反渗透法处理含镍废水工艺流程示意图

2.离子交换法

含镍废水中,镍是以 Ni^{2+} 阳离子形式存在的,废水 pH 值一般在 6 左右。用此法,由于

Ni^{2+} 的交换势比 Cu^{2+}、Fe^{2+} 低,要求废水中的 Ni^{2+} 含量不低于 $200\sim400$ mg/L,需采取静态回收槽收集含镍废水才能达到要求。由于羧酸型弱酸树脂对 Ni^{2+} 的选择性较强,树脂一般选用 DK – 110、DK – 116,强酸 732 号树脂,应转为 Na 型后使用。在生产实际中,常常采用固定二床法处理镀镍废水,其工艺流程图见图 12.11。

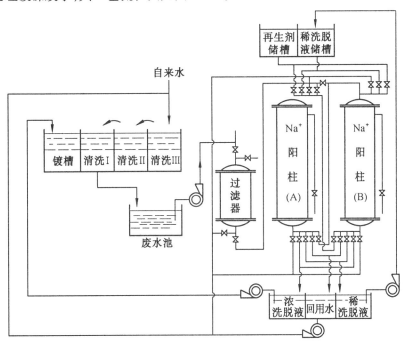

图 12.11　固定二床离子交换法处理含镍废水

其交换再生反应为

交换　　　　　　　$2RCOONa + Ni^{2+} \Longrightarrow (RCOO)_2Ni + 2Na^+$　　　　　　　　(12.58)

再生　　　　　　　$(RCOO)_2Ni + 2H^+ \Longrightarrow 2RCOOH + Ni^{2+}$　　　　　　　　(12.59)

交换操作:将废水过滤后流入 A 交换柱,进行离子交换,当 A 柱出水含有 Ni^{2+} 泄漏时(用丁二肟检验显红色),将 B 柱与 A 柱串联,使 A 柱吸附至全饱和后,切断入水,进行再生。B 柱单独工作,至有 Ni^{2+} 泄漏时,再串联再生完毕的 A 柱,使 B 柱吸附至饱和,再生 B 柱,A 柱单独运行。如此周而复始,连续工作。

再生操作:先用自来水反洗,除去树脂中的悬浮物。用质量分数为 12% 的 Na_2SO_4 作再生剂,用量为树脂体积的 $1.3\sim1.4$ 倍。反洗与正洗至出水用丁二肟检验不显红色为止。

12.5.3　含铜废水处理

含铜废水的处理方法有化学沉淀法、蒸发浓缩法、离子交换法、活性炭吸附法、膜分离技术和电解法。这里主要介绍离子交换法、化学沉淀 – 隔膜电解法。

1. 离子交换法

(1) 离子交换法处理焦磷酸盐镀铜废水

焦磷酸盐镀铜废水中主要含有 $[Cu(P_2O_7)_2]^{6-}$、$P_2O_7^{4-}$、HPO_4^{2-} 等阴离子,可以用碱性阴离子交换树脂去除。采用硫酸盐型 731 号树脂时发生的反应为

$$3(R\equiv N)_2SO_4 + Cu(P_2O_7)_2^{6-} \rightleftharpoons (R\equiv N)_6Cu(P_2O_7)_2 + 3SO_4^{2-} \tag{12.60}$$

$$2(R\equiv N)_2SO_4 + P_2O_7^{4-} \rightleftharpoons (R\equiv N)_4P_2O_7 + 2SO_4^{2-} \tag{12.61}$$

采用质量分数为 15% 硫酸铵与质量分数为 3% 氢氧化钾混合液作再生剂,可以取得满意的树脂再生效果。

(2) 离子交换法处理硫酸盐镀铜废水

用强酸性阳离子树脂(732 号)交换吸附废水中的 Cu^{2+},其反应为

$$2RCOONa + CuSO_4 \rightleftharpoons (RCOO)_2Cu + Na_2SO_4 \tag{12.62}$$

树脂吸附饱和后,可用酸再生,再用 Na_2SO_4 转型,其反应为

$$(RCOO)_2Cu + H_2SO_4 \rightleftharpoons 2RCOOH + CuSO_4 \tag{12.63}$$

$$2RCOOH + Na_2SO_4 \rightleftharpoons 2RCOONa + H_2SO_4 \tag{12.64}$$

(3) 离子交换法处理氰化镀铜废水

首先,将废水经阴柱除氰化物,一般采用苯乙烯强碱阴树脂(711 号)吸附交换 $[Cu(CN)_3]^{2-}$,其反应为

$$2RCl + [Cu(CN)_3]^{2-} \rightleftharpoons R_2Cu(CN)_3 + 2Cl^- \tag{12.65}$$

用强酸再生,其再生反应为

$$R_2Cu(CN)_3 + 3HCl \rightleftharpoons 2RCl + CuCl + 3HCN \tag{12.66}$$

再生反应时,产生剧毒的 HCN 气体,采用一套密封的负压吸收装置吸收(用 NaOH 溶液),这样,不但解决了 HCN 的污染,而且可以回收氰化钠。

然后,将除去氰化物的含铜废水,通过阳柱除铜。其反应为

$$RNa + Cu^+ \rightleftharpoons RCu + Na^+ \tag{12.67}$$

$$2RNa + Cu^{2+} \rightleftharpoons R_2Cu + 2Na^+ \tag{12.68}$$

再生用含氰化钠溶液,反应为

$$RCu + 3NaCN \rightleftharpoons RNa + Na_2Cu(CN)_3 \tag{12.69}$$

生成物可直接回用于镀槽,作为镀液成分。

通过上述处理,其废水含铜量降至 1 mg/L 以下。

本方法的优点是处理后的废水能达到国家排放标准,并可回收氰化铜,能综合利用,化害为利,处理费用较低,适用于大中型电镀厂点。缺点是酸再生液需用化学法处理回收,再生系统操作复杂。

2. 化学沉淀 – 隔膜电解法

基本原理:先将废水中的铜离子等变成污泥,再经过电解,把污泥转化为金属。

(1) 化学沉淀

废水中的铜离子在中性或弱碱性条件下生成氢氧化物沉淀。

$$Cu^{2+} + 2OH^- \longrightarrow Cu(OH)_2 \downarrow \tag{12.70}$$

(2) 隔膜电解

将氢氧化铜沉淀放入隔膜电解槽的阳极室内,阴极室内放入铜离子溶液,阴、阳极室用隔膜分开,见图 12.12。阳极使用铅板,阴极采用能使析出的金属易于剥离下来的材料。阴、阳极室发生下列反应

阴极反应　　　　　　　　　　　　$Cu^{2+} + 2e^- \longrightarrow Cu$　　　　　　(12.71)

阳极反应 $\qquad\qquad 2H_2O - 4e^- \longrightarrow O_2 + 4H^+$ $\qquad\qquad$ (12.72)

沉淀溶解反应 $\qquad Cu(OH)_2 + 2H^+ \longrightarrow Cu^{2+} + 2H_2O$ $\qquad$ (12.73)

上述 3 个反应中,式(12.71)是析出铜的反应,只要保证溶液中铜离子的浓度、pH 值及溶液的温度,在一定的电流密度下,就能得到良好的金属析出物。式(12.72)是水的放电反应,产生的 H^+,补充了式(12.73)所消耗的 H^+,维持了氢氧化铜沉淀溶解所需要的 pH 值,保证阳极区氢氧化铜污泥正常溶解。式(12.73)是氢氧化铜沉淀溶解成铜离子的反应,生成的铜离子通过隔膜向阴极移动,提供阴极上析出的铜离子。通过电解将氢氧化铜转化为金属铜。

回收铜所采用的溶液及工艺条件如下:

① 阴极室放入 $CuSO_4$,其含量为 200 ~ 250 g/L。

② pH 值在 1.2 以下。

③ 温度为 30 ~ 40℃。

④ 阴极材料为精铜板。

⑤ 阳极室放入含铜污泥,加入 10 倍水。

⑥ 阳极采用铅板或钛上镀金。

⑦ 阴极电流密度为 1 ~ 3 A/dm^2。

⑧ 隔膜采用毛巾毡。

利用此法还可处理含镍、含锌废水。

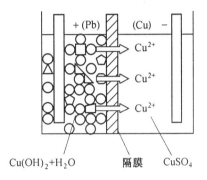

图 12.12 隔膜电解示意图

12.5.4 混合电镀废水综合处理技术

近年来电镀工业的发展趋向于集约化生产,即很少再有单个镀种的车间,基本上都是多镀种的电镀车间或专业电镀厂点。这些单位除对贵金属设单个回收工艺外,其余重金属一般不设单个处理工艺。近年来报道的电镀废水综合处理的方法较多而且较成熟。下面介绍两种新的综合处理技术。

1. 铁屑电解法处理电镀废水新工艺

铁屑电解法处理混合电镀废水的主要特点是:① 工艺流程简单,对几种废水可以不分流,直接处理综合性电镀废水,并一次处理达标;② 处理后的废水中不但各种金属离子浓度远远低于国家排放标准,并且还有一定脱盐效果和去除 COD 的能力;③ 运行费用低,因为除了电耗外,消耗的主要材料是铁屑,其价格低,来源广泛。不仅如此,这种原料的消耗量随着废水中有害物质浓度而改变,不用人工调整,会自动调节,而且催化、氧化、还原、置换、共沉、絮凝、吸附等过程集于一个反应池内进行,因此操作管理十分方便,又不会造成浪费,材料利用率高。

新一代的处理设备采用逆向处理工艺流程,这一技术特点是将过去的顺流处理改为逆向处理,克服原来工作过程中处理柱表层有结块现象而堵塞,但由于反应生成的沉积物首先在底部形成,所以要将其反冲出来是较困难的,因此该装置在改进中采用了压缩空气间歇脉冲式反冲的办法,流程如图 12.13。

废水用泵逆向打入装有活化铁屑的处理柱,发生一系列反应,将废水中各种重金属离子除去,废水再经沉淀或用其他脱水设备进行渣水分离,清水排放或回用。

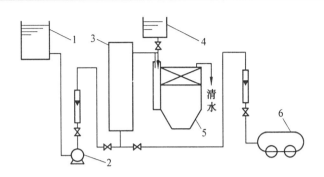

图 12.13　压缩空气间歇脉冲式反冲法流程图

1—废水池;2—泵;3—处理柱;4—碱槽;5—沉淀槽;6—空压机

在处理过程中自动通气反冲,使反应生成的沉淀物能及时而有效地被冲走,消除了产生铁屑结块的因素和隐患。不仅如此,由于铁屑表面沉积物随时被冲走,使表面与废水保持良好的接触,极大地改善了电极反应。所以改进后的处理效果更加理想。

2.微生物治理电镀混合废水新技术

近年来对微生物治理电镀混合废水新技术常有报道,但基本上都处于实验室阶段。《全国水处理技术与装备研讨会论文集》(1996～1997)中收录的中国科学院成都生物研究所发表的"微生物治理电镀废水新技术"一文对微生物治理电镀废水新技术的机理、功能菌的培育优选、工程设计、运行管理和重金属回收等进行了较详细、全面的论述,并已有工程实例。

该研究机构在进行了 SR 系列复合功能菌去除重金属的机理、动力学参数和生产条件研究之后,进行了小试、中试和生产性示范研究,以及固定细胞生物反应器的研究和 SR 菌应用安全性的研究。微生物治理电镀废水工程的设计主要依据的是优化的 SR 系列复合功能菌去除重金属的机制、电镀废水中重金属离子的浓度和日处理废水量。金属离子浓度的高低和废水量的大小决定了所需培菌池和反应器的大小。具体工艺流程如图12.14。

从图可见,本工艺流程简单,构筑物主要由培菌池、废水池、反应池和沉淀池组成。经处理后,排放至　图 12.14　微生物治理电镀废水工艺流程

水中的总铬、Cr^{6+}、Zn^{2+}、Ni^{2+}、Cu^{2+}、Cd^{2+}、Pb^{2+} 浓度及 pH 值等都优于国家污水排放标准。微生物法既可处理单一金属废水,也可处理多种金属离子的混合电镀废水;既可处理浓度低的废水,也可处理金属离子浓度高的废水,适应性很强。

12.6　酸碱废水处理

电镀工厂的酸碱废水,各个工厂因生产情况、材料以及工艺方法、配方和排放方式不同有着很大的差别。有的以酸性方式为主,有的以碱性为主,有的有酸有碱或时酸时碱,情况复杂,在选择处理方案、方法时,应具体问题具体解决。

12.6.1　自然中和法

将含酸、含碱废水集中到一个中和池内自然中和,可以使酸、碱废水同时得到处理。在

酸、碱的水量达到平衡的条件下,可以达到排放标准。但由于酸、碱废水在排放时,在数量上和浓度上波动较大,难于达到平衡,自然中和后往往达不到排放标准。因此,这种方法还需辅以投加药剂或其他措施,以保证获得稳定的处理效果。

12.6.2　药剂中和法

向含有酸、碱废水中投加中和剂,使之发生中和反应,达到处理排放目的。

常用碱性中和剂有:

碱性矿物质:石灰石($CaCO_3$)、大理石(主要成分 $CaCO_3$)、白云石(主要成分 $CaCO_3$、$MgCO_3$)、石灰(CaO)、电石渣等。

碱性废渣:炉灰渣(CaO、MgO)、耐火泥(SiO_2、MgO)等。

其他碱性药剂:氢氧化钠、碳酸钠、氨水等。

酸性中和剂有:化工厂的尾气(SO_2 等)、烟道气(CO_2、CO 等)、工业废酸。

投药中和法,根据酸碱废水的水质水量变化,可采用连续式中和或间歇式中和。一般当废水量大时,应采用连续处理,由 pH 计自动控制投药量;废水量较小时,可采用间歇式处理。

12.6.3　过滤中和法

含酸废水流过装有石灰石、白云石或大理石等滤料的中和过滤池后,酸性废水即得到中和,其反应为

$$CaCO_3 + H_2SO_4 \longrightarrow CaSO_4 + H_2O + CO_2 \tag{12.74}$$

$$CaCO_3 + 2HNO_3 \longrightarrow Ca(NO_3)_2 + H_2O + CO_2 \tag{12.75}$$

$$CaCO_3 + 2HCl \longrightarrow CaCl_2 + H_2O + CO_2 \tag{12.76}$$

中和过滤装置主要有中和滤池、升流式膨胀中和滤塔和滚筒式中和装置三种。

12.6.4　扩散渗析法回收硫酸

扩散渗析是一种利用溶液的浓差作用和离子交换膜的选择透过性进行膜分离的技术,它的工作原理如图 12.15 所示。

在扩散渗析器中隔有几张阴离子交换膜,膜的两侧分别为水相和废酸相,在浓差作用和膜的选择透过性作用下,使废酸中的硫酸不断进入水相,出水即扩散液成为所要回收的硫酸。

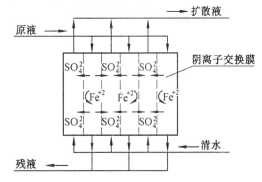

图 12.15　扩散渗析原理图

其残液中含有大量的硫酸亚铁和少量未扩散渗析过去的剩余硫酸。将残液经隔膜电解槽再处理,可进一步回收硫酸并回收纯铁粉。

隔膜电解槽是在电解槽内置离子交换膜(阴离子交换膜或阳离子交换膜),这样将电解槽分为阴极室和阳极室。在直流电场和离子交换膜的选择透过性作用下,使残液中的 Fe^{2+} 和 SO_4^{2-} 分开。在阴极室,铁离子被还原成纯铁;在阳极室,硫酸根离子与氢离子结合生产硫酸,进而回收了硫酸和纯铁。

12.7　含尘及有害气体的处理方法

电镀生产中会产生大量的有害废水,前几节已经介绍。同时在生产过程中也会产生含尘气体和各种有害气体。电镀生产中由于化学、电化学反应过程的进行,必然会产生许多有毒害的气体,如氢氰酸(HCN)和氮氧化物(NO_2、NO)等气体以及铬酸雾、酸雾、碱雾等。这些气体如不经处理排放,会严重地污染环境,危害人体健康。目前许多工厂对这些气体的处理比较重视。下面介绍一些常用的处理方法。

12.7.1　含尘气体的处理

电镀生产中的磨光、抛光、喷砂等工序会产生大量的灰尘,随着抽风机的气流分散到空间。如果不处理,对环境污染也是十分严重的,人体长期吸收累积也会导致矽肺等职业病。因此,采用这些工艺加工时,应设置必要的除尘装置。除尘方法有机械除尘、洗涤除尘、过滤除尘和静电除尘等。除尘器有水浴式除尘器、旋风分离器、干式楔形网除尘器等。

1.机械除尘

机械除尘分重力、惯性力和离心力等除尘方法。这些方法是利用机械力的作用将尘粒从气流中分离出来。使用的设备结构比较简单,能耗较小,基建投资、维修费用均比较少,但除尘效率不够高。

(1) 重力除尘

重力除尘是使含尘气流通过一个大体积的空室,使气流速度大大降低,尘粒由于重力作用下沉而与气流分离。能除去粒径为 50 μm 以上的尘粒,效率为 40% ~ 60%,一般用于预净化。

(2) 惯性力除尘

采用挡板之类的障碍物来阻碍气流,使其急剧改变方向,由于尘粒惯性力作用继续沿原方向运动,与挡板发生碰撞而降落下来。该法能除去粒径为 20 μm 的灰尘,效率为 50% ~ 70%。

(3) 离心力除尘

常用的旋风除尘器就是一种离心除尘装置,气流从除尘器圆柱体上部沿切线方向进入除尘器,形成旋转运动,由于离心力作用把尘粒甩到器壁而降落下来。这种装置的结构紧凑、占地小,能除去粒径 10 μm 以上的灰尘,效率可达 80% 以上。如将上述几种方法联合使用除尘效果更好。

2.洗涤除尘

洗涤除尘方法是用水洗涤含尘气体,使气体中的尘粒与液滴(或水膜)相碰撞而被水带走。这种方法用水量多,功率消耗大,运转费用也较高。常用设备有喷雾塔、填充塔、筛板塔、离心式洗涤器、喷射式洗涤器等。

3.过滤除尘

过滤除尘方法是使含尘气体穿过过滤材料,将尘粒阻留下来。通常采用袋式过滤器,它可用于处理含尘浓度比较低、尘粒比较微细(0.1 ~ 20 μm)的气体,除尘效率达 90% ~ 99%。这种装置占地面积大、费用高,不适应于处理温度高、湿度大或腐蚀性强的含尘气体。

12.7.2　氮氧化物气体的净化处理

在酸蚀处理过程中(使用硝酸的工序)氮氧化物气体产生量较大,刺激性也大。在常温下能单独存在的主要是 NO 和 NO_2, NO 能在空气中被逐渐氧化为 NO_2。氮氧化物气体是一种腐蚀性很强的气体,对人类身体健康、金属设备、家用电器均有严重的危害和腐蚀。目前常用湿法和干法两种处理方法,湿法有碱液吸收法、氨水吸收法、水吸收、碱氨两级吸收法等,干法有催化还原法和活性炭吸附法。

1.液体吸收法

液体吸收法是用水和多种水溶液吸收废气中的氮氧化物的方法。此法工艺简单、投资不多。

(1) 碱液吸收法

氮氧化物气体属酸性气体,可采用质量分数为 30% 的氢氧化钠溶液或质量分数为 10% ~ 15% 的碳酸钠溶液,也可用电镀生产中碱性除油的废溶液。在串联的 2 ~ 3 个填料塔或筛板塔(吸收塔)内进行吸收反应。这种方法对氮氧化物的吸收率可达 80% ~ 90%。在吸收过程中进行反应,生成硝酸盐和亚硝酸盐。如

$$2NaOH + NO + NO_2 =\!=\!= 2NaNO_2 + H_2O \tag{12.77}$$

$$2NaOH + 2NO_2 =\!=\!= NaNO_3 + NaNO_2 + H_2O \tag{12.78}$$

或

$$Na_2CO_3 + NO + NO_2 =\!=\!= 2NaNO_2 + CO_2 \tag{12.79}$$

$$Na_2CO_3 + 2NO_2 =\!=\!= NaNO_3 + NaNO_2 + CO_2 \tag{12.80}$$

吸收后生成液中含硝酸钠和亚硝酸钠,经过蒸发、结晶、分离后仍可以利用。

(2) 水吸收法

用水吸收氮氧化物气体时,发生的反应是

$$2NO_2 + H_2O =\!=\!= HNO_3 + HNO_2 \tag{12.81}$$

HNO_2 不稳定,立即可分解

$$2HNO_2 =\!=\!= NO + NO_2 + H_2O \tag{12.82}$$

此法的吸收效率低,一般在用尿素抑制氮氧化物气体时,对气体中残留的氮氧化物用水吸收。

(3) 氨水吸收法

氨吸收流程和碱液吸收法相类似,氨水的质量分数为 3% ~ 5%。废气经氨水喷淋吸收后,生成硝酸铵和亚硝酸铵,当两者总质量分数达到 12% 左右时,送入储存池,可供农村作肥料使用。

(4) 氢氧化钠、双氧水、硫化钠吸收法

用硫化钠作还原剂来消除氮氧化物气体,是国内广泛使用的方法。此法的吸收原理是:氮氧化物气体先用氢氧化钠吸收,降低了氮氧化物的浓度,再通过第二级双氧水,使 NO 氧化成 NO_2,以提高氮氧化物的吸收率,第三级为硫化钠还原,如图 12.16 所示。

氮氧化物的初始浓度较高时,吸收率可达 94% 以上,其反应为

$$NO + NO_2 \longrightarrow N_2O_3 \tag{12.83}$$

$$N_2O_3 + 2NaOH \longrightarrow 2NaNO_2 + H_2O \tag{12.84}$$

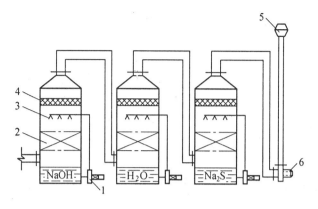

图 12.16　三级吸收氮氧化物示意图

1—水泵；2—填料；3—喷嘴；4—丝网脱水；

5—锥形风罩；6—风机

$$2NaOH + 2NO_2 \longrightarrow NaNO_3 + NaNO_2 + H_2O \tag{12.85}$$

$$NO_2 + NO + H_2O \longrightarrow 2HNO_2 \tag{12.86}$$

$$10NO_2 + 4Na_2S \longrightarrow 4NaNO_3 + 4NaNO_2 + 4S + N_2 \tag{12.87}$$

2.干法活性炭净化器吸附法

干法活性炭净化器吸附法是采用吸附剂对氮氧化物进行物理或化学吸附而净化除去的方法。常用的吸附剂是活性炭，是一种表面积很大的物质，不仅有吸风作用，还有还原作用。在高温高湿情况下，水分子能取代已吸附的氮氧化物分子。因此，对吸附饱和的活性炭可以用蒸汽加温或沸水煮，使氮氧化物脱附再生。

12.7.3　铬酸雾的处理

镀铬的电流效率低，生产时产生大量的氢气和氧气，氢、氧气泡逸出溶液时带出铬酸。由于镀液加温，在溶液蒸发时，也会带出铬酸污染环境。目前处理铬酸雾的方法有两种：使用铬雾净化器法和铬雾抑制剂处理法。

1.铬雾净化器

铬雾净化器是用抽风机使排出的铬雾减压，铬雾因受到阻力而停落、降低温度凝聚下来而与气体分离的装置。网格式铬酸净化回收器具有效率高和阻力小、结构简单、维护管理方便等优点，所以应用较广泛。但是，还存在设备费用高、电能消耗大的缺点。常用的网格式净化器分为立式（L型）和卧式（W型），都有定型产品出售，也可自制。

净化回收器的箱体是由硬聚氯乙烯板制成，关键部分是过滤器，它由 8～12 层有菱形网孔的、厚度为 0.5 mm 的硬聚氯乙烯板网交错地平铺叠成。铬雾具有密度大、挥发性小、易于凝聚的特点。铬雾被带入风罩后，雾滴与抽风罩、过滤器网格、狭窄弯曲的通道相碰，使它们互相碰撞变大，在吸附重力作用下，细小的铬雾滴附着在网格表面上，并不断凝聚变大，最后从网格上降落下来。分离出来的铬酸，沿排液管流入集液箱，净化后的空气经抽风机排空。

2.铬雾抑制的方法

（1）使用表面活性剂 F－53

铬雾抑制剂全氟烷醚磺酸钾是一种优良的表面活性剂，它的化学结构稳定，能耐高温、耐强氧化剂、耐电解,在 200~250℃时裂解,外观呈白色粉末状。当镀液中加入抑制剂后,它吸附于气、液界面上,形成较牢固的液膜,使表面张力下降,增加液体和空气的接触面。镀铬时,阴阳极上持续产生着大量氢、氧气泡,这些气泡向液面逸出时,起到了激烈搅拌溶液的作用并带出铬雾微粒。在溶液中加入具有发泡作用的 F-53,在其搅拌作用下,产生了许多更细小的泡沫。其泡沫层厚度随 F-53 的添加量、电流和电镀时间的增加而增加、增密,随着镀液中硫酸的提高而降低;泡沫的大小随着 F-53 添加量的降低而增大。当氢气、氧气泡逸出时,粘附在氢、氧气泡周围的铬雾微粒,就受到镀液表面泡沫层的阻挡,铬雾微粒在泡沫层的碰撞下集合成较大的雾滴。随着雾滴的增大,在重力作用下又回流到镀液里,使铬雾始终被抑制在镀槽内。由于表面张力降低,气泡在破裂时没有足够的能量把铬雾溅入空气中,而氢、氧气泡分子尺寸极其微小,所以能够顺利地通过泡沫层的孔隙向外逸出。F-53 含量越高,生成的泡沫层越厚。

F-53 的加入,原有的工艺条件不需改变,并且减少了车间内的空气污染,有利于保护工人的身体健康,降低车间内的噪声。减少排雾装置,节约能源,节约铬酸,减少维修费用。排雾装置的维修费用很高,铬酸对钢材的腐蚀严重,吸风罩、风机、管道易损坏,应用 F-53后,减少了该项维修费用。

(2) 采用塑料球

采用 $\phi 5~20$ mm 的空心塑料球,大小相间铺盖一层或两层于镀铬液表面,能起到抑雾作用。塑料球必须是耐铬酸的聚乙烯或聚氯乙烯制品,当取出镀件不频繁时,此法使用较为理想。

12.7.4　酸碱雾的抑制

采用一定措施,使酸雾和碱雾的逸出量大大减少,称为酸碱雾的抑制。主要是利用表面活性剂的发泡作用来抑制酸碱雾。生产过程中,由于化学或电化学作用,会产生氢、氧气体。在溶液中加入一定量的表面活性剂,则产生发泡作用,在浮力作用下,气泡上升到溶液表面,密布成多层,对溶液蒸发及酸碱雾的逸出起阻碍作用,从而达到抑雾效果。

十二烷基硫酸钠、OP 乳化剂,主要对硫酸酸洗液、室温盐酸退锌所产生的气体有抑雾效果;尿素主要对混合酸、浓硝酸对铜件酸洗或退除不合格镀层时产生的大量氮氧化物气体具有抑雾效果。

12.8　电镀污泥的处置及回收利用

不论电镀工厂采用何种废水治理技术,最后总有一些有害重金属污泥。特别是镀种较多时,废水混合排放,采用化学处理和沉淀处理方法,产生大量的有害重金属污泥,虽然溶解度很低,但并不是不溶解,不进行安全处置仍会造成二次污染。

电镀废弃物堆放场地附近的地下水污染最为突出,许多地方的地下水因重金属超标而不能饮用。另一方面,从电镀污泥中流失的各类重金属每年为 10 万 t 以上,以含铜、镍、锌、铬、铁等多组分混合污泥为主,其金属含量远高于矿石。对电镀污泥的安全处置,既保护了环境,尤其是保护了地下水不被污染,又能利用资源。

对混合污泥的处理和处置,有固化废弃、有效综合利用和资源回收等方法。

12.8.1 电镀污泥的安全处置

1.加强安全管理

对于产生电镀污泥的厂点来说,处理电镀废水产生的污泥不能随废水稀释排放,更不能和其他生活垃圾、工业废弃物混合在一起外排,必须对电镀污泥进行安全管理。

2.污泥脱水送集中处理厂

初次沉淀的污泥的含水率一般在 94% ~ 98% 之间,这样的污泥既不便于打包运输,又可能造成二次污染,一般需要进行污泥的浓缩和脱水,以缩小其体积。

污泥浓缩主要是去除其中的游离水,缩小其体积。浓缩方法可采用重力浓缩法,靠污泥本身的重力自然压缩其体积,将污泥放在沉淀池内停留较长时间后,排出澄清水,减少其体积。常用沉淀池有平流式沉淀池、竖流式沉淀池、辐流式沉淀池、斜板式沉淀池、澄清池等类型。

污泥脱水主要是将污泥含水率进一步降低,使泥浆形成块状。脱水主要的是去除污泥中的絮体水和毛细水。目前国内常用的是自动板框压滤机、带式压滤机、离心脱水机等。

专业电镀厂点一般没有能力处理污泥,污泥经浓缩和脱水后,一般是送到冶炼厂和专业的废渣处理厂进行进一步处理。

12.8.2 电镀污泥的综合利用

1.单一金属污泥的利用

重金属污泥的有效利用是将重金属污泥进行加工后,来代替原始原料。特别是单一金属的污泥不能看做废弃物,而是一种宝贵的金属资源,比矿石中的金属含量高得多。把重金属污泥作为资源已受到广泛重视。

含镍、含铜、含锌三种金属废水以碱性沉淀法处理形成氢氧化物沉淀,污泥较纯净,可以采用隔膜电解法在阴极上电沉积得到电解金属 Ni、Cu、Zn。前面对含铜废水处理已有介绍。

以其他形式沉积的沉淀物也可采用化学反应回收到金属盐,经进一步处理回用到电镀过程。如碳酸镍经硫酸化制得硫酸镍回用到电镀镍工艺槽,也可制成氯化镍或碳酸镍等化工原料。

2.含铬污泥的综合利用

(1) 制造陶瓷工业的颜料

陶瓷工业所用的颜料是各种重金属的氧化物,氧化铬(Cr_2O_3)可用做陶瓷工业产品砖瓦等的绿色颜料。$Cr(OH)_3$ 在马福炉内 800 ~ 900℃ 焙烧 6 h 左右,再置于 1 200℃的高温炉内煅烧 12 h,可得到 Cr_2O_3。以污泥作原料时,即使混入一些 Na、Ca、Zn、Pb 等也不影响色泽。

(2) 制造抛光膏

通过上述过程制得 Cr_2O_3 后,按照绿色抛光膏的比例进行配比,Cr_2O_3 的质量分数为 70%、石蜡的质量分数为 20%、蜂蜡的质量分数为 3%、硬脂酸的质量分数 7%、煤油少量,制成抛光过程使用的绿色抛光膏。

（3）制造制革工业用的鞣革剂（$Cr(OH)SO_4$）

含铬废水处理中产生的 $Cr(OH)_3$ 污泥可以制成鞣革剂。其反应是

$$Cr(OH)_3 + H_2SO_4 \longrightarrow Cr(OH)SO_4 + 2H_2O \qquad (12.88)$$

鞣革剂的制造需要严格的反应条件，必须严格控制。主要工艺参数如下：

硫酸投加量按 Cr^{3+} : H_2SO_4（质量比）= 1 : (1 ~ 1.5) 的比例，搅拌均匀，反应温度为 90 ~ 100℃，保持 0.5 h，将 $Cr(OH)SO_4$ 的含量控制在 90 ~ 100 g/L，控制 pH 值为 3 ~ 3.5，铬鞣剂制成后，陈化 10 ~ 15 h。

采用这种工艺对污泥的纯度要求较高，污泥中除 $Cr(OH)_3$ 外，应避免含有其他金属离子，否则，只能用于低档皮革。

（4）制取中温变换催化剂（中变触媒）

含铬废水处理中产生的含铬、含铁的污泥，即 $Cr(OH)_3$、$Fe(OH)_3$，可以用来制造中温变换催化剂。中温变换催化剂（B - 104）是合成氨工业的重要催化剂，其成分与含铬、含铁污泥成分对比见表 12.4。

从表中所列的成分表明，电解法、铁氧体法、硫酸亚铁盐还原法处理含铬废水后，产生的污泥中 Cr_2O_3、Fe_2O_3 所占的质量分数符合 B - 104 型中温变换催化剂原料的化学成分，只需补充 MgO、K_2O，即可满足 B - 104 型中温变换催化剂生产的要求。污泥经洗涤、过滤，再与助催化剂 MgO、K_2O 混碾均匀，经 120℃烘干，加石墨 10% 压片，再经过 350℃焙烧即可制成中温变换催化剂。

表 12.4　B - 104 化学成分与含铬、含铁污泥成分对照

类　　型	成分与含量（质量分数）				
	Cr_2O_3	Fe_2O_3	MgO	K_2O	CaO
B - 104 型中温变换催化剂	5.3% ~ 6.8%	50% ~ 60%	17% ~ 20%	0.5% ~ 1%	< 10%
含铬、含铁污泥	7%	53% ~ 63%			

（5）制作改性塑料制品

利用电解法、铁氧体法、化学法等处理含铬废水产生的污泥，掺入塑料原料中，可制成电器圆木、圆凳、地板等改性塑料制品。其工艺过程是把污泥自然干化后，污泥中含水率达 40% ~ 60%，经 100 ~ 120℃烘干，使含水率达 5% 以下，由磨粉机磨成粉，过 100 目筛，筛下的污泥与高压聚乙烯塑料按 1 : (0.5 ~ 1) 的比例混合加入到 120 ~ 130℃ 的塑料挤出机中，即可得到被聚乙烯塑料固化了的电镀污泥改性塑料原料。再经成型处理，制成各种塑料制品，其机械强度、耐磨性、耐蚀性、弹性均可满足要求，并具有可钉等性能。

3. 混合污泥的简易处理和利用

（1）制煤渣砖

利用煤渣蒸氧法制砖时，掺入含水率为 85% ~ 98% 的电镀混合污泥，是混合污泥简易可行的处理方法。制砖的配比为：煤渣的质量分数为 75%，电镀污泥的质量分数为 15%，石灰的质量分数为 8%，磷石膏的质量分数为 2%。其生产工艺与原制砖的工艺完全相同。由于煤渣砖的原料本身呈碱性，电镀混合污泥中的重金属多数是以氢氧化物形式存在，这些重金属污泥在砖中能稳定地固化，可以有效地防止二次污染。经蒸汽养护的电镀污泥煤渣砖的力学性能及其他性能均可满足墙体材料的要求。制成的砖可作为墙体材料使用，从而将

电镀污泥稳定地、长期地固化在墙体中。

（2）水泥固化

将电镀混合污泥掺入水泥、砂石中浇筑混凝土，可以使污泥得到固化，防止二次污染。配方比例一般为污泥干重占水泥质量的 2% 左右。按此比例掺入电镀污泥浇筑的混凝土，经 28 d 强度可提高 20% ~ 30%。采用这种处理工艺，电镀污泥可以不经脱水、干化、磨粉等工序，可直接投加湿污泥，而混凝土生产的原有操作程序不需要改变。由于混凝土呈碱性，因此，可以使混合污泥中的各种重金属离子稳定地固化在混凝土中。将掺入混合污泥的混凝土制品分别浸泡在中性、酸性和碱性溶液中，经过长期观察分析，污泥中各种金属离子的溶出量甚微或完全不溶出，可满足环境保护的要求，不造成二次污染。

水泥固化法由于水泥价格比较便宜，设备费、运行费都比较便宜，它的强度大，长期稳定，既耐热又抗风化，利用价值大。

（3）沥青固化法

沥青固化法是将污泥与沥青混合加热蒸发固化的方法。用沥青固化处理生产的固化体空隙少，致密，不透水，比水泥固化体的有害物溶出率小，为 $10^{-4} \sim 10^{-5}$ g/(cm^2·d)左右。沥青固化时可以不考虑污泥的种类或性状，均可得到稳定的固化体，处理后立即硬化，而且不需要养护。

沥青固化应用于重金属污泥的处理时必须注意，水分要在 10% 以下，废弃物的粒径要在 10 mm 以下。

参 考 文 献

[1] 王鸿建. 电镀工艺学[M]. 哈尔滨:哈尔滨工业大学出版社,1988.

[2] 章葆澄. 电镀工艺学[M]. 北京:北京航空航天大学出版社,1993.

[3] 钱苗根. 现代表面技术[M]. 北京:机械工业出版社,1999.

[4] 曾华梁. 电镀工艺手册[M]. 北京:机械工业出版社,1989.

[5] 张胜涛. 电镀工程[M]. 北京:化学工业出版社,2002.

[6] 沈宁一. 表面处理工艺手册[M]. 上海:上海科学技术出版社,1999.

[7] 电镀手册编写组. 电镀手册(上)[M]. 北京:国防工业出版社,1997.

[8] 李国英. 表面工程手册[M]. 北京:机械工业出版社,1998.

[9] 沈品华. 电镀锌及锌合金.[M] 北京:机械工业出版社,2002.

[10] 黄子勋. 电镀理论[M]. 北京:中国农业机械出版社,1982.

[11] 屠振密. 电镀合金原理与工艺[M]. 北京:国防工业出版社,1993.

[12] 神户德藏. 無電解めっき[M].東京:槙书店,1991.

[13] 表面技術協會. 表面技術便覽[M].東京:日刊工業新聞社,2000.

[14] 袁诗璞. 电镀技术[M]. 成都:四川科技出版社,1986.

[15] 《电镀工艺手册》编委会. 电镀工艺手册[M]. 上海:上海科技出版社,1988.

[16] 柳玉波. 表面处理工艺大全[M]. 北京:中国计量出版社,1996.

[17] 雷作铖,胡梦珍. 金属的磷化处理[M]. 北京:机械工业出版社,1992.

[18] 《表面处理工艺手册》编审委员会编. 表面处理工艺手册[M]. 上海:上海科学技术出版社,1991.

[19] 曲敬信. 表面工程手册[M]. 北京:化学工业出版社,1998.

[20] 李宁.化学镀实用技术[M]. 北京:化学工业出版社,2004.

[21] 李宁.化学镀镍基合金理论与技术[M]. 哈尔滨:哈尔滨工业大学出版社,2000.

[22] 王大翠. 化工环境保护理论[M]. 北京:化学工业出版社,1999.

[23] 唐受印,王大翠. 废水处理工程[M]. 北京:化学工业出版社,1998.

[24] 孟祥和,胡国飞. 重金属废水处理[M]. 北京:化学工业出版社,2000.

[25] 国家机械工业委员会统编. 高级电镀工工艺学[M]. 北京:机械工业出版社,1988.

[26] 郑领英,王学松. 膜技术[M]. 北京:化学工业出版社,2000.

[27] 李春华. 离子交换法处理电镀废水[M]. 北京:轻工业出版社,1989.